现代
机械设计手册

第二版

工业机器人系统设计

吴成东　姜　杨　主编

化学工业出版社
·北　京·

《现代机械设计手册》第二版单行本共20个分册，涵盖了机械常规设计的所有内容。各分册分别为：《机械零部件结构设计与禁忌》《机械制图及精度设计》《机械工程材料》《连接件与紧固件》《轴及其连接件设计》《轴承》《机架、导轨及机械振动设计》《弹簧设计》《机构设计》《机械传动设计》《减速器和变速器》《润滑和密封设计》《液力传动设计》《液压传动与控制设计》《气压传动与控制设计》《智能装备系统设计》《工业机器人系统设计》《疲劳强度可靠性设计》《逆向设计与数字化设计》《创新设计与绿色设计》。

本书为《工业机器人系统设计》，主要介绍了工业机器人技术基础、机器人运动学与动力学、工业机器人本体、工业机器人控制系统、工业机器人驱动系统、工业机器人常用传感器、机器人视觉技术、工业机器人典型应用等。本书可作为机械设计人员和有关工程技术人员的工具书，也可供高等院校相关专业师生参考。

图书在版编目（CIP）数据

现代机械设计手册：单行本．工业机器人系统设计/吴成东，姜杨主编．—2版．—北京：化学工业出版社，2020.2
ISBN 978-7-122-35641-3

Ⅰ．①现…　Ⅱ．①吴…②姜…　Ⅲ．①机械设计-手册②工业机器人-系统设计-手册　Ⅳ．①TH122-62②TP242.2-62

中国版本图书馆CIP数据核字（2019）第252651号

责任编辑：张兴辉　王烨　贾娜　邢涛　项潋　曾越　金林茹　　装帧设计：尹琳琳
责任校对：宋　夏

出版发行：化学工业出版社（北京市东城区青年湖南街13号　邮政编码100011）
印　　装：北京印刷集团有限责任公司
787mm×1092mm　1/16　印张15¼　字数505千字　2020年2月北京第2版第1次印刷

购书咨询：010-64518888　　售后服务：010-64518899
网　　址：http://www.cip.com.cn
凡购买本书，如有缺损质量问题，本社销售中心负责调换。

定　　价：58.00元　　

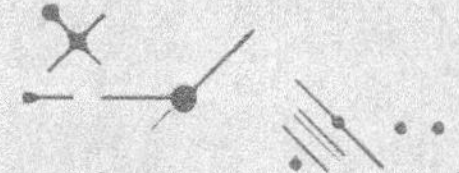

《现代机械设计手册》第二版单行本出版说明

《现代机械设计手册》是一部面向“中国制造 2025”，适应智能装备设计开发新要求、技术先进、数据可靠、符合现代机械设计潮流的现代化机械设计大型工具书，涵盖现代机械零部件设计、智能装备及控制设计、现代机械设计方法三部分内容。旨在将传统设计和现代设计有机结合，力求体现“内容权威、凸显现代、实用可靠、简明便查”的特色。

《现代机械设计手册》自 2011 年出版以来，赢得了广大机械设计工作者的青睐和好评，先后荣获全国优秀畅销书、中国机械工业科学技术奖等，第二版于 2019 年初出版发行。为了给读者提供篇幅较小、便携便查、定价低廉、针对性更强的实用性工具书，根据读者的反映和建议，我们在深入调研的基础上，决定推出《现代机械设计手册》第二版单行本。

《现代机械设计手册》第二版单行本，保留了《现代机械设计手册》（第二版 6 卷本）的优势和特色，结合机械设计人员工作细分的实际状况，从设计工作的实际出发，将原来的 6 卷 35 篇重新整合为 20 个分册，分别为：《机械零部件结构设计与禁忌》《机械制图及精度设计》《机械工程材料》《连接件与紧固件》《轴及其连接件设计》《轴承》《机架、导轨及机械振动设计》《弹簧设计》《机构设计》《机械传动设计》《减速器和变速器》《润滑和密封设计》《液力传动设计》《液压传动与控制设计》《气压传动与控制设计》《智能装备系统设计》《工业机器人系统设计》《疲劳强度可靠性设计》《逆向设计与数字化设计》《创新设计与绿色设计》。

《现代机械设计手册》第二版单行本，是为了适应机械设计行业发展和广大读者的需要而编辑出版的，将与《现代机械设计手册》第二版（6 卷本）一起，成为机械设计工作者、工程技术人员和广大读者的良师益友。

化学工业出版社

前言

FORWORD

《现代机械设计手册》第一版自2011年3月出版以来，赢得了机械设计人员、工程技术人员和高等院校专业师生广泛的青睐和好评，荣获了2011年全国优秀畅销书（科技类）。同时，因其在机械设计领域重要的科学价值、实用价值和现实意义，《现代机械设计手册》还荣获2009年国家出版基金资助和2012年中国机械工业科学技术奖。

《现代机械设计手册》第一版出版距今已经8年，在这期间，我国的装备制造业发生了许多重大的变化，尤其是2015年国家部署并颁布了实现中国制造业发展的十年行动纲领——中国制造2025，发布了针对“中国制造2025”的五大“工程实施指南”，为机械制造业的未来发展指明了方向。在国家政策号召和驱使下，我国的机械工业获得了快速的发展，自主创新的能力不断加强，一批高技术、高性能、高精尖的现代化装备不断涌现，各种新材料、新工艺、新结构、新产品、新方法、新技术不断产生、发展并投入实际应用，大大提升了我国机械设计与制造的技术水平和国际竞争力。《现代机械设计手册》第二版最重要的原则就是紧密结合“中国制造2025”国家规划和创新驱动发展战略，在内容上与时俱进，全面体现创新、智能、节能、环保的主题，进一步呈现机械设计的现代感。鉴于此，《现代机械设计手册》第二版被列入了“十三五国家重点出版物规划项目”。

在本版手册的修订过程中，我们广泛深入机械制造企业、设计院、科研院所和高等院校进行调研，听取各方面读者的意见和建议，最终确定了《现代机械设计手册》第二版的根本宗旨：一方面，新版手册进一步加强机、电、液、控制技术的有机融合，以全面适应机器人等智能化装备系统设计开发的新要求；另一方面，随着现代机械设计方法和工程设计软件的广泛应用和普及，新版手册继续促进传动设计与现代设计的有机结合，将各种新的设计技术、计算技术、设计工具全面融入传统的机械设计实际工作中。

《现代机械设计手册》第二版共6卷35篇，它是一部面向“中国制造2025”，适应智能装备设计开发新要求、技术先进、数据可靠、符合现代机械设计潮流的现代化的机械设计大型工具书，涵盖现代机械零部件及传动设计、智能装备及控制设计、现代机械设计方法及应用三部分内容，具有以下六大特色。

1. 权威性。《现代机械设计手册》阵容强大，编、审人员大都来自设计、生产、教学和科研第一线，具有深厚的理论功底、丰富的设计实践经验。他们中很多人都是所属领域的知名专家，在业内有广泛的影响力和知名度，获得过多项国家和省部级科技进步奖、发明奖和技术专利，承担了许多机械领域国家重要的科研和攻关项目。这支专业、权威的编审队伍确保了手册准确、实用的内容质量。

2. 现代感。追求现代感，体现现代机械设计气氛，满足时代要求，是《现代机械设计手册》的基本宗旨。“现代”二字主要体现在：新标准、新技术、新材料、新结构、新工艺、新产品、智能化、现代的设计理念、现代的设计方法和现代的设计手段等几个方面。第二版重点加强机械智能化产品设计（3D打印、智能零部件、节能元器件）、智能装备（机器人及智能化装备）控制及系统设计、数字化设计等内容。

（1）“零件结构设计”等篇进一步完善零部件结构设计的内容，结合目前的3D打印（增材制造）技术，增加3D打印工艺下零件结构设计的相关技术内容。

“机械工程材料”篇增加3D打印材料以及新型材料的内容。

（2）机械零部件及传动设计各篇增加了新型智能零部件、节能元器件及其应用技术，例如“滑动轴承”篇增加了新型的智能轴承，“润滑”篇增加了微量润滑技术等内容。

（3）全面增加了工业机器人设计及应用的内容：新增了“工业机器人系统设计”篇；“智能装备系统设计”篇增加了工业机器人应用开发的内容；“机构”篇增加了自动化机构及机构创新的内容；“减速器、变速器”篇增加了工业机器人减速器选用设计的内容；“带传动、链传动”篇增加并完善了工业机器人适用的同步带传动设计的内容；“齿轮传动”篇增加了RV减速器传动设计、谐波齿轮传动设计的内容等。

（4）“气压传动与控制”“液压传动与控制”篇重点加强并完善了控制技术的内容，新增了气动系统自动控制、气动人工肌肉、液压和气动新型智能元器件及新产品等内容。

（5）继续加强第5卷机电控制系统设计的相关内容：除增加“工业机器人系统设计”篇外，原“机电一体化系统设计”篇充实扩充形成“智能装备系统设计”篇，增加并完善了智能装备系统设计的相关内容，增加智能装备系统开发实例等。

“传感器”篇增加了机器人传感器、航空航天装备用传感器、微机械传感器、智能传感器、无线传感器的技术原理和产品，加强传感器应用和选用的内容。

“控制元器件和控制单元”篇和“电动机”篇全面更新产品，重点推荐了一些新型的智能和节能产品，并加强产品选用的内容。

（6）第6卷进一步加强现代机械设计方法应用的内容：在3D打印、数字化设计等智能制造理念的倡导下，“逆向设计”“数字化设计”等篇全面更新，体现了“智能工厂”的全数字化设计的时代特征，增加了相关设计应用实例。

增加“绿色设计”篇；“创新设计”篇进一步完善了机械创新设计原理，全面更新创新实例。

（7）在贯彻新标准方面，收录并合理编排了目前最新颁布的国家和行业标准。

3. 实用性。新版手册继续加强实用性，内容的选定、深度的把握、资料的取舍和章节的编排，都坚持从设计和生产的实际需要出发：例如机械零部件数据资料主要依据最新国家和行业标准，并给出了相应的设计实例供设计人员参考；第5卷机电控制设计部分，完全站在机械设计人员的角度来编写——注重产品如何选用，摒弃或简化了控制的基本原理，突出机电系统设计，控制元器件、传感器、电动机部分注重介绍主流产品的技术参数、性能、应用场合、选用原则，并给出了相应的设计选用实例；第6卷现代机械设计方法中简化了烦琐的数学推导，突出了最终的计算结果，结合具体的算例将设计方法通俗地呈现出来，便于读者理解和掌握。

为方便广大读者的使用，手册在具体内容的表述上，采用以图表为主的编写风格。这样既增加了手册的信息容量，更重要的是方便了读者的查阅使用，有利于提高设计人员的工作效率和设计速度。

为了进一步增加手册的承载容量和时效性，本版修订将部分篇章的内容放入二维码中，读者可以用手机扫描查看、下载打印或存储在PC端进行查看和使用。二维码内容主要涵盖以下几方面的内容：即将被废止的旧标准（新标准一旦正式颁布，会及时将二维码内容更新为新标准的内容)；部分推荐产品及参数；其他相关内容。

4. 通用性。本手册以通用的机械零部件和控制元器件设计、选用内容为主，主要包括机械设计基础资料、机械制图和几何精度设计、机械工程材料、机械通用零部件设计、机械传动系统设计、液压和气压传动系统设计、机构设计、机架设计、机械振动设计、智能装备系统设计、控制元器件和控制单元等，既适用于传统的通用机械零部件设计选用，又适用于智能化装备的整机系统设计开发，能够满足各类机械设计人员的工作需求。

5. 准确性。本手册尽量采用原始资料，公式、图表、数据力求准确可靠，方法、工艺、技术力求成熟。所有材料、零部件和元器件、产品和工艺方面的标准均采用最新公布的标准资料，对于标准规范的编写，手册没有简单地照抄照搬，而是采取选用、摘录、合理编排的方式，强调其科学性和准确性，尽量避免差错和谬误。所有设计方法、计算公式、参数选用均经过长期检验，设计实例、各种算例均来自工程实际。手册中收录通用性强、标准化程度高的产品，供设计人员在了解企业实际生产品种、规格尺寸、技术参数，以及产品质量和用户的实际反映后选用。

6. 全面性。本手册一方面根据机械设计人员的需要，按照“基本、常用、重要、发展”的原则选取内容，另一方面兼顾了制造企业和大型设计院两大群体的设计特点，即制造企业侧重基础性的设计内容，而大型的设计院、工程公司侧重于产品的选用。因此，本手册力求实现零部件设计与整机系统开发的和谐统一，促进机械设计与控制设计的有机融合，强调产品设计与工艺技术的紧密结合，重视工艺技术与选用材料的合理搭配，倡导结构设计与造型设计的完美统一，以全面适应新时代机械新产品设计开发的需要。

经过广大编审人员和出版社的不懈努力，新版《现代机械设计手册》将以崭新的风貌和鲜明的时代气息展现在广大机械设计工作者面前。值此出版之际，谨向所有给过我们大力支持的单位和各界朋友表示衷心的感谢！

主　编

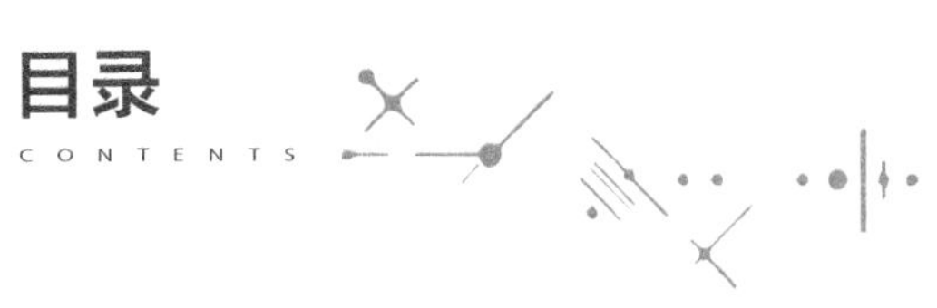

第23篇 工业机器人系统设计

第1章 工业机器人技术基础

第2章 机器人运动学与动力学

第3章 工业机器人本体

第4章　工业机器人控制系统

第5章 工业机器人驱动系统

第6章 工业机器人常用传感器

第7章 机器人视觉技术

第8章 工业机器人典型应用

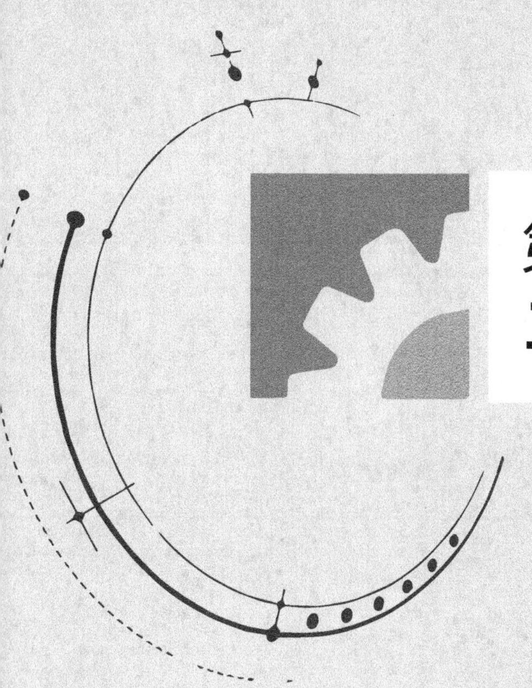

第 23 篇
工业机器人系统设计

篇主编：吴成东　姜　杨

撰　稿：吴成东　姜　杨　房立金
王　斐　迟剑宁

审　稿：贾子熙　丁其川

第1章　工业机器人技术基础

1.1　工业机器人定义

机器人（robot）一词来源于捷克斯洛伐克作家卡雷尔·萨佩克于 1921 年创作的一个名为《Rossums Uniersal Robots》（罗萨姆万能机器人）的剧本。在剧本中，萨佩克把在罗萨姆万能机器人公司从事生产劳动的那些家伙取名为“Robot”（汉语音译为“罗伯特”），其意为“不知疲倦地劳动”。萨佩克把机器人定义为服务于人类的家伙，机器人的名字也由此而生。后来，机器人一词频繁出现在现代科幻小说和电影中。

机器人这一概念随着现代科技的不断发展正逐步演变成现实。在现代工业的发展过程中，机器人逐渐融合了机械、电子、运动、动力、控制、传感检测、计算技术等多个学科，成为现代科技发展极为重要的组成部分。在科技界，科学家会给每一个科技术语一个明确的定义，但机器人问世已有几十年，其定义仍是仁者见仁，智者见智，没有一个统一的意见。其原因之一是机器人还在发展，新的机型、新的功能不断涌现。根本原因主要是机器人涉及人的概念，使其成为一个难以回答的哲学问题。也许正是由于机器人定义的模糊，才给人们充分的想象和创造空间。以下为各国科学家从不同角度出发给出的一些具有代表性的工业机器人定义。

美国机器人协会（RIA）将工业机器人定义为：“一种用于移动各种材料、零件、工具或专用装置的，通过程序动作来执行各种任务的，并具有编程能力的多功能操作机”。

日本机器人协会（JRA）提出：“工业机器人是一种带有存储器件和末端操作器的通用机械，它能够通过自动化的动作替代人类劳动”。

我国将工业机器人定义为：“一种自动化的机器，所不同的是这种机器具备一些与人或者生物相似的智能能力，如感知能力、规划能力、动作能力和协同能力，是一种具有高度灵活性的自动化机器”。

国际标准化组织（ISO）将其定义为：“工业机器人是一种能自动控制，可重复编程，多功能、多自由度的操作机，能搬运材料、工件或操持工具来完成各种作业”。目前国际大都遵循 ISO 所下的定义。

由以上定义不难发现，工业机器人具有四个显著特点：

① 具有特定的机械机构，其动作具有类似于人或其他生物的某些器官（肢体、感受等）的功能；

② 具有通用性，可从事多种工作，可灵活改变动作程序；

③ 具有不同程度的智能，如记忆、感知、推理、决策、学习等；

④ 具有独立性，完整的机器人系统在工作中可以不依赖于人的干预。

1.2　工业机器人组成

工业机器人是一种模拟人手臂、手腕和手功能的机电一体化装置，可对物体运动的位置、速度和加速度进行精确控制，从而完成某一工业生产的作业要求。当前工业中应用最多的第一代工业机器人主要由操作机、控制器和示教器组成，如图 23-1-1 所示。对于第二代及第三代工业机器人还包括感知系统和分析决策系统，它们分别由传感器及软件实现。

1.2.1　操作机

操作机（或称机器人本体）是工业机器人的机械主体，是用来完成各种作业的执行机构。它主要由机械臂、驱动装置、传动单元及内部传感器等部分组成。由于机器人需要实现快速而频繁的起停、精确的到位和运动，因此必须采用位置传感器、速度传感器等检测元件实现位置、速度和加速度闭环控制。图 23-1-2 为 6 自由度关节型工业机器人操作机的基本构造。为适应不同的用途，机器人操作机最后一个轴的机械接口通常为一连接法兰，可接装不同的机械操作装置（习惯上称末端执行器），如夹紧爪、吸盘、焊枪等（图 23-1-3）。

（1）机械臂

关节型工业机器人的机械臂是由关节连在一起的许多机械连杆的集合体。它本质上是一个拟人手臂的空间开链式机构，一端固定在基座上，另一端可自由运动。关节通常包括旋转关节和移动关节，旋转关节仅允许连杆之间发生旋转运动，移动关节允许连杆作直线移动。由关节—连杆结构所构成的机械臂大体可分为基座、腰部、臂部（大臂和小臂）和手腕 4 个部分，由 4 个独立旋转“关节”（腰关节、肩关节、肘

示教器

机器人的人机交互接口，操作者可通过它对机器人进行示教或手动模拟机器人移动

操作机

用于完成各种作业任务的机械主体，主要包含机械臂、驱动装置、传动单元以及内部传感器等部分

控制器

完成机器人控制功能的结构实现，是决定机器人功能和水平的关键部分

图 23-1-1 工业机器人的基本组成

图 23-1-2 关节型工业机器人操作机的基本构造

(a) 夹紧爪 (b) 吸盘 (c) 焊枪

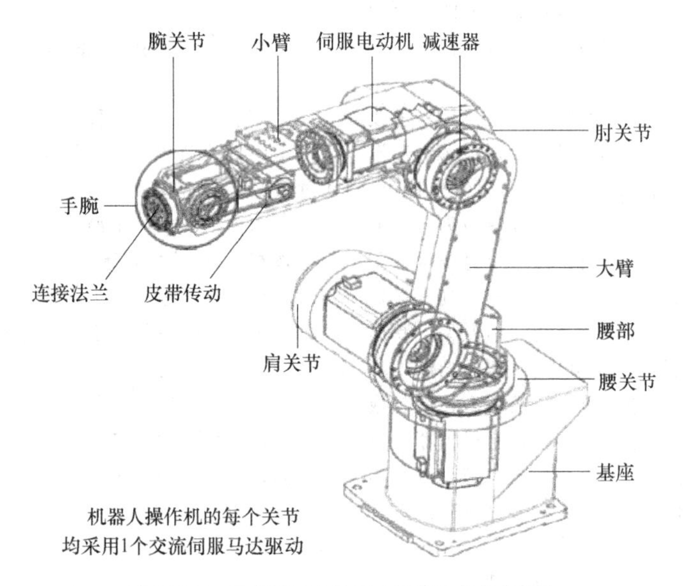

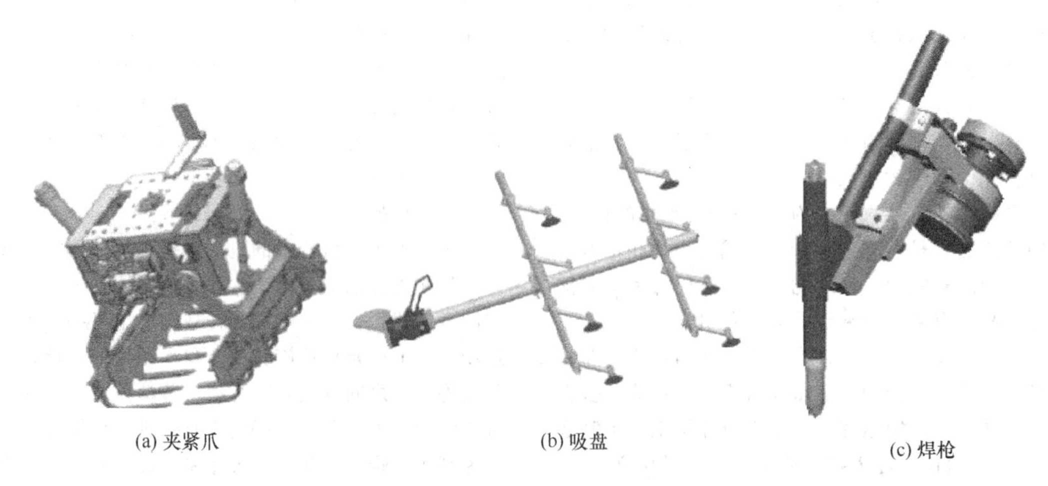

图 23-1-3 工业机器人操作机末端执行器

关节和腕关节）串联而成，如图 23-1-2 所示。它们可在各个方向运动，这些运动就是机器人在“做工”。

1）基座。基座是机器人的基础部分，起支撑作用。整个执行机构和驱动装置都安装在基座上。对移动式机器人而言，是安装在移动机构上，可分为有轨和无轨两种；而对固定式机器人，则是直接连接在地面基础上。

2）腰部。腰部是机器人手臂的支撑部分。根据执行机构坐标系的不同，腰部可以在基座上转动，也可以和基座制成一体。有时腰部也可以通过导杆或导槽在基座上移动，从而增大工作空间。

3）手臂。手臂是连接机身和手腕的部分，由操作机的动力关节和连接杆件等构成。它是执行结构中的主要运动部件，也称主轴，主要用于改变手腕和末端执行器的空间位置，满足机器人的作业空间要求，并将各种载荷传递到基座。

4）手腕。手腕是连接末端执行器和手臂的部分，将作业载荷传递到臂部，也称次轴，主要用于改变末端执行器的空间姿态。

（2）驱动装置

驱使工业机器人机械臂运动的机构。按照控制系统发出的指令信号，借助于动力元件使机器人产生动作，相当于人的肌肉、经络。机器人常用的驱动方式主要有液压驱动、气压驱动和电气驱动三种基本类型，见表 23-1-1。目前，除个别运动精度不高、重负载或有防爆要求的机器人采用液压、气压驱动外，工业机器人大多采用电气驱动，而其中交流伺服电动机应用最广，且驱动器布置大都采用一个关节一个驱动器。

（3）传动单元

驱动装置的受控运动必须通过传动单元带动机械臂进行运动，以精确地保证末端执行器所要求的位置、姿态和实现其运动。目前工业机器人广泛采用的机械传动单元是减速器，与通用减速器相比，机器人关节减速器要求具有传动链短、体积小、功率大、质量轻和易于控制等特点。大量应用在关节型机器人上的减速器主要有两类：谐波减速器和 RV 减速器。精密减速器使机器人伺服电动机在一个合适的速度下运转，并精确地将转速降到工业机器人各部位需要的速度，在提高机械本体刚性的同时输出更大的转矩。一般将谐波减速器放置在小臂、腕部或手部等轻负载位置（主要用于 20kg 以下的机器人关节）；而将 RV 减速器放置在基座、腰部、大臂等重负载位置（主要用于 20kg 以上的机器人关节）。此外，机器人还采用齿轮传动、链条（带）传动、直线运动单元等，如图 23-1-4 所示。

1）谐波减速器。同行星齿轮传动一样，谐波齿轮传动（简称谐波传动）通常由 3 个基本构件组成：一个有内齿的刚轮，一个工作时可产生径向弹性变形并带有外齿的柔轮和一个装在柔轮内部、呈椭圆形、外圈带有柔性滚动轴承的波发生器，如图 23-1-5 所示。在这 3 个基本构件中可任意固定一个，其余一个为主动件，另一个为从动件（如刚轮固定不变，波发生器为主动件，柔轮为从动件）。

表 23-1-1　三种驱动方式特点比较

驱动方式	输出力	控制性能	维修使用	结构体积	使用范围	制造成本
液压驱动	压力高，可获得大的输出力	油液不可压缩，压力、流量均容易控制，可无级调速，反应灵敏，可实现连续轨迹控制	维修方便，液体对温度变化敏感，油液泄漏易着火	在输出力相同的情况下，体积比气压驱动方式小	中、小型及重型机器人	液压元件成本较高，油路比较复杂
气压驱动	气体压力低，输出力较小，如需输出力大时，其结构尺寸过大	可高速运行，冲击较严重，精确定位困难，气体压缩性大，阻尼效果差，精度不易控制，不易与 CPU 连接	维修简单，能在高温、粉尘等恶劣环境中使用，泄漏无影响	体积较大	中、小型机器人	结构简单，工作介质来源方便，成本低
电气驱动	输出力较小或较大	容易与 CPU 连接，控制性能好，响应快，可精确定位，但控制系统复杂	维修使用较复杂	需要减速装置，体积较小	高性能、运动轨迹要求严格的机器人	成本较高

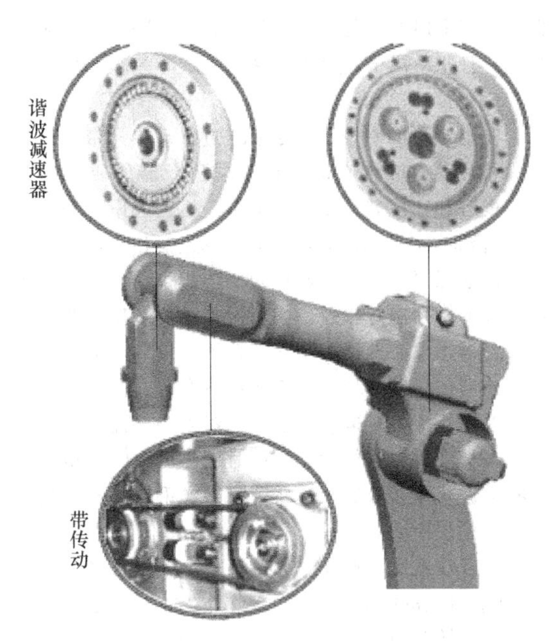

图 23-1-4 机器人关节传动单元

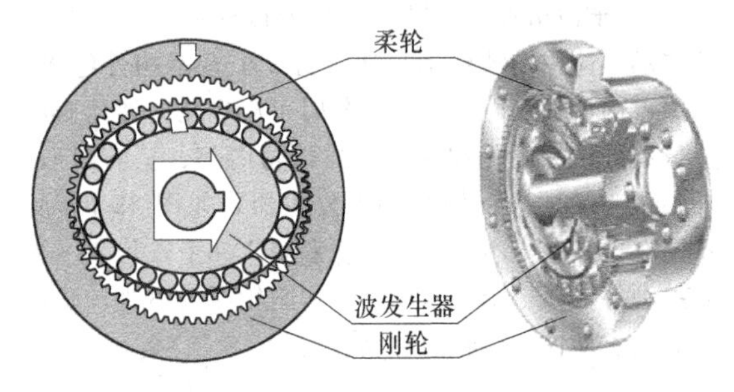

图 23-1-5 谐波减速器原理图

当波发生器装入柔轮后，迫使柔轮的剖面由原先的圆形变成椭圆形，其长轴两端附近的齿与刚轮的齿完全啮合，而短轴两端附近的齿则与刚轮完全脱开，周长上其他区段的齿处于啮合和脱离的过渡状态。当波发生器沿某一方向连续转动时，柔轮的变形不断改变，使柔轮与刚轮的啮合状态也不断改变，啮入、啮合、啮出、脱开、再啮入……周而复始地进行，柔轮的外齿数少于刚轮的内齿数，从而实现柔轮相对刚轮沿波发生器相反方向的缓慢旋转。

2）RV减速器。与谐波传动相比，RV传动具有较高的疲劳强度和刚度以及较长的寿命，而且回差精度稳定，不像谐波传动，随着使用时间的增长，运动精度就会明显降低，故高精度机器人传动多采用RV减速器，且有逐渐取代谐波减速器的趋势。图23-1-6所示为RV减速器原理图，主要由太阳轮（中心轮）、行星轮、转臂（曲柄轴）、转臂轴承、摆线轮（RV齿轮）、针齿、刚性盘与输出盘等零部件组成。

RV传动装置是由第1级渐开线圆柱齿轮行星减速机构和第2级摆线针轮行星减速机构两部分组成，是一封闭差动轮系。执行电动机的旋转运动由齿轮轴或太阳轮传递给两个渐开线行星轮，进行第1级减速；行星轮的旋转通过曲柄轴带动相距180°的摆线轮，从而生成摆线轮的公转。同时，由于摆线轮在公转过程中会受到固定于针齿壳上针齿的作用力而形成与摆线轮公转方向相反的力矩，进而造成摆线轮的自转运动，完成第2级减速。运动的输出通过两个曲柄轴使摆线轮与刚性盘构成平行四边形的等角速度输出机构，将摆线轮的转动等速传递给刚性盘及输出盘。

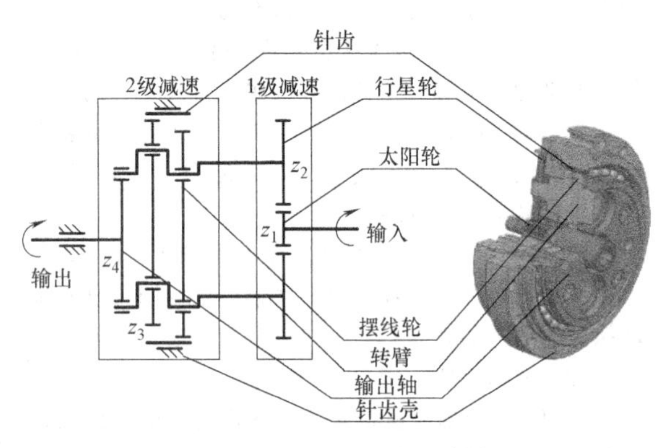

图 23-1-6 RV减速器原理图

1.2.2 控制器

如果把操作机当作机器人的“肢体”，那么控制器则可以看作机器人的“大脑”和“心脏”。机器人控制器是根据指令以及传感信息控制机器人完成一定动作或作业任务的装置，是决定机器人功能和性能的主要因素，也是机器人系统中更新和发展最快的部分。它通过各种控制电路中硬件和软件的结合来操纵机器人，并协调机器人与周边设备的关系，其基本功能如下。

◇示教功能：包括在线示教和离线示教两种方式。

◇坐标设定功能：可在关节、直角、工具等常见坐标系之间进行切换。

◇传感器接口功能：位置检测、视觉、触觉、力觉等。

◇记忆功能：存储作业顺序、运动路径和方式及与生产工艺有关的信息等。

◇位置伺服功能：机器人多轴联动、运动控制、速度和加速度控制、动态补偿等。

◇与外围设备联系功能：包括输入/输出接口、通信接口、网络接口等。

◇故障诊断安全保护功能：运行时的状态监视、故障状态下的安全保护和自诊断。

控制器是完成机器人控制功能的结构实现。依据控制系统的开放程度，机器人控制器可分为三类：封闭型、开放型和混合型。目前应用中的工业机器人控制系统基本上都是封闭型系统（如日系机器人）或混合型系统（如欧系机器人）。按计算机结构、控制方式和控制算法的处理方法，机器人控制器又可分为集中式控制和分布式控制两种方式。

1）集中式控制器。利用一台微型计算机实现系统的全部控制功能，早期机器人（如 Hero-I、Robot-1 等）常采用这种结构，如图 23-1-7 所示。集中式控制器的优点是：硬件成本较低，便于信息的采集和分析，易于实现系统的最优控制，整体性与协调性较好，基于 PC 的系统硬件扩展较为方便。但其缺点也显而易见：系统控制缺乏灵活性，控制危险容易集中，一旦出现故障，其影响面广，后果严重；由于工业机器人的实时性要求很高，当系统进行大量数据计算时，会降低系统实时性，系统对多任务的响应能力也会与系统的实时性相冲突；系统连线复杂，会降低系统的可靠性。

2）分布式控制器。其主要思想是“分散控制，集中管理”，即系统对其总体目标和任务可以进行综合协调和分配，并通过子系统的协调工作来完成控制任务，整个系统在功能、逻辑和物理等方面都是分散的。子系统是由控制器和不同被控对象或设备构成的，各个子系统之间通过网络等进行通信。分布式控制结构提供了一个开放、实时、精确的机器人控制系统。分布式系统中常采用两级控制方式，由上位机和下位机组成，如图 23-1-8 所示。上位机负责整个系统管理以及运动学计算、轨迹规划等，下位机由多 CPU 组成，每个 CPU 控制一个关节运动。上、下位机通过通信总线（如 RS-232、RS-485、以太网等）相互协调工作。分布式控制系统的优点在于系统灵活性好，控制系统的危险性降低，采用多处理器的分散控制，有利于系统功能的并行执行，提高系统的处理效率，缩短响应时间。

ABB 第五代机器人控制器 IRC5 就是一个典型的模块化分布设计。IRC5 控制器（灵活型控制器），见图 23-1-9，由控制模块和驱动模块组成，可选增过程模块以容纳定制设备和接口，如点焊、弧焊和胶合等。配备这三种模块的灵活型控制器完全有能力控制一台 6 轴机器人外加伺服驱动工件定位器及类似设备。控制模块作为 IRC5 的心脏，自带主计算机，能

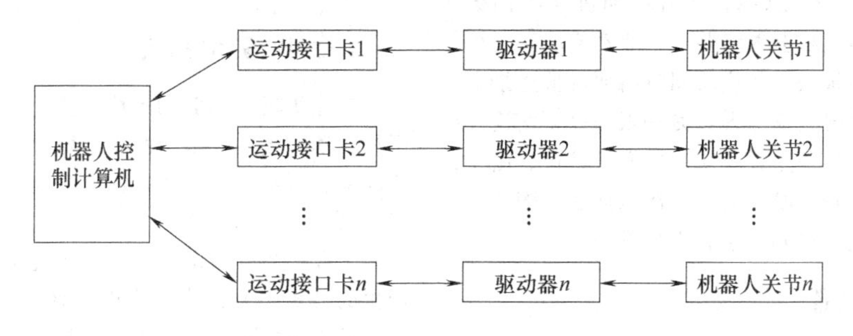

(a) 使用单独接口卡驱动每一机器人关节

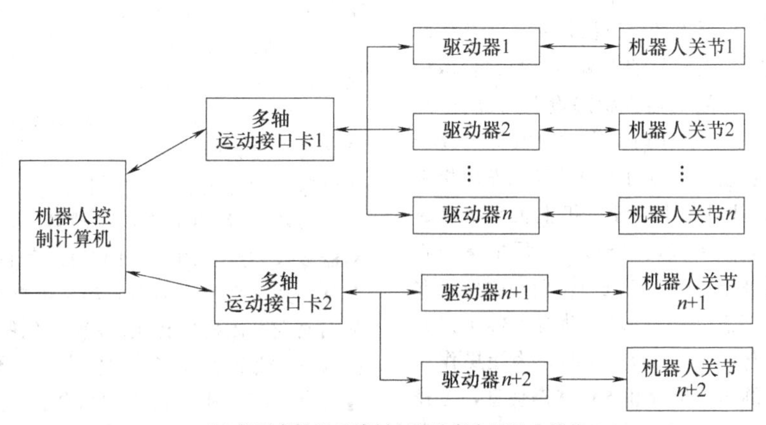

(b) 使用多轴运动控制卡驱动多个机器人关节

图 23-1-7　集中式机器人控制器结构框图

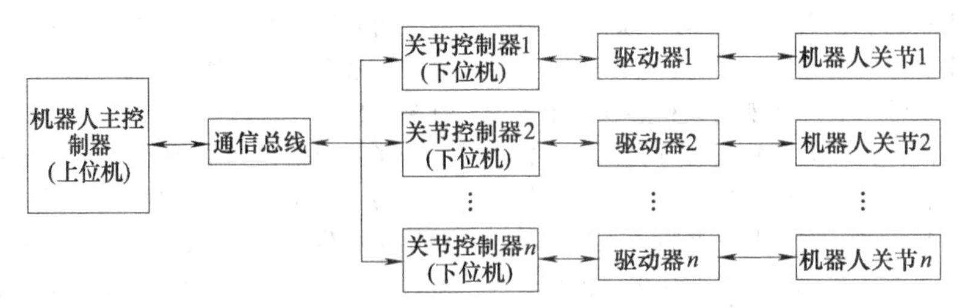

图 23-1-8　分布式机器人控制器结构框图

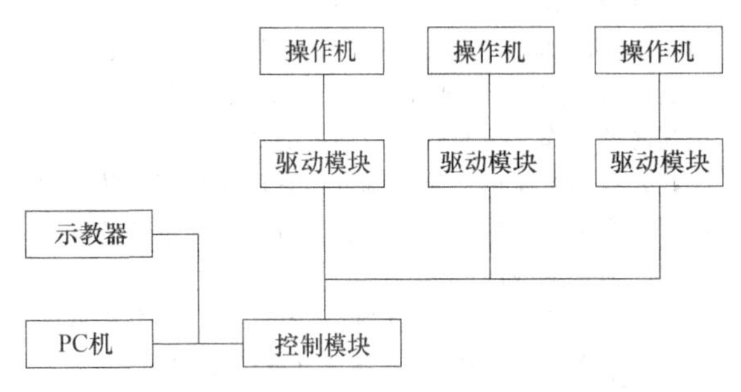

图 23-1-9　ABB 机器人控制器 IRC5 的模块化分布设计

够执行高级控制算法，为多达 36 个伺服轴进行复合路径计算，并且可指挥四个驱动模块。控制模块采用开放式系统架构，配备基于商用 Intel 主板和处理器的工业 PC 机以及 PCI 总线。如需增加机器人的数量，只需为每台新增机器人增装一个驱动模块，还可选择安装一个过程模块。各模块间只需要两根连接电缆，一根为安全信号传输电缆，另一根为以太网连接电缆，供模块间通信使用，模块连接简单易行。由于采用标准组件，用户不必担心设备淘汰问题，随着计算机处理技术的进步能随时进行设备升级。

1.2.3　示教器

示教器也称示教编程器或示教盒，主要由液晶屏幕和操作按键组成，可由操作者手持移动。它是机器人的人机交互接口，机器人的所有操作基本上都是通过示教器来完成的，如点动机器人编写、测试和运行机器人程序，设定、查阅机器人状态设置和位置等。如图 23-1-10 所示，实际操作时，当用户按下示教器上的按键时，示教器通过线缆向主控计算机发出相应的指令代码（S0），此时，主控计算机上负责串口通信的通信子模块接收指令代码（S1）；然后由指令码解释模块分析判断该指令码，并进一步向相关模块发送与指令码相应的消息（S2），以驱动有关模块完成该指令码要求的具体功能（S3）；同时，为让操作用户时刻掌握机器人的运动位置和各种状态信息，主控计算机的相关模块同时将状态信息（S4）经串口发送给示教器（S5），在液晶显示屏上显示，从而与用户沟通，完成数据的交换功能。因此，示教器实质上就是一个专用的智能终端。

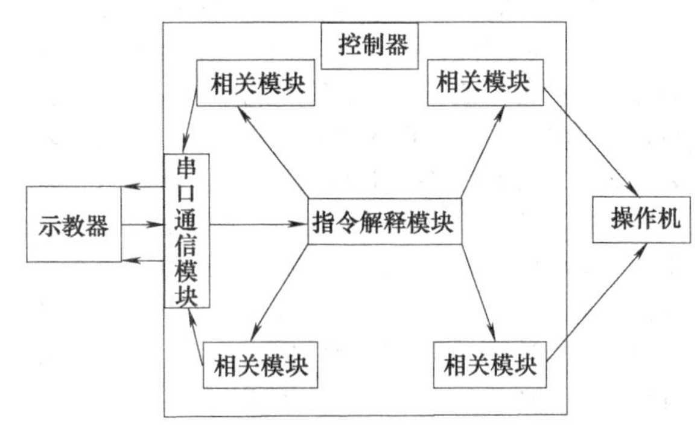

图 23-1-10　示教时的数据流关系

1.2.4　驱动系统

工业机器人的驱动系统，按动力源分为电动、液压和气动三大类。根据需要也可由这三种基本类型组合成复合式的驱动系统，如电液伺服驱动系统。

（1）电动驱动系统

工业机器人电动伺服驱动系统是利用各种电动机产生的力矩和力直接或间接地驱动工业机器人本体。以获得工业机器人的各种运动的执行机构。对工业机器人关节驱动的电动机，要求有最大功率质量比和扭矩惯量比、高启动转矩、低惯量、较宽广且平滑的调速范围。特别是工业机器人末端执行器（手爪）应采用体积、质量尽可能小的电动机，尤其是要求快速响应时，伺服电动机必须具有较高的可靠性和稳定性，并且具有较大的短时过载能力。这是伺服电动机在工业机器人中应用的先决条件。

1）直流伺服电动机驱动器。直流伺服电动机驱动器多采用脉宽调制（PWM）伺服驱动器，通过改变脉冲宽度来改变加在电动机电枢两端的平均电压，从而改变电动机的转速。PWM 伺服驱动器具有调速范围宽、低速特性好、响应快、效率高、过载能力强等特点，在工业机器人中常作为直流伺服电动机驱动器。

2）同步式交流伺服电动机驱动器。同直流伺服电动机驱动系统相比，同步式交流伺服电动机驱动器具有转矩转动惯量比高、无电刷及换向火花等优点，在工业机器人中得到广泛应用。同步式交流伺服电动机驱动器通常采用电流型脉宽调制（PWM）相逆变器和具有电流环为内环、速度环为外环的多闭环控制系统，以实现对三相永磁同步伺服电动机的电流控制。根据工作原理、驱动电流波形和控制方式的不同，同步式交流伺服电动机驱动系统又可分为矩形波电流驱动的永磁交流伺服系统和正弦波电流驱动的永磁交流伺服系统两种。采用矩形波电流驱动的永磁交流伺服电动机称为无刷直流伺服电动机，采用正弦波电流驱动的永磁交流伺服电动机称为无刷交流伺服电动机。

3）步进电动机驱动器。步进电动机是将电脉冲信号变换为相应的角位移或直线位移的元件，它的角位移和线位移量与脉冲数成正比。转速或线速度与脉冲频率成正比。在负载能力的范围内，这些关系不因电源电压、负载大小、环境条件的波动而变化，误差不长期积累，步进电动机驱动系统可以在较宽的范围内，通过改变脉冲频率来调速，实现快速启动、正反转、制动。作为一种开环数字控制系统，在小型工业机器人中得到较广泛的应用。但由于其存在过载能力差、调速范围相对较小、低速运动有脉动、不平衡等缺点，一般只应用于小型或简易型机器人中。步进电动机所用的驱动器，主要包括脉冲发生器、环形分配器和功率放大器等几大部分，其原理框图如图23-1-11所示。

4）直接驱动。所谓直接驱动（DD）系统，就是电动机与其所驱动的负载直接耦合在一起，中间不存在任何减速机构。同传统的电动机伺服驱动相比，DD系统减少了减速机构，从而减少了系统传动过程中减速机构所产生的间隙和松动，极大地提高了机器人的精度，同时也减少了由于减速机构的摩擦及传送转矩脉动所造成的工业机器人控制精度降低。由于DD系统具有上述优点，所以其机械刚性好，可以实现高速高精度动作，且具有部件少、结构简单、容易维修、可靠性高等特点，在高精度、高速工业机器人应用中越来越引起人们的重视。DD系统技术的关键环节是DD电动机及其驱动器。它应具有以下特性。

① 输出转矩大：为传统驱动方式中伺服电动机输出转矩的50～100倍。

② 转矩脉动小：DD电动机的转矩脉动可抑制在输出转矩的5%～10%以内。

③ 效率：与采用合理阻抗匹配的电动机（传统驱动方式下）相比，DD电动机是在功率转换较差的条件下工作的。因此，负载越大，越倾向于选用较大的电动机。目前，DD电动机主要分为变磁阻型和变磁阻混合型，有以下两种结构型式：双定子结构变磁阻型DD电动机和中央定子型结构的变磁阻混合型DD电动机。

5）特种驱动器。

① 压电驱动器。利用压电元件的电或电致伸缩现象已制造出应变式加速度传感器和超声波传感器，压电驱动器利用电场能把几微米到几百微米的位移控制在高于微米级大的力，所以压电驱动器一般用于特殊用途的微型工业机器人系统中。

② 超声波电动机。

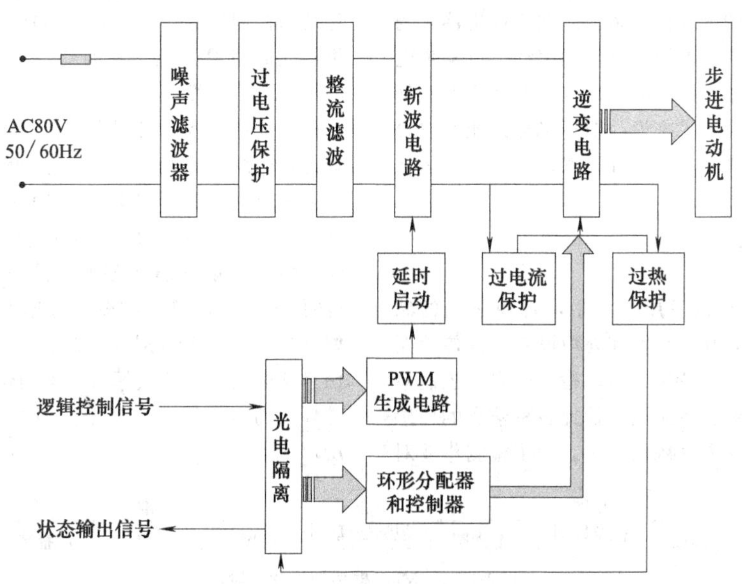

图23-1-11　步进电动机驱动器原理框图

第23篇

③ 真空电动机。用于超洁净环境下工作的真空工业机器人，例如用于搬运半导体硅片的超真空工业机器人等。

(2) 液压驱动系统

在机器人的发展过程中液压驱动是较早被采用的驱动方式。世界上首先问世的商品化机器人尤尼美特即为液压驱动的机器人。液压驱动主要用于中大型机器人和有防爆要求的机器人。一个完整的液压驱动系统由五部分组成，即动力元件、执行元件、控制元件、辅助元件（附件）和液压油。

(3) 气动驱动系统

气动驱动系统在多数情况下用于实现两位式的或有限点位控制的中、小机器人中。这类机器人多是圆柱坐标型和直角坐标型或二者的组合型结构，3～5个自由度，负荷在 200N 以内，速度 300～1000mm/s，重复定位精度为±0.1～±0.5mm。控制装置目前多数选用可编程控制器（PLC 控制器）。在易燃、易爆的场合下可采用气动逻辑元件组成控制装置。气动机器人采用压缩空气为动力源，一般从工厂的压缩空气站引到机器作业位置，也可单独建立小型气源系统。由于气动机器人具有气源使用方便、不污染环境、动作灵活迅速、工作安全可靠、操作维修简便以及适于在恶劣环境下工作等特点，因此它在冲压加工、注塑及压铸等有毒或高温条件下作业，机床上、下料，仪表及轻工行业中、小型零件的输送和自动装配等作业，食品包装及输送，电子产品输送、自动插接，弹药生产自动化等方面获得广泛应用。

(4) 电液伺服驱动系统

电液伺服驱动系统是由电气信号处理单元与液压功率输出单元组成的闭环控制系统。在工业机器人的电液伺服驱动系统中，常用的电液伺服动力机构是电液伺服液压缸和电液伺服摆动电动机。对采用电液伺服驱动系统的工业机器人来说，期望机器人能够按给定的运动规律实现其运动位置和姿态，且机器人运动速度可控。

1.2.5　传感器

在当今信息时代的发展过程中，各种信息的感知、功能的采集、转换、传输和处理设备——传感器已成为各个应用领域，特别是自动检测、自动控制系统中不可缺少的重要技术工具。捕捉各种信息的传感器无疑是“掌握”这些系统的命脉。为了检测作业对象及环境或机器人与它们的关系，在机器人上安装速度传感器、加速度传感器、触觉传感器、视觉传感器、力觉传感器、接近觉传感器、超声波传感器和听觉传感器等，能够很大程度上改善机器人工作状况，使其更充分地完成复杂的工作。根据检测对象的不同可以将传感器分为内传感器和外传感器。内传感器多用来检测机器人本身状态（如手臂间角度），多为检测位置和角度的传感器。外部传感器多用来检测机器人所处环境（如是哪种物体，离物体的距离有多远等）及状况（如抓取的物体时是否有滑动），具体有物体识别传感器、力觉传感器、接近觉传感器、距离传感器、听觉传感器等。由于外部传感器为集多种学科于一身的产品，有些方面还在探索之中，随着外部传感器的进一步完善，机器人的功能会越来越强大，将在许多领域为人类做出更大贡献。

1.3　视觉技术

人们通过眼睛来获取客观世界的信息，因此视觉信息是当前信息研究的中心内容之一。视觉传感器具有快速获取大量信息、易于自动处理且精度高、易于同设计信息以及加工控制信息集成、非接触式感知环境等特点，因此机器人视觉系统在机器人的研究和应用中占有十分重要的地位，对机器人的智能化起着决定性的作用。机器人视觉伺服系统的研究不仅具有重要的理论意义，而且具有广阔的工业应用前景。

视觉伺服是利用从图像中提取的视觉信息特征，进行机器人末端执行器的位置闭环控制。具体讲，它是利用机器视觉的原理，应用视觉传感器得到目标和机器人的图像信息，并通过快速图像处理和图像理解，在尽可能短的时间内给出反馈信息，参与机器人的控制决策，构成机器人位置闭环控制系统。从计算理论这个层次来看，视觉信息处理必须用三级内部表达来加以描述。所谓表达，是指一种能把某些实体或几类信息描述清楚的形式化系统，以及说明该系统如何行使其职能的若干规则。这三级表达是：要素图（图像的表达）、2.5 维图（可见表面的表达）和三维模型表达（用于识别的三维物体形状表达）。即视觉信息从最初的原始数据（二维图像数据）到最终对三维环境的表达经历了三个阶段的处理，如图 23-1-12 所示。

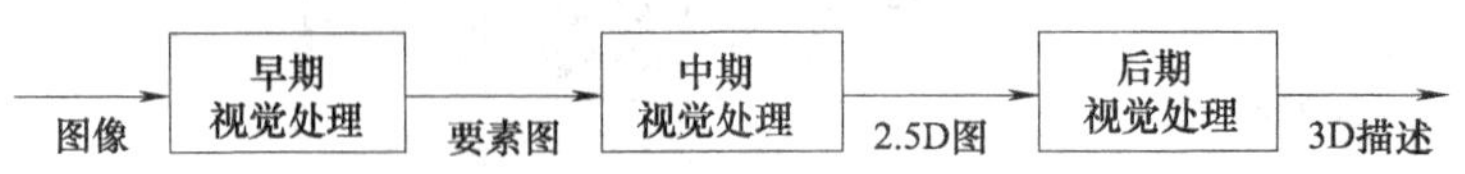

图 23-1-12　Marr 框架的视觉三阶段

我国的视觉伺服研究正在迅速发展，并取得了一些初步性成果。在机器人视觉伺服控制系统的理论研究及实现方面已经进行了大量深入的工作，机器人视觉在产品检验、机器人装配、搬运、焊接以及为移动机器人导航等方面正逐步走向应用，某些带有视觉的智能机器人系统也接近实用化。但是，由于实际问题的复杂性，视觉控制算法有待进一步研究，具体实现过程中仍存在视觉信息处理瓶颈、适用范围窄等实际问题。目前工业领域应用的机器人视觉系统仍处于专用的简易视觉系统，通过简单的图像特征提取、模板匹配完成二维目标识别、定位或跟踪等视觉任务，复杂的三维视觉系统仍处于研究开发阶段。

1.4　工业机器人主要性能参数

工业机器人的技术参数是各工业机器人制造商在产品供货时所提供的技术数据。表 23-1-2～表 23-1-4 分别为三种工业机器人的主要技术参数。尽管各厂商提供的技术参数不完全一样，工业机器人的结构、用途等有所不同，且用户的要求也不同，但工业机器人的主要参数一般应有自由度、定位精度、工作范围、最大工作速度和承载能力等。

表 23-1-2　三菱装配机器人 Movemaster EXRV—M1 的主要技术参数

项目		技术参数（5 自由度，立式关节式）
工作空间	腰部转动	（最大角速度）
	肩部转动	（最大角速度）
	肘部转动	（最大角速度）
	腕部俯仰	（最大角速度）
	腕部翻转	（最大角速度）
臂长	上臂	250mm
	前臂	160mm
承载能力		最大 1.2kg（包括手爪）
最大线速度		（腕表面）
重复定位精度		0.3mm（腕旋转中心）
驱动速度		直流伺服电机
机器人重量		约 19kg
电机功耗		J1 到 J3 轴：30W；J4、J5 轴：11W

（1）自由度（degree of freedom）

自由度是指机器人所具有的独立坐标轴运动的数目，不包括手爪（末端操作器）的开合自由度。在三维空间中描述一个物体的位置和姿态（简称位姿）需要 6 个自由度，但是工业机器人的自由度是根据其用途而设计的，可能小于 6 个自由度，也可能大于 6 个自由度。例如，A4020 装配机器人具有 4 个自由度，可以在印刷电路板上接插电子器件；PUMA562 机器

表 23-1-3　PUMA562 机器人的主要技术参数

项　　目	技术参数
自由度	6
驱动	直流伺服电机
手爪控制	气动
控制器	系统机
重复定位精度	
承载能力	4.0kg
手腕中心最大距离	866mm
直线最大速度	
功率要求	1150W
重量	182kg

表 23-1-4　BR-210 并联机器人的主要技术参数

项　　目	技术参数
载重能力	25kg
轴数	33
重复定位精度	0.5mm
工作范围	长：1100mm；高：400mm；旋转
最大速度	6m/s
最大加速度	$40m/s^2$
电源电压	200～600V，50/60Hz
额定功率	KAV

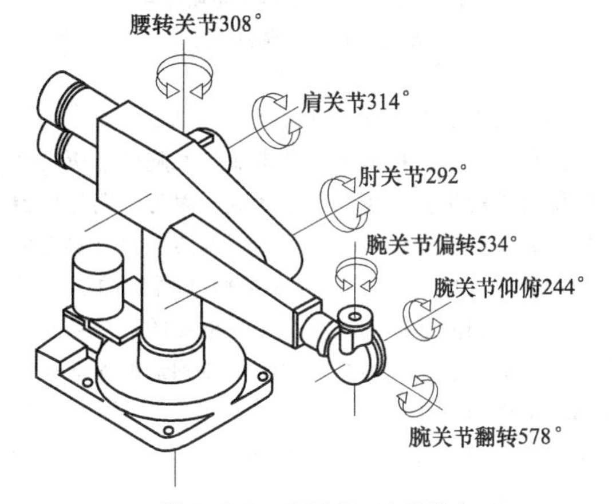

图 23-1-13　PUMA562 机器人

人具有 6 个自由度，如图 23-1-13 所示，可以进行复杂空间曲面的弧焊作业。从运动学的观点看，在完成某一特定作业时具有多余自由度的机器人，叫做冗余自由度机器人。例如，PUMA562 机器人去执行印刷电路板上接插电子器件的作业时就成为冗余自由度机器人。利用冗余自由度可以增加机器人的灵活性、躲避障碍物和改善动力性能。人的手臂（大臂、小臂、手腕）共有 7 个自由度，所以工作起来很灵巧，手部可回避障碍而从不同方向到达同一个目的点。

无论机器人的自由度有多少，其在运动形式上分为两种，即直线运动（P）和旋转运动（R），如

RPRR 表示有 4 个运动自由度，从基座到臂端，关节的运动方式为旋转—直线—旋转—旋转。

（2）定位精度（positioning accuracy）

工业机器人精度是指定位精度和重复定位精度。定位精度是指机器人手部实际到达位置与目标位置之间的差异。重复定位精度是指机器人重复定位其手部于同一目标位置的能力，可以用标准偏差这个统计量来表示，它是衡量一列误差值的密集度（即重复度），如图 23-1-14 所示。

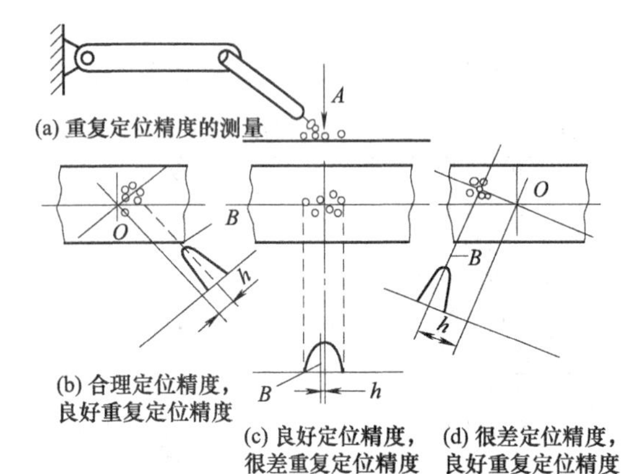

图 23-1-14　工业机器人定位精度和重复定位精度的典型情况

（3）工作范围（workspace）

工作范围是指机器人手臂末端或手腕中心所能到达的所有点的集合，也叫工作区域。因为末端操作器的尺寸和形状是多种多样的，为了真实反映机器人的特征参数，这里是指不安装末端操作器时的工作区域。工作范围的形状和大小是十分重要的，机器人在执行作业时可能会因为存在手部不能到达的作业死区（deadzone）而不能完成任务。图 23-1-15 和图23-1-16 所示分别为 PUMA 机器人和 A4020 型 SCARA 机器人的工作范围。

（4）速度（speed）和加速度

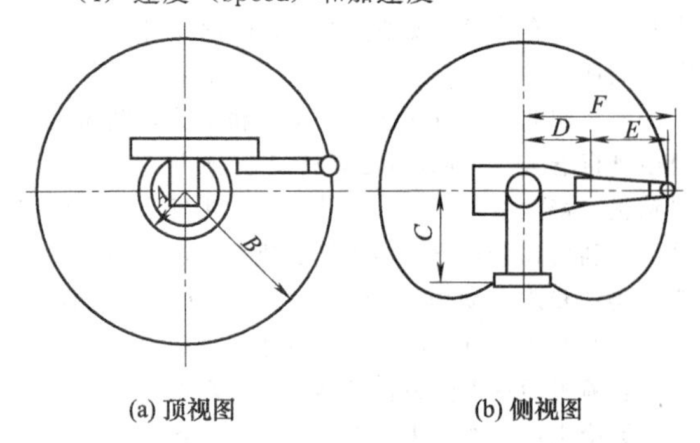

图 23-1-15　PUMA 机器人工作范围

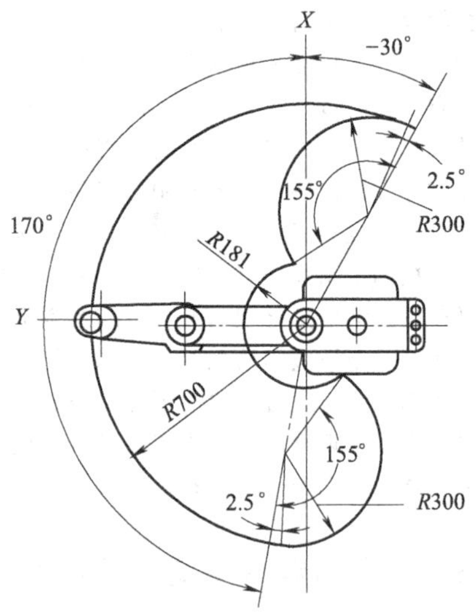

图 23-1-16　A4020 型 SCARA 机器人工作范围

速度和加速度是表明机器人运动特性的主要指标。说明书中通常提供了主要运动自由度的最大稳定速度，但在实际应用中单纯考虑最大稳定速度是不够的。这是因为，由于驱动器输出功率的限制，从启动到最大稳定速度或从最大稳定速度到停止，都需要一定时间。如果最大稳定速度高，允许的极限加速度小，则加减速的时间就会长一些，对应用而言的有效速度就要低一些；反之，如果最大稳定速度低，允许的极限加速度大，则加减速的时间就会短一些，这有利于有效速度的提高。但如果加速或减速过快，有可能引起定位时超调或振荡加剧，使得到达目标位置后需要等待振荡衰减的时间增加，则也可能使有效速度降低。所以，考虑机器人运动特性时，除注意最大稳定速度外，还应注意其最大允许的加减速度。

（5）承载能力（payload）

承载能力是指机器人在工作范围内的任何位姿上所能承受的最大质量。承载能力不仅决定于负载的质量，而且还与机器人运行的速度和加速度的大小、方向有关。为了安全起见，承载能力这一技术指标是指机器人高速运行时的承载能力。通常，承载能力不仅指负载，而且还包括了机器人末端操作器的质量。机器人有效负载的大小除受到驱动器功率的限制外，还受到杆件材料极限应力的限制，并且和环境条件（如地心引力）、运动参数（如运动速度、加速度以及它们的方向）有关。如加拿大臂，它的额定可搬运质量为 15000kg，在运动速度较低时能达到 30000kg。然而，这种负荷能力只是在太空中失重条件下才有可能达到，在地球上，该手臂本身的重量达 450kg，它连自重引起的臂杆变形都无法承受，更谈不上搬运质量了。一三菱装配机器人带电动手爪时的承载能力示意如图 23-1-17

所示。

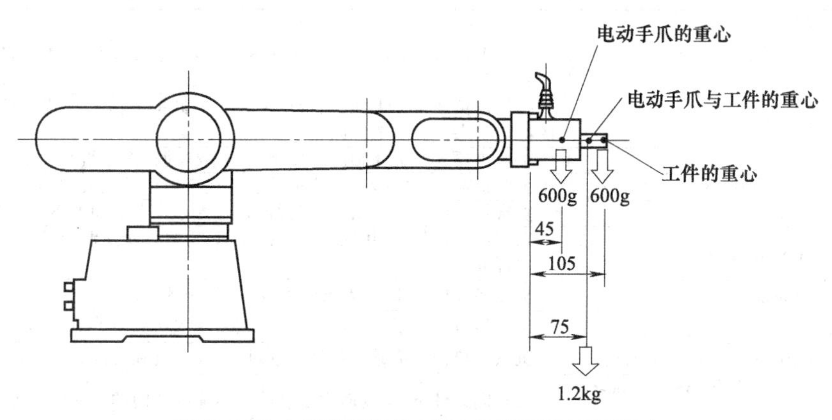

图 23-1-17 三菱装配机器人带电动手爪时的承载能力

1.5 工业机器人基本术语

参照国家标准 GB/T 12642—2013 和 GB/T 12643—2013，本篇所涉及的机器人专用术语，部分见本章前面几节，其余列于本节。

1.5.1 有关机械结构和性能的术语

表 23-1-5 **有关机械结构和性能的术语**

术 语	含 义
轴(axis)	描述机器人构件独立运动的方向线(可沿此做直线运动或转动)
绝对坐标系(world coordinate system)	参照工作现场地面的坐标系
机座坐标系(base coordinate system)	以机座安装面为参照的坐标系
机械接口坐标系(mechanical interface coordinate system)	参照末端执行器机械接口的坐标系
杆件坐标系(link coordinate system)	参照工业机器人指定构件的坐标系
位姿(pose)	工业机器人末端执行器在指定坐标系中的位置和姿态
调准位姿(alignment pose)	机械接口坐标系相对于机座坐标系的一个指定位姿
工具中心(tool center point)	在机械接口坐标系中,根据工作要求定义的实点或虚点,是一个和工具有关的参考点
自由度(degree of freedom)	表示工业机器人动作灵活程度的参数,一般是以沿轴线移动和绕轴线转动的独立运动数来表示
手腕参考点(wrist reference point)	手腕两个最前端轴的交点,无交点时则为前端轴的一个规定点
工作空间(working space)	工业机器人正常运行时,手腕参考点能在空间活动的最大范围
机械原点(mechanical origin)	在机座坐标系中,工业机器人的各运动轴都归零时的原始点
操作原点(operating origin)	工业机器人操作时选定的基准点
额定速度(rated velocity)	工业机器人在额定负载、匀速运动过程中,机械接口中心或工具中心的最大速度
单轴速度(individual axis velocity)	某一轴运动时的速度
合成速度(resultant velocity)	由各轴速度分量合成的速度
路径速度(path velocity)	在连续路径控制中,末端执行器或工具中心沿指定路径运动时获得的合成速度
额定加速度(rated acceleration)	工业机器人在额定负载、等加速运动过程中,机械接口中心或工具中心速度的最大变化率
单轴加速度(individual axis acceleration)	某一轴在运动时的加速度
合成加速度(resultant acceleration)	由各轴加速度的分量合成的加速度
轨迹加速度(path acceleration)	在连续轨迹控制中,末端执行器或工具中心沿指定轨迹运动达到预定速度前的合成加速度
负载(load)	是机器人所承受质量、惯性力矩和静、动态力的一种能力,在规定的速度和加速度条件下,用沿各运动轴方向作用于机械接口处的力和转矩来表示
额定负载(rated load)	在工业机器人规定的性能范围内,机械接口处能承受负载的允许值
极限负载(limiting load)	工业机器人在限制的操作条件下,保证其机械结构不损坏、机械接口处能承受负载的最大值
最大推力(maximum thrust)	保证工业机器人机械结构不损坏的情况下,连续作用于机械接口处力的最大值

续表

术语	含义
最大力矩(转矩)[maximum moment (torque)]	保证工业机器人机构不损坏的情况下,连续作用于机械接口处力矩(转矩)的最大值
定位时间(positioning time)	在额定负载条件下,机械接口中心或工具中心由某一位置运动到另一位置的稳定状态所需要的时间
分辨力(resolution)	工业机器人各运动轴能够实现的最小移动距离或最小转动角度
静态柔顺性(static compliance)	工业机器人机械接口上施加单位负载所产生的最大位移量
位姿准确性(pose accuracy)	多次执行同一位姿指令,实到位姿与指令位姿之间的不一致程度
位姿重复性(pose repeata bility)	在相同的条件下,用同一方法操作时,重复多次所测得的同一位姿散布的不一致程度
路径准确度(path accuracy)	机械接口中心跟随指令运动路径的不一致程度
路径重复性(path repeatability)	机械接口中心沿同一路径运动,重复多次所测得的路径的不一致程度
路径速度准确度(path velocity accuracy)	机械接口中心沿某一路径运动时,指令速度和实际速度之间的不一致程度
路径速度重复性(path velocity repeatability)	在相同条件下,重复多次运动的实际速度之间的不一致程度
循环时间(cycle time)	机器人重复执行一个给定的操作程序所需要的时间
路径速度波动(path velocity fluctuation)	对一指令速度重复一次时速度的最大偏差
距离准确度(distance accuracy)	指令距离和实到距离平均值之间位置和姿态的偏差
距离重复性(distance repeatability)	在同一方向上对同一指令距离重复运行 n 次,n 个实到距离之间散布的不一致程度
位姿稳定时间(pose stabilization time)	从机器人发出"位姿到达"信号的瞬间至实际位姿达到规定偏差之内的瞬时止所经历的时间
位姿超调量(pose overshoot)	机器人给出位姿到达信号后,瞬时位姿和稳定位姿之间的最大偏差
位姿准确度漂移(drift pose accuracy)	在指定时间间隔内实到位姿的缓慢变化程度
拐角偏差(corner deviation)	当指令路径由互相垂直两直线组成时,在拐角处指令路径和实际路径之间的偏差
稳定路径长度(stable path length)	从指令路径拐角点起,到在第二段指令路径上机器人开始能按路径特性运行的点之间的长度

1.5.2 有关控制和安全的术语

表 23-1-6 有关控制和安全的术语

术语	含义
协调控制(cooperative control)	使多手臂或多台机器人互相协调,同时进行一种或多种作业的控制
分级控制(hiemrchical control)	将系统按控制的性质或规模分为几个级别,对各级采用相应的控制装置进行控制
自适应控制(adaptive control)	在控制系统中,不断地自动修正控制参数,以达到接近最佳性能和要求的控制
群控系统(group control system)	用一个控制装置集中控制多台机器人,或集中控制多台控制对象的控制系统
感觉控制(sensory control)	机器人的运动或力可按照外部传感器输出信号进行调整的控制方式
学习控制(learning control)	将过去作业周期中取得的经验自动地用于改变控制参数和(或)算法的控制方式
自动方式(automatic mode)	机器人控制系统按照作业程序进行的操作方式
手动方式(manual mode)	机器人通过诸如按钮或操作杆等进行操作的方式
正常操作状态(自动操作)(normal operating state, automatic operation)	通过执行连续程序而无误地完成其编程作业的机器人状态
紧急停机功能(emergency stop function)	为防止由于机器人的误动作产生危险所具有迅速而准确停机的能力
报警功能(warning function)	机器人具有事先警告潜在人身安全事故等的能力
示教编程(teaching programming)	通过人工导引末端执行器或机械模拟装置或示教盒进行示教,使机器人运动达到预期要求的示教方式
目标编程(goal directed programming)	所需完成的任务由程序员给出,而末端执行器的轨迹不预先确定的编程方法
存储容量(memory capacity)	机器人的存储器中可存储的位置、顺序、速度等信息量,通常用时间或位置点数来表示
自诊断功能(self diagnosis ability)	机器人判断本身的全部或部分状态是否处于正常的能力
示教盒(teaching box)	与控制系统连接,用以对机器人编程(或使之运动)的一种手持装置
操作杆(joystick)	通过所测不同位置和姿态或给出的力,产生机器人控制系统指令的一种手动控制装置

1.6　工业机器人分类

关于工业机器人的分类，国际上没有制定统一的标准，有的按负载质量分，有的按控制方式分，有的按自由度分，有的按结构分，有的按应用领域分。例如，机器人首先在制造业大规模应用，所以机器人曾被简单地分为两类，即用于汽车、IT、机床等制造业的机器人称为工业机器人，其他的机器人称为特种机器人。随着机器人应用的日益广泛，这种分类显得过于粗糙。现在除工业领域之外，机器人技术已经广泛地应用于农业、建筑、医疗、服务以及空间和水下探索等多个领域。依据具体应用领域的不同，工业机器人又可分成物流、码垛、服务等搬运型机器人和焊接、车铣、修磨、注塑等加工型机器人等。可见，机器人的分类方法和标准很多。

1.6.1　按结构特征划分

机器人的结构形式多种多样，典型机器人的运动特征用其坐标特性来描述。按结构特征来分，工业机器人通常可以分为直角坐标机器人、柱面坐标机器人、球面坐标机器人（又称极坐标机器人）、多关节机器人、并联关节机器人等，如图 23-1-18 所示。

（1）直角坐标机器人

直角坐标机器人是指在工业应用中，能够实现自动控制的、可重复编程的、在空间上具有相互垂直关系的三个独立自由度的多用途机器人，其结构如图 23-1-19 所示。直角坐标机器人末端执行器的姿态由参数（x，y，z）决定。

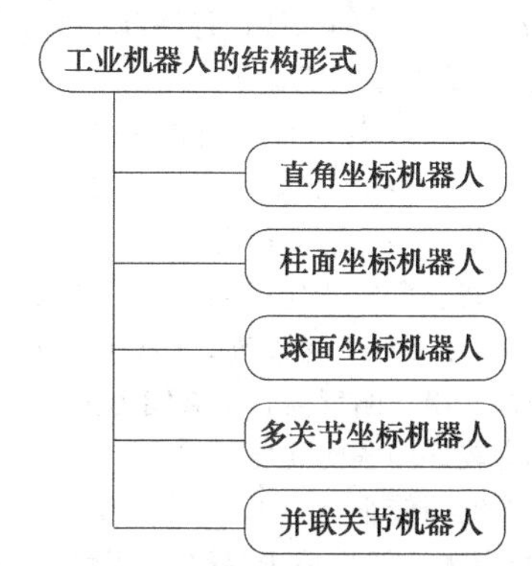

图 23-1-18　工业机器人结构形式类型

从图 23-1-19 中可以看出，机器人在空间坐标系中有三个相互垂直的移动关节 X、Y、Z，每个关节都可以在独立的方向移动。

直角坐标机器人的特点是直线运动，控制简单。缺点是灵活性较差，自身占据空间较大。

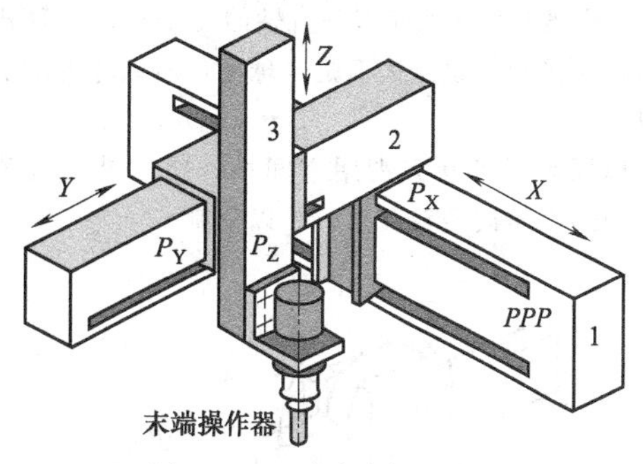

图 23-1-19　直角坐标机器人

目前，直角坐标机器人可以非常方便地用于各种自动化生产线中，完成诸如焊接、搬运、上下料、包装、码垛、检测、探伤、分类、装配、贴标、喷码、打码、喷涂、目标跟随以及排爆等一系列工作。

（2）柱面坐标机器人

柱面坐标机器人是指能够形成圆柱坐标系的机器人，如图 23-1-20 所示。其结构主要由一个旋转机座形成的转动关节和垂直、水平移动的两个移动关节构成。柱面坐标机器人末端执行器的姿态由参数（z，r，θ）决定。

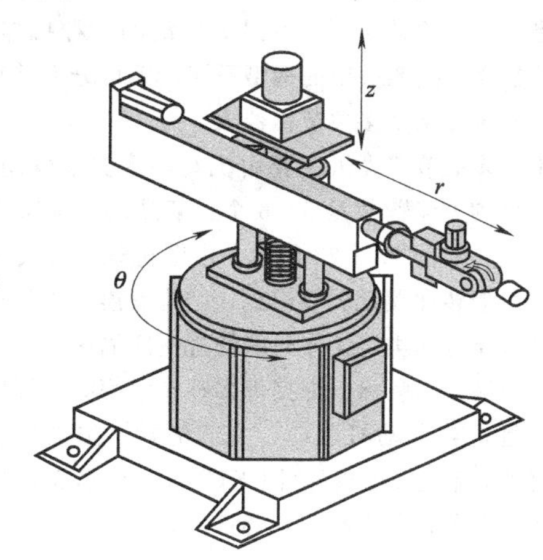

图 23-1-20　柱面坐标机器人

柱面坐标机器人具有空间结构小、工作范围大、末端执行器速度高、控制简单、运动灵活等优点。缺点是工作时必须有沿 r 轴线前后方向的移动空间，空间利用率低。

目前，柱面坐标机器人主要用于重物的装卸、搬运等工作。著名的 Versatran 机器人就是一种典型的柱面坐标机器人。

（3）球面坐标机器人

球面坐标机器人的结构如图 23-1-21 所示，一般由两个回转关节和一个移动关节构成。其轴线按极坐标配置，R 为移动坐标，β 是手臂在铅垂面内的摆动角，θ是绕手臂支承底座垂直轴的转动角。这种机器人运动所形成的轨迹表面是半球面，所以称为球面坐标机器人。

球面坐标机器人占用空间小，操作灵活且范围大，但运动学模型较复杂，难以控制。

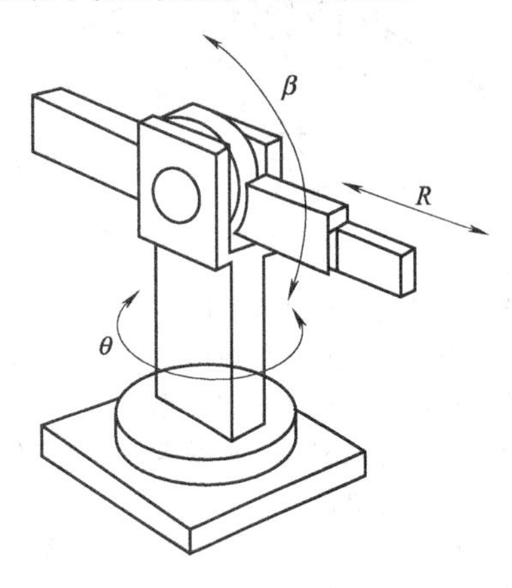

图 23-1-21　球面坐标机器人

(4) 多关节机器人

关节机器人也称关节手臂机器人或关节机械手臂，是当今工业领域中应用最为广泛的一种机器人。多关节机器人按照关节的构型不同，又可分为垂直多关节机器人和水平多关节机器人。

垂直多关节机器人主要由机座和多关节臂组成，目前常见的关节臂数是3～6个。某品牌六关节臂机器人的结构如图 23-1-22 所示。由图可知，这类机器人由多个旋转和摆动关节组成，结构紧凑，工作空间大，动作接近人类，工作时能绕过机座周围的一些障碍物，对装配、喷涂、焊接等多种作业都有良好的适应性，且适合电动机驱动，关节密封、防尘比较容易。目前，瑞士 ABB、德国 KUKA、日本安川以及国内的一些公司都在推出这类产品。

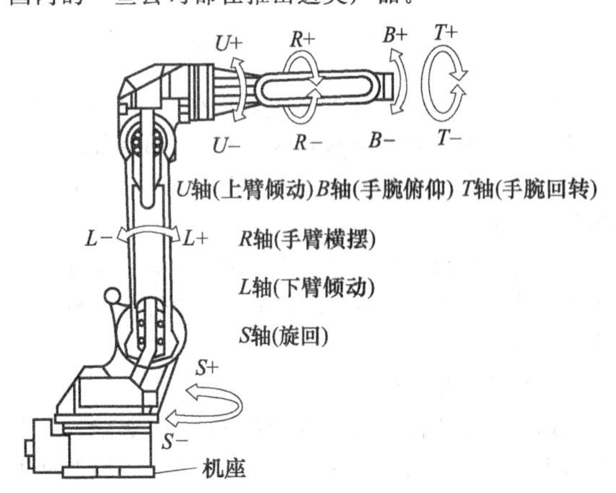

图 23-1-22　六关节臂机器人的结构

水平多关节机器人也称为 SCARA（selective compliance assembly robot arm）机器人，水平多关节机器人的结构如图 23-1-23 所示。这类机器人一般具有四个轴和四个运动自由度，它的第一、二、四轴具有转动特性，第三轴具有线性移动特性，并且第三轴和第四轴可以根据工作需要的不同，制造成多种不同的形态。水平多关节机器人的特点在于作业空间与占地面积比很大，使用起来方便；在垂直升降方向刚性好，尤其适合平面装配作业。

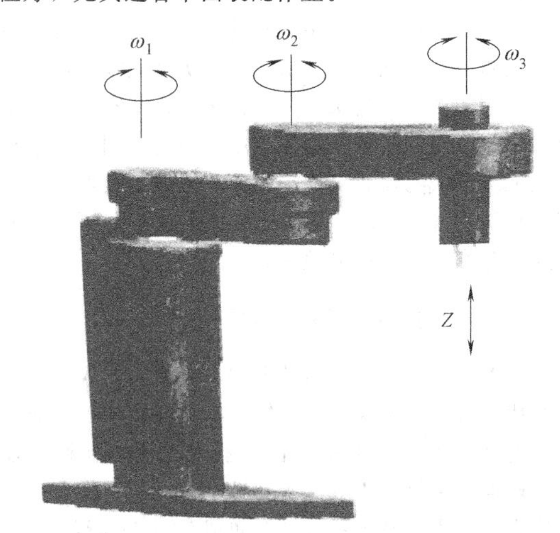

图 23-1-23　水平多关节机器人

目前，水平多关节机器人广泛用于电子产品、汽车，塑料、药品和食品等工业领域，用以完成搬取、装配、喷涂和焊接等操作。

(5) 并联机器人

并联机器人是近些年来发展起来的一种由固定机座和具有若干自由度的末端执行器以不少于两条独立运动链连接形成的新型机器人。

图 23-1-24 所示为六自由度并联机器人。和串联机器人相比，并联机器人具有以下特点：

① 无累积误差，精度较高。

② 驱动装置可置于定平台上或接近定平台的位置，运动部分重量轻，速度高，动态响应好。

③ 结构紧凑，刚度高，承载能力大。

④ 具有较好的各向同性。

⑤ 工作空间较小。

并联机器人广泛应用于装配、搬运、上下料、分拣、打磨、雕刻等需要高刚度、高精度或者大载荷而无需很大工作空间的场合。

1.6.2　按控制方式划分

工业机器人根据控制方式的不同，可以分为伺服控制机器人和非伺服控制机器人两种。机器人运动控制系统最常见的方式就是伺服系统。伺服系统是指精确地跟随或复现某个过程的反馈控制系统。在很多情况下，机器人伺服系统的作用是驱动机器人机械手准确地跟随系统输出位移指令，达到位置的精确控制和轨迹的准确跟踪。

伺服控制机器人又可细分为连续轨迹控制机器人和点位控制机器人。点位控制机器人的运动为空间点到点之间的直线运动。连续轨迹控制机器人的运动轨迹可以是空间的任意连续曲线。

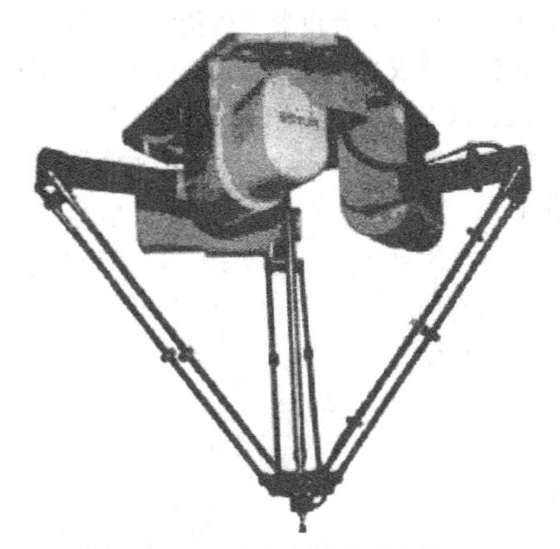

图 23-1-24　六自由度并联机器人

1.6.3　按驱动方式划分

根据能量转换方式的不同，工业机器人驱动类型可以划分为气压驱动、液压驱动、电力驱动和新型驱动四种类型。

（1）气压驱动

气压驱动机器人是以压缩空气来驱动执行机构的。这种驱动方式的优点是：空气来源方便，动作迅速，结构简单。缺点是：工作的稳定性与定位精度不高，抓力较小，所以常用于负载较小的场合。

（2）液压驱动

液压驱动是使用液体油液来驱动执行机构的。与气压驱动机器人相比，液压驱动机器人具有大得多的负载能力，其结构紧凑，传动平稳，但液体容易泄漏，不宜在高温或低温场合作业。

（3）电力驱动

电力驱动是利用电动机产生的力矩驱动执行机构的。目前，越来越多的机器人采用电力驱动方式。电力驱动易于控制，运动精度高，成本低。

电力驱动又可分为步进电动机驱动、直流伺服电动机驱动及无刷伺服电动机驱动等方式。

（4）新型驱动

伴随着机器人技术的发展，出现了利用新的工作原理制造的新型驱动器，如静电驱动器、压电驱动器、形状记忆合金驱动器、人工肌肉及光驱动器等。

1.6.4　按应用领域划分

工业机器人按作业任务的不同可以分为焊接、搬运、装配、码垛、喷涂等类型机器人。

（1）焊接机器人

焊接机器人是从事焊接作业的工业机器人，如图 23-1-25 所示。焊接机器人常用于汽车制造领域，是应用最为广泛的工业机器人之一。目前，焊接机器人的使用量约占全部工业机器人总量的 30%。

焊接机器人又可以分为点焊机器人和弧焊机器人。焊接机器人主要具有以下优点：

① 可以稳定提高焊件的焊接质量。

② 提高了企业的劳动生产率。

③ 改善了工人的劳动强度，可替代人类在恶劣环境下工作。

④ 降低了工人操作技术的要求。

⑤ 缩短了产品改型换代的准备周期，减少了设备投资。

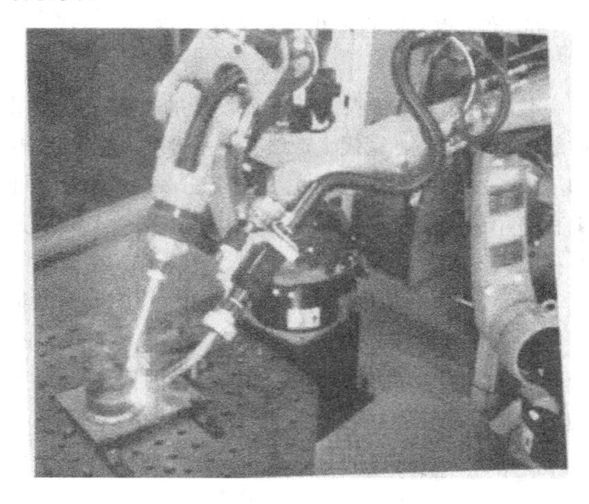

图 23-1-25　焊接机器人

图 23-1-26　搬运机器人

(2) 搬运机器人

搬运机器人是可以进行自动搬运作业的工业机器人，如图 23-1-26 所示。最早的搬运机器人是 1960 年美国设计的 Versatran 和 Unimate，搬运时机器人末端夹具设备握持工件，将工件从一个加工位置移动到另一个加工位置。目前世界上使用的搬运机器人超过 10 万台，广泛用于机床上下料、压力机自动化生产线、自动装配流水线、码垛搬运、集装箱搬运等场合。

搬运机器人又分为可以移动的搬运小车(AGV)、用于码垛的码垛机器人、用于分解的分解机器人、用于机床上下料的上下料机器人等。其主要作用就是实现产品、物料或工具的搬运，主要优点如下：

① 提高生产率，一天可以 24h 无间断地工作。

② 改善工人劳动条件，可在有害环境下工作。

③ 降低工人劳动强度，减少人工成本。

④ 缩短了产品改型换代的准备周期，减少相应的设备投资。

⑤ 可实现工厂自动化、无人化生产。

(3) 装配机器人

装配机器人是专门为装配而设计的机器人。常用的装配机器人主要完成生产线上一些零件的装配或拆卸工作。从结构上来分，主要有 PUMA 机器人（可编程通用装配操作手）和 SCARA 机器人（水平多关节机器人）两种类型。

PUMA 机器人是美国 Unimation 公司于 1977 年研制的由计算机控制的多关节装配机器人。它一般有 5～6 个自由度，可以实现腰、肩、肘的回转以及手腕的弯曲、旋转和扭转等功能，如图 23-1-27 所示。

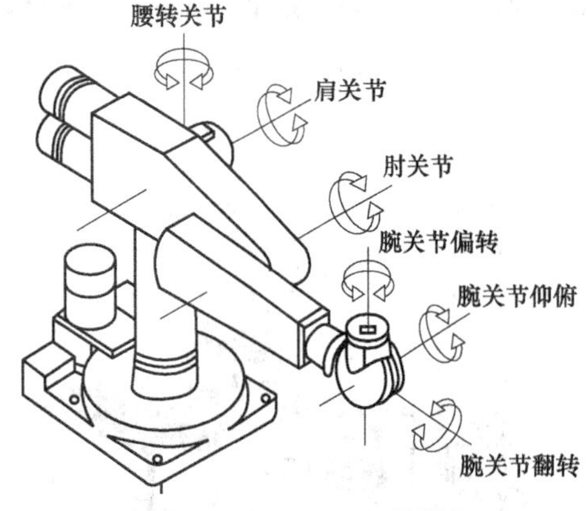

图 23-1-27 PUMA562 机器人

SCARA 机器人是一种特殊的柱面坐标工业机器人，它有三个旋转关节，其轴线相互平行，在平面内进行定位和定向：另一个关节是移动关节，用于完成末端件在垂直方向上的运动。这类机器人的结构轻便、响应快，如 Adept1 型 SCARA 运动速度可达 10m/s，比一般关节机器人快数倍。它最适用于平面定位、垂直方向进行装配的作业。图 23-1-28 所示为某品牌的 SCARA 机器人。

与一般工业机器人相比，装配机器人具有精度高、柔顺性好、作业空间小、能与其他系统配套使用等特点。在工业生产中，使用装配机器人可以保证产品质量，降低成本，提高生产自动化水平。目前，装配机器人主要用于各种电器（包括家用电器，如电视机、录音机、洗衣机、电冰箱、吸尘器）的制造，小型电动机、汽车及其零部件、计算机、玩具、机电产品及其组件的装配等。图 23-1-29 所示为装配机器人装配作业。

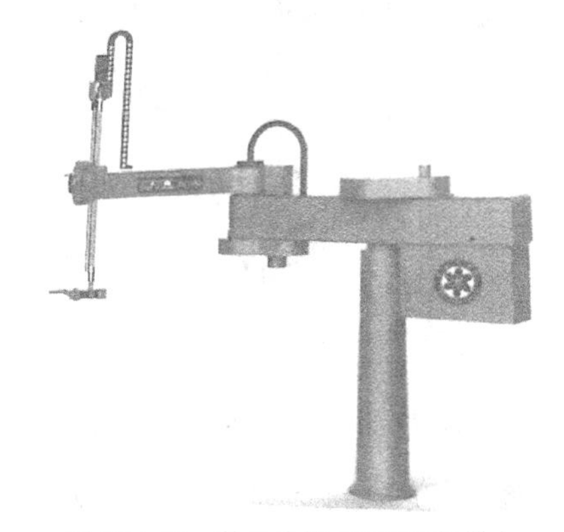

图 23-1-28 某品牌的 SCARA 机器人

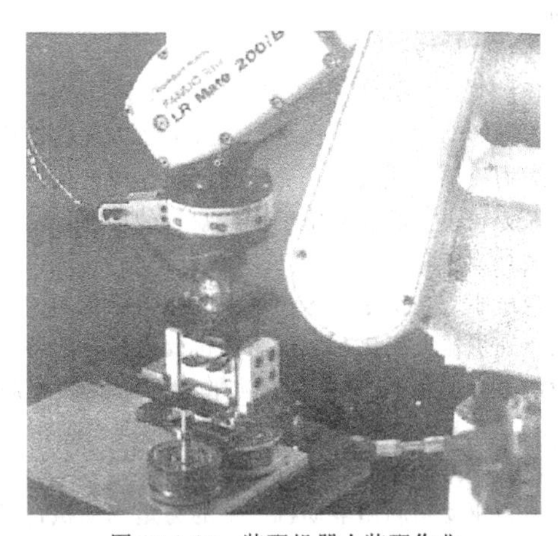

图 23-1-29 装配机器人装配作业

(4) 喷涂机器人

喷涂机器人是可进行自动喷漆或喷涂其他涂料的工业机器人，主要由机器人本体、计算机和相应的控制系统组成。液压驱动的喷涂机器人还包括液压动力装置，如油泵、油箱和电动机等。喷涂机器人多采用五自由度或六自由度关节式结构，手臂有较大的工作空间，并可做复杂的轨迹运动，其腕部一般有 2～3 个自由度，可灵活运动。较先进的喷涂机器人腕部采用柔性手腕，既可向各个方向弯曲，又可转动，其动作类似人的手腕，能方便地通过较小的孔伸入工件内部，喷涂其内表面。

喷涂机器人一般采用液压驱动，具有动作速度快、防爆性能好等特点，可通过手动示教或点位示教实现示教编程。喷涂机器人广泛用于汽车、仪表、电器、搪瓷等工艺生产部门。图 23-1-30 所示为喷涂机器人在汽车表面喷涂作业。

图 23-1-30　喷涂机器人在汽车表面喷涂作业

喷涂机器人的主要优点如下：

① 柔性大，工作空间大。

② 可提高喷涂质量和材料利用率。

③ 易于操作和维护，可离线编程，大大地缩短了现场调试时间。

④ 设备利用率高，喷涂机器人的利用率可达 90%～95%。

1.7　工业机器人应用和发展趋势

(1) 机器人搬运

搬运作业是指用一种设备握持工件，从一个加工位置移到另一个加工位置。搬运机器人可安装不同的末端执行器（如机械手爪、真空吸盘、电磁吸盘等）以完成各种不同形状和状态的工件搬运，大大减轻人类繁重的体力劳动。通过编程控制，可以让多台机器人配合各个工序不同设备的工作时间，实现流水线作业的最优化。搬运机器人具有定位准确、工作节拍可调、工作空间大、性能优良、运行平稳可靠、维修方便等特点。目前世界上使用的搬运机器人已超过 10 万台，广泛用于机床上下料、自动装配流水线、码垛搬运、集装箱等的自动搬运，机器人搬运如图 23-1-31所示。

(2) 机器人码垛

码垛机器人是机电一体化高新技术产品，如图 23-1-32 所示。它可满足中低产量的生产需要，也可按照要求的编组方式和层数，完成对料袋、胶块、箱体等各种产品的码垛。机器人替代人工搬运、码垛，生产上能迅速提高企业的生产效率和产量，同时能减少人工搬运造成的错误；机器人码垛可全天候作业，因此每年能节约大量的人力资源成本，达到减员增效的目的。码垛机器人广泛用于化工、饮料、食品、啤酒、塑料等生产企业中，且对纸箱、袋装、罐装、啤酒箱、瓶装等各种形状的包装成品都适用。

图 23-1-31　机器人搬运

图 23-1-32　机器人码垛

(3) 机器人焊接

机器人焊接是目前最大的工业机器人应用领域（如工程机械、汽车制造、电力建设、钢结构等）。它能在恶劣的环境下连续工作并能提供稳定的焊接质量，提高了工作效率，减轻了工人的劳动强度。采用机器人焊接是焊接自动化的革命性进步，它突破了焊接刚性自动化（焊接专机）的传统方式，开拓了一种柔性自动化生产方式，能在一条焊接机器人生产线上同时自动生产若干种焊件，如图 23-1-33 所示。

图 23-1-33 机器人焊接

(4) 机器人涂装

机器人涂装工作站或生产线充分利用了机器人灵活、稳定、高效的特点，适用于生产量大、产品型号多、表面形状不规则的工件外表面涂装，广泛用于汽车、汽车零配件（如发动机、保险杠、变速箱、弹簧、板簧、塑料件、驾驶室等)、铁路（如客车、机车、油罐车等)、家电（如电视机、电冰箱、洗衣机、电脑、手机等外壳)、建材（如卫生陶瓷)、机械（如电动机减速器）等行业，如图 23-1-34 所示。

(5) 机器人装配

装配机器人（图 23-1-35）是柔性自动化系统的核心设备，末端执行器为适应不同的装配对象而设计成各种“手爪”；传感系统用于获取装配机器人与环境和装配对象之间相互作用的信息。与一般工业机器人相比，装配机器人具有精度高、柔顺性好、工作范围小、能与其他系统配套使用等特点，主要用于各种电器的制造行业及流水线产品的组装作业，具有高效、精确、可不间断工作的特点。

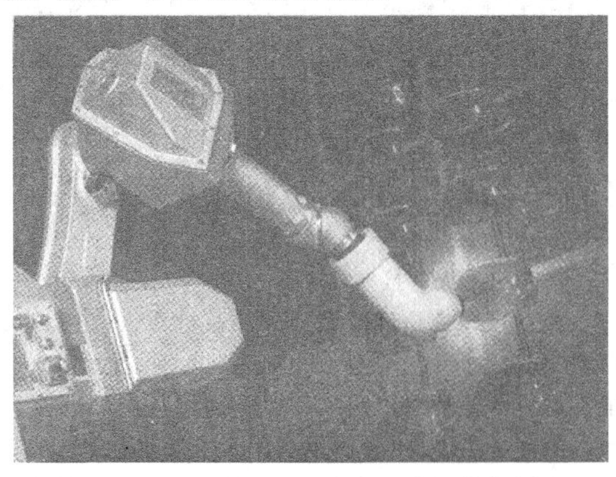

图 23-1-34 机器人涂装

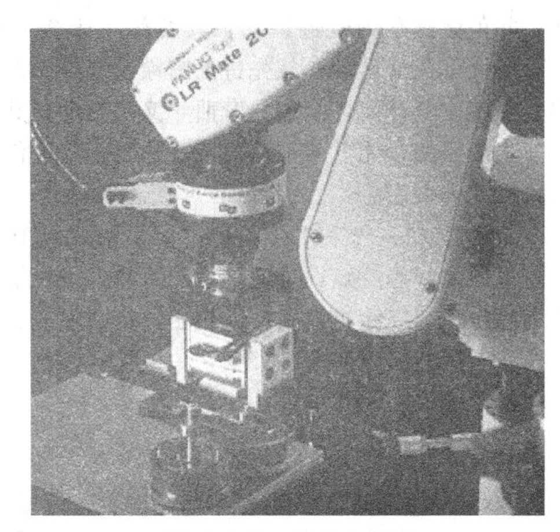

图 23-1-35 机器人装配

综上所述，在工业生产中应用机器人可以方便迅速地改变作业内容或方式，以满足生产要求的变化。比如，改变焊缝轨迹，改变涂装位置，变更装配部件或位置等。随着工业生产线柔性要求的提高，对各种机器人的需求也会越来越强烈。

工业机器人在以上生产领域的应用实践证明，它在提高生产自动化水平，提高劳动生产率、产品质量及经济效益，改善工人劳动条件等方面，发挥着重要的作用。随着科学技术的进步，机器人产业必将更加快速的发展，工业机器人将得到更加广泛的应用。

(1) 技术发展趋势

在技术发展方面，工业机器人正向结构轻量化、智能化、模块化和系统化的方向发展。未来主要的发展趋势如下：

① 机器人结构的模块化和可重构化。

② 控制技术的高性能化、网络化。

③ 控制软件架构的开放化、高级语言化。

④ 伺服驱动技术的高集成度和一体化。

⑤ 多传感器融合技术的集成化和智能化。

⑥ 人机交互界面的简单化、协同化。

(2) 应用发展趋势

自工业机器人诞生以来，汽车行业一直是其应用的主要领域。2014 年，北美机器人工业协会在年度报告中指出，截至 2013 年年底，汽车行业仍然是北美机器人最大的应用市场，但其在电子、电气、金属加工、化工、食品等行业的出货量却增速迅猛。由此可见，未来工业机器人的应用将依托汽车产业，并迅速向各行业延伸。对于机器人行业来讲，这是一个非常积极的信号。

(3) 产业发展趋势

国际机器人联合会公布的数据显示，2013 年，全球机器人装机量达到 17.9 万台，亚洲、澳洲占 10 万台，其中中国占 36560 台，整个行业产值 300 亿美元。2014 年，全球机器人销量 22.5 万台，亚洲的销量占到 2/3，中国市场的机器人销量近 45500 台，增长 35%。到目前为止，全球的主要机器人市场集中在亚洲、澳洲、欧洲及北美，累计安装量已超过 200 万台。工业机器人的时代即将来临，并将在智能制造领域掀起一场变革。

目前国际机器人界都在加大科研力度，进行机器人共性技术的研究，并朝着智能化和多样化方向发展，其主要研究内容集中表现方面见表 23-1-7。

表 23-1-7　　机器人技术发展的重点方面

①工业机器人结构的优化设计技术	探索新的高强度轻质材料，进一步提高负载自重比，同时机构向着模块化、可重构方向发展。通过有限元分析、模态分析及仿真设计等现代设计方法的运用，机器人已实现了优化设计。以德国 KUKA 公司为代表的机器人公司，已将机器人并联平行四边形结构更新为开链结构，拓展了机器人的工作范围，加之轻质铝合金材料的应用，大大提高了机器人的性能。此外，采用先进的 RV 减速器及交流伺服电动机，使机器人几乎成为免维护系统
②并联机器人	采用并联机构，利用机器人技术，实现高精度测量及加工，这是机器人技术向数控技术的拓展，为将来实现机器人和数控技术一体化奠定了基础。意大利 COMAU、日本 FANUC 等公司已开发出了此类产品
③机器人控制技术	控制系统的性能进一步提高，已由过去控制标准的 6 轴机器人发展到现在能够控制 21 轴甚至 27 轴，并且实现了软件伺服和全数字控制。人机界面更加友好，基于图形操作的界面也已问世。编程方式仍以示教编程为主，但在某些领域的离线编程已实现实用化。微软开发了 Microsoft Robotics Studio，以期提供廉价的开发平台，让机器人研发者能够轻而易举地把软件和硬件整合到机器人的设计中。重点研究开放式、模块控制系统，人机界面更加友好，语言、图形编程界面正在研制之中。机器人控制器标准化和网络化以及基于 PC 机的网络式控制器已成为研究热点。编程技术除进一步提高在线编程的可操作性之外，离线编程的实用化将成为研究重点
④多传感系统	研究热点在于有效可行的多传感器融合算法，特别是在非线性及非平稳、非正态分布情形下的多传感器融合算法。另一问题就是传感系统的实用化
⑤小型化	机器人的结构灵巧，控制系统越来越小，二者正朝着一体化方向发展
⑥机器人遥控及远程监控技术	机器人半自主和自主技术，多机器人和操作者之间的协调控制，通过网络建立大范围内的机器人遥控系统，在有延时的情况下，建立预先显示进行遥控等。日本 YASKAWA 和德国 KUKA 公司的最新机器人控制器已实现了与 CANBus、ProfiBus 总线及一些网络的连接，使机器人由过去的独立应用向网络化应用迈进了一大步，也使机器人由过去的专用设备向标准化设备发展
⑦虚拟机器人技术	基于多传感器、多媒体和虚拟现实以及临场感知技术，实现机器人的虚拟遥控操作和人机交互
⑧多智能体(multi-agent)控制技术	这是目前机器人研究的一个崭新领域。主要对多智能体的群体体系结构、相互间的通信与磋商机理、感知与学习方法、建模和规划、群体行为控制等方面进行研究
⑨微型和微小型机器人技术(micro/miniature robotics)	微小型机器人技术的研究主要集中在系统结构、运动方式、控制方法、传感技术、通信技术以及行走技术等方面
⑩软机器人技术(soft robotics)	主要用于医疗、护理、休闲和娱乐场合。传统机器人设计未考虑与人紧密共处，因此其结构材料多为金属或硬性材料，软机器人技术要求其结构、控制方式和所用传感系统在机器人意外地与人碰撞时是安全的，机器人对人是友好的
⑪仿人和仿生技术	这是机器人技术发展的最高境界，目前仅在某些方面进行一些基础研究
⑫可靠性	由于微电子技术的快速发展和大规模集成电路的应用，机器人系统的可靠性有了很大提高。过去机器人系统的可靠性 MTBF 一般为几千小时，而现在已达到 50000h，几乎可以满足任何场合的需求

第 2 章　机器人运动学与动力学

2.1　数理基础

机械手是机器人系统机械运动部分，它的执行机构是用来保证复杂空间运动的综合刚体，而且它自身往往也需要在机械加工或装配等过程中作为统一体进行运动。因此，需要一种描述单一刚体位移、速度和加速度以及动力学问题的有效而又方便的数学方法。本书将采用矩阵法来描述机器人机械手的运动学和动力学问题。这种数学描述是以四阶方阵变换三维空间点的齐次坐标为基础的，能够将运动、变换和映射与矩阵运算联系起来。

研究操作机器人的运动不仅涉及机械手本身，而且涉及各物体间以及物体与机械手的关系。因此需要讨论齐次坐标及其变换，用来表达这些关系。用位置矢量、平面和坐标系等概念来描述物体（如零件、工具或机械手）间的关系需要首先建立相关概念及其表示法。

2.1.1　位置描述

一旦建立了一个坐标系，就能够用某个 3×1 位置矢量来确定该空间内任一点的位置。对于直角坐标系 $\{A\}$，空间任一点 p 的位置可用 3×1 的列矢量 ${}^{A}\boldsymbol{p}$ 表示。

$$
{}^{A}\boldsymbol{p}=\begin{bmatrix} p_x \\ p_y \\ p_z \end{bmatrix} \tag{23-2-1}
$$

式中，p_x，p_y，p_z 是点 p 在坐标系 $\{A\}$ 中的三个坐标分量。${}^{A}\boldsymbol{p}$ 的上标 A 代表参考坐标系 $\{A\}$。${}^{A}\boldsymbol{p}$ 被称为位置矢量，见图 23-2-1。

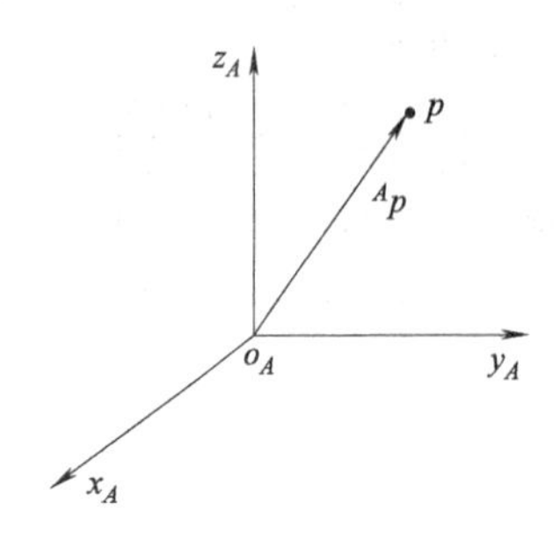

图 23-2-1　位置表示

2.1.2　方位描述

研究机器人的运动与操作不仅要表示空间某个点的位置，而且需要表示物体的方位（orientation）。物体的方位可由某个固接于此物体的坐标系描述。为了规定空间某刚体 B 的方位，设置直角坐标系 $\{B\}$ 与此刚体固接。用坐标系 $\{B\}$ 的三个单位主矢量 $\boldsymbol{x}_B$，$\boldsymbol{y}_B$，$\boldsymbol{z}_B$ 相对于参考坐标系 $\{A\}$ 的方向余弦组成的 3×3 矩阵来表示刚体 B 相对于坐标系 $\{A\}$ 的方位。${}^{A}_{B}\boldsymbol{R}$ 称为旋转矩阵。

$$
{}^{A}_{B}\boldsymbol{R}[{}^{A}\boldsymbol{x}_B\ {}^{A}\boldsymbol{y}_B\ {}^{A}\boldsymbol{z}_B]=\begin{bmatrix} r_{11} & r_{12} & r_{13} \\ r_{21} & r_{22} & r_{23} \\ r_{31} & r_{32} & r_{33} \end{bmatrix} \tag{23-2-2}
$$

式中，上标 A 代表参考坐标系 $\{A\}$，下标 B 代表被描述的坐标系 $\{B\}$。${}^{A}_{B}\boldsymbol{R}$ 共有 9 个元素，但只有 3 个是独立的。由于 $\boldsymbol{R}$ 的三个列矢量 ${}^{A}\boldsymbol{x}_B$、${}^{A}\boldsymbol{y}_B$ 和 ${}^{A}\boldsymbol{z}_B$ 都是单位矢量，且相互垂直，因此它的 9 个元素满足 6 个约束条件（正交条件）。

$$
{}^{A}\boldsymbol{x}_B\cdot{}^{A}\boldsymbol{x}_B={}^{A}\boldsymbol{y}_B\cdot{}^{A}\boldsymbol{y}_B={}^{A}\boldsymbol{z}_B\cdot{}^{A}\boldsymbol{z}_B=1 \tag{23-2-3}
$$

$$
{}^{A}\boldsymbol{x}_B\cdot{}^{A}\boldsymbol{y}_B={}^{A}\boldsymbol{y}_B\cdot{}^{A}\boldsymbol{z}_B={}^{A}\boldsymbol{z}_B\cdot{}^{A}\boldsymbol{x}_B=0 \tag{23-2-4}
$$

可见，旋转矩阵 ${}^{A}_{B}\boldsymbol{R}$ 是正交的，并且满足条件

$$
{}^{A}_{B}\boldsymbol{R}^{-1}={}^{A}_{B}\boldsymbol{R}^{\mathrm{T}};\ |{}^{A}_{B}\boldsymbol{R}|=1 \tag{23-2-5}
$$

式中，上标 T 表示转置；$|\cdot|$ 为行列式符号。

对应于轴 x，y 或 z 作转角为 θ 的旋转变换，其旋转矩阵分别为：

$$
\boldsymbol{R}(x,\theta)=\begin{bmatrix} 1 & 0 & 0 \\ 0 & \mathrm{c}\theta & -\mathrm{s}\theta \\ 0 & \mathrm{s}\theta & \mathrm{c}\theta \end{bmatrix} \tag{23-2-6}
$$

$$
\boldsymbol{R}(y,\theta)=\begin{bmatrix} \mathrm{c}\theta & 0 & \mathrm{s}\theta \\ 0 & 1 & 0 \\ -\mathrm{s}\theta & 0 & \mathrm{c}\theta \end{bmatrix} \tag{23-2-7}
$$

$$
\boldsymbol{R}(z,\theta)=\begin{bmatrix} \mathrm{c}\theta & -\mathrm{s}\theta & 0 \\ \mathrm{s}\theta & \mathrm{c}\theta & 0 \\ 0 & 0 & 1 \end{bmatrix} \tag{23-2-8}
$$

式中，s 表示 sin，c 表示 cos，以后将一律采用此约定。

图 23-2-2 表示一物体（这里为抓手）的方位。此物体与坐标系 $\{B\}$ 固接，并相对于参考坐标系

$\{A\}$ 运动。

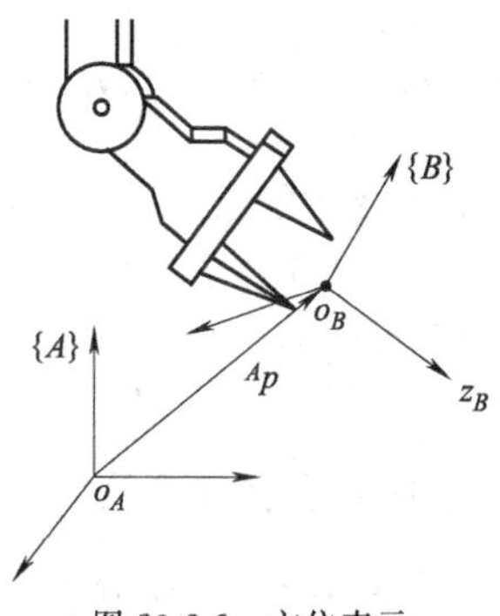

图 23-2-2　方位表示

2.1.3　位姿描述

以上讨论了采用位置矢量描述点的位置，而用旋转矩阵描述物体的方位。要完全描述刚体 B 在空间的位姿（位置和姿态），通常将物体 B 与某一坐标系 $\{B\}$ 固接。$\{B\}$ 的坐标原点一般选在物体 B 的特征点上，如质心等。相对参考系 $\{A\}$，坐标系 $\{B\}$ 的原点位置和坐标轴的方位分别由位置矢量 $^A\boldsymbol{P}_{Bo}$ 和旋转矩阵 $^A_B\boldsymbol{R}$ 描述。这样，刚体 B 的位姿可由坐标系 $\{B\}$ 来描述，即有

$$\{B\}=\{^A_B\boldsymbol{R}\,{}^A\boldsymbol{P}_{Bo}\}\tag{23-2-9}$$

当表示位置时，式（23-2-9）中的旋转矩阵 $^A_B\boldsymbol{R}=\boldsymbol{I}$（单位矩阵）；当表示方位时，式（23-2-9）中的位置矢量 $^A\boldsymbol{P}_{Bo}=\boldsymbol{0}$

2.2　坐标变换

空间中任意点 p 在不同坐标系中的描述是不同的。为了阐明从一个坐标系的描述到另一个坐标系的描述关系，需要讨论这种变换的数学问题。

2.2.1　平移坐标变换

设坐标系 $\{B\}$ 与 $\{A\}$ 具有相同的方位，但 $\{B\}$ 坐标系的原点与 $\{A\}$ 的原点不重合。用位置矢量 $^A\boldsymbol{p}_{B0}$ 描述它相对于 $\{A\}$ 的位置，如图 23-2-3 所示，称 $^A\boldsymbol{p}_{B0}$ 为 $\{B\}$ 相对于 $\{A\}$ 的平移矢量。如果点 p 在坐标系 $\{B\}$ 中的位置为 $^B\boldsymbol{p}$，那么它相对于坐标系 $\{A\}$ 的位置矢量 $^A\boldsymbol{p}$ 可由矢量相加得出，即

$$^A\boldsymbol{p}={}^B\boldsymbol{p}+{}^A\boldsymbol{p}_{B0}\tag{23-2-10}$$

式（23-2-10）称为坐标平移方程。

2.2.2　旋转坐标变换

设坐标系 $\{B\}$ 与 $\{A\}$ 有共同的坐标原点，但两者的方位不同，如图 23-2-4 所示。用旋转矩阵 $^A_B\boldsymbol{R}$ 描述 $\{B\}$ 相对于 $\{A\}$ 的方位。同一点 p 在两个坐标系 $\{A\}$ 和 $\{B\}$ 中的描述 $^A\boldsymbol{p}$ 和 $^B\boldsymbol{p}$ 具有如下变换关系：

$$^A\boldsymbol{p}={}^A_B\boldsymbol{R}\,{}^B\boldsymbol{p}\tag{23-2-11}$$

上式称为坐标旋转方程。

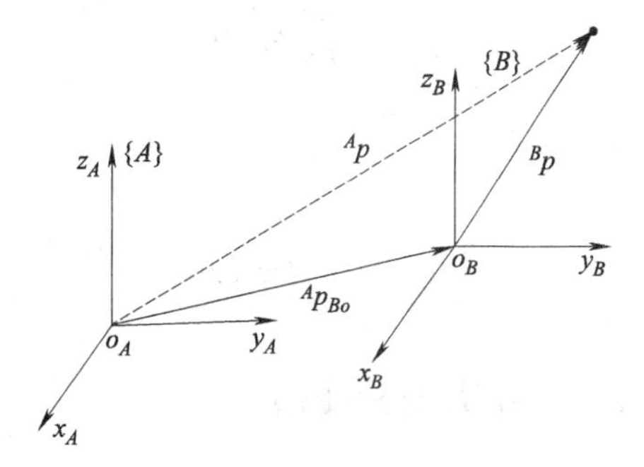

图 23-2-3　平移变换

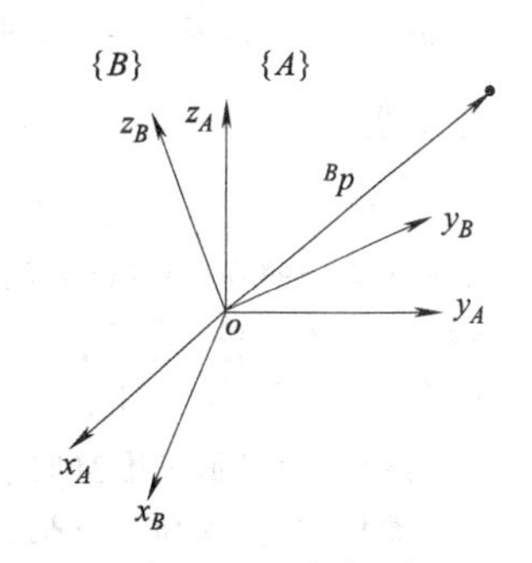

图 23-2-4　旋转变换

可以类似地用 $^B_A\boldsymbol{R}$ 描述坐标系 $\{A\}$ 相对于 $\{B\}$ 的方位。$^A_B\boldsymbol{R}$ 和 $^B_A\boldsymbol{R}$ 都是正交矩阵，两者互逆。根据正交矩阵的性质［式（23-2-5）］可得：

$$^B_A\boldsymbol{R}={}^A_B\boldsymbol{R}^{-1}={}^A_B\boldsymbol{R}^{\mathrm{T}}\tag{23-2-12}$$

对于最一般的情形：坐标系 $\{B\}$ 的原点与 $\{A\}$ 的原点既不重合，$\{B\}$ 的方位与 $\{A\}$ 的方位也不相同。用位置矢量 $^A\boldsymbol{p}_{B0}$ 描述 $\{B\}$ 的坐标原点相对于 $\{A\}$ 的位置，用旋转矩阵状 $^A_B\boldsymbol{R}$ 描述 $\{B\}$ 相对于 $\{A\}$ 的方位，如图 23-2-5 所示。对于任一点 p 在两坐标系，$\{A\}$ 和 $\{B\}$ 中的描述 $^A\boldsymbol{p}$ 和 $^B\boldsymbol{p}$ 具有以下变换关系：

$$^A\boldsymbol{p}={}^A_B\boldsymbol{R}\,{}^B\boldsymbol{p}+{}^A\boldsymbol{p}_{B0}\tag{23-2-13}$$

可把上式看成坐标旋转和坐标平移的复合变换。实际上，规定一个过渡坐标系 $\{C\}$，使 $\{C\}$ 的坐标原点与 $\{B\}$ 的原点重合，而 $\{C\}$ 的方位与 $\{A\}$ 的相同。据式（23-2-11）可得向过渡坐标系的变换：

$$^C\boldsymbol{p}={}^C_B\boldsymbol{R}\,{}^B\boldsymbol{p}={}^A_B\boldsymbol{R}\,{}^B\boldsymbol{p}\tag{23-2-14}$$

再由式（23-2-10），可得复合变换：

$$^A\boldsymbol{p}={}^C\boldsymbol{p}+{}^A\boldsymbol{p}_{C0}={}^A_B\boldsymbol{R}\,{}^B\boldsymbol{p}+{}^A\boldsymbol{p}_{B0}\tag{23-2-15}$$

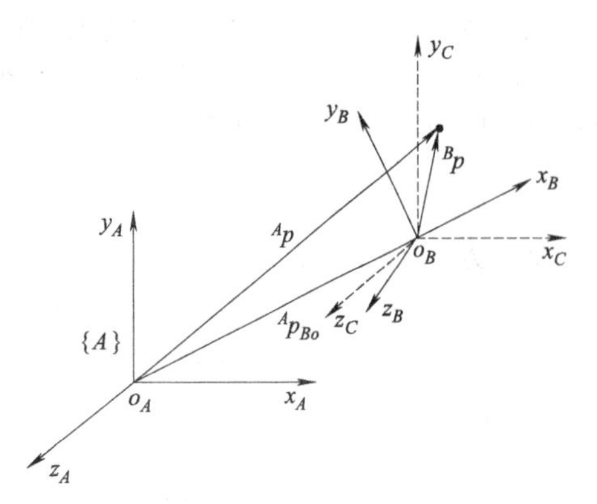

图 23-2-5　复合变换

2.3　齐次坐标变换

已知一直角坐标系中的某点坐标，那么该点在另一直角坐标系中的坐标可通过齐次坐标变换求得。

2.3.1　齐次变换

变换式（23-2-13）对于点^Bp 而言是非齐次的，但是可以将其表示成等价的齐次变换形式：

$$\begin{bmatrix} ^A\boldsymbol{p} \\ 1 \end{bmatrix} = \begin{bmatrix} ^A_B\boldsymbol{R} & ^A\boldsymbol{p}_{B0} \\ 0 & 1 \end{bmatrix} \begin{bmatrix} ^Bp \\ 1 \end{bmatrix} \tag{23-2-16}$$

其中，4×1 的列向量表示三维空间的点，称为点的齐次坐标，仍然记为$^A\boldsymbol{p}$ 或$^B\boldsymbol{p}$。可把上式写成矩阵形式：

$$^A\boldsymbol{p} = {}^A_B\boldsymbol{T}\,{}^B\boldsymbol{p} \tag{23-2-17}$$

式中，齐次坐标$^A\boldsymbol{p}$ 和$^B\boldsymbol{p}$ 是 4×1 的列矢量，与式（23-2-13）中的维数不同，加入了第 4 个元素，齐次变换矩阵$^A_B\boldsymbol{T}$ 是 4×4 的方阵，具有如下形式：

$$^A_B\boldsymbol{T} = \begin{bmatrix} ^A_B\boldsymbol{R} & ^A\boldsymbol{p}_{B0} \\ 0 & 1 \end{bmatrix} \tag{23-2-18}$$

$^A_B\boldsymbol{T}$ 综合地表示了平移变换和旋转变换。

变换式（23-2-13）和式（23-2-16）是等价的，实质上，式（23-2-16）可写成：

$$^A\boldsymbol{p} = {}^A_B\boldsymbol{R}\,{}^B\boldsymbol{p} + {}^A\boldsymbol{p}_{B0}\,;1=1 \tag{23-2-19}$$

位置矢量$^A\boldsymbol{p}$ 和$^B\boldsymbol{p}$ 到底是 3×1 的直角坐标函数还是 4×1 的齐次坐标，要根据上下文关系而定。

坐标原点的矢量，即零矢量表示为 $[0,0,0,1]^{\mathrm{T}}$。矢量 $[0,0,0,1]^{\mathrm{T}}$ 是没有定义的。具有形如 $[a,b,c,0]^{\mathrm{T}}$ 的矢量表示无限远矢量，用来表示方向，即用 $[1,0,0,0]^{\mathrm{T}}$，$[0,1,0,0]^{\mathrm{T}}$，$[0,0,1,0]^{\mathrm{T}}$ 分别表示 x，y 和 z 轴的方向。

规定两矢量 a 和 b 的内积：

$$\boldsymbol{a}\cdot\boldsymbol{b} = a_x b_x + a_y b_y + a_z b_z \tag{23-2-20}$$

为一标量，而两矢量的外积为与此两相乘矢量所决定的平面垂直的矢量：

$$\boldsymbol{a}\times\boldsymbol{b} = (a_y b_z - a_z b_y)\boldsymbol{i} + (a_z b_x - a_x b_z)\boldsymbol{j} + (a_x b_y - a_y b_x)\boldsymbol{k} \tag{23-2-21}$$

或者用下列行列式来表示：

$$\boldsymbol{a}\times\boldsymbol{b} = \begin{vmatrix} \boldsymbol{i} & \boldsymbol{j} & \boldsymbol{k} \\ a_x & a_y & a_z \\ b_x & b_y & b_z \end{vmatrix} \tag{23-2-22}$$

2.3.2　平移齐次坐标变换

空间某点由矢量 $a_i + b_j + c_k$ 描述。其中，$\boldsymbol{i}$，$\boldsymbol{j}$，$\boldsymbol{k}$ 为轴 x，y，z 上的单位矢量。此点可用平移齐次变换表示为：

$$Trans(a,b,c) = \begin{bmatrix} 1 & 0 & 0 & a \\ 0 & 1 & 0 & b \\ 0 & 0 & 1 & c \\ 0 & 0 & 0 & 1 \end{bmatrix} \tag{23-2-23}$$

式中，$Trans$ 表示平移变换。

对已知矢量 $\boldsymbol{u} = [x,y,z,w]^T$ 进行平移变换所得的矢量 $\boldsymbol{v}$ 为：

$$\boldsymbol{v} = \begin{bmatrix} 1 & 0 & 0 & a \\ 0 & 1 & 0 & b \\ 0 & 0 & 1 & c \\ 0 & 0 & 0 & 1 \end{bmatrix} \begin{bmatrix} x \\ y \\ z \\ w \end{bmatrix} = \begin{bmatrix} x+aw \\ y+bw \\ z+cw \\ w \end{bmatrix} = w \begin{bmatrix} x/w+a \\ y/w+b \\ z/w+c \\ 1 \end{bmatrix} \tag{23-2-24}$$

即可把此变换看作矢量 $(x/w)\boldsymbol{i} + (y/w)\boldsymbol{j} + (z/w)\boldsymbol{k}$ 与矢量 $a\boldsymbol{i} + b\boldsymbol{j} + c\boldsymbol{k}$ 之和。

用非零常数乘以变换矩阵的每个元素，不改变该变换矩阵的特性。

2.3.3　旋转齐次坐标变换

对应于轴 x，y 或 z 作转角为 θ 的旋转变换，分别可得：

$$\mathrm{Rot}(x,\theta) = \begin{bmatrix} 1 & 0 & 0 & 0 \\ 0 & c\theta & -s\theta & 0 \\ 0 & s\theta & c\theta & 0 \\ 0 & 0 & 0 & 1 \end{bmatrix} \tag{23-2-25}$$

$$\mathrm{Rot}(y,\theta) = \begin{bmatrix} c\theta & 0 & s\theta & 0 \\ 0 & 1 & 0 & 0 \\ -s\theta & 0 & c\theta & 0 \\ 0 & 0 & 0 & 1 \end{bmatrix} \tag{23-2-26}$$

$$\mathrm{Rot}(z,\theta) = \begin{bmatrix} c\theta & -s\theta & 0 & 0 \\ s\theta & c\theta & 0 & 0 \\ 0 & 0 & 1 & 0 \\ 0 & 0 & 0 & 1 \end{bmatrix} \tag{23-2-27}$$

式中，Rot 表示旋转变换。

2.4　物体的变换及逆变换

2.4.1　物体位置描述

可以用描述空间一点的变换方法来描述物体在空间的位置和方向。例如，图 23-2-6 所示物体可由固定该物体的坐标系内的六个点来表示。

如果首先让物体绕 z 轴旋转 90°，接着绕 y 轴旋转 90°，再沿 x 轴方向平移 4 个单位，那么，可用下式描述这一变换：

$$T=\mathrm{Trans}(4,0,0)\mathrm{Rot}(y,90°)\mathrm{Rot}(z,90°)=\begin{bmatrix}0&0&1&4\\1&0&0&0\\0&1&0&0\\0&0&0&1\end{bmatrix} \tag{23-2-28}$$

这个变换矩阵表示对原参考坐标系重合的坐标系进行旋转和平移操作。

可对上述楔形物体的六个点变换如下：

$$\begin{bmatrix}0&0&1&4\\1&0&0&0\\0&1&0&0\\0&0&0&1\end{bmatrix}\begin{bmatrix}1&-1&-1&1&1&-1\\0&0&0&0&4&4\\0&0&2&2&0&0\\1&1&1&1&1&1\end{bmatrix}=\begin{bmatrix}4&4&6&6&4&4\\1&-1&-1&1&1&-1\\0&0&0&0&4&4\\1&1&1&1&1&1\end{bmatrix} \tag{23-2-29}$$

变换结果见图 23-2-6（b）。由此图可知，这个用数字描述的物体与描述其位置和方向的坐标系具有确定的关系。

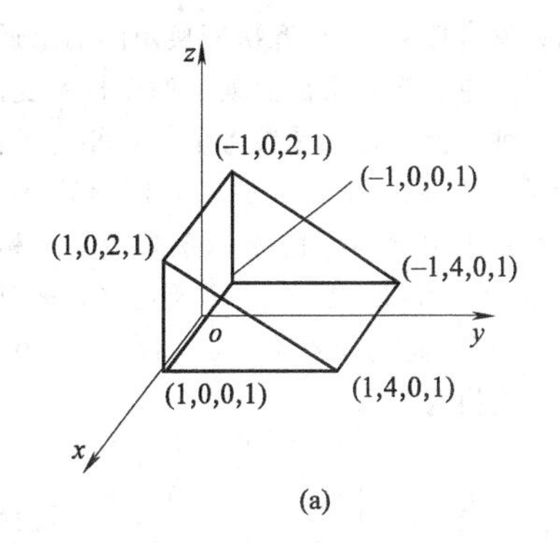

(a)

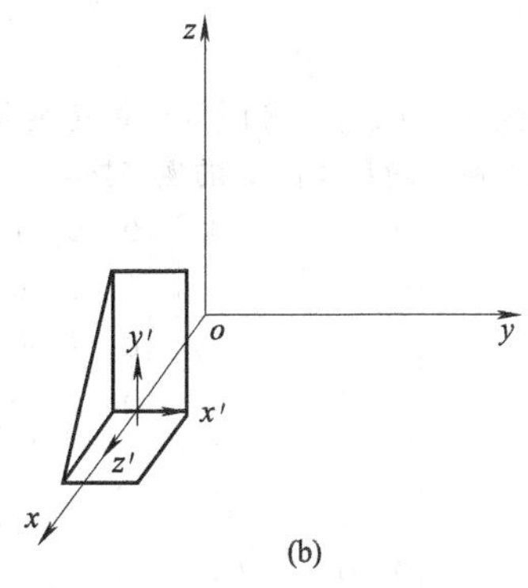

(b)

图 23-2-6　对楔形物体的变换

2.4.2　齐次变换的逆变换

给定坐标系 {A}，{B} 和 {C}，若已知 {B} 相对 {A} 的描述为 ${}^A_B\boldsymbol{T}$，{C} 相对 {B} 的描述为 ${}^B_C\boldsymbol{T}$，则

$${}^B\boldsymbol{P}={}^B_C\boldsymbol{T}{}^C\boldsymbol{P} \tag{23-2-30}$$

$${}^A\boldsymbol{P}={}^A_B\boldsymbol{T}{}^B\boldsymbol{P}={}^A_B\boldsymbol{T}{}^B_C\boldsymbol{T}{}^C\boldsymbol{P} \tag{23-2-31}$$

定义复合变换：

$${}^A_C\boldsymbol{T}={}^A_B\boldsymbol{T}{}^B_C\boldsymbol{T} \tag{23-2-32}$$

表示 {C} 相对于 {A} 的描述。据式（23-2-18）可得：

$$\begin{bmatrix}{}^A_CR & \vdots & {}^AP_{C0}\\ \cdots & \cdots & \cdots\\ 0 & \vdots & 1\end{bmatrix}=\begin{bmatrix}{}^A_BR{}^B_CR & \vdots & {}^A_BR{}^BP_{C0}+{}^AP_{B0}\\ \cdots & \cdots & \cdots\\ 0 & \vdots & 1\end{bmatrix} \tag{23-2-33}$$

从坐标系 {B} 相对坐标系 {A} 的描述 ${}^A_B\boldsymbol{T}$ 求得 {A} 相对于 {B} 的描述 ${}^B_A\boldsymbol{T}$ 是齐次变换求逆问题。一种求解方法是直接对 4×4 的齐次变换矩阵 ${}^A_B\boldsymbol{T}$ 求逆；另一种是利用齐次变换矩阵的特点，简化矩阵求逆运算。下面先讨论变换矩阵求逆方法。

对于给定 ${}^A_B\boldsymbol{T}$ 求 ${}^B_A\boldsymbol{T}$，等价于给定 ${}^A_B\boldsymbol{R}$ 和 ${}^A\boldsymbol{P}_{B0}$ 计算 ${}^B_A\boldsymbol{R}$ 和 ${}^B\boldsymbol{P}_{A0}$。利用旋转矩阵的正交性，可得：

$${}^B_A\boldsymbol{R}={}^A_B\boldsymbol{R}^{-1}={}^A_B\boldsymbol{R}^{\mathrm{T}} \tag{23-2-34}$$

再据式（23-2-13），求原点 ${}^A\boldsymbol{P}_{B0}$ 在坐标系 {B} 中的描述：

$${}^B({}^AP_{B0})=({}^B_AR)({}^AP_{B0})+{}^BP_{A0} \tag{23-2-35}$$

${}^B({}^A\boldsymbol{P}_{B0})$ 表示 {B} 的原点相对于 {B} 的描述，为 **0** 矢量，因而上式为 **0**，可得：

$${}^BP_{A0}=(-{}^B_AR)({}^AP_{B0})=(-{}^B_AR)^{\mathrm{T}}({}^AP_{B0}) \tag{23-2-36}$$

综上分析，并据式（23-2-34）和式（23-2-36）经推算可得：

$${}^B_AT=\begin{bmatrix}{}^A_BR^{\mathrm{T}} & \vdots & -({}^A_BR)^{\mathrm{T}}({}^AP_{B0})\\ \cdots & \cdots & \cdots\\ 0 & \vdots & 1\end{bmatrix} \tag{23-2-37}$$

式中，${}^B_A\boldsymbol{T}={}^A_B\boldsymbol{T}^{-1}$。式（23-2-37）提供了一种求解齐次变换逆矩阵的简便方法。

下面讨论直接对 4×4 齐次变换矩阵的求逆方法。

实际上，逆变换是由被变换了的坐标系变回为原坐标系的一种变换，也就是参考坐标系相对于被变换了的坐标系的描述。图 23-2-6（b）所示物体，其参考坐标系相对于被变换了的坐标系来说，坐标轴 x，y 和 z 分别为 $[0,0,1,0]^{\mathrm{T}}$，$[1,0,0,0]^{\mathrm{T}}$ 和 $[0,1,0,0]^{\mathrm{T}}$，而其原点为 $[0,0,-4,0]^{\mathrm{T}}$。于是，可得逆变换为：

$$\boldsymbol{T}^{-1}=\begin{bmatrix}0&1&0&0\\0&0&1&0\\1&0&0&-4\\0&0&0&1\end{bmatrix}\tag{23-2-38}$$

用变换 $\boldsymbol{T}$ 乘此逆变换而得到单位变换，就能够证明此逆变换的确是变换 $\boldsymbol{T}$ 的逆变换：

$$\boldsymbol{T}^{-1}\boldsymbol{T}=\begin{bmatrix}0&1&0&0\\0&0&1&0\\1&0&0&-4\\0&0&0&1\end{bmatrix}\begin{bmatrix}0&0&1&4\\1&0&0&0\\0&1&0&0\\0&0&0&1\end{bmatrix}=\begin{bmatrix}1&0&0&0\\0&1&0&0\\0&0&1&0\\0&0&0&1\end{bmatrix}\tag{23-2-39}$$

一般情况下，已知变换 $\boldsymbol{T}$ 的各元素：

$$\boldsymbol{T}=\begin{bmatrix}n_x&o_x&a_x&p_x\\n_y&o_y&a_y&p_y\\n_z&o_z&a_z&p_z\\0&0&0&1\end{bmatrix}\tag{23-2-40}$$

则其逆变换为：

$$\boldsymbol{T}^{-1}=\begin{bmatrix}n_x&n_y&n_z&-\boldsymbol{p}\cdot\boldsymbol{n}\\o_x&o_y&o_z&-\boldsymbol{p}\cdot\boldsymbol{o}\\a_x&a_y&a_z&-\boldsymbol{p}\cdot\boldsymbol{a}\\0&0&0&1\end{bmatrix}\tag{23-2-41}$$

式中，“·”表示矢量的内积，$\boldsymbol{p}$、$\boldsymbol{n}$、$\boldsymbol{o}$ 和 $\boldsymbol{a}$ 是四个列矢量，分别称为原点矢量、法线矢量、方向矢量和接近矢量。由式（23-2-41）右乘式（23-2-40）不难证明这一结果的正确性。

2.4.3 变换方程初步

建立机器人各连杆之间、机器人同环境之间的运动关系，用于描述机器人的操作，需要规定各种坐标系来描述机器人与环境的相对位姿关系。在图 23-2-7（a）中，$\{B\}$ 代表基坐标系，$\{T\}$ 是工具系，$\{S\}$ 是工作站系，$\{G\}$ 是目标系，它们之间的位姿关系可用相应的齐次变换来描述：

${}^{B}_{S}\boldsymbol{T}$ 表示工作站系 $\{S\}$ 相对于基坐标系 $\{B\}$ 的位姿；${}^{S}_{G}\boldsymbol{T}$ 表示目标系 $\{G\}$ 相对于 $\{S\}$ 的位姿，${}^{B}_{T}\boldsymbol{T}$ 表示工具系 $\{T\}$ 相对于基坐标系 $\{B\}$ 的位姿。

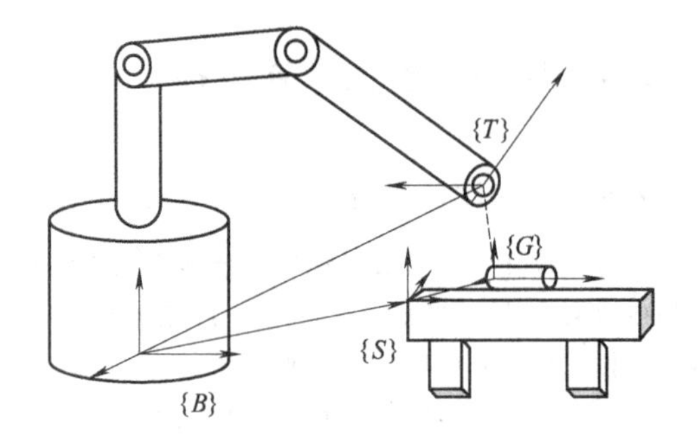

(a) 机械手与环境间的运动关系

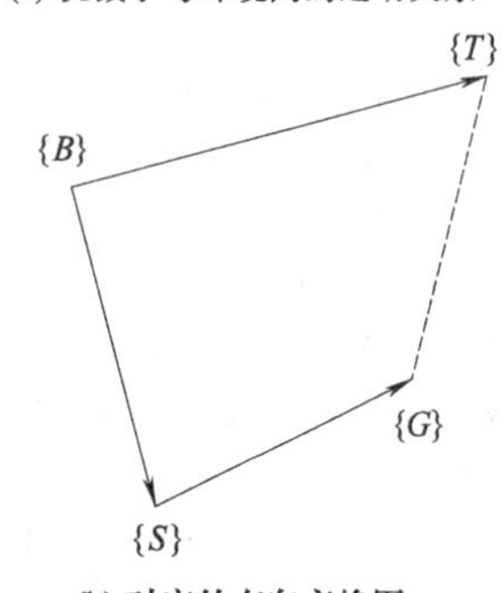

(b) 对应的有向变换图

图 23-2-7 变换方程及其有向变换图

对物体进行操作时，工具系 $\{T\}$ 相对目标系 $\{G\}$ 的位姿直接影响操作效果。它是机器人控制和规划的目标，与其他变换之间的关系可用空间尺寸链（有向变换图）来表示，如图 23-2-7（b）所示。工具系 $\{T\}$ 相对于基坐标系 $\{B\}$ 的描述可用下列变换矩阵的乘积来表示：

$${}^{B}_{T}\boldsymbol{T}={}^{B}_{S}\boldsymbol{T}\,{}^{S}_{G}\boldsymbol{T}\,{}^{G}_{T}\boldsymbol{T}\tag{23-2-42}$$

建立起这样的矩阵变换方程后，当上述矩阵变换中只有一个变换未知时，就可以将这一未知的变换表示为其他已知变换的乘积的形式。对于图 23-2-7 所示的场景，如要求目标系 $\{G\}$ 相对于工具系 $\{T\}$ 的位姿 ${}^{T}_{G}\boldsymbol{T}$，则可在式（23-2-42）两边同时左乘 ${}^{B}_{T}\boldsymbol{T}$ 的逆变换 ${}^{B}_{T}\boldsymbol{T}^{-1}$，再同时右乘 ${}^{T}_{G}\boldsymbol{T}$ 得到：

$${}^{T}_{G}\boldsymbol{T}={}^{B}_{T}\boldsymbol{T}^{-1}\,{}^{B}_{S}\boldsymbol{T}\,{}^{S}_{G}\boldsymbol{T}\tag{23-2-43}$$

2.5 通用旋转变换

已经在前面研究了绕轴 x、y 和 z 的旋转变换矩阵，现在来研究最一般的情况，即研究某个绕着从原点出发的任一矢量（轴）$\boldsymbol{f}$ 旋转 θ 角时的旋转矩阵。

2.5.1 通用旋转变换公式

设想 $\boldsymbol{f}$ 为坐标系 $\{C\}$ 的 z 轴上的单位矢量，即

$$
\boldsymbol{C}=\begin{bmatrix} n_x & o_x & a_x & 0 \\ n_y & o_y & a_y & 0 \\ n_z & o_z & a_z & 0 \\ 0 & 0 & 0 & 1 \end{bmatrix} \tag{23-2-44}
$$

$$
\boldsymbol{f}=a_x\boldsymbol{i}+a_y\boldsymbol{j}+a_z\boldsymbol{k} \tag{23-2-45}
$$

于是，绕矢量 $\boldsymbol{f}$ 旋转等价于绕坐标系｛C｝的 z 轴旋转，即有

$$
\mathrm{Rot}(\boldsymbol{f},\theta)=\mathrm{Rot}(C_z,\theta) \tag{23-2-46}
$$

如果已知以参考坐标描述的坐标系｛T｝，那么能够求得以坐标系｛C｝描述的另一坐标系｛S｝，因为

$$
\boldsymbol{T}=\boldsymbol{CS} \tag{23-2-47}
$$

式中，$\boldsymbol{S}$ 表示 $\boldsymbol{T}$ 相对于坐标系｛C｝的位置。对 $\boldsymbol{S}$ 求解得：

$$
\boldsymbol{S}=\boldsymbol{C}^{-1}\boldsymbol{T} \tag{23-2-48}
$$

$\boldsymbol{T}$ 绕 $\boldsymbol{f}$ 旋转等价于 $\boldsymbol{S}$ 绕坐标系｛C｝的 z 轴旋转：

$$
\mathrm{Rot}(\boldsymbol{f},\theta)T=C\mathrm{Rot}(z,\theta)S \tag{23-2-49}
$$

$$
\mathrm{Rot}(\boldsymbol{f},\theta)T=C\mathrm{Rot}(z,\theta)C^{-1}T \tag{23-2-50}
$$

于是可得：

$$
\mathrm{Rot}(\boldsymbol{f},\theta)=C\mathrm{Rot}(z,\theta)C^{-1} \tag{23-2-51}
$$

因为 $\boldsymbol{f}$ 为坐标系｛C｝的 z 轴方向矢量，所以对式（23-2-51）加以扩展可以发现 $C\mathrm{Rot}(z,\theta)C^{-1}$ 仅仅是 $\boldsymbol{f}$ 的函数，因为

$$
\begin{aligned}
C\mathrm{Rot}(z,\theta)C^{-1}&=\begin{bmatrix} n_x & o_x & a_x & 0 \\ n_y & o_y & a_y & 0 \\ n_z & o_z & a_z & 0 \\ 0 & 0 & 0 & 1 \end{bmatrix}\begin{bmatrix} \mathrm{c}\theta & -\mathrm{s}\theta & 0 & 0 \\ \mathrm{s}\theta & \mathrm{c}\theta & 0 & 0 \\ 0 & 0 & 1 & 0 \\ 0 & 0 & 0 & 1 \end{bmatrix}\begin{bmatrix} n_x & n_y & n_z & 0 \\ o_x & o_y & o_z & 0 \\ a_x & a_y & a_z & 0 \\ 0 & 0 & 0 & 1 \end{bmatrix} \\
&=\begin{bmatrix} n_x & o_x & a_x & 0 \\ n_y & o_y & a_y & 0 \\ n_z & o_z & a_z & 0 \\ 0 & 0 & 0 & 1 \end{bmatrix}\begin{bmatrix} n_x\mathrm{c}\theta-o_x\mathrm{s}\theta & n_y\mathrm{c}\theta-o_y\mathrm{s}\theta & n_z\mathrm{c}\theta-o_z\mathrm{s}\theta & 0 \\ n_x\mathrm{s}\theta+o_x\mathrm{c}\theta & n_y\mathrm{s}\theta+o_y\mathrm{c}\theta & n_z\mathrm{s}\theta+o_z\mathrm{c}\theta & 0 \\ a_x & a_y & a_z & 0 \\ 0 & 0 & 0 & 1 \end{bmatrix} \\
&=\begin{bmatrix} n_xn_x\mathrm{c}\theta-n_xo_x\mathrm{s}\theta+n_xo_x\mathrm{s}\theta+o_xo_x\mathrm{c}\theta+a_xa_x & n_xn_y\mathrm{c}\theta-n_xo_y\mathrm{s}\theta+n_yo_x\mathrm{s}\theta+o_yo_x\mathrm{c}\theta+a_xa_y & n_xn_z\mathrm{c}\theta-n_xo_z\mathrm{s}\theta+n_zo_x\mathrm{s}\theta+o_zo_x\mathrm{c}\theta+a_xa_z & 0 \\ n_yn_x\mathrm{c}\theta-n_yo_x\mathrm{s}\theta+n_xo_y\mathrm{s}\theta+o_yo_x\mathrm{c}\theta+a_ya_x & n_yn_y\mathrm{c}\theta-n_yo_y\mathrm{s}\theta+n_yo_y\mathrm{s}\theta+o_yo_y\mathrm{c}\theta+a_ya_y & n_yn_z\mathrm{c}\theta-n_yo_z\mathrm{s}\theta+n_zo_y\mathrm{s}\theta+o_zo_y\mathrm{c}\theta+a_ya_z & 0 \\ n_zn_x\mathrm{c}\theta-n_zo_x\mathrm{s}\theta+n_xo_z\mathrm{s}\theta+o_zo_x\mathrm{c}\theta+a_za_x & n_zn_y\mathrm{c}\theta-n_zo_y\mathrm{s}\theta+n_yo_z\mathrm{s}\theta+o_yo_z\mathrm{c}\theta+a_za_y & n_zn_z\mathrm{c}\theta-n_zo_z\mathrm{s}\theta+n_zo_z\mathrm{s}\theta+o_zo_z\mathrm{c}\theta+a_za_z & 0 \\ 0 & 0 & 0 & 1 \end{bmatrix}
\end{aligned} \tag{23-2-52}
$$

根据正交矢量点积、矢量自乘、单位矢量和相似矩阵特征值等性质，并令 $\boldsymbol{z}=\boldsymbol{a}$，$\mathrm{vers}\theta=1-\mathrm{c}\theta$，$\boldsymbol{f}=\boldsymbol{z}$，对式（23-2-52）进行化简（请读者自行推算）可得：

$$
\mathrm{Rot}(\boldsymbol{f},\theta)=\begin{bmatrix} f_xf_x\mathrm{vers}\theta+\mathrm{c}\theta & f_yf_x\mathrm{vers}\theta-f_z\mathrm{s}\theta & f_zf_x\mathrm{vers}\theta+f_y\mathrm{s}\theta & 0 \\ f_xf_y\mathrm{vers}\theta+f_z\mathrm{s}\theta & f_yf_y\mathrm{vers}\theta+\mathrm{c}\theta & f_zf_y\mathrm{vers}\theta-f_x\mathrm{s}\theta & 0 \\ f_xf_z\mathrm{vers}\theta-f_y\mathrm{s}\theta & f_yf_z\mathrm{vers}\theta+f_x\mathrm{s}\theta & f_zf_z\mathrm{vers}\theta+\mathrm{c}\theta & 0 \\ 0 & 0 & 0 & 1 \end{bmatrix} \tag{23-2-53}
$$

这是一个重要的结果。

从上述通用旋转变换公式，能够求得各个基本旋转变换。例如，当 $f_x=1$，$f_y=0$ 和 $f_z=0$ 时，Rot（$\boldsymbol{f}$，θ）即为 Rot（x，θ）。若把这些数值代入式（23-2-53），即可得：

$$
\mathrm{Rot}(x,\theta)=\begin{bmatrix} 1 & 0 & 0 & 0 \\ 0 & \mathrm{c}\theta & -\mathrm{s}\theta & 0 \\ 0 & \mathrm{s}\theta & \mathrm{c}\theta & 0 \\ 0 & 0 & 0 & 1 \end{bmatrix} \tag{23-2-54}
$$

与式（23-2-25）一致。

2.5.2　等效转角与转轴

给出任一旋转变换，能够由式（23-2-53）求得进行等效旋转 θ 角的转轴，已知旋转变换：

$$
\boldsymbol{R}=\begin{bmatrix} n_x & o_x & a_x & 0 \\ n_y & o_y & a_y & 0 \\ n_z & o_z & a_z & 0 \\ 0 & 0 & 0 & 1 \end{bmatrix} \tag{23-2-55}
$$

令 $\boldsymbol{R}$＝Rot（$\boldsymbol{f}$，θ），即：

$$\begin{bmatrix} n_x & o_x & a_x & 0 \\ n_y & o_y & a_y & 0 \\ n_z & o_z & a_z & 0 \\ 0 & 0 & 0 & 1 \end{bmatrix}$$

$$=\begin{bmatrix} f_x f_x \mathrm{vers}\theta + c\theta & f_y f_x \mathrm{vers}\theta - f_z s\theta & f_z f_x \mathrm{vers}\theta + f_y s\theta & 0 \\ f_x f_y \mathrm{vers}\theta + f_z s\theta & f_y f_y \mathrm{vers}\theta + c\theta & f_z f_y \mathrm{vers}\theta - f_x s\theta & 0 \\ f_x f_z \mathrm{vers}\theta - f_y s\theta & f_y f_z \mathrm{vers}\theta + f_x s\theta & f_z f_z \mathrm{vers}\theta + c\theta & 0 \\ 0 & 0 & 0 & 1 \end{bmatrix} \quad (23\text{-}2\text{-}56)$$

把上式两边的对角线项分别相加，并简化得：

$$n_x + o_y + a_z = (f_x^2 + f_y^2 + f_z^2)\mathrm{vers}\theta + 3c\theta = 1 + 2c\theta \quad (23\text{-}2\text{-}57)$$

以及

$$c\theta = \frac{1}{2}(n_x + o_y + a_z - 1) \quad (23\text{-}2\text{-}58)$$

把式（23-2-56）中的非对角线项成对相减可得：

$$o_z - a_y = 2 f_x s\theta$$
$$a_x - n_z = 2 f_y s\theta$$
$$n_y - o_x = 2 f_z s\theta \quad (23\text{-}2\text{-}59)$$

对式（23-2-59）中各式平方相加后得：

$$(o_z - a_y)^2 + (a_x - n_z)^2 + (n_y - o_x)^2 = 4s^2\theta \quad (23\text{-}2\text{-}60)$$

以及

$$s\theta = \pm\frac{1}{2}\sqrt{(o_z - a_y)^2 + (a_x - n_z)^2 + (n_y - o_x)^2} \quad (23\text{-}2\text{-}61)$$

把旋转规定为绕矢量 $\boldsymbol{f}$ 的正向旋转，使得 $0 \leqslant \theta \leqslant 180°$。这时，式（23-2-61）中的符号取正号。于是，转角 θ 被唯一地确定为：

$$\tan\theta = \frac{\sqrt{(o_z - a_y)^2 + (a_x - n_z)^2 + (n_y - o_x)^2}}{n_x + o_y + a_z - 1} \quad (23\text{-}2\text{-}62)$$

而矢量 $\boldsymbol{f}$ 的各分量可由式（23-2-60）求得：

$$f_x = (o_z - a_y)/2s\theta$$
$$f_y = (a_x - n_z)/2s\theta$$
$$f_z = (n_y - o_x)/2s\theta \quad (23\text{-}2\text{-}63)$$

2.6　机器人运动学

机器人的工作是由控制器指挥的，对应于驱动末端位姿运动的各关节参数是需要实时计算的。当机器人执行工作任务时，其控制器根据加工轨迹指令规划好位姿序列数据，实时运用逆向运动学算法计算出关节参数序列，并依此驱动机器人关节，使末端按照预定的位姿序列运动。

机器人运动学或机构学从几何或机构的角度描述和研究机器人的运动特性，而不考虑引起这些运动的力或力矩的作用。机器人运动学中有如下两类基本问题。

（1）机器人运动方程的表示问题，即正向运动学

对一给定的机器人，已知连杆几何参数和关节变量，欲求机器人末端执行器相对于参考坐标系的位置和姿态，这就需要建立机器人运动方程。运动方程的表示问题，即正向运动学，属于问题分析。因此，也可以把机器人运动方程的表示问题称为机器人运动的分析。

（2）机器人运动方程的求解问题，即逆向运动学

已知机器人连杆的几何参数，给定机器人末端执行器相对于参考坐标系的期望位置和姿态（位姿），求机器人能够达到预期位姿的关节变量，这就需要对运动方程求解。机器人运动方程的求解问题，即逆向运动学，属于问题综合。因此，也可以把机器人运动方程的求解问题称为机器人运动的综合。

要知道工作物体和工具的相对速度，就要指定手臂逐点运动的速度。雅可比矩阵是由某个笛卡儿坐标系规定的各单个关节速度对最后一个连杆速度的线性变换。大多数工业机器人具有6个关节，这意味着雅可比矩阵是6阶方阵。

2.6.1　机器人运动方程的表示

机械手是一系列由关节连接起来的连杆构成的一个运动链。将关节链上的一系列刚体称为连杆，通过转动关节或移动关节将相邻的两个连杆连接起来。六连杆机械手可具有6个自由度，每个连杆含有一个自由度，并能在其运动范围内任意定位与定向。按机器人的惯常设计，其中3个自由度用于规定位置，而另外3个自由度用来规定姿态。

2.6.1.1　运动姿态和方向角

（1）机械手的运动方向

图23-2-9表示机器人的一个夹手。把所描述的坐标系的原点置于夹手指尖的中心，此原点由矢量 $\boldsymbol{p}$ 表示。描述夹手方向的三个单位矢量的指向如下：z 向矢量处于夹手进入物体的方向上，并称为接近矢量 $\boldsymbol{a}$；y 向矢量的方向从一个指尖指向另一个指尖，处于规定夹手方向上，称为方向矢量 $\boldsymbol{o}$；最后一个矢量叫做法线矢量 $\boldsymbol{n}$，它与矢量 $\boldsymbol{o}$ 和 $\boldsymbol{a}$ 一起构成一个右手矢量集合，并由矢量的外积所规定：$\boldsymbol{n} = \boldsymbol{o} \times \boldsymbol{a}$，令 $\boldsymbol{T}_6$ 表示机械手的位置和姿态，则变换 $\boldsymbol{T}_6$ 具有下列元素。

$$T_6=\begin{bmatrix} n_x & o_x & a_x & p_x \\ n_y & o_y & a_y & p_y \\ n_z & o_z & a_z & p_z \\ 0 & 0 & 0 & 1 \end{bmatrix} \tag{23-2-64}$$

六连杆机械手的矩阵（$\boldsymbol{T}_6$）由指定其 16 个元素的数值来决定。在这 16 个元素中，只有 12 个元素具有实际含义。底行由三个 0 和一个 1 组成。左列矢量 $\boldsymbol{n}$ 是第二列矢量 $\boldsymbol{o}$ 和第三列矢量 $\boldsymbol{a}$ 的外积，当对 $\boldsymbol{p}$ 值不存在任何约束时，只要机械手能够到达期望位置，那么矢量 $\boldsymbol{o}$ 和 $\boldsymbol{a}$ 两者都是正交单位矢量，并且互相垂直，即有：$\boldsymbol{o}\cdot\boldsymbol{o}=1$，$\boldsymbol{a}\cdot\boldsymbol{a}=1$，$\boldsymbol{o}\cdot\boldsymbol{a}=0$。这些对矢量 $\boldsymbol{o}$ 和 $\boldsymbol{a}$ 的约束，使得对其分量的指定比较困难，除非是末端执行装置与坐标系平行这种简单情况。

也可以应用本章讨论过的通用旋转矩阵，把机械手端部的方向规定为绕某轴 $\boldsymbol{f}$ 旋转 θ 角，即 $\mathrm{Rot}(\boldsymbol{f},\theta)$。但是在达到某些期望方向时，这一转轴没有明显的直观感觉。

(2) 用旋转序列表示运动姿态

机械手的运动姿态往往由一个绕轴 x、y 和 z 的旋转序列来规定。这种转角的序列称为欧拉（Euler）角。欧拉角用一个绕 z 轴旋转 ϕ 角，再绕新的 y 轴（y'）旋转 θ 角，最后围绕新的 z 轴（z''）旋转 ψ 角来描述任何可能的姿态，见图 23-2-8。

在任何旋转序列下，旋转次序是十分重要的。这一旋转序列可由基系中相反的旋转次序来解释：先绕 z 轴旋转 ψ 角，再绕 y 轴旋转 θ 角，最后绕 z 轴旋转 ϕ 角。欧拉变换 Euler（ϕ，θ，ψ）可由连乘三个旋转矩阵来求得，即

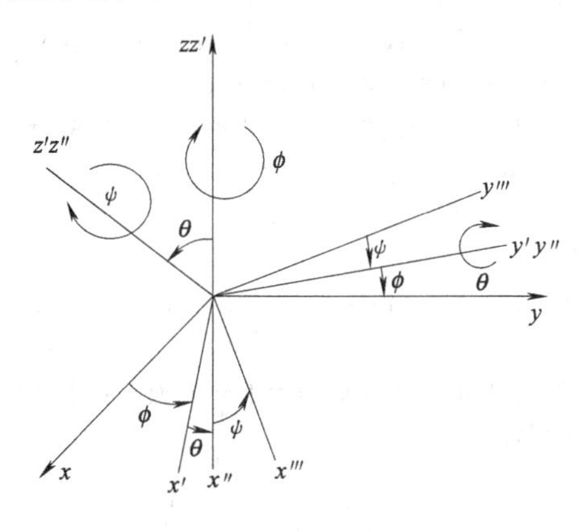

图 23-2-8　欧拉角的定义

$$\mathrm{Euler}(\phi,\theta,\psi)=\begin{bmatrix} c\phi & -s\phi & 0 & 0 \\ s\phi & c\phi & 0 & 0 \\ 0 & 0 & 1 & 0 \\ 0 & 0 & 0 & 1 \end{bmatrix}$$

$$=\begin{bmatrix} c\theta & 0 & s\theta & 0 \\ 0 & 1 & 0 & 0 \\ -s\theta & 0 & c\theta & 0 \\ 0 & 0 & 0 & 1 \end{bmatrix}\begin{bmatrix} c\psi & -s\psi & 0 & 0 \\ s\psi & c\psi & 0 & 0 \\ 0 & 0 & 1 & 0 \\ 0 & 0 & 0 & 1 \end{bmatrix}\cdot$$

$$\begin{bmatrix} c\phi c\theta c\psi - s\phi s\psi & -c\phi c\theta s\psi - s\phi c\psi & c\phi s\theta & 0 \\ s\phi c\theta c\psi + c\phi s\psi & -s\phi c\theta s\psi + c\phi c\psi & s\phi s\theta & 0 \\ -s\theta c\psi & s\theta s\psi & c\theta & 0 \\ 0 & 0 & 0 & 1 \end{bmatrix} \tag{23-2-65}$$

(3) 用横滚、俯仰和偏转角表示运动姿态

另一种常用的旋转集合是横滚（roll）、俯仰（pitch）和偏转（yaw）。

如果想象有只船沿着 z 轴方向航行，见图 23-2-9（a），这时，横流对应于围绕 z 轴旋转 ϕ 角，俯仰对应于围绕 y 轴旋转 θ 角，而偏转则对应于围绕 x 轴旋转 ψ 角。适用于机械手端部执行装置的这些旋转，见图 23-2-9（b）。

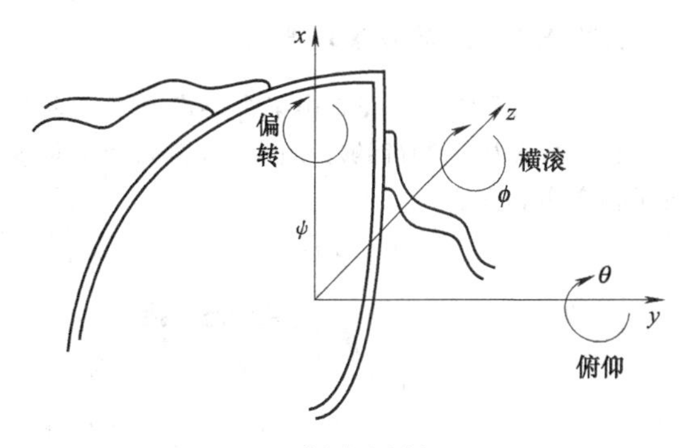

(a) 运动示意图

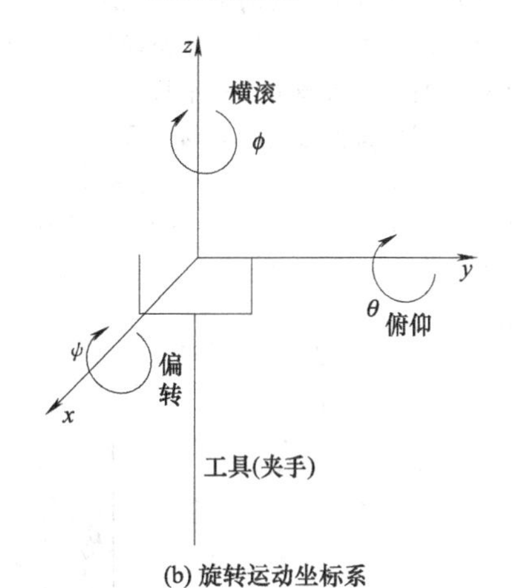

(b) 旋转运动坐标系

图 23-2-9　用横滚、俯仰和偏转表示机械手运动姿态

对于旋转次序做如下规定：

$$\mathrm{RPY}(\phi,\theta,\psi)=\mathrm{Rot}(z,\phi)\mathrm{Rot}(y,\theta)\mathrm{Rot}(x,\psi) \tag{23-2-66}$$

式中，RPY 表示横滚、俯仰和偏转三旋转的组

合变换．也就是说，先绕 x 轴旋转 ψ 角，再绕 y 轴旋转 θ 角，最后绕 z 轴旋 ϕ 角。此旋转变换计算如下：

$$\text{RPY}(\phi,\theta,\psi)=\begin{bmatrix} c\phi & -s\phi & 0 & 0\\ s\phi & c\phi & 0 & 0\\ 0 & 0 & 1 & 0\\ 0 & 0 & 0 & 1\end{bmatrix}\begin{bmatrix} c\theta & 0 & s\theta & 0\\ 0 & 1 & 0 & 0\\ -s\theta & 0 & c\theta & 0\\ 0 & 0 & 0 & 1\end{bmatrix}\begin{bmatrix} 1 & 0 & 0 & 0\\ 0 & c\psi & -s\psi & 0\\ 0 & s\psi & c\psi & 0\\ 0 & 0 & 0 & 1\end{bmatrix}$$

$$=\begin{bmatrix} c\phi c\theta & c\phi s\theta s\psi - s\phi c\psi & c\phi s\theta c\psi + s\phi s\psi & 0\\ s\phi c\theta & s\phi s\theta s\psi + c\phi c\psi & s\phi s\theta c\psi - c\phi s\psi & 0\\ -s\theta & c\theta s\psi & c\theta c\psi & 0\\ 0 & 0 & 0 & 1\end{bmatrix} \tag{23-2-67}$$

2.6.1.2　运动位置和坐标

一旦机械手的运动姿态由某个姿态变换规定之后，它在基系中的位置能够由左乘一个对应于矢量 $\boldsymbol{p}$ 的平移变换来确定：

$$\boldsymbol{T}_6=\begin{bmatrix} 1 & 0 & 0 & p_x\\ 0 & 1 & 0 & p_y\\ 0 & 0 & 1 & p_z\\ 0 & 0 & 0 & 1\end{bmatrix}[\text{某姿态变换}] \tag{23-2-68}$$

这一平移变换可用不同的坐标来表示。

除了已经讨论过的笛卡儿坐标外，还可以用柱面坐标和球面坐标来表示这一平移。

（1）用柱面坐标表示运动位置

首先用柱面坐标来表示机械手手臂的位置，即表示其平移变换。这对应于沿 x 轴平移 r，再绕 z 轴旋 α，最后沿 z 轴平移 z，如图 23-2-10（a）所示。

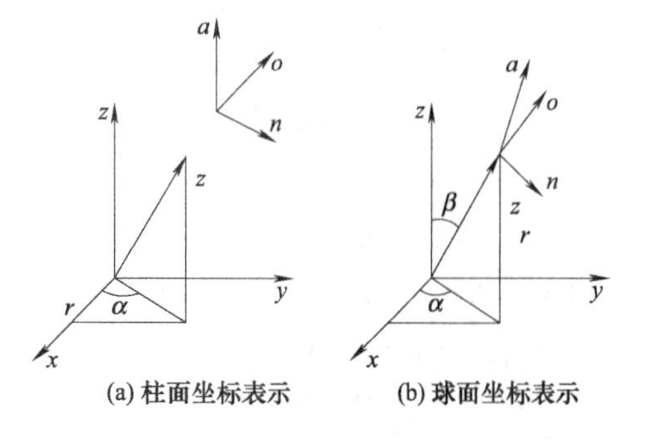

图 23-2-10　用柱面坐标和球面坐标表示位置

即有

$$\text{Cyl}(z,\alpha,r)=\text{Trans}(0,0,z)\text{Rot}(z,\alpha)\text{Trans}(r,0,0) \tag{23-2-69}$$

式中，Cyl 表示柱面坐标组合变换。计算上式并化简得：

$$\text{Cyl}(z,\alpha,r)=\begin{bmatrix} 1 & 0 & 0 & 0\\ 0 & 1 & 0 & 0\\ 0 & 0 & 1 & z\\ 0 & 0 & 0 & 1\end{bmatrix}\begin{bmatrix} c\alpha & -s\alpha & 0 & 0\\ s\alpha & c\alpha & 0 & 0\\ 0 & 0 & 1 & 0\\ 0 & 0 & 0 & 1\end{bmatrix}\begin{bmatrix} 1 & 0 & 0 & r\\ 0 & 1 & 0 & 0\\ 0 & 0 & 1 & 0\\ 0 & 0 & 0 & 1\end{bmatrix}$$

$$=\begin{bmatrix} c\alpha & -s\alpha & 0 & rc\alpha\\ s\alpha & c\alpha & 0 & rs\alpha\\ 0 & 0 & 1 & z\\ 0 & 0 & 0 & 1\end{bmatrix} \tag{23-2-70}$$

如果用某个如式（23-2-68）所示的姿态变换右乘上述变换式，那么，手臂将相对于基系绕 z 轴旋转 α 角，要使变换后机器人末端相对基系的姿态不变，那么就应对式（23-2-70）绕轴旋转一个 $-\alpha$ 角，即有

Cyl（z，α，r）

$$=\begin{bmatrix} c\alpha & -s\alpha & 0 & rc\alpha\\ s\alpha & c\alpha & 0 & rs\alpha\\ 0 & 0 & 1 & z\\ 0 & 0 & 0 & 1\end{bmatrix}\begin{bmatrix} c(-\alpha) & -s(-\alpha) & 0 & 0\\ s(-\alpha) & c(-\alpha) & 0 & 0\\ 0 & 0 & 1 & 0\\ 0 & 0 & 0 & 1\end{bmatrix}$$

$$=\begin{bmatrix} 1 & 0 & 0 & rc\alpha\\ 0 & 1 & 0 & rs\alpha\\ 0 & 0 & 1 & z\\ 0 & 0 & 0 & 1\end{bmatrix} \tag{23-2-71}$$

这就是用以解释柱面坐标 Cyl(z，α，r）的形式。

（2）用球面坐标表示运动位置

现在讨论用球面坐标表示手臂运动位置矢量的方法。这个方法对应于沿 z 轴平移 r，再绕 y 轴旋转 β 角，最后绕 z 轴旋转 α 角，如图 23-2-10（b）所示，即

$$\text{Sph}(\alpha,\beta,r)=\text{Rot}(z,\alpha)\text{Rot}(y,\beta)\text{Trans}(0,0,r) \tag{23-2-72}$$

式中，Sph 表示球面坐标组合变换。对上式进行计算结果如下：

$$\text{Sph}(\alpha,\beta,r)=\begin{bmatrix} c\alpha & -s\alpha & 0 & 0\\ s\alpha & c\alpha & 0 & 0\\ 0 & 0 & 1 & 0\\ 0 & 0 & 0 & 1\end{bmatrix}\begin{bmatrix} c\beta & 0 & s\beta & 0\\ 0 & 1 & 0 & 0\\ -s\beta & 0 & c\beta & 0\\ 0 & 0 & 0 & 1\end{bmatrix}\begin{bmatrix} 1 & 0 & 0 & 0\\ 0 & 1 & 0 & 0\\ 0 & 0 & 1 & r\\ 0 & 0 & 0 & 1\end{bmatrix}$$

$$=\begin{bmatrix} c\alpha c\beta & -s\alpha & c\alpha s\beta & rc\alpha s\beta \\ s\alpha c\beta & c\alpha & s\alpha s\beta & rs\alpha s\beta \\ -s\beta & 0 & c\beta & rc\beta \\ 0 & 0 & 0 & 1 \end{bmatrix} \tag{23-2-73}$$

如果希望变换后机器人末端坐标系相对基系的姿态不变，那么就必须用 Rot（y，$-\beta$）和 Rot（z，$-\alpha$）右乘式（23-2-73），即

$$\mathrm{Sph}(\alpha,\beta,r)=\mathrm{Rot}(z,\alpha)\mathrm{Rot}(y,\beta)\mathrm{Trans}(0,0,r)\mathrm{Rot}(y,-\beta)\mathrm{Rot}(z,-\alpha)$$

$$=\begin{bmatrix} 1 & 0 & 0 & rc\alpha s\beta \\ 0 & 1 & 0 & rs\alpha s\beta \\ 0 & 0 & 1 & rc\beta \\ 0 & 0 & 0 & 1 \end{bmatrix} \tag{23-2-74}$$

以上为用于解释球面坐标的形式。

2.6.1.3　连杆变换矩阵及其乘积

为机器人的每一连杆建立一个坐标系，并用齐次变换来描述这些坐标系间的相对位置和姿态，可以通过递归的方式获得末端执行器相对于基坐标系的齐次变换矩阵，即求得机器人的运动方程。

(1) 广义连杆

相邻坐标系间及其相应连杆可以用齐次变换矩阵来表示。要求出操作手所需要的变换矩阵，每个连杆都要用广义连杆来描述。在求得相应的广义变换矩阵之后，可对其加以修正，以适合每个具体的连杆。

从机器人的固定基座开始为连杆进行编号，一般称固定基座为连杆 0，第一个可动连杆为连杆 1，依此类推，机器人最末端的连杆为连杆 n。为了使末端执行器能够在三维空间中达到任意的位置和姿态，机器人至少需要 6 个关节（对应 6 个自由度——3 个位置自由度和 3 个方位自由度）。

机器人机械手是由一系列连接在一起的连杆（杆件）构成的。可以将连杆各种机械结构抽象成两个几何要素及其参数，即公共法线距离 a_i 和垂直于 a_i 所在平面内两轴的夹角 α_i。另外，相邻杆件之间的连接关系也被抽象成两个量，即两连杆的相对位置 d_i 和两连杆法线的夹角 θ_i，如图 23-2-11 所示。

各参考坐标系建立约定如图 23-2-11 所示，其特点是每一杆件的坐标系 z 轴和原点固连在该杆件的前一个轴线上，除第一个和最后一个连杆外，每个连杆两端的轴线各有一条法线，分别为前、后相邻连杆的公共法线，这两法线间的距离即为 d_i，a_{i-1} 被称为连杆长度，α_{i-1} 为连杆扭角，d_i 为两连杆距离，θ_i 为两连杆夹角。

机器人机械手连杆连接关节的类型有两种——转动关节和棱柱联轴节。对于转动关节，θ_i 为关节变量。连杆 i 的坐标系原点位于轴 $i-1$ 和 i 的公共法线与关节 i 轴线的交点上，如果两相邻连杆的轴线相交于一点，那么原点就在这一交点上。如果两轴线互相平行，那么原点选择时应使其对下一连杆（其坐标原点已确定）的距离 d_{i+1} 为零，连杆 i 的 z 轴与关节 $i+1$ 的轴线在一直线上，而 x 轴则在连杆 i 和 $i+1$ 的公共法线上，其方向从 i 指向 $i+1$，见图 23-2-12。当两关节轴线相交时，x 轴的方向与两矢量的外积 $z_{i-1}\times z_i$ 平行或反向平行，x 轴的方向总是沿着公共法线从转轴 i 指向 $i+1$。当两轴 x_{i-1} 和 x_i 平行且同向时，第 i 个转动关节的 θ_i 为零。

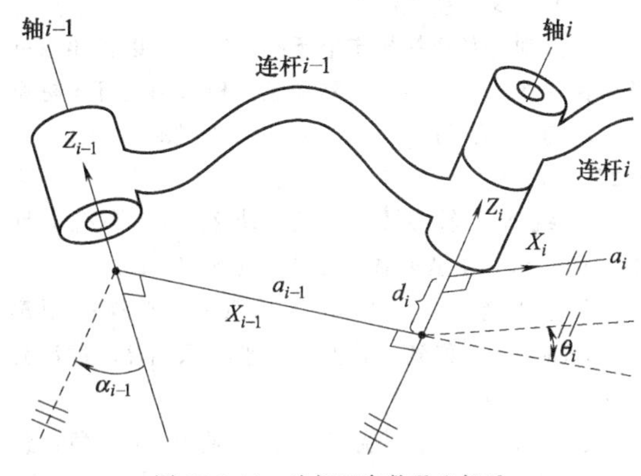

图 23-2-11　连杆四参数及坐标系建立示意图

在建立机器人杆件坐标系时，首先在每一杆件 i 的首关节轴 i 上建立坐标轴 z_i，z_i 正向在两个方向中选一个方向即可，但所有 z 轴应尽量一致。图 23-2-11所示的 a_i、α_i、θ_i 和 d_i 四个参数，除 $a_i\geqslant 0$ 外，其他三个值皆有正负，因为 α_i、θ_i 分别是围绕 X_i、Z_i 轴旋转定义的，它们的正负就根据判定旋转矢量方向的右手法则来确定。d_i 为沿 Z_i 轴由 X_{i-1} 垂足到 X_i 垂足的距离，距离移动时与 Z_i 正向一致时符号取为正。

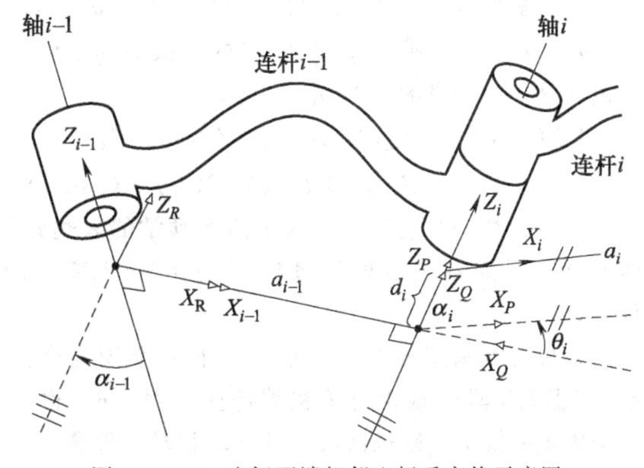

图 23-2-12　连杆两端相邻坐标系变换示意图

(2) 广义变换矩阵

一旦对全部连杆规定坐标系之后，可以按照下列顺序由两个旋转和两个平移来建立相邻两连杆坐标系 $i-1$ 与 i 之间的相对关系，见图23-2-11与图23-2-12。

① 绕 X_{i-1} 轴旋转 α_{i-1} 角，使 Z_{i-1} 转到 Z_R，同 Z_i 方向一致，使坐标系 $\{i-1\}$ 过渡到 $\{R\}$。

② 坐标系 $\{R\}$ 沿 X_{i-1} 或 X_R 轴平移一距离 a_{i-1}，将坐标系移到 i 轴上，使坐标系 $\{R\}$ 过渡到 $\{Q\}$。

③ 坐标系 $\{Q\}$ 绕 Z_Q 或 Z_i 轴转动 θ_i 角，使 $\{Q\}$ 过渡到 $\{P\}$。

④ 坐标系 $\{P\}$ 再沿 Z_i 轴平移一距离 d_i，使 $\{P\}$ 过渡到和 i 杆的坐标系 $\{i\}$ 重合。

这种关系可由表示连杆 i 对连杆 $i-1$ 相对位置的四个齐次变换来描述。根据坐标系变换的链式法则，坐标系 $\{i-1\}$ 到坐标系 $\{i\}$ 的变换矩阵可以写成：

$$ {}^{i-1}_{i}T={}^{i-1}_{R}T\,{}^{R}_{Q}T\,{}^{Q}_{P}T\,{}^{P}_{i}T \tag{23-2-75}$$

式(23-2-75)中的每个变换都是仅有一个连杆参数的基础变换(旋转或平移变换)，根据中间坐标系的设置，式(23-2-75)可以写成：

$$ {}^{i-1}_{i}T=\mathrm{Rot}(x,\alpha_{i-1})\mathrm{Trans}(a_{i-1},0,0)\mathrm{Rot}(z,\theta_i)\mathrm{Trans}(0,0,d_i) \tag{23-2-76}$$

由4矩阵连乘可以计算出式(23-2-76)，即 ${}^{i-1}_{i}T$ 的变换通式为：

$$ {}^{i-1}_{i}\boldsymbol{T}=\begin{bmatrix} c\theta_i & -s\theta_i & 0 & \alpha_{i-1} \\ s\theta_i c\alpha_{i-1} & c\theta_i c\alpha_{i-1} & -s\alpha_{i-1} & -d_i s\alpha_{i-1} \\ s\theta_i s\alpha_{i-1} & c\theta_i s\alpha_{i-1} & c\alpha_{i-1} & d_i c\alpha_{i-1} \\ 0 & 0 & 0 & 1 \end{bmatrix} \tag{23-2-77}$$

机械手端部对基座的 ${}^{0}_{6}T$ 关系为：

$$ {}^{0}_{6}T={}^{0}_{1}T\,{}^{1}_{2}T\,{}^{2}_{3}T\,{}^{3}_{4}T\,{}^{4}_{5}T\,{}^{5}_{6}T $$

如果机器人6个关节中的变量分别是 θ_1、θ_2、θ_3、θ_4、θ_5、θ_6，则末端相对基座的齐次矩阵也应该是包含这6个变量的4×4矩阵，即

$$ {}^{0}_{6}T(\theta_1,\theta_2,d_3,\theta_4,\theta_5,\theta_6)={}^{0}_{1}T(\theta_1)\,{}^{1}_{2}T(\theta_2)\,{}^{2}_{3}T(d_3)\,{}^{3}_{4}T(\theta_4)\,{}^{4}_{5}T(\theta_5)\,{}^{5}_{6}T(\theta_6) \tag{23-2-78}$$

式(23-2-78)就是机器人正向运动学的表达式，即通过机器人各关节值计算出末端相对于基座的位姿。

若机器人基座相对工件参照系有一个固定变换 $\boldsymbol{Z}$，机器人工具末端相对手腕端部坐标系 $\{6\}$ 也有一个固定变换 $\boldsymbol{E}$，则机器人工具末端相对工件参照系的变换 $\boldsymbol{X}$ 为：

$$ \boldsymbol{X}=\boldsymbol{Z}{}^{0}_{6}\boldsymbol{T}\boldsymbol{E} \tag{23-2-79}$$

2.6.2 机械手运动方程的求解

前面讨论了机器人的正向运动学，本节将研究难度更大的逆向运动学问题，即机器人运动方程的求解问题。已知工具坐标系相对于工作台坐标系的期望位置和姿态，求机器人能够达到预期位姿的关节变量。大多数机器人程序设计语言，是用某个笛卡儿坐标系来指定机械手末端位置的。这一指定可用于求解机械手最后一个连杆的姿态 $\boldsymbol{T}_6$。不过，在机械手被驱动至该姿态之前，必须知道与该位置有关的所有关节的位置。

2.6.2.1 欧拉变换解

(1) 基本隐式方程解

首先令

$$ \mathrm{Euler}(\phi,\theta,\psi)=\boldsymbol{T} \tag{23-2-80}$$

式中，

$$ \mathrm{Euler}(\phi,\theta,\psi)=\mathrm{Rot}(z,\phi)\mathrm{Rot}(y,\theta)\mathrm{Rot}(z,\psi) \tag{23-2-81}$$

已知任意变换 $\boldsymbol{T}$，求 ϕ、θ 和 ψ。即已知 $\boldsymbol{T}$ 矩阵各元素的数值，求其所对应的 ϕ、θ 和 ψ 值。为解决该问题，根据下式

$$ \begin{bmatrix} n_x & o_x & a_x & p_x \\ n_y & o_y & a_y & p_y \\ n_z & o_z & a_z & p_z \\ 0 & 0 & 0 & 1 \end{bmatrix} = \begin{bmatrix} c\phi c\theta c\psi - s\phi s\psi & -c\phi c\theta s\psi - s\phi c\psi & c\phi s\theta & 0 \\ s\phi c\theta c\psi + c\phi s\psi & -s\phi c\theta c\psi + c\phi c\psi & s\phi s\theta & 0 \\ -s\theta c\psi & s\theta s\psi & c\theta & 0 \\ 0 & 0 & 0 & 1 \end{bmatrix} \tag{23-2-82}$$

令矩阵方程两边各对应元素一一相等，可得16个方程式，其中有12个为隐式方程。从这些隐式方程中可以求得所需参数。在式(23-2-82)中，只有9个隐式方程式，因为其平移坐标是明显解。这些隐式方程如下：

$$ n_x=c\phi c\theta c\psi-s\phi s\psi \tag{23-2-83}$$

$$ n_y=s\phi c\theta c\psi+c\phi s\psi \tag{23-2-84}$$

$$ n_z=-s\theta c\psi \tag{23-2-85}$$

$$ o_x=-c\phi c\theta s\psi-s\phi c\psi \tag{23-2-86}$$

$$ o_y=-s\phi c\theta s\psi+c\phi c\psi \tag{23-2-87}$$

$$ o_z=s\theta s\psi \tag{23-2-88}$$

$$ a_x=c\phi s\theta \tag{23-2-89}$$

$$ a_y=s\phi s\theta \tag{23-2-90}$$

$$ a_z=c\theta \tag{23-2-91}$$

(2) 用双变量反正切函数确定角度

可以试探地对 ϕ、θ 和 ψ 进行如下求解。根据式 (23-2-91) 得：

$$\theta=\mathrm{c}^{-1}(a_z) \qquad (23\text{-}2\text{-}92)$$

根据式 (23-2-89) 和式 (23-2-91) 有：

$$\phi=\mathrm{c}^{-1}(a_x/\mathrm{s}\theta) \qquad (23\text{-}2\text{-}93)$$

又根据式 (23-2-85) 和式 (23-2-91) 有：

$$\psi=\mathrm{c}^{-1}(-n_z/\mathrm{s}\theta) \qquad (23\text{-}2\text{-}94)$$

但是，这些解答是无用的，因为：

① 当由余弦函数求角度时不仅此角度的符号是不确定的，而且所求角度的准确程度又与该角度本身有关，即 $\cos\theta=\cos(-\theta)$ 以及 $\mathrm{d}\cos(\theta)/\mathrm{d}\theta|_{0,180°}=0$。

② 在求解 ϕ 和 ψ 时，见式 (23-2-93) 和式 (23-2-94)，再次用到反余弦函数，而且分母为 $\sin\theta$。当 $\sin\theta$ 接近于 0 时，总会产生不准确。

③ 当 $\theta=0°$ 或 $\theta=\pm180°$ 时，式 (23-2-93) 和式 (23-2-94) 没有定义。

因此，在求解时，总是采用双变量反正切函数 atan2 来确定角度。atan2 提供 2 个自变量，即纵坐标 y 和横坐标 x，见图 23-2-13。当 $-\pi\leqslant\theta\leqslant\pi$，由 atan2 反求角度时，同时检查 y 和 x 的符号来确定其所在的象限。这一函数也能检验什么时候 x 或 y 为 0，并反求出正确的角度。atan2 的精确程度对其整个定义域都是一样的。

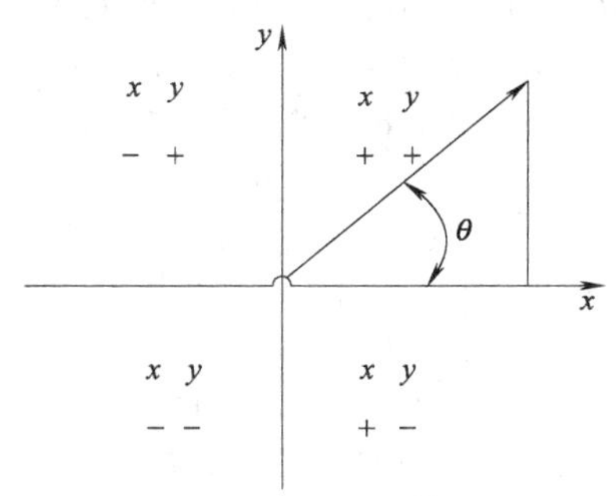

图 23-2-13　反正切函数 atan2

(3) 用显式方程求各角度

要求得方程式的解，采用另一种通常能够导致显式解答的方法。用未知逆变换依次左乘已知方程，对于欧拉变换有：

$$\begin{bmatrix} \mathrm{c}\phi & \mathrm{s}\phi & 0 & 0 \\ -\mathrm{s}\phi & \mathrm{c}\phi & 0 & 0 \\ 0 & 0 & 1 & 0 \\ 0 & 0 & 0 & 1 \end{bmatrix}\begin{bmatrix} n_x & o_x & a_x & p_x \\ n_y & o_y & a_y & p_y \\ n_z & o_z & a_z & p_z \\ 0 & 0 & 0 & 1 \end{bmatrix}=\begin{bmatrix} \mathrm{c}\theta\mathrm{c}\psi & -\mathrm{c}\theta\mathrm{c}\psi & \mathrm{s}\theta & 0 \\ \mathrm{s}\psi & \mathrm{c}\psi & 0 & 0 \\ -\mathrm{s}\theta\mathrm{c}\psi & \mathrm{s}\theta\mathrm{s}\psi & \mathrm{c}\theta & 0 \\ 0 & 0 & 0 & 1 \end{bmatrix} \qquad (23\text{-}2\text{-}95)$$

在计算此方程式之前，用下列形式来表示乘积：

$$\begin{bmatrix} f_{11}(\boldsymbol{n}) & f_{11}(\boldsymbol{o}) & f_{11}(\boldsymbol{a}) & f_{11}(\boldsymbol{p}) \\ f_{12}(\boldsymbol{n}) & f_{12}(\boldsymbol{o}) & f_{12}(\boldsymbol{a}) & f_{12}(\boldsymbol{p}) \\ f_{13}(\boldsymbol{n}) & f_{13}(\boldsymbol{o}) & f_{13}(\boldsymbol{a}) & f_{13}(\boldsymbol{p}) \\ 0 & 0 & 0 & 1 \end{bmatrix} \qquad (23\text{-}2\text{-}96)$$

其中，$f_{11}=\mathrm{c}\phi x+\mathrm{s}\phi y$，$f_{12}=-\mathrm{s}\phi x+\mathrm{c}\phi y$，$f_{13}=z$，而 x、y 和 z 为 f_{11}、f_{12} 和 f_{13} 的各相应分量，例如：

$$f_{11}(\boldsymbol{a})=-\mathrm{s}\phi a_x+\mathrm{c}\phi a_y \qquad (23\text{-}2\text{-}97)$$

$$f_{11}(\boldsymbol{p})=\mathrm{c}\phi p_x+\mathrm{s}\phi p_y \qquad (23\text{-}2\text{-}98)$$

据此可把式 (23-2-95) 重写为：

$$\begin{bmatrix} f_{11}(\boldsymbol{n}) & f_{11}(\boldsymbol{o}) & f_{11}(\boldsymbol{a}) & f_{11}(\boldsymbol{p}) \\ f_{12}(\boldsymbol{n}) & f_{12}(\boldsymbol{o}) & f_{12}(\boldsymbol{a}) & f_{12}(\boldsymbol{p}) \\ f_{13}(\boldsymbol{n}) & f_{13}(\boldsymbol{o}) & f_{13}(\boldsymbol{a}) & f_{13}(\boldsymbol{p}) \\ 0 & 0 & 0 & 1 \end{bmatrix}=\begin{bmatrix} \mathrm{c}\theta\mathrm{c}\psi & -\mathrm{c}\theta\mathrm{c}\psi & \mathrm{s}\theta & 0 \\ \mathrm{s}\psi & \mathrm{c}\psi & 0 & 0 \\ -\mathrm{s}\theta\mathrm{c}\psi & \mathrm{s}\theta\mathrm{s}\psi & \mathrm{c}\theta & 0 \\ 0 & 0 & 0 & 1 \end{bmatrix} \qquad (23\text{-}2\text{-}99)$$

检查上式可见，p_x，p_y 和 p_z 均为 0。这是理想结果，因为欧拉变换不产生任何平移。此外，位于第二行第三列的元素也为 0。所以可得 $f_{12}(\boldsymbol{a})=0$，即

$$-\mathrm{s}\phi a_x+\mathrm{c}\phi a_y=0 \qquad (23\text{-}2\text{-}100)$$

上式两边分别加上 $\mathrm{s}\phi a_x$，再除以 $\mathrm{c}\phi a_x$，可得

$$\tan\phi=\frac{\mathrm{s}\phi}{\mathrm{c}\phi}=\frac{a_y}{a_x} \qquad (23\text{-}2\text{-}101)$$

这样，即可以从反正切函数 atan2 得到：

$$\phi=\mathrm{atan2}(a_y, a_x) \qquad (23\text{-}2\text{-}102)$$

对式 (23-2-100) 两边分别加上 $-\mathrm{c}\phi a_y$，然后除以 $-\mathrm{c}\phi a_x$，可得

$$\tan\phi=\frac{\mathrm{s}\phi}{\mathrm{c}\phi}=\frac{-a_y}{-a_x} \qquad (23\text{-}2\text{-}103)$$

这时可得式 (23-2-102) 的另一个解为：

$$\phi=\mathrm{atan2}(-a_y, -a_x) \qquad (23\text{-}2\text{-}104)$$

式 (23-2-102) 与式 (23-2-104) 两解相差 180°。

除非出现 a_y 和 a_x 均为 0 的情况，否则总能得到式 (23-2-101) 的两个相差 180°的解。当 a_y 和 a_x 均为 0 时，角度 ϕ 没有定义。这种情况是在机械手臂垂直向上或向下，且 ϕ 和 ψ 两角又对应于同一旋转时出现的。这种情况称为退化 (degeneracy)。这时，任取 $\phi=0$。

求得 ϕ 值之后，式 (23-2-99) 左式的所有元素也就随之确定。令左式元素与右边对应元素相等，可得：$\mathrm{s}\theta=f_{11}(\boldsymbol{a})$，$\mathrm{c}\theta=f_{13}(\boldsymbol{a})$，或 $\mathrm{s}\theta=\mathrm{c}\phi a_x+\mathrm{s}\phi a_y$，$\mathrm{c}\theta=a_z$。于是有：

$$\theta=\text{atan2}(c\phi a_x+s\phi a_y,a_z) \quad (23\text{-}2\text{-}105)$$

当正弦和余弦都确定时，角度 θ 总是唯一确定的，而且不会出现前述角度 ϕ 那种退化问题。

最后求解角度 ψ。由式（23-2-99）有：

$$s\psi=f_{12}(\boldsymbol{n}),c\psi=f_{12}(\boldsymbol{o}),$$

或 $s\psi=-s\phi n_x+c\phi n_y$，$c\psi=-s\phi o_x+c\phi o_y$ (23-2-106)

从而得到：

$$\psi=\text{atan2}(-s\phi n_x+c\phi n_y,-s\phi o_x+c\phi o_y) \quad (23\text{-}2\text{-}107)$$

概括地说，如果已知一个表示任意旋转的齐次变换，那么就能够确定其等价欧拉角：

$$\phi=\text{atan2}(a_y,a_x),\phi=\phi+180^\circ$$
$$\theta=\text{atan2}(c\phi a_x+s\phi a_y,a_z)$$
$$\psi=\text{atan2}(-s\phi n_x+c\phi n_y,-s\phi o_x+c\phi o_y) \quad (23\text{-}2\text{-}108)$$

2.6.2.2 滚、仰、偏变换解

在分析欧拉变换时已经知道，只有用显式方程才能求得确定的解答。所以在这里直接从显式方程来求解用滚动、俯仰和偏转表示的变换方程。式（23-2-66）和式（23-2-67）给出了这些运动方程式。从式（23-2-67）得：

$$\text{Rot}(z,\phi)^{-1}T=\text{Rot}(y,\theta)\text{Rot}(x,\psi)$$

$$\begin{bmatrix} f_{11}(n) & f_{11}(o) & f_{11}(a) & f_{11}(p) \\ f_{12}(n) & f_{12}(o) & f_{12}(a) & f_{12}(p) \\ f_{13}(n) & f_{13}(o) & f_{13}(a) & f_{13}(p) \\ 0 & 0 & 0 & 1 \end{bmatrix} = \begin{bmatrix} c\theta & s\theta s\psi & s\theta c\psi & 0 \\ 0 & c\psi & -s\psi & 0 \\ -s\theta & c\theta s\psi & c\theta c\psi & 0 \\ 0 & 0 & 0 & 1 \end{bmatrix} \quad (23\text{-}2\text{-}109)$$

式中，f_{11}、f_{12}和 f_{13}的定义同前。令 $f_{12}(\boldsymbol{n})$ 与式（22-2-109）右式的对应元素相等可得：

$$-s\phi n_x+c\phi n_y=0 \quad (23\text{-}2\text{-}110)$$

从而得：

$$\phi=\text{atan2}(n_y,n_x) \quad (23\text{-}2\text{-}111)$$
$$\phi=\phi+180^\circ \quad (23\text{-}2\text{-}112)$$

又令式（23-2-109）中左右式中的（3，1）及（1，1）元素分别相等，有：$-s\theta=n$，$c\theta=c\phi n_x+s\phi n_y$，于是得：

$$\theta=\text{atan2}(-n,c\phi n_x+s\phi n_y) \quad (23\text{-}2\text{-}113)$$

最后令第（2，3）和（2，2）对应元素分别相等，有 $-s\psi=-s\phi a_x+c\phi a_y$，$c\psi=-s\phi o_x+c\phi o_y$，据此可得：

$$\psi=\text{atan2}(s\phi a_x-c\phi a_y,-s\phi o_x+c\phi o_y) \quad (23\text{-}2\text{-}114)$$

综上分析可得 RPY 变换各角如下：

$$\phi=\text{atan2}(n_y,n_x)$$
$$\phi=\phi+180^\circ$$
$$\theta=\text{atan2}(-n_x,c\phi n_x+s\phi n_y)$$
$$\psi=\text{atan2}(s\phi a_x-c\phi a_y,-s\phi o_x+c\phi o_y) \quad (23\text{-}2\text{-}115)$$

2.6.2.3 球面变换解

也可以把上述求解技巧用于球面坐标系表示的运动方程，这些方程如式（23-2-116）所示。由式（23-2-116）可得：

$$\text{Rot}(z,\alpha)^{-1}T=\text{Rot}(y,\beta)\text{Trans}(0,0,r) \quad (23\text{-}2\text{-}116)$$

$$\begin{bmatrix} c\alpha & s\alpha & 0 & 0 \\ -s\alpha & c\alpha & 0 & 0 \\ 0 & 0 & 1 & 0 \\ 0 & 0 & 0 & 1 \end{bmatrix}\begin{bmatrix} n_x & o_x & a_x & p_x \\ n_y & o_y & a_y & p_y \\ n_z & o_z & a_z & p_z \\ 0 & 0 & 0 & 1 \end{bmatrix} = \begin{bmatrix} c\beta & 0 & s\beta & rs\beta \\ 0 & 1 & 0 & 0 \\ -s\beta & 0 & c\beta & rc\beta \\ 0 & 0 & 0 & 1 \end{bmatrix}$$

$$\begin{bmatrix} f_{11}(n) & f_{11}(o) & f_{11}(a) & f_{11}(p) \\ f_{12}(n) & f_{12}(o) & f_{12}(a) & f_{12}(p) \\ f_{13}(n) & f_{13}(o) & f_{13}(a) & f_{13}(p) \\ 0 & 0 & 0 & 1 \end{bmatrix} = \begin{bmatrix} c\beta & 0 & s\beta & rs\beta \\ 0 & 1 & 0 & 0 \\ -s\beta & 0 & c\beta & rc\beta \\ 0 & 0 & 0 & 1 \end{bmatrix}$$

令上式两边的第四列相等，即有：

$$\begin{bmatrix} c\alpha p_x+s\alpha p_y \\ -s\alpha p_x+c\alpha p_y \\ p_z \\ 1 \end{bmatrix} = \begin{bmatrix} rs\beta \\ 0 \\ rc\beta \\ 1 \end{bmatrix} \quad (23\text{-}2\text{-}117)$$

由此可得，$-s\alpha p_x+c\alpha p_y=0$，即：

$$\alpha=\text{atan2}(p_y,p_x) \quad (23\text{-}2\text{-}118)$$
$$\alpha=\alpha+180^\circ \quad (23\text{-}2\text{-}119)$$

以及 $c\alpha p_x+s\alpha p_y=rs\beta$，$p_z=rc\beta$。当 $r>0$ 时

$$\beta=\text{atan2}(c\alpha p_x+s\alpha p_y,p_z) \quad (23\text{-}2\text{-}120)$$

要求得 z，必须用 $\text{Rot}(y,\beta)^{-1}$ 左乘式（23-2-116）的两边，

$$\text{Rot}(y,\beta)^{-1}\text{Rot}(z,\alpha)^{-1}T=\text{Trans}(0,0,r) \quad (23\text{-}2\text{-}121)$$

计算式（23-2-121）后，让其右式相等：

$$\begin{bmatrix} c\beta(c\alpha p_x+s\alpha p_y)-s\beta p_z \\ -s\alpha p_x+c\alpha p_y \\ s\beta(c\alpha p_x+s\alpha p_y)+c\beta p_z \\ 1 \end{bmatrix}=\begin{bmatrix} 0 \\ 0 \\ r \\ 1 \end{bmatrix} \tag{23-2-122}$$

从而可得：

$$r=s\beta(c\alpha p_x+s\alpha p_y)+c\beta p_z \tag{23-2-123}$$

综上讨论可得球面变换的解为：

$$\alpha=\mathrm{atan2}(p_y,p_x),\alpha=\alpha+180°$$

$$\beta=\mathrm{atan2}(c\alpha p_x+s\alpha p_y,p_z)$$

$$r=s\beta(c\beta p_x+s\alpha p_y)+c\beta p_z \tag{23-2-124}$$

2.7　机器人动力学

操作机器人是一种主动机械装置，原则上它的每个自由度都具有单独传动。从控制观点来看，机械手系统代表冗余的、多变量的和本质非线性的自动控制系统，也是个复杂的动力学耦合系统。每个控制任务本身就是一个动力学任务，因此，研究机器人机械手的动力学问题，就是为了进一步讨论控制问题。

通过下列两种理论来分析机器人操作的动态数学模型。

① 动力学基本理论，包括牛顿-欧拉方程。

② 拉格朗日力学，特别是二阶拉格朗日方程。

第一种理论方法即为力的动态平衡法。应用此法时需要从运动学出发求得加速度，并消去各内作用力。对于较复杂的系统，此种分析方法十分复杂，因此本章只讨论一些比较简单的例子。第二种理论方法即拉格朗日功能平衡法，它只需要速度而不必求内作用力，因此是一种直截了当且简便的方法。在本手册中，主要采用这一方法来分析和求解机械手的动力学问题。通过求得动力学问题的符号解答，有助于对机器人控制问题的深入理解。

动力学有两个相反的问题，其一是已知机械手各关节的作用力或力矩，求各关节的位移、速度和加速度，求得运动轨迹；其二是已知机械手的运动轨迹，即各关节的位移、速度和加速度，求各关节所需要的驱动力或力矩。前者称为动力学正问题，后者称为动力学逆问题。一般操作机器人的动态方程用六个非线性微分联立方程表示，但是除了一些比较简单的情况外，这些方程式是不能求得一般解答的。往往通过矩阵形式求得动态方程，并简化它们，以获得控制所需要的信息。在实际控制时，通常要对动态方程做出某些假设，进行简化处理。

2.7.1　刚体动力学

拉格朗日函数 L 可定义为系统的动能 K 和位能 P 之差，即

$$L=K-P \tag{23-2-125}$$

其中，K 和 P 可以用任何方便的坐标系来表示。

系统动力学方程式，即拉格朗日方程如下：

$$F_i=\frac{\mathrm{d}}{\mathrm{d}t}\frac{\partial L}{\partial \dot{q}_i}-\frac{\partial L}{\partial \dot{q}_i},i=1,2,\cdots,n \tag{23-2-126}$$

式中，q_i 为表示动能和位能的坐标，$\dot{q}_i$ 为相应的速度，而 F_i 为作用在第 i 个坐标上的力或力矩。F_i 为力还是力矩，是由 q_i 为直线坐标或角坐标决定的。这些力、力矩和坐标称为广义力、广义力矩和广义坐标，n 为连杆数目。

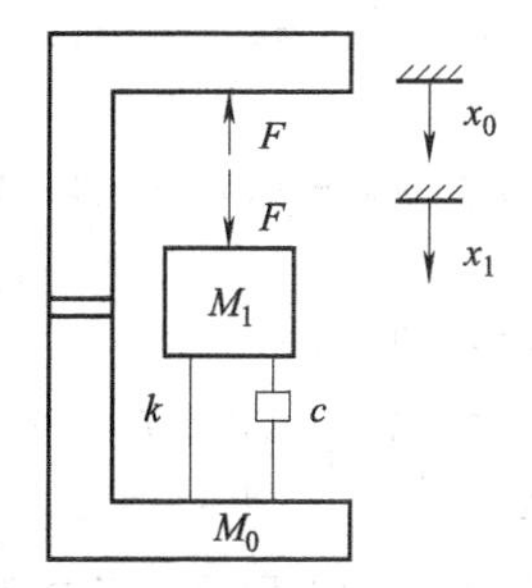

图 23-2-14　一般物体的动能与位能

2.7.1.1　刚体的动能与位能

根据力学原理，对如图 23-2-14 所示的一般物体平动时所具有的动能和位能进行计算如下：

$$K=\frac{1}{2}M_1\dot{x}_1^2+\frac{1}{2}M_0\dot{x}_0^2 \tag{23-2-127}$$

$$P=\frac{1}{2}k(x_1-x_0)^2-M_1gx_1-M_0gx_0 \tag{23-2-128}$$

$$D=\frac{1}{2}c(\dot{x}_1-\dot{x}_0)^2 \tag{23-2-129}$$

$$W=Fx_1-Fx_0 \tag{23-2-130}$$

式中，K、P、D 和 W 分别表示物体所具有的动能、位能、所消耗的能量和外力所做的功；M_0 和 M_1 为支架和运动物体的质量；$\dot{x}_0$ 和 $\dot{x}_1$ 为运动坐标；g 为重力加速度；k 为弹簧胡克系数；c 为摩擦系数；F 为外施作用力。

对于这一问题，存在两种情况。

(1) $x_0=0$，x_1 为广义坐标

$$\frac{\mathrm{d}}{\mathrm{d}t}\left(\frac{\partial K}{\partial \dot{x}_1}\right)-\frac{\partial K}{\partial x_1}+\frac{\partial D}{\partial \dot{x}_1}+\frac{\partial P}{\partial x_1}=\frac{\partial W}{\partial x_1} \tag{23-2-131}$$

其中，左式第一项为动能随速度（或角速度）和时间的变化；第二项为动能随位置（或角度）的变化；第三项为能耗随速度的变化；第四项为位能随位置的变化。右式为实际外加力或力矩，代入相应各项的表达式，并化简可得：

$$\frac{\mathrm{d}}{\mathrm{d}t}(M_1\dot{x}_1)-0+c_1\dot{x}_1+kx_1-M_1g=F \tag{23-2-132}$$

表示为一般形式为：

$$M_1\ddot{x}_1+c_1\dot{x}_1+kx_1=F+M_1g \tag{23-2-133}$$

即为所求 $x=0$ 时的动力学方程式。其中，左式三项分别表示物体的加速度、阻力和弹力，右式两项分别表示外加作用力和重力。

(2) $x_0=0$，x_0 和 x_1 均为广义坐标

此时有下式：

$$M_1\ddot{x}_1+c(\dot{x}_1-\dot{x}_0)+k(\dot{x}_1-\dot{x}_0)-M_1g=F \tag{23-2-134}$$

$$M_0\ddot{x}_0+c(\dot{x}_1-\dot{x}_0)-k(x_1-x_0)-M_0g=-F \tag{23-2-135}$$

或用矩阵形式表示为：

$$\begin{bmatrix} M_1 & 0 \\ 0 & M_0 \end{bmatrix}\begin{bmatrix} \ddot{x}_1 \\ \ddot{x}_0 \end{bmatrix}+\begin{bmatrix} c & -c \\ -c & c \end{bmatrix}\begin{bmatrix} \dot{x}_1 \\ \dot{x}_0 \end{bmatrix}+\begin{bmatrix} k & -k \\ -k & k \end{bmatrix}\begin{bmatrix} x_1 \\ x_0 \end{bmatrix}=\begin{bmatrix} F \\ -F \end{bmatrix} \tag{23-2-136}$$

下面来考虑二连杆机械手（见图 23-2-15）的动能和位能。这种运动机构具有开式运动链，与复摆运动有许多相似之处。图中，m_1 和 m_2 为连杆 1 和连杆 2 的质量，且以连杆末端的点质量表示；d_1 和 d_2 分别为两连杆的长度；θ_1 和 θ_2 为广义坐标；g 为重力加速度。

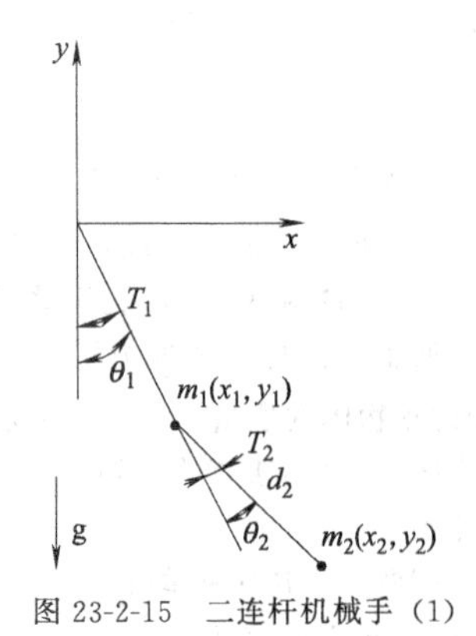

图 23-2-15 二连杆机械手（1）

先计算连杆 1 的动能 K_1 和位能 P_1。因为：

$$K_1=\frac{1}{2}m_1v_1^2, v_1=d_1\dot{\theta}_1。$$

$$P_1=m_1gh_1, h_1=-d_1\cos\theta_1 \tag{23-2-137}$$

所以有：

$$K_1=\frac{1}{2}m_1d_1^2\dot{\theta}_1^2 \tag{23-2-138}$$

$$P_1=-m_1gd_1\cos\theta_1 \tag{23-2-139}$$

再求连杆 2 的动能 K_2 和位能 P_2：

$$K_2=\frac{1}{2}m_2v_2^2, P_2=mgy_2 \tag{23-2-140}$$

式中

$$v_2^2=\dot{x}_1^2+\dot{y}_1^2 \tag{23-2-141}$$

$$x_2=d_1\sin\theta_1+d_2\sin(\theta_1+\theta_2) \tag{23-2-142}$$

$$y_2=-d_1\cos\theta_1-d_2\cos(\theta_1+\theta_2) \tag{23-2-143}$$

$$\dot{x}_2=d_1\cos\theta_1\dot{\theta}_1+d_2\cos(\theta_1+\theta_2)(\dot{\theta}_1+\dot{\theta}_2) \tag{23-2-144}$$

$$\dot{y}_2=d_1\sin\theta_1\dot{\theta}_1+d_2\sin(\theta_1+\theta_2)(\dot{\theta}_1+\dot{\theta}_2) \tag{23-2-145}$$

于是可求得：

$$v_2{}^2=d_1{}^2\dot{\theta}_1{}^2+d_2{}^2(\dot{\theta}_1{}^2+2\dot{\theta}_1\dot{\theta}_2+\dot{\theta}_2{}^2)+2d_1d_2\cos\theta_2(\dot{\theta}_1{}^2+\dot{\theta}_1\dot{\theta}_2) \tag{23-2-146}$$

以及

$$K_2=\frac{1}{2}m_2d_1{}^2\dot{\theta}_1{}^2+\frac{1}{2}m_2d_2{}^2(\dot{\theta}_1+\dot{\theta}_2)^2+m_2d_1d_2\cos\theta_2(\dot{\theta}_1{}^2+\dot{\theta}_1\dot{\theta}_2) \tag{23-2-147}$$

$$P_2=-m_2gd_1\cos\theta_1-m_2gd_2\cos(\theta_1+\theta_2) \tag{23-2-148}$$

这样，二连杆机械手系统的总动能和总位能分别为：

$$\begin{aligned}K&=K_1+K_2\\&=\frac{1}{2}(m_1+m_2)d_1{}^2\dot{\theta}_1{}^2+\frac{1}{2}m_2d_2{}^2(\dot{\theta}_1+\dot{\theta}_2)^2+m_2d_1d_2\cos\theta_2(\dot{\theta}_1{}^2+\dot{\theta}_1\dot{\theta}_2)\end{aligned} \tag{23-2-149}$$

$$\begin{aligned}P&=P_1+P_2\\&=-(m_1+m_2)gd_1\cos\theta_1-m_2gd_2\cos(\theta_1+\theta_2)\end{aligned} \tag{23-2-150}$$

2.7.1.2 动力学方程的两种求法

(1) 拉格朗日功能平衡法

二连杆机械手系统的拉格朗日函数 L 可据式（23-2-125）、式（23-2-149）和式（23-2-150）求得：

$$\begin{aligned}L&=K-P\\&=\frac{1}{2}(m_1+m_2)d_1{}^2\dot{\theta}_1{}^2+\frac{1}{2}m_2d_2{}^2(\dot{\theta}_1{}^2+2\dot{\theta}_1\dot{\theta}_2+\end{aligned}$$

$\dot{\theta}_2^2)+m_2 d_1 d_2 \cos\theta_2(\dot{\theta}_1^2+\dot{\theta}_1\dot{\theta}_2)+(m_1+m_2) g d_1\cos\theta_1+m_2 g d_2\cos(\theta_1+\theta_2)$　(23-2-151)

对 L 求偏导数和导数：

$$\frac{\partial L}{\partial\theta_1}=-(m_1+m_2)g d_1\sin\theta_1-m_2 g d_2\sin(\theta_1+\theta_2)$$

$$\frac{\partial L}{\partial\theta_2}=-m_2 d_1 d_2\sin\theta_2(\dot{\theta}_1^2+\dot{\theta}_1\dot{\theta}_2)-m_2 g d_2\sin(\theta_1+\theta_2)$$

$$\frac{\partial L}{\partial\dot{\theta}_1}=(m_1+m_2)d_1^2\dot{\theta}_1+m_2 d_2^2\dot{\theta}_1+m_2 d_2^2\dot{\theta}_2+2m_2 d_1 d_2\cos\theta_2\dot{\theta}_1+m_2 d_1 d_2\cos\theta_2\dot{\theta}_2$$

$$\frac{\partial L}{\partial\dot{\theta}_2}=m_2 d_2^2\dot{\theta}_1+m_2 d_2^2\dot{\theta}_2+m_2 d_1 d_2\cos\theta_2\dot{\theta}_1$$

以及

$$\frac{\mathrm{d}}{\mathrm{d}t}\frac{\partial L}{\partial\dot{\theta}_1}=[(m_1+m_2)d_1^2+m_2 d_2^2+2m_2 d_1 d_2\cos\theta_2]\ddot{\theta}_1+(m_2 d_2^2+m_2 d_1 d_2\cos\theta_2)\ddot{\theta}_2-2m_2 d_1 d_2\sin\theta_2\dot{\theta}_1\dot{\theta}_2-m_2 d_1 d_2\sin\theta_2\dot{\theta}_2^2$$

$$\frac{\mathrm{d}}{\mathrm{d}t}\frac{\partial L}{\partial\dot{\theta}_2}=m_2 d_2^2\ddot{\theta}_1+m_2 d_2^2\ddot{\theta}_2+m_2 d_1 d_2\cos\theta_2\ddot{\theta}_1-m_2 d_1 d_2\sin\theta_2\dot{\theta}_1\dot{\theta}_2$$

把相应各导数和偏导数代入式（23-2-126），即可求得力矩 T_1 和 T_2 的动力学方程式：

$$T_1=\frac{\mathrm{d}}{\mathrm{d}t}\frac{\partial L}{\partial\dot{\theta}_1}-\frac{\partial L}{\partial\theta_1}=[(m_1+m_2)d_1^2+m_2 d_2^2+2m_2 d_1 d_2\cos\theta_2]\ddot{\theta}_1+(m_2 d_2^2+m_2 d_1 d_2\cos\theta_2)\ddot{\theta}_2-2m_2 d_1 d_2\sin\theta_2\dot{\theta}_1\dot{\theta}_2-m_2 d_1 d_2\sin\theta_2\dot{\theta}_2^2+(m_1+m_2)g d_1\sin\theta_1+m_2 g d_2\sin(\theta_1+\theta_2) \quad (23\text{-}2\text{-}152)$$

$$T_2=\frac{\mathrm{d}}{\mathrm{d}t}\frac{\partial L}{\partial\dot{\theta}_2}-\frac{\partial L}{\partial\theta_2}=(m_2 d_2^2+m_2 d_1 d_2\cos\theta_2)\ddot{\theta}_2+m_2 d_2^2\ddot{\theta}_1+m_2 d_1 d_2\sin\theta_2\dot{\theta}_1^2+m_2 g d_2\sin(\theta_1+\theta_2) \quad (23\text{-}2\text{-}153)$$

式（23-2-152）和式（23-2-153）的一般形式和矩阵形式如下：

$$T_1=D_{11}\ddot{\theta}_1+D_{12}\ddot{\theta}_2+D_{111}\dot{\theta}_1^2+D_{122}\dot{\theta}_2^2+D_{112}\dot{\theta}_1\dot{\theta}_2+D_{121}\dot{\theta}_2\dot{\theta}_1+D_1 \quad (23\text{-}2\text{-}154)$$

$$T_2=D_{21}\ddot{\theta}_1+D_{22}\ddot{\theta}_2+D_{211}\dot{\theta}_1^2+D_{222}\dot{\theta}_2^2+D_{212}\dot{\theta}_1\dot{\theta}_2+D_{221}\dot{\theta}_2\dot{\theta}_1+D_2 \quad (23\text{-}2\text{-}155)$$

$$\begin{bmatrix}T_1\\T_2\end{bmatrix}=\begin{bmatrix}D_{11}&D_{12}\\D_{21}&D_{22}\end{bmatrix}\begin{bmatrix}\ddot{\theta}_1\\\ddot{\theta}_2\end{bmatrix}+\begin{bmatrix}D_{111}&D_{122}\\D_{211}&D_{222}\end{bmatrix}\begin{bmatrix}\dot{\theta}_1\\\dot{\theta}_2\end{bmatrix}+\begin{bmatrix}D_{112}&D_{121}\\D_{212}&D_{221}\end{bmatrix}\begin{bmatrix}\dot{\theta}_1\dot{\theta}_2\\\dot{\theta}_2\dot{\theta}_1\end{bmatrix}+\begin{bmatrix}D_1\\D_2\end{bmatrix} \quad (23\text{-}2\text{-}156)$$

式中，D_{ii} 称为关节 i 的有效惯量，因为关节 i 的加速度 $\ddot{\theta}_i$ 将在关节上产生一个等于 $D_{ii}\ddot{\theta}_i$ 的惯性力；D_{ii} 称为关节 i 和 j 间的耦合惯量，因为关节 i 和 j 的加速度 $\ddot{\theta}_i$ 和 $\ddot{\theta}_j$ 将在关节 j 或 i 上分别产生一个等于 $D_{ij}\ddot{\theta}_i$ 或 $D_{ij}\ddot{\theta}_j$ 的惯性力；$D_{ijk}\dot{\theta}_1^2$ 项是由关节 j 的速度 $\dot{\theta}_j$ 在关节 i 上产生的向心力；$(D_{ijk}\dot{\theta}_j\dot{\theta}_k+D_{ikj}\dot{\theta}_k\dot{\theta}_j)$ 项是由关节 j 和 k 的速度 $\dot{\theta}_j$ 和 $\dot{\theta}_k$ 引起的作用于关节 i 的哥氏力；D_i 表示关节 i 处的重力。

比较式（23-2-152）、式（23-2-153）与式（23-2-154）、式（23-2-155），可得本系统各系数如下：

有效惯量

$$D_{11}=(m_1+m_2)d_1^2+m_2 d_2^2+2m_2 d_1 d_2\cos\theta_2$$

$$D_{22}=m_2 d_2^2$$

耦合惯量

$$D_{12}=m_2 d_2^2+m_2 d_1 d_2\cos\theta_2=m_2(d_2^2+d_1 d_2\cos\theta_2)$$

向心加速度系数

$$D_{111}=0$$

$$D_{122}=-m_2 d_1 d_2\sin\theta_2$$

$$D_{211}=m_2 d_1 d_2\sin\theta_2$$

$$D_{222}=0$$

哥氏加速度系数

$$D_{112}=D_{121}=-m_2 d_1 d_2\sin\theta_2$$

$$D_{212}=D_{221}=0$$

重力项

$$D_1=(m_1+m_2)g d_1\sin\theta_1+m_2 g d_2\sin(\theta_1+\theta_2)$$

$$D_2=m_2 g d_2\sin(\theta_1+\theta_2)$$

下面对上例指定一些数字，以估计此二连杆机械手在静止和固定重力负荷下的 T_1 和 T_2 值。计算条件如下：

① 关节 2 锁定，维持恒速（$\ddot{\theta}_2=0$），即 $\dot{\theta}_2$ 为恒值；

② 关节 2 是不受约束的，即 $T_2=0$。

在第一个条件下，式（23-2-154）和式（23-2-155）简化为：$T_1=D_{11}\ddot{\theta}_1=I_1\ddot{\theta}_1$，$T_2=D_{12}\ddot{\theta}_1$。在第二个条件下，$T_2=D_{12}\ddot{\theta}_1+D_{22}\ddot{\theta}_2=0$，$T_1=D_{11}\ddot{\theta}_1+D_{12}\ddot{\theta}_2$。解之得：

表 23-2-1　　各系数值及其与位置 θ_2 的关系

负载	θ_2	$\cos\theta_2$	D_{11}	D_{12}	D_{22}	I_1	I_f
地面空载	0°	1	6	2	1	6	2
	90°	0	4	1	1	4	3
	180°	−1	2	0	1	2	2
	270°	0	4	1	1	4	3
地面满载	0°	1	18	8	4	18	2
	90°	0	10	4	4	10	6
	180°	−1	2	0	4	2	2
	270°	0	10	4	4	10	6
外空间负载	0°	1	402	200	100	402	2
	90°	0	202	100	100	202	102
	180°	−1	2	0	100	2	2
	270°	0	202	100	100	202	102

$$\ddot{\theta}_2=-\frac{D_{12}}{D_{22}}\ddot{\theta}_1$$

$$T_1=(D_{11}-\frac{D_{12}{}^2}{D_{22}}\ddot{\theta}_1)=I_i\ddot{\theta}_1$$

取 $d_1=d_2=1$，$m_1=1$，4 和 100（分别表示机械手在地面空载、地面满载和在外空间负载的三种不同情况；对于后者，由于失重而允许有大的负载）三个不同数值下的各系数值。表 23-2-1 给出这些系数值及其与位置 θ_2 的关系。其中，对于地面空载，$m_1=m_2=1$；对于地面满载，$m_1=2$，$m_2=4$；对于外空间负载，$m_1=2$，$m_2=100$。

表 23-2-1 中最右两列为关节 1 上的有效惯量。在空载下，当 θ_2 变化时，关节 1 的有效惯量值在 3∶1（关节 2 锁定时）或 3∶2（关节 2 自由时）范围内变动。由表 23-2-1 还可以看出，在地面满载下，关节 1 的有效惯量随 θ_2 在 9∶1 范围内变化，此有效惯量值是空载时的三倍。在外空间负载 100 情况下，有效惯量变化范围更大，可达 201∶1。这些惯量的变化将对机械手的控制产生显著影响。

（2）牛顿—欧拉动态平衡法

为了与拉格朗日法进行比较，看看哪种方法比较简便，用牛顿-欧拉（ Newton-Euler）动态平衡法来求上述同一个二连杆系统的动力学方程，其一般形式为：

$$\frac{\partial W}{\partial q_i}=\frac{\mathrm{d}}{\mathrm{d}t}\frac{\partial K}{\partial \dot{q}_i}-\frac{\partial K}{\partial q_i}+\frac{\partial D}{\partial q_i}+\frac{\partial P}{\partial q_i}\qquad i=1,2,\cdots,n \tag{23-2-157}$$

式中的 W、K、D、P 和 q_i 等的含义与拉格朗日法一样；i 为连杆代号，n 为连杆数目。

质量 m_1 和 m_2 的位置矢量 $\boldsymbol{r}_1$ 和 $\boldsymbol{r}_2$（见图 23-2-16）为：

$$\boldsymbol{r}_1=\boldsymbol{r}_0+(d_1\cos\theta_1)\boldsymbol{i}+(d_1\sin\theta_1)\boldsymbol{j}$$
$$=(d_1\cos\theta_1)\boldsymbol{i}+(d_1\sin\theta_1)\boldsymbol{j}$$

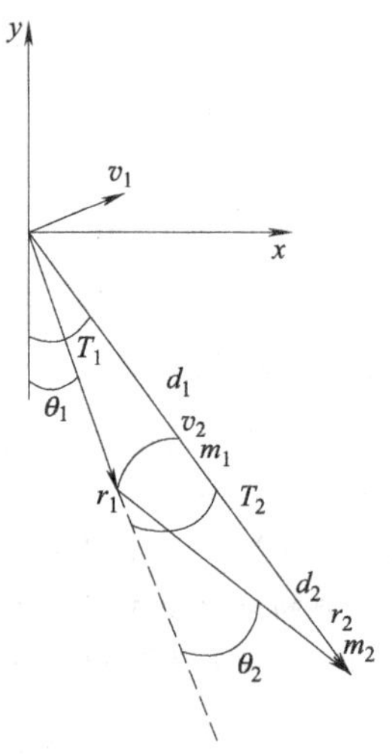

图 23-2-16　二连杆机械手（2）

$$\boldsymbol{r}_2=\boldsymbol{r}_1+[d_2\cos(\theta_1+\theta_2)]\boldsymbol{i}+[d_2\sin(\theta_1+\theta_2)]\boldsymbol{j}$$
$$=[d_1\cos\theta_1+d_2\cos(\theta_1+\theta_2)]\boldsymbol{i}+[d_1\sin\theta_1+d_2\sin(\theta_1+\theta_2)]\boldsymbol{j}$$

速度矢量 $\boldsymbol{v}_1$ 和 $\boldsymbol{v}_2$ 为：

$$\boldsymbol{v}_1=\frac{\mathrm{d}r_1}{\mathrm{d}t}=[-\dot{\theta}_1d_1\sin\theta_1]\boldsymbol{i}+[\dot{\theta}_1d_1\cos\theta_1]\boldsymbol{j}$$

$$\boldsymbol{v}_2=\frac{\mathrm{d}r_2}{\mathrm{d}t}=[-\dot{\theta}_1d_1\sin\theta_1-(\dot{\theta}_1+\dot{\theta}_2)d_2\sin(\theta_1+\theta_2)]\boldsymbol{i}+[\dot{\theta}_1d_1\cos\theta_1+(\dot{\theta}_1+\dot{\theta}_2)d_2\cos(\theta_1+\theta_2)]\boldsymbol{j}$$

再求速度的平方，计算结果得：

$$v_1^2=d_1^2\dot{\theta}_1^2$$

$$v_2^2=d_1^2\dot{\theta}^2+d_2^2(\dot{\theta}_1{}^2+2\dot{\theta}_1\dot{\theta}_2+\dot{\theta}_2^2)+2d_1d_2(\dot{\theta}_1^2+\dot{\theta}_1\dot{\theta}_2)\cos\theta_2$$

于是得到系统动能：

$$K=\frac{1}{2}m_1v_1^2+\frac{1}{2}m_2v_2^2$$

$$=\frac{1}{2}(m_1+m_2)d_1^2\dot{\theta}_1^2+\frac{1}{2}m_2d_2^2(\dot{\theta}_1^2+2\dot{\theta}_1\dot{\theta}_2+\dot{\theta}_2^2)+m_2d_1d_2(\dot{\theta}_1^2+\dot{\theta}_1\dot{\theta}_2)\cos\theta_2$$

系统的位能随 r 的增大（位置下降）而减少，以坐标原点为参考点进行计算：

$$P=-m_1gr_1-m_2gr_2$$
$$=-(m_1+m_2)gd_1\cos\theta_1-m_2gd_2\cos(\theta_1+\theta_2)$$

系统能耗：

$$D=\frac{1}{2}c_1\dot{\theta}_1^2+\frac{1}{2}c_2\dot{\theta}_2^2$$

外力矩所做的功：

$$W=T_1\theta_1+T_2\theta_2$$

至此，求得关于 K、P、D 和 W 的四个标量方程式。有了这四个方程式，就能够求出系统的动力学方程式。为此，先求有关导数和偏导数。

当$q_i=\theta_i$时：

$$\frac{\partial K}{\partial\dot{\theta}_1}=(m_1+m_2)d_1^2\dot{\theta}_1+m_2d_2^2(\theta_1+\theta_2)+m_2d_1d_2(2\dot{\theta}_1+\dot{\theta}_2)\cos\theta_2$$

$$\frac{\mathrm{d}}{\mathrm{d}t}\frac{\partial K}{\partial\dot{\theta}_1}=(m_1+m_2)d_1^2\ddot{\theta}_1+m_2d_2^2(\ddot{\theta}_1+\ddot{\theta}_2)+m_2d_1d_2(2\ddot{\theta}_1+\ddot{\theta}_2)\cos\theta_2-m_2d_1d_2(2\dot{\theta}_1+\dot{\theta}_2)\dot{\theta}_2\sin\theta_2$$

$$\frac{\partial K}{\partial\theta_1}=0$$

$$\frac{\partial D}{\partial\dot{\theta}_1}=c_1\dot{\theta}_1$$

$$\frac{\partial P}{\partial\theta_1}(m_1+m_2)gd_1\sin\theta_1+m_2d_2g\sin(\theta_1+\theta_2)$$

$$\frac{\partial W}{\partial\theta_1}=T_1$$

把所求得的上列各导数代入式（23-2-154），经合并整理可得：

$$T_1=[(m_1+m_2)d_1^2+m_2d_2^2+2m_2d_1d_2\cos\theta_2]\ddot{\theta}_1+[m_2d_2^2+m_2d_1d_2\cos\theta_2]\ddot{\theta}_2+c_1\dot{\theta}_1-(2m_2d_1d_2\sin\theta_2)\dot{\theta}_1\dot{\theta}_2-(m_2d_1d_2\sin\theta_2)\dot{\theta}_2^2+[(m_1+m_2)gd_1\sin\theta_1+m_2d_2g\sin(\theta_1+\theta_2)]\tag{23-2-158}$$

当$q_i=\theta_2$时，

$$\frac{\partial K}{\partial\dot{\theta}_2}=m_2d_2^2(\dot{\theta}_1+\dot{\theta}_2)+m_2d_1d_2\dot{\theta}_1\cos\theta_2$$

$$\frac{\mathrm{d}}{\mathrm{d}t}\frac{\partial K}{\partial\dot{\theta}_2}=m_2d_2^2(\ddot{\theta}_1+\ddot{\theta}_2)+m_2d_1d_2\ddot{\theta}_1\cos\theta_2-m_2d_1d_2\ddot{\theta}_1\ddot{\theta}_2\sin\theta_2$$

$$\frac{\partial K}{\partial\dot{\theta}_2}=-m_2d_2^2(\dot{\theta}_1^2+\dot{\theta}_1\dot{\theta}_2)\sin\theta_2$$

$$\frac{\partial D}{\partial\dot{\theta}_2}=c_2\dot{\theta}_2$$

$$\frac{\partial P}{\partial\dot{\theta}_2}=m_2gd_2\sin(\theta_1+\theta_2)$$

$$\frac{\partial W}{\partial\theta_2}=T_2$$

把上列各式代入式（23-2-155），并化简得

$$T_2=(m_2d_2^2+m_2d_1d_2\cos\theta_2)\ddot{\theta}_1+m_2d_2^2\ddot{\theta}_2+m_2d_1d_2\sin\theta_2\dot{\theta}_1^2+c_2\dot{\theta}_2+m_2gd_2\sin(\theta_1+\theta_2)\tag{23-2-159}$$

也可以把式（23-2-158）、式（23-2-159）写成式（23-2-154）、式（23-2-155）那样的一般形式。

比较式（23-2-152）、式（23-2-153）与式（23-2-158）、式（23-2-159）可见，如果不考虑摩擦损耗（取$c_1=c_2=0$），式（23-2-152）与式（23-2-158）完全一致，式（23-2-153）与式（23-2-159）完全一致。在式（23-2-152）、式（23-2-153）中，没有考虑摩擦所消耗的能量，而式（23-2-158）、式（23-2-159）则考虑了这一损耗。因此所求两种结果出现了这一差别。

2.7.2　机械手动力学方程

上一节分析了二连杆机械手系统，下面分析由一组变换描述的任何机械手，求出其动力学方程。推导过程分五步进行：

① 计算任一连杆上任一点的速度；

② 计算各连杆的动能和机械手的总动能；

③ 计算各连杆的位能和机械手的总位能；

④ 建立机械手系统的拉格朗日函数；

⑤ 对拉格朗日函数求导，以得到动力学方程式。

一个四连杆机械手的结构如图 23-2-17 所示。首先从这个例子出发，求得此机械手某个连杆（例如连杆 3）上某一点（如点 P）的速度、质点和机械手的动能与位能、拉格朗日算子，再求系统的动力学方程式。然后，由特殊到一般，导出任何机械手的速度、动能、位能和动力学方程的一般表达式。

2.7.2.1　速度的计算

图 23-2-17 中连杆 3 上点 P 的位置为：

$${}^0r_p=T_3{}^3r_p\tag{23-2-160}$$

式中，${}^0r_p$ 为总（基）坐标系中的位置矢量；${}^3r_p$ 为局部（相对关节）坐标系中的位置矢量；T_3 为变

换矩阵，包括旋转变换和平移变换。

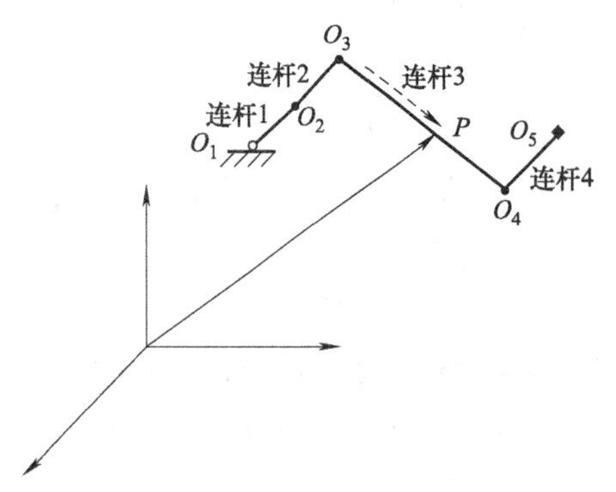

图 23-2-17　四连杆机械手

对于任一连杆上的一点，其位置为：

$$^0r=T_i{}^ir \tag{23-2-161}$$

点 P 的速度为：

$$^0v_p=\frac{\mathrm{d}}{\mathrm{d}t}(^0r_p)=\frac{\mathrm{d}}{\mathrm{d}t}(T_3{}^3r_p)=\dot{T}_3{}^3r_p \tag{23-2-162}$$

式中，$\dot{T}_3=\frac{\mathrm{d}T_3}{\mathrm{d}t}=\sum_{j=1}^{3}\frac{\partial T_3}{\partial q_j}\dot{q}_j$，所以有：

$$^0v_p=\left(\sum_{j=1}^{3}\frac{\partial T_3}{\partial q_j}\dot{q}_j\right)(^3r_p) \tag{23-2-163}$$

对于连杆 i 上任一点的速度为：

$$v=\frac{\mathrm{d}r}{\mathrm{d}t}=\left(\sum_{j=1}^{i}\frac{\partial T_i}{\partial q_j}\dot{q}_j\right){}^ir \tag{23-2-164}$$

P 点的加速度为：

$$\begin{aligned}^0a_p&=\frac{\mathrm{d}}{\mathrm{d}t}(^0v_p)=\frac{\mathrm{d}}{\mathrm{d}t}(\dot{T}_3{}^3r_p)=\ddot{T}_3{}^3r_p\\&=\frac{\mathrm{d}}{\mathrm{d}t}\left(\sum_{j=1}^{3}\frac{\partial T_3}{\partial q_j}\dot{q}_j\right)(^3r_p)\\&=\left(\sum_{j=1}^{3}\frac{\partial T_3}{\partial q_j}\frac{\mathrm{d}}{\mathrm{d}t}\dot{q}_j\right)(^3r_p)+\\&\quad\left(\sum_{k=1}^{3}\sum_{j=1}^{3}\frac{\partial^2T_3}{\partial q_j\partial q_k}\dot{q}_k\dot{q}_j\right)(^3r_p)\\&=\left(\sum_{j=1}^{3}\frac{\partial T_3}{\partial q_j}\ddot{q}_j\right)(^3r_p)+\\&\quad\left(\sum_{k=1}^{3}\sum_{j=1}^{3}\frac{\partial^2T_3}{\partial q_j\partial q_k}\dot{q}_k\dot{q}_j\right)(^3r_p)\end{aligned} \tag{23-2-165}$$

速度的平方：

$$\begin{aligned}(^0v_p)^2&=(^0v_p)\cdot(^0v_p)=\mathrm{Trace}[(^0v_p)\cdot(^0v_p)^\mathrm{T}]\\&=\mathrm{Trace}[\sum_{j=1}^{3}\frac{\partial T_3}{\partial q_j}\dot{q}_j(^3r_p)\cdot\\&\quad\sum_{k=1}^{3}\left(\frac{\partial T_3}{\partial q_k}\dot{q}_k\right)^\mathrm{T}(^3r_p)^\mathrm{T}]\\&=\mathrm{Trace}[\sum_{j=1}^{3}\sum_{k=1}^{3}\frac{\partial T_3}{\partial q_j}(^3r_p)(^3r_p)^\mathrm{T}\\&\quad\frac{\partial T_3}{\partial q_k}^\mathrm{T}\dot{q}_j\dot{q}_k]\end{aligned} \tag{23-2-166}$$

对于任一机械手上一点的速度平方为：

$$\begin{aligned}v^2&=\left(\frac{\mathrm{d}r}{\mathrm{d}t}\right)^2=\mathrm{Trace}\left[\sum_{j=1}^{i}\frac{\partial T_i}{\partial q_j}\dot{q}_j{}^ir\sum_{k=1}^{i}\left(\frac{\partial T_i}{\partial q_k}\dot{q}_k{}^ir\right)^\mathrm{T}\right]\\&=\mathrm{Trace}\left[\sum_{j=1}^{i}\sum_{k=1}^{i}\frac{\partial T_i}{\partial q_j}{}^ir{}^ir^\mathrm{T}\left(\frac{\partial T_i}{\partial q_k}\right)^\mathrm{T}\dot{q}_j\dot{q}_k\right]\end{aligned} \tag{23-2-167}$$

式中，Trace 表示矩阵的迹。对于 n 阶方阵来说，其迹即为它的主对角线上各元素之和。

2.7.2.2　动能和位能的计算

令连杆 3 上任一质点 P 的质量为 dm，则其动能为：

$$\begin{aligned}\mathrm{d}K_3&=\frac{1}{2}v_p{}^2\mathrm{d}m\\&=\frac{1}{2}\mathrm{Trace}\left[\sum_{j=1}^{3}\sum_{k=1}^{3}\frac{\partial T_3}{\partial q_j}{}^3r_p(^3r_p)^\mathrm{T}\right.\\&\quad\left.\left(\frac{\partial T_3}{\partial q_k}\right)^\mathrm{T}\dot{q}_j\dot{q}_k\right]\mathrm{d}m\\&=\frac{1}{2}\mathrm{Trace}\left[\sum_{j=1}^{3}\sum_{k=1}^{3}\frac{\partial T_3}{\partial q_j}(^3r_p\mathrm{d}m{}^3r_p{}^\mathrm{T})\right.\\&\quad\left.\left(\frac{\partial T_3}{\partial q_k}\right)^\mathrm{T}\dot{q}_j\dot{q}_k\right]\end{aligned} \tag{23-2-168}$$

任一机械手连杆 i 上位置矢量 ^ir 的质点，其动能如下式所示：

$$\begin{aligned}\mathrm{d}K_i&=\frac{1}{2}\mathrm{Trace}\left[\sum_{j=1}^{i}\sum_{k=1}^{i}\frac{\partial T_i}{\partial q_j}{}^ir{}^ir^\mathrm{T}\left(\frac{\partial T_i}{\partial q_k}\right)^\mathrm{T}\dot{q}_j\dot{q}_k\right]\mathrm{d}m\\&=\frac{1}{2}\mathrm{Trace}\left[\sum_{j=1}^{i}\sum_{k=1}^{i}\frac{\partial T_i}{\partial q_j}(^ir\mathrm{d}m{}^ir^\mathrm{T})\left(\frac{\partial T_i}{\partial q_k}^\mathrm{T}\right)\dot{q}_j\dot{q}_k\right]\end{aligned} \tag{23-2-169}$$

对连杆 3 积分 dK_3，得连杆 3 的动能为：

$$\begin{aligned}&K_3=\int_{连杆3}\mathrm{d}K_3=\frac{1}{2}\mathrm{Trace}\\&\left[\sum_{j=1}^{3}\sum_{k=1}^{3}\frac{\partial T_3}{\partial q_j}\left(\int_{连杆3}{}^3r_p{}^3r_p{}^\mathrm{T}\mathrm{d}m\right)\left(\frac{\partial T_3}{\partial q_k}\right)^\mathrm{T}\dot{q}_j\dot{q}_k\right]\end{aligned} \tag{23-2-170}$$

式中，积分 $\int{}^3r_p{}^3r_p{}^\mathrm{T}\mathrm{d}m$ 称为连杆的伪惯量矩阵，并记为：

$$I_3=\int_{连杆3}{}^3r_p^3r_p{}^\mathrm{T}\mathrm{d}m \tag{23-2-171}$$

这样，

$$K_3=\frac{1}{2}\mathrm{Trace}\left[\sum_{j=1}^{3}\sum_{k=1}^{3}\frac{\partial T_3}{\partial q_j}I_3\left(\frac{\partial T_3}{\partial q_k}\right)^\mathrm{T}\dot{q}_j\dot{q}_k\right] \tag{23-2-172}$$

任何机械手上任一连杆 i 动能为：

$$K_i=\int_{连杆i}\mathrm{d}K_i=\frac{1}{2}\mathrm{Trace}\left[\sum_{j=1}^{i}\sum_{k=1}^{i}\frac{\partial T_i}{\partial q_j}I_i\left(\frac{\partial T_i}{\partial q_k}\right)^{\mathrm{T}}\dot{q}_j\dot{q}_k\right] \tag{23-2-173}$$

式中，I_i 为伪惯量矩阵，其一般表达式为：

$$I_i=\int_{连杆i}{}^ir{}^ir^{\mathrm{T}}\mathrm{d}m=\int_i{}^ir{}^ir^{\mathrm{T}}\mathrm{d}m$$

$$=\begin{bmatrix}\int_i{}^ix^2\mathrm{d}m & \int_i{}^ix{}^iy\mathrm{d}m & \int_i{}^ix{}^iz\mathrm{d}m & \int_i{}^ix\mathrm{d}m\\ \int_i{}^ix{}^iy\mathrm{d}m & \int_i{}^iy^2\mathrm{d}m & \int_i{}^iy{}^iz\mathrm{d}m & \int_i{}^iy\mathrm{d}m\\ \int_i{}^ix{}^iz\mathrm{d}m & \int_i{}^iy{}^iz\mathrm{d}m & \int_i{}^iz^2\mathrm{d}m & \int_i{}^iz\mathrm{d}m\\ \int_i{}^ix\mathrm{d}m & \int_i{}^iy\mathrm{d}m & \int_i{}^iz\mathrm{d}m & \int_i\mathrm{d}m\end{bmatrix} \tag{23-2-174}$$

根据理论力学或物理学可知，物体的转动惯量、矢量积以及一阶矩量为：

$$I_{xx}=\int(y^2+z^2)\mathrm{d}m,I_{yy}=\int(x^2+z^2)\mathrm{d}m,$$

$$I_{zz}=\int(x^2+y^2)\mathrm{d}m;$$

$$I_{xy}=I_{yx}=\int xy\mathrm{d}m,I_{xz}=I_{zx}=\int xz\mathrm{d}m,$$

$$I_{yz}=I_{zy}=\int yz\mathrm{d}m;$$

$$mx=\int x\mathrm{d}m,my=\int y\mathrm{d}m,mz=\int z\mathrm{d}m \tag{23-2-175}$$

如果令

$$\int x^2\mathrm{d}m=-\frac{1}{2}\int(y^2+z^2)\mathrm{d}m+\frac{1}{2}\int(x^2+z^2)\mathrm{d}m+\frac{1}{2}\int(x^2+y^2)\mathrm{d}m$$
$$=(-I_{xx}+I_{yy}+I_{zz})/2$$

$$\int y^2\mathrm{d}m=\frac{1}{2}\int(y^2+z^2)\mathrm{d}m-\frac{1}{2}\int(x^2+z^2)\mathrm{d}m+\frac{1}{2}\int(x^2+y^2)\mathrm{d}m$$
$$=(I_{xx}-I_{yy}+I_{zz})/2$$

$$\int z^2\mathrm{d}m=\frac{1}{2}\int(y^2+z^2)\mathrm{d}m+\frac{1}{2}\int(x^2+z^2)\mathrm{d}m-\frac{1}{2}\int(x^2+y^2)\mathrm{d}m$$
$$=(I_{xx}+I_{yy}-I_{zz})/2 \tag{23-2-176}$$

于是可把 I_i 表示为：

$$I_i=\begin{bmatrix}\frac{-I_{ixx}+I_{iyy}+I_{izz}}{2} & I_{ixy} & I_{ixz} & m_i\bar{x}_i\\ I_{ixy} & \frac{I_{ixx}-I_{iyy}+I_{izz}}{2} & I_{iyz} & m_i\bar{y}_i\\ I_{ixz} & I_{iyz} & \frac{I_{ixx}+I_{iyy}-I_{izz}}{2} & m_i\bar{z}_i\\ m_i\bar{x}_i & m_i\bar{y}_i & m_i\bar{z}_i & m_i\end{bmatrix} \tag{23-2-177}$$

具有 n 个连杆的机械手总的动能为：

$$K=\sum_{i=1}^{n}K_i=\frac{1}{2}\sum_{i=1}^{n}\mathrm{Trace}\left[\sum_{j=1}^{i}\sum_{k=1}^{i}\frac{\partial T_i}{\partial q_j}I_i\frac{\partial T_i}{\partial q_k}^{\mathrm{T}}\dot{q}_i\dot{q}_k\right] \tag{23-2-178}$$

此外，连杆 i 的传动装置动能为：

$$K_{ai}=\frac{1}{2}I_{ai}\dot{q}_i^2 \tag{23-2-179}$$

式中，I_{ai} 为传动装置的等效转动惯量，对于平动关节，I_{ai} 为等效质量；$\dot{q}_i$ 为关节 i 的速度。

所有关节的传动装置总动能为：

$$K_a=\frac{1}{2}\sum_{i=1}^{n}I_{ai}\dot{q}_i^2 \tag{23-2-180}$$

于是得到机械手系统（包括传动装置的总动能为）：

$$K_t=K+K_a$$
$$=\frac{1}{2}\sum_{i=1}^{6}\sum_{j=1}^{i}\sum_{k=1}^{i}\mathrm{Trace}\left(\frac{\partial T_i}{\partial q_j}I_i\frac{\partial T_i}{\partial q_k}^{\mathrm{T}}\right)\dot{q}_j\dot{q}_k+\frac{1}{2}\sum_{i=1}^{6}I_{ai}\dot{q}_i^2 \tag{23-2-181}$$

下面再来计算机械手的位能。众所周知，一个在高度 h 处的质量为 m 的物体，其位能为：

$$P=mgh \tag{23-2-182}$$

连杆 i 上位置 ${}^ir$ 处的质点 $\mathrm{d}m$，其位能为：

$$\mathrm{d}P_i=-\mathrm{d}mg^{\mathrm{T}}{}^0r=-g^{\mathrm{T}}T_i{}^ir\mathrm{d}m \tag{23-2-183}$$

式中，$g^{\mathrm{T}}=[g_x,\ g_y,\ g_z,\ 1]$。

$$P_i=\int_{连杆i}\mathrm{d}P_i=-\int_{连杆i}g^{\mathrm{T}}T_i{}^ir\mathrm{d}m=-g^{\mathrm{T}}T_i\int_{连杆i}{}^ir\mathrm{d}m$$
$$=-g^{\mathrm{T}}T_im_i{}^i\bar{r}_i=-m_ig^{\mathrm{T}}T_i{}^i\bar{r}_i \tag{23-2-184}$$

其中，m_i 为连杆 i 的质量；${}^i\bar{r}_i$ 为连杆 i 相对于其前端关节坐标系的重心位置。

由于传动装置的重力作用 P_{ai} 一般是很小的，可以忽略不计，所以，机械手系统的总位能为：

$$P=\sum_{i=1}^{n}(P_i-P_{ai})\approx\sum_{i=1}^{n}P_i=-\sum_{i=1}^{n}m_i g^{\mathrm{T}}T_i\,{}^i r_i \tag{23-2-185}$$

2.7.2.3 动力学方程的推导

求拉格朗日函数：

$$\begin{aligned}L&=K_t-P\\&=\frac{1}{2}\sum_{i=1}^{n}\sum_{j=1}^{i}\sum_{k=1}^{j}\mathrm{Trace}\left(\frac{\partial T_i}{\partial q_j}I_i\frac{\partial T_i}{\partial q_k}^{\mathrm{T}}\right)\dot q_j\dot q_k+\\&\quad\frac{1}{2}\sum_{i=1}^{n}I_{ai}\dot q_i^2+\sum_{i=1}^{n}m_i g^{\mathrm{T}}T_i r_i\\&\qquad n=1,2,\cdots\end{aligned} \tag{23-2-186}$$

再求动力学方程。先求导数：

$$\begin{aligned}\frac{\partial L}{\partial\dot q_p}&=\frac{1}{2}\sum_{i=1}^{n}\sum_{k=1}^{i}\mathrm{Trace}\left(\frac{\partial T_i}{\partial q_p}I_i\frac{\partial T_i^{\mathrm{T}}}{\partial q_k}\right)\dot q_k+\\&\quad\frac{1}{2}\sum_{i=1}^{n}\sum_{j=1}^{i}\mathrm{Trace}\left(\frac{\partial T_i}{\partial q_j}I_i\frac{\partial T_i^{\mathrm{T}}}{\partial q_p}\right)\dot q_j+I_{ai}\dot q_p\\&\qquad p=1,2,\cdots,n\end{aligned} \tag{23-2-187}$$

据式（23-2-177）知，I_i 为对称矩阵，即 $I_i^{\mathrm{T}}=I_i$，所以下式成立：

$$\mathrm{Trace}\left(\frac{\partial T_i}{\partial q_j}I_i\frac{\partial T_i^{\mathrm{T}}}{\partial q_k}\right)=\mathrm{Trace}\left(\frac{\partial T_i}{\partial q_k}I_i^{\mathrm{T}}\frac{\partial T_i^{\mathrm{T}}}{\partial q_j}\right)=\mathrm{Trace}\left(\frac{\partial T_i}{\partial q_k}I_i\frac{\partial T_i^{\mathrm{T}}}{\partial q_j}\right)$$

$$\frac{\partial L}{\partial\dot q_p}=\sum_{i=1}^{n}\sum_{k=1}^{i}\mathrm{Trace}\left(\frac{\partial T_i}{\partial q_k}I_i\frac{\partial T_i^{\mathrm{T}}}{\partial q_p}\right)\dot q_k+I_{ap}\dot q_p \tag{23-2-188}$$

当 $p>i$ 时，后面连杆变量 q_p 对前面各连杆不产生影响，即 $\partial T_i/\partial q_p=0$，$p>i$。这样可得：

$$\frac{\partial L}{\partial\dot q_p}=\sum_{i=p}^{n}\sum_{k=1}^{i}\mathrm{Trace}\left(\frac{\partial T_i}{\partial q_k}I_i\frac{\partial T_i^{\mathrm{T}}}{\partial q_p}\right)\dot q_k+I_{ap}\dot q_p \tag{23-2-189}$$

因为

$$\frac{\mathrm{d}}{\mathrm{d}t}\left(\frac{\partial T_i}{\partial q_i}\right)=\sum_{k=1}^{i}\frac{\partial}{\partial q_k}\left(\frac{\partial T_i}{\partial q_p}\right)\dot q_k \tag{23-2-190}$$

所以

$$\begin{aligned}\frac{\mathrm{d}}{\mathrm{d}t}\frac{\partial L}{\partial\dot q_p}&=\sum_{i=p}^{n}\sum_{k=1}^{i}\mathrm{Trace}\left(\frac{\partial T_i}{\partial q_k}I_i\frac{\partial T_i^{\mathrm{T}}}{\partial q_p}\right)\ddot q_k+I_{ap}\ddot q_p+\\&\quad\sum_{i=p}^{n}\sum_{j=1}^{i}\sum_{k=1}^{j}\mathrm{Trace}\left(\frac{\partial^2 T_i}{\partial q_j\partial q_k}I_i\frac{\partial T_i^{\mathrm{T}}}{\partial q_k}\right)\dot q_j\dot q_k\\&\quad+\sum_{i=p}^{n}\sum_{j=1}^{i}\sum_{k=1}^{j}\mathrm{Trace}\left(\frac{\partial^2 T_i}{\partial q_p\partial q_k}I_i\frac{\partial T_i^{\mathrm{T}}}{\partial q_j}\right)\dot q_j\dot q_k\\&=\sum_{i=p}^{n}\sum_{k=1}^{i}\mathrm{Trace}\left(\frac{\partial T_i}{\partial q_k}I_i\frac{\partial T_i^{\mathrm{T}}}{\partial q_p}\right)\ddot q_k+I_{ap}\ddot q_p+\\&\quad2\sum_{i=p}^{n}\sum_{j=1}^{i}\sum_{k=1}^{j}\mathrm{Trace}\left(\frac{\partial^2 T_i}{\partial q_i\partial q_k}I_i\frac{\partial T_i^{\mathrm{T}}}{\partial q_k}\right)\dot q_j\dot q_k\end{aligned} \tag{23-2-191}$$

再求 $\partial L/\partial q_p$ 项：

$$\begin{aligned}\frac{\partial L}{\partial q_p}&=\frac{1}{2}\sum_{i=p}^{n}\sum_{j=1}^{i}\sum_{k=1}^{j}\mathrm{Trace}\left(\frac{\partial^2 T_i}{\partial q_j\partial q_k}I_i\frac{\partial T_i^{\mathrm{T}}}{\partial q_k}\right)\dot q_j\dot q_k+\\&\quad\frac{1}{2}\sum_{i=p}^{n}\sum_{j=1}^{i}\sum_{k=1}^{j}\mathrm{Trace}\left(\frac{\partial^2 T_i}{\partial q_k\partial q_p}I_i\frac{\partial T_i^{\mathrm{T}}}{\partial q_j}\right)\dot q_j\dot q_k+\\&\quad\sum_{i=p}^{n}m_i g^{\mathrm{T}}\frac{\partial T_i}{\partial q_p}{}^i r_i=\sum_{i=p}^{n}\sum_{j=1}^{i}\sum_{k=1}^{j}\mathrm{Trace}\\&\quad\left(\frac{\partial^2 T_i}{\partial q_p\partial q_j}I_i\frac{\partial T_i^{\mathrm{T}}}{\partial q_k}\right)\dot q_j\dot q_k+\sum_{i=p}^{n}m_i g^{\mathrm{T}}\frac{\partial T_i}{\partial q_p}{}^i r_i\end{aligned} \tag{23-2-192}$$

在上述两式运算中，交换第二项和式的亚元 j 和 k，然后与第一项和式合并，获得化简式。由上述公式得：

$$\begin{aligned}\frac{\mathrm{d}}{\mathrm{d}t}\frac{\partial L}{\partial\dot q_p}-\frac{\partial L}{\partial q_p}&=\sum_{i=p}^{n}\sum_{k=1}^{i}\mathrm{Trace}\left(\frac{\partial T_i}{\partial q_k}I_i\frac{\partial T_i^{\mathrm{T}}}{\partial q_p}\right)\ddot q_k+\\&\quad I_{ap}\ddot q_p+\sum_{i=p}^{n}\sum_{j=1}^{i}\sum_{k=1}^{j}\mathrm{Trace}\\&\quad\left(\frac{\partial^2 T_i}{\partial q_j\partial q_k}I_i\frac{\partial T_i^{\mathrm{T}}}{\partial q_p}\right)\dot q_j\dot q_k-\sum_{i=p}^{n}m_i g^{\mathrm{T}}\frac{\partial T_i}{\partial q_p}{}^i r_i\end{aligned} \tag{23-2-193}$$

交换上列各和式中的亚元，以 i 代替 p，以 j 代替 i，以 m 代替 j，即可得具有 n 个连杆的机械手系统动力学方程如下：

$$\begin{aligned}T_i&=\sum_{j=i}^{n}\sum_{k=1}^{j}\mathrm{Trace}\left(\frac{\partial T_j}{\partial q_k}I_j\frac{\partial T_j^{\mathrm{T}}}{\partial q_i}\right)\ddot q_k+I_{ai}\ddot q_i\\&\quad+\sum_{j=1}^{n}\sum_{j=1}^{j}\sum_{k=1}^{j}\mathrm{Trace}\left(\frac{\partial^2 T_i}{\partial q_k\partial q_m}I_j\frac{\partial T_j^{\mathrm{T}}}{\partial q_i}\right)\\&\quad\dot q_k\dot q_m-\sum_{j=1}^{n}m_j g^{\mathrm{T}}\frac{\partial T_i}{\partial q_i}{}^i r_i\end{aligned} \tag{23-2-194}$$

这些方程式与求和次序无关。式（23-2-194）可以写成下列形式：

$$T_i=\sum_{j=1}^{n}D_{ij}\ddot q_j+I_{ai}\ddot q_i+\sum_{j=1}^{6}\sum_{k=1}^{6}D_{ijk}\dot q_j\dot q_k+D_i \tag{23-2-195}$$

式中，取 $n=6$，而且

$$D_{ij}=\sum_{p=\max(i,j)}^{6}\mathrm{Trace}\left(\frac{\partial T_p}{\partial q_j}I_p\frac{\partial T_p^{\mathrm{T}}}{\partial q_i}\right) \tag{23-2-196}$$

$$D_{ijk}=\sum_{p=\max(i,j,k)}^{6}\mathrm{Trace}\left(\frac{\partial^2 T_p}{\partial q_j\partial q_k}I_i\frac{\partial T_p^{\mathrm{T}}}{\partial q_i}\right) \tag{23-2-197}$$

$$D_i = \sum_{p=i}^{6} -m_p g^{\mathrm{T}} \frac{\partial T_p}{\partial q_i} {}^p r_p \quad (23\text{-}2\text{-}198)$$

上述各方程与 2.7.1.2 节中的惯量项及重力项一样。这些项在机械手控制中特别重要，因为它们直接影响机械手系统的稳定性和定位精度。只有当机械手高速运动时，向心力和哥氏力才是重要的，这时，它们所产生的误差不大。传动装置的惯量 I_{ai} 往往具有相当大的值，而且可减少有效惯量的结构相关性，对耦合惯量项的相对重要性产生影响。

第3章 工业机器人本体

工业机器人与一般的工业数控设备有明显的区别，主要体现在与工作环境的交互方面。机器人的机械系统是机器人的本体，机器人需要通过本体的运动和动作来完成特定的任务，不同应用领域的工业机器人本体存在着较大差异。因此，本章主要从工业机器人本体概论与发展、工作空间与结构尺寸、优化设计、本体机械结构以及强度刚度计算等方面展开论述。

3.1 概述

3.1.1 工业机器人的本体结构

工业机器人的本体一般由一系列连杆、关节以及其他形式的运动副组成，按照本体结构特点可将其分为以下两大类：

① 操作型本体结构。它类似于人的手臂和手腕，配上各种手爪和末端执行器后可进行一系列抓取动作和作业操作，工业机器人主要采用这种本体结构。

② 移动型本体结构。主要目的是实现移动功能，有轮式车、履带车、足腿式结构以及蛇形结构。

将上述两大类结构进行整合细分，可将工业机器人本体结构分为以下几大类：

(1) 五种基本坐标式机器人

工业机器人的结构随坐标形式的不同而有所不同，其主要结构形式和基本特点见表23-3-1。

表23-3-1 五种基本坐标形式机器人

类型	图例	基本特点
直角坐标型机器人	X Y Z	具有三个移动关节，能够使手臂末端沿着直角坐标系的 X，Y，Z 三个坐标轴作直线移动。其控制简单，易达到高精度，但操作灵活性差，运动速度较低，操作范围较小
圆柱坐标型机器人		只有一个转动关节和两个移动关节，构成圆柱形状的工作范围。其操作范围较大，运动速度较高，但随着水平臂沿水平方向伸长，其线位移分辨精度越来越低
球坐标型机器人		具有两个转动关节和一个移动关节，构成球缺形状的工作范围。其操作比圆柱坐标型机器人更为灵活，但旋转关节反映在末端执行器上的线位移分辨精度是一个变量

续表

类型	图例	基本特点
关节坐标型机器人		具有三个转动关节,其中两个关节轴线是平行的,构成较为复杂形状的工作范围。其操作灵活性最好,运动速度较高,操作范围大,但精度受手臂姿态的影响,实现高精度运动较困难
水平关节坐标型机器人		可以看成是关节坐标式机器人的特例,它只有平行的肩关节和肘关节,关节轴线共面,也可将其称为 SCARA(selective compliance assembly robot arm)机器人。该机器人具有四个轴和四个运动自由度,包括 X、Y、Z 方向的平动自由度和绕 Z 轴的转动自由度,其在垂直平面内具有很好的刚度,在水平面内具有较好的柔顺性,故在装配作业中能够获得良好的应用

(2) 两种冗余自由度结构机器人

① 整体控制的柔顺臂机器人,也叫象鼻子机器人。柔顺臂是用若干驱动源进行整体控制的,可使手臂产生任何方向柔软的弯曲。该类型机器人一般需要特殊材料加以支撑,常见的驱动方式为气动、液压等。

② 每一关节独立控制的冗余自由度机器人,例如在原有的直角坐标型机器人底部增加一个转动自由度,以此来扩大工作范围,适用于机床上下料等应用场合。

(3) 模块化结构机器人

机器人能够完成许多不同的任务,但一台机器人能完成任务的范围会受其自身机械结构的限制,模块化结构机器人的出现使问题迎刃而解。其通过"搭积木"的方式重新组合模块,可满足不同任务的需要。工业机器人模块化的主要含义是机器人由一些可供选择的标准化模块拼装而成,其中,标准化模块是具有标准化接口的机械结构模块、控制模块和传感器模块等。

该类型机器人特点明显,现已成为工业机器人与协作化机器人的发展趋势。该类型机器人在制造及应用上具有较高的灵活性与经济性,同时可在一定程度上通过选择或者改变机器人的组成满足用户的个性化要求。

(4) 并联机器人

与只有一条运动链的串联机器人不同,并联机器人的基座和末端执行器之间具有两条或者两条以上的运动链,图 23-3-1 所示为并联机器人的典型结构。由于具有多条运动链,并联机器人的基座和末端执行器之间具有环状的闭链约束。与串联机器人相比,具有闭链约束是并联机器人在结构方面最大的特点。从机构学上看,多条运动链同时操作末端执行器,不仅抵消了关节误差累积效应,而且使并联机器人具有运动惯量低、负载能力强、刚度大等优点,这恰恰弥补了串联机器人在这些方面的不足,使得并联机器人成为一个潜在的高速度、高精度运动平台。

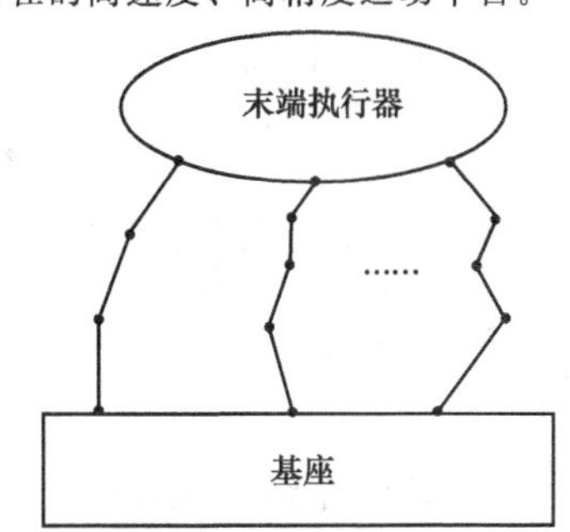

图 23-3-1　并联机器人的典型结构

3.1.2　工业机器人本体的发展趋势

(1) 标准化与模块化

工业机器人功能部件的标准化与模块化是提高机器人的运动精度和运动速度、降低成本、提高可靠性的重要途径。模块化指机械模块化、信息检测模块化、控制模块化等。对于工业机器人本体来说,其模块化和标准化针对的部分主要在于手臂、手腕以及机身的结构部分,例如臂伸缩轴、臂升降轴、臂俯仰轴、臂摆动轴、手腕旋转轴、手腕摆动轴、固定台身、机座移动轴等。

(2) 柔顺化

就目前的发展趋势来看，柔顺化是下一代工业机器人技术的主要发展方向之一，同时也是协作机器人技术的核心方向。实现柔顺化一般有两种途径，一种是从检测、控制的角度出发，采取各种不同的搜索方法，实现边校正边工作，有的还在末端执行器上安装检测元件，如视觉传感器、力传感器等，这就是所谓的主动柔顺；另一种是从机械结构入手，机器人借助一些辅助的柔顺机构，使其在与环境接触时能够对外部作用力产生自然顺从，以满足柔顺化工作的需要，这就是被动柔顺。

3.2 工业机器人自由度与坐标形式

3.2.1 工业机器人的自由度

自由度是机器人的一个重要技术指标，它是由机器人的结构决定的，并直接影响到机器人的机动性。

(1) 刚体的自由度

物体上任何一点都与坐标轴的正交集合有关。物体相对坐标系进行独立运动的数目称为自由度 (degree of freedom，DOF)。如图 23-3-2 所示，物体所能进行的运动有：

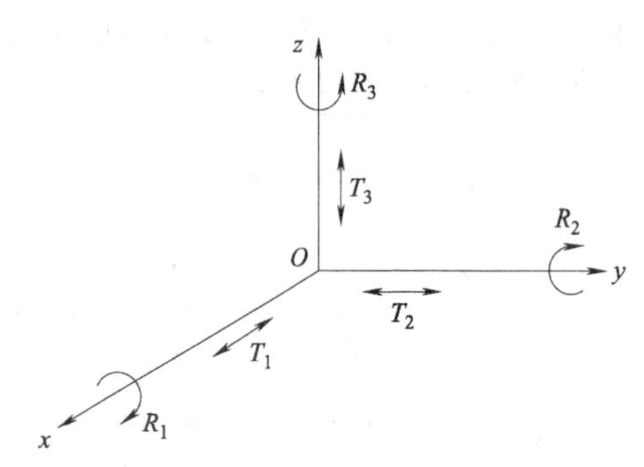

图 23-3-2 刚体的 6 个自由度

沿着坐标轴 x、y 和 z 的 3 个平移运动 T_1、T_2 和 T_3；

绕着坐标轴 x、y 和 z 的 3 个旋转运动 R_1、R_2 和 R_3。

这意味着物体能够通过 3 个平移和 3 个旋转相对于坐标系进行定向和运动。

一个简单物体有 6 个自由度。当两个物体之间建立起某种关系时，一个物体就对另一物体失去一些自由度。这种关系也可以用两物体间由于建立连接关系而不能进行的移动或者转动表示。

(2) 机器人的自由度

机器人所具有的独立运动的数目一般不包括手爪 (或末端执行器) 的开合自由度。工业机器人的自由度与作业要求有关，自由度越多，执行器的动作就越灵活，机器人的通用性也就越好，但其机械结构和控制就越复杂，因此，工业机器人的自由度数目可能小于 6 个，也可能大于 6 个。例如，日本日立公司生产的 A4020 装配机器人有 4 个自由度，可以用于印制电路板上接插电子元器件；PUMA562 机器人具有 6 个自由度，可以进行复杂空间曲面的弧焊作业。对于作业要求基本不变的批量作业机器人来说，运行速度、可靠性是其重要的技术指标，其自由度则可在满足作业要求的前提下适当减少；而对于多品种、小批量作业的机器人来说，通用性、灵活性指标显得更加重要，这样的机器人就需要有较多的自由度。

通常情况下，人们期望机器人能够以准确的方位把它的末端执行器或者与它连接的工具移动到给定点。如果机器人的用途事先不清楚或者预先要让执行器能够在三维空间内进行自由运动，那么它应当具有 6 个自由度，可在三维空间内任意改变位姿。不过，如果工具本身具有某种特别结构，那么就可能不需要 6 个自由度。例如，如图 23-3-3 (a) 所示，要把一个球放到空间某个给定位置，有 3 个自由度就足够了。又如，如图 23-3-3 (b) 所示，要对某个旋转钻头进行定位与定向就需要 5 个自由度，该钻头可表示为某个绕着其主轴旋转的圆柱体。

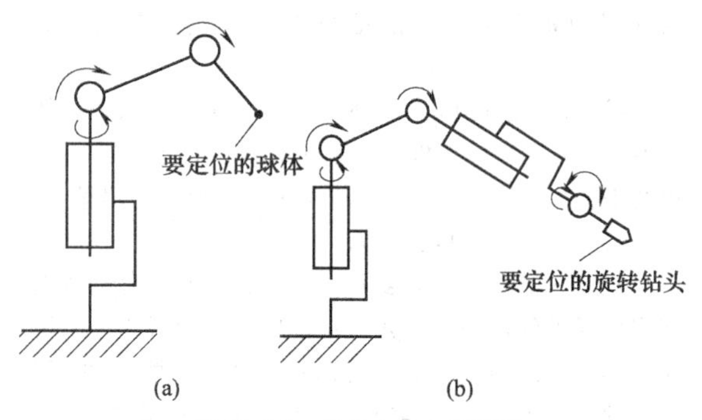

图 23-3-3 机器人自由度举例

如果机器人的自由度超过了 6 个，多余的自由度称为冗余自由度。冗余自由度一般用来避障。

在三维空间作业的多自由度机器人上，由第 1～3 轴驱动的 3 个自由度，通常用于手腕基准点 (又称参考点) 的空间定位，故称为定位机构；第 4～6 轴则用来改变末端执行器作业点的方向、调整执行器的姿态，如使刀具、工具与作业面保持垂直等，故称为定向机构。但是，当机器人实际工作时，定位和定向动作往往是同时进行的，因此需要多轴同时运动。

3.2.2 工业机器人本体的运动副

从运动学原理上说，绝大多数机器人的本体都是由若干关节和连杆组成的运动链。其中，工业机器人本体的重要特征是在三维空间运动的空间机构，这也是其区别于数控机床的原因。空间机构包括并联机构、串联机构以及串并联混合机构，其大多数均由低副机构组成。常见的低副有转动副（R——revolute joint）、移动副或棱柱副（P——prismatic joint）、螺旋副（H——helix joint）、圆柱副（C——cylinderjoint）、球面副（S——spherical joint）及虎克铰（hooke joint）或万向节（U——universal joint）。转动副（R）、移动副（P）和螺旋副（H）都是最基本的低副，自由度为 1。为了方便分析，当运动副的自由度数大于 1 时，将运动副用单自由度的运动副等效合成。各种低副机构的自由度和用多个单自由度等效的关节形式见表 23-3-2。

表 23-3-2　低副机构的自由度和约束度

项目	转动副 R	移动副 P	螺旋副 H	圆柱副 C	球面副 S	万向节 U
运动副简图						
自由度	1	1	1	2	3	2
等效的单自由度关节形式				PR	RRR	RR

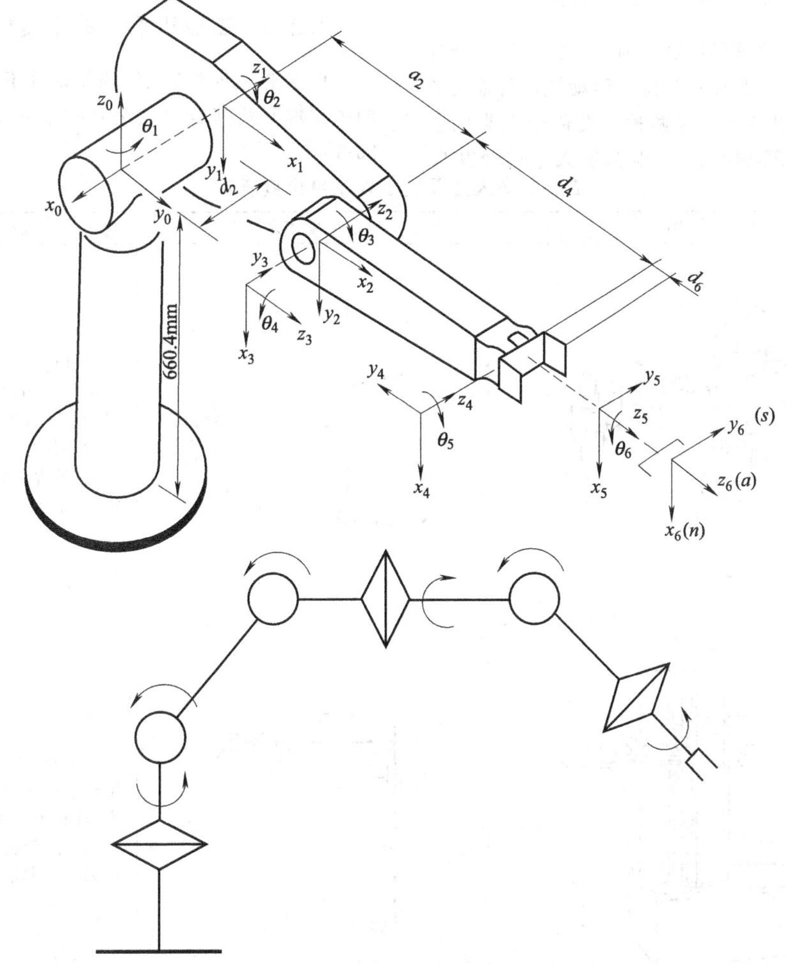

图 23-3-4　PUMA560 工业机器人结构及其自由度表示方法

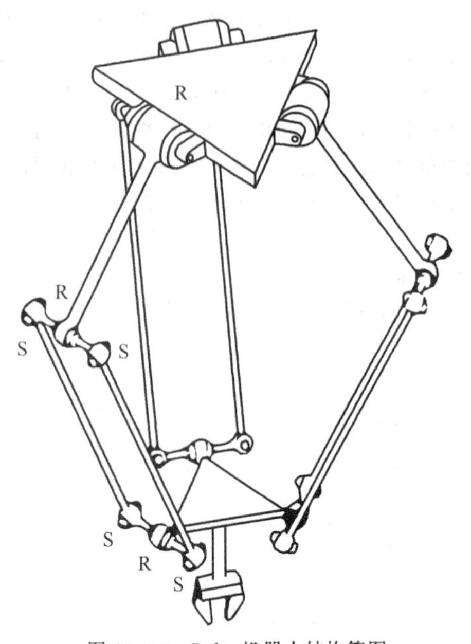

图 23-3-5　Delta 机器人结构简图

串联机构是杆之间的串联，前一个杆与后一个杆之间通过关节连接，形成一条开式运动链，所采用的关节通常为转动副和移动副两种，类似于人类的手臂，图 23-3-4 为 PUMA560 工业机器人结构及其自由度表示方法。并联机构具有两个或两个以上自由度，且至少通过两个独立的运动链将动平台与定平台进行连接，最终形成闭环运动链，图 23-3-5 为 Delta 机器人结构简图。

3.2.3　工业机器人运动坐标形式

按工业机器人末端执行器定位方式的不同，操作机的运动常采用五种坐标形式，具体见表 23-3-3。

表 23-3-3　工业机器人的五种坐标形式

直角坐标	即笛卡儿坐标，机器人的运动由三个相互垂直的直线运动来实现
圆柱坐标	机器人的运动由两个移动和一个转动来实现
球坐标	机器人的运动由一个移动和两个转动来实现
关节坐标	机器人的运动由三个转动来实现
水平关节坐标	即 SCARA 机器人，由三个在平面上的转动和一个平移运动副组成

3.2.4　工业机器人的主要构型

根据坐标形式以及结构特征的不同，工业机器人的主要构型及其自由度表示也有所差别，详情见表 23-3-4。

表 23-3-4　工业机器人主要构型以及自由度表示

类型	图例	自由度表示	补充说明
直角坐标型机器人			主体结构具有三个自由度，而手腕自由度的多少视用途而定，可简记为 PPP 型，是机器人中最简单的一种。常被用于点胶、滴塑、喷涂、码垛、分拣、包装、上下料等工业领域
圆柱坐标型机器人			主体结构具有三个自由度：腰转、升降、手臂伸缩，可简记为 RPP 型。此类工业机器人大约占工业机器人总数的 47%，应用领域非常广泛

续表

类型	图例	自由度表示	补充说明
球坐标型机器人		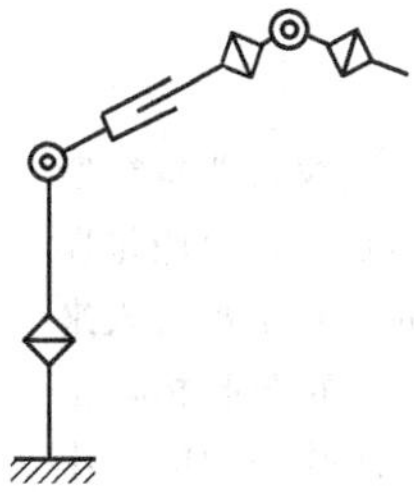	也可称其为极坐标型机器人，主体结构具有三个自由度，可简记为 RRP 型。手腕部分应具有三个自由度，当机器人主体运动时，装在手腕上的末端执行器才能维持应有的姿态。Unimation 2000 型和 4000 型均是典型的球坐标型机器人
关节坐标型机器人	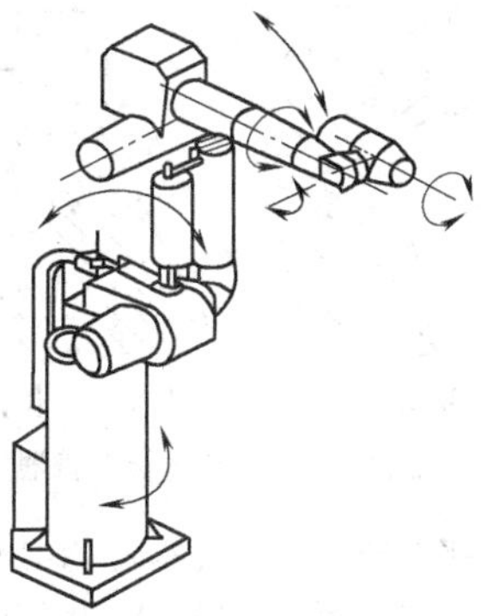	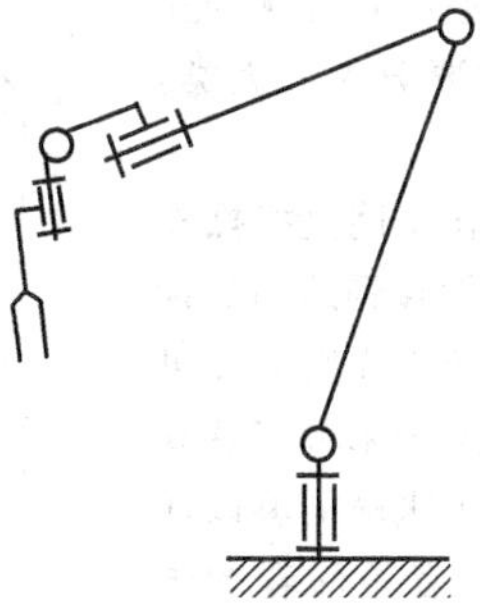	主体结构的三个自由度，腰转关节、肩关节、肘关节全部是转动关节，可简记为 RRR 型。手腕部分的三个自由度上的转动关节（俯仰、偏转和翻转）用来确定末端执行器的姿态。PUMA560、RMS 操作臂均是典型的关节坐标型机器人
水平关节坐标型机器人	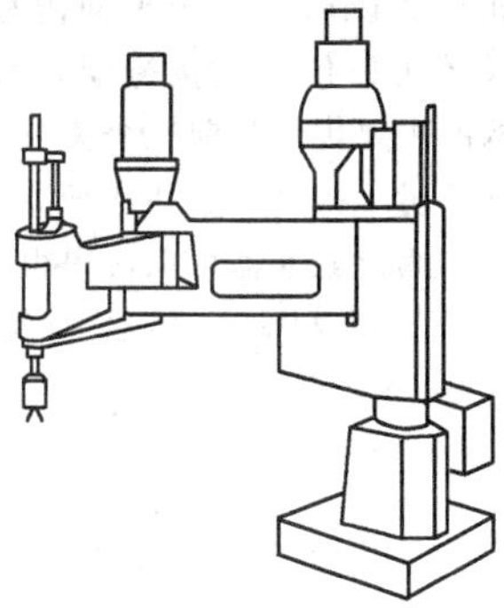	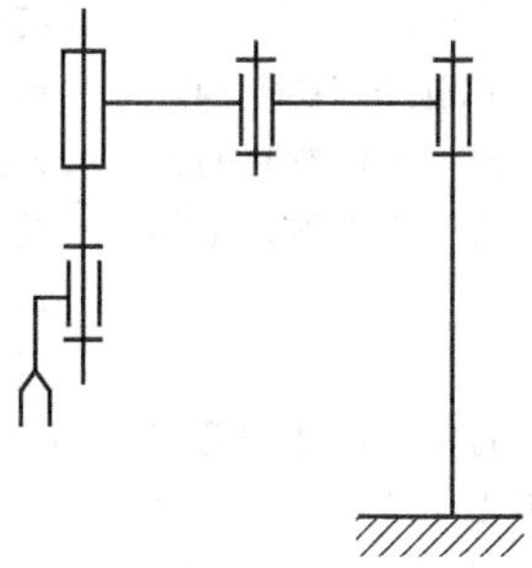	主体结构具有四个轴和四个运动自由度，包括 X、Y、Z 方向的平动自由度和绕 Z 轴的转动自由度，也可称其为 SCARA 机器人
并联关节型机器人	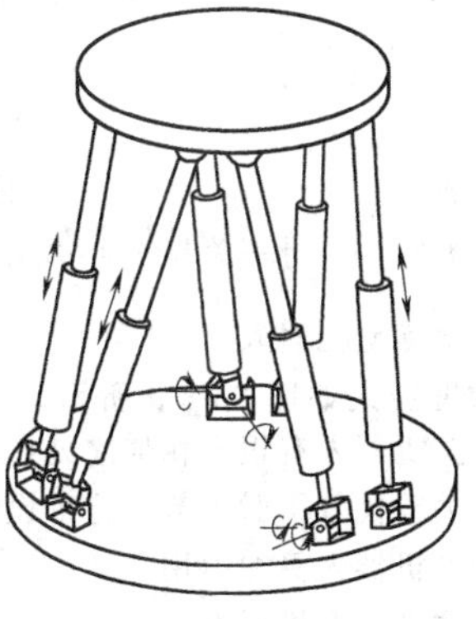	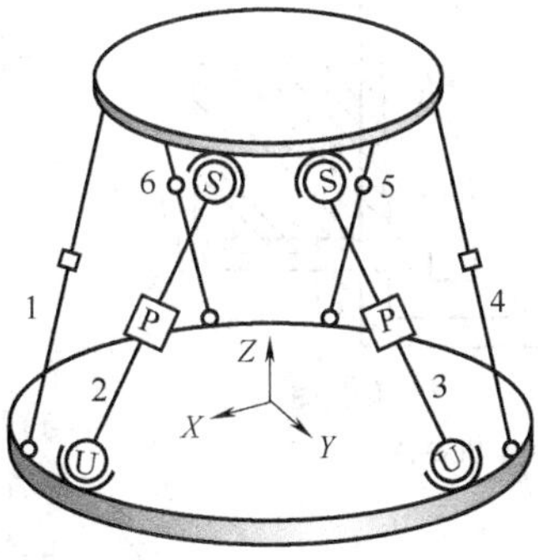 6 S S 5 1 4 P P Z 2 3 X Y U U	按自由度划分，有二自由度、三自由度、四自由度、五自由度和六自由度并联机器人；按机构划分，可分为平面结构机器人、球面结构机器人和空间结构机器人。左图为六自由度 Stewart-Gough 平台

3.3 工业机器人工作空间与结构尺寸

3.3.1 机器人工作空间

通常，机器人的工作空间是指末端执行器执行所有可能的运动时其末端扫过的全部体积，是由操作器的几何形状和关节运动的限位决定的。对于机器人来说，工作空间是评价其工作能力的一个重要指标，工作空间分析是机构设计的重要基础，工作空间的大小决定了串联机构的活动空间，机器人在执行作业时可能会因为存在手部不能到达的作业死区（dead zone）而不能完成任务。因此，在一定总体尺寸的约束之下，希望机构能够有尽可能大的工作空间且可顺利完成某项作业任务。工作空间的求法主要分为三大类：几何绘图法、解析法和数值法。

根据机器人学理论，机器人的工作空间是指操作臂末端执行器能够到达的空间范围与能够到达的目标点集合。工作空间可以分为两类：灵巧工作空间和可达工作空间。其中，可达工作空间定义为末端能够到达的所有点的集合，而灵巧工作空间为末端能够以任意姿态到达的所有点的集合，可见后者是前者的子集。灵巧工作空间仅存在于特定的理想几何构型中，真正的工作机器人一般带有关节限位，几乎没有灵巧工作空间。

描述工作空间的手腕参考点可以选在手部中心、手腕中心或者手指指尖，参考点不同，工作空间的大小、形状也不同。下面对几类常见的工业机器人工作空间进行简要介绍。

（1）直角坐标型机器人

直角坐标型机器人具有最简单的构型，结构简图与工作空间如图23-3-6所示。关节1到关节3都是移动副，且相互垂直，分别对应于直角坐标的X、Y、Z轴。

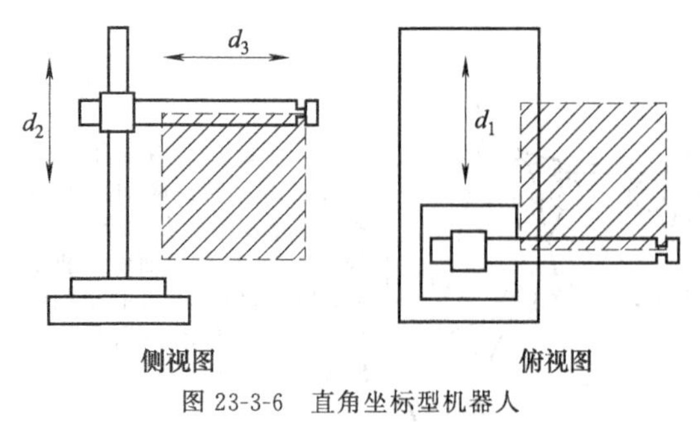

图23-3-6　直角坐标型机器人

（2）关节坐标型机器人

图23-3-7即为关节型机器人。这种类型的机器人通常由两个“肩”关节（一个绕竖直轴旋转，一个改变相对于水平面的仰角）、一个“肘”关节（该关节的轴通常平行于俯仰关节）以及两个或者三个位于机器人末端的腕关节组成。

关节坐标型机器人减少了其在工作空间中的干涉，使机器人能够到达指定的空间位置，其整体结构比直角坐标型机器人小，可用于工作空间较小的场合，成本较低。

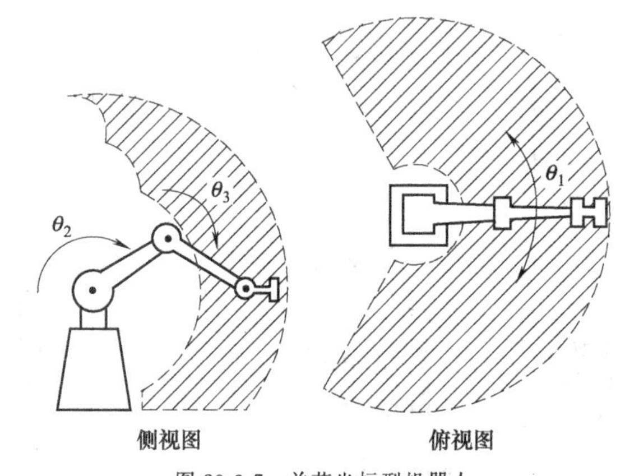

图23-3-7　关节坐标型机器人

（3）水平关节坐标型机器人（SCARA机器人）

如图23-3-8所示，SCARA构型有三个平行的旋转关节（使机器人能够在一个平面内移动和定向），第四个移动关节可以使末端执行器垂直于该平面移动。这个结构的主要优点是前三个关节不必支撑机器人或者负载的重量，另外便于在连杆0中固定前两个关节的驱动器，因此驱动器可以做得很大，从而使机器人快速运动。该类机器人适合于执行平面内的任务。

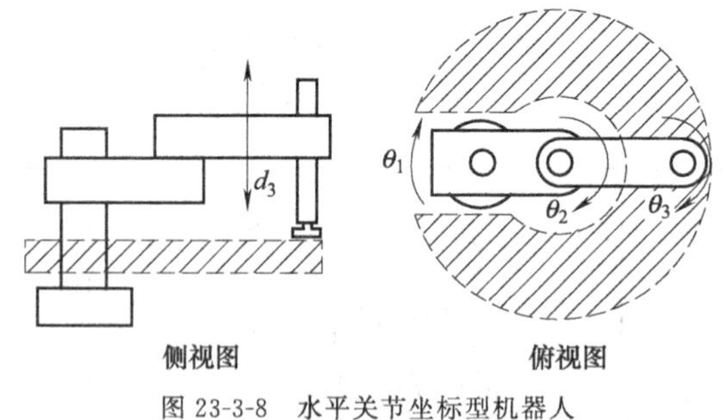

图23-3-8　水平关节坐标型机器人

（4）球坐标型机器人

球坐标机器人如图23-3-9所示，该类型机器人与直角坐标型机器人有很多相似之处，不同之处在于前者用转动关节代替了肘关节。这种设计在某些场合比直角坐标型机器人更加适用。

（5）圆柱坐标型机器人

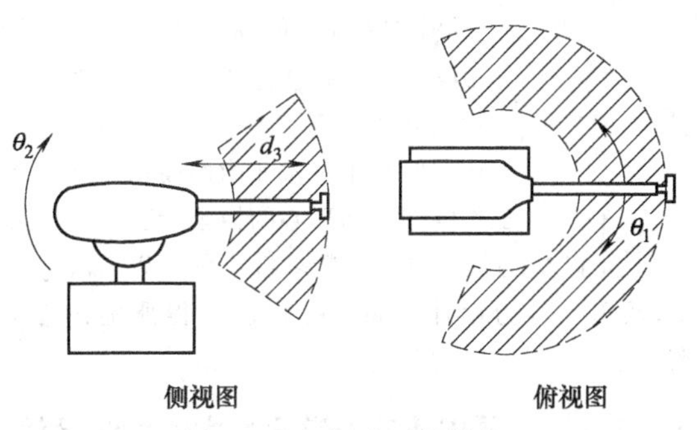

图 23-3-9　球坐标型机器人

如图 23-3-10 所示，圆柱坐标型机器人由一个使手臂竖直运动的移动关节和一个绕竖直轴的旋转关节组成，另一个移动关节与旋转关节的轴正交，其末端执行器可安装在机器人的腕关节上，此处腕关节的形式不唯一。

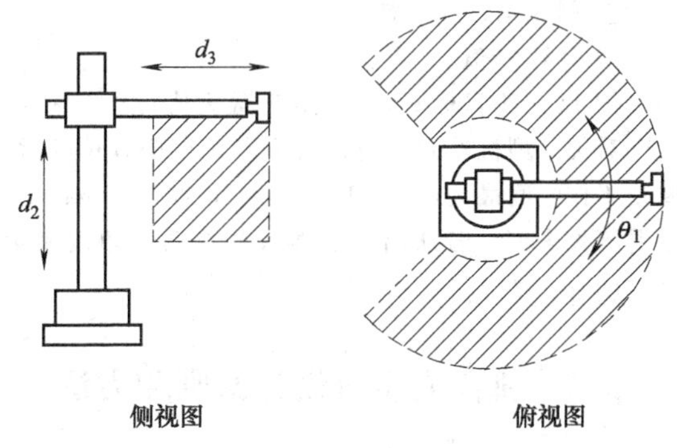

图 23-3-10　圆柱坐标型机器人

3.3.2　确定工作空间的几何法

采用改变某个关节变量而固定其他关节变量的方法，用几何作图可画出工作空间的部分边界，然后改变其他关节变量，又可得到部分边界。重复此方法，可得到完整的工作空间边界。

对于具有一个垂直旋转关节、两个水平旋转关节的机器人，将机器人的大臂和小臂伸展到奇异位置上，如图 23-3-11 所示，调整水平旋转关节可获得工作空间在 *ZOY* 截面中的前后边界及上下边界，调整垂直关节的旋转角可获得整个工作空间。

3.3.3　工作空间与机器人结构尺寸的关系

前文中已提到，工作空间的形状取决于机器人的机构形式，例如，直角坐标型机器人的工作空间为长方形；圆柱坐标型机器人的工作空间为中空的圆柱体；球坐标型机器人的工作空间为球体的一部分；铰链型（关节型）机器人的工作空间比较复杂，一般为多个空间曲面拼合的回转体的一部分。

直角坐标型机器人工作空间的大小取决于沿 *X*、

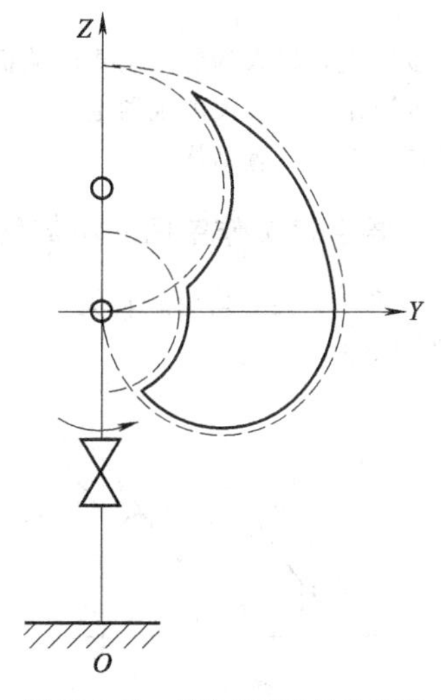

图 23-3-11　工作空间边界形成图

Y、*Z* 三个方向移动行程的大小；圆柱坐标型机器人工作空间的大小不仅取决于立柱的尺寸和水平臂沿立柱的上下行程，还取决于水平臂的尺寸以及水平伸缩的行程；球坐标型机器人工作空间的大小取决于工作臂的尺寸、工作臂绕垂直轴转动的角度及绕水平轴俯仰的角度；关节坐标型机器人工作空间的大小取决于大小臂的尺寸、大小臂关节转动的角度以及大臂绕垂直轴转动的角度。

3.4　机器人结构优化

3.4.1　结构优化的目的

机器人结构优化的目的是在众多可行设计方案中找出最优的方案。传统的设计基于经验，在参考现有结构的基础上，提出具体改进意见，进行可行性设计或延续以前的可行性设计。因为一个设计的可行性方案是众多的，其中一个可行设计方案可能不足以表明设计的先进性，而优化设计是找出可行性方案中充分表征先进性的方案。

3.4.2　位置结构的优化设计

对工业机器人位置结构的优化设计属于对机器人进行尺度规划的优化设计，尺度规划包含两类问题：一是对于一组给定的工作点，进行结构参数的优化，使所有工作点均包含于工作空间中，并且体积最小；二是增加对机器人总长度的约束条件，进行结构优化，并且使体积最大。所以，位置结构的优化设计不是对结构形式、材料属性等做改变，而是以结构长度作为要优化的变量，对各部分结构长度进行优化设计。

三自由度以上机器人的位置主要由从机座出发的前三个自由度决定，所以尺度规划主要是针对前三杆进行，并称前三杆为位置结构。

3.4.3 要求使工作空间最小的优化设计

以典型的前三个关节均为旋转关节的 RRR 结构为例，如图 23-3-12 所示。

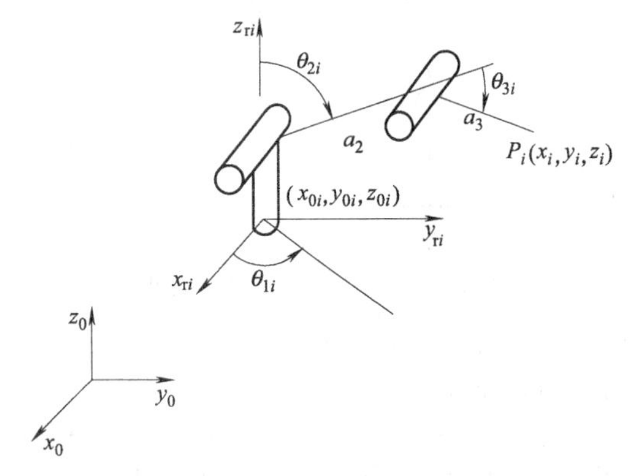

图 23-3-12 位置结构优化

① 设参考坐标系 $o_r x_r y_r z_r$ 的原点为（x_0，y_0，z_0），给定的工作点 P_i 在固定系中的坐标为（x_i，y_i，z_i），则工作点在参考系内的坐标为

$$x_{ri}=x_i-x_{0i}$$
$$y_{ri}=y_i-y_{0i}$$
$$z_{ri}=z_i-z_{0i}$$

② 设机器人的长度为

$$L=\max_{1\leqslant i\leqslant n}\{l_i\}$$

且设 $a_2=\dfrac{L}{k+1}$，$a_3=ka_2$。

式中 a_2，a_3——第 2、3 杆长度；

k——两臂不等长系数，一般 $k\geqslant 1$。

③ 将以上数值代入下列式中求出θ_{1i}、θ_{2i}、θ_{3i}：

$$\theta_{1i}=\arctan(y_n/x_n)$$
$$\theta_{2i}=\arctan(z_n/l_i)-\arccos[(l_i^2-a_2^2-a_3^2)/(2a_2l_i)]$$
$$\theta_{3i}=\arccos[(l_i^2-a_2^2-a_3^2)/(2a_2a_3)]$$

④ 将θ_{1i}、θ_{2i}、θ_{3i}、a_2及a_3代入下列式中：

$$V=\Delta\theta A\bar{x}$$
$$A=2a_2a_3\Delta\theta_2\sin\bar{\theta}_3\sin\left(\frac{\Delta\theta_3}{2}\right)$$
$$A\bar{x}=a_2a_3^2\Delta\theta_3\sin\left(\frac{\Delta\theta_2}{2}\right)\cos\bar{\theta}_2+4a_2^2a_3\sin\left(\frac{\Delta\theta_2}{2}\right)\sin\left(\frac{\Delta\theta_3}{2}\right)\sin\bar{\theta}_2\sin\bar{\theta}_3-a_2a_3^2\Delta\theta_3\sin\left(\frac{\Delta\theta_2}{2}\right)\sin\Delta\theta_3\cos(\bar{\theta}_2+2\bar{\theta}_3)$$
$$\Delta\theta_i=\theta_{i\max}-\theta_{i\min}$$
$$\bar{\theta}_i=(\theta_{i\max}+\theta_{i\min})/2$$

式中 V——工作空间体积；

A——工作空间在子午截面内的面积；

$\bar{x}$——工作空间截面形心的横坐标。

⑤ 以 V 为优化目标函数求极小值，以x_{0i}、y_{0i}、z_{0i}及a_2、a_3为设计变量，优化后求得所需的位置结构。

3.4.4 要求使工作空间最大的优化设计

① 同 3.4.3 节步骤①。

② 取 a_2、a_3 值同上，但保证约束条件

$$\max_{1\leqslant i\leqslant n}\{l_i\}\leqslant L$$

恒成立，若不成立，重新选择 x_0、y_0、z_0。

③ 同 3.4.3 节步骤③。

④ 计算 V 值。

⑤ 以 V 为目标函数，优化其最大值。

对关节型机器人来说，当给定大小臂总长度时，要使工作空间最大，一般应使 $k=1$，即 $a_2=a_3$，大小臂等长最好。若从增加机器人的灵巧性角度来设计，则有 $a_2=\sqrt{2}a_3$。

3.5 机器人整机设计原则和方法

3.5.1 机器人整机设计原则

① 最小转动惯量原则。因为机器人运动部件较多，而运动状态经常改变必然产生冲击和振动，采用最小转动惯量原则，不仅可以增加机器人的运动平稳性，还可以提高机器人动力学特性。所以，设计时，在满足强度和刚度的前提下，应该尽量减小运动部件的质量，另外还需要注意运动部件对转轴的质心配置。

② 尺度规划最优原则。如果设计要求对工作空间进行限制，则通过尺度优化可以选定最小的臂杆尺寸，这对于机器人刚度的提高是有利的，而且还能使转动惯量进一步降低。

③ 可靠性原则。机器人的机构较复杂，组成环节也较多，其可靠性问题显得尤为重要。一般来说，元器件的可靠性应高于部件的可靠性，而部件的可靠性应高于整机的可靠性。为了设计出可靠度满足要求的零件或结构，可采用的方法有概率设计方法，当然也可以通过系统可靠性综合方法来评定机器人系统的可靠性。

④ 刚度设计原则。机器人设计中，刚度是一个

很重要的问题，甚至比强度还要重要，要使刚度最大，杆件剖面形状和尺寸的选择就显得尤为重要，提高接触刚度和支承刚度，同时要对作用在臂杆上的力和力矩进行合理地安排，并且尽量减少杆件的弯曲变形。

⑤ 工艺性原则。机器人是一种高精度、高集成度的自动机械系统，如果只是有合理的结构设计，但是工艺性却很差，那么机器人的性能必定不会很好，而且成本也必然会提高，这显然是不合理的。所以，良好的加工和装配工艺是设计时要考虑的重要原则之一。

由以上原则可以看出，在设计工业机器人的主体结构时，足够大的刚度、强度以及稳定性是必须加以考虑的。另外，运动的灵活性应该有所保证，结构的布置也应该尽量合理，而且对机器人结构的设计也要有良好的工艺性。之后应该考虑到机器人的结构材料问题，不同的机器人要根据机器人的特点选择合适的材料，例如，整体移动的机器人要选择质量较轻的材料，精密机器人对材料的刚度和振动方面均有要求。正确地选择材料也能降低成本。

3.5.2　机器人本体设计步骤

机器人本体设计主要包括概念设计、初步设计及详细设计三个步骤，其设计流程如图 23-3-13 所示。

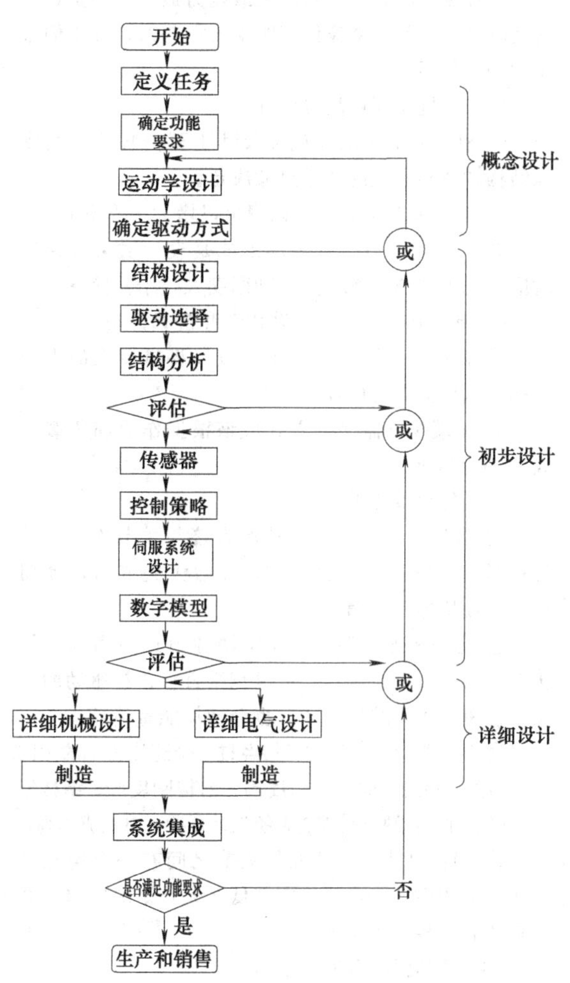

图 23-3-13　机器人本体设计流程

(1) 确定设计要求

① 负载。根据用户作业的不同要求，小到几公斤，大到数百公斤甚至几吨。

② 速度。速度的上下限要求需要给出。

③ 示教方式。确定采用哪种示教方式，是示教盒示教还是计算机示教。示教盒可以用来示教机器人的工作轨迹和参数设定，以及一些人机交互操作，拥有独立的 CPU 以及存储单元，与主计算机之间实现信息交互。

④ 工作空间。根据作业要求确定工作空间的大小和形状。

⑤ 附加运动。确定机器人是否需要整体移动以及工具是否需要直线运动或螺旋运动等。

⑥ 环境要求。是否在特殊环境下工作，比如是否需要防爆、防电磁干扰等。

(2) 运动学构型设计

根据作业的内容和复杂程度的不同，确定采用哪种坐标形式，常用的有直角坐标、圆柱坐标、球坐标和关节坐标。直角坐标型的优点是结构简单、控制容易、直线运动速度快、定位精度高；缺点是运动范围小、灵活性较差、结构尺寸大、占地面积大、移动部分惯量大。圆柱坐标型的优点是结构紧凑、控制较简单、精度高、转动惯量较直角坐标型小；缺点是结构庞大、工作范围小。球坐标型的优点是占地面积小、结构紧凑、精度较高；缺点是避障性能差。关节坐标型的优点是结构紧凑、占地面积小、灵活性好、避障性好、惯量小、驱动力小；缺点是控制存在耦合、大小臂伸展开时结构刚度低。目前，关节坐标型用得比较多。在满足作业的情况下，应使运动轴数最少，这有利于简化结构、提高控制精度、降低制造成本。

(3) 选定驱动方式

根据作业的不同，可采取不同的机器人驱动方式，常用的有气压驱动、液压驱动和电驱动。气压驱动适用于快速运动场合，缺点是会产生较大的冲击力，负载能力较小，而且精度较难控制；优点是所需费用低。液压驱动优点是负载能力较大，运动平稳，定位精度比较高，能防爆、防火；缺点是费用较高。

电驱动控制灵活方便，它的负载能力适中，但是定位精度较高。目前，交流伺服驱动已很普遍，直流伺服驱动的应用逐渐减少。

(4) 整机及部件配置设计

① 机器人机座的容积和尺寸主要由腰关节的支承结构和各轴电缆的通道尺寸决定。

② 肩关节对腰关节的偏置可以增大工作空间。

③ 大臂内的双连杆传动形式是设计肘关节传动时应优先考虑的方案，其传动刚度大，结构紧凑。

④ 腕关节传动可采用轴传动和链式传动等。

⑤ 在尺寸允许的情况下，最好将机器人的平衡机构装入机器人的内部。

⑥ 末端执行器接口方式应该根据作业和负载不同来进行选择。

(5) 传动系统设计

① 直接连接驱动。驱动源直接与关节连接，其结构紧凑，但是电机比较重，会增大关节的转动惯量，从而增加能量消耗。

② 远距离连接驱动。驱动源通过远距离的机械传动后与关节进行连接，可以克服直接连接驱动的缺点，但是增大了结构尺寸，也会增加能量消耗。

③ 直接驱动。驱动源直接经过一个速比为1的中间环节与关节相连，优点是精度高、结构刚度好、结构紧凑、可靠性好；缺点是控制系统设计复杂，电机成本高。

④ 间接驱动。驱动源与关节之间有一个速比远大于1的中间环节，可以实现低速大转矩的要求，并且成本较直接驱动更低。

(6) 臂的强度和刚度校核

在初步设计完成后，应对大小臂进行强度和动刚度校核，这里需要考虑负载、末端执行器重量及各杆惯性力。

(7) 关节运动的耦合和解耦

运动耦合效应指对大多数非直线直接驱动的机器人而言，前面关节的运动会引起后面关节的附加运动的现象。此耦合附加运动的大小和方向随传动形式和传动比的不同而不同。在运动学计算时，可对其反向补偿，以此方法实现解耦。

(8) 工艺性设计

机器人结构较一般的机械装置更为复杂，因此要特别谨慎地处理好其关键件的加工工艺，以保证机器人不仅装配性良好，而且易于调整，以便消除某些系统误差，从而达到提高机器人再现精度和运动平稳性的目的。

3.6 机器人的机械结构

机器人的机械结构是机器人进行各种运动的基础。所有的控制都是基于机器人的机械本体进行设计的，机器人需要通过机械结构之间的相互作用来完成特定的任务。机器人的机械结构主要包括腰部结构、臂部结构、腕部结构、末端执行器结构、运动传动结构和移动机构。

3.6.1 腰部结构

工业机器人腰座就是圆柱型坐标机器人、球坐标型机器人及关节型机器人的回转基座。它是机器人的第一个回转关节，机器人的运动部分全部安装在腰座上，它承受了机器人的全部重量，要有足够的强度和刚度，一般用铸铁或铸钢制造。腰座要有一定的尺寸，以便安装机器人的其他结构，保证工业机器人的稳定，满足驱动装置及电缆的安装。腰关节是负载最大的运动轴，对末端执行器运动精度影响最大，故设计精度要求高。

在设计机器人腰座结构时，要注意以下设计原则：

① 腰座要有足够大的安装基面，以保证机器人在工作时整体安装的稳定性。

② 腰座要承受机器人全部的重量和载荷，所以机器人的基座和腰部轴及轴承的结构要有足够大的强度和刚度，以保证其承载能力。

③ 机器人的腰座是机器人的第一个回转关节，它对机器人末端的运动精度影响最大，因此在设计时要特别注意保证腰部轴系及传动链的精度与刚度。

④ 腰部的回转运动要有相应的驱动装置，它包括驱动器（电动、液压及气动）及减速器。驱动装置一般都带有速度与位置传感器以及制动器。

⑤ 腰部结构要便于安装、调整。腰部与机器人手臂的连接要有可靠的定位基准面，以保证各关节的相互位置精度。要设有调整机构，用来调整腰部轴承间隙及减速器的传动间隙。

⑥ 为了减轻机器人运动部分的惯量，提高机器人的控制精度，一般腰部回转运动部分的壳体是由比重较小的铝合金材料制成，而不运动的基座是用铸铁或铸钢材料制成。

腰关节的轴可采用普通轴承的支承结构，如图23-3-14所示的PUMA机器人腰部结构。其优点是结构简单，安装调整方便，但腰部高度较高。为了减少腰部高度，可采用单列十字交叉滚子轴承。环形十字交叉轴承精度高，刚度大，负载能力高，装配方便，可以承受径向力、轴向力及倾翻力矩，许多机器人的腰关节都采用环形轴承支撑腰，但这种轴承的价格较高。环形交叉滚子轴承的安装方式如图23-3-15所示。

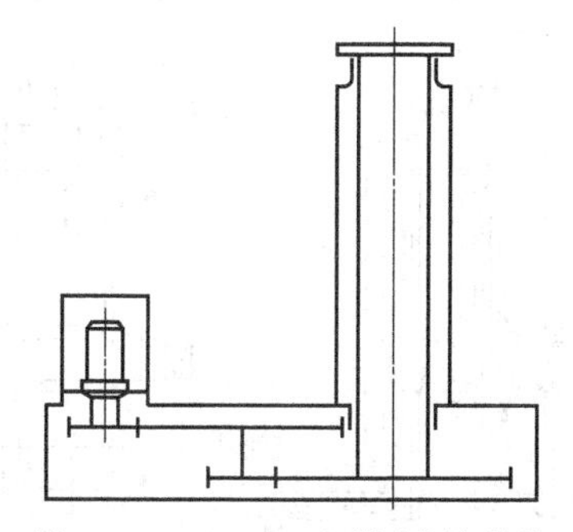
图 23-3-14　PUMA 机器人腰部结构

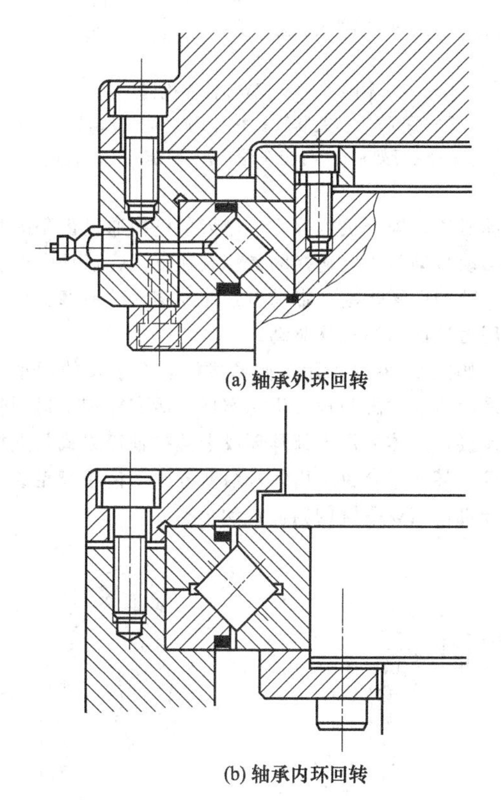

图 23-3-15　环形交叉滚子轴承的安装方式

3.6.2　臂部结构

手臂是机器人的一个重要结构，臂部的作用是连接腰部和腕部，实现机器人在空间里的运动，同时通过一定的运动将物体放置到指定的地点。机器人手臂一般要有三个自由度，分别完成手臂的升降、伸缩和回转运动。手臂需要承受工件、手腕、末端执行器以及本身的重量，手臂的结构、工作范围和工作精度都会影响机器人的工作性能。所以要根据机器人抓取重量、自由度数、运动速度以及定位精度来合理地设计手臂的结构形式。手臂的尺寸要满足工作空间的要求，各关节轴线应尽量平行，垂直的关节轴线尽量交汇于一点。由于手臂是腰部的负载且要运动灵活，故应尽可能选用高强度轻质材料，以减小其质量。

(1) 手臂设计的基本要求

① 手臂的结构应该满足机器人作业空间的要求。

② 合理选择手臂截面形状。工字形截面的弯曲刚度一般比圆截面大，空心管的弯曲刚度和扭转刚度都比实心轴大得多，所以常用钢管制作臂杆及导向杆，用工字钢和槽钢制作支承板。

③ 尽量减小手臂重量和整个手臂相对于转动关节的转动惯量，以减小运动时的动载荷与冲击。

④ 合理设计与腕部和机身的连接部位。臂部安装形式和位置不仅关系到机器人的强度、刚度、承载能力以及工作精度，而且还直接影响机器人的外观。

⑤ 导向性要好。防止手臂在直线运动时沿运动轴线发生相对转动，可以设置导向装置或者方形、花键等形式的臂杆。

(2) 臂部结构的基本形式

根据手臂数量，机器人手臂可分为单臂、双臂及多臂。

1) 单臂机器人　单臂机器人是通过单只手臂的运动来完成任务，如图 23-3-16 所示。其中图 (a) 为丹麦 Universal Robots 公司的 UR3，图 (b) 为瑞士 F&P Personal Robotics 公司的 P-Rob2，图 (c) 为日本 FANUC 公司的 CR-35iA，图 (d) 为中国大族电机公司的 Elfin。

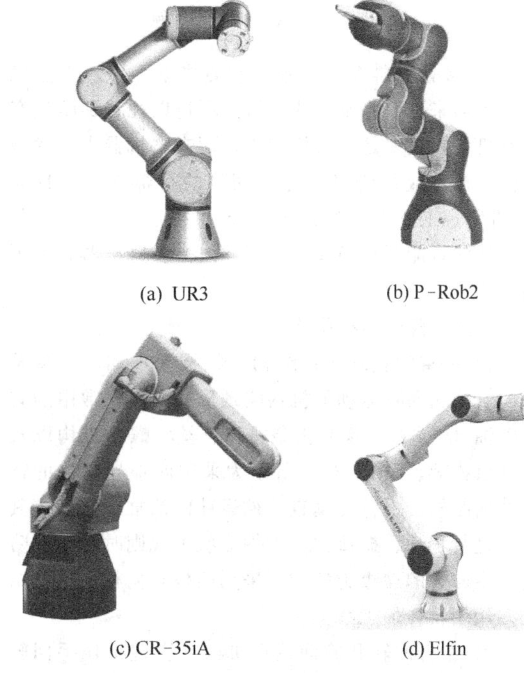

图 23-3-16　单臂机器人样例

2）双臂机器人　现代工业应用中，单臂机器人受制于环境因素，很多工作难以完成。在此情况下，双臂机器人应运而生。如图 23-3-17 所示，其中图（a）为瑞士 ABB 公司的 YuMi，图（b）为日本 Kawada Industries 公司的 Nextage，图（c）为中国新松机器人公司的双臂协作机器人，图（d）为中国专家甘中学带领团队设计的双臂灵巧机器人。

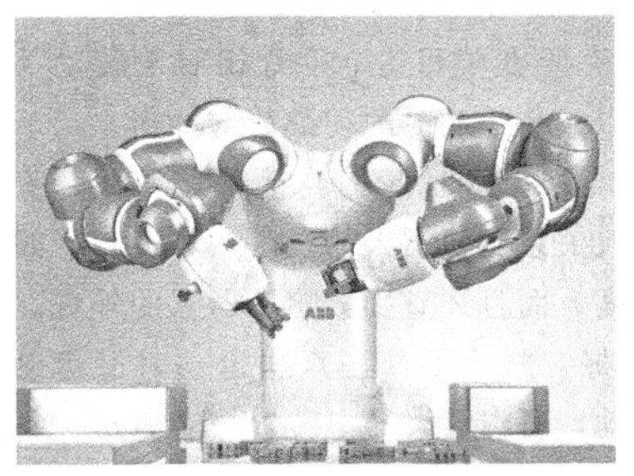

(a) YuMi

(b) Nextage

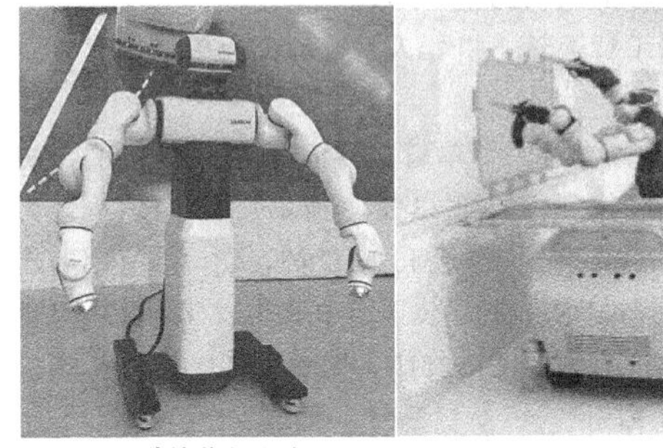

(c) 双臂协作机器人　　(d) 双臂灵巧机器人

图 23-3-17　双臂机器人举例

3）多臂机器人　随着劳动力成本上涨，工业机器人也迎来了顺势发展的良机。不过以往看到的生产车间机器人大多是单臂机器人，而未来机器人的发展将会根据专业化研发出分工明确的机器人，并且与 3D 打印、工业 VR 等充分结合，形成相互协作、共同分享的智能制造新模式。因此未来多臂机器人将更加受欢迎。

（3）手臂的运行机构

1）手臂的直线运行结构　机械手伸缩、升降及横向（或纵向）运动的机构实现形式较多，常用的有活塞油（气）缸、齿轮齿条机构、丝杠螺母机构以及连杆机构等。图 23-3-18 所示为采用四根导向柱的臂部伸缩结构。手臂的垂直伸缩运动由油缸 3 驱动，其特点是行程长、抓重大。工件形状不规则时，为了防止产生较大的偏重力矩，可采用四根导向柱。这种结构多用于箱体加工线上。

2）手臂回转和俯仰运行机构　实现机械手回转运动的常见机构有叶片式回转缸、齿轮传动机构、链传动机构、连杆机构等。齿轮齿条机构通过齿条的往复移动带动与手臂连接的齿轮做往复回转运动，即实现手臂的回转运动。带动齿条往复移动的活塞缸可以由压力油或压缩气体驱动。

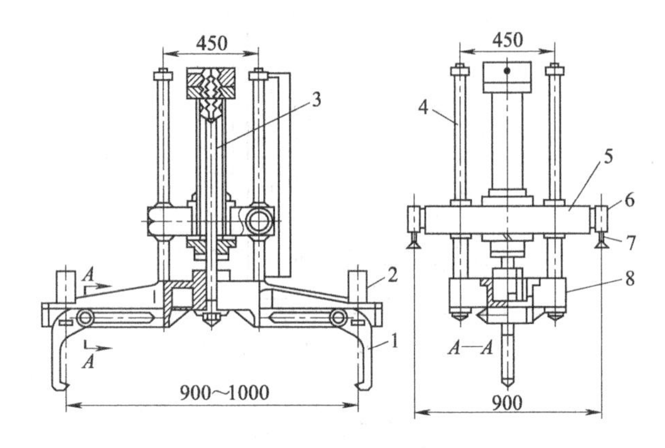

图 23-3-18　臂部伸缩机构

1—手部；2—夹紧缸；3—油缸；4—导向柱；5—运行架；6—行走车轮；7—轨道；8—支座

如图 23-3-19 所示，俯仰式机器人手臂的运动一般采用活塞油缸与连杆机构实现。活塞杆和手臂用铰链连接，缸体采用尾部耳环或中部销轴等方式与立柱连接。某些场合也采用无杆活塞缸驱动齿条齿轮或四连杆机构实现手臂的俯仰运动。

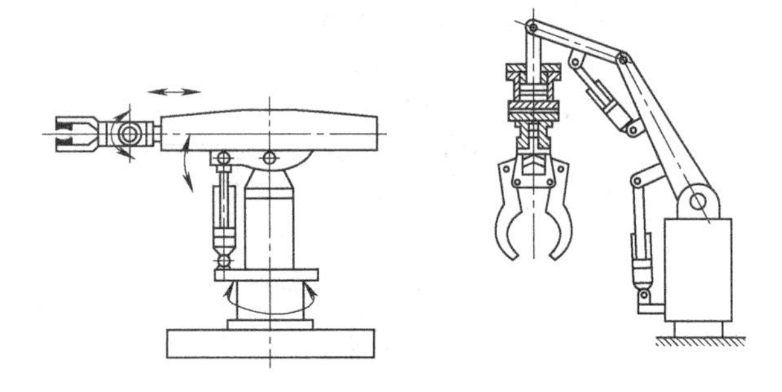

图 23-3-19　油缸铰链结构的俯仰机器人

3）手臂的复合运动机构　手臂的复合运动多数用于动作程序固定不变的专用机器人，它不仅使机器人的传动结构简单，而且可简化驱动系统和控制系统，并使机器人传动准确、工作可靠，因而在生产中应用比较多。除手臂实现复合运动外，手腕和手臂的运动亦能组成复合运动。手臂（或手腕）和手臂的复合运动，可以由动力部件（如活塞缸、回转缸、齿条活塞缸等）与常用机构（如凹槽机构、连杆机构、齿轮机构等）按照手臂的运动轨迹（即路线）或手臂和手腕的动作要求进行组合。

3.6.3　腕部结构

工业机器人的腕部起到支承手部的作用，机器人一般要具有 6 个自由度才能使手部（末端操作器）达到目标位置和处于期望的姿态，手腕上的自由度主要实现所期望的姿态。作为一种通用性较强的自动化作业设备，工业机器人的末端执行器（手部）是直接执行作业任务的装置，大多数手部的结构和尺寸都是根据不同的作业任务要求来设计的，从而形成了不同的结构形式。腕部一般应有 2～3 个自由度，结构要紧凑，质量要小，各运动轴采用分离传动。如图 23-3-20 所示，其中图（a）所示为 P-100 机器人腕部结构（其中轴 1～轴 3 为手臂轴，未画出），是一种典型的 3 轴分立形式，图（b）为 JRS-80 机器人的手腕原理图。

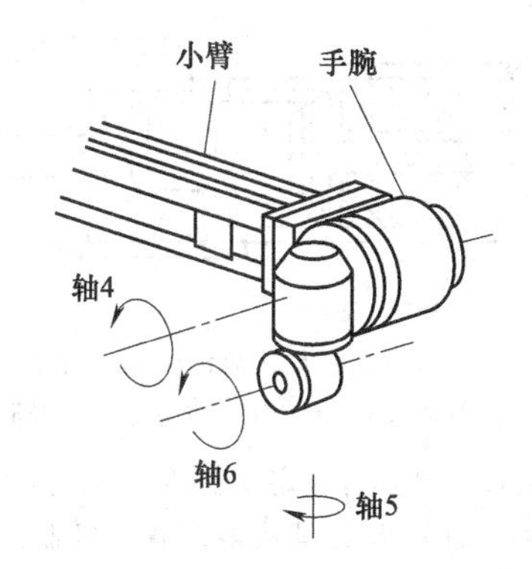

(a) P–100手腕

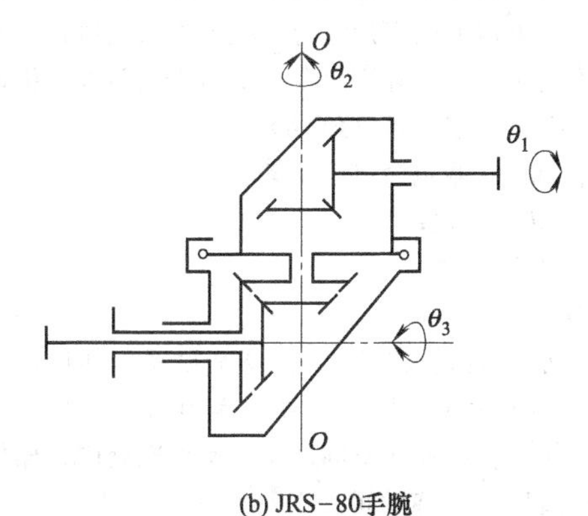

(b) JRS–80手腕

图 23-3-20　工业机器人手腕结构

手腕有不同的结构形式，按不同的标准可进行如下分类。

(1) 按自由度数目来分

手腕按自由度数目来分，可分为单自由度手腕、2 自由度手腕和 3 自由度手腕。

① 单自由度手腕。如图 23-3-21 所示，图（a）是一种翻转（roll）关节，它把手臂纵轴线和手腕关节轴线构成共轴形式。这种 R 关节旋转角度大，可达到 360°以上。图（b）、图（c）是一种折曲（bend）关节（简称 B 关节），关节轴线与前后两个连接件的轴线相垂直。这种 B 关节因为受到结构上的干涉，旋转角度小，大大限制了方向角。图（d）所示为移动关节。

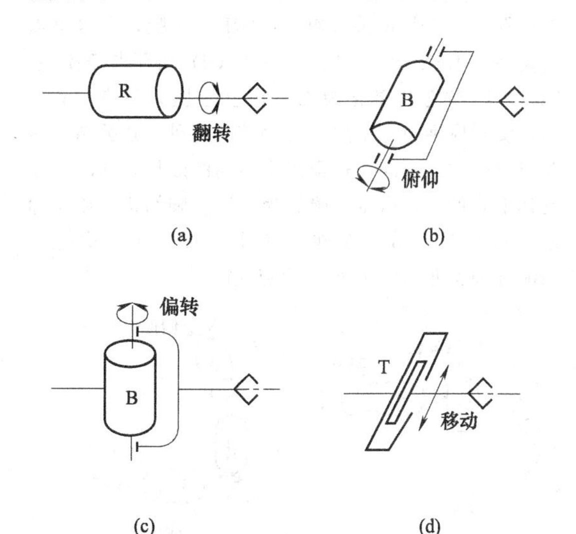

图 23-3-21　单自由度手腕

② 2 自由度手腕。如图 23-3-22 所示，2 自由度手腕可以由一个 R 关节和一个 B 关节组成 BR 手腕［见图 23-3-22（a）］，也可以由两个 B 关节组成 BB 手腕［见图 23-3-22（b）］，但是不能由两个 R 关节组成 RR 手腕。因为两个 R 关节共轴线，所以造成一个自由度退化了，实际只构成了单自由度手腕［见图 23-3-22（c）］。

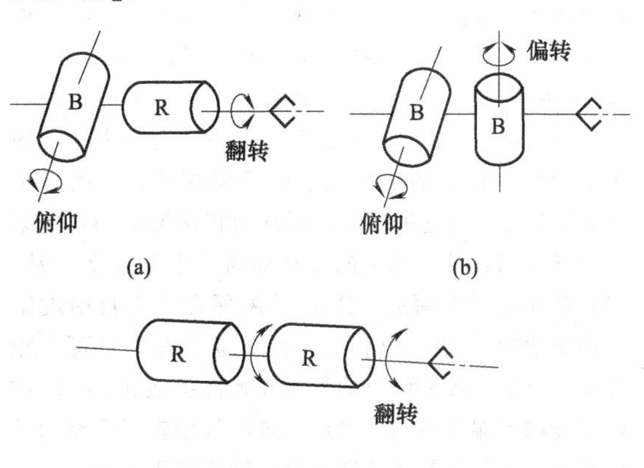

图 23-3-22　2 自由度手腕

③ 3自由度手腕。如图23-3-23所示，3自由度手腕可以由B关节和R关节组成许多种形式。图23-3-23（a）所示是常见的BBR手腕，使手部具有俯仰、偏转和翻转运动，即RPY运动。图23-3-23（b）所示是一个B关节和两个R关节组成的BRR手腕，为了不使自由度退化，且使手部产生RPY运动，第一个R关节必须进行如图所示的偏置。图23-3-23（c）所示是三个R关节组成的RRR手腕，它也可以实现手部RPY运动。图23-3-23（d）所示是BBB手腕，很明显它已退化为二自由度手腕，只有PY运动，实际应用中不采用这种手腕。此外，B关节和R关节排列次序不同，也会产生不同的效果，同时产生其他形式的三自由度手腕。为了使手腕结构紧凑，通常把两个B关节安装在一个十字接头上，这对于BBR手腕来说大大减小了手腕纵向尺寸。

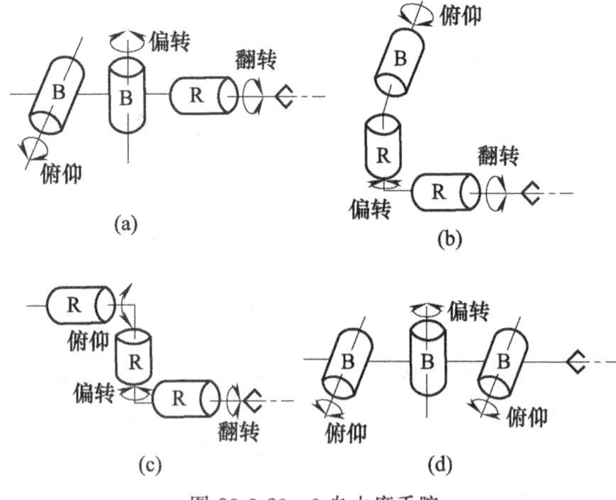

图23-3-23　3自由度手腕

（2）按驱动方式来分

手腕按驱动方式来分，可分为直接驱动手腕和远距离传动手腕。图23-3-24所示为Moog公司的一种液压直接驱动BBR手腕，设计紧凑巧妙。M_1、M_2、M_3是液压马达，直接驱动手腕的偏转、俯仰和翻转三个自由度轴。图23-3-25所示为一种远距离传动的RBR手腕。轴Ⅲ的转动使整个手腕翻转，即第一个R关节运动。轴Ⅱ的转动使手腕获得俯仰运动，即第二个B关节运动。轴Ⅰ的转动即第三个R关节运动。当c轴离开纸平面后，RBR手腕便在三个自由度轴上输出RPY运动。这种远距离传动的好处是可以把尺寸、重量都较大的驱动源放在远离手腕处，有时放在手臂的后端作平衡重量用。这不仅减轻了手腕的整体重量，而且改善了机器人整体结构的平衡性。

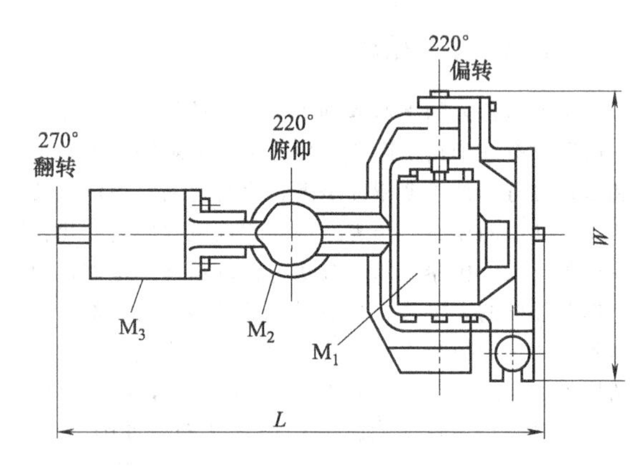

图23-3-24　液压直接驱动BBR手腕

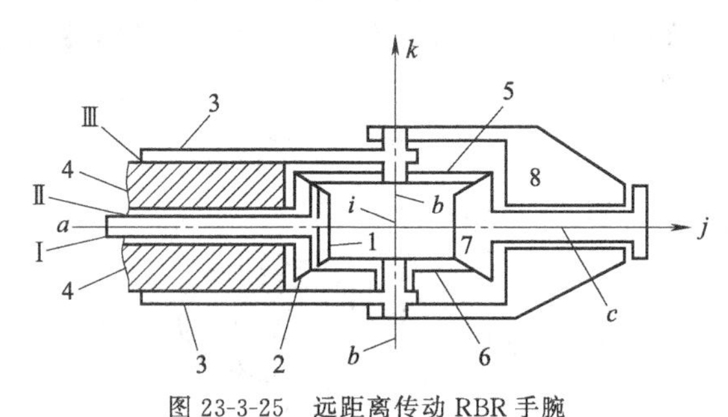

图23-3-25　远距离传动RBR手腕

1,2,5～7—锥齿轮；3—手腕外壳；4—驱动轴；8—轴套

3.6.4　末端执行器结构

机器人末端执行器指的是任何一个连接在机器人边缘（关节）且具有一定功能的工具。这可能包含机器人抓手、机器人工具快换装置、机器人碰撞传感器、机器人旋转连接器、机器人压力工具、顺从装置、机器人喷涂枪、机器人毛刺清理工具、机器人弧焊焊枪、机器人电焊焊枪等。机器人末端执行器通常被认为是机器人的外围设备、机器人的附件、机器人工具、手臂末端工具（EOA）。

末端执行器包含以下要素：

① 机构形式；

② 抓取方式；

③ 抓取力；

④ 驱动装置及控制物件特征质量、外形、重心位置、尺寸大小、尺寸公差、表面状态、材质、强度、操作参数、操作空间环境、操作准确度、操作速度和加速度、夹持时间。

末端执行器可分为吸附式和夹持式，典型的结构见表23-3-5。

3.6.5　工业机器人的运动传动机构

运动传动机构用来把原动机的运动传递到关节和动作部位。原动机外形小、重量轻，为获得大输出力常常要高速旋转，而受原动机驱动的机械部分则要求从低速到高速范围内实现平滑的运动。原动机和被驱动机械部分之间需要设置能完成速度和力矩变换与调节的机构，称为运动传动机构。本节主要讲述几个典型的传动机构——齿轮传动、丝杠传动、带传动和链传动、连杆与凸轮传动。

表 23-3-5　典型末端执行器的吸附与夹持机构

种类	形式	简　图	说　明
吸附式	气流负压吸盘	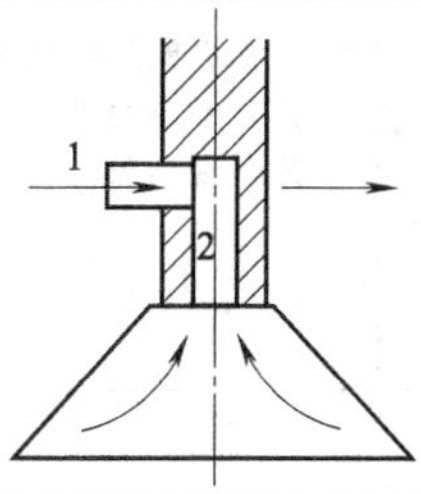 1　2	根据被搬运物体的重量和每只吸嘴的吸力大小，在一个吸盘上可装不同数量的吸嘴。由于生产车间常备有压力气源，因此常用的吸盘采用压力气源，而不采用真空源。具有一定压力的气体经电磁控制阀以很高的速度流过孔 1，橡胶碗内的空气经孔 2 被抽出，在橡胶碗内形成负压，吸住被搬运物。吸盘只适于搬运表面平整的物体，为增加吸盘与物体接触时的柔韧性，在吸盘上安装有弹簧
	挤压排气式吸盘	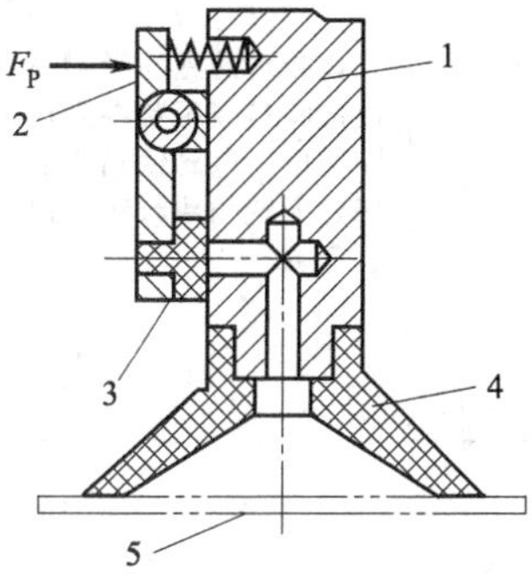 F_P　1　2　3　4　5 1—吸盘架；2—压盖；3—密封垫；4—吸盘；5—工件	挤压排气式吸盘靠向下的挤压力将吸盘中的空气全部排出，使其内部形成负压状态将工件吸住。有结构简单、重量轻、成本低等优点，但是吸力不大，多用于尺寸不太大、薄而轻的工件
	真空式吸盘	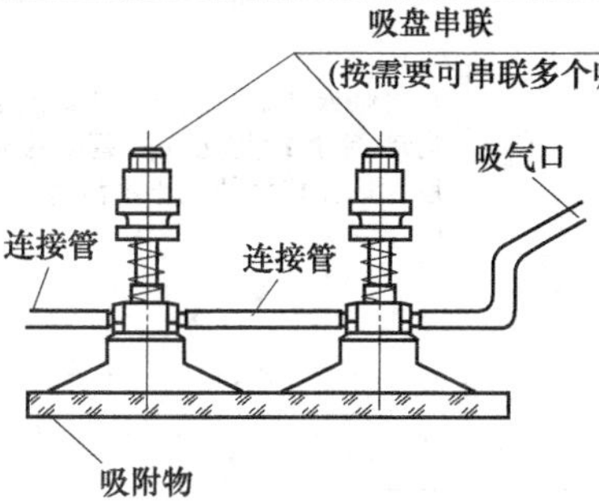 吸盘串联 (按需要可串联多个吸盘) 吸气口 连接管 连接管 吸附物	利用电机带动真空泵在吸盘处形成强大吸力吸附工件，电机停止工作，真空泵停止转动，大量空气涌入，吸力消失，放下工件。真空吸盘依靠吸力吸附工件不会有夹具的外力，不会造成工件变形，对于有色金属这种硬度低、受磁化影响材料制成的工件尤其适用。但是真空吸盘的吸力是有限度的，不适用于粗加工或半精加工这种需要大力切削的情况
	自适应式吸盘	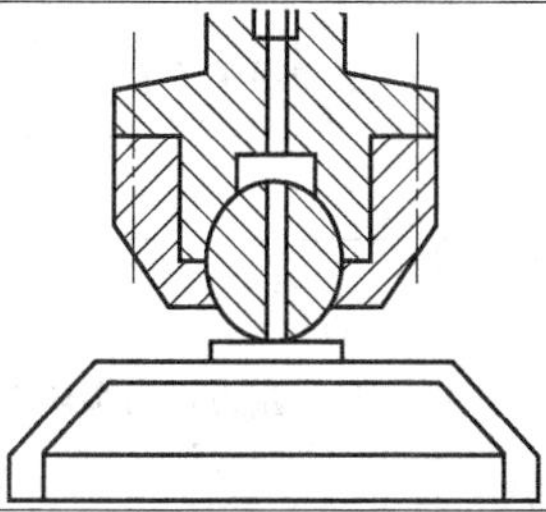	该吸盘具有一个球关节，使吸盘能倾斜自如，适应工件表面倾角的变化
	异形吸盘	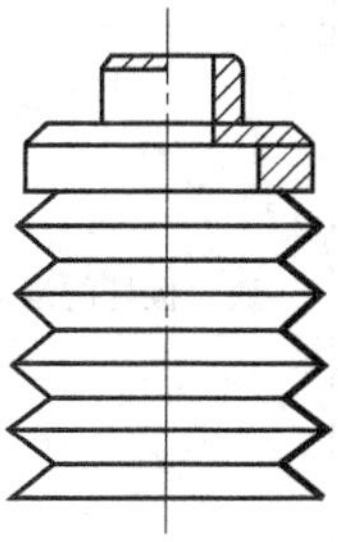	可用来吸附鸡蛋、锥颈瓶等物件，扩大了真空吸盘在机器人上的应用

续表

种类	形式	简图	说明
吸附式	电磁式	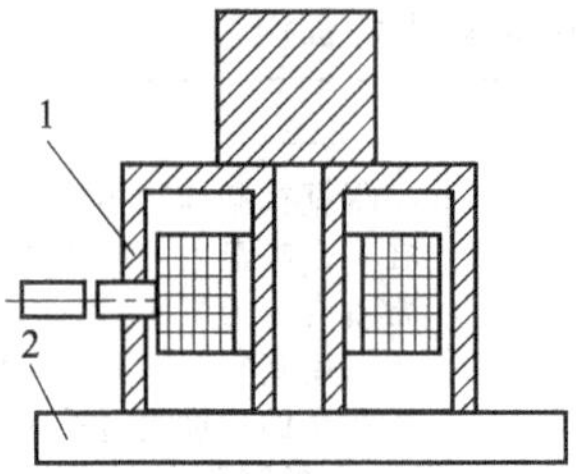 1—电磁线圈；2—工件	适合表面平整的铁磁性物体搬运的电磁吸盘。对于具有固定表面的工件，可根据其表面形状设计专门的电磁吸盘
		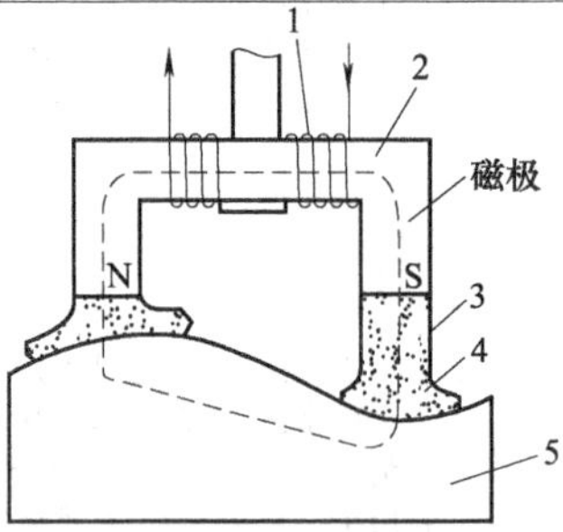 磁极 1—电磁线圈；2—磁铁；3—口袋；4—磁粉；5—工件	该吸盘的磁性吸附部分为内装磁粉的口袋。在励磁前将口袋压紧在异形物体的表面，然后使电磁线圈通电。电磁铁励磁后，口袋中的磁粉就变成具有固定形状的块状物。这种吸盘可适用于不同形状的表面
夹持式	圆弧开闭式	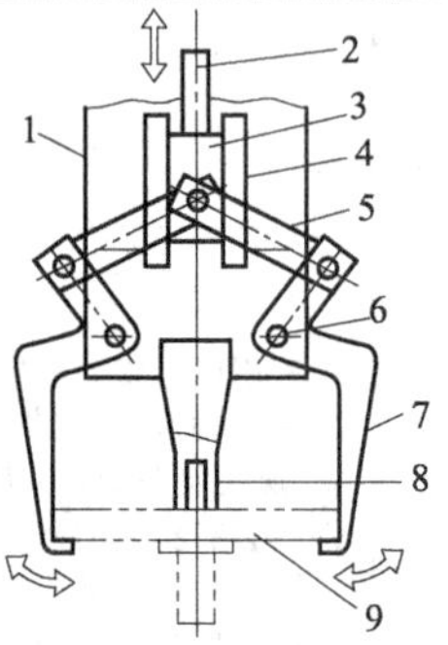 1—指座；2—拉杆；3—滑块；4—导轨；5—中间连杆；6—手指支点；7—手指；8—定心导杆；9—工件	气缸或油缸活塞杆的上、下运动使手指产生开、闭运动，手指绕其支点的运动为圆弧运动。其对被抓取物体夹持力的大小由活塞杆上的力决定
	齿轮齿条式	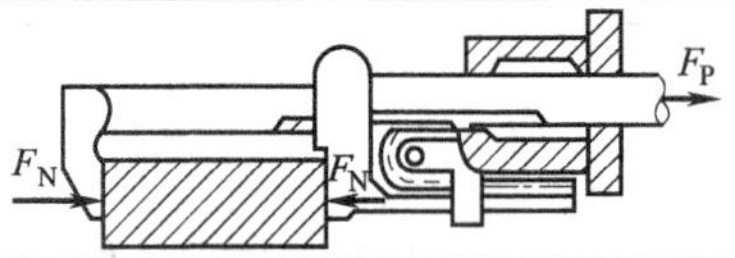 F_P　F_N　F_N	机械手手爪通过活塞推动齿条，齿条带动齿轮旋转，产生手爪的夹紧与松开动作
	重力式	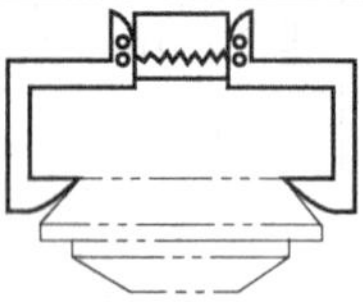	通过重力作用实现工件的夹紧
	拨杆杠杆式	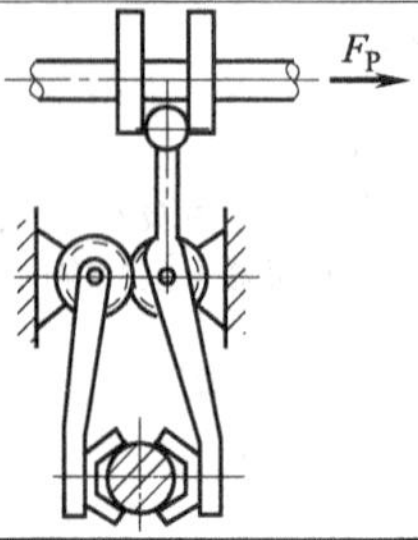 F_P	通过拨杆的运动实现手爪的夹紧与放松

续表

种类	形式	简图	说明
夹持式	平移式	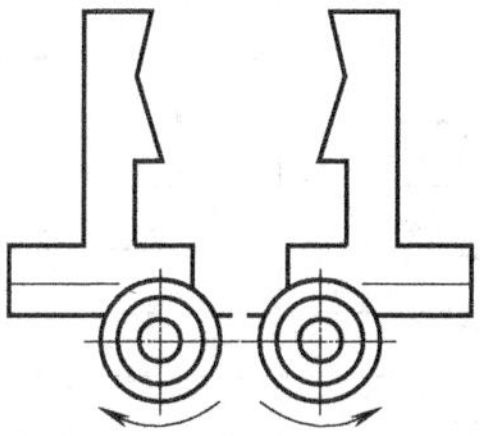	手爪夹紧和松开工件时手指姿态不变，做平移运动。所抓物体大小变化时，无需调整手爪位置，夹持位置固定在中心不变
	平行开闭式	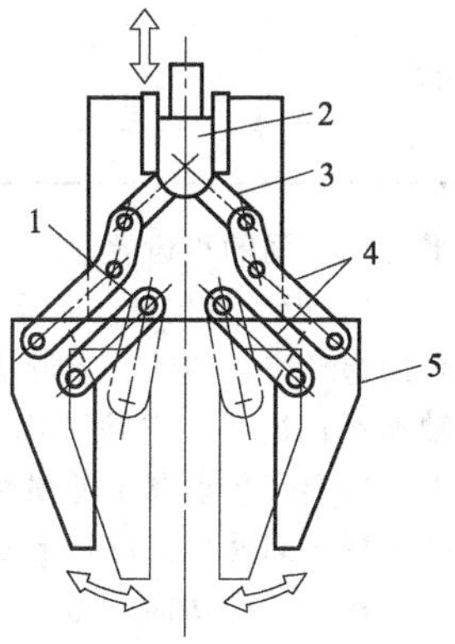 1—手指支点；2—滑块；3—中间连杆；4—平行连杆；5—手指	此手部利用转动副构成平行连杆机构，从相对手指来看，其构成的是平行开闭运动。该手部对被抓取物体夹持力的大小由活塞杆上的力决定
仿生多指灵巧手		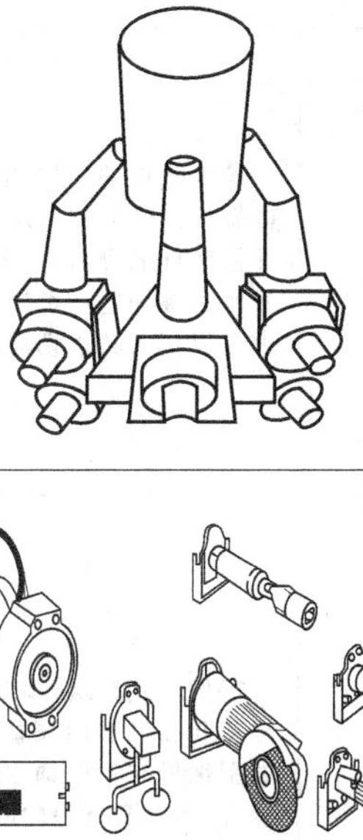	机器人手爪和手腕是模仿人手的多指灵巧手。如图所示，多指灵巧手有多个手指，每个手指有3个回转关节，每一个关节的自由度都是独立控制的。因此，大多数人手指能完成的各种复杂动作它都能模仿，诸如拧螺钉、弹钢琴、做礼仪手势等动作。在手部配置触觉、力觉、视觉、温度传感器，将会使多指灵巧手达到更完美的程度。多指灵巧手的应用前景十分广泛，可在各种极限环境下完成人无法实现的操作，如核工业领域、宇宙空间作业，在高温、高压、环境下作业等
专用工具		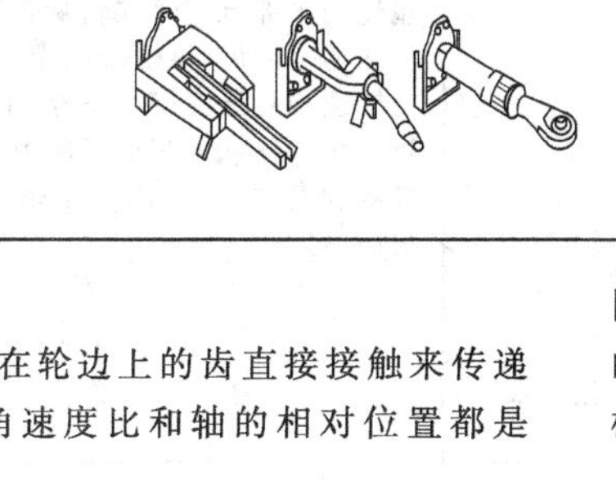	根据作业要求安装对应的专用工具，就能完成各种动作。如安装焊枪就是焊接机器人，装上喷枪就是喷涂机器人，装上拧螺母机就是装配机器人。如图所示为拧螺母机、焊枪、电磨头、抛光头、激光切割机各种专用电动、气动工具改型而来的操作器，使机器人能胜任各种工作

（1）齿轮传动

齿轮靠均匀分布在轮边上的齿直接接触来传递扭矩。通常齿轮的角速度比和轴的相对位置都是固定的。所以，轮齿以接触柱面为节面，等间隔的分布在圆周上。齿轮传动是经常使用的传动机构。

表 23-3-6　　**齿轮传动机构**

<table>
<tr><td rowspan="14">齿轮传动机构</td><td rowspan="4">平行轴齿轮式</td><td rowspan="3">直齿轮式</td><td>外齿轮与外齿轮</td></tr>
<tr><td>内齿轮与外齿轮</td></tr>
<tr><td>齿条与外齿轮</td></tr>
<tr><td>斜齿轮式</td><td></td></tr>
<tr><td rowspan="2">交叉轴齿轮式</td><td rowspan="2">伞齿轮式</td><td>直齿伞齿轮</td></tr>
<tr><td>弧齿伞齿轮</td></tr>
<tr><td rowspan="2">交错轴齿轮式</td><td>蜗杆式</td><td></td></tr>
<tr><td>双曲线齿轮式</td><td></td></tr>
<tr><td rowspan="4">同心轴齿轮式</td><td rowspan="4">行星轮式</td><td>简单行星轮</td></tr>
<tr><td>差动行星轮</td></tr>
<tr><td>偏心行星轮</td></tr>
<tr><td>弹式行星轮</td></tr>
</table>

(2) 丝杠传动

传递运动用的丝杠有滑动式、滚珠式和静压式等。机器人传动用的丝杠应具备结构紧凑、间隙小和传动效率高等特点，如表 23-3-7 所示。

(3) 带传动和链传动

带和链传动用于传递平行轴之间的回转运动，或把回转运动转换成直线运动。机器人中的带和链传动分别通过带轮和链轮传递回转运动，有时还用来驱动平行轴之间的小齿轮。

1) 齿形带传动　齿形带的传动面上有与带轮啮合的梯形齿，传动时无滑动，初始张力小，从动轴的轴承不宜过载。它除了用作动力传动外还用于定位上。齿形带传动属于低惯性传动，适合马达和高速比减速器之间使用。皮带上面安装滑座可完成与齿轮齿条机构同样的功能，由于它惯性小且有一定的刚度，所以适于高速运动的轻型滑座。

表 23-3-7　　**丝杠传动机构**

名称	图例	说明
滚珠丝杠	1—丝杠；2—端盖；3—滚珠；4—螺母	滚珠丝杠的丝杠和螺母之间装了很多钢球，丝杠或螺母运动时钢球不断循环，运动得以传递，因此，即使丝杠的导程角很小也能得到 90%以上的传递效率。滚珠丝杠可以把直线运动转换成回转运动，也可以把回转运动转换成直线运动
行星轮式丝杠	1—系杆；2—行星轮；3—螺母；4—内齿轮；5—丝杠轴	行星轮式滚珠丝杠用于精密机床的高速进给，从高速和高可靠性来看，也可用在大型机器人传动上。如图螺母与丝杠轴之间有与丝杠轴啮合的行星轮，装有 7～8 套行星轮的系杆可在螺母内自由回转，行星轮的中部有与丝杠轴啮合的螺纹，其两侧有与内齿轮啮合的齿，将螺母固定，驱动丝杠轴，行星轮边自转边相对于内齿轮公转，并使丝杠轴沿轴向移动。行星轮式丝杠具有承载能力大、刚度高和回转精度高等优点，由于采用了小螺距，因而丝杠定位精度也高

2）滚子链传动　滚子链传动属于比较完善的传动机构，由于噪声小、效率高，得到了广泛的应用。但是，高速运动时滚子与链轮之间的碰撞产生较大的噪声和振动，只有在低速时才能得到满意的效果，即适合于低惯性载荷的关节传动。

（4）连杆与凸轮传动

重复完成简单动作的搬运机器人中广泛采用连杆和凸轮机构，例如，从某位置抓取物体放到另一个位置。

连杆机构的特点是用简单的机构得到较大的位移，而凸轮机构具有设计灵活、可靠性高和形式多样等特点。外凸轮机构是最常见的机构，它借助于弹簧可得到较好的高速性能。内凸轮驱动轴时要求有一定的间隙，其高速性能劣于前者。圆柱凸轮用于驱动摆杆，而摆杆在与凸轮回转方向平行的面内摆动。

3.6.6　工业机器人的移动机构

20 世纪 60 年代以来，机械加工、弧焊、点焊、喷漆等各种类型机器人出现并在工业生产中实用化，大大提高产品的一致性和质量。然而，随着机器人的不断发展，固定在某一位置操作的机器人已经不能完全满足各方面的需要。因此，20 世纪 80 年代后期，许多国家有计划地开展移动机器人技术的研究。所谓移动机器人就是具有高度自规划、自组织、自适应能力，适合在复杂的非结构化环境中工作的机器人。机器人的移动机构主要有轮式移动机构、履带式移动机构、足式移动机构和特殊移动机构。

（1）轮式移动机构

轮式机器人是移动机器人中应用最多的一种机器人。在相对平坦的地面用轮式移动方式是相当有效的，车轮的形状或结构取决于地面的性质和车辆承载能力。在轨道上运行的多采用实心钢轮，室内路面则多采用充气轮胎。轮式移动机构根据车轮的多少分为 1 轮、2 轮、3 轮、4 轮和多轮机构。1 轮及 2 轮移动机构在应用上的障碍主要是稳定性问题，所以实际应用的轮式移动机构多采用 3 轮和 4 轮。3 轮移动机构一般是一个前轮、两个后轮，如图 23-3-26（a）所示。其中，两个后轮独立驱动，前轮是万向轮，起支撑作用，靠后轮的转速差实现转向。4 轮移动机构应用最为广泛，4 轮机构可采用不同的方式实现驱动和转向，既可以使用后轮分散驱动，也可以用连杆机构实现四轮同步转向，这种方式与仅有前轮转向的车辆相比可实现更小的转弯半径，如图 23-3-26（b）所示。

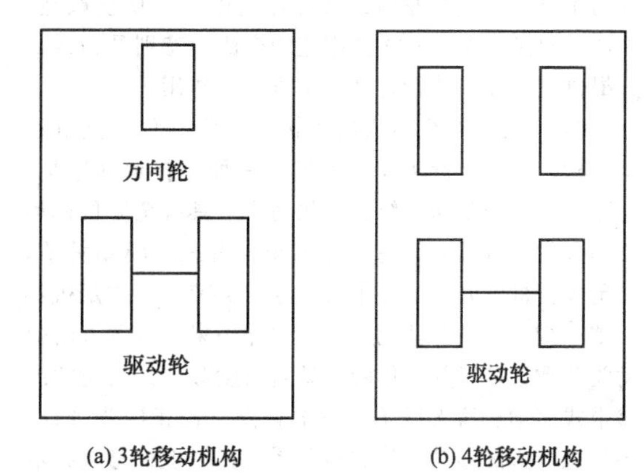

图 23-3-26　常见的轮式移动机构

（2）履带式移动机构

随着机器人技术的发展，轮式机器人能够满足某些特殊性能要求，但是，由于其结构自由度太多、控制比较复杂，受到一定限制。而履带式机器人能够很好地适应地面的变化，因此，履带式移动机器人的研究得到快速发展。履带式移动机器人具有以下特点：

① 支撑面积大，接地比压小，下陷度小，滚动阻力小，越野机动性好，适合在松软或泥泞场地作业。

② 转向半径小，可以实现原地转向。

③ 履带支撑面上有履齿，不易打滑，牵引附着性能好，有利于发挥较大的牵引力。

④ 具有良好的自复位和越障能力，带有履带臂的机器人还可以像足式机器人一样实现行走。

（3）足式移动机构

足式移动机构一般分为双足行走机器人和多足移动机器人的行走机构。

1）双足行走机器人的机构　双足行走机器人属于类人机器人，典型特点是机器人的下肢以刚性构件通过转动副连接，模仿人类的腿及髋关节、膝关节和踝关节，并以执行装置代替肌肉，实现对身体的支撑及连续的协调运动。各关节之间可以有一定角度的相对转动，与其他足式机器人相比，双足机器人有如下优点：

① 双足机器人对步行环境要求很低，能适应各种地面且具有较高的逾越障碍的能力，不仅能在平面行走，而且能够方便地上下台阶及通过不平整、不规则或较窄的路面，故其移动盲区小。

② 双足机器人具有广阔的工作空间。由于行走系统占地面积小、活动范围大，因此其配置的机械手具有更大的活动空间，也可使机械手设计较为短小紧凑。

双足机器人是生物界难度最大的步行机构，但其步行性能是其他步行机构无法比拟的。

此外，双足机器人能够在人类生活和工作环境中协同工作，不需要专门为其对环境进行大规模改造，因此，双足行走机器人应用范围广泛，特别是为残疾人提供室内和户外行走具有不可替代作用。

2）多足步行机器人的机构　作为一种多支链运动机构，多足步行机器人不仅是一种拓扑运动结构，还是一种冗余驱动系统。一般而言，具有全方位机动性的多足步行机器人每条腿上至少有三个驱动关节，四足步行机器人至少有十二个驱动关节，而六足机器人则至少有十八个驱动关节。这样一来，机器人的驱动关节数远多于其机体的运动自由度数，这是轮式或履带式移动机器人所不具备的特点。也正因为如此，多足机器人的移动机构和控制系统比一般的移动机器人要复杂得多。

（4）特殊的移动机构

1）壁面移动机构　实现机器人壁面移动的方式主要有以下几种：

① 轮驱动轨行式。移动机构用车轮夹紧在壁面轨道两侧，当驱动轮旋转时，依靠车轮与轨道之间的摩擦力实现上下移动。图23-3-27所示的这种机构实现容易、运行可靠，但对壁面有铺设导轨要求，而且移动方向受导轨限制。

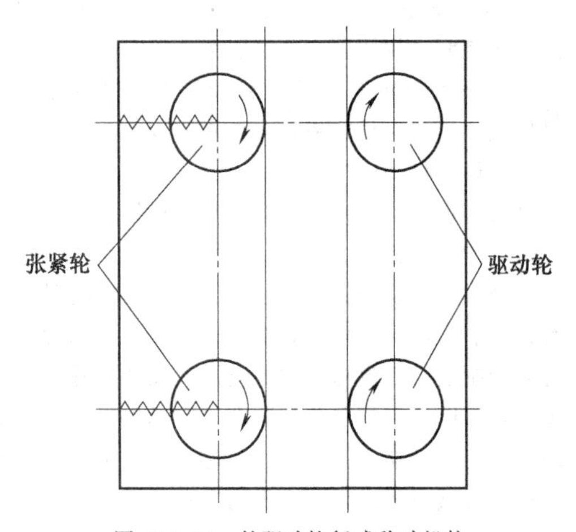

图23-3-27　轮驱动轨行式移动机构

② 索吊轨行式。为克服在壁面铺设导轨带来的不便，可考虑用张紧钢索作为导轨，如图23-3-28所示。它的主要缺点是钢索的横向刚度小，而且水平移动困难。

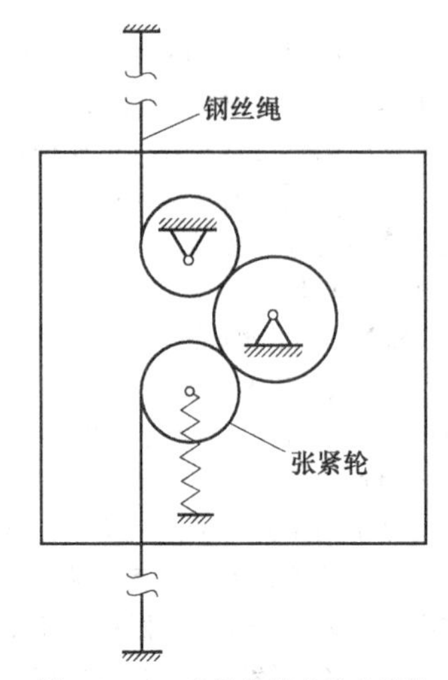

图23-3-28　索吊轨行式移动机构

③ 偏心扭摆式。机器人可采用偏心扭摆双吸盘行走机构形式，如图23-3-29（a）所示。当一个吸盘吸附时，另一个吸盘通过偏心扭摆机构扭摆一定的角度实现移动，两个吸盘交替工作达到行走目的。图23-3-29（b）所示为把其中一个吸盘扩大后得到的一种变形形式。偏心扭摆式机构的主要缺点是惯性大、行走效率低、速度慢。

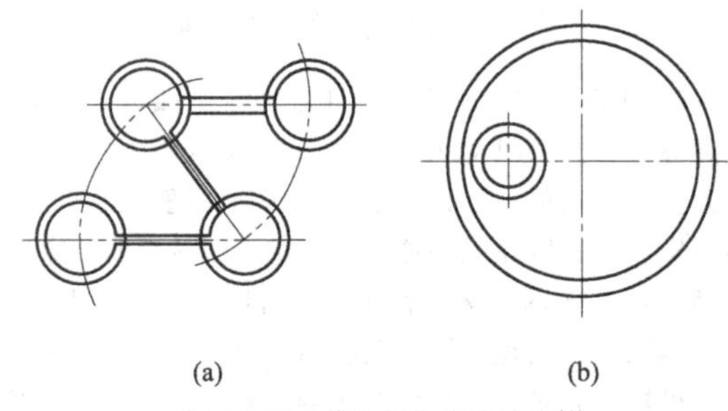

图23-3-29　偏心扭摆式移动机构

④ 车轮式。这种机构依靠排风方式使密封腔产生负压实现壁面吸附，行走功能由车轮实现，如图23-3-30所示。车轮机构可以采用普通车轮形式，也可采用全方位车轮形式。车轮式移动机构行走速度较快，但由于要保持密封腔的负压，导致跨越障碍的能力较弱。

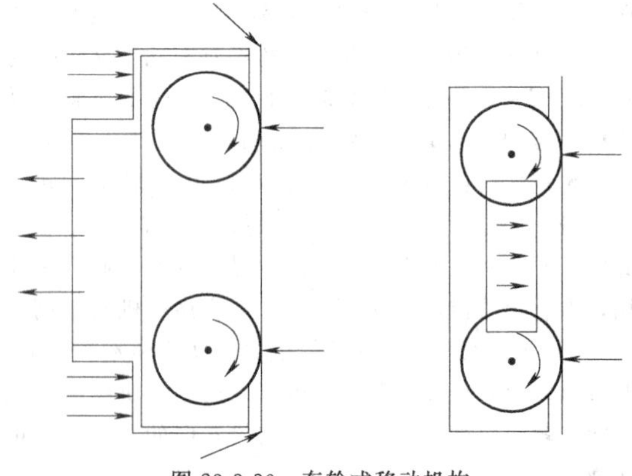
图23-3-30　车轮式移动机构

⑤ 多层框架式。在这种壁面机构中，两组吸盘用具有若干相对自由度的机构连接，当一组吸盘吸附工作时，另一组吸盘可以移动行走或转动方向。图

23-3-31（a）所示为一种可沿正交两方向行走的机构方案，图 23-3-31（b）所示为可以全方位行走的机构方案，这种机构具有较好的越障能力和承载能力，但行走速度慢。

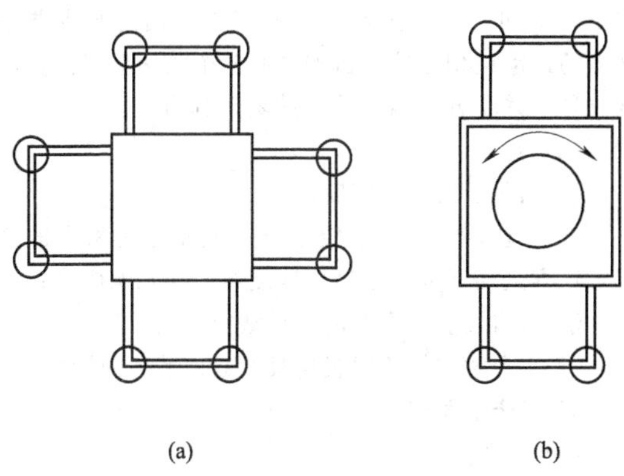

图 23-3-31　多层框架式壁面移动机构

⑥ 特种履带式。这种形式的壁面移动机器人在履带上连接有多个吸盘，如图 23-3-32 所示。与壁面接触的吸盘处于有效吸附状态，不在壁面上的吸盘处于无效吸附状态。在机构的连续移动过程中，由于要求各吸盘的吸附状态按一定的次序发生变化，因此，系统中需要有一套多通转阀形式的真空分配和控制装置，还要有防止缆管缠绕的机构，增加了复杂性。特种履带式壁面移动机构还可以采用滑移式真空分配与交换的机构形式。

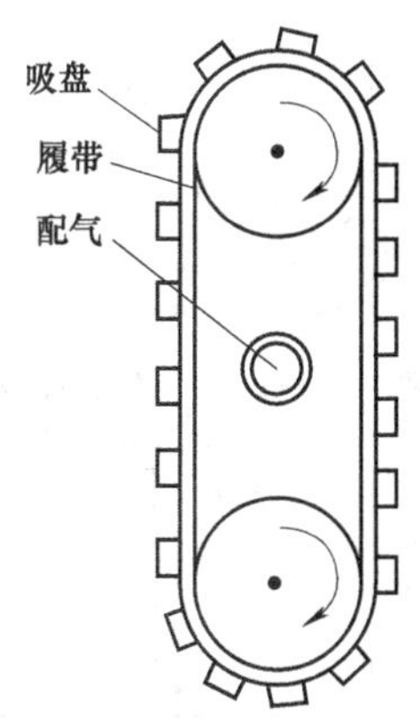

图 23-3-32　特种履带式壁面移动机构

2）管内移动机器人　管内移动机器人带着不同工具可以实现对管道的检测、维护和修补工作，以往上述工作主要由轮式和履带式移动机构来完成。这种机构在移动过程中，轮子或履带始终与管壁接触，靠驱动轮与管壁间的附着力产生驱动力。采用这种机构，在移动过程中，当需要机构输出较大牵引力时存在驱动力、正压力、摩擦力之间的矛盾，若机构输出的牵引力较小，会影响机构的性能。而管内移动机器人克服了轮式、履带式管内移动机构驱动力与驱动轮摩擦力之间的矛盾，机构的输出牵引力得到提高，适合在小口径管内行走，如图 23-3-33 所示。

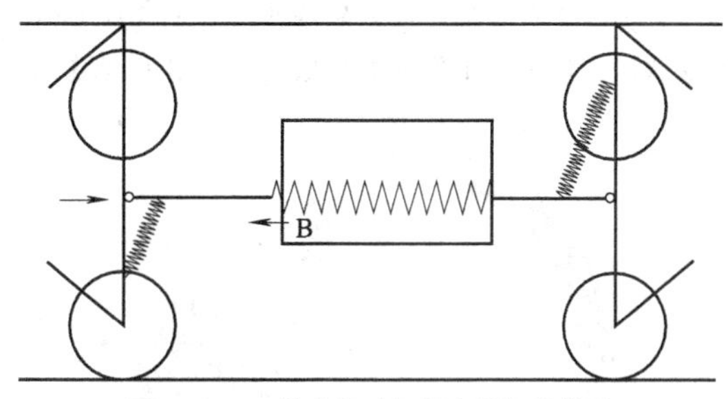

图 23-3-33　管内移动机器人的机构模型

3）蛇形移动机构　蛇形机器人本体是一种多关节串联机构，可以在各种环境中运动，并且当一端固定时可以实现操作，通过模仿生物蛇而设计的蛇形机器人本体是一种无固定基座的多关节串联机构。相比于其他类型的移动机器人，蛇形机器人具有更好的环境适应能力。当蛇形机器人一端为固定基座时，机器人的机构和功能便发生了本质的变化，此时机器人变为冗余自由度机械臂，可实现操作功能。

3.6.7　SCARA

SCARA（selective compliance assembly robot arm，中文译名：选择顺应性装配机器人手臂）是一种圆柱坐标型的特殊类型的工业机器人，如图 23-3-34 所示。

SCARA 机器人有 3 个旋转关节，其轴线相互平行，在平面内进行定位和定向。另一个关节是移动关节，用于完成末端执行器在竖直平面的运动。手腕参考点的位置是由两旋转关节的角位移 φ_1 和 φ_2 及移动关节的位移 z 决定的，即 $p=f(\varphi_1, \varphi_2, z)$。这类机器人的结构轻便、响应快，例如 Adept1 型 SCARA 机器人运动速度可达 10m/s，比一般关节式机器人快数倍。它最适用于平面定位，垂直方向进行装配的作业。

SCARA 系统在 X、Y 方向上具有顺从性，而在 Z 轴方向具有良好的刚度，此特性特别适合于装配工作，例如将一个圆头针插入一个圆孔，故 SCARA 系统首先大量用于装配印刷电路板和电子零部件；SCARA 的另一个特点是其串接的两杆结构，类似人的手臂，可以伸进有限空间中作业然后收回，适合于搬动和取放物件，如集成电路板等。

如今 SCARA 机器人还广泛用于塑料工业、汽车工业、电子产品工业、药品工业和食品工业等领域，它的主要职能是搬取零件和装配工作。它的第一和第二个轴具有转动特性，第三和第四个轴可以根据工作需要，制造成多种不同的形态，并且一个具有转动的特性，另一个具有线性移动的特性。由于其具有特定的形状，决定了其工作范围类似于一个扇形区域。

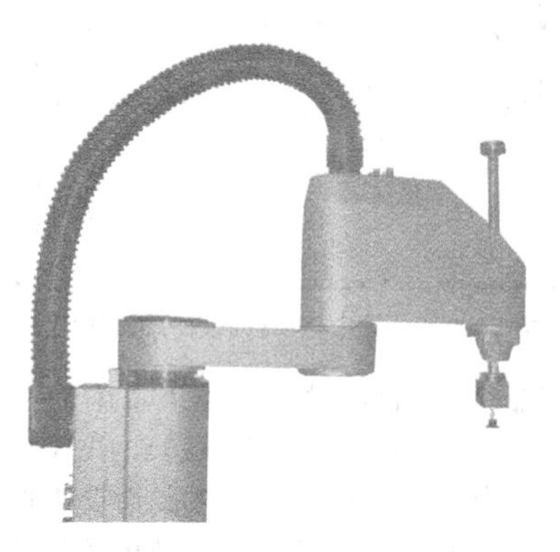

图 23-3-34　SCARA 机器人

3.6.8　并联机器人

（1）定义

并联机器人（英文名为 parallel mechanism，简称 PM)，可以定义为动平台和定平台通过至少两个独立的运动链相连接，机构具有两个或两个以上自由度，且以并联方式驱动的一种闭环机构。

（2）特点

① 无累积误差，精度较高；

② 驱动装置可置于定平台上或接近定平台的位置，这样运动部分重量轻、速度高、动态响应好；

③ 结构紧凑，刚度高，承载能力大；

④ 完全对称的并联机构具有较好的各向同性；

⑤ 工作空间较小。

（3）分类

具体如表 23-3-8 所示。

表 23-3-8　并联机器人分类

自由度	图例	特点	应用
二自由度		二自由度并联机构的自由度最少，分为平面结构和球面结构两大类，主要适用于平面或球面定位，应用领域大	二自由度并联机构机器人目前已规模化应用在电子、医药、食品等工业领域中，为包装、移载等物流环节提供了高效、高质的保障
三自由度		三自由度并联机构种类较多，形式较复杂，一般有以下形式：平面三自由度并联机构，如 3-RRR 机构，它们具有 2 个移动和一个转动；球面三自由度并联机构，如 3-UPS-1-S 球面机构，该类机构的运动学正反解都很简单，是一种应用很广泛的三维移动空间机构	Delta 并联机器人，这类机构属于欠秩机构，在工作空间内不同的点其运动形式不同是其最显著的特点
四自由度		四自由度并联机构大多不是完全并联机构，不过可以扩大应用范围，在三自由度并联机构的基础上增加一个转动自由度，形成四自由度并联机器人	四自由度并联机器人，可以实现 3T1R 四个自由度的运动，其主要特点为两条相同支链通过从动转动副连接到动平台上，且每条支链有两个相同分支，通过安装在基座上的移动副作为驱动

续表

自由度	图例	特点	应用
五自由度	1—电主轴；2—三维力传感器；3—直线电动机；4—动平台	国际上一直认为不存在完全对称五自由度并联机器人机构。不过，非对称五自由度并联机器人机构比较容易综合	Lee 和 Park 在 1999 年提出一种结构复杂的双层五自由度并联机构；Jin 等在 2001 年综合出具有三个移动自由度和两个转动自由度的非对称五自由度并联机构；高峰等在 2002 年通过给六自由度并联机构添加一个五自由度约束分支的方法，综合出两种五自由度并联机构
六自由度		六自由度并联机构是并联机器人机构中的一大类，是国内外学者研究得最多的并联机构，广泛应用在飞行模拟器、6 维力与力矩传感器和并联机床等领域。但这类机构有很多关键性技术没有或未完全得到解决，比如其运动学正解、动力学模型的建立以及并联机床的精度标定等	1991 年，黄真教授研制出六自由度并联机器人样机；1999 年，高峰等提出了一种正交式的六自由度并联机构，并将其用作虚轴机床

3.6.9　AGV

(1) 定义

无人搬运车（automated guided vehicle，简称 AGV），指装备有电磁或光学等自动导引装置，能够沿规定的导引路径行驶，具有安全保护以及各种移载功能，以可充电的蓄电池作为动力来源且工业应用中不需要驾驶员的搬运车。一般可通过电脑来控制其行进路线以及行为，或利用电磁轨道来提前规划其行进路线。电磁轨道粘贴于地板上，无人搬运车则依循电磁轨道所带来的信息进行移动与动作。

(2) 优点

① 自动化程度高。

② 充电自动化。

③ 美观，提高观赏度，从而提高企业的形象。

④ 方便，减少占地面积；生产车间的 AGV 小车可以在各个车间穿梭往返。

(3) 结构设计

1) 车体　包括底盘、车架、壳体、控制室和相应的机械电气结构，如减速箱、电动机、车轮等，是 AGV 的基础部分。车架常用钢构件焊接而成，重心越低越有利于抗倾翻。

2) 车架　车架是整个 AGV 小车的机体部分，主要用于安装轮子、光感应器、伺服电机和减速器。车架上面安装伺服电机驱动器、PCD 板和电瓶。对于车架的设计，要有足够的强度和硬度要求，故车架材料选用铸造铝合金，牌号为 6061。6061 质量比较轻，焊接性好。

3) 车轮　车轮采用实心橡胶轮胎。车体后面两主动轮为固定式驱动轮，与轮毂式电机相连；前面两个随动轮为旋转式随动轮，起支承和平衡小车的作用。

4) 载荷传送装置　AGV 的载荷传送装置为一平

板，其作用为运输箱体类零件到指定工位，主要用来装载箱体类零件、运送物料等。

5）驱动装置　驱动AGV运行并具有速度控制和制动能力的子系统，主要包括电机、减速器、驱动器、控制与驱动电路等。驱动系统一般分为闭环方式与开环方式，前者以伺服直流电机为主，后者以步进电机为主。

6）动力系统　蓄电池是目前AGV使用的唯一电源，用来驱动车体、车上附属装置，如控制、通信、安全等。

（4）AGV常见分类

表23-3-9　　AGV常见分类

按引导方式分类	按驱动方式分类	按移栽方式分类
电磁自动引导车 磁带自动引导车 坐标自动引导车 光学自动引导车 激光自动引导车 惯性自动引导车 视觉自动引导车 GPS自动引导车 复合引导自动引导车	单轮驱动自动引导车 双轮驱动自动引导车 多轮驱动自动引导车	搬运型自动引导车 装配型自动引导车 牵引式自动引导车

1）搬运型自动引导车（transfering AGV）　完全承载处理对象的重量，人工或自动进行物料移栽。在自动进行物料移栽时，应具备自动移栽装置。一般有叉式、辊道输送式、皮带输送式、链输送式、推挽输送式等。

2）装配型自动引导车（assembling AGV）　用于装配线上，结合装配工艺，实现工件的移动、定位等操作要求。此类自动引导车一般应具备工装、夹具等工位器具。

3）牵引式自动引导车（towing AGV）　不承载或不完全承载处理对象的重量，只为处理对象提供牵引力。与处理对象的连接或分离可采用人工和自动两种方式，一般有拖曳式、潜入式。

（5）典型的轮式AGV行走机构

早期AGV小车自动运行时只能单向行驶，因而适用环境有一定的局限性。为了满足工业生产的要求，国外已有在自动运行时能前进和后退，甚至全方位行驶、前进、后退、侧向和旋转的AGV产品，这些成就归功于行走机构的进步。典型机构见表23-3-10。

表23-3-10　　典型的轮式AGV行走机构

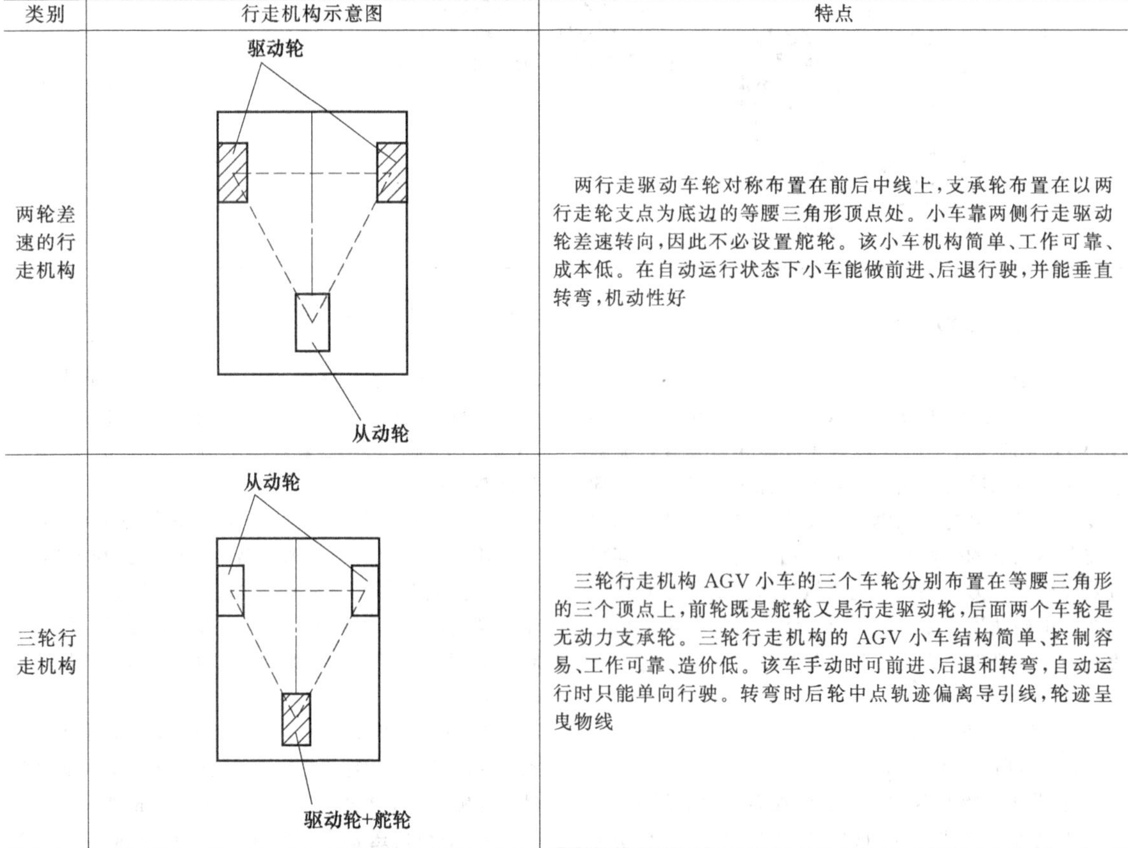

类别	行走机构示意图	特点
两轮差速的行走机构	驱动轮 从动轮	两行走驱动车轮对称布置在前后中线上，支承轮布置在以两行走轮支点为底边的等腰三角形顶点处。小车靠两侧行走驱动轮差速转向，因此不必设置舵轮。该小车机构简单、工作可靠、成本低。在自动运行状态下小车能做前进、后退行驶，并能垂直转弯，机动性好
三轮行走机构	从动轮 驱动轮+舵轮	三轮行走机构AGV小车的三个车轮分别布置在等腰三角形的三个顶点上，前轮既是舵轮又是行走驱动轮，后面两个车轮是无动力支承轮。三轮行走机构的AGV小车结构简单、控制容易、工作可靠、造价低。该车手动时可前进、后退和转弯，自动运行时只能单向行驶。转弯时后轮中点轨迹偏离导引线，轮迹呈曳物线

续表

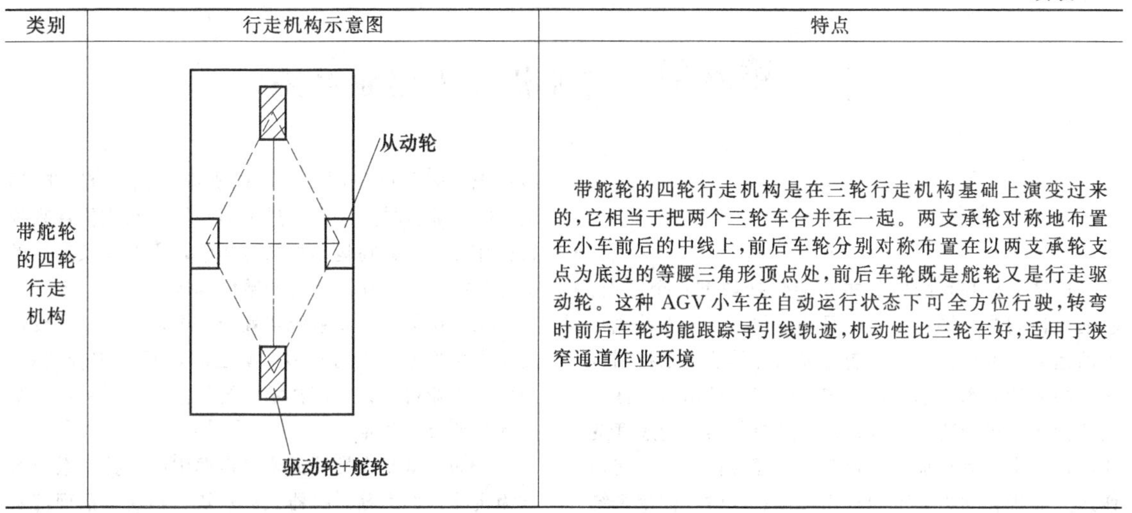

类别	行走机构示意图	特点
带舵轮的四轮行走机构	从动轮 驱动轮+舵轮	带舵轮的四轮行走机构是在三轮行走机构基础上演变过来的，它相当于把两个三轮车合并在一起。两支承轮对称地布置在小车前后的中线上，前后车轮分别对称布置在以两支承轮支点为底边的等腰三角形顶点处，前后车轮既是舵轮又是行走驱动轮。这种 AGV 小车在自动运行状态下可全方位行驶，转弯时前后车轮均能跟踪导引线轨迹，机动性比三轮车好，适用于狭窄通道作业环境

除了上述典型的 AGV 行走机构，近年来国内外公司不断研究出新的行走机构。其中最有代表性的属瑞典麦卡纳姆公司的行走机构。该行走机构设计新颖、机构紧凑，四个驱动车轮以铰接形式分别布置在底盘的四个角上。运行时分别控制四个车轮的转向和转速，利用速度矢量合成原理实现驾驶。后来，日本三井公司与麦卡纳姆公司合作，在原基础上做了改进，推出了三井麦卡纳姆车轮系统，其性能比原来又有所提高，这种 AGV 小车可实现全方位行驶。

3.7　刚度、强度计算及误差分配

3.7.1　机器人刚度计算

机器人刚度指机器人在外力的作用下抵抗变形的能力，既包括臂部的刚度，又包括关节刚度和传动刚度。

就手臂而言，由于结构上多采用悬臂梁，故刚度很差。为此，应尽可能选用封闭型空心截面等抗弯、抗扭刚度较高的截面形状来设计手臂，以提高支承刚度，减小支承间的距离，合理布置作用力的位置和方向，这样可减少变形。

对于有两处支承的臂杆可简化成图 23-3-35 所示的双支点悬臂梁，若设外力合力 F 作用在 C 点处，臂杆将产生弯曲变形，则臂端 D 处的最大挠度 $y_{\max}$ 和 C 处截面的转角 θ_c 分别为

$$y_{\max}=\frac{Fb^2}{3EI}(a+b)-(l-b)\tan\theta_c$$

$$\theta_c=\frac{Fb}{6EI}(2a+3b)$$

式中　E——臂杆材料的弹性模量；

I——臂杆截面惯性矩。

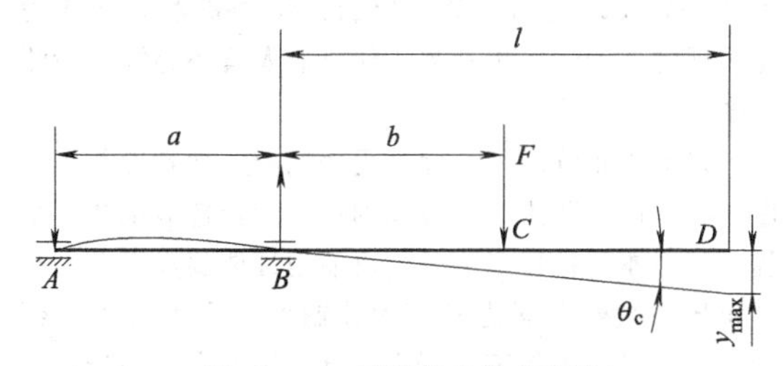

图 23-3-35　手臂端点的变形图

3.7.2　机器人本体强度计算

机器人本体的强度计算可按材料力学和机械设计中的公式进行，根据负载情况，一般按许用弯曲应力方法计算。对于负载很小的机器人，强度计算不是主要问题。

3.7.3　机器人本体连杆参数误差分配

精度是机器人的主要性能指标之一。由加工和装配等引起的误差对机器人的精度有较大的影响。通过选择合理的连杆参数公差和关节变量公差，可以使所产生的手部绝对位姿误差和重复位姿误差满足相应的精度要求。一般采用优化方法，如以公差成本为目标函数求最小，确定最优连杆参数公差及关节变量公差。

优化结果表明，对设计精度期望值（绝对位置精度和重复精度）不同及满足这一精度要求的概率水平不同，连杆参数和关节变量公差的最优值也不同，可以根据情况选择。此外，分析表明，批量生产的连杆参数公差值可比单件生产时放宽一些，连杆长度相等的杆件，其公差值不一定一样。

第 4 章　工业机器人控制系统

4.1　概述

机器人控制系统的基本功能包括如下几个方面：①通过控制执行器经过的路径和点位来控制末端执行器的运动位置；②通过控制相邻构件的位置来控制机械臂的运动姿态；③通过一定时间规律控制执行器运动位置实现运动速度控制；④通过执行器运动速度变化的控制实现运动加速度控制；⑤通过控制对象施加作用力实现各动力关节的输出转矩；同时，控制系统可以实现人机交互功能，机器人可以通过记忆和过程重现来完成既定的任务。控制系统为机器人配备力觉、视觉、触觉等传感器，使机器人具备感觉和检测外部环境的功能。

机器人系统的核心部件是控制器，随着近些年微电子技术的不断进步，我国的微处理器性能也在不断提升，成本价格逐步降低，可使用性能逐步提升。高性价比的微处理器为机器人控制器的发展带来了便利。为了进一步保证机器人控制系统的存储和计算能力，目前较多采用的是具有强计算能力的 Intel 系列、PowerPC 系列、DSP 系列及 ARM 系列芯片。同时也设计了最新的接口设备，缩小了系统的尺寸，很多运动控制器以 DSP 为核心技术，采用开放式结构。

在研究控制系统体系结构时，应关注的是系统功能之间信息交换和系统功能的划分问题。当前较为普遍使用的主要为两种结构，其一是基于功能划分的结构，将软硬件考虑在一起，也是机器人控制器未来发展的主方向；其二是基于硬件层次划分的结构，这一类型具有结构简单的特点。

工业机器人是工业技术进步的产物，它是一种智能化、自动化机器装备，能够独立制定工艺操作和指令任务，可以有效提高生产效率和水平。工业机器人在人的操纵下，可以执行预先设置好的工作程序，以实现人的操控目标。目前，在工业生产领域中，工业机器人得到了广泛应用，在汽车生产、电子信息、航空航天、生物医药等领域，都有工业机器人的影子。工业机器人控制系统是在传统操控技术基础上演变而来的，二者之间存在诸多共性，但是工业机器人控制系统也有其独特的特点，主要包括以下几个方面：①工业机器人本体设置了多个关节，一般有 5～6 个活动关节，每个关节对应一个伺服操控系统，不同伺服系统之间可以协同工作，以支配不同关节同时运动。②工业机器人主要通过手部空间运动或位移来执行操作任务。③在运动控制过程中，主要涉及复杂的坐标切换计算，还有矩阵函数换算等。

工业机器人控制系统依赖于多个多变量、非线性复杂数学模型，不同模型变量之间还具有耦合关系。因此，工业机器人控制技术主要包括反馈、补偿、解耦和自调节等技术。

正如大脑是人类的灵魂和指挥中心，控制系统可称为机器人的大脑。机器人的感知、判断、推理都是通过控制系统的输入、运算、输出来完成的，所有行为和动作都必须通过控制系统发出相应的指令来实现。工业机器人要与外围设备协调动作，共同完成作业任务，就必须具备一个功能完善、灵敏可靠的控制器。工业机器人的控制系统可分为两大部分：一部分是对其自身运动的控制；另一部分是工业机器人与周边设备的协调控制。

4.1.1　工业机器人控制系统的特点

工业机器人的结构是一个空间开链机构，各个关节的运动是独立的。为了实现末端点的运动轨迹，需要各关节的协调运动，因此工业机器人的控制比较复杂，具体有：

① 控制与机构运动学及动力学密切相关；

② 一般至少要有 3～5 个自由度；

③ 机器人控制系统必须是一个计算机控制系统，才能将多个独立的伺服系统协调控制；

④ 仅仅利用位置闭环是不够的，还需要利用速度甚至加速度闭环，系统经常使用重力补偿、前馈、解耦或自适应控制等方法；

⑤ 机器人的动作往往可以通过不同的方式和路径来完成，存在“最优”的问题。

总之，机器人控制系统是一个与运动学和动力学原理相关、有耦合、非线性的多变量控制系统。

4.1.2　工业机器人控制系统的主要功能

工业机器人控制系统的任务是控制工业机器人在工作空间中的运动位置、姿态和轨迹、操作顺序及动作的时间等项目，主要功能有示教再现功能和运动控制功能。

示教再现控制的主要内容包括示教及记忆方式和

示教编程方式。其中，示教的方式种类较多，集中示教方式就是指同时对位置、速度、操作顺序等进行示教的方式，分离示教是指在示教位置之后，再一边动作，一边分辨示教位置、速度、操作顺序等的示教方式。采用半导体记忆装置的工业机器人，可使记忆容量大大增加，特别适用于复杂程度高的操作过程的记忆，并且记忆容量可达无限。

工业机器人的运动控制是指工业机器人的末端执行器从一点移动到另一点的过程中，对其位置、速度和加速度的控制，一般通过控制关节运动来实现。关节运动控制一般分两步进行：第一步是关节运动伺服指令的完成，即将末端执行器在工作空间的位置和姿态的运动转化为由关节变量表示的时间序列，或表示为关节变量随时间变化的函数；第二步是关节运动的伺服控制，即跟踪执行第一步所生成的关节变量伺服指令。

4.1.3　工业机器人的控制方式

工业机器人的控制方式根据作业任务不同，可分为点位控制方式（PTP）、连续轨迹控制方式（CP）、力（力矩）控制方式和智能控制。

① 点位控制是指控制工业机器人末端执行器在作业空间中某些规定离散点上的位姿。控制时只要求工业机器人快速、准确地实现相邻各点之间的运动，而对达到目标点的运动轨迹则不做任何规定，主要技术指标是定位精度和运动时间。这种控制方式易于实现，但精度不高，一般用于上下料、搬运等只要求目标点位姿准确的作业中。

② 连续轨迹控制是连续地控制工业机器人末端执行器在作业空间中的位姿，要求其严格按照预定的轨迹和速度在一定的精度要求内运动，且速度可控，轨迹光滑运动平稳，主要技术指标是末端执行器位姿的轨迹跟踪精度及平稳性。

③ 力（力矩）控制适用于在完成装配等工作时，除要求定位准确，还要求有适度力（力矩）进行工作，这种控制方式的控制原理基本类似于伺服控制原理，只是输入量、反馈量是力（力矩）信号。

④ 智能控制是通过传感器获得周围环境的知识，并根据自身的知识库作出相应决策，具有较强的环境适应性和自学习能力，智能控制技术涉及人工神经网络、基因算法、遗传算法、专家系统等人工智能。

4.1.4　工业机器人控制系统达到的功能

机器人控制系统是机器人的重要组成部分，用于对操作机进行控制以完成特定的工作任务，其基本功能如下：

① 记忆功能：存储作业顺序、运动路径、运动方式、运动速度和与生产工艺有关的信息。

② 示教功能：离线编程，在线示教，间接示教。在线示教包括示教盒和导引示教两种。

③ 与外围设备联系功能：输入和输出接口、通信接口、网络接口、同步接口。

④ 坐标设置功能：有关节、绝对、工具、用户自定义四种坐标系。

⑤ 人机接口：示教盒、操作面板、显示屏。

4.1.5　工业机器人控制系统的特点

（1）工业机器人控制系统的主要特点

① 工业机器人有若干个关节，典型工业机器人有 5～6 个关节，每个关节由一个伺服系统控制，多个关节的运动要求各个伺服系统协同工作。

② 工业机器人的工作任务是要求操作机的手部进行空间点位运动或连续轨迹运动，对工业机器人的运动控制，需要进行复杂的坐标变换运算以及矩阵函数的逆运算。

③ 工业机器人的数学模型是一个多变量、非线性和变参数的复杂模型，各变量之间还存在着耦合，因此工业机器人的控制中经常使用前馈、补偿、解耦和自适应等复杂控制技术。

④ 较高级的工业机器人要求对环境条件、控制指令进行测定和分析，采用计算机建立庞大的信息库，用人工智能的方法进行控制、决策、管理和操作，按照给定的要求自动选择最佳控制规律。

（2）工业机器人控制系统基本要求

① 实现对工业机器人的位置、速度、加速度等控制功能，对于连续轨迹运动的工业机器人还必须具有轨迹的规划与控制功能。

② 方便的人机交互功能，操作人员采用直接指令代码对工业机器人进行作用指示，使工业机器人具有作业知识的记忆、修正和工作程序的跳转功能。

③ 具有对外部环境（包括作业条件）的检测和感觉功能。为使工业机器人具有对外部状态变化的适应能力，工业机器人应有能对诸如视觉、力觉、触觉等有关信息进行测量、识别、判断、理解等功能。在自动化生产线中，工业机器人应有与其他设备交换信息、协调工作的能力。

4.2　工业机器人先进控制技术和方法

工业机器人是一个十分复杂的多输入多输出非线性系统，它具有时变、强耦合和非线性的动力学特征，因而带来了控制的复杂性。由于测量和建模的不精确，再加上负载的变化以及外部扰动等不确定因素的影响，难以建立工业机器人精确、完整的运动模型，并且在高速运动的情况下，机器人的非线性动力学效应十分显著，因而传统的独立伺服 PID 控制算法在高速和有效载荷变化的情况下难以满足性能要求，实际的工业机器人系统又存在参数不确定性、非参数不确定性和作业环境的干扰，因此，具有鲁棒性的先进控制技术成为实现工业机器人高速高精度控制的主要方法。目前，应用于工业机器人的控制方法有自适应控制、变结构控制及现代鲁棒控制等。

4.2.1　自适应控制

自适应控制的方法就是在运行过程中不断测量受控对象的特性，根据测得的特征信息使控制系统按最新的特性实现闭环最优控制，使整个系统始终获得满意的控制性能，如图 23-4-1 所示。自适应控制能认识环境的变化，并自动改变控制器的参数和结构，自动调整控制作用，以保证系统达到满意的控制品质。自适应控制不是一般的系统状态反馈或系统输出反馈控制，而是一种比较复杂的反馈控制，自适应控制实时性要求严格，实现比较复杂，并且参数突变经常会破坏总体系统的稳定性；参数的收敛特性通常需要足够的持续激励条件，而该条件实际上又难以满足，因此通常结合其他算法使用，即鲁棒自适应控制方法，应用修正的自适应律使得系统对非参数不确定性也具有一定的鲁棒性。如图 23-4-2 所示。

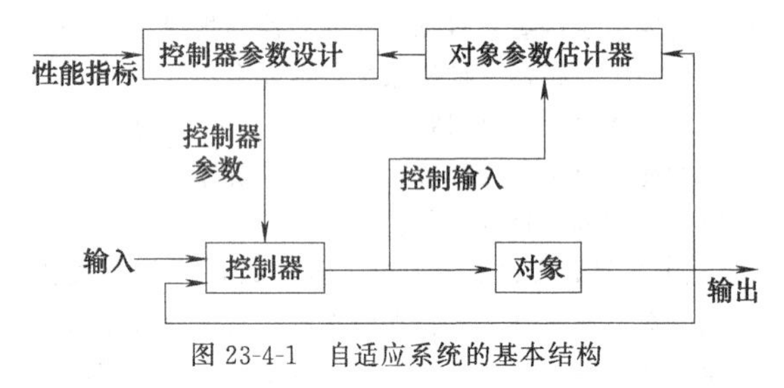

图 23-4-1　自适应系统的基本结构

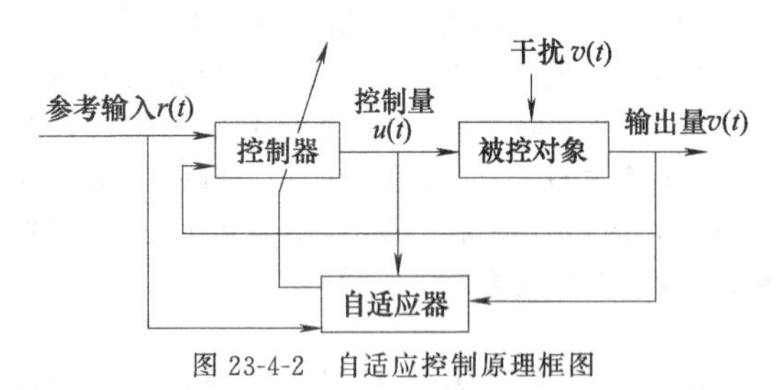

图 23-4-2　自适应控制原理框图

4.2.2　滑模变结构控制

滑模变结构控制是一种特殊的非线性控制方法，通过控制量的不断切换迫使系统状态沿着滑模面滑动，从而保证系统对参数扰动和外界干扰具有完全的自适应性或不变性。变结构控制方法对于系统参数的时变规律、非线性程度以及外界干扰等不需要精确的数学模型，只要知道它们的变化范围，就能对系统进行精确的轨迹跟踪控制。变结构控制方法设计过程本身就是解耦过程，因此在多输入多输出系统中，多个控制器设计可按各自独立系统进行，其参数选择也不是十分严格。滑模变结构控制系统快速性好、无超调、计算量小、实时性强。变结构控制本身的不连续性以及控制器频繁地切换动作有可能造成跟踪误差在零点附近产生抖动现象，而不能收敛于零，这种抖动轻则会引起执行部件的机械磨损，重则会激励未建模的高频动态响应，特别是考虑到连杆柔性的时候，容易使控制失效。

4.2.3　鲁棒控制

鲁棒控制是一种结构和参数都固定不变的控制器。在被控对象具有不确定性的情况下，仍能保证系统的渐近稳定性并达到满意的控制效果，具有处理扰动、快变参数和未建模动态的能力，并且设计简单，是一种固定控制，比较容易实现。一般鲁棒控制系统的设计是以一些最差的情况为基础，因为一般系统并不工作在最优状态。鲁棒自适应控制对控制器实时性能要求比较严格。鲁棒控制还具有处理多变量问题的能力。

4.2.4　智能控制

分层递阶的智能控制结构由上向下分为 3 个层级，即组织级、协调级和执行级。其控制精度由下往上逐级递减，智能程度由下往上逐级增加。根据机器人的任务分解，在面向设备的执行级可以采用常规的自动控制技术，如 PID 控制、前馈控制等。在协调级和组织级，由于存在不确定性，控制模型往往无法建立或建立的模型不够精确，无法取得良好的控制效果。因此，需要采用智能控制方法，如模糊控制、神经网络控制（图 23-4-3）、专家控制以及集成智能控制。

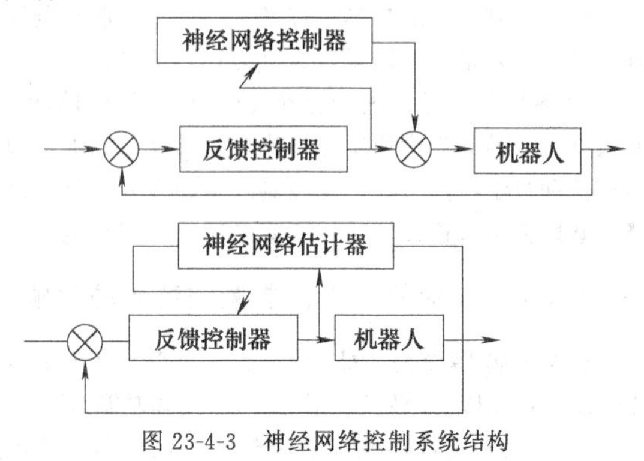

图 23-4-3　神经网络控制系统结构

4.3　机器人控制系统分类

机器人控制系统是机器人的大脑，是决定机器人功能和性能的主要因素。

工业机器人控制技术的主要任务就是控制工业机器人在工作空间中的运动位置、姿态和轨迹、操作顺序及动作的时间等。具有编程简单、软件菜单操作、友好的人机交互界面、在线操作提示和使用方便等特点。

关键技术包括：

① 开放性模块化的控制系统体系结构。采用分布式 CPU 计算机结构，分为机器人控制器（RC），运动控制器（MC），光电隔离 I/O 控制板、传感器处理板和编程示教盒等。机器人控制器（RC）和编程示教盒通过串口/CAN 总线进行通信。机器人控制器（RC）的主计算机完成机器人的运动规划、插补和位置伺服以及主控逻辑、数字 I/O、传感器处理等功能，而编程示教盒完成信息的显示和按键的输入。

② 模块化层次化的控制器软件系统。软件系统建立在基于开源的实时多任务操作系统 Linux 上，采用分层和模块化结构设计，以实现软件系统的开放性。整个控制器软件系统分为三个层次：硬件驱动层、核心层和应用层。三个层次分别面对不同的功能需求，对应不同层次的开发，系统中各个层次内部由若干个功能相对独立的模块组成，这些功能模块相互协作共同实现该层次所提供的功能。

③ 机器人的故障诊断与安全维护技术。通过各种信息对机器人故障进行诊断，并进行相应维护，是保证机器人安全性的关键技术。

④ 网络化机器人控制器技术。当前机器人的应用工程由单台机器人工作站向机器人生产线发展，机器人控制器的联网技术变得越来越重要。控制器上具有串口、现场总线及以太网的联网功能，可用于机器人控制器之间和机器人控制器同上位机的通信，便于对机器人生产线进行监控、诊断和管理。

控制系统的形式将直接决定系统最后的实现样式。对于机器人控制系统，可归纳为两种形式：集中式控制系统和分布式控制系统。

4.3.1　集中式控制系统 CCS

集中式控制系统（Centralized Control System，CCS）是利用一台微型计算机实现系统的全部控制功能，在早期的机器人中常采用这种结构。基于 PC 的集中控制系统里，充分利用了 PC 资源开放性的特点，可以实现很好的开放性——多种控制卡、传感器设备等都可以通过标准 PCI 插槽或标准串口、并口集成到控制系统中，图 23-4-4 是多关节机器人集中式结构的示意图。

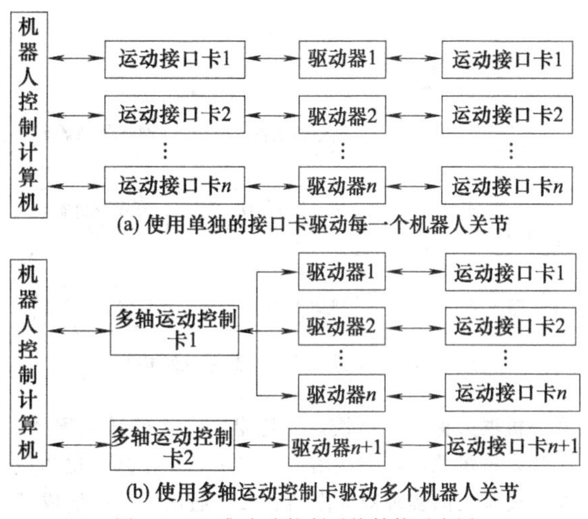

图 23-4-4　集中式控制系统结构示意图

集中式控制系统的优点是：硬件成本较低，便于信息的采集和分析，易于实现系统的最优控制，整体性与协调性较好，基 PC 的系统硬件扩展较为方便。其缺点也显而易见：系统控制缺乏灵活性，控制危险容易集中，一旦出现故障，其影响面广，后果严重；由于工业机器人的实时性要求很高，当系统进行大量数据计算，会降低系统实时性，系统对多任务的响应能力也会与系统的实时性相冲突；此外，系统连线复杂，会降低系统的可靠性。

4.3.2　分布式控制系统 DCS

分布式控制系统（Distributed Control System，DCS）的主要思想是“分散控制，集中管理”，即系统对其总体目标和任务可以进行综合协调和分配，并通过子系统的协调工作来完成控制任务。整个系统在功能、逻辑和物理等方面都是分散的，所以 DCS 系统又称为集散控制系统或分散控制系统。这种结构中，子系统是由控制器和不同被控对象或设备构成的，各个子系统之间通过网络等相互通信。分布式控制结构提供了一个开放、实时、精确的机器人控制系统。分布式系统中常采用两级控制方式，如图 23-4-5 所示。

两级分布式控制系统，通常由上位机、下位机和网络组成。上位机可以进行不同的轨迹规划和控制算法，下位机进行插补细分、控制优化等的研究和实现。上位机和下位机通过通信总线相互协调工作，这里的通信总线可以是 RS-232、RS-485、EEE-488 以及 USB 总线等。现在，以太网和现场总线技术的发

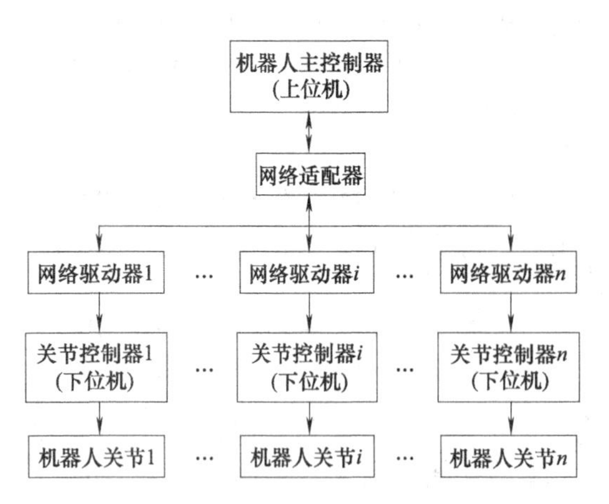

图 23-4-5　机器人分布控制系统结构图

展为机器人提供了更快速、稳定、有效的通信服务，尤其是现场总线，它应用于生产现场，在微机化测量控制设备之间实现双向多结点数字通信，从而形成了新型的网络集成式全分布控制系统——现场总线控制系统 FCS（fieldbus control system)。在工厂生产网络中，将可以通过现场总线连接的设备统称为“现场设备/仪表”。从系统论的角度来说，工业机器人作为工厂的生产设备之一，也可以归纳为现场设备。在机器人系统中引入现场总线技术后，更有利于机器人在工业生产环境中的集成。

分布式控制系统的优点在于：系统灵活性好，控制系统的危险性降低，采用多处理器的分散控制，有利于系统功能的并行执行，提高系统的处理效率，缩短响应时间。对于具有多自由度的工业机器人而言，集中控制对各个控制轴之间的耦合关系处理得很好，可以很简单地进行补偿。但是，当轴的数量增加到使控制算法变得很复杂时，其控制性能会恶化，甚至可能会导致系统的重新设计。与之相比，分布式结构的每一个运动轴都由一个控制器处理，这意味着系统有较少的轴间耦合和较高的系统重构性。

分布式控制结构具有松耦合、灵活性好、执行效率高等特点。开放性是机器人发展的必然趋势，但是其体系结构的研究还不成熟，研究空间很大；嵌入式技术的迅速发展为开放性提供了良好的技术支持。选择合适的体系结构形式和控制形式可以保证机器人控制系统设计的合理性，提高开发速度和系统的适用性、开放性。

4.4　机器人控制系统设计

机器人控制系统技术特点包含以下几点：

① 技术先进。工业机器人集精密化、柔性化、智能化、软件应用开发等先进制造技术于一体，通过对过程实施检测、控制、优化、调度、管理和决策，实现增加产量、提高质量、降低成本、减少资源消耗和环境污染，是工业自动化水平的最高体现。

② 技术升级。工业机器人与自动化成套装备具有精细制造、精细加工以及柔性生产等技术特点，是继动力机械、计算机之后出现的全面延伸人的体力和智力的新一代生产工具，是实现生产数字化、自动化、网络化以及智能化的重要手段。

③ 应用领域广泛。工业机器人与自动化成套装备是生产过程的关键设备，可用于制造、安装、检测、物流等生产环节，并广泛应用于汽车整车及汽车零部件、工程机械、轨道交通、低压电器、电力、IC 装备、军工、烟草、金融、医药、冶金及印刷出版等众多行业，应用领域非常广泛。

④ 技术综合性强。工业机器人与自动化成套技术集中并融合了多项学科，涉及多项技术领域，包括工业机器人控制技术、机器人动力学及仿真、机器人构件有限元分析、激光加工技术、模块化程序设计、智能测量、建模加工一体化、工厂自动化以及精细物流等先进制造技术，技术综合性强。

机器人在工业生产中主要被用于点焊、弧焊、喷漆和搬运，对于这类作业机器人一般选择五关节结构就足以满足要求。这类机器人本体结构示意图如图 23-4-6 所示。其中腰、肩以及肘关节用于确定机器人点、位置，腕俯仰、回转关节用于确定腕部的姿态，因此，以往的集中控制和混合控制很难满足要求，取而代之的是主从式控制和分布式控制结构。但现代机器人控制系统中几乎无例外地采用分布式结构。下面分别讨论系统结构、主从机通信、关节伺服、示教盒以及机器人控制系统设计中不可忽视的故障检测和安全保护等问题。

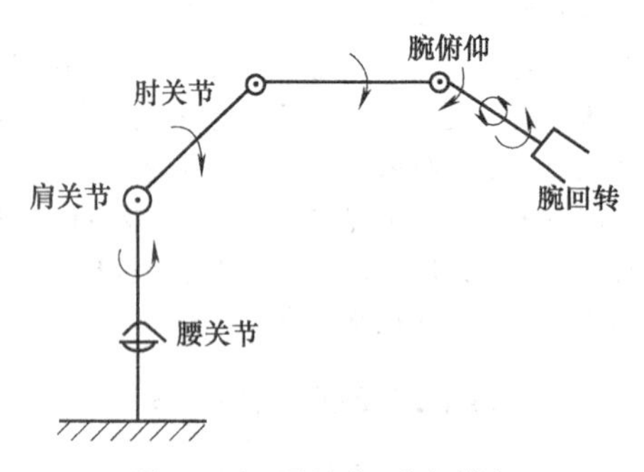

图 23-4-6　通用型工业机器人

4.4.1　控制系统结构

分布式控制系统 DCS 有上、下位机二级结构。

上位机（主机）采用工业 PC 机，在控制系统中主要负责整个系统管理、坐标变换、轨迹插补运算、各从机之间协调及故障检测。下位机（从机）由六片 8031 单片机组成，其中五片用于五个关节电动机伺服控制，每个微处理器控制一个关节运动，它们并行地完成控制任务，因而提高了工作速度和处理能力；另外一片用于示教盒控制，与主机采用串行通信。这种控制系统组成如图 23-4-7 所示。

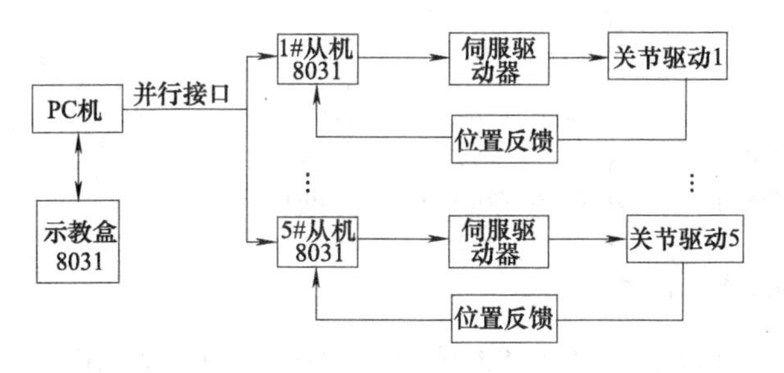

图 23-4-7 分布式控制系统

由五片单片机组成的五个关节控制系统的全部 PC 机 62 总线被设计成标准化选件板，它们和主机组成一个机器人弱电控制系统，而五关节的电动机伺服单元和强电控制线路安装在一起组成强电控制柜。机器人的各控制选件插板通过数据线和强电控制柜与机器人本体相连。此系统结构紧凑，特别是对机器人本体设计进行更改时，可以很方便地适应这种需要，所以其控制系统具有较强的灵活性和通用性。

4.4.2 下位机控制系统的设计

从控制系统通过五片单片机分别对五个关节电动机进行控制。由于机器人关节运动属于位置控制，应用时要对每个关节的伺服单元实行位置闭环控制，所以单关节从机的任务首先是对该关节伺服单元进行闭环控制，另外还有零位/极限位的紧急处理。接收上位机传来的控制命令，进行实时控制，并根据上位机要求回送信息。

（1）关节伺服

关节电动机采用直流伺服电动机，电动机结构是码盘、测速电动机、驱动电动机一体结构。由码盘中 A、B 两码道传来的位置信号经光电隔离器引入从机系统，该信号经整形辨向可逆计数器输入 8031 作为伺服单元的位置反馈量。8031 采用双字节运算，通过和主机送来的位置给定进行比较，形成位置偏差，并通过位置调节器控制算法计算。该控制量经过 12 位 D/A 转换器转换成模拟信号，经电平转换和放大输入给关节伺服单元作为速度调节器的给定，从而实现关节电动机的位置闭环。采样时间为 2～3ms。为了避免可逆计数器错误以及提高位置反馈量检测的抗干扰能力，计数器计数时采用时钟脉冲进行同步，将计数锁存与 8031 时序同步起来。另外，从机要对位置给定进行平滑处理，以满足机器人和运动时关节平滑的要求。

（2）机械回零

机械零位是机器人的基准位置，机器人的所有动作都是以零位为参考点进行的。零位的设置不仅为机器人提供了一个基准参考点，而且为保证运动精度、消除运动误差提供了基础，因此机器人回零方式的设定及回零电路的设计是非常重要的。机器人机械零位是由机器人本身的机械结构决定的，一般的做法是在机器人各关节运动的极限位置设置限位开关（接触式或非接触方式），通过检查限位开关的通断来判断各关节机械回零是否到位。只依靠限位开关的状态进行机械回零，往往定位精度很差，因此在控制系统设计时，通过检查限位开关的状态实现机械回零的粗定位，然后通过关节电动机码盘中 C 码道信号检测，实现回零精确定位。

（3）主从机通信

采用多机控制在技术上要解决多 CPU 之间信息交换，信息交换通常采用高速通道先入先出栈或双端口 RAM 等方法实现。在此系统采用 8255 并行接口芯片，通过主机应答方式，实现主从机之间数据并行传送。图 23-4-8 是该并行通信电路。

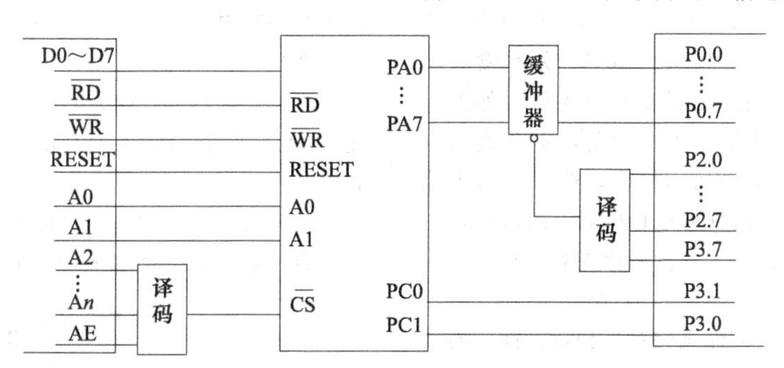

图 23-4-8 主从机并行通信接口电路

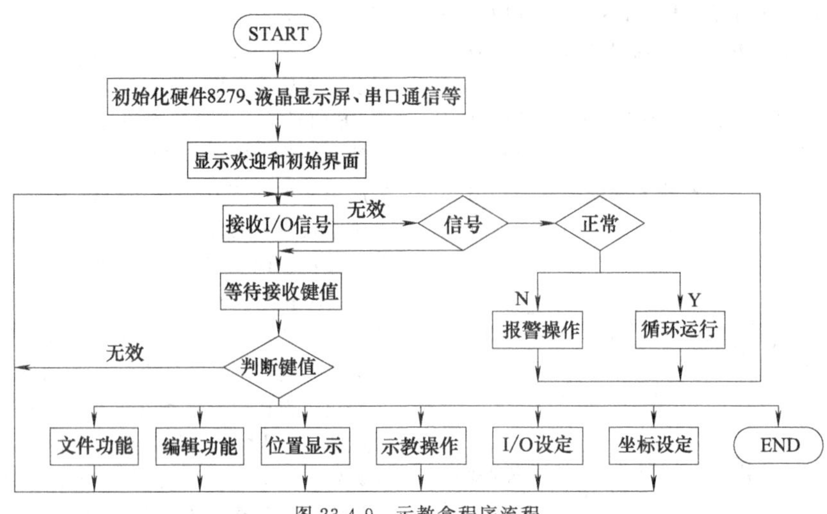

图 23-4-9　示教盒程序流程

8255 芯片是一个可编程并行接口芯片，片内有三个 8 位并行口，通过控制字的设定可分别选择它们不同的工作方式。在图 23-4-8 中 A 口被设定为选通输出方式，C 口的 PC6～PC7 作为主从机的通信握手线，B 口工作于输入方式，作为故障源的输入口。一旦某个 8031 被选中便向该机传送数据。

(4) 机器人故障检测及紧急处理

一台工业机器人能在工业生产中得到应用，其关键一点是要保证其可靠性，否则一旦故障发生，将引起伤亡事故。

系统故障检测及保护包括单关节伺服单元故障检测，从机故障自检及超程处理。在故障源中，只要有一个信号变高意味着故障发生，首先通过硬件直接将主闸跳开，同时故障将引起主机中断。主机响应中断以后，也首先输出跳闸命令，实现双重跳闸功能，同时将输入缓冲器内容读入，分析故障原因，并在 CRT 显示器上显示，以便操作人员了解故障原因，及时进行故障排除。

4.4.3　示教盒从机的设计

系统用一片单片机组成一个示教盒从机系统，主从通信采用 RS232C 标准进行串行通信。示教盒的硬件结构是以 8031 芯片为核心的单片机系统，外围接显示屏、键盘及通信模块等硬件设备，示教盒上电后，首先对硬件进行必要的初始化，然后显示主菜单，一切正常后，操作者即可进行机器人的操作，利用示教盒输入作业要求，示教盒程序流程如图 23-4-9 所示。

工业机器人分布式控制系统是一种比较通用的实时控制系统，能适应控制不同自由度的机器人而无须更改电路。分布式控制系统从微机应用和控制角度来看具有实际意义，可以应用于机床控制、多关节机器人和多路通信等众多场合。总之，工业机器人分布式控制系统是一种比较理想的快速实时控制系统。

4.5　机器人典型控制方法

4.5.1　机器人 PID 控制

4.5.1.1　机器人独立 PD 控制

(1) 控制律的设计

当忽略重力和外加干扰时，采用独立的 PD 控制能满足机器人定点控制的要求。

设 n 关节机械手方程为：

$$D(q)\ddot{q}+C(q,\dot{q})\dot{q}=\tau \tag{23-4-1}$$

式中，$D(q)$ 为 n 阶正定惯性矩阵，$C(q,\dot{q})$ 为 n 阶离心和哥氏力项。

PD 控制律为：

$$\tau=K_{d}\dot{e}+K_{p}e \tag{23-4-2}$$

取跟踪误差为 $e=q_{d}-q$，采用定点控制时，q_{d} 为常值，则 $\dot{q}_{d}=\ddot{q}_{d}\equiv0$。

此时，机器人方程为：

$$D(q)(\ddot{q}_{d}-\ddot{q})+C(q,\dot{q})(\dot{q}_{d}-\dot{q})+K_{d}e+K_{p}e=0$$

亦即

$$D(q)\ddot{e}+C(q,\dot{q})\dot{e}+K_{p}e=-K_{d}\dot{e} \tag{23-4-3}$$

取 Lyapunov（李雅普诺夫）函数为：

$$V=\frac{1}{2}\dot{e}^{T}D(q)\dot{e}+\frac{1}{2}e^{T}K_{p}e \tag{23-4-4}$$

由 $D(q)$ 及 K_{p} 的正定性知，V 是全局正定的，则：

$$\dot{V}=\dot{e}^{\mathrm{T}}D\ddot{e}+\frac{1}{2}\dot{e}^{\mathrm{T}}\dot{D}\dot{e}+\dot{e}^{\mathrm{T}}K_{\mathrm{p}}e \quad (23\text{-}4\text{-}5)$$

利用$\dot{D}-2C$的斜对称性知，$\dot{e}^{\mathrm{T}}\dot{D}\dot{e}=2\dot{e}^{\mathrm{T}}C\dot{e}$，则：

$$\begin{aligned}\dot{V}&=\dot{e}^{\mathrm{T}}D\ddot{e}+\dot{e}^{\mathrm{T}}C\dot{e}+\dot{e}^{\mathrm{T}}K_{\mathrm{p}}e\\&=\dot{e}^{\mathrm{T}}(D\ddot{e}+C\dot{e}+K_{\mathrm{p}}e)=-\dot{e}^{\mathrm{T}}K_{\mathrm{d}}\dot{e}\leqslant 0\end{aligned} \quad (23\text{-}4\text{-}6)$$

(2) 收敛性分析

由于$\dot{V}$是半负定的，且K_{d}为正定，则当$\dot{V}\equiv 0$时，有$\dot{e}\equiv 0$，从而$\ddot{e}\equiv 0$。代入方程（23-4-3），有$K_{\mathrm{p}}e=0$，再由K_{p}的可逆性可知$e=0$。由 LaSalle 定理知，$(e,\dot{e})=(0,0)$是受控机器人全局渐进稳定的平衡点，即从任何初始条件$(q_0,\dot{q}_0)$出发，均有$q\to q_{\mathrm{d}}$，$\dot{q}\to 0$。

4.5.1.2　基于重力补偿的机器人 PD 控制

(1) 控制律的设计

当考虑到重力时，采用基于重力补偿的 PD 控制，能满足机器人定点控制的要求。

设n关节机械手方程为：

$$D(q)\ddot{q}+C(q,\dot{q})\dot{q}+G(q)=\tau \quad (23\text{-}4\text{-}7)$$

其中，$D(q)$为n阶正定惯性矩阵，$C(q,\dot{q})$为n阶离心和哥氏力项，$G(q)$为重力矩阵向量。

基于重力补偿的 PD 控制律为：

$$\tau=K_{\mathrm{d}}\dot{e}+K_{\mathrm{p}}e+\hat{G}(q) \quad (23\text{-}4\text{-}8)$$

其中，$\hat{G}(q)$为重力矩的估计值。

取跟踪误差为$e=q_{\mathrm{d}}-q$，采用定点控制时，q_{d}为常值，则$\dot{q}_{\mathrm{d}}=\ddot{q}_{\mathrm{d}}\equiv 0$。

此时，机器人方程为：

$$\begin{aligned}&D(q)(\ddot{q}_{\mathrm{d}}-\ddot{q})+C(q,\dot{q})(\dot{q}_{\mathrm{d}}-\dot{q})\\&+K_{\mathrm{d}}\dot{e}+K_{\mathrm{p}}e+\hat{G}(q)-G(q)=0\end{aligned} \quad (23\text{-}4\text{-}9)$$

(2) 控制律分析

控制律式（23-4-8）的实现关键在于对重力矩$\hat{G}(q)$的估计，对重力矩的估计方法有以下几种：

① 当对重力矩的估计值准确时，$\hat{G}(q)=G(q)$，有：

$$D(q)\ddot{e}+[C(q,\dot{q})+K_{\mathrm{d}}]\dot{e}+K_{\mathrm{p}}e=0 \quad (23\text{-}4\text{-}10)$$

此时，控制的稳定性和收敛性分析过程与“机器人独立 PD 控制”相同。

② 当对重力矩的估计值不准确时，需要设计重力补偿算法。目前，有代表性的重力补偿 PD 控制方法有以下几种：

a. 在线估计重力补偿的 PD 控制。针对双柔性关节机械臂，设计在线估计重力的自适应算法，实现基于在线重力补偿的 PD 控制。

b. 具有固定重力补偿的 PD 控制。由于在线估计重力补偿项$\hat{G}(q)$会加重计算机实时计算的负担，所以采用事先计算出的固定重力项作为补偿，增加反馈增益来减小稳定误差，并采用系统的 Hamilton 函数作为其李雅普诺夫函数，该方法具有稳定性和收敛性。

4.5.1.3　机器人鲁棒自适应 PD 控制

(1) 应用背景

对于具有强耦合性和非线性的机器人系统而言，线性 PD 控制是最为简单且行之有效的控制方法。但实践表明，线性 PD 控制往往要求驱动机构有很大的初始输出，而实际驱动机构（通常是电动机）往往不能提供过大的初始力矩，且机械臂本身所承受的最大力矩也是有限的，这将使通过增大 PD 控制系数来进一步提高系统的性能受到限制。鉴于此，很多非线性 PD 控制方法被提出，但常规的非线性 PD 控制器只有单纯的 PD 项，要求比例和微分项的系数仍较大，存在输出力矩较大的问题。

若提出一种自适应鲁棒 PD 控制策略，避免了初始输出力矩过大的弊端。该控制器由非线性 PD 控制反馈和补偿控制两部分构成，机器人不确定动力学部分由回归矩阵构成的自适应控制器进行补偿，并针对机器人有界扰动的上确界是否已知设计了两种不同的扰动补偿法。该控制策略的优点在于当初始误差较大时，PD 反馈起主要作用，通过非线性 PD 控制，避免了过大初始力矩输出；当误差较小时，自适应控制器起着主要的作用，从而保证了系统具有良好的动态性能。

(2) 机器人动力学模型及其结构特性

一个n关节的机器人力臂，其动态性能可以由以下二阶非线性微分方程描述：

$$D(q)\ddot{q}+C(q,\dot{q})\dot{q}+G(q)+\omega=\tau \quad (23\text{-}4\text{-}11)$$

式中，$q\in R^n$为关节角位移量，$D(q)\in R^{n\times n}$为机器人的惯性矩阵，$C(q,\dot{q})\in R^n$表示离心力和哥氏力，$G(q)\in R^n$为重力项，$\tau\in R^n$为控制力矩，$\omega\in R^n$为各种误差和扰动。

机器人系统的动力学特性如下：

特性 1　$D(q)-2C(q,\dot{q})$是一个斜对称矩阵。

特性 2　惯性矩阵$D(q)$是对称正定矩阵，存在正数m_1、m_2满足如下不等式：

$$m_1\|x\|^2\leqslant x^{\mathrm{T}}D(q)x\leqslant m_2\|x\|^2 \quad (23\text{-}4\text{-}12)$$

特性 3　存在一个依赖于机械手参数的参数向

第23篇

量，使得 $D(q)$，$C(q,\dot{q})$，$G(q)$ 满足线性关系：

$$D(q)\theta+C(q,\dot{q})\rho+G(q)=\Phi(q,\dot{q},\rho,\theta)P \tag{23-4-13}$$

其中，$\Phi(q,\dot{q},\rho,\theta)\in R^{n\times m}$ 为已知关节变量函数的回归矩阵，它是机器人广义坐标及其各阶导数的已知函数矩阵；$P\in R^n$ 是描述机器人质量特性的位置定长参数向量。

假设1 $q_d\in R^n$ 为期望的关节角位移，q_d 的一阶导数和二阶导数存在。

假设2 误差和扰动 ω 的范数满足：

$$\|\omega\|\leqslant d_1+d_2\|e\|+d_3\|\dot{e}\| \tag{23-4-14}$$

其中，d_1、d_2、d_3 分别为正常数，$e=q-q_d$、$\dot{e}=\dot{q}-\dot{q}_d$ 分别为跟踪误差和跟踪误差导数。

(3) 控制器的设计

分别引入变量 y 和 q_r，并令：

$$y=\dot{e}+\gamma e \tag{23-4-15}$$

$$\dot{q}_r=\dot{q}_d-\gamma e \tag{23-4-16}$$

其中，常数 $\gamma>0$，则可推出：

$$y=\dot{q}-\dot{q}_r \tag{23-4-17}$$

由式 (23-4-13) 中的机器人线性关系特性，取 $\theta=\ddot{q}_r$，$\rho=\dot{q}_r$ 得：

$$D(q)\ddot{q}_r+C(q,\dot{q})\dot{q}_r+G(q)=\Phi(q,\dot{q},\dot{q}_r,\ddot{q}_r)P \tag{23-4-18}$$

由式 (23-4-17) 得 $\dot{q}_r=\dot{q}-y$，将其代入上式得：

$$D(q)(\ddot{q}-\dot{y})+C(q,\dot{q})(\dot{q}-y)+G(q)=\Phi(q,\dot{q},\dot{q}_r,\ddot{q}_r)P \tag{23-4-19}$$

即

$$D(q)\ddot{q}-D(q)\dot{y}+C(q,\dot{q})\dot{q}-C(q,\dot{q})y+G(q)=\Phi(q,\dot{q},\dot{q}_r,\ddot{q}_r)P \tag{23-4-20}$$

式 (23-4-20) 结合式 (23-4-11) 可得：

$$D(q)\dot{y}+C(q,\dot{q})y=\tau-\Phi(q,\dot{q},\dot{q}_r,\ddot{q}_r)-\omega \tag{23-4-21}$$

1) 扰动信号的上确界已知时控制器的设计

对于式 (23-4-11) 所示的机器人系统，在误差扰动信号的上确界已知时，采用以下控制器和自适应律，可保证系统全局渐进稳定。

$$\tau=-K_pe-K_v\dot{e}+\Phi(q,\dot{q},\dot{q}_r,\ddot{q}_r)\hat{P}+u \tag{23-4-22}$$

$$u=[u_1,\cdots,u_n]^T,u_i=-(d_1+d_2\|e\|+d_3\|\dot{e}\|)\mathrm{sgn}(y_i) \tag{23-4-23}$$

$\hat{P}$ 的参数估计律取：

$$\dot{\hat{P}}=-\Gamma\Phi^T(q,\dot{q},\dot{q}_r,\ddot{q}_r)y \tag{23-4-24}$$

式中

$$K_p=K_{p1}+K_{p2}B_p(e),K_v=K_{v1}+K_{v2}B_v(\dot{e}) \tag{23-4-25}$$

$$K_{p1}=\mathrm{diag}(k_{p11},k_{p12},\cdots,k_{p1n})$$

$$K_{p2}=\mathrm{diag}(k_{p21},k_{p22},\cdots,k_{p2n}) \tag{23-4-26}$$

$$K_{v1}=\mathrm{diag}(k_{v11},k_{v12},\cdots,k_{v1n}),$$

$$K_{p2}=\mathrm{diag}(k_{v21},k_{v22},\cdots,k_{v2n}) \tag{23-4-27}$$

$$B_p(e)=\mathrm{diag}\left(\frac{1}{\alpha_1+|e_1|},\frac{1}{\alpha_2+|e_2|},\cdots,\frac{1}{\alpha_n+|e_n|}\right) \tag{23-4-28}$$

$$B_v(e)=\mathrm{diag}\left(\frac{1}{\beta_1+|\dot{e}_1|},\frac{1}{\beta_2+|\dot{e}_2|},\cdots,\frac{1}{\beta_n+|\dot{e}_n|}\right) \tag{23-4-29}$$

其中，k_{p1i}、k_{p2i}、k_{v1i}、k_{v2i}、α_i，$\beta_i(i=1,2,\cdots,n)$ 均大于零，Γ 为正定对称阵。

2) 扰动信号的上确界未知时控制器的设计

定理：当误差扰动信号 ω 的上确界为未知时，设计控制器为：

$$\tau=-K_pe-K_v\dot{e}+\Phi(q,\dot{q},\dot{q}_r,\ddot{q}_r)\hat{P}+u \tag{23-4-30}$$

$$u=-\frac{(\hat{d}f)^2}{\hat{d}f\|y\|+\varepsilon^2}y \tag{23-4-31}$$

$$\dot{\hat{d}}=\gamma_1f\|y\|,\hat{d}(0)=0 \tag{23-4-32}$$

$$\dot{\varepsilon}=-\gamma_2\varepsilon,\varepsilon(0)=0 \tag{23-4-33}$$

其中，K_p、K_v 的取值同式 (23-4-22)，并保证满足式 (23-4-25)，P 的估计值 $\hat{P}$ 通过式 (23-4-26) 求得，$d=d_1+d_2+d_3$，$d=d-\hat{d}$，$f=\max(1,\|e\|,\|\dot{e}\|)$，$\hat{d}$ 为 d 的估值，γ_1、γ_2 均为任意的正常数。

对式 (23-4-11) 所示的机器人系统，当误差扰动信号的上确界未知时，采用式 (23-4-30) 和式 (23-4-31) 的控制律可保证系统全局渐进稳定。

4.5.2 滑模控制

滑模控制 (sliding mode control，SMC) 也叫变结构控制，本质上是一类特殊的非线性控制，且非线性表现为控制的不连续性。这种控制策略与其他控制的不同之处在于系统的“结构”并不固定，而是可以在动态过程中，根据系统当前的状态（如偏差及其各阶导数等）有目的地不断变化，迫使系统按照预定“滑动模态”的状态轨迹运动。由于滑动模态可以进行设计且与对象参数及扰动无关，这就使得滑模控制具有快速响应、对应参数变化及扰动不灵敏、无需系统在线辨识、物理实现简单等优点。

4.5.2.1　工作原理

系统拥有滑动模态，这是系统对外来种种干扰性能保持鲁棒性、有更好动态性能的原因。滑模变结构通过系统所希望达到的性能来设计滑模面，系统根据运动状态与滑模面的相对位置切换系统增益，当系统位于滑模面上时，系统的轨迹会顺着滑模面运动回原点，这个过程被定义为滑模控制。滑模控制有很强的鲁棒性，能很好地克服系统的外在干扰和一些不确定项，所以它能够快速响应，控制算法也相对简单，缺点是输出有抖振。滑模控制对于机械手的非线性特性和外来扰动造成的偏差等有很好的控制作用。本章主要论述滑模控制的相关概念以及它在机械手控制中的作用。

超平面被称为滑模面，它表示系统所期望的动态性能。滑模运动就是指系统在滑模面上的运动，采用的控制是变结构控制，通常用来控制非线性系统，通过增加变结构控制器的应用，将系统稳定在一个超平面上。它的研究对象范围很广，涉及许多复杂的控制系统。

滑模运动包含两个阶段，一是趋近运动，另一个是滑模运动。趋近运动是指 $s\to 0$ 的过程，即系统在控制律的作用下，由最初的状态向切换面不断趋近，最后抵达趋近面的过程。由滑模变结构原理可知，只有当系统状态满足初始点在有限时间内抵达滑模面，才能够满足滑模控制的条件。对于未做规定轨迹的趋近运动来说，要想使系统的动态性能更好，可以采取趋近率的措施。当系统抵达了切换面之后，将会一直被控制在切换面上运动，这时系统就处于滑模运动，这里的切换面就是滑模面。图 23-4-10 所示为一个系统处于滑模运动的两个阶段，系统的初始值是 $X(0)$，在趋近阶段，系统在控制力矩的作用下不断向滑模面 $\sigma(x)=0$ 靠拢，当系统状态达到滑模面时，系统就处于滑模运动状态，并渐渐向系统状态的原点运动，此阶段系统的动态性能会很稳定。

一般情况下，当系统状态的位置位于滑模面上方时，系统有一个控制增益，当系统处于滑模面下方时会切换成另外一个控制增益。为了在有限时间内使系统抵达滑模面，控制增益将一直不停地切换，所以这个控制器会通过判断系统的运动状态与滑模面的位置来判断切换控制量。

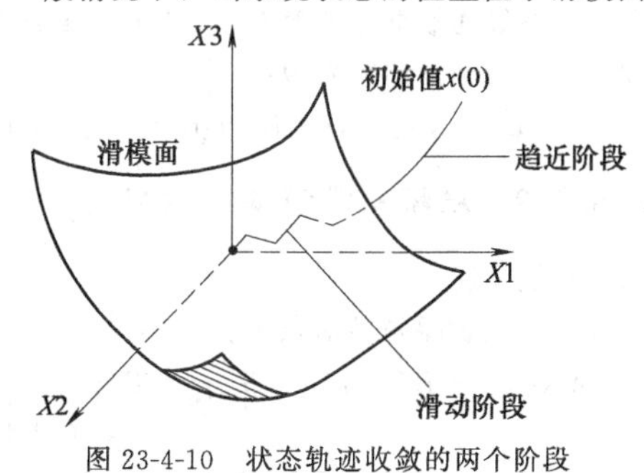

图 23-4-10　状态轨迹收敛的两个阶段

滑模控制中的抖振问题是无法彻底避免的，抖振会破坏系统的动态性能，还会使系统处于不稳定状态，高频度的抖振不仅会影响系统的动态特性，甚至还会烧坏元器件。对于系统的不确定因素也要符合一定条件，除此之外还需要测量出不确定因素的上界值。在实际操作中，获取不确定因素的上界值很困难，这也限制了滑模控制的应用领域。

滑模控制把一个高阶系统的复杂设计问题拆成两个低阶的、相对简单的设计问题：a. 设计滑模面，保证系统非连续控制输入。b. 降阶之后，可用一个等效方程表示在滑动模态状态时的动态性能，滑模运动的动态性能可以通过极点配置的方法来实现。

滑模控制在系统中的理想状态是：系统的输入能够不间断地快速切换数值。可是，在实际操作中由于系统上的驱动器都有延时的性质且无法改善，所以不能达到理想的状态。抖振会激发系统高频振动导致系统处于不稳定状态，甚至会使整个系统崩溃，除此之外，抖振对于传感器的影响也非常大。系统本身是没有抖振的，在加入滑模控制器之后，由于高速切换导致了抖振现象的出现。所以，为了研究滑模控制在主仆式机械手中的作用，解决抖振问题是很关键的。

4.5.2.2　滑模控制设计流程

控制器设计有两个步骤，首先设计滑模面，因为系统最终是被控制在滑模面上运动的，所以要保持稳定的动态性能；再设计系统的输入，并要确保系统最终可以抵达滑模面，在滑模面上运动。

(1) 滑模面设计

结合一个实例来介绍滑模运动，下面是一个简单的 SISO 系统：

$$\begin{cases}\dot{x}_1=x_2\\ \dot{x}_2=u+d\end{cases}\tag{23-4-34}$$

式中，x_1、x_2代表系统的状态；d 是不确定却有界的外来扰动；u 是系统的输入，用来对抗各种外界干扰对系统造成的影响。

在此例中我们希望

$$\begin{cases}\lim\limits_{t\to\infty} x_1=0\\ \lim\limits_{t\to\infty} x_2=0\end{cases}\tag{23-4-35}$$

滑动变量设为：

$$\sigma=x_2+cx_1\tag{23-4-36}$$

第23篇

其中，$c>0$，$c\in R$。

将滑模面设为：

$$\sigma=\dot{x}_1+cx_1 \tag{23-4-37}$$

滑动模态下的动态性质为：

$$\sigma=\dot{x}_1+cx_1=0 \tag{23-4-38}$$

所以：

$$x_1=x_1(0)\mathrm{e}^{-ct} \tag{23-4-39}$$

此式说明系统运动是以系统的初始状态 $x_1(0)$ 与正常数 c 为基础的，系统的运动情况与外界的干扰等不确定因素无关。如果要保证系统在滑模面上有稳定的动态性能，首先要可以抵达滑模面。能够达到的条件是：当 $\sigma<0$ 时，$\dot{\sigma}>0$；$\sigma>0$ 时，$\dot{\sigma}<0$。写成数学形式为：

$$\begin{cases}\dot{\sigma}<0,\forall\sigma>0\\ \dot{\sigma}>0,\forall\sigma<0\end{cases}\Leftrightarrow\dot{\sigma}\sigma<0 \tag{23-4-40}$$

同时：

$$\dot{\sigma}\sigma\leqslant-\rho|\sigma| \tag{23-4-41}$$

其中，$\rho>0$，$\rho\in R$。

可以通过得到系统处于滑动模态的条件计算出系统抵达滑模面的时间 t_r。假设 $\sigma>0$（相应的 $\dot{\sigma}<0$），对上式两边同除以 σ 得：

$$\dot{\sigma}\leqslant-\rho \tag{23-4-42}$$

对两边积分可得：

$$\int_{\sigma(0)}^{\sigma(t_r)}\mathrm{d}\sigma\leqslant-\rho\int_0^{t_r}\mathrm{d}\tau \tag{23-4-43}$$

计算结果为：

$$\sigma(t_r)-\sigma(0)\leqslant-\rho t_r \tag{23-4-44}$$

到达时间 t_r 就是系统运动到滑模面所需的时间，所以 $\sigma(t_r)=0$，并且：

$$t_r\leqslant\frac{\sigma(0)}{\rho} \tag{23-4-45}$$

假设的 $\sigma>0$ 成立，对于 $\sigma<0$ 时也成立，因此写成更一般的形式：

$$t_r\leqslant\frac{\sigma(0)}{\rho} \tag{23-4-46}$$

（2）控制器设计

由于滑模控制由滑模运动与趋近运动组成，那么在设计控制器时，要针对两种运动状态分别设计。既要使系统能够维持在滑模面上进行运动，又要能够保证系统可以抵达滑模面。

因为 $\sigma=x_2+cx_1$，求导可得：

$$\dot{\sigma}=\dot{x}_2+c\dot{x}_1 \tag{23-4-47}$$

又因为 $\dot{x}_1=x_2$、$\dot{x}_2=u+d$，替换掉上式中的 $\dot{x}_1$ 和 $\dot{x}_2$，可得：

$$\dot{\sigma}=u+d+cx_2 \tag{23-4-48}$$

因为要求 $\dot{\sigma}\xrightarrow{t\to\infty}0$，这样才能确保 σ 一直处在滑模面上，所以上式可变成：

$$\dot{\sigma}=u_{\mathrm{eq}}+d+cx_2=0\Leftrightarrow u_{\mathrm{eq}}=-d-cx_2 \tag{23-4-49}$$

u_{eq} 是等价控制项，如果它能够像式（23-4-49）一样控制在系统上，那么系统就能一直处于滑模面（$\dot{\sigma}=0$）上。可是外界干扰 d 是不确定的，所以不能像式（23-4-49）一样直接输出 u_{eq}。选择：

$$\tilde{u}_{\mathrm{eq}}=-cx_2 \tag{23-4-50}$$

这样就可以达到滑动模态状态，要再设计一个能让系统到达滑模面的控制输出。将控制输入分为两项：

$$u=\tilde{u}_{\mathrm{eq}}+u_1 \tag{23-4-51}$$

就能获得新滑动模态下的系统动态：

$$\dot{\sigma}=d+u_1 \tag{23-4-52}$$

两边同时乘以 σ 得：

$$\sigma\dot{\sigma}=\sigma(d+u_1) \tag{23-4-53}$$

外界扰动 d 虽然不确定但它有界，也就是说存在一个常数 L 满足：

$$\|d\|\leqslant L \tag{23-4-54}$$

可得不等式：

$$\sigma\dot{\sigma}\leqslant|\sigma|d+\sigma u_1 \tag{23-4-55}$$

或者：

$$\sigma\dot{\sigma}\leqslant|\sigma|L+\sigma u_1 \tag{23-4-56}$$

再进一步写为：

$$\sigma\dot{\sigma}\leqslant|\sigma|[L+u_1\mathrm{sign}(\sigma)] \tag{23-4-57}$$

因为滑动模态存在的条件是 $\sigma\dot{\sigma}\leqslant-\rho|\sigma|$，那么：

$$|\sigma|[L+u_1\mathrm{sign}(\sigma)]=-\rho|\sigma| \tag{23-4-58}$$

两边同除以 $|\sigma|$ 可得：

$$u_1\mathrm{sign}(\sigma)=-\rho-L \tag{23-4-59}$$

因为 $\mathrm{sign}(\sigma)=\dfrac{1}{\mathrm{sign}(\sigma)}$，可以得到最后一部分控制输出：

$$u_1=-(\rho+L)\mathrm{sign}(\sigma) \tag{23-4-60}$$

最后，系统能够抵达滑模面，而且能一直维持在滑模面上，滑模控制的输入为：

$$u=-cx_2-(\rho+L)\mathrm{sign}(\sigma) \tag{23-4-61}$$

4.5.2.3 机械手滑模鲁棒控制

（1）系统描述

设 n 关节机械手被控对象为：

$$M(q)\ddot{q}+B(q,\dot{q})\dot{q}+G(q)=T+\omega \tag{23-4-62}$$

其中，$M(q)$ 为正定质量惯性矩阵，$B(q,\dot{q})$

为哥氏力、离心力，$G(q)=Kq$ 为重力，ω 为外加干扰。

（2）控制律设计

取 q_d为指令，$e=q_d-q$ 为误差信号。设计滑模面为：

$$S=\dot{e}+Ce, C=\mathrm{diag}(c_1,\cdots,c_n), c_i>0 \tag{23-4-63}$$

采用以下 Lyapunov 函数：

$$V=\frac{1}{2}S^{\mathrm{T}}MS \tag{23-4-64}$$

则：

$$\begin{aligned}\dot{V}&=\frac{1}{2}S^{\mathrm{T}}MS+S^{\mathrm{T}}MS\\&=\frac{1}{2}S^{\mathrm{T}}(\dot{M}-2B)S+S^{\mathrm{T}}BS+S^{\mathrm{T}}M\dot{S}\\&=S^{\mathrm{T}}(BS+M\dot{S})=S^{\mathrm{T}}[BS+M(\ddot{e}+C\dot{e})]\\&=S^{\mathrm{T}}[BS+M(\ddot{q}_d-q)+MC\dot{e}]\\&=S^{\mathrm{T}}[B\dot{e}+BCe+M\ddot{q}_d+B\dot{q}+Kq-w-T+MC\dot{e}]\\&=S^{\mathrm{T}}[B\dot{e}+BCe+M(\ddot{q}_d+C\dot{e})+B\dot{q}+Kq-w-T]\\&=S^{\mathrm{T}}[B(\dot{q}_d+Ce)+M(\ddot{q}_d+C\dot{e})+Kq-w-T]\end{aligned} \tag{23-4-65}$$

取控制律为：

$$\begin{aligned}T=&M_o(\ddot{q}_d+C\dot{e})+B_o(\dot{q}_d+Ce)\\&+K_oq-w_o+\Gamma\mathrm{sgn}(S)\end{aligned} \tag{23-4-66}$$

其中，M_o、B_o、K_o和 w_o分别为 M、B、K 和 w 的名义值，$\Delta M=M-M_o$，$\Delta B=B-B_o$，$\Delta K=K-K_o$，$\Delta w=w-w_o$。则：

$$\begin{aligned}\dot{V}=&S^{\mathrm{T}}[\Delta B(\dot{q}_d+Ce)+\Delta M(\ddot{q}_d+C\dot{e})\\&+\Delta Kq-\Delta w]-\Gamma|S|\end{aligned} \tag{23-4-67}$$

其中，$\Gamma=\mathrm{diag}(\gamma_1,\gamma_2,\cdots,\gamma_n),\gamma_i>0$。

取

$$\begin{aligned}\gamma_i>&|\Delta B|_{\max}|\dot{q}_d+Ce|+|\Delta M|_{\max}+\\&|\ddot{q}_d+C\dot{e}|+|\Delta w|_{\max}+|\Delta K|_{\max}|q|\end{aligned} \tag{23-4-68}$$

则：

$$\dot{V}=0 \tag{23-4-69}$$

4.5.2.4　基于计算力矩法的滑模控制

计算力矩法是机器人控制中较常用的方法，该方法基于机器人模型中各项的估计值进行控制律的设计。

（1）系统描述

机器人机械手的模型为

$$\tau=\hat{H}(q)v+\hat{C}(q,\dot{q})\dot{q}+\hat{G}(q) \tag{23-4-70}$$

其中，$H(q)$ 为正定质量惯性矩阵，$C(q,\dot{q})$ 为哥氏力、离心力，$G(q)$ 为重力。

（2）控制律设计

当不知道机器人的惯性参数时，根据计算力矩法，取控制律为：

$$\tau=\hat{H}(q)v+\hat{C}(q,\dot{q})\dot{q}+\hat{G}(q) \tag{23-4-71}$$

其中，$\hat{H}(q)$、$\hat{C}(q,\dot{q})$ 和 $\hat{G}(q)$ 为利用惯性参数估计值 $\hat{p}$ 计算出的 H、C 和 G 值。

则闭环系统方程式为：

$$H(q)\ddot{q}+C(q,\dot{q})\dot{q}+G(q)=\hat{H}(q)v+\hat{C}(q,\dot{q})\dot{q}+\hat{G}(q) \tag{23-4-72}$$

即

$$\begin{aligned}\hat{H}\ddot{q}&=\hat{H}(q)v-[\tilde{H}(q)\ddot{q}+\tilde{C}(q,\dot{q})\dot{q}+\tilde{G}(q)]\\&=\hat{H}(q)v-Y(q,\dot{q},\ddot{q})\tilde{p}\end{aligned} \tag{23-4-73}$$

其中，$\tilde{H}=H-\hat{H}$；$\tilde{C}=C-\hat{C}$；$\tilde{G}=G-\hat{G}$；$\tilde{p}=p-\hat{p}$。

若惯性参数的估计值 $\hat{p}$ 使得 $\hat{H}(q)$ 可逆，则闭环系统方程式可写为：

$$\ddot{q}=v-[\hat{H}(q)]^{-1}Y(q,\dot{q},\ddot{q})\tilde{p}=v-\varphi(q,\dot{q},\ddot{q},\hat{p})\tilde{p} \tag{23-4-74}$$

定义

$$\varphi(q,\dot{q},\ddot{q},\hat{p})\tilde{p}=\tilde{d} \tag{23-4-75}$$

其中，$d=[d_1,\cdots,d_n]^{\mathrm{T}}$。

取滑动面

$$s=\dot{e}+\Lambda e \tag{23-4-76}$$

其中 $e=q_d-q$，$\dot{e}=\dot{q}_d-\dot{q}$，$s=[s_1,\cdots,s_n]^{\mathrm{T}}$，$\Lambda$ 为正对角矩阵。则

$$\dot{s}=\ddot{e}+\Lambda\dot{e}=(\ddot{q}_d-\ddot{q})+\Lambda\dot{e}=\ddot{q}_d-v+\tilde{d}+\Lambda\dot{e} \tag{23-4-77}$$

取

$$v=\ddot{q}_d+\Lambda\dot{e}+d \tag{23-4-78}$$

式中 d 为待设计的向量。则

$$\dot{s}-\tilde{d}-d \tag{23-4-79}$$

选取

$$\begin{aligned}&d=(\bar{d}+\eta)\mathrm{sgn}(s)\\&\|\tilde{d}\|\leqslant\bar{d}\end{aligned} \tag{23-4-80}$$

其中 $\eta>0$。则

$$\dot{s}s=(\tilde{d}-d)s=\tilde{d}s-\bar{d}\mathrm{sgn}(s)-\eta\mathrm{sgn}(s)s\leqslant-\eta|s|\leqslant0 \tag{23-4-81}$$

滑模控制律为：

$$\tau=\hat{H}(q)v+\hat{C}(q,\dot{q})\dot{q}+\hat{G}(q) \quad (23\text{-}4\text{-}82)$$

其中 $v=\ddot{q}_d+\Lambda e+d, d=(\bar{d}+\eta)\mathrm{sgn}(s)$。

由控制律可知，参数估计值 $\hat{p}$ 越准确，则 $\|\tilde{p}\|$ 越小，$\bar{d}$ 越小，滑模控制产生的抖振越小。

4.5.2.5　基于输入输出稳定性理论的滑模控制

（1）系统描述

机器人 n 关节机械手的动态模型为

$$H(q)\ddot{q}+C(q,\dot{q})\dot{q}+G(q)=\tau \quad (23\text{-}4\text{-}83)$$

其中，$H(q)$ 为正定惯性质量矩阵，$C(q,\dot{q})$ 为哥氏力、离心力，$G(q)$ 为重力，τ 为控制输入信号。

（2）控制律设计

设机器人所要完成的任务是跟踪时变期望轨迹 $q_d(t)$，位置跟踪误差为

$$e=q_d-q \quad (23\text{-}4\text{-}84)$$

定义

$$\dot{q}_r=\dot{q}_d+\Lambda(q_d-q) \quad (23\text{-}4\text{-}85)$$

机器人动力学系统具有如下动力学特征：存在向量 $p\in R^m$，满足

$$H(q)\ddot{q}_r+C(q,\dot{q})\dot{q}_r+G(q)=Y(q,\dot{q},\dot{q}_r,\ddot{q}_r)p$$
$$\tilde{H}(q)\ddot{q}_r+\tilde{C}(q,\dot{q})\dot{q}_r+\tilde{G}(q)=Y(q,\dot{q},\dot{q}_r,\ddot{q}_r)\tilde{p} \quad (23\text{-}4\text{-}86)$$

取滑模面

$$s=\dot{q}_r-q=(\dot{q}_d-\dot{q})+\Lambda(q_d-q)=\dot{e}+\Lambda e \quad (23\text{-}4\text{-}87)$$

其中，Λ 为正对角矩阵。

令 Lyapunov 函数为

$$V(t)=\frac{1}{2}s^{\mathrm{T}}H(q)s \quad (23\text{-}4\text{-}88)$$

则

$$\begin{aligned}\dot{V}(t)&=s^{\mathrm{T}}H(q)\dot{s}+\frac{1}{2}s^{\mathrm{T}}\dot{H}(q)s=s^{\mathrm{T}}H(q)\dot{s}+s^{\mathrm{T}}C(q,\dot{q})s\\&=s^{\mathrm{T}}[H(q)(\ddot{q}_r-\ddot{q})+C(q,\dot{q})(\dot{q}_r-\dot{q})]\\&=s^{\mathrm{T}}[H(q)\ddot{q}_r+C(q,\dot{q})\dot{q}_r+G(q)-\tau]\end{aligned} \quad (23\text{-}4\text{-}89)$$

可采用以下两种方法实现滑模控制。

方法之一：基于估计模型的滑模控制

设计控制律为

$$\tau=\hat{H}(q)\ddot{q}_r+\hat{C}(q,\dot{q})\dot{q}_r+\hat{G}(q)+\tau_s \quad (23\text{-}4\text{-}90)$$

其中，τ_s为待设计项。

$$\begin{aligned}\dot{V}(t)&=s^{\mathrm{T}}[H(q)\ddot{q}_r+C(q,\dot{q})\dot{q}_r+G(q)\\&\quad-\hat{H}(q)\ddot{q}_r-\hat{C}(q,\dot{q})\dot{q}_r-\hat{G}(q)-\tau_s]\\&=s^{\mathrm{T}}[\tilde{H}(q)\ddot{q}_r+\tilde{C}(q,\dot{q})\dot{q}_r+\tilde{G}(q)-\tau_s]\\&=s^{\mathrm{T}}[Y(q,\dot{q},\dot{q}_r,\ddot{q}_r)\tilde{p}-\tau_s]\end{aligned} \quad (23\text{-}4\text{-}91)$$

其中

$$\tilde{p}=[\tilde{p}_1,\cdots,\tilde{p}_{10n}]^{\mathrm{T}},|\tilde{p}_i|\leqslant a_i,i=1,\cdots,n$$
$$Y(q,\dot{q},\dot{q}_r,\ddot{q}_r)=[Y_{ij}^{r}],|Y_{ij}^{r}|\leqslant\bar{Y}_{ij}^{r},$$
$$i=1,\cdots,n;j=1,\cdots 10n \quad (23\text{-}4\text{-}92)$$

则只要选取

$$\tau_s=k\,\mathrm{sgn}(s)+s=\begin{bmatrix}k_1\mathrm{sgn}(s_1)+s_1\\ \cdots\\ k_n\mathrm{sgn}(s_n)+s_n\end{bmatrix} \quad (23\text{-}4\text{-}93)$$

其中，$k=[k_1,\cdots,k_n]^{\mathrm{T}}$，$k_i=\sum_{j=1}^{10n}\bar{Y}_{ij}^{r}a_j$，$i=1,\cdots,n$。

则

$$\begin{aligned}\dot{V}(t)&=\sum_{i=1}^{n}\sum_{j=1}^{10n}s_iY_{ij}^{r}\tilde{p}_j-\sum_{i=1}^{n}s_ik_i\mathrm{sgn}(s_i)-\sum_{i=1}^{n}s_i^2\\&=\sum_{i=1}^{n}\sum_{j=1}^{10n}s_iY_{ij}^{r}\tilde{p}_j-\sum_{i=1}^{n}\sum_{j=1}^{10n}|s_i|\bar{Y}_{ij}^{r}\tilde{p}_j\\&\quad-\sum_{i=1}^{n}s_i^2\leqslant-\sum_{i=1}^{n}s_i^2\leqslant 0\end{aligned} \quad (23\text{-}4\text{-}94)$$

方法之二：基于模型上界的滑模控制

$$\begin{aligned}\dot{V}(t)&=-s^{\mathrm{T}}\{\tau-[H(q)\ddot{q}_r+C(q,\dot{q})\dot{q}_r+G(q)]\}\\&=-s^{\mathrm{T}}[\tau-Y(q,\dot{q},\dot{q}_r,\ddot{q}_r)p]\end{aligned} \quad (23\text{-}4\text{-}95)$$

若能估计出

$$p=[p_1,\cdots,p_{10n}]^{\mathrm{T}},|p_i|\leqslant\bar{p}_i,i=1,\cdots,10n$$
$$Y(q,\dot{q},\dot{q}_r,\ddot{q}_r)=[Y_{ij}^{r}],|Y_{ij}^{r}|\leqslant\bar{Y}_{ij}^{r},$$
$$i=1,\cdots,n;j=1,\cdots,10n \quad (23\text{-}4\text{-}96)$$

将控制律设计为

$$\tau=\bar{k}\,\mathrm{sgn}(s)+s=\begin{bmatrix}\bar{k}_1\mathrm{sgn}(s_1)+s_1\\ \cdots\\ \bar{k}_n\mathrm{sgn}(s_n)+s_n\end{bmatrix} \quad (23\text{-}4\text{-}97)$$

其中，$\bar{k}=[\bar{k}_1,\cdots,\bar{k}_n]^{\mathrm{T}}$，$\bar{k}_i=\sum_{j=1}^{10n}\bar{Y}_{ij}^{r}\bar{p}_j$，$i=1,\cdots,n$。

则

$$\begin{aligned}\dot{V}(t)&=-\left[\sum_{i=1}^{n}s_i\bar{k}_i\mathrm{sgn}(s_i)+\sum_{i=1}^{n}s_i^2\right.\\&\quad\left.-\sum_{i=1}^{n}\sum_{i=1}^{10n}s_iY_{ij}^{r}p_j\right]\\&=-\left[\sum_{i=1}^{n}\sum_{i=1}^{10n}|s_i|\bar{Y}_{ij}^{r}\bar{p}_j+\sum_{i=1}^{n}s_i^2\right.\\&\quad\left.-\sum_{i=1}^{n}\sum_{i=1}^{10n}s_iY_{ij}^{r}p_j\right]\leqslant-\sum_{i=1}^{n}s_i^2\leqslant 0\end{aligned} \quad (23\text{-}4\text{-}98)$$

由式（23-4-97）可知，该控制律计算量较控制律式（23-4-90）减少，不需要在线估计 $\hat{p}$ 值，但需要较大的控制量。由控制律式（23-4-97）中切换项增益 $\overline{k}_i$ 和控制律式（23-4-90）中切换项增益 k_i 的定义可知，$\overline{k}_i$ 要比 k_i 的值大，故控制律式（23-4-97）造成的抖振比控制律式（23-4-90）的大。

4.5.3　自适应控制

4.5.3.1　自适应控制系统

自适应控制和常规的反馈控制、最优控制一样，也是一种基于数学模型的控制方法，所不同的只是自适应控制所依据的关于模型和扰动的先验知识比较少，需要在系统的运行过程中不断提取有关模型的信息，使模型逐步完善。具体地说，可以依据对象的输入输出数据，不断地辨识模型参数，这个过程称为系统的在线辨识。随着生产过程的不断进行，通过在线辨识，模型会变得越来越准确，越来越接近于实际。既然模型在不断的改进，显然，基于这种模型综合出来的控制作用也随之不断的改进。在这个意义下，控制系统具有一定的适应能力。比如说，当系统在设计阶段，由于对象特性的初始信息比较缺乏，系统在刚开始投入运行时性能可能不理想，但是只要经过一段时间的运行，通过在线辨识和控制以后，控制系统逐渐适应，最终将自身调整到一个满意的工作状态。再比如某些控制对象，特性可能在运行过程中要发生较大的变化，但通过在线辨识和改变控制器参数，系统也能逐渐适应。

常规的反馈控制系统对于系统内部特性的变化和外部扰动的影响都具有一定的抑制能力，但是由于控制器参数是固定的，所以当系统内部特性变化或者外部扰动的变化幅度很大时，系统的性能常常会大幅度下降，甚至出现不稳定。因此，对那些对象特性或扰动特性变化范围很大，同时又要求经常保持高性能指标的一类系统，采取自适应控制是合适的。但是同时也应当指出，自适应控制比常规反馈控制要复杂得多，成本也高得多，因此只是在用常规反馈达不到所期望的性能时，才会考虑采用自适应控制。

4.5.3.2　自适应控制系统类型

（1）可变增益自适应控制系统

这类自适应控制系统结构简单，响应迅速，在许多方面都有应用，其结构如图 23-4-11 所示。调节器按被控过程的参数的变化规律进行设计，也就是当被控对象（或控制过程）的参数因工作状态或环境情况的变化而变化时，通过能够测量到的某些变量，经过计算而按规定的程序来改变调节器的增益，以使系统保持较好的运行性能。另外在某些具有非线性校正装置和变结构系统中，由于调节器本身对系统参数变化不灵敏，采用此种自适应控制方案往往能取得较满意的效果。

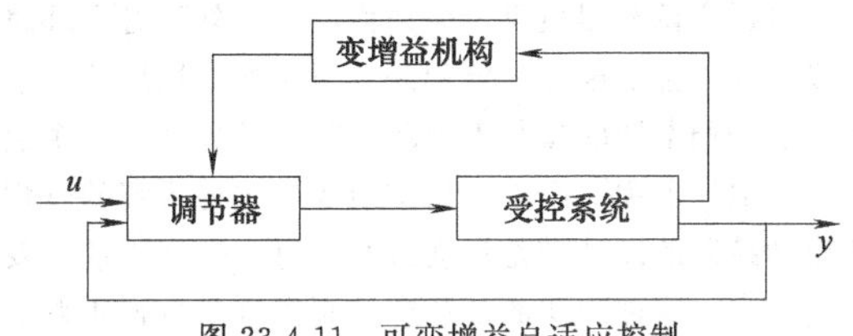

图 23-4-11　可变增益自适应控制

（2）模型参考自适应控制系统（model reference adaptive system，简称 MRAS）

模型参考自适应控制系统由参考模型、被控对象、反馈控制器和调整控制器参数的自适应机构等部分组成，如图 23-4-12 所示。

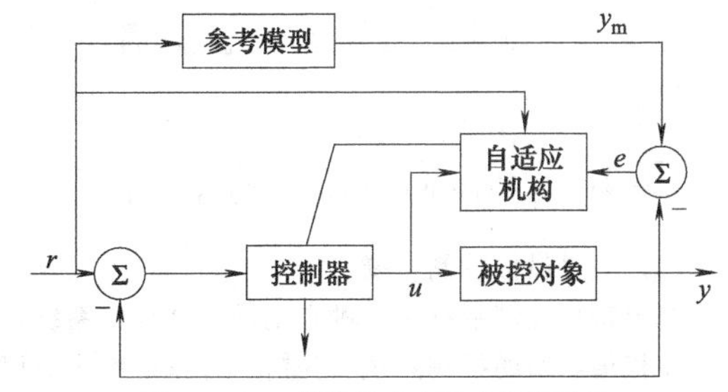

图 23-4-12　模型参考自适应控制系统

设计这类自适应控制系统的核心问题是如何综合自适应调整律，即自适应机构所应遵循的算法。关于自适应调整律的设计目前存在两类不同的方法。其中一种称为局部参数最优化地方法，即利用梯度或其他参数优化的递推算法，求得一组控制器的参数，使得某个预定的性能指标，如 $J=\int e_2(t)\mathrm{d}t$，达到最小。最早的 MIT 自适应律就是利用这种方法求得的。这种方法的缺点是不能保证参数调整过程中，系统总是稳定的。自适应律的另一种设计方法是基于稳定性理论的方法，其基本思想是保证控制其参数自适应调节过程是稳定的，然后再尽量使这个过程收敛快一些。由于自适应控制系统是本质非线性的，因此这种自适应律的设计自然要采用适用于非线性系统的稳定理论。Lyapunov 稳定性理论和 Popov 的超稳定性理论都是设计自适应律的有效工具。由于保证系统稳定是任何闭环控制系统的基本要求，所以基于稳定性理论的设计方法引起了更为广泛的关注。

（3）自校正调节器（self-tuning regulator，简称 STR）

这类自适应控制系统的一个特点是具有一个被控对象数学模型的在线辨识环节，具体地说是加入了一个对象参数的递推估计器。由于估计的是对象参数，而调节器参数还要求解一个设计问题方能得出，所以这种自适应控制系统可以用图23-4-13的结构描述。这种自适应调节器也可设想成由内环和外环各个环路组成，内环包括被控对象和一个普通的线性反馈调节器，这个调节器的参数由外环调节，外环则由一个递推参数估计器和一个设计机构组成。这种系统的过程建模和控制的设计都是自动进行，每个采样周期都要更新一次。这种结构的自适应控制器称为自校正调节器，采用这个名称的目的是强调调节器能自动校正自身的参数，以得到希望的闭环性能。

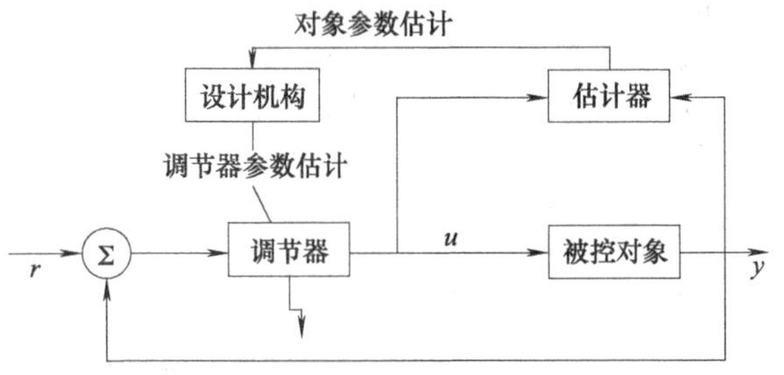

图23-4-13 自校正调节器（STR）的结构图

（4）自寻最优控制系统

自寻最优控制系统是一种自动搜索并保持系统输出位于极值状态的控制系统，先前这种系统称为极值控制系统。在这种系统中，受控系统的输入-输出特性至少有一个代表最优运行状态的极值点或其他形式的非线性特性，因此，受控对象是非线性的。如果极值特性在运行过程中不发生变化，则可通过分析和试验找到一个能使系统工作在极值位置的固定控制量，这时由常规控制便可保持最优运行状态。不过，许多工业对象的极值特性在运行中都会或多或少发生漂移，因而无法采用常规控制策略。对于这类受控系统，采用自寻最优控制策略便可自动保持极值运行状态，使运行状态的梯度为零。此外，自寻最优控制系统还具有易于理解和实现方便等优点，所以它在工业中也有广泛的应用。

（5）学习控制系统

这是一类按行为科学进行处理的控制系统，它比上述各类自适应控制系统都复杂。这种系统的先验信息相当缺乏，为了保证有效的工作，它一般应具有识别、判断、积累经验和学习的功能。由IEEE的“自适应学习和模式识别标准与定义小组委员会”提出的相关定义如下：

一个系统，如果能对一个过程或其环境的未知特征有关的信息进行学习，并将所得的经验用于未来的估计、分类、决策或控制，以改善系统的性能，则称此系统为学习系统。若一个学习系统以其学得的信息来控制一个具有未知特征的过程，则称之为学习控制系统。根据学习时是否需要接收外部信息，学习过程可分为监督学习和无监督学习两类。在实际应用中，常将两类学习方式组合使用。首先通过监督学习获取尽可能多的先验信息，然后改为无监督学习，以收到最好的学习效果。学习系统的形式有模糊自适应控制和专家或智能自适应控制。

研究学习过程的数学方法很多，在学习控制系统中采用的方法有：采用模式分类器的可训练系统、增量学习系统、Bayes估计、随机逼近、自动机模型和语言学方法等。学习系统理论的应用不限于控制工程，在计算机科学、经济和社会等领域中也有应用。

其他自适应控制系统还有混合自适应控制、非线性控制对象自适应控制、模糊自适应控制、神经网络自适应控制等。

4.5.3.3 自适应机器人

随着自动化技术的迅速发展，机器人愈来愈广泛地应用于工业生产过程中，尤其是在柔性制造系统（FMS）和工厂自动化（FA）中，机器人的作用得到了充分发挥，成为现代化生产不可缺少的工具。而生产应用的进一步深入又对机器人的精度、速度以及效率等提出了更高的要求。目前，工业中大多数机器人都采用常规的PID算法，由于该算法是建立在对机器人的动态模型确切了解的基础上的，故在速度和精度要求不太高的情况下是完全可行的。

但是，实际中的机器人动态模型很难精确得到，它是具有较强耦合的非线性系统，若作为简单的线性系统来处理，在许多情况下是不能获得理想的控制性能的。为此，人们积极寻求新的机器人控制方法，一些控制理论的最新成果也被应用到这一领域，机器人的控制系统正在向智能化、精确化方向发展。

另一方面，计算机技术的发展也为这种应用创造了条件，从而促进了机器人控制技术的发展。针对机器人模型参数不确定的特点，自适应控制是公认的一种比较有效的办法。

一般说来，自适应控制可以分为三类：模型参考自适应控制（MRAC）、自校正控制（STAC）、线性摄动自适应控制（LPAC）。这三种方法从不同角度去考察系统的不同方面，具有不同的特点，适用于不同的场合。

4.5.3.4 自适应控制常用的控制器

控制器是自适应控制系统的重要基础，是实现既定控制策略和保障控制性能的重要环节。以下介绍几种基于线性理论的控制器的控制方法。线性控制结构如图 23-4-14 所示。

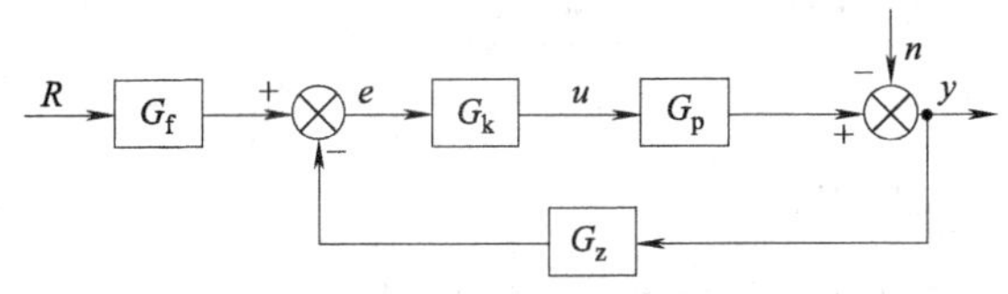

图 23-4-14　一般线性控制结构图

其中，G_f 为前置滤波器；G_k 为前向通道控制器；G_p 为被控过程（对象）；G_z 为反馈环节控制器；n 为输出干扰；u 为控制信号；R 为参考输入；y 为系统输出。

一般的控制器可描述为：

$$G_R(z)=\frac{u(z)}{e(z)}=\frac{Q(z^{-1})}{P(z^{-1})}=\frac{q_0+q_1z+\cdots+q_nz^n}{1+p_1z+\cdots+p_nz^n} \tag{23-4-99}$$

（1）PID 控制器

PID 控制器是一种具有固定结构形式的线性控制器，其原理图如图 23-4-15 所示。

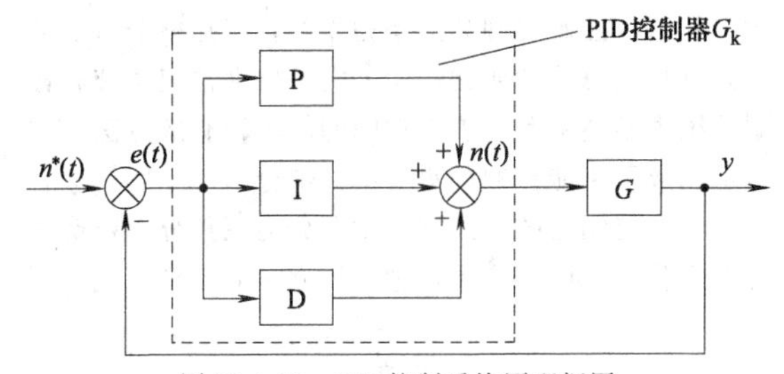

图 23-4-15　PID 控制系统原理框图

传递函数：$G_R(z)=\dfrac{q_0+q_1z^{-1}+q_2z^{-2}}{1-z^{-1}}$

$$\tag{23-4-100}$$

（2）对消控制器

控制器传递函数为：$G_R(z)=\dfrac{1}{G(z)}\dfrac{G_m(z)}{1-G_m(z)}$

控制器的结构图如图 23-4-16 所示。

（3）非周期控制器

控制的传递函数为：

$$G_R(z)=\frac{A(z^{-1})}{B(z^{-1})z^d}\times\frac{M(z^{-1})B(z^{-1})z^d}{M(z^{-1})B(z^{-1})z^{-d}}=\frac{A(z^{-1})M(z^{-1})}{1-M(z^{-1})B(z^{-1})z^d}=\frac{Q(z^{-1})}{P(z^{-1})} \tag{23-4-101}$$

非周期控制器的结构图如图 23-4-17 所示。

（4）其他控制器

其他控制器有预报控制器、最小方差控制器、广义预报控制器、状态控制器、谨慎控制器等。

自适应控制虽然具有很大优越性，可是经过了多年的发展，目前其应用仍不够广泛，主要是因为存在以下几方面的问题：

① 自适应控制理论上很难得到一般解，给推广应用带来了困难；

② 目前的参数估计方法都是在理想情况下随时间趋于无穷而渐近收敛，而实际工程应用需要在有限时间内快速收敛的参数估计方法；

③ 有些自适应控制器启动过程或过渡过程的动态性能不满足实际要求；

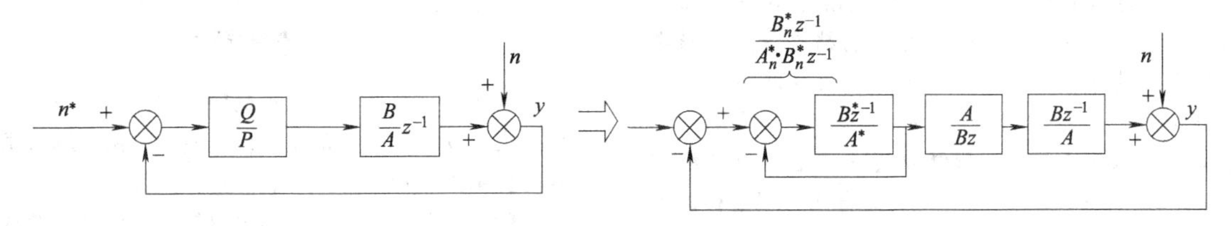

图 23-4-16　对消控制器结构图

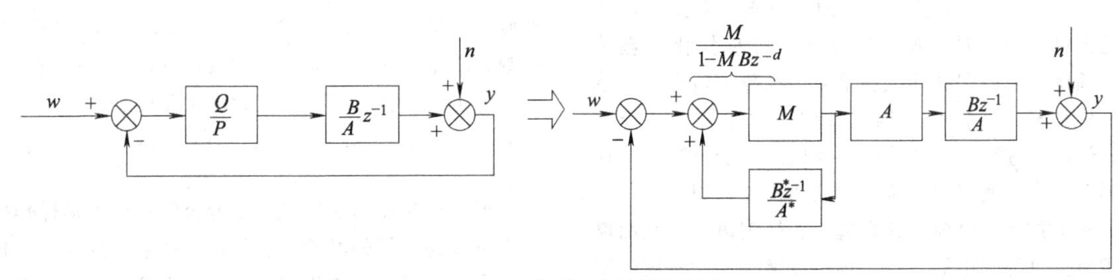

图 23-4-17　非周期控制器结构图

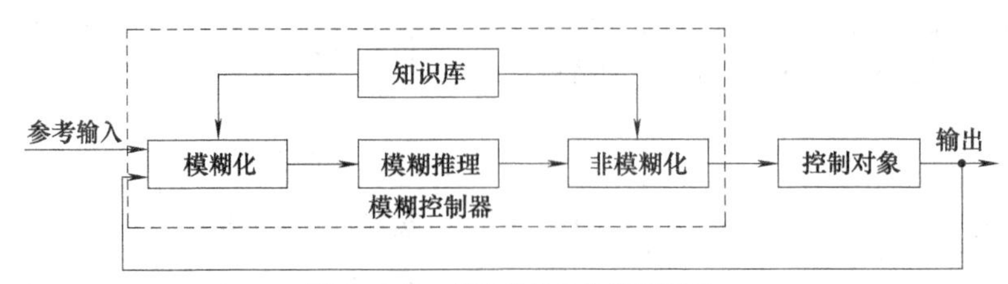

图 23-4-18 模糊控制系统原理框图

④ 控制精度与参数估计的矛盾；

⑤ 低阶控制器中存在高频未建模；

⑥ 测量精度直接影响控制器参数，进而影响系统性能。

4.5.4 模糊控制

4.5.4.1 基本原理

模糊控制是以模糊集合理论、模糊语言及模糊逻辑为基础的控制，它是模糊数学在控制系统中的应用，是一种非线性智能控制。模糊控制是利用人的知识对控制对象进行控制的一种方法，通常用“if 条件，then 结果”的形式来表现，所以又通俗地称为语言控制。一般用于无法以严密的数学表示的控制对象模型，即可利用人（熟练专家）的经验和知识来很好地控制。因此，利用人的智力模糊地进行系统控制的方法就是模糊控制。模糊控制的基本原理如图 23-4-18所示。

模糊控制系统的核心部分为模糊控制器。模糊控制器的控制规律通过计算机程序实现，实现一步模糊控制算法的过程如下：

微机采样获取被控制量的精确值，并将此量与给定值比较得到误差信号 E；一般选误差信号 E 作为模糊控制器的一个输入量，把 E 的精确量进行模糊量化变成模糊量；误差 E 的模糊量可用相应的模糊语言表示，从而得到误差 E 的模糊语言集合的一个子集 e（e 实际上是一个模糊向量）；再由 e 和模糊控制规则 R（模糊关系）根据推理的合成规则进行模糊决策，得到模糊控制量 u 为：

$$u=e*R$$

式中，u 为一个模糊量；为了对被控对象施加精确的控制，还需要将模糊量 u 进行非模糊化处理转换为精确量；得到精确数字量后，经数模转换变为精确的模拟量送给执行机构，对被控对象进行一步控制。然后，进行第二次采样，完成第二步控制……这样循环下去，就实现了被控对象的模糊控制。

模糊控制是以模糊集合理论、模糊语言变量和模糊逻辑推理为基础的一种计算机数字控制。模糊控制同常规的控制方案相比，主要特点有：

① 模糊控制只要求掌握现场操作人员或有关专家的经验、知识或操作数据，不需要建立过程的数学模型，所以适用于不易获得精确数学模型的被控过程，或结构参数不是很清楚等场合。

② 模糊控制是一种语言变量控制器，其控制规则只用语言变量的形式定性表达，不用传递函数与状态方程，只要对人们的经验加以总结，进而从中提炼出规则，直接给出语言变量，再应用推理方法进行观察与控制。

③ 系统的鲁棒性强，尤其适用于时变、非线性、时延系统的控制。

④ 从不同的观点出发，可以设计不同的目标函数，其语言控制规则分别是独立的，但是整个系统的设计可得到总体的协调控制。它是处理推理系统和控制系统中不精确和不确定性问题的一种有效方法，同时也构成了智能控制的重要组成部分。

模糊控制器的组成框图主要分为三部分：精确量的模糊化、规则库模糊推理、模糊量的反模糊化。

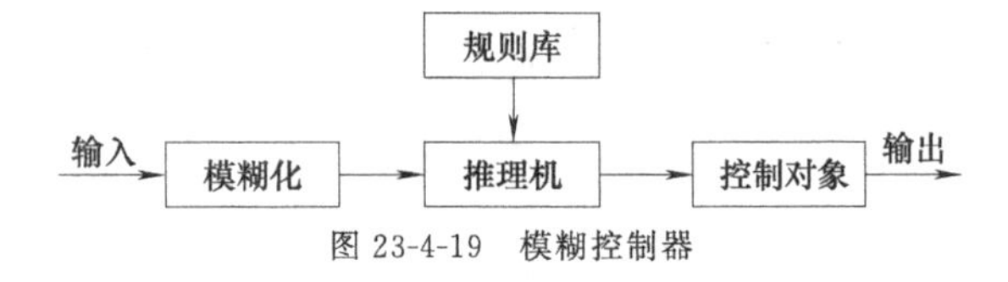

图 23-4-19 模糊控制器

模糊化是一个使清晰量模糊的过程，输入量根据各种分类被安排成不同的隶属度，例如，温度输入根据其高低被安排成很冷、冷、常温、热和很热等。

一般在实际应用中将精确量离散化，即将连续取值量分成几档，每一档对应一个模糊集。控制系统中的偏差和偏差变化率的实际范围叫做这些变量的基本论域，设偏差的基本论域为 $[-x, x]$，偏差所取的模糊集的论域为 $(-n, -n+1, \cdots, 0, \cdots, n-1, n)$，即可给出精确量的模糊化的量化因子 k：

$$k=\frac{n}{e} \tag{23-4-102}$$

模糊控制器的规则是基于专家知识或手动操作熟练人员长期积累的经验，它是按人的直觉推理的一种语言表示形式。模糊规则通常由一系列的关系词连接而成，如 If-then，else，also，and，or 等。例如，某模糊控制系统输入变量为 e（误差）和 e_c（误差变化率），它们对应的语言变量为 E 和 EC，可给出一组模糊规则。

R1：If E is NB and EC is NB then U is PB

R2：If E is NB and EC is NS then U is PM

通常把 If... 部分称为“前提”，而 then... 部分称为“结论”。其基本结构可归纳为 If A and B then C，其中 A 为论域 U 上的一个模糊子集，B 为论域 V 上的一个模糊子集。根据人工的控制经验，可离线组织其控制决策表 R，R 是笛卡儿乘积集 $U\times V$ 上的一个模糊子集，则某一时刻其控制量 C 由式（23-4-103）给出：

$$C=(A\times B)\circ R \tag{23-4-103}$$

式中，$\times$为模糊直积运算；$\circ$为模糊合成运算。

规则库用来存放全部模糊控制规则，在推理时为“推理机”提供控制规则。由上述可知，规则条数和模糊变量的模糊子集划分有关。划分越细，规则条数越多，但并不代表规则库的准确度越高，规则库的“准确性”还与专家知识的准确度有关。

在设计模糊控制规则时，必须考虑控制规则的完备性、交叉性和一致性。完备性是指对于任意的给定输入均有相应的控制规则起作用。控制规则的完备性是保证系统能被控制的必备条件之一。如果控制器的输出值总由数条控制规则来决定，说明控制规则之间相互联系、相互影响，这是控制规则的交叉性。一致性是指控制规则中不存在相互矛盾的规则。

4.5.4.2　模糊控制规则生成

常用的模糊控制规则生成方法有三种。

（1）根据专家经验或过程控制知识生成控制规则

模糊控制规则是基于手动控制策略而建立的，而手动控制策略又是人们通过学习、试验以及长期经验积累而形成的。手动控制过程一般是通过被控对象或过程的观测，操作者再根据已有的经验和技术知识，进行综合分析并做出控制决策，调整加到被控对象的控制作用，从而使系统达到预期目标。

（2）根据过程模糊模型生成控制规则

如果用语言去描述被控过程的动态特性，那么这种语言描述可以看作为过程的模糊模型。根据模糊模型，可以得到模糊控制规则集。

（3）根据对手工操作的系统观察和测量生成控制规则

在实际生产中，操作人员可以很好地操作控制系统，但有时却难以给出用于模糊控制所用的控制语句。为此，可通过对系统的输入、输出进行多次测量，再根据这些测量数据去生成模糊控制规则。

4.5.4.3　规则形式

模糊控制规则的形式主要可分为以下两种。

（1）状态评估模糊控制规则

状态评估（state evaluation）模糊控制规则类似人类的直觉思考，它被大多数的模糊控制器所使用，其形式如下：

Ri：if x1 is Ai1 and x2 is Ai2 … and xn is Ain then y is Ci

其中，x_1，$x2$，…，xn 及 y 为语言变量或称为模糊变量，代表系统的态变量和控制变量；$Ai1$，$Ai2$，…，Ain 及 Ci 为语言值，代表论域中的模糊集合。该形式还有另一种表示法，是将 then 后部分改为系统状态变量的函数，其形式如下：

Ri：if x1 is Ai1 and x2 is Ai2 … and xn is Ain then y=f1(x1,x2,……,xn)

（2）目标评估模糊控制规则

目标评估（object evaluation）模糊控制规则能够评估控制目标，并且预测未来控制信号，其形式如下：

Ri:if (U is Ci→(x is A1 and y is B1)) then U is Ci

优点是：

① 简化系统设计的复杂性，特别适用于非线性、时变、滞后、模型不完全系统的控制。

② 不依赖于被控对象的精确数学模型。

③ 利用控制法则来描述系统变量间的关系。

④ 不用数值而用语言式的模糊变量来描述系统，模糊控制器不必对被控制对象建立完整的数学模式。

缺点是：

① 模糊控制的设计尚缺乏系统性，使得对复杂系统的控制难以实现。难以建立一套系统的模糊控制理论，以解决模糊控制的机理、稳定性分析、系统化设计方法等一系列问题。

② 模糊规则及隶属函数，即系统的设计办法，完全凭经验获得。

③ 信息简单的模糊处理将导致系统的控制精度降低和动态品质变差。若要提高精度就必然增加量化级数，导致规则搜索范围扩大，降低决策速度，甚至不能进行实时控制。

④ 如何保证模糊控制系统的稳定性，即如何解决模糊控制中的稳定性和鲁棒性问题，还有待解决。

4.5.4.4　Fuzzy-PID 复合控制

Fuzzy-PID 复合控制将模糊技术与常规 PID 控制算法相结合，达到较高的控制精度。当温度偏差较大时采用Fuzzy控制，响应速度快，动态性能好；当温度偏差较小时采用PID控制，静态性能好，满足系统控制精度。因此，Fuzzy-PID复合控制比单独的模糊控制和单独的PID控制有更好的控制性能。常见的Fuzzy-PID复合控制有如下几种。

(1) 自适应模糊控制

这种控制方法具有自适应自学习的能力，能自动地对自适应模糊控制规则进行修改和完善，提高了控制系统的性能。对于那些具有非线性、大时滞、高阶次的复杂系统有着更好的控制性能。

(2) 参数自整定模糊控制

也称为比例因子自整定模糊控制。这种控制方法对环境变化有较强的适应能力，在随机环境中能对控制器进行自动校正，使控制系统在被控对象特性变化或扰动的情况下仍能保持较好的性能。

(3) 专家模糊控制EFC

模糊控制与专家系统技术相结合，进一步提高了模糊控制器智能水平。这种控制方法既保持了基于规则方法的价值和用模糊集处理带来的灵活性，同时把专家系统技术的表达与利用知识的长处结合起来，能够处理更广泛的控制问题。

(4) 仿人智能模糊控制

IC算法具有比例模式和保持模式的特点，使得系统在误差绝对值变化时，可处于闭环运行和开环运行两种状态。这就能妥善解决稳定性、准确性、快速性的矛盾，较好地应用于纯滞后对象。

(5) 神经模糊控制

这种控制方法以神经网络为基础，利用了模糊逻辑具有较强的结构性知识表达能力，即描述系统定性知识的能力、神经网络强大的学习能力以及定量数据的直接处理能力。

(6) 多变量模糊控制

这种控制适用于多变量控制系统。一个多变量模糊控制器有多个输入和输出变量。

4.5.5 机器人顺应控制

4.5.5.1 概述

工业机器人的运动，根据其末端执行器与外界环境是否发生接触可以分为两类。一类是不受任何约束的自由空间运动，如喷漆、搬运、点焊等作业。这类作业可以通过适当的位置控制来完成。另一类是机器人末端与外界环境发生接触，在作业过程中，末端有一个或几个自由度不能自由运动或者要求末端在某一个或某几个方向上与工作环境保持一定大小的力，如机器人的高精度装配、旋转曲柄、上螺丝、去毛刺、擦玻璃等作业。这类作业仅采用机器人位置控制无法完成，还必须考虑到末端与外界环境之间的相互作用力，在位置控制的基础上引入力控制环，这样便出现了机器人的力控制问题，顺应控制实质上是力和位置的混合控制。

对于机器人这样的高度非线性、强耦合机械系统，它的精确位置控制问题是很复杂的，加上末端执行器受到外界环境的约束，问题变得更为复杂。因为约束使得机器人自由度减少，同时由于接触，外界环境会对机器人产生反作用力，太大的作用力可能损坏机器人及其加工工件，因此必须对机器人受到的力进行有效控制。正因为如此，机器人的力控制和顺应控制成为机器人研究中一个十分重要的研究领域，各国学者都在大力开展这方面的研究。

目前，解决环境约束下的机器人控制问题主要有两种方法：一种是力和位置的混合控制，另一种则是将力信号转变成位置或速度调整量的阻抗控制，包括刚度控制和阻尼控制。工业机器人的控制可大致分为三种形式：位置控制、力控制和顺应控制。

顺应控制又叫依从控制或柔顺控制，它是在机器人的操作手受到外部环境约束的情况下，对机器人末端执行器的位置和力的双重控制。顺应控制对机器人在复杂环境中完成任务是很重要的，例如装配、铸件打毛刺、旋转曲柄、开关带铰链的门或盒盖、拧螺钉等。顺应控制本质上是力和位置的混合控制。对机器人的顺应控制，首先要确定顺应中心。顺应中心的定义是：在这点作用一个力，仅在力的方向上引起位移，而当一个纯力矩沿某一直线作用于该点时，则只引起绕该直线的转动。

4.5.5.2 被动式顺应控制

被动式顺应控制是设计一种柔性机械装置，并把它安装在机械手的腕部，用来提高机械手顺应外部环境的能力，通常称之为柔顺手腕。这种装置的结构有很多种类型，比较成熟的典型结构是由美国麻省理工学院的D. E. Whitney领导的一个小组研制的一种称为RCC（remote center compliance）的无源机械装置，它是一种由铰链连杆和弹簧等弹性材料组成的具有良好消振能力和一定柔顺的无源机械装置。该装置有一个特殊的运动学特性，即在它的中心杆上有一个特殊的点，称为柔顺中心。若对柔顺中心施加力，则中心杆产生平移运动，若把力矩施加到该点上，则产生对该点的旋转运动，该点（柔顺中心）往往被选作为工作坐标的原点。

像RCC这样的被动式柔顺手腕，由于不需要信息处理，而只靠自身的机构调整，所以具有快速响应的能力，而且结构简单，价格低廉。但它只能在诸如插轴入孔这样一些专用场合使用，且柔顺中心的调整也比较困难，不能适应杆件长度的变化。柔顺度固定，无法适应不同作业任务要求，这些都是由其机械结构和弹性材料决定的，因此其通用性较差。后来也有人设计一种柔顺中心和柔性度可变的 RCC 装置，称为 VRCC（variable RCC），但结构复杂，重量大，且可调范围有限。

4.5.5.3　主动式顺应控制

主动式顺应控制是在机器人位置控制的基础上引入力信号的反馈，通过一些数据处理和控制策略，力控制器产生控制指令去驱动机器人操作器运动，以调整出不同的控制算法。这种方法要求使用力传感器，整个力控制系统的响应速度较慢，但它使用很灵活，通用性很强，目前广泛地应用于机器人的各种力控制作业研究中。

4.5.6　位置和力控制

按照控制变量所处空间的不同，机器人控制可以分为关节空间的控制和笛卡儿空间的控制。对于串联式多关节机器人，关节空间的控制是针对机器人各个关节变量进行的控制，笛卡儿空间控制是针对机器人末端的变量进行的控制。按照控制变量的不同，机器人控制可以分为位置控制、速度控制、加速度控制、力控制、力位混合控制等。这些控制可以是关节空间的控制，也可以是末端笛卡儿空间的控制。

4.5.6.1　位置控制

机器人的位置控制主要有直角坐标和关节坐标两种控制方式。

1）直角坐标位置控制　是对机器人末端执行器坐标在参考坐标系中的位置和姿态的控制。通常其空间位置主要由腰关节、肩关节和肘关节确定，而姿态（方向）由腕关节的两个或三个自由度确定。通过解逆运动方程，求出对应直角坐标位姿的各关节位移量，然后驱动伺服结构使末端执行器到达指定的目标位置和姿态。

2）关节坐标位置控制　直接输入关节位移给定值，控制伺服机构。

位置控制的目标是使被控机器人的关节或末端达到期望的位置。下面以关节空间位置控制为例，说明机器人的位置控制。如图 23-4-20 所示，将关节位置给定值与当前值比较得到的误差作为位置控制器的输入量，经过位置控制器的运算后，将其输出作为关节速度控制的给定值。关节位置控制器常采用 PID 算法，也可以采用模糊控制算法。

位置控制是在预先指定的坐标系上，对机器人末端执行器的位置和姿态（方向）的控制。末端执行器的位置和姿态是在三维空间描述的，包括三个平移分量和三个旋转分量，它们分别表示末端执行器坐标在参考坐标系中的空间位置和方向（姿态）。因此，必须给它指定一个参考坐标系，原则上这个参考坐标系可以任意设置，但为了规范化和简化计算，通常以机器人的基坐标系作为参考坐标系。

4.5.6.2　力控制

机器人的力控制是利用机器人进行自动加工（如装配等）的基础。工业机器人的力控制分为关节空间的力控制、笛卡儿空间的力控制和柔顺控制。柔顺控制分为主动阻抗控制和力和位置混合控制。

（1）刚度与柔顺

机器人的刚度是指为了达到期望的机器人末端位置和姿态，机器人所能够表现的力或力矩的能力。影响机器人末端端点刚度的因素主要有连杆的挠性、关节的机械形变和关节的刚度。

机器人的柔顺指机器人的末端能够对外力的变化做出相应的响应，表现为低刚度。根据柔顺性是否通过控制方法获得，可将柔顺分为被动柔顺和主动柔顺。

被动柔顺是指不需要对机器人进行专门的控制即具有的柔顺能力。柔顺能力由机械装置提供，只能用于特定的任务，响应速度快，成本低。

主动柔顺是指通过对机器人进行专门的控制获得的柔顺能力。通常，主动柔顺通过控制机器人各关节的刚度，使机器人末端表现出所需要的柔顺性。

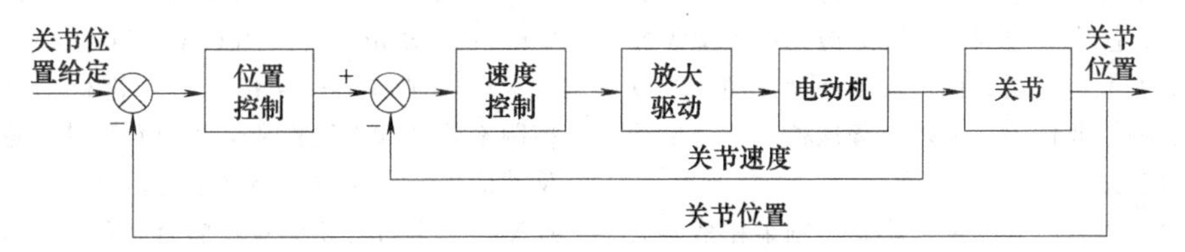

图 23-4-20　关节位置控制示意图

主动柔顺具有阻抗控制、力位混合控制和动态混合控制等类型。阻抗控制是指通过力与位置之间的动态关系实现的柔顺控制。阻抗控制的静态，即力和位置的关系，用刚性矩阵描述；阻抗控制的动态，即力和速度的关系，用黏滞阻尼矩阵描述。力位混合控制是指分别组成位置控制回路和力控制回路，通过控制律的综合实现的柔顺控制。动态混合控制是指在柔顺坐标空间将任务分解为某些自由度的位置控制和另一些自由度的力控制，然后将计算结果在关节空间合并为统一的关节力矩。

1）被动柔顺控制　所谓被动柔顺机构，即利用一些可以在机器人与环境作用时吸收或储存能量的机械器件，如弹簧、阻尼器等，构成的机构。一种最早的典型的被动柔顺装置 RCC 是由 MIT 的 Draper 实验室设计的，它用于机器人装配作业时，能对任意柔顺中心进行顺从运动。RCC 实为一个由 6 只弹簧构成的、能顺从空间 6 个自由度的柔顺手腕，轻便灵巧。用 RCC 进行机器人装配的实验结果为：将直径 40mm 的圆柱销在倒角范围内且初时错位 2mm 的情况下，于 0.25s 内插入配合间隙为 0.01mm 的孔中。

机器人采用被动柔顺装置进行作业，显然存在一定的问题：

① 无法根除机器人高刚度与高柔顺性之间的矛盾；

② 被动柔顺装置的专用性强，适应能力差，使用范围受到限制；

③ 机器人加上被动柔顺装置，其本身并不具备控制能力，给机器人控制带来了极大的困难，尤其在既需要控制作用力又需要严格控制定位的场合中，更为突出；

④ 无法使机器人本身产生对力的反应动作，成功率较低等。

也正是这些被动柔顺方法的不足之处促使机器人专家们探索新的方法。因此，为克服被动柔顺性存在的极大不足，主动柔顺控制应运而生，进而成为乃至今日仍为机器人研究的一个主要方向。

2）主动柔顺控制　主动柔顺控制也就是力控制。随着机器人在各个领域应用的日益广泛，许多场合要求机器人具有接触力的感知和控制能力，例如在机器人的精密装配、修刮或磨削工件表面抛光和擦洗等操作过程中，要求保持其端部执行器与环境接触。所以机器人完成这些作业任务，必须具备这种基于力反馈的柔顺控制的能力。

自第一台机器人问世以来，研制出刚柔相济、灵活自如的机器人一直为数代机器人专家努力的目标，而主动柔顺控制正是实现这一目标的重要环节，因此力控制成为国际前沿研究的热点。大家围绕控制策略、控制理论和控制方法等一系列问题，开展了大量的研究工作。

最早的主动柔顺控制研究可以追溯到 20 世纪 50 年代，当时 Goertzs 针对放射性实验场所，在电液式主从机械臂上装上力反馈装置，当操作者在主操作机上操作时，就可以感受到从操作机与环境的接触作用力，实质上就是力遥感。

60 年代，Mann 主持研制了具有力反馈能力的人造肘。关节电动机由“肌肉”电极信号和关节应变仪信号驱动，这样电流将发挥“肌肉”的作用。但由于当时控制条件的限制，控制系统实时性差，系统不易稳定。

70 年代，随着计算机机器人传感器和控制技术的飞速发展，机器人的力控制发生了根本变化，发展成为机器人研究的一个主要方向——机器人主动柔顺控制。

机器人主动柔顺控制是新兴智能制造中的一项关键技术，也是柔性装配自动化中的难点和“瓶颈”，它集传感器、计算机、机械、电子、力学和自动控制等众多学科于一身，其理论研究和技术实现都面临着不少亟待解决的难题。研究成果不仅在理论上具有重要意义，而且在技术上也可以实现曲面跟踪、牵引运动和精密装配等依从运动控制。机器人主动柔顺控制的实现克服了被动柔顺控制的不足，因此，机器人的主动柔顺控制研究成果具有十分广阔的应用前景。

设计机器人力控制结构，处理力和位置控制二者之间的关系，也就是机器人柔顺控制的策略，为主动柔顺控制研究中的首要问题。有关力控制的研究首先集中于此，都是从不同的角度对控制策略进行阐述。虽然观点各异，但从机器人实现依从运动的特点来看，一般可归结为 4 大类：阻抗控制策略、力/位混合控制策略、自适应控制策略和智能控制策略。

这里主要介绍阻抗控制策略和智能控制策略。阻抗控制是不直接控制机器人与环境的作用力，而是根据机器人端部的位置（或速度）和端部作用力之间的关系，通过调整反馈位置误差、速度误差或刚度来达到控制力的目的，其时接触过程的弹性变形尤为重要，因此也有人狭义地称为柔顺性控制。其中以 Whitney、Salisbury、Hogan、Kazarooni 等人的工作具有代表性，Maples 和 Becker 进行了总结：这类力控制不外乎基于位置和速度的两种基本形式。当把力反馈信号转换为位置调整量时，这种力控制称为刚度控制；当把力反馈信号转换为速度修正量时，这种力控制称为阻尼控制；当把力反馈信号同时转换为位置和速度的修正量时，即为阻抗控制。阻抗控制结构的核心为力-运动转换矩阵 K 设计，运动修正矩阵 $WX=K-F$，从力控角度来看，希望 K 中元素越大越好，即系统柔一些；从位控来看，希望 K 中元素越小越好，即系统刚一些。这也体现了机器人刚柔相济要求的矛盾，也给机器人力控制带来了极大的困难。

另外，机器人研究已进入智能化阶段，这决定了机器人智能力控制策略出现的必然性。具有代表性的研究有：Connolly Thomash 等将多层前向神经网络用于力位混合控制，根据检测到的力和位置由神经网络计算选择矩阵和人为约束，并进行了插孔实验；日本的福田敏男等用四层前馈神经网络构造了神经伺服控制器，并进行了细针刺纸实验，能将力控制到不穿破纸的极小范围，此后不久又将之用于碰撞试验，取得了一定的成果，但机构简单，针对性强，尚缺少普遍性；Xu Yangsheng 等提出了主动柔顺和被动柔顺相结合的观点，研制了相应的机械腕，采用模糊控制的方法，实施插孔。从研究成果来看，智能控制仍处于起步阶段，尚未形成独立的控制策略，仅仅将智能控制原理，如模糊和神经网络理论，用于对以往研究中无法解决的难题进行新的尝试，仍具有一定的局限性。

从机器人力控制的特点来看，它是在模拟人的力感知的基础上进行的控制，因而智能控制具有很强的研究价值。有人详细分析了各种各样的研究方法，提出了基于模糊神经网络的智能“力/位并环”的控制策略。

智能力位并环控制结构的基本原理是将力控制大系统分解成子系统，将力位并行输入，利用模糊神经网络进行综合，输出为位置量。这样，并不改动机器人的位置伺服系统，可以充分利用原机器人的优良位置控制性能。另外还有其他特点：

① 它既具有阻抗控制的优点、又具有力/位混合控制的特点；

② 具有联想记忆的功能，容错、纠错、自学习和自组织为一大特色，该策略的学习功能明显优于自适应学习；

③ 拥有知识库——神经网络内各神经元之间的连接权值，能根据输入力和位置的模糊划分，自行进行匹配，选择相应的权值；

④ 无须进行建模，适用范围广，且实时性强。

(2) 工业机器人笛卡儿空间静力与关节空间静力的转换

关节空间的力或力矩与机器人末端的力或力矩有直接联系。通常，静力和静力矩可以用 6 维矢量表示。

$$F=\begin{bmatrix} f_x & f_y & f_z & m_x & m_y & m_z \end{bmatrix}^T \tag{23-4-104}$$

其中，F 为广义力矢量，$[f_x,f_y,f_z]$ 为静力，$[m_x,m_y,m_z]$ 为静力矩。

所谓静力变换是指机器人在静止状态下的力或力矩的变换。

设基坐标系下广义力 F 的虚拟位移为 D，如式 (23-4-105) 所示。

$$D=\begin{bmatrix} d_x & d_y & d_z & \delta_x & \delta_y & \delta_z \end{bmatrix}^T \tag{23-4-105}$$

则广义力 F 所做的虚功记为 W

$$W=F^TD \tag{23-4-106}$$

机器人所做的虚功 ^CF 为

$$^CW={}^CF^{T\,C}D \tag{23-4-107}$$

其中，^CF 是机器人在坐标系 $\{C\}$ 下的广义力，^CD 是机器人在坐标系 $\{C\}$ 下的虚拟位移。

基坐标系下的虚拟位移 D 和坐标系 $\{C\}$ 下的虚拟位移 ^CD 之间存在如下关系。

$$\begin{bmatrix} ^Cd_x \\ ^Cd_y \\ ^Cd_z \\ ^C\delta_x \\ ^C\delta_y \\ ^C\delta_z \end{bmatrix}=\begin{bmatrix} n_x & n_y & n_z & (p\times n)_x & (p\times n)_y & (p\times n)_z \\ o_x & o_y & o_z & (p\times o)_x & (p\times o)_y & (p\times o)_z \\ a_x & a_y & a_z & (p\times a)_x & (p\times a)_y & (p\times a)_z \\ 0 & 0 & 0 & n_x & n_y & n_z \\ 0 & 0 & 0 & o_x & o_y & o_z \\ 0 & 0 & 0 & a_x & a_y & a_z \end{bmatrix}\begin{bmatrix} d_x \\ d_y \\ d_z \\ \delta_x \\ \delta_y \\ \delta_z \end{bmatrix}\Rightarrow {}^CD=HD \tag{23-4-108}$$

机器人在基坐标系和坐标系 $\{C\}$ 下所做的虚功相等，即

$$^CF=(H^T)^{-1}F \tag{23-4-109}$$

其中，矩阵 $\boldsymbol{H}$ 为不同坐标系下微分变换的等价变换矩阵。

机器人在关节空间的虚功，可以表示为

$$W_q=F_q^T dq。$$

其中，W_q 是机器人在关节空间所做的虚功；$F_q=[f_1 \quad f_2 \quad \cdots \quad f_n]^T$，是机器人关节空间的等效静力或静力矩；$dq=[dq_1 \quad dq_2 \quad \cdots \quad dq_n]^T$，是关节空间的虚拟位移。笛卡儿空间与关节空间的虚拟位移之间存在的关系为：

$$D=J(q)dq。$$

其中，$J(q)$ 为机器人的雅可比矩阵。

考虑到机器人在笛卡儿空间与关节空间的虚功是

等价的，得

$$F_q = J(q)^T F。\quad (24\text{-}4\text{-}110)$$

利用主动刚性控制，可以使特定方向的刚度降低或加强。图 23-4-21 为主动刚性控制框图。

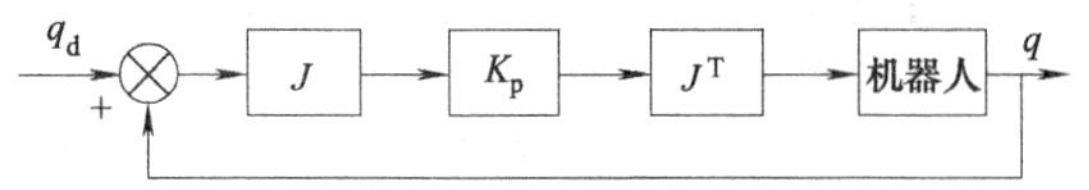

图 23-4-21　主动刚性控制框图

图 23-4-21 中，K_p是末端笛卡儿坐标系的刚性对称矩阵，可以人为设定。对于关节空间的位置偏差$(q_d - q)$，利用雅可比矩阵 J 将其转换为机器人末端的位姿偏差。末端位姿偏差经过刚性对称矩阵 K_p，转换为末端广义力，再通过力变换转换为关节空间的力或力矩。上述主动刚性控制的控制律为

$$\tau = J^T K_p J(q_d - q) \quad (23\text{-}4\text{-}111)$$

当 $q_d - q = 0$ 时，关节空间的控制力或力矩为 0；当 $q_d - q \neq 0$ 时，关节空间具有一定的控制力或力矩，从而使机器人末端表现出期望的刚度。

4.5.6.3　位置和力的混合控制

从具有代表性的 Mason、Paul 和 Mills 等人的研究可以看出，力/位混合控制的提出有一个过程。

机器人力控制的最佳方案是：以独立的形式同时控制力和位置，理论上机器人力自由空间和位置自由空间是两个互补正交子空间，在力自由空间进行力控制，而在剩余的正交方向上进行位置控制，此时的约束环境被当作不变形的几何问题考虑，也有人狭义地称之为约束运动控制。

Mason 于 1979 年最早提出同时非矛盾地控制力和位置的概念和关节柔顺的思想，他的方法是对机器人的不同关节根据具体任务要求分别独立地进行力控制和位置控制，明显有一定局限性。1981 年 Raibert 和 Craig 在 Mason 的基础上提出了力/位混合控制，即通过雅可比矩阵将作业空间任意方向的力和位置分配到各个关节控制器上，但这种方法计算复杂。为此，H. Zhang 等人提出了把操作空间的位置环用等效的关节位置环代替的改进方法，但必须根据精确的环境约束方程来实时确定雅可比矩阵并计算其坐标系，要实时地用反映任务要求的选择矩阵来决定力和位控方向。总之，力/位混合控制理论明晰但付诸实施难。

图 23-4-22 所示为一种力/位混合控制的框图，它由位置控制和力控制两部分组成。位置控制为 PI 控制，给定为机器人末端的笛卡儿空间位置，末端的笛卡儿空间位置反馈由关节空间的位置经过运动学计算得到。图中，T 为机器人的运动学模型，J 为机器人的雅克比矩阵。末端位置的给定值与当前值之差，利用雅克比矩阵的逆矩阵转换为关节空间的位置增量，再经过 PI 运算后，作为关节位置增量的一部分。力控制同样为 PI 控制，给定为机器人末端的笛卡儿空间力/力矩，反馈由力/力矩传感器测量获得。末端力/力矩的给定值与当前值之差，利用雅克比矩阵的转置矩阵转换为关节空间的力/力矩，再经过 PI 运算后，作为关节位置增量的另一部分。位置控制部分和力控制部分的输出，相加后作为机器人关节的位置增量期望值。机器人利用增量控制，对其各个关节的位置进行控制。

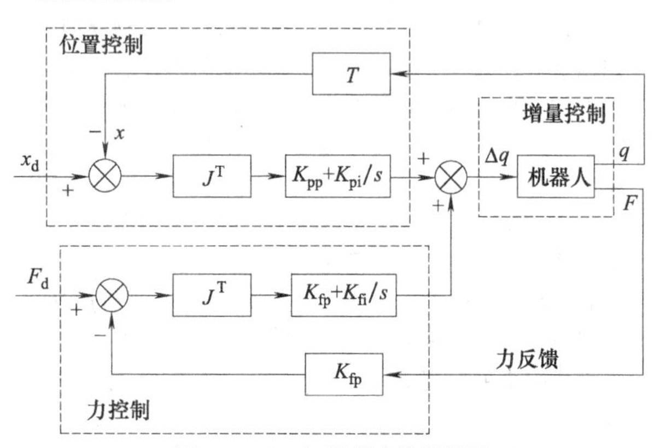

图 23-4-22　力/位混合控制框图

4.5.6.4　R-C 控制器

图 23-4-23 是由 Raibert 和 Craig 提出的一种力/位置控制方案，即著名的 R-C 控制器。该控制器不同于刚度控制和阻抗控制，阻抗控制和刚度控制的输入是位置和速度，其力控隐含在刚度反馈矩阵中，本质上还是属于位置控制。而 R-C 控制器的输入变量既有位置、速度，又有力。R-C 控制器是位置/力混

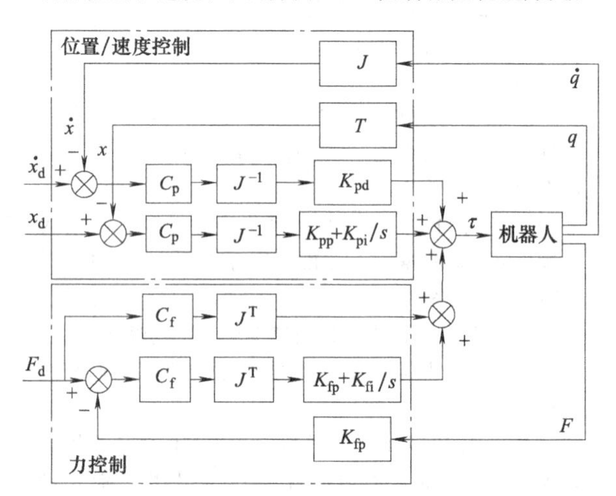

图 23-4-23　R-C 力/位混合控制

合控制的经典之作，以后的很多控制方案都是在这一方案基础上演变或改进的。该控制方案由两大部分组成，分别为位置/速度控制部分和力控制部分。

位置/速度控制部分由位置和速度两个通道构成。

位置通道以末端期望的笛卡儿空间位置 x_d 作为给定，位置反馈由关节位置利用运动学方程计算获得。利用雅可比矩阵，将笛卡儿空间的位姿偏差转换为关节空间的位置偏差，经过 PI 运算后作为关节控制力或力矩的一部分。

速度通道以末端期望的笛卡儿空间速度 $\dot{x}_d$ 作为给定，速度反馈由关节速度利用雅可比矩阵计算获得。同样地，速度通道利用雅可比矩阵，将笛卡儿空间的速度偏差转换为关节空间的速度偏差，然后经过比例运算，将其结果作为关节控制力或力矩的一部分。C_p 为位置/速度控制部分各个分量的选择矩阵，用于对各个分量的作用大小进行选择，表现在机器人末端为各个分量的柔顺性不同。

力控制部分由 PI 和力前馈两个通道构成。

PI 通道以机器人末端期望的笛卡儿空间广义力 F_d 作为给定，力反馈由力传感器测量获得。利用雅可比矩阵，将笛卡儿空间的力偏差转换为关节空间的力偏差，经过 PI 运算后作为关节控制力或力矩的一部分。

力前馈通道直接利用雅可比矩阵将 F_d 转换到关节空间，作为关节控制力或力矩的一部分。力前馈通道的作用是加快系统对期望力 F_d 的响应速度。C_f 为力控制部分各个分量的选择矩阵，用于对各个分量的作用大小进行选择。

4.5.6.5　改进的 R-C 力和位置混合控制

图 23-4-23 所示的力和位置混合控制方案未考虑机械手动态耦合影响，在工作空间的某些奇异位置上系统会不稳定。图 23-4-24 为改进的 R-C 力/位混合控制方案。

其改进主要体现在以下几个方面：

① 考虑机械手的动态影响，并对机械手所受的重力、哥氏力和向心力进行补偿。如图 23-4-25 中的 $C(q,\dot{q})+g(q)$，以及位置/速度、加速度控制部分增加的惯量矩阵 $\hat{H}$。

② 考虑力控制系统的欠阻尼特性，在力控制回路中加入阻尼反馈，以削弱振荡因素。如图中的 $K_{fd}J^{T}C_f$ 通道，其信号取自机器人的当前速度 $\dot{x}$。

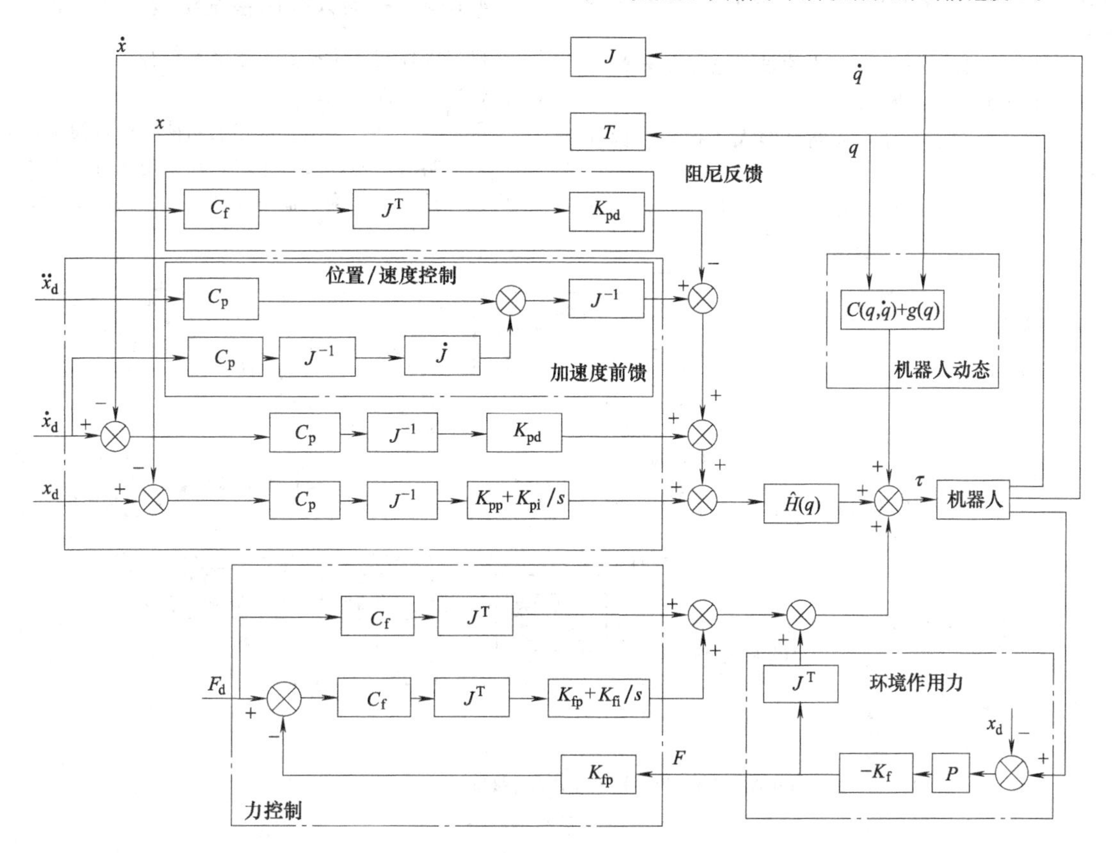

图 23-4-24　改进的 R-C 力/位混合控制

③ 引入加速度前馈，以满足作业任务对加速度的要求，也可使速度平滑过渡。考虑 J 的时变性，得到

$$\ddot{x}=J\ddot{q}+\dot{J}\dot{q}=J\ddot{q}+\dot{J}J^{-1}\dot{x}$$

将 x 用 x_d 替换，经整理得到 $\ddot{q}_d$ 的表达式：

$$\ddot{q}_d=J^{-1}(\ddot{x}_d-\dot{J}J^{-1}\dot{x}_d) \quad (23\text{-}4\text{-}112)$$

因此，加速度前馈在图 23-4-25 中由两个通道组成，即 $J^{-1}C_p\ddot{x}_d$ 和 $J^{-1}\dot{J}J^{-1}C_p\dot{x}_d$ 通道。

④ 引入环境力的作用，以适应弹性目标对机器人刚度的要求。

4.6 控制系统硬件构成

4.6.1 机器人控制系统硬件组成

① 控制计算机：控制系统的调度指挥机构。一般为微型机、微处理器，有 32 位、64 位等。

② 示教盒：示教机器人的工作轨迹、参数设定以及所有人机交互操作，拥有自己独立的 CPU 以及存储单元，与主计算机之间以串行通信方式实现信息交互。

③ 操作面板：由各种操作按键、状态指示灯构成，只完成基本功能操作。

④ 硬盘和软盘存储：存储机器人工作程序的外围存储器。

⑤ 数字和模拟量输入输出：各种状态和控制命令的输入或输出。

⑥ 打印机接口：记录需要输出的各种信息。

⑦ 传感器接口：用于信息的自动检测，实现机器人柔顺控制，一般为力觉、触觉和视觉传感器。

⑧ 轴控制器：完成机器人各关节位置、速度和加速度控制。

⑨ 辅助设备控制：用于和机器人配合的辅助设备的控制，如手爪变位器等。

⑩ 通信接口：实现机器人和其他设备的信息交换，一般有串行接口、并行接口等。

⑪ 网络接口。

1）Ethernet 接口：可通过以太网实现单台或数台机器人的直接 PC 通信，数据传输速率高达 10Mbit/s，可直接接在 PC 上，传输用 Windows 库函数编写的应用程序，支持 TCP/IP 通信协议，通过 Ethernet 接口将数据及程序装入各个机器人控制器中。

2）Fieldbus 接口：支持多种流行的现场总线规格，如 Device Net、AB Remote I/O、Interbus-S、PROFIBUS-DP、M-NET 等。

4.6.2 机器人控制系统结构

机器人控制系统按其控制方式可分为三类。

(1) 集中控制系统

用一台计算机实现全部控制功能，结构简单，成本低，但实时性差，难以扩展，在早期的机器人中常采用这种结构，其构成框图如图 23-4-26 所示。基于

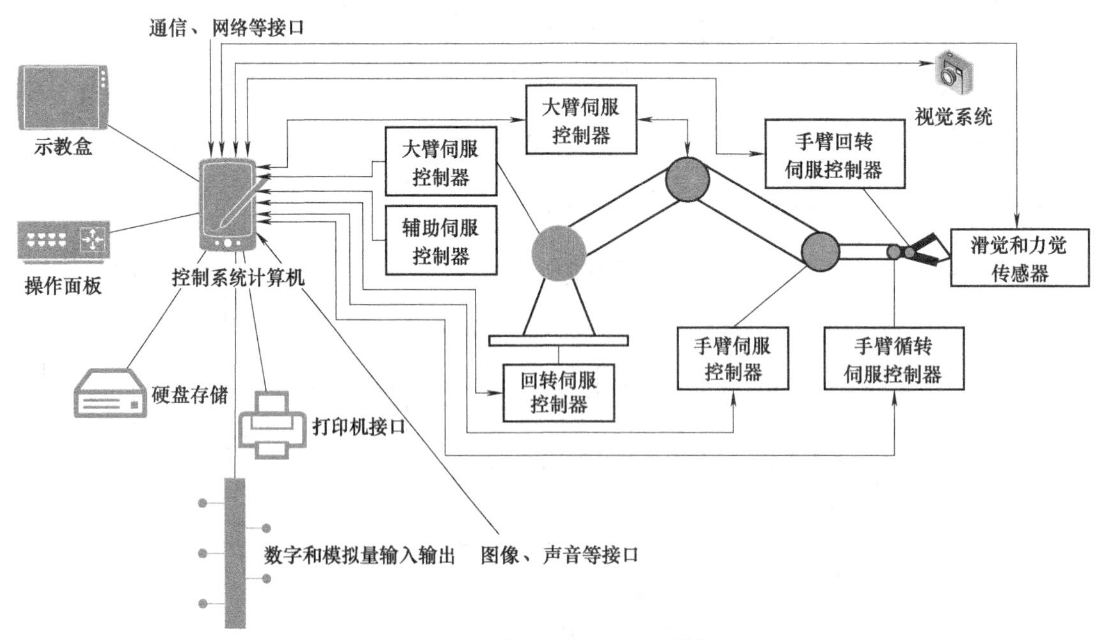

图 23-4-25 机器人控制系统组成框图

PC 的集中控制系统里，充分利用了 PC 资源开放性的特点，可以实现很好的开放性。如多种控制卡，传感器设备等都可以通过标准 PCI 插槽或通过标准串口、并口集成到控制系统中。集中式控制系统的优点是：硬件成本较低，便于信息的采集和分析，易于实现系统的最优控制，整体性与协调性较好，基于 PC 的系统硬件扩展较为方便。其缺点是：系统控制缺乏灵活性，控制危险容易集中，一旦出现故障，其影响面广，后果严重；由于工业机器人的实时性要求很高，当系统进行大量数据计算时，会降低系统实时性，系统对多任务的响应能力也会与系统的实时性相冲突；此外，系统连线复杂，会降低系统的可靠性。

（2）主从控制系统

采用主、从两级处理器实现系统的全部控制功能，其构成框图如图 23-4-27 所示。主 CPU 实现管理、坐标变换、轨迹生成和系统自诊断等，从 CPU 实现所有关节的动作控制。主从控制方式系统实时性较好，适于高精度、高速度控制，但其系统扩展性较差，维修困难。

（3）分散控制系统

按系统的性质和方式将系统控制分成几个模块，每一个模块各有不同的控制任务和控制策略，各模块之间可以是主从关系，也可以是平等关系。这种方式实时性好，易于实现高速、高精度控制，易于扩展，可实现智能控制，是目前流行的方式，其控制框图如图 23-4-28 所示。其主要思想是“分散控制，集中管理”，即系统对其总体目标和任务可以进行综合协调和分配，并通过子系统的协调工作来完成控制任务，整个系统在功能、逻辑和物理等方面都是分散的，所以 DCS 系统又称为集散控制系统或分散控制系统。这种结构中，子系统是由控制器和不同被控对象或设备构成的，各个子系统之间通过网络等相互通信。分布式控制结构提供了一个开放、实时、精确的机器人控制系统。分布式系统中常采用两级控制方式，而两级分布式控制系统通常由上位机、下位机和网络组成。上位机可以进行不同的轨迹规划和控制算法，下位机进行插补细分、控制优化等的研究和实现。上位机和下位机通过通信总线相互协调工作，这里的通信

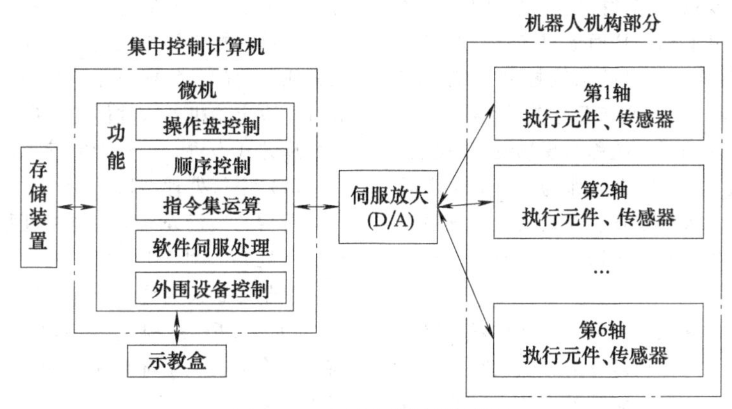

图 23-4-26　集中控制系统框图

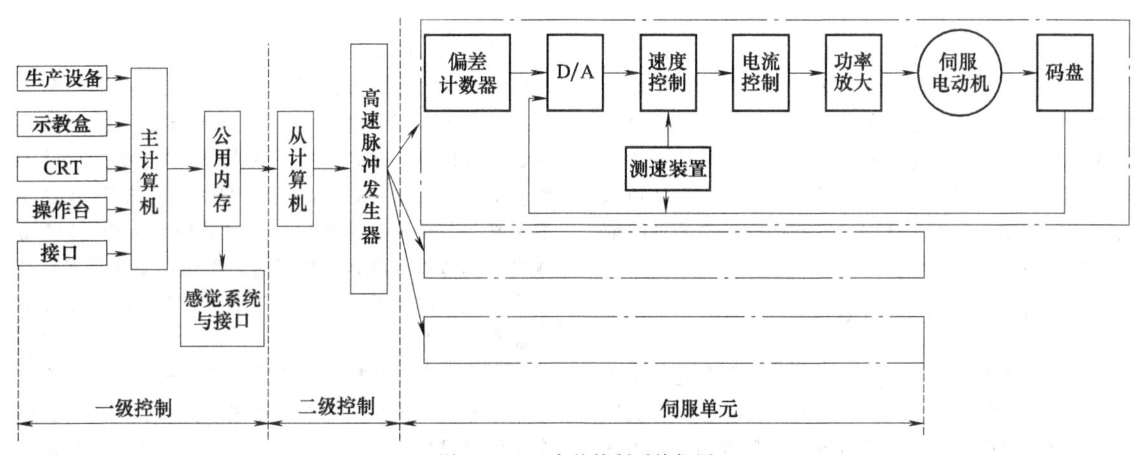

图 23-4-27　主从控制系统框图

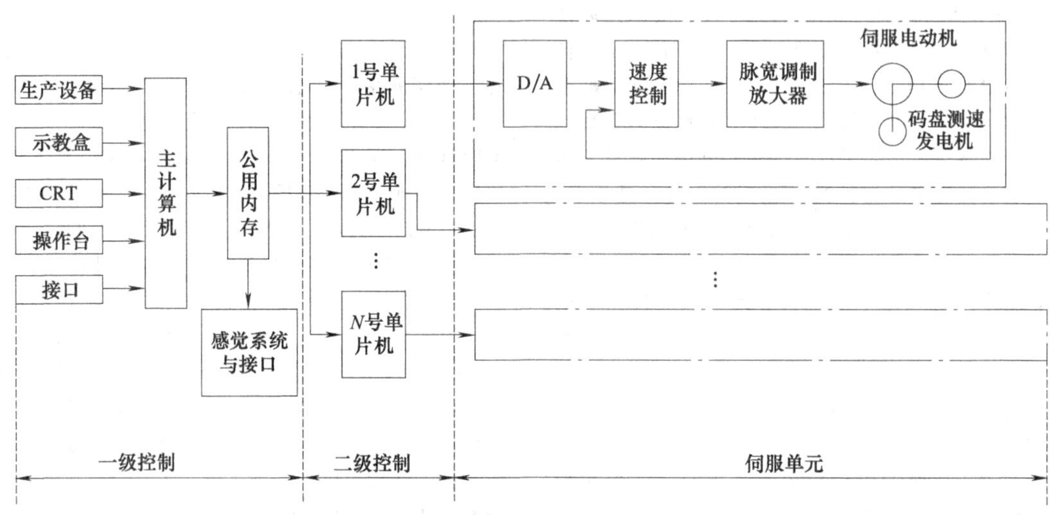

图 23-4-28　分散控制系统框图

总线可以是 RS-232、RS-485、EEE-488 以及 USB 总线等。现在，以太网和现场总线技术的发展为机器人提供了更快速、稳定、有效的通信服务，尤其是现场总线，它应用于生产现场，在微机化测量控制设备之间实现双向多节点数字通信，从而形成了新型的网络集成式全分布控制系统——现场总线控制系统 FCS (filed-bus control system)。在工厂生产网络中，将可以通过现场总线连接的设备统称为现场设备/仪表。从系统论的角度来说，工业机器人作为工厂的生产设备之一，也可以归纳为现场设备。在机器人系统中引入现场总线技术后，更有利于机器人在工业生产环境中的集成。

分布式控制系统的优点有：系统灵活性好，控制系统的危险性降低，采用多处理器的分散控制有利于系统功能的并行执行，提高系统的处理效率，缩短响应时间。

对于具有多自由度的工业机器人而言，集中控制对各个控制轴之间的耦合关系处理得很好，可以很简单地进行补偿。但是，当轴的数量增加到使控制算法变得很复杂时，其控制性能会恶化，而且当系统中轴的数量或控制算法变得很复杂时，可能会导致系统的重新设计。与之相比，分布式结构的每一个运动轴都由一个控制器处理，这意味着，系统有较少的轴间耦合和较高的系统重构性。

4.6.3　机器人控制器

作为机器人的核心部分，机器人控制器是影响机器人性能的关键部分之一，从一定程度上影响着机器人的发展。目前，由于人工智能、计算机科学、传感器技术及其他相关学科的长足进步，使得机器人的研究在高水平上进行，同时也对机器人控制器的性能提出更高的要求，对于不同类型的机器人，如有腿的步行机器人与关节型工业机器人，控制系统的综合方法有较大差别，控制器的设计方案也不一样。

机器人控制器是根据指令以及传感信息控制机器人完成一定的动作或作业任务的装置，它是机器人的心脏，决定了机器人性能的优劣，从机器人控制算法的处理方式来看，可分为串行、并行两种结构类型。

(1) 串行处理结构

所谓的串行处理结构是指机器人的控制算法由串行机来处理。对于这种类型的控制器，从计算机结构、控制方式来划分，又可分为以下几种。

① 单 CPU 结构、集中控制方式。用一台功能较强的计算机实现全部控制功能，在早期的机器人中，如 Hero-I，Robot-I 等，就采用这种结构，但控制过程中需要许多计算（如坐标变换），因此这种控制结构速度较慢。

② 二级 CPU 结构、主从式控制方式。一级 CPU 为主机，担当系统管理、机器人语言编译和人机接口功能，同时也利用它的运算能力完成坐标变换、轨迹插补，并定时地把运算结果作为关节运动的增量送到公用内存，供二级 CPU 读取；二级 CPU 完成全部关节位置数字控制。这类系统的两个 CPU 总线之间基本没有联系，仅通过公用内存交换数据，是一个松耦合的关系。对采用更多的 CPU 进一步分散功能是很困难的。

③ 多 CPU 结构、分布式控制方式。目前，普遍采用这种上、下位机二级分布式结构。上位机负责整个系统管理以及运动学计算、轨迹规划等；下位机由多 CPU 组成，每个 CPU 控制一个关节运动，这些

CPU 和主控机的联系是通过总线形式的紧耦合。这种结构的控制器的工作速度和控制性能明显提高，但这些多 CPU 系统共有的特征都是针对具体问题而采用的功能分布式结构，即每个处理器承担固定任务，目前世界上大多数商品化机器人控制器都是这种结构。

以上几种类型的控制器都是采用串行机来计算机器人控制算法，它们存在计算负担重、实时性差的共同弱点，所以大多采用离线规划和前馈补偿解耦等方法来减轻实时控制中的计算负担。当机器人在运行中受到干扰时，其性能将受到影响，更难以保证高速运动中所要求的精度指标。

(2) 并行处理结构

并行处理技术是提高计算速度的一个重要而有效的手段，能满足机器人控制的实时性要求。从文献来看，关于机器人控制器并行处理技术，人们研究较多的是机器人运动学和动力学的并行算法及其实现。1982 年，J. Y. S. Luh 首次提出机器人动力学并行处理问题，这是因为关节型机器人的动力学方程是一组非线性强耦合的二阶微分方程，计算十分复杂。提高机器人动力学算法计算速度也为实现复杂的控制算法，如计算力矩法、非线性前馈法、自适应控制法等，打下基础。开发并行算法的途径之一就是改造串行算法，使之并行化，然后将算法映射到并行结构。一般有两种方式，一是考虑给定的并行处理器结构，根据处理器结构所支持的计算模型，开发算法的并行性；二是首先开发算法的并行性，然后设计支持该算法的并行处理器结构，以达到最佳并行效率。

随着现代科学技术的飞速发展和社会的进步，对机器人的性能要求也越来越高。智能机器人技术的研究已成为机器人领域的主要发展方向，如各种精密装配机器人、位置混合控制机器人、多肢体协调控制系统以及先进制造系统中机器人的研究等。相应地，对机器人控制器的性能也提出了更高的要求。但是，机器人自诞生以来，特别是工业机器人所采用的控制器基本上都是开发者基于自己的独立结构进行开发的，采用专用计算机、专用机器人语言、专用操作系统、专用微处理器，这样的机器人控制器已不能满足现代工业发展的要求。

综合起来，现有机器人控制器存在很多问题，如：

① 开放性差。局限于“专用计算机、专用机器人语言、专用微处理器”的封闭式结构，封闭的控制器结构使其具有特定的功能、适用于特定的环境，不便于对系统进行扩展和改进。

② 软件独立性差。软件结构及其逻辑结构依赖于处理器硬件，难以在不同的系统间移植。

③ 容错性差。由于并行计算中的数据相关性、通信及同步等内在特点，控制器的容错性能变差，其中一个处理器出故障可能导致整个系统的瘫痪。

④ 扩展性差。目前，机器人控制器的研究着重于从关节这一级来改善和提高系统的性能，由于结构的封闭性，难以根据需要对系统进行扩展，如增加传感器控制等功能模块。

总起来看，前面提到的无论串行结构还是并行结构的机器人控制器都不是开放式结构，无论从软件还是硬件都难以扩充和更改。而新型机器人控制器应有以下特色：

① 开放式系统结构。采用开放式软件、硬件结构，可以根据需要方便地扩充功能，使其适用不同类型机器人或机器人自动化生产线。

② 合理的模块化设计。对硬件来说，根据系统要求和电气特性按模块化设计，这不仅方便安装和维护，而且提高了系统的可靠性，系统结构也更为紧凑。

③ 有效的任务划分。不同的子任务由不同的功能模块实现，以利于修改、添加、配置功能。

④ 实时性。机器人控制器必须能在确定的时间内完成对外部中断的处理，并且可以使多个任务同时进行。

⑤ 网络通信功能。利用网络通信的功能，以便于实现资源共享或多台机器人协同工作。

⑥ 形象直观的人机接口。

4.7　控制系统软件构成

工业机器人控制系统软件各不相同，这里以 ABB 机器人为例介绍机器人控制系统软件构成。

4.7.1　程序数据建立

4.7.1.1　初识程序数据

程序数据是在程序模块或系统模块中设定的值和定义的一些环境数据，用户创建的程序数据可以供给同一个模块或其他模块中的指令进行引用。

4.7.1.2　程序数据的类型与分类

(1) 程序数据的类型分类

ABB 机器人的程序数据类型目前有 100 多种，在示教器的“程序数据”界面查看。

(2) 程序数据的存储类型

① 变量型数据 VAR。在程序执行的过程中和停止时，变量型数据会保持当前的值。但如果程序指针被移到主程序后，变量型数据数值会丢失。

② 可变量数据 PERS。在程序执行过程中，无论程序的指针如何变化，可变量数据都会保持最后赋予的值，这是可变量数据的一大特点。

③ 常量数据 CONST。常量数据的最大的特点是在定义时已经赋予了固定数值，无法再在程序中进行修改，除非手动修改。

4.7.1.3　关键的程序数据

在进行 RAPID 程序编程之前，需要构建起必要的 ABB 工业机器人编程环境，其中，工具数据、工件坐标、负荷数据这三个必需的程序数据需要在编程前进行定义。

(1) 定义工具数据

工具数据包括用于描述安装在工业机器人第六轴上的工具的坐标系中心、质量、重心等参数数据。一般不同工作环境的机器人需要配置不同的工具，比如弧焊机器人就使用弧焊枪作为工具，而用于搬运板材的机器人就会使用吸盘式的夹具作为工具，如图 23-4-29所示。

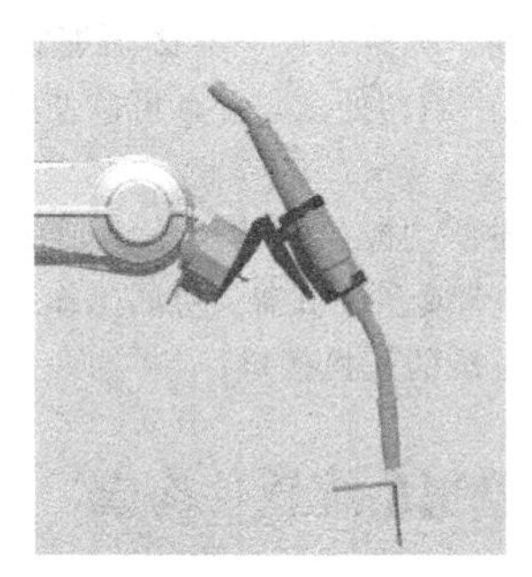

图 23-4-29　工具坐标系中心

(2) 工件坐标的设定

工件坐标定义了工件相对于大地坐标或其他坐标的位置。机器人可以拥有若干工件坐标系，或者表示不同工件，或者表示同一工件在不同位置的若干副本。对机器人进行编程时就是在工件坐标中创建目标和路径，这带来很多优点：重新定位工作站中的工件时，只需要更改工件坐标的位置，所有路径将即刻随之更新；允许操作轴以外或传送导轨移动的工件，因为整个工件可连同其路径一起移动。

(3) 有效载荷的设定

对于搬运应用的机器人，如图 23-4-30 所示，应该正确设定夹具的质量、重心数据以及搬运对象的质量和重心数据。

图 23-4-30　搬运机器人

4.7.2　RAPID 程序创建

4.7.2.1　程序模块与例行程序

RAPID 程序中包含了一连串控制机器人的指令，执行这些指令可以实现对机器人的控制操作。应用程序是使用 RAPID 编程语言的特定词汇和语法编写而成的。RAPID 是一种英文编程语言，所包含的指令可以移动机器人、设置输出、读取输入，还能实现决策、重复其他指令、构造程序、与系统操作员交流等功能。RAPID 程序的基本架构如表 23-4-1 所示。

表 23-4-1　RAPID 程序架构

RAPID			
程序模块 1	程序模块 2	程序模块 3	程序模块 4
程序数据 主程序 main 例行程序 中断程序 功能	程序数据 例行程序 中断程序 功能	… … … … …	程序数据 例行程序 中断程序 功能

4.7.2.2　RAPID 控制指令

ABB 机器人的 RAPID 编程提供了丰富的指令来完成各种简单与复杂的应用。

(1) 常用 I/O 控制指令

① Set：将数字输出信号置为 1。

② Reset：将数字输出信号置为 0。

③ WaitDI：等待一个输入信号状态为设定值。

(2) 常用逻辑控制指令

① IF：满足不同条件，执行对应程序。

② WHILE：如果条件满足，则重复执行对应程序。

③ FOR：根据指定的次数，重复执行对应程序。

④ TEST：根据指定变量的判断结果，执行对应程序。

(3) Offs 偏移功能

以当前选定的点为基准点，在当前工件坐标系下，按照选定的基点，沿着选定工件坐标系的 X、Y、Z 轴方向偏移一定的距离。

(4) 运动控制指令 RelTool

RelTool 对工具的位置和姿态进行偏移，也可实现角度偏移。

(5) CRobT 功能

其功能是读取当前工业机器人目标位置点的信息。

(6) CJontT 功能

其功能是读取当前机器人各关节轴旋转角度。

(7) 写屏指令

其功能是在屏幕上显示需要显示的内容。

4.8　机器人常用编程语言

工业机器人在线示教时，只有熟练掌握机器人的编程语言，才能快速地新建作业程序。目前工业机器人编程语言还没统一，各大工业机器人生产厂商都有自己的编程语言，如 ABB 机器人的编程用 RAPID 语言、KUKA 机器人用 KRL 语言、FANUC 机器人用 KAREL 语言等。其中大部分机器人编程语言类似 C 语言，也有例外，如 Moto-Plus 语言类似 Pascal 语言等。

由于一般用户涉及的语言都是机器人公司自己开发的针对用户的语言平台，比较容易理解，且机器人所具有的功能基本相同，所以各家机器人编程语言的特性差别不大，只需掌握某种品牌机器人的编程语言，对于其他厂家机器人的语言就很容易理解。工业机器人的程序包括数据变量和编程指令等。其中，数据变量是在程序中教的一些环境变量，可以用来进行程序间的信息接收和传递等；编程指令包括基本运动指令、跳转指令、作业指令、I/O 指令、寄存器指令等。

工业机器人常用的基本运动指令有关节运动指令、线性运动指令和圆弧运动指令。

① 关节运动指令。机器人用最快捷的方式运动至目标点。此时机器人运动状态不完全可控，但运动路径保持唯一。常用于机器人在空间中大范围移动。

② 线性运动指令。机器人以直线移动方式运动至目标点。当前点与目标点两点决定一条直线，机器人运动状态可控制，且运动路径唯一，但可能出现奇点。常用于机器人在工作状态下移动。

③ 圆弧运动指令。机器人通过中间点以圆弧移动方式运动至目标点。当前点、中间点与目标点三点决定一段圆弧，机器人运动状态可控制，运动路径保持唯一。常用于机器人在工作状态下移动。

基本运动指令如表 23-4-2 所示。

表 23-4-2　基本运动指令

运动方式	运动路径	基本运动指令			
		ABB	KUKA	YASKAWA	FANUC
点位运动	PTP	MoveJ	SPTP	MOVJ	J
连续路径运动	直线	MoveL	SLIN	MOVL	L
	圆弧	MoveC	SCIRC	MOVC	C

第5章 工业机器人驱动系统

5.1 概述

工业机器人的驱动系统，按动力源分为电动、液压和气动三大类。根据需要也可由这三种基本类型组合成复合式的驱动系统。

（1）电动驱动系统

工业机器人电动伺服驱动系统是利用各种电动机产生的力矩和力，直接或间接地驱动工业机器人本体，以获得工业机器人的各种运动的执行机构。

（2）液压驱动系统

在机器人的发展过程中，液压驱动是较早被采用的驱动方式。世界上首先问世的商品化机器人尤尼美特即为液压驱动的机器人。液压驱动主要用于中大型机器人和有防爆要求的机器人。一个完整的液压驱动系统由五个部分组成，即动力元件、执行元件、控制元件、辅助元件（附件）和液压油。

（3）气动驱动系统

气动驱动系统在多数情况下用于实现两位式的或有限点位控制的中、小机器人中。这类机器人多是圆柱坐标型和直接坐标型或二者的组合型结构，3～5个自由度，负荷在200N以内，速度300～1000mm/s，重复定位精度为±0.1～±0.5mm。控制装置目前多数选用可编程控制器（PLC控制器）。在易燃、易爆的场合下可采用气动逻辑元件组成控制装置。

气动机器人采用压缩空气为动力源，一般从工厂的压缩空气站引到机器作业位置，也可单独建立小型气源系统。由于气动机器人具有气源使用方便、不污染环境、动作灵活迅速、工作安全可靠、操作维修简便以及适于在恶劣环境下工作等特点，因此它广泛应用于冲压加工、注塑及压铸等有毒或高温条件下作业，机床上、下料，仪表及轻工行业中、小型零件的输送和自动装配等作业，食品包装及输送，电子产品输送、自动插接，弹药生产自动化等。

（4）电液伺服驱动系统

电液伺服驱动系统是由电气信号处理单元与液压功率输出单元组成的闭环控制系统。在工业机器人的电液伺服驱动系统中，常用的电液伺服动力机构是电液伺服液压缸和电液伺服摆动电动机。对采用电液伺服驱动系统的工业机器人来说，目的是期望机器人能够按给定的运动规律实现其运动位置和姿态，且机器人运动速度可控。

5.2 机器人驱动系统特点

5.2.1 基本驱动系统的特点

① 电动驱动系统：由于低惯量、大转矩的交、直流伺服电动机及其配套的伺服驱动器（交流变频器、直流脉冲宽度调制器）的广泛采用，这类驱动系统在机器人中被大量选用。这类系统不需能量转换，使用方便，控制灵活。大多数电动机后面需安装精密的传动机构。直流有刷电动机不能直接用于要求防爆的环境中，成本也较其他两种驱动系统高。但因这类驱动系统优点比较突出，因此在机器人中被广泛选用。

② 液压驱动系统：由于液压技术是一种比较成熟的技术，它具有动力大、力（或力矩）与惯量比大、快速响应高、易于实现直接驱动等特点，适于在承载能力大、惯量大以及在防焊环境中工作的机器人中应用。但液压系统需进行能量转换（电能转换成液压能），速度控制多数情况下采用节流调速，效率比电动驱动系统低。液压系统的液体泄漏会对环境产生污染，工作噪声也较高。因这些弱点，近年来，在负荷为100kW以下的机器人中往往被电动系统所取代。

③ 气动驱动系统：具有速度快、系统结构简单、维修方便、价格低等特点，适用于中、小负荷的机器人中。但因难于实现伺服控制，多用于程序控制的机器人中，如在上、下料和冲压机器人中应用较多。

5.2.2 电液伺服驱动系统的特点

电液伺服驱动系统综合了电气和液压两方面的优点，具有控制精度高、响应速度快、信号处理活跃、输出功率大、结构紧凑、功率质量比大等特点，在机器人中得到了较为广泛的应用。采用电液伺服驱动系统的工业机器人，具有点位控制和连续轨迹控制功能，并具有防爆能力。

5.3 电动驱动系统

对工业机器人关节驱动的电动机，要求有最大功率质量比和扭矩惯量比、高启动转矩、低惯量和较宽广且平滑的调速范围。特别是像工业机器人末端执行器（手爪）应采用体积、质量尽可能小的电动机，尤其是要求快速响应时，伺服电动机必须具有较高的可靠性和稳定性，并且具有较大的短时过载能力，这是伺服电动机在工业机器人中应用的先决条件。

(1) 伺服电动机

伺服电动机是指在伺服驱动系统中控制机械元件运转的发动机，是一种补助马达间接变速装置。“伺服”一词源于希腊语“奴隶”的意思，“伺服电动机”可以理解为绝对服从控制信号指挥的电动机。在控制信号发出之前，转子静止不动；当控制信号发出时，转子立即转动；当控制信号消失时，转子能即时停转。伺服电动机是自动控制装置中被用作执行元件的微型特种电动机，其功能是将电信号转换成转轴的角位移或角速度。

伺服电动机主要分为直流伺服电动机和交流伺服电动机，其中直流伺服又分为有刷直流伺服和无刷直流伺服，交流伺服又分为异步交流伺服和永磁同步交流伺服。（实际上无刷直流伺服也算是交流伺服一派的，只不过区别在于用直流供电，并控制电子换向器实现交流电动机驱动。）由于主要用于控制，故市面上大多的伺服电动机通常是指永磁同步电动机，因为其控制响应性能最优。久而久之，大家日常说到的伺服电动机通常都是指永磁同步电动机。

(2) 工业机器人伺服的特殊要求

工业机器人用伺服电动机要求控制器与伺服之间的总线通信速度快、伺服的精度高，另外对基础材料有加工要求。特别是像工业机器人末端执行器（手爪）应采用体积、质量尽可能小的电动机。尤其是要求快速响应时，伺服电动机必须具有较高的可靠性和稳定性，能经受得起苛刻的运行条件，可进行十分频繁的正反向和加减速运行，并能在短时间内承受过载。

(3) 交流伺服电动机和直流伺服电动机

交流伺服电动机的基本构造与交流感应电动机（异步电动机）相似，在定子上有两个相空间位移 90°电角度的励磁绕组 Wf 和控制绕组 Wco，接恒定交流电压，利用施加到 Wco 上的交流电压或相位的变化，达到控制电动机运行的目的。交流伺服电动机具有运行稳定、可控性好、响应快速、灵敏度高以及机械特性和调节特性的非线性度指标严格（要求分别小于 10%～15%和小于 15%～25%）等特点。

直流伺服电动机基本构造与一般直流电动机相似。电动机转速 $n=E/Kj=(U_a-I_aR_a)/Kj$，式中 E 为电枢反电动势，K 为常数，j 为每极磁通，U_a、I_a 为电枢电压和电枢电流，R_a 为电枢电阻，改变 U_a 或改变 j 均可控制直流伺服电动机的转速，但一般采用控制电枢电压的方法。在永磁式直流伺服电动机中，励磁绕组被永久磁铁所取代，磁通 j 恒定。直流伺服电动机具有良好的线性调节特性及快速的时间响应。

(4) 伺服电动机的重要性

工业机器人的控制系统和自动化产品主要涉及伺服电动机、减速机、控制器和传感器等。伺服电动机是工业机器人的动力系统，一般安装在工业机器人的“关节”处，是工业机器人运动的“心脏”。

目前，工业机器人的关节驱动离不开伺服系统，关节越多，工业机器人的柔性和精准度越高，所要使用的伺服电动机的数量就越多。工业机器人对伺服系统的要求较高，必须满足快速响应、高启动转矩、动转矩惯量比大、调速范围宽，要适应工业机器人的形体还要满足体积小、重量轻、加减速运行等条件，且需要高可靠性和稳定性。目前，工业机器人使用较多的是交流伺服系统。

5.3.1 同步式交流伺服电动机及驱动器

伺服电动机分交流伺服和直流伺服，其中交流伺服又有同步和异步之分，永磁同步电动机属于同步交流伺服电动机，其能够控制速度、位置精度非常准确，可以将电压信号转化为转矩和转速以驱动控制对象。伺服电动机转子转速受输入信号控制，并能快速反应，在自动控制系统中，用作执行元件，且具有机电时间常数小、线性度高、始动电压等特性，可把所收到的电信号转换成电动机轴上的角位移或角速度输出。分为直流和交流伺服电动机两大类，其主要特点是，当信号电压为零时无自转现象，转速随着转矩的增加而匀速下降。

长期以来，在要求调速性能较高的场合，一直占据主导地位的是直流电动机的调速系统。但直流电动机都存在一些固有的缺点，如电刷和换向器易磨损，需经常维护；换向器换向时会产生火花，使电动机的最高速度受到限制，也使应用环境受到限制；而且直流电动机结构复杂，制造困难，所用钢铁材料消耗大，制造成本高。而交流电动机，特别是鼠笼式感应电动机没有上述缺点，且转子惯量较直流电动机小，使得动态响应更好。在同样体积下，交流电动机输出功率可比直流电动机提高 10%～70%。此外，交流电动机的容量可比直流电动机大，达到更高的电压和转速。现代数控机床都倾向采用交流伺服驱动，交流伺服驱动已有取代直流伺服驱动之势。

直流伺服存在维护和性能方面缺陷，交流伺服系统不仅弥补了这个缺陷，而且性能更优，在要求调速性能高的场合，交流伺服电动机成为了主流设备。

5.3.1.1　交流伺服电动机分类和特点

（1）异步型交流伺服电动机

异步型交流伺服电动机（见图23-5-1）是指交流感应电动机。它有三相和单相之分，也有鼠笼式和线绕式，通常多用鼠笼式三相感应电动机。其结构简单，与同容量的直流电动机相比，质量轻1/2，价格仅为直流电动机的1/3。缺点是不能经济地实现范围很广的平滑调速，必须从电网吸收滞后的励磁电流。因而令电网功率因数变坏。这种鼠笼转子的异步型交流伺服电动机简称为异步型交流伺服电动机，用IM表示。

与同容量的直流电动机相比，优点是重量轻、价格便宜；缺点是转速受负载的变化影响较大，不能经济地实现范围较广的平滑调速。因此，异步型交流伺服电动机用在主轴驱动系统中。

图23-5-1　异步型交流伺服电动机

（2）同步型交流伺服电动机

同步型交流伺服电动机（见图23-5-2）虽较感应电动机复杂，但比直流电动机简单。它的定子与感应电动机一样，都在定子上装有对称三相绕组。而转子却不同，按不同的转子结构又分电磁式及非电磁式两大类。非电磁式又分为磁滞式、永磁式和反应式。其中磁滞式和反应式同步电动机存在效率低、功率因数较差、制造容量不大等缺点。数控机床中多用永磁式同步电动机。与电磁式相比，永磁式优点是结构简单、运行可靠、效率较高；缺点是体积大、启动特性欠佳。但永磁式同步电动机采用高剩磁感应、高矫顽力的稀土类磁铁后，可比直流电动机外形尺寸约小1/2，质量减轻60%，转子惯量减到直流电动机的1/5。它与异步电动机相比，由于采用了永磁铁励磁，消除了励磁损耗及有关的杂散损耗，所以效率高。又因为没有电磁式同步电动机所需的集电环和电刷等，其机械可靠性与感应（异步）电动机相同，而功率因数却大大高于异步电动机，从而使永磁同步电动机的体积比异步电动机小些。这是因为在低速时，感应（异步）电动机由于功率因数低，输出同样的有功功率时，它的视在功率却要大得多，而电动机主要尺寸是根据视在功率而定的。

图23-5-2　同步型交流伺服电动机及其驱动器

（3）同步和异步的区别

交流同步电动机的转子由永磁材料制成，转动后，随着定子旋转磁场的变化，转子也做相应频率的速度变化，而且转子速度等于定子速度，所以称“同步”。交流异步电动机的转子由感应线圈和铁芯材料构成，转动后，定子产生旋转磁场，磁场切割转子的感应线圈，转子线圈产生感应电流，进而转子产生感应磁场，感应磁场追随定子旋转磁场的变化，但转子的磁场变化永远小于定子磁场的变化。用交流异步电动机的关键参数转差率表示转子与定子的速度差的比率。

（4）永磁同步电动机

永磁同步电动机（见图23-5-3及图23-5-4）主要由定子、永久磁钢转子、位置传感器、电子换向开关等组成，见图23-5-3。

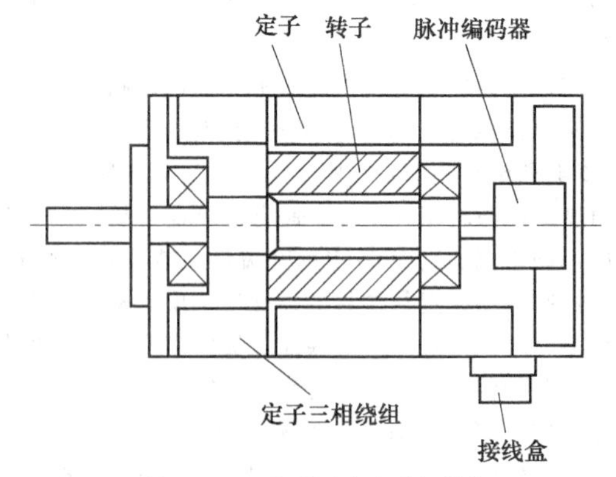

图23-5-3　永磁同步电动机结构

永磁同步电动机的特点是结构简单、体积小、重量轻、损耗小、效率高、功率因数高等，主要用于要求响应快速、调速范围宽、定位准确的高性能伺服传动系统和直流电动机的更新替代电动机。

永磁同步伺服电动机内部的转子是永磁铁，驱动器控制的 U/V/W 三相电形成电磁场，转子在此磁场的作用下转动，同时电动机自带的编码器反馈信号给驱动器，驱动器根据反馈值与目标值进行比较，调整转子转动的角度。伺服电动机的精度决定于编码器的精度（线数）。特点如下：

① 结构简单。

② 控制速度非常快，从启动到额定转速只需几毫秒，而相同情况下异步电动机却需要几秒钟。

③ 启动扭矩大，可以带动大惯量的物体进行运动。

④ 功率密度大，相同功率范围下可比异步电动机的体积更小、重量更轻。

⑤ 运行效率高。

⑥ 运行可靠，可支持低速长时间运行。

⑦ 断电无自转现象，可快速控制停止动作。

⑧ 缺点是启动特性欠佳。

⑨ 与直流电动机相比，外形尺寸、重量、转子惯量大幅度减小；与异步交流伺服电动机相比，效率高、体积小。

图 23-5-4　永磁同步电动机及其驱动器

i_A=ImSinw_t
i_B= ImSin(w_t−120°)
i_C= ImSin(w_t+120°)

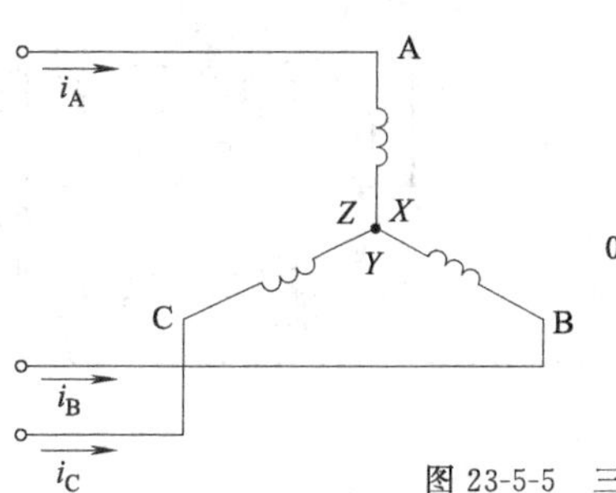

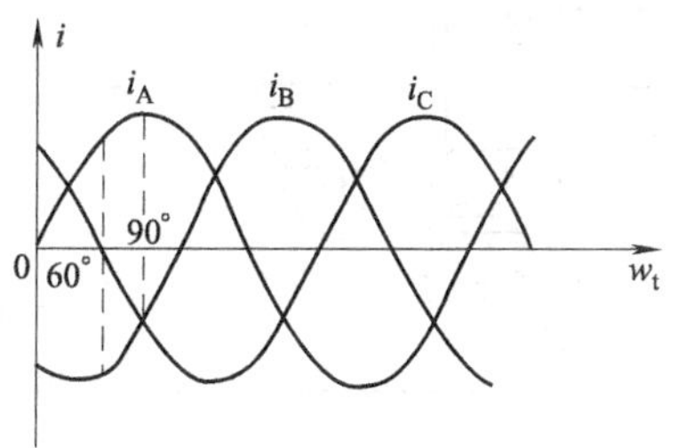

图 23-5-5　三相对称电流

工作原理：

① 有一个旋转的磁场。

② 转子跟着磁场转动。

如图 23-5-5 所示，为永磁同步电动机的三相对称电流。

永磁式交流同步电动机工作原理和性能：

$$n_r = n_s = 60f_1/p \quad (23\text{-}5\text{-}1)$$

其中，n_r为转子旋转转速；n_s为同步转速；f_1为交流电源频率（定子供电频率）；p 为定子和转子的极对数。

交流主轴电动机的工作原理与性能为：

定子三相绕组通三相交流电，产生旋转磁场，磁场切割转子中的导体，导体感应电流与定子磁场相作用产生电磁转矩，推动转子转动，转速 n_r为

$$n_r = n_s(1-s) = 60f_1(1-s)/p \quad (23\text{-}5\text{-}2)$$

其中，n_s为同步转速；f_1为交流电源频率（定子供电频率）；s 为转差率，$s=(n_s-n_r)/n_s$；p 为极对数。

(5) 异步伺服电动机（见图 23-5-6）

随着异步电动机控制技术的不断发展，当前以模拟信号控制的异步电动机在控制响应方面性能也跟上来了，且具备永磁同步电动机不具备的优点，因此异步伺服电动机作为伺服电动机行业的一股新生力量崭露头角。

异步伺服电动机和异步电动机几乎是完全相似的，不过其引入编码器实现了对电动机的闭环控制，因此也可以视为伺服电动机的一种。尤其是当前变频调速技术飞速发展的时代，异步伺服电动机的实际控制性能也很不错，配合其支持大功率、高转速的特点，在一些永磁同步电动机无法胜任的地方大放异彩。特点如下：

① 功率可以做得很大，设计成熟，运行可靠性高。

图 23-5-6　异步伺服电动机

② 支持高速（超过 10000r/min）长时间运行，同比下永磁电动机最高只能做到 6000～8000r/min。

③ 性价比高，在对控制精度要求不高的情况下可以替代永磁电动机使用。

5.3.1.2　交流同步伺服电动机

交流同步伺服电动机（见图 23-5-7）有励磁式、永磁式、磁阻式和磁滞式。

(1) 永磁交流同步伺服电动机工作原理和性能（见图 23-5-8）

当三相定子绕组通入三相交流电后，在定子、转子之间产生一个同步的旋转磁场，设转子为永久磁铁，在磁力作用下，转子跟随旋转磁场同步转动。

只要负载不超过一定限度，就不会出现交流同步电动机失步现象，这个负载最大极限称为最大同步扭矩。

用减少转子惯量或让电动机先低速再提高到所要求的速度等方法，解决同步电动机启动困难的问题。

主要参数：额定功率、额定扭矩、额定转速等。

交流伺服电动机的优点：

① 动态响应好

② 输出功率大、电压和转速提高。

(2) 永磁交流同步伺服电动机的调速方法

进给系统常使用交流同步电动机，该电动机没有转差率，电动机转速为

$$n=60f(1-s)/p=60f/p \qquad (23\text{-}5\text{-}3)$$

调速方法：变频调速。

交流进给伺服电动机的速度控制系统组成：速度环、电流环 、SPWN 电路、功放电路、检测反馈电路，如图 23-5-9 所示。

(3) 交流伺服电动机的闭环驱动

闭环控制系统是采用直线型位置检测装置（直线感应同步器、长光栅等）对数控机床工作台位移进行直接测量，并进行反馈控制的位置伺服系统，其控制原理如图 23-5-10 所示。这种系统有位置检测反馈电路，有时还加上速度反馈电路。

5.3.1.3　应用举例：工业机器人伺服电动机行业测试解决方案——MPT1000

为了满足当前伺服运动控制行业的需求，致远电子推出了 MPT 混合型电动机测试分析系统，开创电动机与驱动器综合测试分析设备先河。针对伺服系统，MPT1000 可以实现对电动机、驱动器及整个控制系统的完整性能分析与控制特性分析。

针对伺服电动机控制系统，MPT1000 可通过自由加载引擎对电动机和驱动器进行瞬态波形记录，实

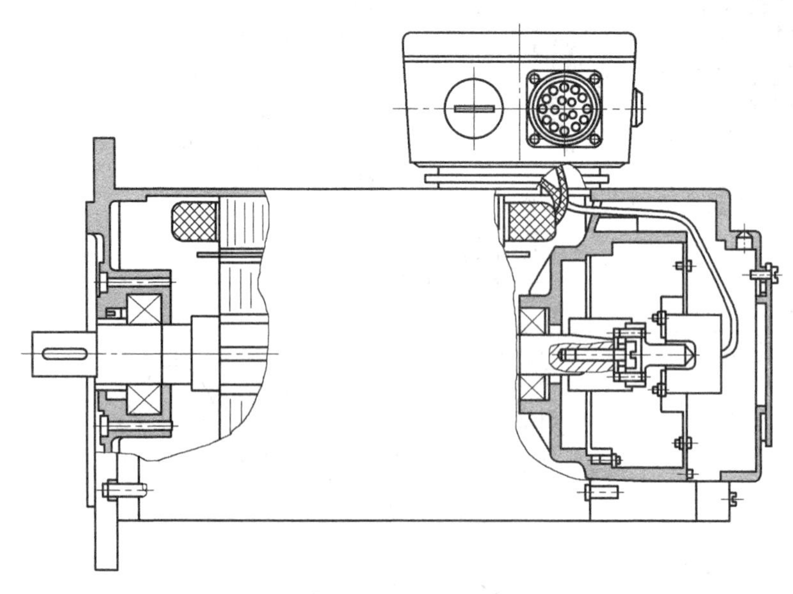

图 23-5-7　交流同步伺服电动机内部结构

图 23-5-8　永磁交流同步伺服电动机及其驱动器

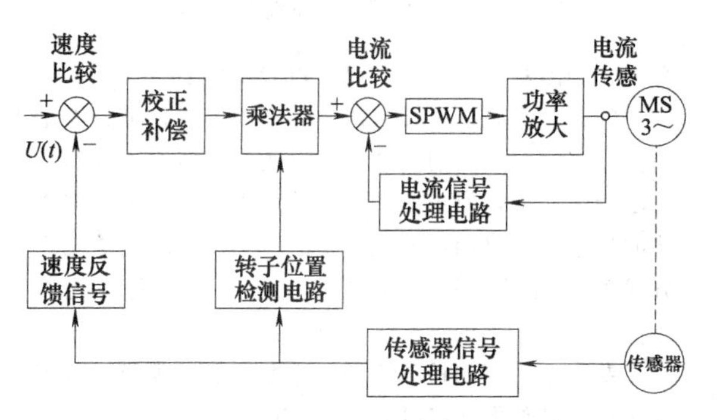

图 23-5-9　交流伺服电动机速度控制系统组成框图

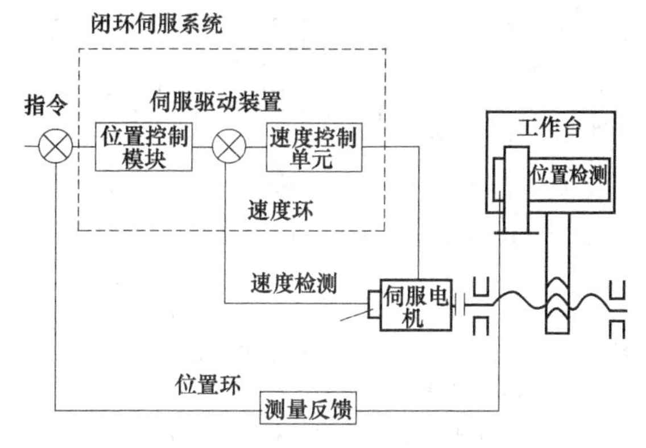

图 23-5-10　闭环伺服驱动系统

现伺服系统中电动机控制响应时间等各类瞬态参数的测量，提供全球唯一的伺服运动控制系统完整解决方案。

交流伺服电动机的结构主要可分为两部分，即定子部分和转子部分。其中定子的结构与旋转变压器的定子基本相同，在定子铁芯中也安放着空间互成 90 度电角度的两相绕组，其中一组为激磁绕组，另一组为控制绕组，交流伺服电动机是一种两相的交流电动机。交流伺服电动机使用时，激磁绕组两端施加恒定的激磁电压 U_f，控制绕组两端施加控制电压 U_k。当定子绕组加上电压后，伺服电动机很快就会转动起来。通入励磁绕组及控制绕组的电流在电动机内产生一个旋转磁场，旋转磁场的转向决定了电动机的转向，当任意一个绕组上所加的电压反相时，旋转磁场的方向就发生改变，电动机的方向也发生改变。

5.3.2　步进电动机及驱动器

5.3.2.1　概述

步进电动机，又叫脉冲电动机，驱动器是一种将电脉冲转化为角位移的执行机构，用于调速和定位。当步进驱动器接收到一个脉冲信号，就驱动步进电动机按设定的方向转动一个固定的角度，即步距角，它的旋转是以固定的角度一步一步运行的。

步进电动机和步进电动机驱动器构成步进电动机驱动系统。步进电动机驱动系统的性能不但取决于步进电动机自身的性能，也取决于步进电动机驱动器的优劣。对步进电动机驱动器的研究几乎是与步进电动机的研究同步进行的。

（1）步进电动机分类

步进电动机按结构分类，包括反应式步进电动机（VR）、永磁式步进电动机（PM）、混合式步进电动机（HB）等。

1）反应式步进电动机　也叫感应式、磁滞式或磁阻式步进电动机。其定子和转子均由软磁材料制成，定子上均匀分布的大磁极上装有多相励磁绕组，定子、转子周边均匀分布小齿和槽，通电后利用磁导的变化产生转矩。一般为三、四、五、六相；可实现大转矩输出（消耗功率较大，电流最高可达 20A，驱动电压较高）；步距角小（最小可做到 10′）；断电时无定位转矩；电动机内阻尼较小，单步运行（指脉冲频率很低时）振荡时间较长；起动和运行频率较高。

2）永磁式步进电动机　通常电动机转子由永磁材料制成，软磁材料制成的定子上有多相励磁绕组，定子、转子周边没有小齿和槽，通电后利用永磁体与定子电流磁场相互作用产生转矩。一般为两相或四相；输出转矩小（消耗功率较小，电流 ·般小于 2A，驱动电压 12V）；步距角大（例如 7.5°、15°、22.5°等）；断电时具有一定的保持转矩；起动和运行频率较低。

3）混合式步进电动机也叫永磁反应式、永磁感应式步进电动机，混合了永磁式和反应式的优点。其定子和四相反应式步进电动机没有区别（但同一相的两个磁极相对，且两个磁极上绕组产生的 N、S 极性必须相同），转子结构较为复杂（转子内部为圆柱形永磁铁，两端外套软磁材料，周边有小齿和槽）。一般为两相或四相；需供给正负脉冲信号；输出转矩较永磁式大（消耗功率相对较小）；步距角较永磁式小（一般为1.8°）；断电时无定位转矩；起动和运行频率较高；发展较快的一种步进电动机。

（2）系统控制

步进电动机不能直接接到直流或交流电源上工作，必须使用专用的驱动电源（步进电动机驱动器）。控制器（脉冲信号发生器）可以通过控制脉冲的个数来控制角位移量，从而达到准确定位的目的；同时可以通过控制脉冲频率来控制电动机转动的速度和加速度，从而达到调速的目的。

步进电动机驱动器（见图23-5-11）型号有F3922、F3722L、F3722、F3722A、F3722M、F368、F3522A、F3522H、F3522、F2611、F268C、中科F223、F875、F556、F256B、F265、F255、F235B、F245、F223、F3522。

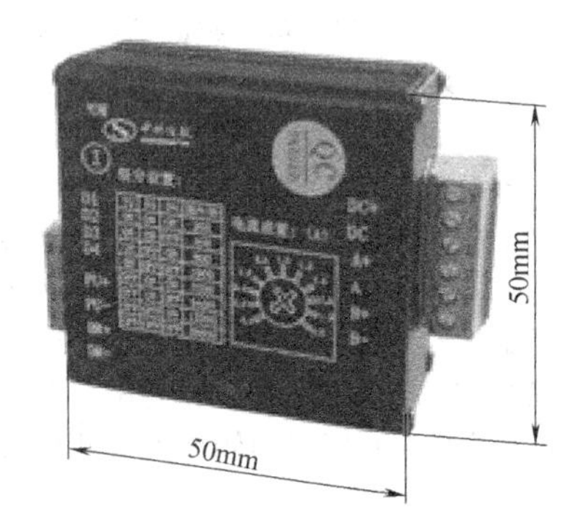

图23-5-11　步进电动机驱动器

其中，F表示步进驱动器；第一位数字表示相数，2表示两相，3表示3相；5表示电流5A；22表示电压220V。

（3）基本原理

步进电动机驱动器采用单极性直流电源供电。只要对步进电动机的各相绕组按合适的时序通电，就能使步进电动机步进转动。图23-5-12是四相反应式步进电动机工作原理示意图。

开始时，开关SB接通电源，SA、SC、SD断开，*B*相磁极和转子0、3号齿对齐，同时，转子的1、4号齿就和*C*、*D*相绕组磁极产生错齿，2、5号齿就和*D*、*A*相绕组磁极产生错齿。当开关SC接通电源，SB、SA、SD断开时，由于*C*相绕组的磁力线和1、4号齿之间磁力线的作用，使转子转动，1、4号齿和*C*相绕组的磁极对齐。而0、3号齿和*A*、*B*相绕组产生错齿，2、5号齿就和*A*、*D*相绕组磁极产生错齿。依次类推，*A*、*B*、*C*、*D*四相绕组轮流供电，

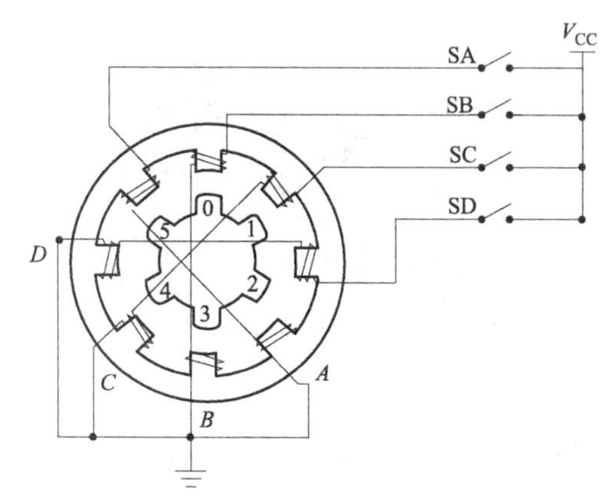

图23-5-12　四相步进电动机步进示意图

则转子会沿着*A*、*B*、*C*、*D*方向转动。

四相步进电动机按照通电顺序的不同，可分为单四拍、双四拍、八拍三种工作方式。单四拍与双四拍的步距角相等，但单四拍的转动力矩小；八拍工作方式的步距角是单四拍与双四拍的一半，因此八拍工作方式既可以保持较高的转动力矩又可以提高控制精度。

单四拍、双四拍与八拍工作方式的电源通电时序与波形分别如图23-5-13（a）、（b）、（c）所示。

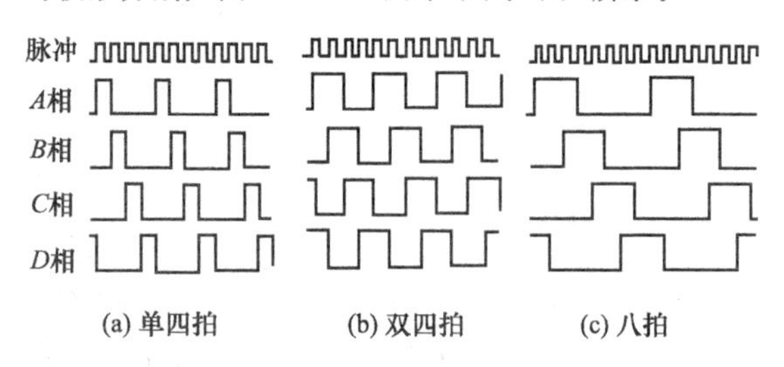

图23-5-13　四相步进电动机工作方式

驱动器相当于开关的组合单元，通过上位机的脉冲信号有顺序给电动机相序通电使电动机转动。

（4）组成结构

步进电动机驱动器主要结构有以下部分：

① 环行分配器。根据输入信号的要求，对产生的电动机在不同状态下的开关波形信号处理，对环行分配器产生的开关信号波形进行PWM调制以及对相关的波形进行滤波整形处理。

② 推动级。对开关信号的电压、电流进行放大提升主开关电路，用功率元器件直接控制电动机的各相绕组。

③ 保护电路。当绕组电流过大时产生关断信号对主回路进行关断，以保护电动机驱动器和电动机绕组。

④ 传感器。对电动机的位置和角度进行实时监

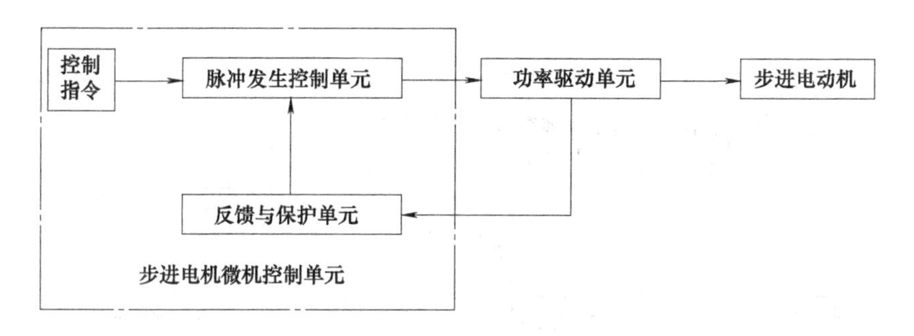

图 23-5-14　步进电动机驱动器机构框图

控，传回信号的产生装置。

5.3.2.2　驱动方式

步进电动机不能直接接到工频交流或直流电源上工作，而必须使用专用的驱动器，如图 23-5-14 所示，它由脉冲发生控制单元、功率驱动单元、保护单元等组成。图中点划线所包围的两个单元可以用微机控制来实现。驱动单元必须与驱动器直接耦合（防电磁干扰），也可理解成微机控制器的功率接口，这里予以简单介绍。

（1）单电压功率驱动

单电压功率驱动接口电路如图 23-5-15 所示。在电动机绕组回路中串有电阻 R_s，使电动机回路双电压功率驱动接口时间常数减小，高频时电动机能产生较大的电磁转矩，还能缓解电动机的低频共振现象，但它引起附加的损耗。一般情况下，简单单电压驱动线路中，R_s 是不可缺少的。步进电动机单步响应曲线如图 23-5-15（b）。

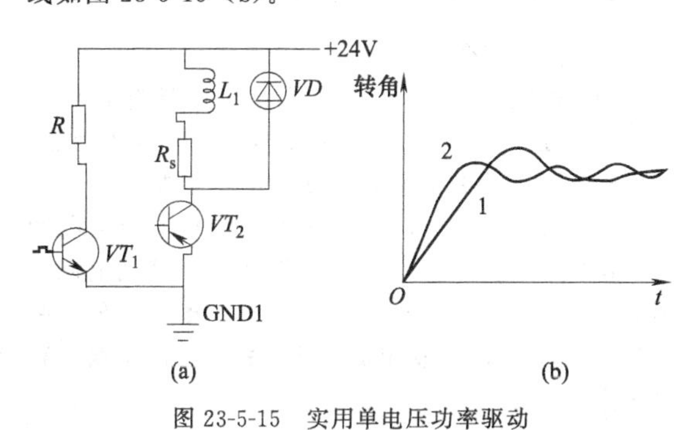

图 23-5-15　实用单电压功率驱动接口及单步响应曲线

（2）双电压功率驱动

双电压驱动的功率接口如图 23-5-16 所示。双电压驱动的基本思路是在低频段用较低的电压 U_L 驱动，而在高频段时用较高的电压 U_H 驱动。这种功率接口需要两个控制信号，U_h 为高压有效控制信号，U 为脉冲调宽驱动控制信号。图中，功率管 T_H 和二极管 D_L 构成电源转换电路。当 U_h 低电平时，T_H 关断，D_L 正偏置，低电压 U_L 对绕组供电。反之 U_h 高电平时，T_H 导通，D_L 反偏，高电压 U_H 对绕组供电。这种电路可使电动机在高频段也有较大输出力，而静止锁定时功耗减小。

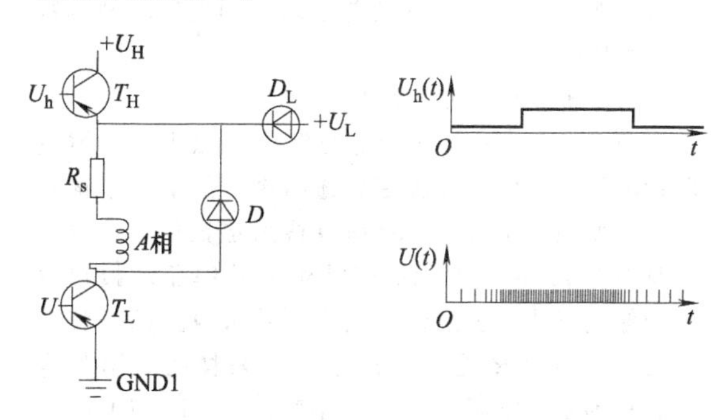

图 23-5-16　双电压驱动的功率接口

（3）高低压功率驱动

高低压功率驱动接口如图 23-5-17 所示。高低压驱动的设计思想是不论电动机高低压功率驱动接口工作频率如何，均利用高电压 U_H 供电来提高导通相绕组的电流前沿，而在前沿过后，用低电压 U_L 来维持绕组的电流。这一作用同样改善了驱动器的高频性能，而且不必再串联电阻 R_s，消除了附加损耗。高低压驱动功率接口也有两个输入控制信号 U_h 和 U_1，它们应保持同步，且前沿在同一时刻跳变。高压管

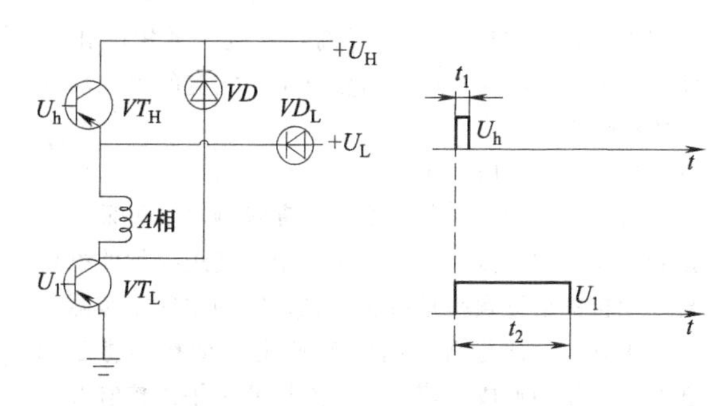

图 23-5-17　高低压功率驱动接口

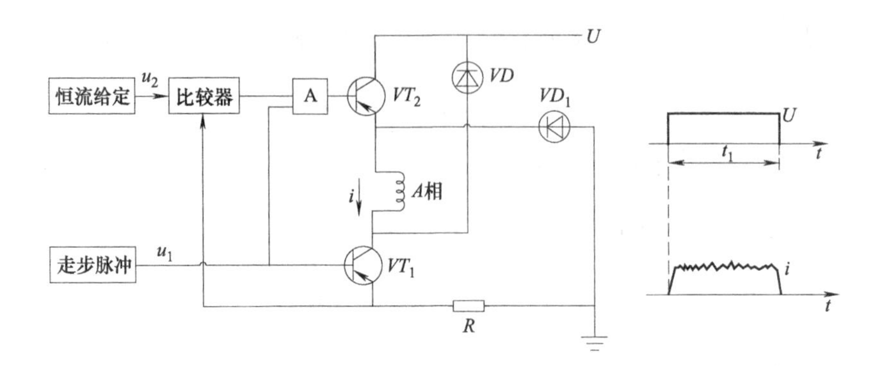

图 23-5-18　斩波恒流功率驱动接口

VT_H的导通时间 t_1 不能太大，也不能太小，太大时，电动机电流过载；太小时，动态性能改善不明显。t_1 一般可取 1～3ms，其取值与电动机的电气时间常数相当时比较合适。

(4) 斩波恒流功率驱动

图 23-5-18 是斩波恒流功率接口原理图。恒流驱动的设计思想是设法使导通相绕组的电流不论在锁定、低频、高频工作时均保持固定数值，使电动机具有图 23-5-18 所示的斩波恒流功率驱动接口恒转矩输出特性。这是使用较多、效果较好的一种功率接口。图中 R 是一个用于电流采样的小阻值电阻，称为采样电阻。当电流不大时，VT_1 和 VT_2 同时受控于走步脉冲，当电流超过恒流给定的数值，VT_2被封锁，电源 U 被切除。由于电动机绕组具有较大电感，此时靠二极管 VD 续流，维持绕组电流，电动机靠消耗电感中的磁场能量产生输出力。此时电流将按指数曲线衰减，同样电流采样值将减小。当电流小于恒流给定的数值，VT_2 导通，电源再次接通。如此反复，电动机绕组电流就稳定在由给定电平所决定的数值上，形成小小的锯齿波，如图 23-5-18所示。

斩波恒流功率驱动接口也有两个输入控制信号，其中 u_1 是数字脉冲，u_2 是模拟信号。这种功率接口的特点是：高频响应大大提高，接近恒转矩输出特性，共振现象消除，但线路较复杂。相应的集成功率模块可供采用。

(5) 升频升压功率驱动

为了进一步提高驱动系统的高频响应，可采用升频升压功率驱动接口。这种接口中，绕组提供的电压与电动机的运行频率呈线性关系。它的主回路实际上是一个开关稳压电源，利用频率-电压变换器将驱动脉冲的频率转换成直流电平，并用此电平去控制开关稳压电源的输入，这就构成了具有频率反馈的功率驱动接口。

(6) 集成功率驱动

已有多种用于小功率步进电动机驱动器的集成功率驱动接口电路可供选用。

L298 芯片是一种 H 桥式驱动器，它设计成接受标准 TTL 逻辑电平信号，可用来驱动电感性负载。H 桥可承受 46V 电压，相电流高达 2.5A。L298（或 XQ298，SGS298）的逻辑电路使用 5V 电源，功放级使用 5～46V 电压，下桥发射极均单独引出，以便接入电流取样电阻。L298 等采用 15 脚双列直插小瓦数式封装，工业品等级。H 桥驱动的主要特点是能够对电动机绕组进行正、反两个方向通电。L298 特别适用于对二相或四相步进电动机驱动。

5.3.2.3　步进电动机驱动板说明

(1) 产品简介

TB6560 步进电动机驱动器是一款具有高稳定性、可靠性和抗干扰性的经济型步进电动机驱动器，适用于各种工业控制环境。该驱动器主要用于驱动 35、39、42、57 型 4、6、8 线两相混合式步进电动机。其细分数有 4 种，最大 16 细分；其驱动电流范围为 0.3～3A，输出电流共有 14 档，电流的分辨率约为 0.2A；具有自动半流，低压关断、过流保护和过热停车功能。

该驱动器适合各种中大型自动化设备，例如：雕刻机、切割机、包装机械、电子加工设备、自动装配设备等。

(2) 驱动器接口和接线

1) 输入接口　TB6560 驱动器采用差分式接口电路，可适用于差分信号、单端共阴及共阳等接口，通过高速光耦进行隔离，允许接收长线驱动器、集电极开路和 PNP 输出电路的信号。在环境恶劣的场合，推荐使用长线驱动器电路，抗干扰能力强。

2）电源与电动机接口　TB6560驱动器采用直流电源供电，供电电压范围为8～35V DC，建议使用24V DC供电。推荐使用24V/5A开关电源进行供电。驱动器输出接口可接35、39、42、57型4、6、8线两相混合式步进电动机。

3）接线要求。

① 为了防止驱动器受干扰，建议控制信号采用屏蔽电缆线，并且屏蔽层与地线短接，除特殊要求外，控制信号电缆的屏蔽线单端接地，屏蔽线的驱动器一端悬空。

② 脉冲和方向信号线与电动机线不允许并排包扎在一起，最好分开至少10cm，否则电动机噪声容易干扰脉冲方向信号引起电动机定位不准、系统不稳定等故障。

③ 如果一个电源供多台驱动器，应在电源处采取并联连接，不允许先到一台再到另一台链状式连接。

④ 严禁带电拔插驱动器强电端子，带电的电动机停止时仍有大电流流过线圈，拔插端子导致巨大的瞬间感生电动势将烧坏驱动器。

⑤ 严禁将导线头加锡后接入接线端子，否则可能因接触电阻变大而过热损坏端子。

⑥ 接线线头不能裸露在端子外，以防意外短路而损坏驱动器。

(3) 电流、细分拨码开关设定和参数设置

1）运行电流设置　用户可使用SW1～SW3、S1四个拨码开关对驱动器的输出电流进行设置，其输出电流共有14档，电流的分辨率约为0.2A。

2）停止电流设置　用户可使用S2来设置驱动器的停止电流。“1”表示停止电流设为运行电流的20%，“0”表示停止电流设为运行电流的50%。一般用途中应将S2设成“1”，使得电动机和驱动器的发热减少，可靠性提高。

3）细分数设置　用户可通过S3、S4两个拨码开关对驱动器细分数进行设定，共有4挡细分。用户设定细分时，应先停止驱动器运行。

4）衰减方式设设置　用户可使用S5、S6两个拨码开关来设置衰减方式，衰减方式共有4档。选择不同的衰减方式可获得不同的驱动效果。

(4) 输入电压和输出电流的选用

1）供电电压的选用　一般来说，供电电压越高，电动机高速时力矩越大，越能避免高速时掉步。但另一方面，电压太高会导致电动机发热较多，甚至可能损坏驱动器。在高电压下工作时，电动机低速运动的振动会大一些。本驱动器推荐工作电压24V DC。

2）输出电流的设定值　对于同一电动机，电流设定值越大时，电动机输出力矩越大，但电流大时电动机和驱动器的发热也比较严重。具体发热量的大小不单与电流设定值有关，也与运动类型及停留时间有关。以下的设定方式采用步进电动机额定电流值作为参考，但实际应用中的最佳值应在此基础上调整。原则上如温度很低(＜40℃)，则可视需要适当加大电流设定值以增加电动机输出功率。

① 四线电动机：输出电流设成等于或略小于电动机额定电流值。

② 六线电动机高力矩模式：输出电流设成电动机单极性接法额定电流的50%。

③ 六线电动机高速模式：输出电流设成电动机单极性接法额定电流的100%。

④ 八线电动机串联接法：输出电流可设成电动机单极性接法额定电流的70%。

⑤ 八线电动机并联接法：输出电流可设成电动机单极性接法额定电流的140%。

5.3.2.4　步进电动机及步进驱动器配套选型

步进电动机是将电脉冲信号转变为角位移或线位移的开环控制元件。在非超载的情况下，电动机的转速、停止的位置只取决于脉冲信号的频率和脉冲数，而不受负载变化的影响。当步进驱动器接收到一个脉冲信号，它就驱动步进电动机按设定的方向转动一个固定的角度（称为“步距角”），它的旋转是以固定的角度一步一步运行的。其特点是没有积累误差（精度为100%），所以广泛应用于各种开环控制。步进电动机的运行要有一电子装置进行驱动，这种装置就是步进电动机驱动器，它是把控制系统发出的脉冲信号转化为步进电动机的角位移，或者说，控制系统每发一个脉冲信号，通过驱动器就使步进电动机旋转一步距角。

5.3.3　直流伺服电动机及驱动器

直流伺服电动机就是微型的他励直流电动机，其结构和原理都与他励直流电动机相同，如图23-5-19所示。其结构包括定子和转子两大部分，控制电源为直流电源。根据功能可分为普通型直流伺服电动机、盘形电枢直流伺服电动机、空心杯电枢直流伺服电动机和无槽直流伺服电动机等。

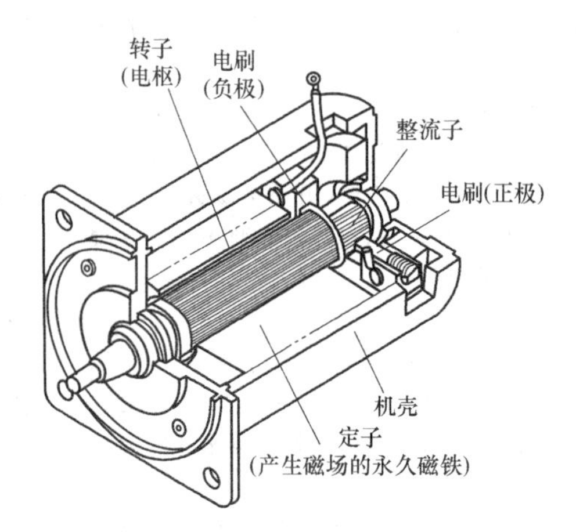

图 23-5-19 直流伺服电动机及结构

(1) 普通型直流伺服电动机

普通型直流伺服电动机的结构与他励直流电动机的结构相同，由定子和转子两大部分组成。根据励磁方式又可分为电磁式和永磁式两种，电磁式伺服电动机的定子磁极上装有励磁绕组，励磁绕组接励磁控制电压产生磁通；永磁式伺服电动机的磁极是永磁铁，其磁通是不可控的。与普通直流电动机相同，直流伺服电动机的转子一般由硅钢片叠压而成，转子外圆有槽，槽内装有电枢绕组，绕组通过换向器和电刷与外边电枢控制电路相连接。为提高控制精度和响应速度，伺服电动机的电枢铁芯长度与直径之比比普通直流电动机要大，气隙也较小。

当定子中的励磁磁通和转子中的电流相互作用时，就会产生电磁转矩驱动电枢转动，恰当地控制转子中电枢电流的方向和大小，就可以控制伺服电动机的转动方向和转动速度。电枢电流为零时，伺服电动机则停止不动。普通的电磁式和永磁式直流伺服电动机性能接近，其惯性较其他类型伺服电动机大。

(2) 盘形电枢直流伺服电动机

盘形电枢直流伺服电动机定子由永久磁铁和前后铁轭共同组成，磁铁可以在圆盘电枢的一侧，也可在其两侧。盘形伺服电动机的转子电枢由线圈沿转轴的径向圆周排列，并用环氧树脂浇注成圆盘形。盘形绕组中通过的电流是径向电流，而磁通是轴向的，径向电流与轴向磁通相互作用产生电磁转矩，使伺服电动机旋转。

(3) 空心杯电枢直流伺服电动机

空心杯电枢直流伺服电动机有两个定子，一个由软磁材料构成的内定子和一个由永磁材料构成的外定子，外定子产生磁通，内定子主要起导磁作用。空心杯伺服电动机的转子，由单个成型线圈沿轴向排列成空心杯形，并用环氧树脂浇注成型。空心杯电枢直接装在转轴上，在内外定子间的气隙中旋转。

(4) 无槽直流伺服电动机

无槽直流伺服电动机与普通伺服电动机的区别是：无槽直流伺服电动机的转子铁芯上不开元件槽，电枢绕组元件直接放置在铁芯的外表面，然后用环氧树脂浇注成型。

5.3.3.1 直流伺服电动机的特点

直流伺服电动机通过电刷和换向器产生的整流作用，使磁场磁动势和电枢电流磁动势正交，从而产生转矩，其电枢大多为永久磁铁。

同交流伺服电动机相比，直流伺服电动机启动转矩更大、调速广且不受频率及相对数限制，特别是电枢控制的，机械特性线性度好，从零转速至额定转速具备可提供额定转矩的性能，功率损耗小，有较高的响应速度、精度和频率，优良的控制特性。

但直流电动机的优点也正是他的缺点，因为直流电动机要产生额定负载下恒定转矩的性能，则电枢磁场与转子磁场必须恒维持 90°，这就要借助电刷及整流子。电刷和换向器的存在，增大了摩擦转矩，换向火花带来了无线电干扰，除了会造成组件损坏之外，使用场合也受到限制，寿命较低，需定期维修，使用维护较麻烦。若使用要求频繁启停的随动系统，则要求直流伺服电动机起动转矩大，在连续工作制的系统中，则要求伺服电动机寿命较长。使用时要特别注意，先接通磁场电源，然后加电枢电压。

5.3.3.2 直流伺服电动机的工作原理

直流伺服电动机的基本结构原理与一般直流电动机相类似，只是为了减小转动惯量，电动机做得细长一些。因此，直流伺服电动机采用的供电方式为他励供电，即励磁绕组和电枢分别由两个独立的电源供电。

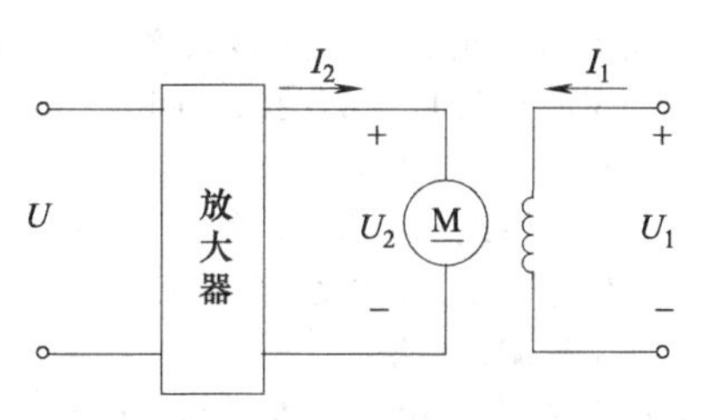

图 23-5-20 直流伺服电动机接线

如图 23-5-20 所示，U_1为励磁电压，U_2为电枢电压。

直流电动机的主磁极磁场和电枢磁场如图 23-5-21（a）所示，主磁极磁势在空间固定不动，当电刷处于几何中线位置时，电枢磁势和在空间正交，也就是电动机保持在最大转矩状态下运行。

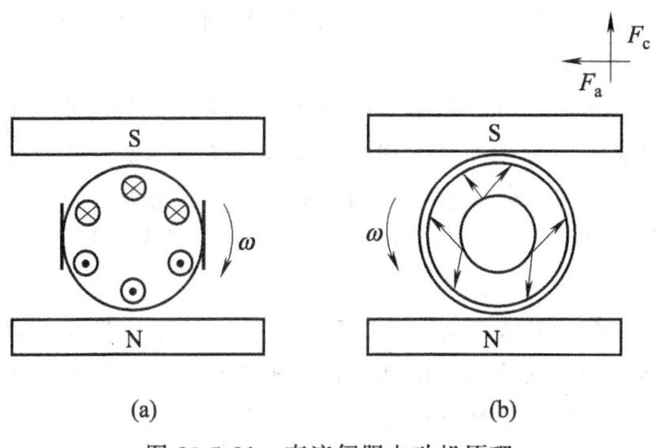

图 23-5-21 直流伺服电动机原理

如果直流电动机的主磁极和电刷一起旋转，而电枢绕组在空间固定不动，如图 23-5-21（b）所示，则此时和仍保持正交关系。

伺服主要靠脉冲来定位，基本上可以这样理解：伺服电动机接收到1个脉冲，就会旋转1个脉冲对应的角度，从而实现位移。因为伺服电动机本身具备发出脉冲的功能，所以伺服电动机每旋转一个角度，都会发出对应数量的脉冲，这样便和伺服电动机接收的脉冲形成了呼应，或者叫闭环。如此一来，系统就会知道发了多少脉冲给伺服电动机，同时又收了多少脉冲回来，这样就能够很精确地控制电动机的转动，从而实现精确的定位，可以达到0.001mm。

直流伺服电动机一般情况下特指直流有刷伺服电动机——电动机成本高，结构复杂，启动转矩大，调速范围宽，控制容易，需要维护，但维护不方便（换碳刷），会产生电磁干扰，对环境有要求，因此一般不用于对成本较为敏感的普通工业和民用场合。

直流伺服电动机还包括直流无刷伺服电动机——电动机体积小、重量轻、输出力大、响应快、速度高、惯量小、转动平滑、力矩稳定、电动机功率有局限做不大。容易实现智能化，其电子换相方式灵活，可以方波换相或正弦波换相。电动机免维护，不存在碳刷损耗的情况，效率很高，运行温度低，噪声小，电磁辐射很小，使用寿命长，可用于各种环境。

5.3.3.3 工作特性

（1）静态特性

电磁转矩一般可以由式（23-5-4）表示：

$$T_M=K_T\phi I_a \tag{23-5-4}$$

式中，K_T为转矩常数；ϕ为磁场磁通；I_a为电枢电流；T_M为电磁转矩。电枢电路中的电压平衡方程式为：

$$U_a=I_aR_a+E_a \tag{23-5-5}$$

式中，U_a为电枢上的外电压；R_a为电枢电阻；E_a为电枢反电势。

电枢反电势E_a与电动机转速ω（角速度）之间有以下关系：

$$E_a=K_e\phi\omega \tag{23-5-6}$$

式中 K_e——电势常数。

根据以上各式可以求得：

$$\omega=\frac{U_a}{K_e\phi}-\frac{R_a}{K_eK_T\phi^2}T_M \tag{23-5-7}$$

如图 23-5-22 所示，当电动机的负载转矩为零的时候，电动机的理想空载转速$\omega_0=\dfrac{U_a}{K_e\phi}$；当电动机的转速为零时，电动机的转矩$T_M=\dfrac{U_a}{R_a}K_T\phi$；当电动机的负载转矩为$T_L$时，电动机转速与理想空载转速的差$\Delta\omega=\dfrac{R_a}{K_eK_T\phi^2}T_L$。

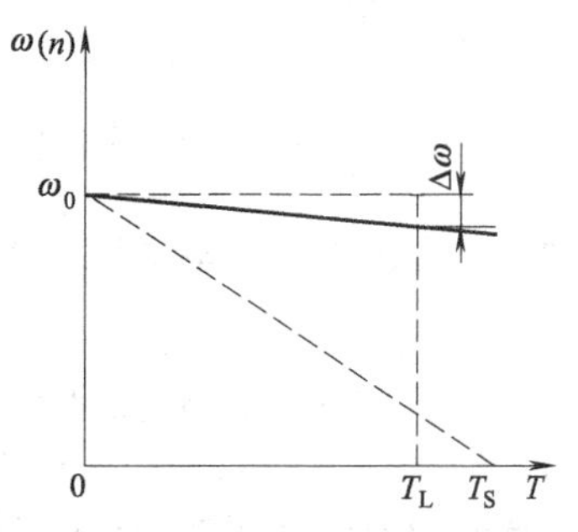

图 23-5-22 直流伺服电动机的机械特性

（2）动态特性

直流电动机的动态力矩平衡方程为：

$$T_M-T_L=J\frac{d\omega}{dt} \tag{23-5-8}$$

式中，T_M为电动机的电磁转矩；T_L为电动机的负载转矩；J为电动机的总转动惯量。

（3）工作特性

永磁式直流伺服电动机的性能特点：

① 低转速大惯量。

② 转矩大。

③ 启动力矩大。

④ 调速范围大，低速运行平稳，力矩波动小。

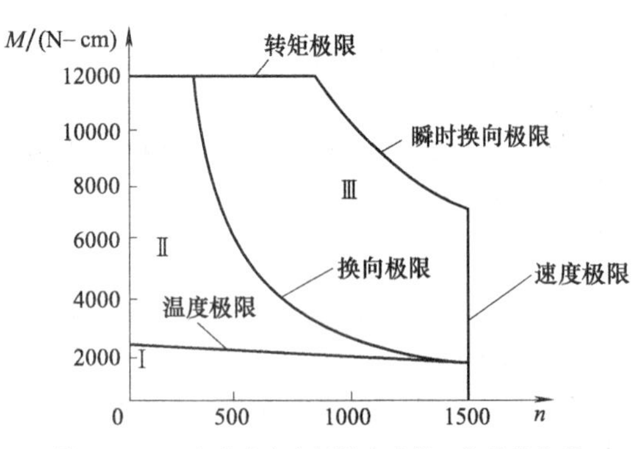

图 23-5-23　永磁式直流伺服电动机工作特性曲线

图 23-5-23 中，Ⅰ区为连续工作区；Ⅱ区为断续工作区，由负载-工作周期曲线（如图 23-5-24 中 d 所示）决定工作时间；Ⅲ区为瞬时加减速区。

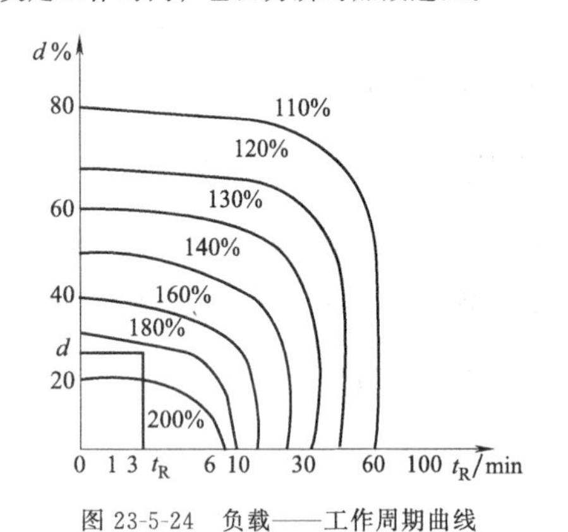

图 23-5-24　负载——工作周期曲线

5.3.3.4　直流伺服电动机调速原理

根据直流伺服电动机的机械特性公式可知，调整电动机转速的方式有两种：调整电枢电压 U_a 和调整气隙磁通 ϕ。改变电枢电压 U_a 时，由于绕组绝缘耐压的限制，调压只能在额定转速下进行，属于恒转矩调速；改变磁通 ϕ 的方法一般是改变励磁电流，在电枢电压恒定的情况下，磁场接近饱和，故只能在额定转速以上进行，属于恒功率调速。

常见的调速系统一般有晶闸管（可控硅）调速系统和晶体管脉宽调制（PWM）调速系统。

（1）晶闸管调速系统

晶闸管具有许多优点：体积小、重量轻、效率高、动作快等；但缺点也很明显：过载能力小、抗干扰能力差等。晶闸管被广泛应用于直流电动机的调速系统，而晶闸管调速系统一般有三种类型：转速反馈的单闭环调速系统、单环无静差调速系统以及转速、电流双闭环调速系统。为了获得动态响应快、抗干扰能力强的性能，比较好的办法是采用转速、电流双闭环调速系统，将转速、电流分开控制，设置转速、电流两个调节器。

转速、电流双闭环调速系统常采用一个电流内环再套一个转速外环的双闭环结构，称为串级控制，它是直流电力传动最有效的控制方案。该方案可以保证传动系统在过渡过程中，电枢电流为最大允许电流，从而实现最佳过渡过程。

整个调速系统组成部分包括：控制回路和主回路。控制回路由速度调节器、电流调节器、脉冲触发器等构成，如图 23-5-25 所示，为了使转速、电流双闭环系统具有良好的动态和静态特性，转速和电流两个调节器都采用 PI 调节器，转速和电流都采用负反馈环节。在正常运行时，电流调节器工作在不饱和状态；转速调节器工作在饱和与不饱和两种状态。

各部分作用：

① 速度环：速度调节（一般采用 PI 控制），拥有良好的静态和动态特性。

② 电流环：电流调节（采用 P 或 PI 控制），加快响应、启动、低频稳定等。

③ 触发脉冲发生器：产生移相脉冲，使可控硅触发角前移或后移。

双闭环调速系统（图 23-5-26）的启动过程可以划分为三个阶段：电流上升阶段、横流加速阶段、转速调节阶段。

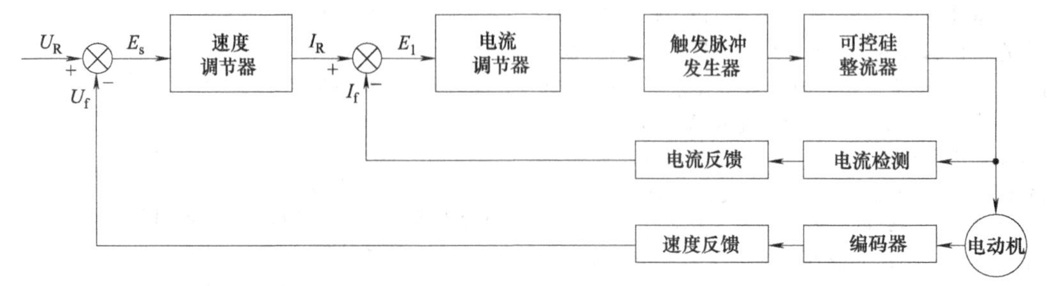

图 23-5-25　系统控制回路

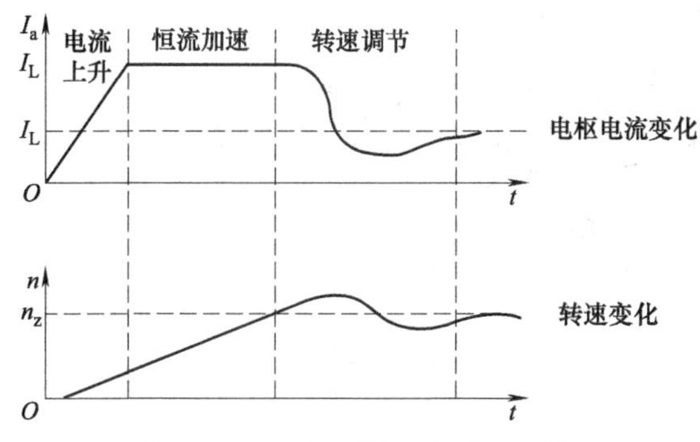

图 23-5-26　双闭环调速系统调速过程

1）电流上升阶段。

① 给转速调节器的输入端突加给定电压。

② 开始时，由于电动机机械惯性的作用，转速反馈电压比较小，转速调节器迅速饱和（退出调节），输出突跳到最大值。

③ 只要转速未达到给定值，转速调节器输出最大值就不变，这个不变的最大值为电流调节器的给定值。

④ 在最大电流给定值作用下，电流调节器的输出也有一个阶跃，晶闸管的输出电压跃变至某值，电流迅速上升，电动机开始启动。

⑤ 当电流反馈电压与转速调节器的输出最大值相等时，电流上升到最大值，电流上升阶段至此结束。

2）恒流加速阶段。

① 此时，转速调节器仍处于饱和状态，只有电流调节器起调节作用。

② 电流调节器在反馈的作用下，保持电枢回路最大电流基本不变。

③ 电动机的转速以恒定的加速度上升。

④ 转速上升，反电动势上升，电流下降，但由于电流调节器的作用，促使电流回升（呈现恒流状态）。

⑤ 只要转速上升，电流调节器就不断重复此过程，直到转速达到给定值。

3）转速调节阶段。

① 在恒定电流作用下，转速不断上升，最终出现超调。

② 反馈值大于给定值，偏差变负，转速调节器退出饱和状态，输出下降，并参与调节。

③ 以后的过程中，在转速、电流调节器的共同作用下，直到稳定运行。

在整个启动过程，首先起作用的是电流内环；从出现超调开始，转速调节器退出饱和后，才参与调节；在之后的过程中，在转速、电流调节器的共同作用下，完成转速调节。需要指出，转速外环起主要调节作用，且决定系统的性质，电流环起局部调节作用。

主回路是由大功率晶闸管构成的三相全控桥式（三相全波）反并接可逆电路，如图 23-5-27 所示，分成两大部分（Ⅰ和Ⅱ），每部分内按三相桥式连接，二组反并接，分别实现正转和反转。

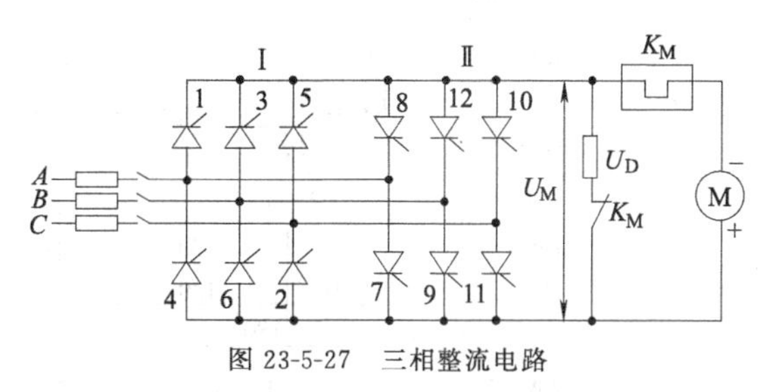

图 23-5-27　三相整流电路

三相整流电路由两个半波整流电路组成。每部分内又分成共阴极组（1、3、5）和共阳极组（2、4、6）。为构成回路，这两组中必须各有一个可控硅并且同时导通。1、3、5 在正半周导通，2、4、6 在负半周导通。每组内（即二相间）触发脉冲相位相差 120°，各相内两个触发脉冲相差 180°。按各自的管号排列，触发脉冲的顺序为 1-2-3-4-5-6，相邻之间相位差 60°。如图 23-5-28 所示。

为保证合闸后两个串联可控硅能同时导通，或已截止的相再次导通，采用双脉冲控制。即每个触发脉冲在导通 60°后，再补发一个辅助脉冲；也可以采用宽脉冲控制，宽度大于 60°，小于 120°。

只要改变可控硅触发角（即改变导通角），就能改变可控硅的整流输出电压，从而改变直流伺服电动机的转速。触发脉冲提前来，增大整流输出电压；触发脉冲延后来，减小整流输出电压。

晶闸管调速系统速度控制的原理总结如下：

① 调速。当给定的指令信号增大时，则有较大的偏差信号加到调节器的输入端，产生前移的触发脉冲，可控硅整流器输出直流电压提高，电动机转速上升，此时测速反馈信号也增大，与大的速度给定相匹配达到新的平衡，电动机以较高的转速运行。

② 干扰。假如系统受到外界干扰，如负载增加，电动机转速下降，速度反馈电压降低，则速度调节器的输入偏差信号增大，其输出信号也增大，经电流调节器使触发脉冲前移，晶闸管整流器输出电压升高，使电动机转速恢复到干扰前的数值。

③ 电网波动。电流调节器通过电流反馈信号还起快速地维持和调节电流作用，如电网电压突然短时下降，整流输出电压也随之降低，在电动机转速由于惯性还未变化之前，首先引起主回路电流减小，立即使电流调节器的输出增加，触发脉冲前移，使整流器

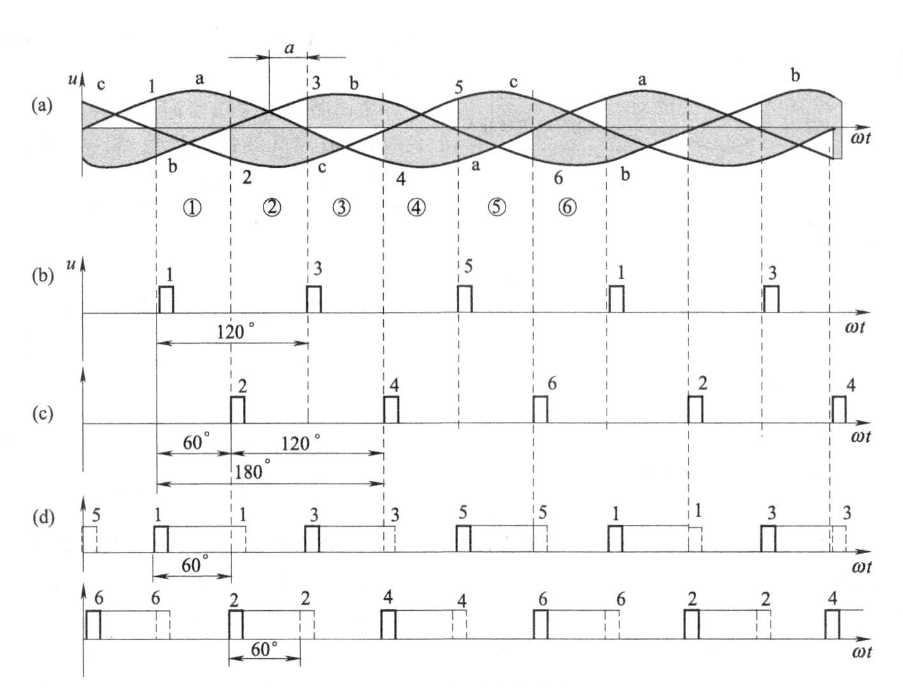

图 23-5-28　主回路波形图

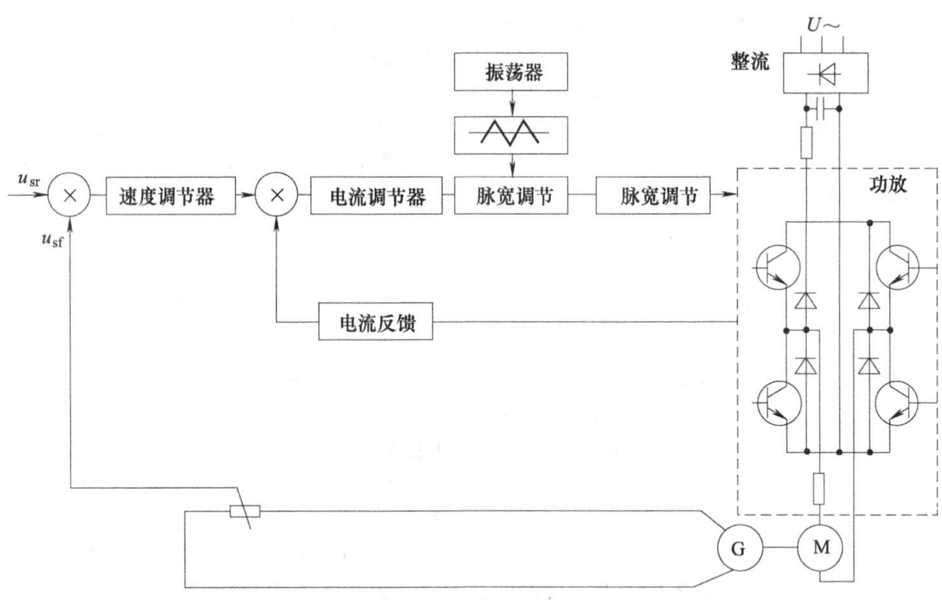

图 23-5-29　系统主回路组成

输出电压恢复到原来值，从而抑制了主回路电流的变化。

④ 启动、制动、加减速。电流调节器还能保证电动机启动、制动时的大转矩、加减速的良好动态性能。

(2) 晶体管脉宽调制（PWM）调速系统

脉宽调制（PWM）方式的调压调速又称斩波调速，是在直流电源电压基本不变的情况下，通过电子开关的通断改变施加到电动机电枢端的直流电压脉冲宽度（即所谓占空比），以调节输入电动机的电枢电压的平均值来进行调速的方式。这种调速方式具有以下特点：电流脉动小；电枢电流容易连续，仅依靠电枢电感就可以滤波；系统低速稳定调整范围宽，并且无须另加设备即可实现可逆调速；主电路工作在开关状态，损耗小，设备效率高等。

系统的主回路（图 23-5-29）部分主要包括大功

率晶体管开关放大器和功率整流器，控制回路部分包括速度调节器、电流调节器、固定频率振荡器以及三角波发生器、脉宽调制器和基极驱动电路。

下面主要介绍一种可逆的脉宽调制调速系统。

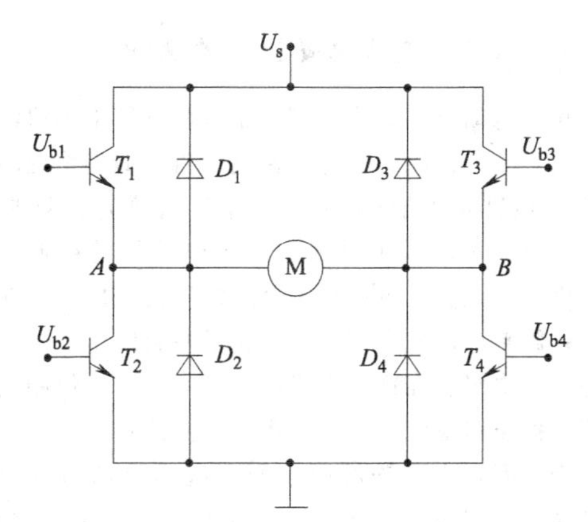

图 23-5-30　直流电动机可逆脉宽调速系统

根据各晶体管控制方法的不同，这种 H 桥式可逆调速电路可以分为单极性脉宽调制和双极性脉宽调制两种控制方式。工作原理是 T_1 和 T_4 同时导通和关断，其基极驱动电压 $U_{b1}=U_{b4}$；T_2 和 T_3 同时导通和关断，基极驱动电压 $U_{b2}=U_{b3}=-U_{b1}$。以正脉冲较宽为例，即正转。

1）当系统的负载较重时

① 电动状态：当 $0 \leqslant t \leqslant t_1$ 时，U_{b1}、U_{b4} 为正，T_1 和 T_4 导通；U_{b2}、U_{b3} 为负，T_2 和 T_3 截止。电动机端电压 $U_{AB}=U_s$，电枢电流 $i_d=i_{d1}$，由 $U_S \rightarrow T_1 \rightarrow T_4 \rightarrow$ 接地端。

② 续流维持电动状态：在 $t_1 \leqslant t \leqslant T$ 时，U_{b1}、U_{b4} 为负，T_1 和 T_4 截止；U_{b2}、U_{b3} 变正，但 T_2 和 T_3 并不能立即导通，因为在电枢电感储能的作用下，电枢电流 $i_d=i_{d2}$，由 $D_2 \rightarrow D_3$ 续流，在 D_2、D_3 上的压降使 T_2、T_3 的 *c-e* 极承受反压不能导通。$U_{AB}=-U_s$。接着再变到电动状态、续流维持电动状态反复进行。

2）当系统的负载较轻时

① 反接制动状态，电流反向：在持续电动状态中，在负载较轻时，则 i_d 小，续流电流很快衰减到零，即 $t=t_2$ 时，$i_d=0$。在 $t_2 \sim T$ 区段，T_2、T_3 在 U_s 和反电动势 E 的共同作用下导通，电枢电流反向，$i_d=i_{d3}$，由 $U_s \rightarrow T_3 \rightarrow T_2 \rightarrow$ 接地端，电动机处于反接制动状态。

② 电枢电感储能维持电流反向：在 $T \sim t_3$ 区段时，驱动脉冲极性改变，T_2、T_3 截止，因电枢电感维持电流，$i_d=i_{d4}$，由 $D_4 \rightarrow D_1$。

③ 电动机的正转、反转、停止：由正、负驱动电压脉冲宽窄而定。当正脉冲较宽时，即 $t_1 > T/2$，平均电压为正，电动机正转；当正脉冲较窄时，即 $t_1 < T/2$，平均电压为负，电动机反转；如果正、负脉冲宽度相等，$t_1=T/2$，平均电压为零，电动机停转。

④ 电动机速度的改变：电枢上的平均电压 U_{AB} 越大，转速越高。它是由驱动电压脉冲宽度决定的。

PWM 调速系统的特点：频带宽、频率高，晶体管“结电容”小，开关频率远高于可控（50Hz），可达 2～10kHz，快速性好；电流脉动小，由于 PWM 调制频率高，电动机负载成感性，对电流脉动有平滑作用，波形系数接近于 1；电源的功率因数高，SCR 系统由于导通角的影响，使交流电源的波形畸变，高次谐波的干扰，降低了电源功率因数，PWM 系统的直流电源为不受控的整流输出，功率因数高；校正瞬态负载扰动能力强，频带宽，动态硬度高。

5.3.3.5　直流伺服电动机特点及应用范围

为了适应各种不同伺服系统的需要，直流伺服电动机也从结构上做了许多改进，衍生出了诸如无槽电枢伺服电动机、空心杯形电枢伺服电动机、印刷绕组电枢伺服电动机、无刷直流伺服电动机、扁平型结构的直流力矩电动机等。

直流伺服电动机可以分为有刷和无刷电动机。有刷直流伺服电动机的成本低，结构简单，启动转矩大，调速范围宽，控制容易，需要维护，但维护方便（换碳刷），会产生电磁干扰，对环境有要求。因此，它可以用于对成本敏感的普通工业和民用场合。无刷直流伺服电动机的体积小，重量轻，出力大，响应快，速度高，惯量小，转动平滑，力矩稳定，容易实现智能化，其电子换相方式灵活，可以方波换相或正弦波换相。电动机免维护，不存在碳刷损耗的情况，效率很高，运行温度低，噪声小，电磁辐射很小，寿命长，可用于各种环境。

直流伺服电动机主要用于各类数字控制系统中的执行机构驱动，需要精确控制恒定转速或需要精确控制转速变化曲线的动力驱动。目前，各种特性的直流伺服电动机都有各自适合的应用领域：小惯量直流电动机可以应用在印刷电路板的自动钻孔机上；中惯量直流电动机（宽调速直流电动机）一般在数控机床的进给系统都有应用；大惯量直流电动机则主要用作数控机床的主轴电动机。

5.3.4　直接驱动电动机

直接驱动电动机（又称 DD 马达）是伺服技术发展的产物。除延续了伺服电动机的特性外，因其低速大扭矩、结构简单、机械损耗减小、噪声低、维护少等特点，被广泛用于各行各业。

直驱电动机（直接驱动式电动机）主要指电动机在驱动负载时，不需要经过传动装置（如皮带、齿轮箱等），直接与驱动负载相连。直驱电动机作为一种新型的驱动元件，具有“零传动”、高精度、高效率等优点。

直驱电动机包括直接驱动的线性电动机（直线电动机）、旋转电动机（力矩电动机）和平面电动机（磁浮电动机）等，由于采用了无中间传动机构的直接驱动方式，直驱电动机相比传统电动机有更好的动态性能、更好的高低速特性，并能简化装备结构，降低故障率等。直驱电动机广泛用于高精度机床、半导体设备、自动化生产线等相关装备。

直驱电动机作为近几十年来的新兴驱动技术，突破了传统旋转电动机所存在的技术瓶颈，具有其他驱动方式无法比拟的特点和优势，可以概括为以下几点：

① 静/动态精度高、可靠性好。由于电动机直接与负载相连，不存在中间传动机构的传动间隙，使得其具有高刚度、低柔性的特点；不存在中间传动间隙就减少了设备部件之间的磨损，驱动设备的可靠性大大提高。

② 高精度。直驱系统没有中间传动机构，也就没有中间传动误差，提高了驱动对象的定位精度。

③ 高动态响应。由于直驱系统去掉了齿轮、丝杠等机械部件，使得运动惯量变小，系统响应速度快。

④ 速度、加速度高，速度调控性好。直驱电动机具有超高/低速特点，可以获得小于 1μm/s 的低速和 5m/s 以上的高速；其高加速度性能可以实现启动时瞬间达到高速，高速运行时又能瞬间准停，最高加速度可达到 10g；其高/低速性能使得其具有更宽的调速范围。

⑤ 零维护。直驱电动机系统的“零传动”方式省去了中间传动机构，减少了机械摩擦和故障点，使得维修和维护工作量大幅减少，延长了设备的使用寿命，降低了维修和维护成本。

⑥ 外形紧凑、易于设计。直接驱动装置的结构简单、外形紧凑，系统的零部件数目较少，重量减轻，体积变小，对安装空间的要求降低，更易于实现紧凑合理的设计。

5.3.4.1　直线电动机工作原理

直线电动机在结构上相当于是从旋转电动机演变而来的，其工作原理也与旋转电动机相似。将旋转电动机在顶部沿径向剖开，并将圆周拉直，就是图 23-5-31所示的直线电动机。旋转电动机的径向、轴向和周向，在直线电动机中对应的称为法向、横向和纵向；旋转电动机中的定子、转子在直线电动机中称为初级和次级。在这台直线电动机的三相绕组中通入三相对称正弦电流后，也会产生气隙磁场。

当不考虑由于铁芯两端而引起的纵向边端效应时，这个气隙磁场的分布情况与旋转电动机的相似，即可看成沿展开的直线方向呈正弦形分布。当三相电流随时间变化时，气隙磁场将按 A、B、C 相序沿直线移动。这个原理与旋转电动机的相似，两者的差异是：这个磁场是平移的，而不是旋转的，因此称为行波磁场。显然，行波磁场的移动速度与旋转磁场在定子内圆表面上的线速度是一样的，即 v_s(m/s)，称为同步速度，且

$$v_s=2f\tau \tag{23-5-9}$$

再看行波磁场对次级的作用，假定次级为栅型次级，图 23-5-31 中仅画出其中的一根导条。次级导条在行波磁场切割下，将产生感应电动势并产生电流，而所有导条的电流和气隙磁场相互作用便产生电磁推力，在这个电磁推力的作用下，如果初级是固定不动的，那么次级就顺着行波磁场运动的方向做直线运动。若次级移动的速度用 v 表示，转差率用 s 表示，则有

$$\begin{cases} s=(v_s-v)/v_s \\ v_s-v=sv_s \\ v=(1-s)v_s \end{cases} \tag{23-5-10}$$

在电动机的运行状态下，s 在 0 与 1 之间。这就是直线电动机的基本工作原理。

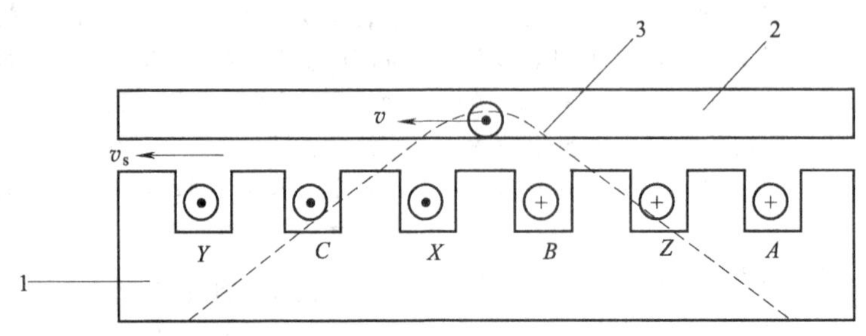

图 23-5-31　直线电动机的基本工作原理

1—初级；2—次级；3—行波磁场

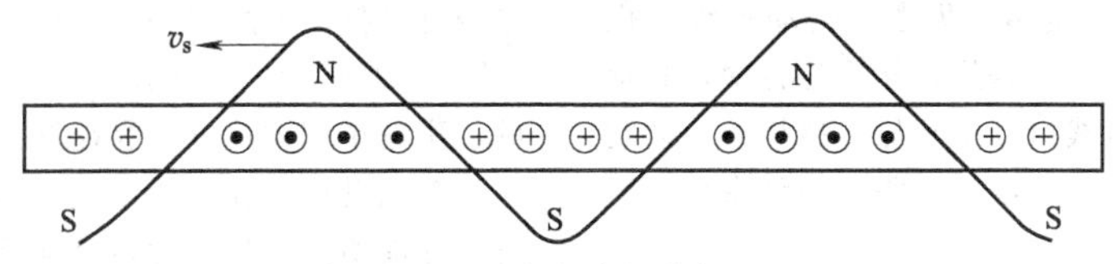

图 23-5-32　假想中的感应电流

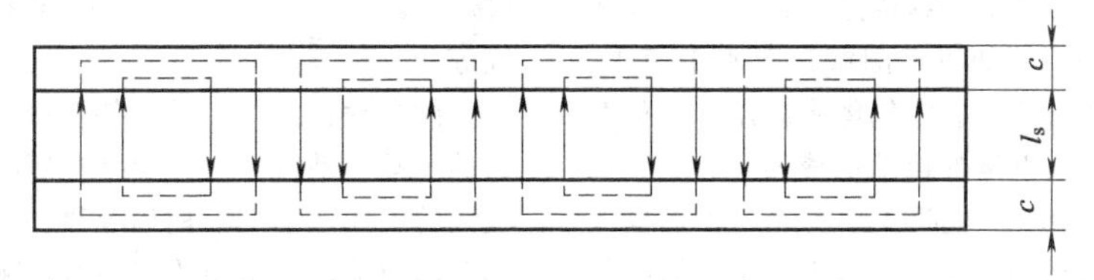

图 23-5-33　金属板内的电流分布

应该指出，直线电动机的次级大多数采用整块金属板或复合金属板，因此并不存在明显的导条。但是在分析时，不妨把整块看成是无限多的导条并列安置，这样仍可以应用上述原理进行讨论。在图 23-5-32和图 23-5-33 中，分别画出了假想导条中的感应电流及金属板内电流的分布，图中 l_s为初级铁芯的叠片厚度，c 为次级在 l_s长度方向伸出初级铁芯的宽度，用来作为次级感应电流的端部通路，c 的大小将影响次级的电阻。

旋转电动机通过对换任意两相的电源线，可以实现反向旋转。这是因为三相绕组的相序反了，旋转磁场的转向也随之反了，使转子转向跟着反过来。同样，直线电动机对换任意两相的电源线后，运动方向也会反过来，根据这一原理，可使直线电动机做往复直线运动。

在实际应用时，将初级和次级制造成不同的长度，以保证在所需行程范围内初级与次级之间的耦合保持不变。直线电动机可以是短初级长次级，也可以是长初级短次级。考虑到制造成本、运行费用，目前一般均采用短初级长次级。直线电动机的工作原理与旋转电动机相似，以直线感应电动机为例：当初级绕组通入交流电源时，便在气隙中产生行波磁场，次级在行波磁场切割下，将感应出电动势并产生电流，该电流与气隙中的磁场相作用就产生电磁推力。如果初级固定，则次级在推力作用下做直线运动；反之，则初级做直线运动。

如果电动机的极距为 τ，电源频率为 f ，则磁场的移动速度为：

$$v_s=2f\tau \tag{23-5-11}$$

次级速度为 v，则滑差率为：

$$s=\frac{v_s-v}{v_s} \tag{23-5-12}$$

次级移动速度为：

$$v=(1-s)v_s=2f\tau(1-s) \tag{23-5-13}$$

直线电动机常用技术用语：

① 力常数（K_f）：直线电动机单位电流产生的电磁推力。

② 反电势常数（K_e）：直线电动机单位速度产生的反电动势。

③ 电动机常数 $K_m=\dfrac{F}{\sqrt{P_c}}$。

④ 加速度 a：单位时间速度的变化量。

⑤ 连续推力（F_c）：直线电动机能够持续提供的最大推力。

⑥ 峰值推力（F_p）：直线电动机在短时间能够提供的瞬间推力，可持续时间一般控制在 1s 以内。

⑦ 连续电流（I_c）：产生连续推力的电流，是直线电动机可持续工作的最大电流。

5.3.4.2　直线电动机的特点

直线电动机可广泛地应用于工业、民用、军事及其他各种直线运动的场合，采用直线电动机驱动的装置和其他非直线电动机驱动的装置相比，具有以下优点。

① 采用直线电动机驱动的传动装置不需要任何转换装置而直接产生推力，因此可以省去中间转换机构，简化整个装置或系统，保证了运行的可靠性，传递效率提高，制造成本降低，易于维护。

② 普通旋转电动机由于受到离心力的作用，其圆周速度受到限制；而直线电动机运行时，它的零部件和传动装置不像旋转电动机那样会受到离心力的作用，因而它的直线速度可以不受限制。

③ 直线电动机是通过电能直接产生直线电磁推力的，在驱动装置中，其运动时可以无机械接触，使传动零部件无磨损，从而大大减少了机械损耗，例如直线电动机驱动的磁悬浮列车就是如此。

④ 旋转电动机通过钢绳、齿条、传动带等转换机构转换成直线运动，这些转换机构在运行中，其噪声是不可避免的；而直线电动机是靠电磁推力驱动装置运行的，故整个装置或系统噪声很小或无噪声，运行环境好。

⑤ 由于直线电动机结构简单，且它的初级铁芯在嵌线后可以用环氧树脂等密封成整体，所以可以在一些特殊场合中应用，例如可在潮湿甚至水中使用，可在有腐蚀性气体或有毒、有害气体中应用，亦可在几千度的高温或零下几百度的低温下使用。

⑥ 由于直线电动机结构简单，其散热效果也较好，特别是常用的扁平型短初级直线电动机，初级的铁芯和绕组端部直接暴露在空气中，同时次级很长，具有很大的散热面，热量很容易散发掉，所以这一类直线电动机的热负荷可以取得较高，并且不需要附加冷却装置。

直线电动机的不足之处主要体现在以下两个方面：

① 与同容量旋转电动机相比，直线电动机（主要是感应式直线电动机）的效率和功率因数较低，尤其在低速时比较明显。其原因主要是：一是直线电动机的初次级气隙一般都比旋转电动机的气隙大，因此所获的磁化电流就较大，损耗增加；二是由于直线电动机初级铁芯两端开断，产生了所谓的边端效应，从而引起波形畸变等问题，其结果也导致损耗增加。但从整个装置或系统来看，由于采用直线电动机后可省去中间传动装置，因此其驱动系统的效率还是比采用旋转电动机系统高。

② 直线电动机特别是直线感应电动机的启动推力受电源电压的影响较大，故需采取有关措施保证电源的稳定或改变电动机的有关特性来减少或消除这种影响。

5.3.4.3 直线电动机的分类

① 直线电动机如果按照结构进行分类，可以分为单边直线电动机（短初级、短次级）、双边型直线电动机（短初级、短次级）、圆筒式直线电动机（圆弧式直线电动机、圆盘式直线电动机）和直驱式力矩电动机。

② 按照电动机的功能用途来分类，可以分为力电动机、功电动机和能电动机三类。

力电动机是指单位输入功率所能产生的推力或单位体积所能产生的推力，主要用在静止物体或低速设备上施加一定推力的直线电动机；它以短时运行、低速运行为主，例如阀门的开闭、门窗的移动、机械手的操作、推车等。这种电动机效率较低，甚至是零（如对静止物体上施加推力时，效率为零），因此，对这类电动机不能用效率这个指标去衡量，而是用推力/功率的值来衡量，即在一定的电磁推力下，其输入的功率越小则说明其性能越好。

功电动机主要作为长期连续运行的直线电动机，它的性能衡量指标与旋转电动机基本一样，即可用效率、功率因数等指标来衡量其电动机性能，例如高速磁悬浮列车用直线电动机、各种高速运行的输送线等。

能电动机是指运动构件在短时间内能产生极高能量的驱动电动机，它主要是在短时间、短距离内提供巨大的直线运动能，例如导弹、鱼雷的发射、飞机的起飞以及冲击、碰撞等试验机的驱动等。这类直线电动机的主要性能指标是能效率（能效率＝输出的动能/电源所提供的电能）。

③ 从原理上讲，每种旋转电动机都有与之相对应的直线电动机，然而从使用角度来看，直线电动机得到了更广泛的应用。直线电动机按其工作原理可分为直线电动机和直线驱动器。

5.3.4.4 力矩电动机工作原理、特点及分类

力矩电动机是为满足低转速、大转矩负载要求而设计制造的一种特殊电动机，与一般电动机不同的是，它只利用转子静止或接近静止时的转矩，不强调机械功率。普通电动机静止状态下的转矩虽然也可以利用，但当位置变化时，转矩的变化比较明显；力矩电动机在转子旋转过程中位置发生变化时，转矩变化很小，且其工作转角变化范围较大，可连续工作在堵转状态。

（1）直流力矩电动机

直流力矩电动机的工作原理与普通直流电动机相同，不同之处在于其结构。如图23-5-34所示，为了在一定体积和电枢电压下产生大的转矩和低的转速，直流力矩电动机一般做成扁平式结构，电枢长度与直径之比为0.2左右，极对数较多；为了减小转矩和转速的波动，选用较多的槽数和换向片数，通常采用永磁体产生磁场。

定子是由软磁材料制造成的带槽的圆环，在槽中嵌入永磁体。转子铁芯通常用硅钢片叠成，槽中嵌入电枢绕组，电枢绕组为单波绕组。槽楔由钢板制成，兼作换向片，槽楔两端伸出槽外，一端作为电枢绕组接线用，另一端排列成环形换向器。转子的所有部件用高温环氧树脂浇铸成整体。

（2）交流力矩电动机

交流力矩电动机与一般鼠笼式异步电动机的运转原理是完全相同的，但结构上有所不同，它是采用电阻率较高的材料（例如黄铜、纯铜、铝锰合金等）作

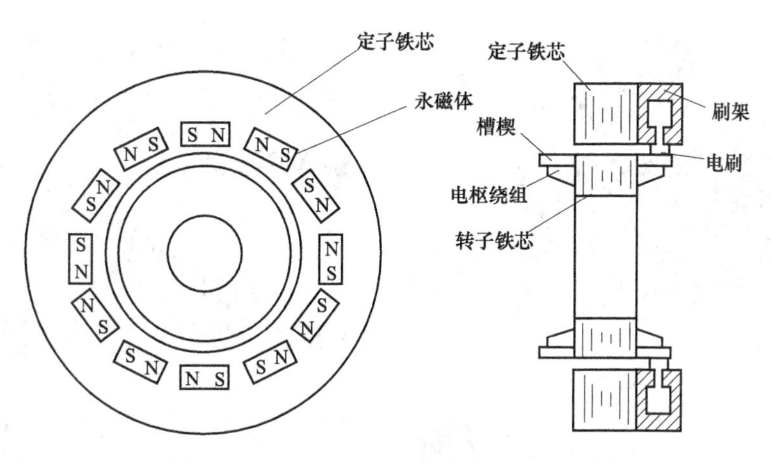

图 23-5-34　永磁式直流力矩电动机结构

转子的导条及端环，因此，力矩电动机的转子电阻比普通鼠笼式电动机的转子电阻大得多，因而其机械特性与普通感应电动机明显不同。交流力矩电动机的机械特性如图 23-5-35 所示，图中，曲线 1 为普通感应电动机的机械特性；交流力矩电动机转子电阻较大，使最大转矩对应的转差率为 1，即最大转矩出现在堵转点，其机械特性如图中曲线 2 所示。

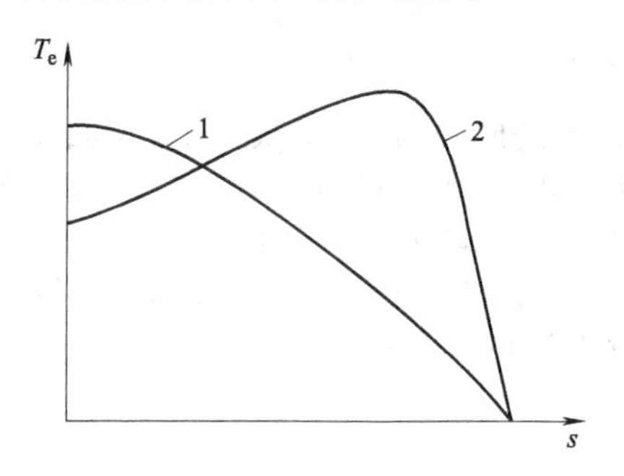

图 23-5-35　交流力矩电动机的机械特性

力矩电动机与传统旋转电动机比较具有以下优势：

① 直接的力延伸——没有机械传递。

② 高动态响应和良好的驱动控制质量。

③ 免维护驱动——电动机上没有损耗件或维护件。

④ 高动态和静态负载刚性。

⑤ 高定位精度。

⑥ 简单化机械设计。

⑦ 简单安装和拆卸。

5.3.4.5　直流驱动电动机应用实例

(1) 高速列车

如图 23-5-36 所示，直线电动机用于高速列车是一个举世瞩目的课题。它与磁悬浮技术相结合，可使列车达到很高速度且无振动噪声，成为目前最先进的地面交通工具。日本已研制成功使用直线感应电动机的 HSST 系列磁悬浮列车模型，电动机采用短初级结构，作为轨道的次级导电板选用铝材，磁悬浮是吸引式的。列车模型的中间下方安放直线感应电动机，两边是若干个转向架，起磁悬浮作用的支承电磁铁安装在各个转向架上，它们可以保证直线感应电动机具有不变的气隙，并能转弯和上下坡。

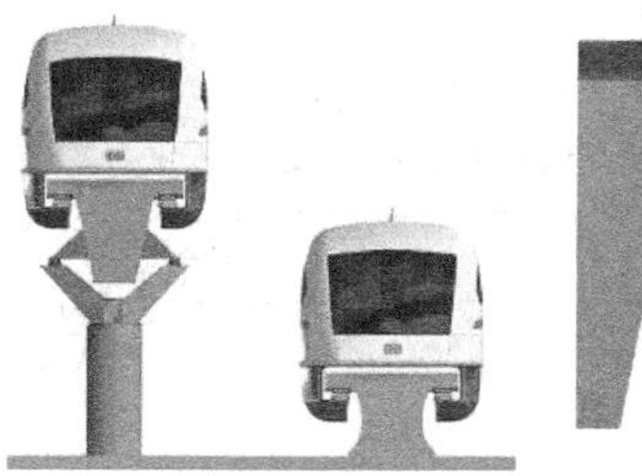

图 23-5-36　轨道交通用直线电动机驱动原理

(2) 传送车

包头煤车直线电动机实验线（图 23-5-37）：输煤小车采用直线感应电动机驱动，初级安装在输煤小车底部，次级板安装在两导轨之间，轨道长数千米，该设备已成功投入使用。

(3) 传送带与输送线

在建筑物中将小型物品从一个房间传送到另一个房间，可考虑使用直线电动机空间传送线。图 23-5-38所示的就是采用双边型直线感应电动机的三种传送带方案。直线感应电动机的初级固定，次级就是传送带本身，其材料为金属带或金属网与橡胶混合的复合皮带。

(a) 运煤车

(b) 现场次级板

(c) 次级板安装现场

(d) 初级结构

图 23-5-37 包头煤车直线电动机试验线

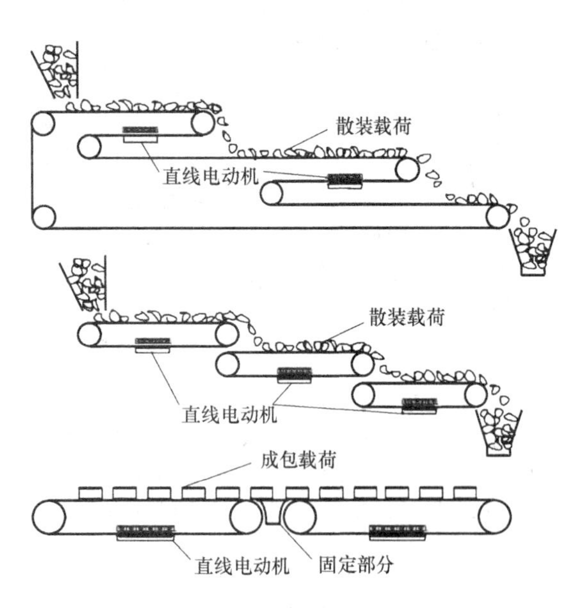

图 23-5-38 直线感应电动机传送带

（4）数控加工中心

数控机床正在向精密、高速、复合、智能、环保的方向发展。精密和高速加工对传动及其控制提出了更高的要求，并要求更高的动态特性和控制精度、更高的进给速度和加速度、更低的振动噪声和更小的磨损。在数控机床应用上，直线电动机驱动方式与旋转电动机-滚珠丝杠的驱动方式相比，其性能更加优越，直线电动机驱动可以更好地满足现在数控机床进给系统的高精度、高速度和高加速度等要求，见图 23-5-39。

图 23-5-39 高速龙门激光切割机

5.4 电液伺服驱动系统

电液伺服系统是指以伺服元件（伺服阀或伺服泵）为控制核心的液压控制系统，它通常由指令装置、控制器、放大器、液压源、伺服元件、执行元件、反馈传感器及负载组成。

5.4.1　系统组成

电液伺服系统是一种反馈控制系统，主要由电信号处理装置和液压动力机构组成。典型电液伺服系统组成元件如下：

① 给定元件。它可以是机械装置，如凸轮、连杆等，提供位移信号；也可是电气元件，如电位计等，提供电压信号。

② 反馈检测元件。用来检测执行元件的实际输出量，并转换成反馈信号。它可以是机械装置，如齿轮副、连杆等；也可是电气元件，如电位计、测速发电机等。

③ 比较元件。用来比较指令信号和反馈信号，并得出误差信号。实际应用中，一般没有专门的比较元件，而是由某一结构元件兼职完成。

④ 放大、转换元件。将比较元件所得的误差信号放大，并转换成电信号或液压信号（压力、流量），它可以是电放大器、电液伺服阀等。

⑤ 执行元件。将液压能转变为机械能，产生直线运动或旋转运动，并直接控制被控对象，一般指液压缸或液压马达。

⑥ 被控制对象。指系统的负载，如工作台等。

5.4.2　特点

电液伺服系统又称跟踪系统，是一种自动控制系统。在这种系统中，执行元件能够自动、快速而准确地按照输入信号的变化规律动作，同时系统还起到将信号功率放大的作用，这种由电液元件组成的系统称为液压伺服系统。其特点如下：

① 伺服系统是一个位置跟踪系统。输出位移自动地跟随输入位移的变化规律而变化，体现为位置跟随运动。

② 伺服系统是一个功率放大系统。推动滑阀阀芯所需的功率很小，而系统的输出功率却可以很大，可带动较大的负载运动。

③ 伺服系统是一个负反馈系统。输出位移之所以能够精确地复现输入位移的变化是因为控制滑阀的阀体和液压缸体固连在一起，构成了一个负反馈控制通路。液压缸输出位移，通过这个反馈通路回输给滑阀阀体，并与输入位移相比较，从而逐渐减小和消除输出位移和输入位移之间的偏差，直到两者相同为止。因此，负反馈环节是液压伺服系统中必不可少的重要环节，负反馈也是自动控制系统具有的主要特征。

5.4.3　工作原理

电液伺服系统是一个有误差系统，当液压缸位移和阀芯位移之间不存在偏差时，系统就处于静止状态。若使液压缸克服工作阻力并以一定的速度运动，首先必须保证滑阀有一定的阀口开度，这是电液伺服系统工作的必要条件。液压缸运动的结果总是力图减小这个误差，但在其工作的任何时刻也不可能完全消除这个误差。没有误差，伺服系统就不能工作。

电液伺服系统的基本原理：反馈信号与输入信号相比较得出偏差信号，利用该偏差信号控制液压能源输入到系统的能量，使系统向着减小偏差的方向变化，直至偏差等于零或足够小，从而使系统的实际输出与希望值相符。

5.4.4　要求

电液伺服系统是反馈控制系统，它是按照偏差原理来进行工作的，因此在实际工作中，由于负载及系统各组成部分都有一定的惯性、油液有可压缩性等，当输入信号发生变化时，输出量并不能立刻跟着发生相应的变化，而是需要一个过程，在这个过程中，系统的输出量以及系统各组成部分的状态随时间的变化而变化，这就是通常所说的过渡过程或动态过程。如果系统的动态过程结束后，又达到新的平衡状态，则把这个平衡状态称为稳态或静态。

一般来说，系统在振荡过程中，由于存在能量损失，振荡将会越来越小，很快就会达到稳态。但是，如果活塞负载的惯性很大，油液因混入了空气而压缩较大，液压缸和导管的刚性不足，或系统的结构及其元件的参数选择不当，则振荡迟迟不得消失，甚至还会加剧，导致系统不能工作。出现这种情况时，系统被认为是不稳定的。因此，对液压伺服系统的基本要求首先是系统的稳定性，不稳定的系统根本无法工作。除此以外，还要从稳、快、准三个指标来衡量系统性能的好坏。稳和快反映了系统过渡过程的性能，既快又稳；若控制过程中输出量偏离希望值小，偏离的时间短，表明系统的动态精度高。另外，系统的稳态误差必须在允许范围之内，控制系统才有实用价值，也就是所谓的准。所以说一个高质量的电液伺服系统在整个控制过程中应该是既稳又快又准。

5.4.5　设计步骤

工业上应用的电液伺服系统大多数属于单输入单输出系统，可以近似看成线性定常系统，因此一般可采用频域法进行系统设计。系统设计的基本步骤如下：

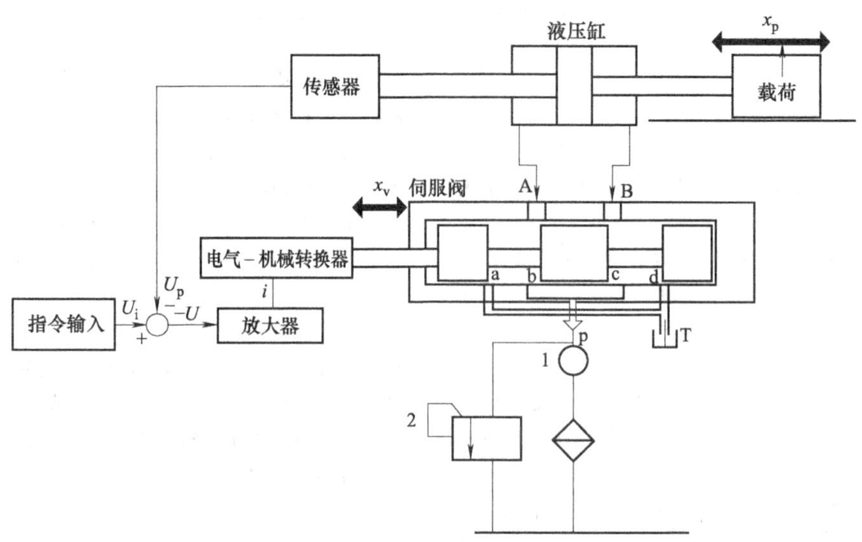

图 23-5-40　液压控制系统原理图

① 明确设计要求。

② 拟定控制方案，绘制系统原理图。

③ 静态计算，确定动力元件参数，选择系统组成元件。

④ 动态计算，确定组成元件的动态特性，仿真系统稳定性和响应特性。

⑤ 选择液压油源。

5.4.6　液压系统及其在机器人驱动与控制中的应用

液压控制系统能够根据装备的要求，对位置、速度、加速度、力等被控量按一定的精度进行控制，并且能在有外部干扰的情况下稳定准确的工作，实现既定的工艺目的。

以液压伺服系统为例，说明液压控制系统的原理。图 23-5-40 所示为一机床工作台液压伺服控制系统原理图，系统的能源为液压泵，它以恒定的压力向系统供油，动力装置由伺服阀、四通控制滑阀和液压缸组成。伺服阀是一个转换放大组件，它将电气-机械转换器给出的机械信号转化成液压信号（流量压力）输出并加以功率放大；液压缸为执行器，其输入是压力油的流量，输出的是拖动负载。与液压缸左端相连的传感器用于检测液压缸的位置，从而构成反馈控制。

当电气输入指令装置给出一指令信号时，反馈信号与指令信号进行比较，得出误差信号，经放大器放大后将得到的信号（通常为电流 i）输入电气-机械转换器，从而使电气-机械转换器带动滑阀的阀芯进行移动。不妨设阀芯每向右移动一个距离，节流窗口 b、d 便有一个相应的开口量。阀芯所移动的距离及节流窗口的开口量、通流面积与上述误差信号成比例，阀芯移动后液压泵的压力油由 p 口经节流窗口 b 进入液压腔左腔（右腔油液由 B 口经节流窗口 d 回油），液压缸的活塞杆推动负载右移 x_p，同时反馈传感器动作，误差及阀的节流窗口开口量减小，直至反馈传感器的反馈信号与指令信号之间的误差为零时，电气-机械转换器又回到中间的零位位置，于是伺服阀也处于中间位置，其输出流量等于 0，液压缸停止运动，此时负载就处于一个合适的平衡位置，从而完成了液压缸输出位移对于指令输入的跟随动作。如果加入反向指令信号，则滑阀反向运动，液压缸也反向跟随运动。

在机器人领域中常见的驱动器为电动驱动器，但由于其本身存在着输出功率较小、减速齿轮等传动部件容易消耗磨损的问题，为了实现具有较高输出功率、高带宽、快响应以及一定程度上的精准性，在大功率的应用场合下，机器人一般采用液压驱动系统。

随着液压技术与控制技术的发展，各种基于液压控制与电液复合控制的机器人已应用广泛，以液压驱动的机器人为例，其结构简单，动力强劲，操纵方便，可靠性高，控制方式多种多样，如仿形控制、操纵控制、电液控制、无线控制、智能控制等，在某些场合，液压机器人仍发挥着不可替代的作用。

5.5　气动驱动系统

5.5.1　气动驱动系统构件

气动驱动系统结构简单、速度快、维修方便、价格低、动作灵活，具有缓冲作用，适于在中、小负荷的机器人中采用。但因难于实现伺服控制，多用于程序控制的机械人中，如在上、下料和冲压机器人中应用较多，同时也需要增设气压源。与液压驱动器相比，其功率较小，刚度差，噪音大，速度不易控制，所以多用于精度不高，但有洁净、防爆等要求的点位控制机器人。

气动驱动器包含气缸和气动马达两大主要机构，其中气动马达可以分为回转马达和摆动马达。

气动回路是为了驱动用于各种不同目的的机械装置，其最重要的三个控制内容是力的大小、力的方向和运动速度。与生产装置相连接的各种类型的气缸靠压力控制阀、方向控制阀和流量控制阀分别实现对三个内容的控制，即：

① 压力控制阀——控制气动输出力的大小。

② 方向控制阀——控制气缸的运动方向。

③ 速度控制阀——控制气缸的运动速度。

一个气动系统通常包括：

① 气源设备：包括空压机、气罐。

② 气源处理元件：包括后冷却器、过滤器、干燥器和排水器。

③ 压力控制阀：包括增压阀、减压阀、安全阀、顺序阀、压力比例阀、真空发生器。

④ 润滑元件：油雾器、集中润滑元件。

⑤ 方向控制阀：包括电磁换向阀、气控换向阀、人控换向阀、机控换向阀、单向阀、梭阀。

⑥ 各类传感器：包括磁性开关、限位开关、压力开关、气动传感器。

⑦ 流量控制阀：包括速度控制阀、缓冲阀、快速排气阀。

⑧ 气动执行元件：气缸、摆动气缸、气马达、气爪、真空吸盘。

⑨ 其他辅助元件：消声器、接头与气管、液压缓冲器、气液转换器。

气动技术是以压缩气体为工作介质来进行能量与信号传递，实现各种生产过程、自动控制的一门技术，它是液体流动与控制科学的一个重要组成部分。传递动力的系统是将压缩气体经由管道和控制阀输送给气动执行元件，把压缩气体的压力功能转换为机械能而做功；传递信息的系统是利用气动逻辑元件或射流元件实现逻辑运算等功能，也称气动控制系统。

5.5.2　气动比例控制系统

5.5.2.1　气动比例控制系统组成

气动比例控制系统由比例控制气阀与相应的电子控制技术组成，可满足各种各样的控制要求。气动比例控制系统的基本构成如图 23-5-41 所示，图中的执行单元可以是气缸或气动马达、容器和喷嘴等将空气的压力能转化为机械能的元件。比例控制阀门作为系统的电-气压转换的接口元件，实现对执行单元供给气压能量的控制。控制单元作为人机的接口，起着向比例控制阀门发出控制量指令的作用，它可以是单片机、微机及专用控制器等。比例控制阀门的精度较高，一般为 0.5%～2.5%FS。即使不用各种传感器构成负反馈系统，也能得到十分理想的控制效果，但不能抑制被控对象参数变化和外部干扰带来的影响。对于控制精度要求更高的应用场合，必须使用各种传感器构成负反馈来进一步提高系统的控制精度，如图中虚线部分所示。

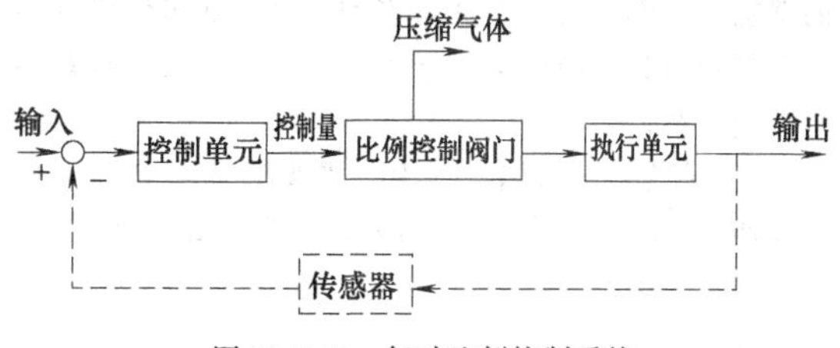

图 23-5-41　气动比例控制系统

5.5.2.2　MPYE 型伺服阀

对于 MPYE 型伺服阀，在使用中可用微机作为控制器，通过 D/A 转换器直接驱动。可使用标准气缸和位置传感器来组成价廉的伺服控制系统，但对于控制性能要求较高的自动化设备，宜使用厂家提供的伺服控制系统，它包括 MPYE 型伺服阀、位置传感器、内藏气缸、SPC 型控制器。控制流程如下：目标值以程序或模拟量的方式输入控制器中，由控制器向伺服阀发出控制信号，实现对气缸的运动控制。气缸的位移由位置传感器检测，并反馈到控制器。控制器以气缸位移反馈量为基础，计算出速度、加速度反馈链。再根据运行条件，如负载质量、缸径、行程及伺服阀尺寸等，自动计算出控制信号的最优值，并作用于伺服控制阀，从而实现闭环控制。控制器与微机连接后，使用厂家提供的系统管理软件，可实现程序管理、条件设定、远距离操作、动特性分析等多项功能。控制器也可与编程器相连接，从而实现与其他系统的顺序动作、多轴运行等功能。

在气动系统中，要根据被控对象的类型和应用场合来选择比例阀的类型。被控对象的类型不同，对控制精度、响应速度、流量等性能指标要求也不同。控制精度和响应速度是相互矛盾的，两者不可同时兼顾。对于已定的控制系统，以最重要的性能指标为依据来确定比例阀的类型，然后考虑设备的运行情况，如污染、振动、安装空间及安装姿态等方面的要求，最终选组出合适比例阀。譬如喷嘴挡板型比例压力阀在研磨、卷绕、喷涂及流控等方面表现优异，而电磁开关式压力阀则在喷流和激光加工领域中有着重要作用，比例铁磁型压力阀在焊接机中有着重要应用，而相应的比例电磁流量阀则在气缸、气动马达中有着重要应用。

5.5.3 控制原理

气动比例/伺服控制系统的性能虽然依赖于执行元件、比例/伺服阀门等系统构成要素的性能，但为了更好地发挥系统构成要素的作用，控制器控制量的计算又是至关重要的。控制器通常以输入值与输出值的偏差为基础，通过选择适当的控制算法可以设计出不受被控对象参数变化和干扰影响、具有较强鲁棒性的控制系统。

PID 控制具有简单、实用、易掌握等特点，在气动控制技术中得到了广泛应用，原理如图 23-5-42 所示。

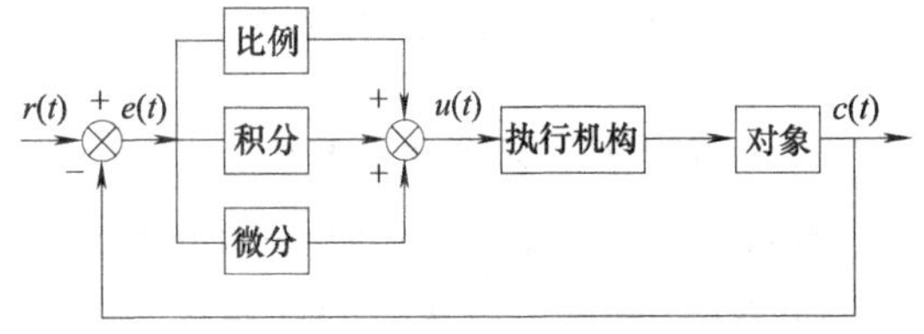

图 23-5-42 PID 控制原理

PID 控制器设计的难点是比例、积分及微分增益系数的确定。一方面，合适的增益系数的获得需经过大量实验，工作量很大；另一方面，PID 控制不适用于控制对象参数经常变化、外部有干扰、大滞后系统等场合。在此情况下，一是使用神经网络与 PID 控制并行组成控制器，利用神经网络的学习功能，在线调整增益系数，抑制因参数变化等对系统稳定性造成的影响；二是使用各种构成具有强鲁棒性的控制系统。目前应用现代控制理论来控制气缸的位置或力的研究相当活跃，并取得了一定的研究成果。

5.5.4 控制应用

5.5.4.1 张力控制

带材或板材（纸张、胶片、电线、金属薄板等）的卷绕机在卷绕过程中，为了保证产品的质量，要求卷筒张力保持一定。因气动制动器具有廉价、维修简单、制动力矩范围变更方便等特点，所以在各种卷绕机中得到了广泛的应用。对于一个应用了比例压力阀的张力控制系统，其高速运动的带材的张力由张力传感器检测，并反馈到控制器。控制器以张力反馈值与输入值的偏差为基础，采用一定的控制算法，输出控制量到比例压力阀，从而调整气动制动器的制动压力，以保证带材的张力恒定。在张力控制中，控制精度比响应速度要求高，建议选用控制精度较高的喷嘴挡板型比例压力阀。

5.5.4.2 加压控制

以在磨床加压控制中的比例压力阀为例，在该情景下，控制精度比响应速度要求高，所以应选用控制精度较高的喷嘴挡板型或电磁开关型比例压力阀。应该注意的是，加压控制的精度不仅取决于比例压力阀的精度，气缸的摩擦阻力特性影响也很大。标准气缸的摩擦阻力随着工作压力、运动速度等因素变化，难以实现平稳加压控制，所以在此应用场合下，建议选用低速、恒摩擦阻力气缸。系统中减压阀的作用是向气缸有杆腔加一恒压，以平衡活塞杆和夹具机构的自重。

5.5.4.3 位置和力控制

（1）控制方法

采用电气伺服控制系统能方便地实现多点无极柔性定位（由于气体的可压缩性，能实现柔性定位）和无级调速；比例伺服控制技术的发展以及新型气动元件的出现，能大幅降低工序节拍，提高生产效率。伺服气动系统实现了气动系统输出物理量（压力或流量）的连续控制，主要用于气动驱动机构的启动和制动、速度控制、力控制（如机械手的抓取力控制）和精确定位。通常气动伺服定位系统主要由气动/比例伺服控制阀、执行元件（气缸或马达）传感器（位移传感器或力传感器）及控制器组成。

（2）汽车方向盘疲劳试验机

气动/比例伺服控制系统非常适合应用于像汽车部件、橡胶制品、轴承及键盘等产品的中、小型疲劳试验机中。以汽车方向盘疲劳试验机中的气动伺服系统为例，该试验机主要由被试体（方向盘）、伺服控制阀、伺服控制器、位移和负荷传感器及计算机等构成。要求向方向盘的轴向、径向和螺旋方向单独或复合（两轴同时）地施加正弦波变化的负荷，然后检测其寿命。该试验机的特点是：精度和简单性兼顾；在两轴同时加载时，不易相互干扰。

（3）挤奶机器人

日本 ORION 公司开发的自动挤奶机器人，如图 23-5-43 所示，其挤奶装置沿 X、Y、Z 三轴方向的移动依靠 FESID 伺服控制系统驱动。X、Y、Z 轴选

图 23-5-43　挤奶机器人

用的气缸（带位置移动传感器）尺寸分别为 ϕ40×1000、ϕ50×300 和 ϕ2×500，对应的 MPYE 系列伺服阀分别为 G1/4、G1/8 和 G1/8，伺服控制器为 SPC100 型。以奶牛的臀部和腹部作为定位基准，X、Y、Z 轴在气动伺服控制系统的驱动下，挤奶装置向奶牛乳头部定位。把位移传感器的绝对零点设为 0V，满量程定为 10V。利用 SPC100 的模拟量输入控制功能，只要控制输入电压值，即可实现轴的位置控制。利用该功能不仅能控制轴的位置，还可实现轴的速度控制，即在系统的响应频率范围内，可按照输入电压波形（台波形、正弦波等）的变化来驱动轴运动。在该应用例子中，定位对象是活生生的奶牛，其在任何时候都有踢腿、晃动的可能。由于气动控制系统所特有的柔软性，能顺应奶牛的这种随机动作，而不会使奶牛受到损伤。在这种场合下，气动系统的长处得到了最大的发挥。

5.5.5　气动系统在机器人驱动与控制中的应用

5.5.5.1　气动系统在机器人中应用的优势

① 以空气为工作介质，工作介质获得比较容易，用后的空气排到大气中，处理方便，与液压传动相比，不必设置回收的油箱和管道。

② 因空气的黏度很小（约为液压油动力黏度的万分之一），其损失也很小，所以便于集中供气、远距离输送，并且不易发生过热现象。

③ 与液压传动相比，气压传动动作迅速、反应快，可在较短时间内达到所需的压力和速度。这是因为压缩空气的黏性小、流速大，一般压缩空气在管路中的流速可达到 180m/s，而油液在管路中的流速仅为 2.5～4.5m/s。工作介质清洁，不存在介质变质等问题。

④ 安全可靠。在易燃、易爆场所使用不需要昂贵的防爆设施。压缩空气不会爆炸或者着火，特别是在易燃、易爆、多尘埃、强磁、辐射、振动、冲击等恶劣工作环境中，比液压、电子、电气控制优越。

⑤ 成本低。过载能自动保护，在一定的超载运行下也能保证系统安全工作。

⑥ 系统组装方便。使用快速接头可以非常简单地进行配管，因此系统的组装、维修以及元件的更换比较简单。

⑦ 储存方便。气压具有较高的保持能力，压缩空气可以储藏在贮气罐内，随时取用。即使压缩机停止运行，气阀关闭，气动系统仍可维持一个稳定的压力，故不需要压缩机的连续运转。

⑧ 清洁。基本无污染，外泄漏不会像液压传动那样严重污染环境。对于要求高净化、无污染的场合，比如食品、印刷、木材和纺织工业等是极为重要的，气动具有独特的适应能力，优于液压、电子、电气控制。

⑨ 可以把驱动器做成关节的一部分，因而结构简单、刚性好、成本低。通过调节气量可以实现无级变速。由于空气的可压缩性，气压驱动系统具有较好的缓冲作用。

总之，气压驱动系统具有速度快、系统结构简单、清洁、维修方便、价格低等特点，适用于机器人。

5.5.5.2　气动机器人的适合场合

适于中、小负荷机器人，但因难于实现伺服控制，多用于程序控制的机器人系统，如在上、下料和冲压机器人中采用较多。气动机器人采用压缩空气为动力源，从一般工厂的压缩空气站引到机器工作位置，也可单独建立小型气源系统。

由于气动机器人具有气源使用方便、不污染环境、动作灵活迅速、工作安全可靠、操作维修简便以及适用于恶劣环境下工作等特点，因此它在冲压加工、注塑及压铸等有毒或高温条件下作业，如在机床上、下料，仪表及轻工行业中、小型零件的输送和自动装配等作业，食品包装及输送，电子产品输送、自动插接，弹药生产自动化等方面获得广泛应用。

5.5.5.3　气动机器人技术应用进展

近年来，人们在研究与人类亲近的机器人与机械系统时，气压驱动的柔软性受到格外关注，气动机器人已经取得了实质性进展。如何构建柔软机构并积极地发挥气压柔软性特点是今后气压驱动器应用的一个重要方向。

就在三维空间的任意定位、任意姿态抓取物体或握手而言，“阿基里斯”六角勘测员、攀墙机器人都显示出它们具有足够自由度来适应工作空间区域。在彩电、冰箱等家用电器产品的装配生产线上，在半导体芯片、印刷电路等各种电子产品的装配流水线上，不仅可以看到各种大小不一、形状不同的气缸、气爪，还可以看到许多灵巧的真空吸盘将一般的气爪很难抓起的显像管、纸箱等物品轻轻地吸住，运送到指定目标位置，对加速度限制十分严格的芯片搬运系统，采用了平稳加速的SIN气缸。

当前，面向康复、护理、助力等与人类共存、协作型的机器人已崭露头角，在医疗、康复领域或家庭中扮演护理或生活支援等角色。所有这些方面的研究都是围绕着与人类协同作业的柔软机器人的关键技术展开的。在医疗领域，重要成果是内窥镜手术辅助机器人“EMARO”。东京工业大学和东京医科齿科大学创立的风险企业RIVERFIELD公司于2015年7月宣布了内窥镜手术辅助机器人“EMARO：endoscope manipulator robot”研制成功。EMARO是主刀医生可以通过头部动作自己来操作内窥镜系统，无需通过助手（把持内窥镜的医生）的帮助。

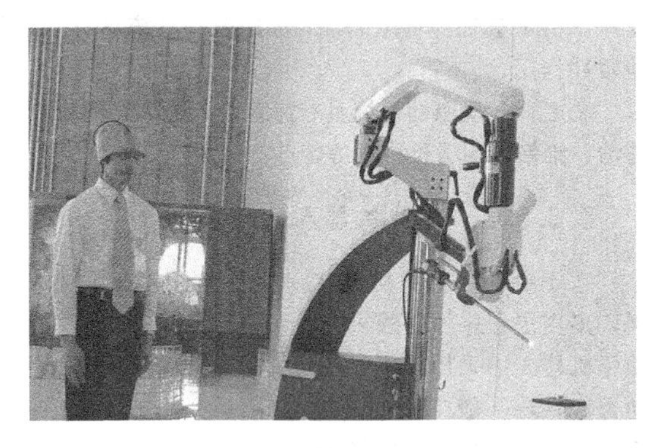

图23-5-44　EMARO

使用EMARO，当头部佩戴陀螺仪传感器的主刀医生头部上下左右倾斜时，系统会感应到这些动作，内窥镜会自如活动，还可与脚下的专用踏板联动。无需通过助手，就可获得所希望的无抖动图像，有助于医生更准确地实施手术。EMARO作为手术辅助机器人，首次采用了气压驱动方式。用自助的气压控制技术实现了灵活的动作，在工作中“即使接触到人，也可以躲开其作用力”等，可保证高安全性。与马达驱动的现有内窥镜夹持机器人相比，整个系统更加轻量小巧。该系统平时由主刀医生头部的陀螺仪传感器来操作，发生紧急情况时，还可以手动操作，可利用机体上附带的控制面板的按钮来操作。

5.5.5.4　气动机器人应用

（1）爬壁机器人

爬壁机器人是一种利用各种现代科技，能够在壁面上进行各种工作的特种机器人，能够应用于高楼外壁清洗、渔船内外壁检查、航天检查、建筑业中的喷涂巨型墙面、安装瓷砖等工作中，具有广泛实用价值。图23-5-45展示了一种爬壁机器人。

图23-5-45　用于清除船体锈垢的爬壁机器人

爬壁机器人主要由工控机、多功能数据采集卡、AD采集口、DA模拟量输出口、DO输出口、RS232通信及输出功能真空发生器、电磁阀、气控阀、比例阀、位移和压力传感器等组成，具体如图23-5-46所示。

（2）气动机械手

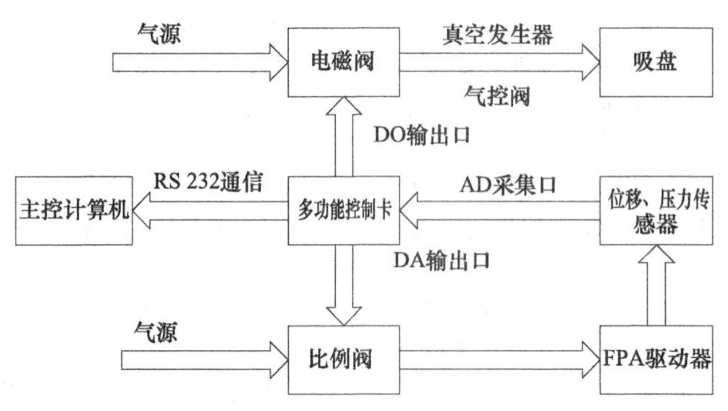

图23-5-46　爬壁机器人系统结构

气动机械手主要由执行机构、驱动系统、控制系统以及位置检测装置等组成。在 PLC（可编程逻辑控制器简称 PLC，由于具有功能强、可编程、智能化等特点已成为工业控制领域中最主要的自动化装置之一）程序控制的条件下，采用气压传动方式使执行机构的相应部位发生规定的、有顺序的、有运动轨迹的、有一定速度和时间的动作。同时按其控制系统的信息对执行机构发出指令，当动作有错误或发生故障时即发出报警信号。位置检测装置随时将执行机构的实际位置反馈给控制系统，并与设定的位置进行比较，然后 通过控制系统进行调整，从而使执行机构以一定的精度达到设定位置。

图 23-5-47　气动机械手

气动机械手系统结构如图 23-5-48 所示。

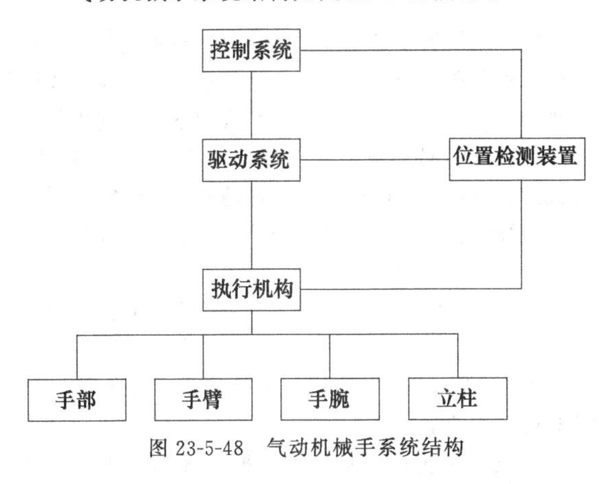

图 23-5-48　气动机械手系统结构

① 执行机构：包括手部、手腕、手臂和立柱等部件（有的增设行走机构）。

手部是与物件接触的部件。根据手部与物件接触形式的不同可分为夹持式和吸附式。夹持式是由手指（或手爪）和传力机构构成。常用的手指运动形式有回转型和平移型，回转型手指结构简单，制造容易，故应用较广泛；平移型应用较少，其原因是结构比较复杂，但平移型手指夹持圆形零件时，工件直径变化不影响其轴心的位置，因此适宜夹持直径变化范围大的工件。手指结构取决于被抓取物件的表面形状、被抓部位（是外廓或是内孔）和物件的重量及尺寸。传力机构则通过手指产生夹紧力来完成夹放物件的任务。传力机构形式较多，常用的有滑槽杠杆式、连杆杠杆式、斜面杠杆式、齿轮齿条式、丝杠螺母弹簧式和重力式等。

手腕是连接手部和手臂的部件，可用来调整被抓取物件的方位（即姿势）。

手臂是支承被抓物件、手部、手腕的重要部件。手臂的作用是带动手指去抓取物件，并按预定要求将其搬运到指定的位置。气动机械手的手臂通常由驱动手臂运动的部件（如油缸、气缸、齿轮齿条机构、连杆机构、螺旋机构和凸轮机构等）与驱动源气压（气缸）相配合，实现手臂的各种运动。

立柱是支承手臂的部件，立柱也可以是手臂的一部分，手臂的回转运动和升降（或俯仰）运动均与立柱有密切的联系。机械手的立柱因工作需要，有时也可作横向移动，即称为可移式立柱。

② 驱动系统：驱动气缸执行机械运动。气动机械手具有手臂伸缩、机身回转、机身升降三个自由度。主要由 3 个大部件和 3 个气缸组成。手部采用一个气爪，通过机构运动实现手爪的运动；臂部，采用直线缸来实现手臂的伸缩；机身，采用一个直线缸和一个回转缸来实现手臂升降和回转。

③ 控制系统：气动机械手气动回路的设计主要是选用合适的控制阀，通过控制和调节各个气缸压缩空气的压力、流量和方向来使气动执行机构获得必要的力、动作速度和改变运动方向，并按规定的程序工作。假设气动机械手完成各个运动的气缸只有完全伸出和完全缩回两个状态。选择两位五通换向阀控制各个气缸的运动方向，气缸的进出口回路各设置一个单向节流阀，通过控制进出口空气流量的大小来控制气缸执行器动力的大小和运动速度。设计中采用 PLC 控制机械手实现各种规定的预定动作，既可以简化控制线路、节省成本，又可以提高劳动生产率。

④ 位置检测装置：控制机械手执行机构的运动位置，随时将执行机构的实际位置反馈给控制系统，并与设定的位置进行比较，然后通过控制系统进行调整，从而使执行机构以一定的精度达到设定位置。

第 6 章　工业机器人常用传感器

机器人由感知、决策和执行三部分组成，其中，感知部分是机器人区别于其他自动化机器的重要部件，机器人的感知就是机器人传感技术。机器人传感器是 20 世纪 70 年代发展起来的一类专门用于机器人的新型传感器。机器人传感器和普通传感器工作原理基本相同，但又有其特殊性。

6.1　概述

在当今信息时代的发展过程中，各种信息的感知、采集、转换、传输和处理已成为各个应用领域特别是自动检测和自动控制系统中不可缺少的重要技术工具。

为了检测机器人与作业对象及工作环境之间的作用关系，在机器人上安装速度传感器、加速度传感器、触觉传感器、视觉传感器、力觉传感器、接近觉传感器、超声波传感器和听觉传感器等，机器人借助传感器信息完成各种复杂工作。

根据检测对象的不同可以将传感器分为内传感器和外传感器。内传感器多用来检测机器人本身状态（如手臂间角度），多为检测位置和角度的传感器；外部传感器多用来检测机器人所处环境（如是哪种物体，离物体的距离有多远等）及状况（如抓取物体时是否有滑动）的传感器。具体有物体识别传感器、力觉传感器、接近觉传感器、距离传感器、听觉传感器等。

6.1.1　传感器定义及指标

传感器是能够感应各种非电量（如物理量、化学量、生物量），且按照一定的规律转换成便于传输和处理的另一种物理量（一般为电量）的测量装置或器件。传感器通常由敏感元件和转换元件组成，其中敏感元件是指传感器中直接感应被测量的部分，转换元件是指传感器能将敏感元件的输出转换为适于传输和处理的电信号部分。

传感器一般有以下几个指标特性。

(1) 动态范围

动态范围是指传感器能检测的范围。比如电流传感器能够测量 1mA～20A 的电流，那么这个传感器的测量范围就是 10lg (20/0.001) =43dB。如果传感器的输入超出了传感器的测量范围，那么传感器就不会显示正确的测量值，比如超声波传感器就无法测量近距离的物体。

(2) 分辨率

分辨率是指传感器能测量的最小差异。比如电流传感器，如果它的分辨率是 5mA，那么小于 5mA 的电流差异它就无法检测。

(3) 线性度

线性度用来衡量传感器输入和输出的关系，是传感器的一个重要指标。

(4) 频率

频率是指传感器的采样速度。比如一个超声波传感器的采样速度为 20Hz，也就是说其每秒钟能扫描 20 次。

6.1.2　机器人的感觉策略

机器人感觉就是把外界相关特性或相关物体特性转换成机器所能处理的信号，这种信号是机器人执行某些功能所需要的。根据应用场合的不同，这些信号的形式有所不同，主要有几何的、光学的、声音的、机械的、材料的、电气的、磁性的和化学的等。利用这些特征信息形成的符号表征系统，进而构成与给定工作任务相关的状态知识。

机器人的感觉顺序分两步进行，如图 23-6-1 所示。

① 变换：通过相关硬件把外界目标特征转换为机器可处理的信号。

② 处理：把所获得信号转换为规划或执行某个机器人功能所需要的信息。处理通常包括预处理和解

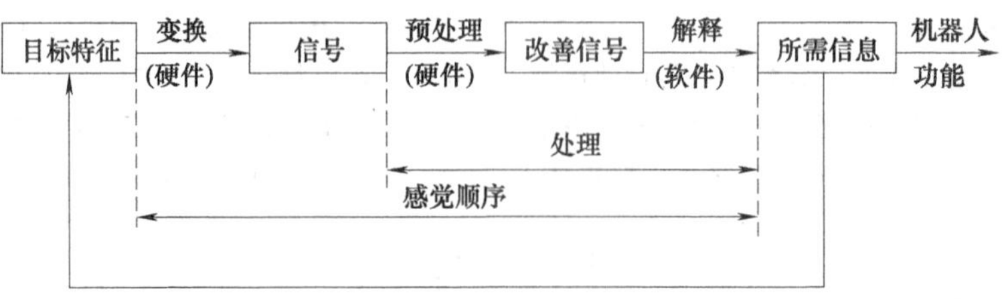

图 23-6-1　机器人感觉顺序与系统结构

释两个步骤。在预处理阶段，一般通过硬件或者算法来改善信号；在解释阶段，一般通过软件对改善之后的信号进行分析，并提取所需要的信息。

举例来说，一个传感器（如摄像机或模数转换器）根据物体表面对光的反射强度得出一组数字型电压的二维数组，这些电压值与摄像机接收到的光强成正比。预处理（如滤波器）用来降低信号噪声，改善信号性能，解释器（即计算机程序）用于分析预处理数据，并得到物体的统一性、位置和完整性等信息。

图 23-6-1 中的反馈环节表明，如果所获得的信息不适用，这种信息可被反馈以修正和重复感觉顺序，直至得到所需要的信息为止。这种交互作用的感觉策略不仅限于单个传感器。

6.1.3　机器人传感器的分类

机器人传感器是机器人的感觉器官，能使机器人具有类似于人的感知能力。机器人传感器种类很多，根据不同方法分类可分为多种类型，不同类型的传感器组合构成了机器人的传感器系统。

根据传感器的作用，一般将传感器分为内部传感器和外部传感器。内部传感器（体内传感器）主要测量机器人内部系统状态，比如检测机器人电动机内部温度、电动机转速、电动机负载和电池电压等。外部传感器（检测外部环境传感器）安装在机械手或移动机器人上，主要测量机器人外界周围环境，比如测量物体距离的远近、声音的大小、光线的明暗和温度的大小等。

目前为止，已经开发出各种各样的传感器，而且大多已经实用化。如测量接触、压力、力、位置、角度、速度、加速度、距离及物体特性（形状、大小、姿态、凹凸、表面粗糙度、重量）等的传感器。因此，根据分类标准不同，机器人传感器的分类结果也不同。

机器人的内部传感器以其自己的坐标系确定其位置，安装在机器人自身中用来感知自己的状态，以调整并控制机器人的行动。如表 23-6-1 所示，主要包括位移、位置、速度、加速度、倾斜角、方位角等传感器，可分为 6 大类。

机器人的外部传感器用来感知外部环境和对象的状况，即机器人自身在外部坐标系的运动参数、对象的形状位置等。如表 23-6-2 所示，主要包括视觉、触觉、力觉、接近觉等传感器，可分为 4 大类。

不同类型的传感器，检测方法也不相同。因此按照检测方法可分为光学、机械、超声波、电阻、半导体、电容、气压等的传感器，如表 23-6-3 所示。

表 23-6-1　内部传感器分类

传感器	类型
特定位置、角度传感器	微型开关、光电开关
任意位置、角度传感器	电位器、旋转变压器、码盘、关节角传感器
速度、角速度传感器	测速发电机、码盘
加速度传感器	应变片式、伺服式、压电式、电动式
倾斜角传感器	液体式、垂直振子式
方位角传感器	陀螺仪、地磁传感器

表 23-6-2　外部传感器分类

功能	传感器	类型
视觉传感器	测量传感器	光学式（点状、线状、圆形、螺旋形、光束）
	识别传感器	光学式、声波式
	接触觉传感器	单点式、分布式
触觉传感器	压觉传感器	单点式、高密度集成、分布式
	滑觉传感器	点接触式、线接触式、面接触式
力觉传感器	力/力矩传感器	组合型
	力和力矩传感器	单元型
接近觉传感器	接近觉传感器	空气式、磁场式、电场式、光学式、声波式
	距离传感器	光学式、声波式

表 23-6-3　传感器按检测方法分类

传感器	检测方法	传感器	检测方法
光学传感器	接近觉、分布触觉、视觉、角度觉	超声波传感器	接近觉、视觉
机械传感器	触觉	电阻传感器	压觉、分布触觉、力觉

续表

传感器	检测方法	传感器	检测方法
半导体传感器	压觉、分布触觉、力觉	生物传感器	触觉、压觉
电容传感器	接近觉、分布压觉	电化学传感器	触觉、接近觉、角度觉
气压传感器	接近觉	磁传感器	接近觉
高分子传感器	触觉、压觉	流体传感器	角度觉

此外还有一些其他的分类标准，根据是否接触分为接触式传感器和非接触式传感器；根据被测量分为热工量、机械量、物性和成分量、状态量等传感器；根据用途可分为力敏传感器、位置传感器、液位传感器、能耗传感器、速度传感器、加速度传感器、射线辐射传感器、热敏传感器等；根据原理可分为电阻式、光电式、电感式、谐振式、电容式、霍尔式、阻抗式、热电式、压电式等传感器；根据输出信号可分为模拟传感器、数字传感器、开关传感器等；根据制造工艺分为薄膜传感器、厚膜传感器、陶瓷传感器等。

本章将以内外传感器的分类方法来讨论机器人传感器。

6.1.4 传感器选用原则

由于传感器的工作原理与结构不同，种类很多，如何根据具体的测量目的、测量对象以及测量环境合理地选用传感器是在进行某个量的测量时首先要解决的问题。当传感器确定后，与之相配套的测量方法和测量设备也就可以确定了。测量结果的好坏在很大程度上取决于传感器的选用是否合理。传感器选取得当，并辅以信号处理技术，能够有效提高传感器工作效率。下面是应用机器人传感器时应考虑的问题。

(1) 根据测量对象与测量环境确定传感器的类型

要进行一个具体的测量工作，首先要考虑采用何种原理的传感器，这需要分析多方面的因素之后才能确定。因为即使是测量同一物理量，也有多种原理的传感器可供选用，哪一种原理的传感器更为合适，则需要根据被测量的特点和传感器的使用条件考虑一些具体问题，如量程的大小，被测位置对传感器体积的要求，测量方式为接触式还是非接触式，信号的引出方法是有线还是非接触测量，传感器的来源是国产还是进口，价格能否承受，是否自行研制。在考虑上述问题之后就能确定选用何种类型的传感器，然后再考虑传感器的具体性能指标。

(2) 灵敏度的选择

通常，在传感器的线性范围内，希望传感器的灵敏度越高越好。因为只有灵敏度高时，与被测量变化对应的输出信号的值才会大小合适，才能更加有利于信号处理。但要注意的是，传感器的灵敏度高，与被测量无关的外界噪声也容易混入，该噪声相应也会被放大，影响测量精度。因此，要求传感器本身应具有较高的信噪比，尽量减少从外界引入的干扰信号。

传感器的灵敏度是有方向性的。当被测量是单向量，而且对其方向性要求较高时，则应选择其他方向灵敏度小的传感器；如果被测量是多维向量，则要求传感器的交叉灵敏度越小越好。

(3) 频率响应特性

传感器的频率响应特性决定了被测量的频率范围，必须在允许频率范围内保持不失真的测量条件，实际上传感器的响应总有一定延迟，希望延迟时间越短越好。传感器的频率响应高，可测的信号频率范围就宽，而由于受到结构特性的影响，机械系统的惯性较大，固有频率低的传感器可测信号的频率较低。在动态测量中，应根据信号的特点（稳态、瞬态、随机等）响应特性进行测量，以免产生过大的误差。

(4) 线性范围

传感器的线性范围是指输出与输入成正比的范围。从理论上讲，在此范围内，灵敏度保持定值。传感器的线性范围越宽，则其量程越大，并且能保证一定的测量精度。在选择传感器时，当传感器的种类确定以后首先要看其量程是否满足要求。但实际上，任何传感器都不能保证绝对的线性，其线性度也是相对的。当所要求测量精度比较低时，在一定的范围内，可将非线性误差较小的传感器近似看作线性的，这会给测量带来极大的方便。

(5) 稳定性

传感器使用一段时间后，其性能保持不变的能力称为稳定性。影响传感器长期稳定性的因素除传感器本身结构外，主要是传感器的使用环境。因此，要使传感器具有良好的稳定性，传感器必须要有较强的环境适应能力。在选择传感器之前，应对其使用环境进行调查，并根据具体的使用环境选择合适的传感器或采取适当的措施，以减小环境的影响。传感器的稳定性有定量指标，超过使用期后，在使用前应重新进行标定，以确定传感器的性能是否发生变化。在某些要求传感器能长期使用而又不能轻易更换或标定的场合，所选用的传感器稳定性要求更为严格，其要能够经受住长时间的考验。

(6) 精度

精度是传感器的一个重要性能指标，它是关系到整个测量系统测量精度的一个重要环节。传感器的精度越高，其价格越昂贵，因此，传感器的精度只要能满足整个测量系统的精度要求即可，不必选得过高。这样就可以在满足同一测量目的的诸多传感器中选择比较便宜和简单的传感器。如果测量目的是定性分析的，则选用重复精度高的传感器即可，不宜选用绝对量值精度高的传感器；如果是为了定量分析，必须获得精确的测量值，就需选用精度等级能满足要求的传感器。

（7）抗干扰能力

传感器与被测对象同时处于被干扰的环境中，不可避免地会受到外界的干扰。传感器采取的抗干扰措施依据传感器的结构、种类和特性而异。对于检测微弱信号而输出阻抗又很高的传感器（如压电、电容式等），抗干扰问题尤为突出，需要考虑以下问题。

① 传感器本身要采取屏蔽措施，防止电磁干扰，同时要考虑分布电容的影响。

② 由于传感器的输出信号微弱、输出阻抗很高，必须解决传感器的绝缘问题，包括印制电路板的绝缘电阻都必须满足要求。

③ 与传感器相连的前置电路必须与传感器相适应，即输入阻抗要足够高，并选用低噪声器件。

④ 信号的传输线需要考虑信号的衰减和传输电缆分布电容的影响，必要时可考虑采用驱动屏蔽。

改进传感器的结构，在一定程度上可避免干扰的引入，可有如下途径。

① 将信号处理电路与传感器的敏感元件做成一个整体，即一体化。这样需传输的信号增强，提高了抗干扰能力，同时，一体化也减少了干扰的引入。

② 集成化传感器具有结构紧凑、功能强的特点，有利于提高抗干扰能力。

③ 智能化传感器可以从多方面采取抗干扰措施，如数字滤波、定时自校、特性补偿等。

针对抗共模干扰可采取如下措施。

① 对于由敏感元件组成桥路的传感器，为减小供电电源引起的共模干扰，可采用正负对称的电源供电，使电桥输出端形成的共模干扰电压接近于0。

② 测量电路采用输入端对称电路或用差分放大器来提高抑制共模干扰能力。

③ 采用合理的接地系统，减少共模干扰形成的干扰电流流入测量电路。

针对抗差模干扰可采取如下措施。

① 合理设计传感器结构并采用完全屏蔽措施，防止外界进入和内部寄生耦合干扰。

② 信号传输采取抗干扰措施，如用双绞线、屏蔽电缆、信号线滤波等。

③ 采用电流或数字量进行信号传送。

另外，传感器选择时也应遵循一定的要求：

① 足够的量程，传感器的工作范围或量程足够大，具有一定的过载能力。

② 灵敏度高，精度适当，要求输出信号与被测信号成确定的关系（通常为线性），且比值要大，传感器的静态响应与动态响应的准确度能满足要求。

③ 使用性和适应性强，体积小，重量轻，动作能量小，对被测对象的状态影响小，内部噪声小且不易受外界干扰的影响。

④ 使用经济，成本低，寿命长，且便于使用、维修和校准。

适当地、合理地选择传感器能够尽可能地提高传感器对信号的灵敏度，并降低其对噪声的敏感性，即提高其抗干扰能力。

6.2　内传感器

机器人内传感器以其自己的坐标系统确定其位置，是安装在机器人自身中用来感知自己的状态，以调整并控制机器人的行动。机器人内传感器包括位置传感器、速度和加速度传感器、力传感器以及应力传感器等。

内部传感器主要用来检测机器人各内部系统的状况，如各关节的位置、速度、加速度、温度、电动机速度、电动机载荷、电池电压等，并将所测得的信息作为反馈信息送至控制器，形成闭环控制。

在有关工业机器人功能的名词术语中，“内部测量功能”定义为测量机器人自身状态的功能，所谓内传感器就是实现该功能的元件，具体检测的对象有关节的线位移、角位移等几何量，速度、角速度、加速度等运动量，还有倾斜角、方位角、振动等物理量。对各种传感器要求精度高、响应速度快、测量范围宽。

如果以传感器为主体，根据其用途也可将某些外传感器当作内传感器使用。比如力觉传感器，在测量操作对象或障碍物的反作用力时，它是外传感器；当它用于末端执行器或手臂的自重补偿中，又可认为是内传感器。下面分别介绍检测上述各种物理量的内传感器。

6.2.1　规定位置/角度的检测

检测预先规定的位置或角度，可以用ON/OFF两个状态值。这种方法用于检测机器人的起始原点、越限位置，或者确定位置。

（1）微型开关

规定的位移或力作用到微型开关的可动部分（称为执行器）时，开关的电气接点断开或接通。限位开关通常装在盒里，以防外力的作用和水、油、尘埃的侵蚀。它的检测精度为±1mm 左右，图 23-6-2 表示执行器形状不同的几种限位开关，按钮式开关是指利用按钮推动传动机构，使动触点与静触点接通或断开并实现电路换接的开关。按钮开关是一种结构简单，应用广泛的主令电器。在电气自动控制电路中，用于手动发出控制信号以控制接触器、继电器、电磁启动器等，如销键按钮式、压簧按钮式、片簧按钮式等。杠杆式开关的操作手柄与开关滑动杆是采用杠杆轴式连接，扳动操作手柄，就会带动开关滑动杆运动，便可以改变工作状态，达到改变电路工作方式的目的。其特点是开关触点转换是通过杠杆运动来完成的，且体积小、操作方便省力等。该种开关有铰链杠杆式和软杆式等。

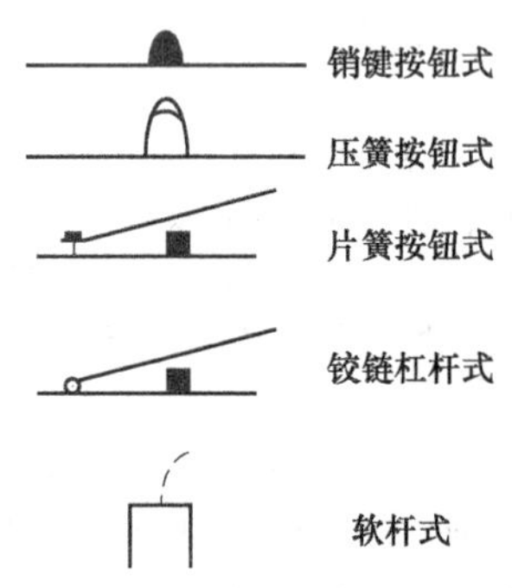

图 23-6-2　几种限位开关

图 23-6-3 所示为两种常见的微型开关，图（a）是压簧按钮式，图（b）是行程开关。

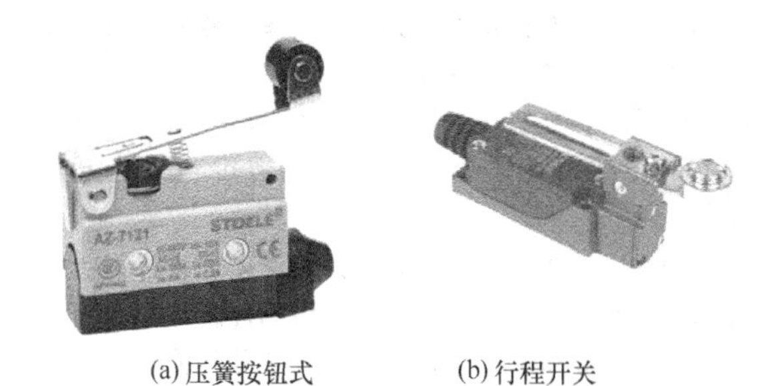

图 23-6-3　两种常见微型开关

（2）光电开关

光电开关（光电传感器）是光电接近开关的简称，它是利用被检测物对光束的遮挡或反射，由同步回路接通电路，从而检测物体的有无。被检测物体不限于金属，所有能反射光线（或者对光线有遮挡作用）的物体均可以被检测。光电开关将输入电流在发射器上转换为光信号射出，接收器再根据接收到的光线的强弱或有无对目标物体进行探测。一般是由 LED 光源和光电二极管或光电三极管等光敏元件相隔一定距离构成的透光式开关，参见图 23-6-4。当充当基准位置的遮光片通过光源和光敏元件间的缝隙时，光射不到光敏元件上，而起到开关的作用。光接收部分的放大输出等电路已集成为一个芯片，可以直接得到 TTL（逻辑门电路）输出电平，光电开关的特点是非接触检测，精度可达 0.5mm 左右。

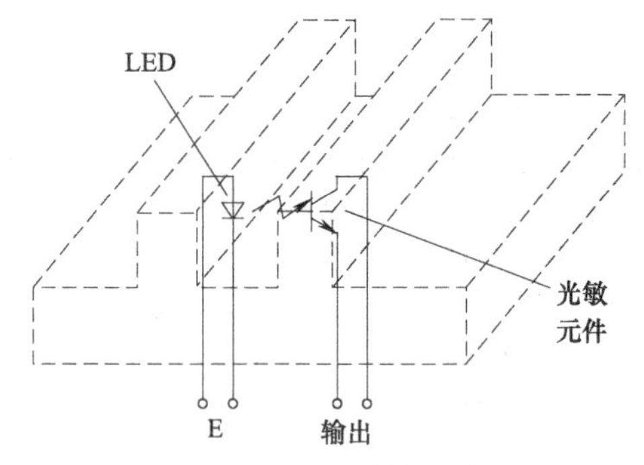

图 23-6-4　光电结构开关

由于光电开关输出回路和输入回路是电隔离的（即电绝缘），所以它可以在许多场合应用。采用集成电路技术和 SMT（表面组装技术）表面安装工艺制造的新一代光电开关器件，具有延时、展宽、外同步、抗相互干扰、可靠性高、工作区域稳定和自诊断等智能化功能。这种新颖的光电开关是一种采用脉冲调制的主动式光电探测系统型电子开关，它所使用的冷光源有红外光、红色光、绿色光和蓝色光等，可非接触、无损伤地迅速控制各种固体、液体、透明体、黑体、柔软体和烟雾等物质的状态和动作。具有体积小、功能多、寿命长、精度高、响应速度快、检测距离远以及抗光、电、磁干扰能力强的优点。

图 23-6-5 是三种常见的光电开关，分别是漫反射红外光电开关、回归漫反射光电开关、激光对射光电开关。

6.2.2　位置和角度的检测

测量机器人关节线位移和角位移的传感器是机器人位置反馈控制中必不可少的元件，种类繁多，这里只介绍一些常用的。如图 23-6-6 所示为现有的各种位移传感器。

位移传感器检测的位移可为直线移动，也可为角转动。

（1）直线移动传感器

直线移动传感器有电位计（电位差计或分压计）和可调变压器两种。

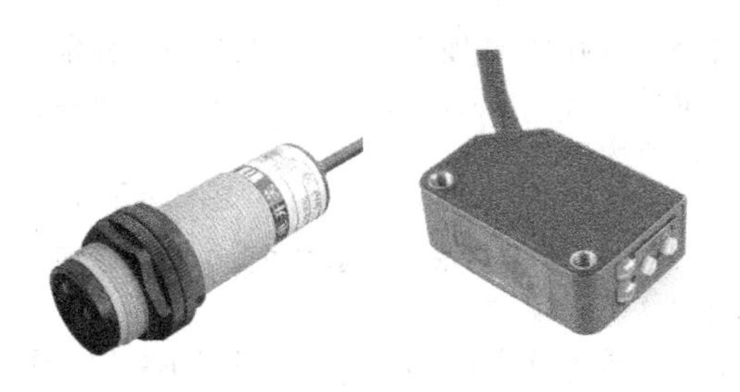

(a) 漫反射红外光电开关　(b) 回归漫反射光电开关

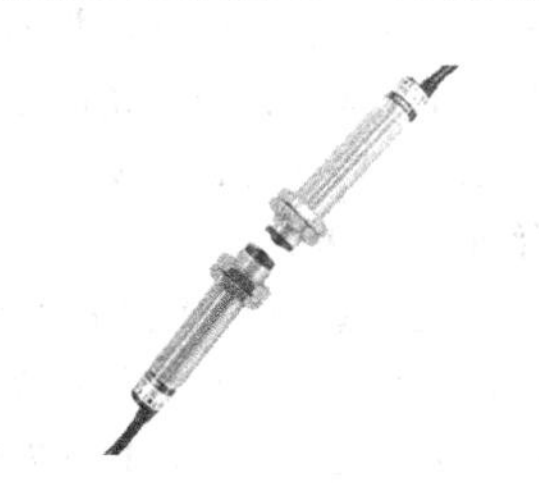

(c) 激光对射光电开关

图 23-6-5　几种常见光电开关

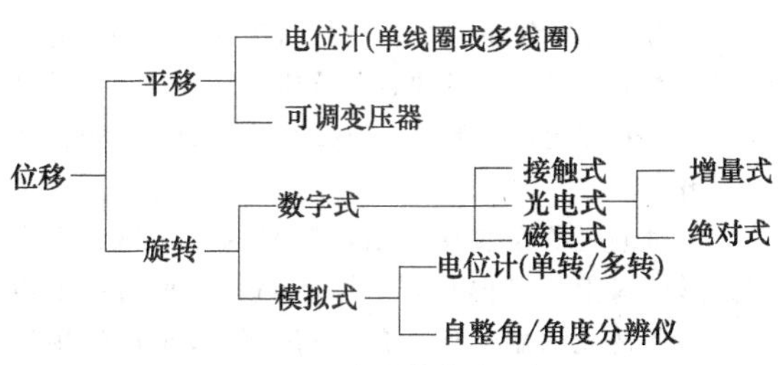

图 23-6-6　位移传感器的类型

① 电位计。最常见的位移传感器是直线式电位计，它有两种不同类型，一种是绕线式电位计，另一种是塑料膜电位计。

电位计的作用原理十分简单，其中滑动触点通过机械装置受被测量的控制。当被测量的位置发生变化时，滑动触点也发生位移，改变了滑动触点与电位器各端之间的电阻值和输出电压值，根据这种输出电压值的变化，可以检测出机器人各关节的位置与位移量。

当负载电阻为无穷大时，电位计的输出电压 U_2 与电位计两段的电阻成比例，即

$$U_2=\frac{R_2}{R_1+R_2}U \tag{23-6-1}$$

其中，U 为电源电压；R_2 为电位计滑块至终点间的电阻值，R_1+R_2 为电位计总电阻值。

② 可调变压器。可调变压器由两个固定线圈和一个活动铁芯组成。该铁芯轴与被测量的移动物体机械地连接，并置于两线圈内。当铁芯随物体移动时，两线圈间的耦合情况发生变化。如果原方线圈由交流电源供电，那么副方线圈两端将检测出同频率交流电压，其幅值大小由活动铁芯位置决定。这个过程称为调制。应用这种变压器时，必须通过电子装置进行反调制，而电子装置一般安装在传感器内。

(2) 角位移传感器

角位移传感器有电位计式、可调变压器及光电编码器等。

① 电位计式传感器。最常见的角位移传感器就是旋转电位计，其作用原理与直线式电位计一样，且具有很高的线性度。

这种电位器具有一定的转数，当对角相对地设置两滑动接点时，能很好地保持此电位计机械上的连续性。两滑点间的输出电压为非线性，其数值是已知的，如图 23-6-7 所示。

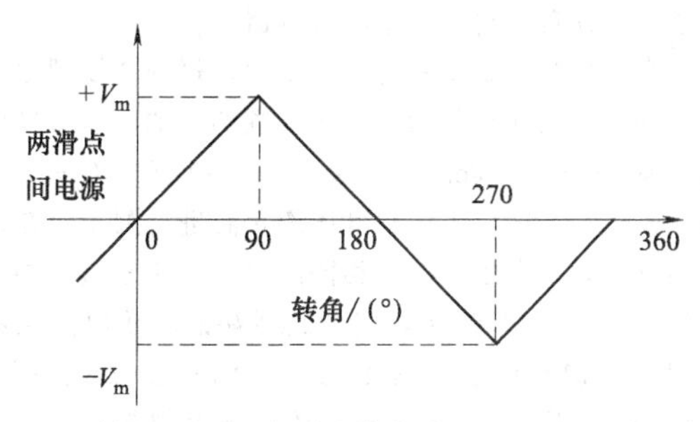

图 23-6-7　电位计式传感器的非线性输出

图 23-6-8（a）所示为旋转电位计，图 23-6-8（b）所示为滑动变阻器。

(a) 旋转电位计

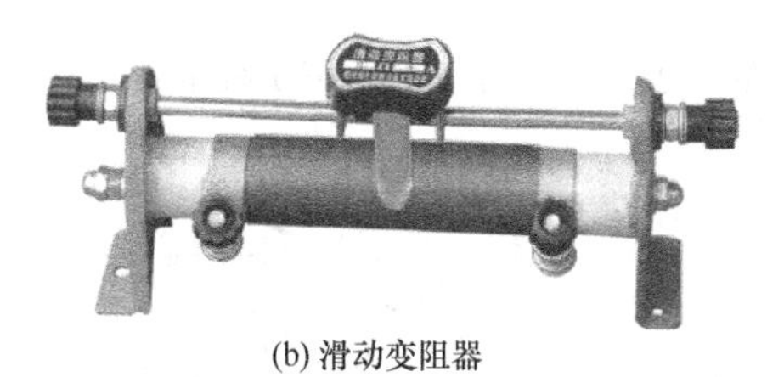

(b) 滑动变阻器

图 23-6-8　位置、角度传感器

② 可调变压器。这种旋转式可调变压器的工作原理和技术与平移式可调变压器相似。图 23-6-9 表示出这种变压器的两个线圈，其中，大线圈固定不动，而小线圈放在大线圈内，并能绕与图面垂直的轴旋转。

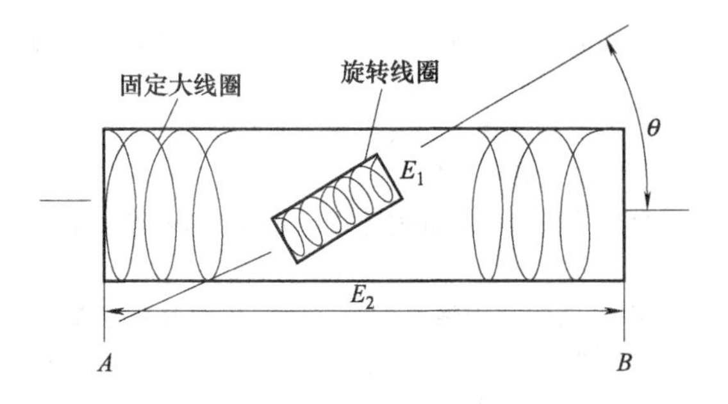

图 23-6-9　旋转可调变压器作用原理

如果内线圈的供电电压为 $E_1 = E\sin\bar{\omega}t$，那么大线圈两端将感应出电压 $E_2 = kE\cos\theta\sin\theta t$，其中 θ 为两线圈轴线的交角。这一特性被广泛应用于两种角度传感器，即自整角机和角度分解器。

自整角机的定子具有三个线圈，每两个线圈之间的空间位置彼此相隔120°，各线圈两端的电压分别为 $kU\cos\theta\sin\bar{\omega}t$，$kU\cos\theta\sin(\bar{\omega}t+2\pi/3)$ 和 $kU\cos\theta\sin(\bar{\omega}t+4\pi/3)$。这三个调制电压的 θ 需进行测定。在伺服系统中，常常使用两台相同的自整角机来组成同步检测器。图23-6-10中，把发送器端的转子电压锁在 U_1 值，以确定伺服系统的命令；而在接收器一侧，得到锁定电压 U_2。接收器的转轴与由伺服系统控制的物体同轴。

设加在发送器转子的电压为 $U_1 = U\sin\bar{\omega}t$，那么在接收器的转子线圈两端的感应电压为 $U_2 = kU\cos(\theta_1-\theta_2)\sin\bar{\omega}t$，这就形成误差电压。当接收器旋转 $\cos(\theta_1-\theta_2)=1$ 时，称发送器和接收器实现同步，因此称这个系统为同步机。

实际上，锁定输入和输出位置分别对应于两个相差 $\pi/2$ 角度的未锁定的轴，因此，θ_2 和 ϕ 为邻角，且 $\phi+\theta_2=\pi/2$。这样可得：

$$U_2 = kU\cos[\theta_1-(\pi/2-\phi)]\sin\omega t = kU\sin(\theta_1+\phi)\sin\omega t \tag{23-6-2}$$

角度分辨仪的工作原理与同步机相似，其定子由两个相隔90°的固定线圈组成。同步机和角度分角器都是可靠的系统，它们的精度可达7′～20′，而其使用激磁频率为1k～2kHz。

③ 光电编码器。光电编码器是一种应用广泛的角度传感器，这种非接触型传感器可分为增量式编码器和绝对式编码器。

各种增量式编码器的工作模式是相同的，用一个光电池或光导元件来检测圆盘转动引起的图式变化。在这个圆盘上，有规律地画有黑线条，并把此盘置于光源前面，圆盘转动时，这些交变的光信号变换为一系列电脉冲。增量式编码器有两路主要输出，每转各产生一定数量的脉冲，高达 2×10^6，这个脉冲数直接决定该传感器的精度。这两路输出脉冲信号相差1/4步。还有第三个输出信号，叫做表示信号，圆盘每转一圈就产生一个脉冲，并用它作同步信号。图23-6-11给出这种编码器的典型输出波形，旋转方向用软件确定，往往由制造厂家提供。

增量式编码器一般用于零位不确定的位置伺服控制，常用于脉冲发生器系统进行高速伺服控制。脉冲序列的频率等于每转脉冲数和转速（每秒转数）的乘积，如果能够测定此频率，那么驱动轴的速度也就能计算出来。

绝对编码器是直接输出数字量的传感器，在它的圆形码盘上沿径向有若干同心码道，每条道上由透光和不透光的扇形区相间组成。相邻码道的扇区数目是双倍关系，码盘上的码道数就是它的二进制数码的位数。在码盘的一侧是光源，另一侧对应每一码道有一光敏元件，当码盘处于不同位置时，各光敏元件根据受光照与否转换出相应的电平信号，形成二进制数。这种编码器的特点是不用计数器，在转轴的任意位置都可读出一个固定的、与位置相对应的数字码。显然，码道越多分辨率就越高，对于一个具有 N 位二进制分辨率的编码器，其码盘必须有 N 条码道。

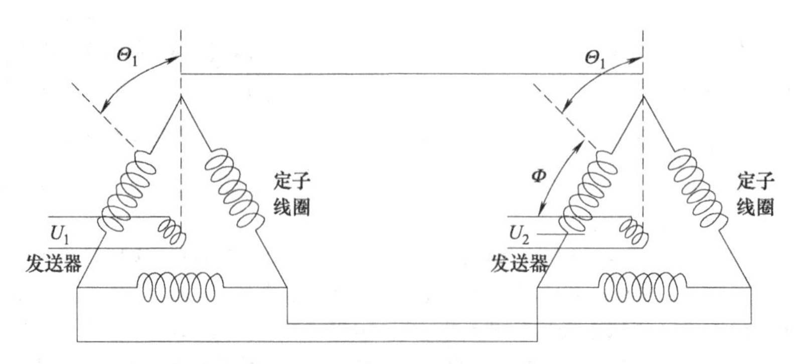

图 23-6-10　由自整角机组成的同步电动机原理图

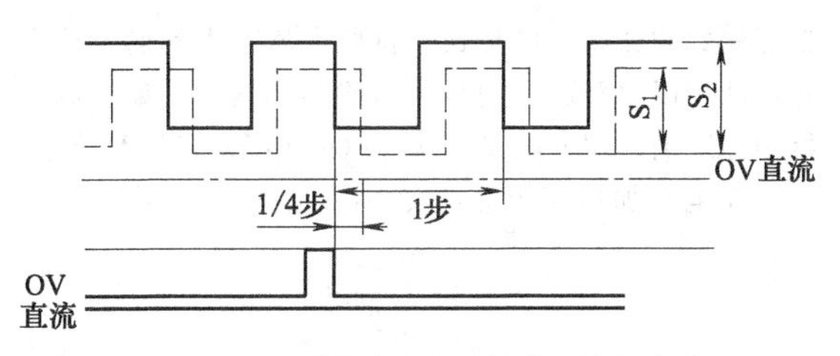

图 23-6-11　增量式编码器的典型输出波形

绝对式编码器是利用自然二进制或循环二进制（格雷码）方式进行光电转换的。绝对式编码器与增量式编码器不同之处在于圆盘上透光、不透光的线条图形，绝对编码器可有若干编码，根据读出的码盘上的编码，检测绝对位置。

6.2.3　速度和角速度的检测

单位时间内位移的增量就是速度，速度包括线速度和角速度，与之相对应的有线速度传感器和角速度传感器，统称为速度传感器。在大多数情况下，只限于测量旋转速度，因为测量平移速度需要非常特殊的传感器（比如雷达测速、激光测速）。

旋转式速度传感器按安装形式分为接触式和非接触式两类。接触式旋转式速度传感器与运动物体直接接触。当运动物体与旋转式速度传感器接触时，摩擦力带动传感器的滚轮转动，装在滚轮上的转动脉冲传感器发送出一连串的脉冲。每个脉冲代表着一定的距离值，从而测出线速度。

接触式旋转速度传感器结构简单，使用方便。但是，接触滚轮与运动物体始终接触，滚轮的外周将磨损，从而影响滚轮的周长，而脉冲数对每个传感器又是固定的，因此会影响传感器的测量精度，要提高测量精度必须在二次仪表中增加补偿电路。另外接触式难免产生滑差，滑差的存在也将影响测量的正确性。不过这种方法并不总是令人满意的，尤其是在速度上下限附近。在低速存在不稳定的危险，而在高速只能获取较低的测量精度。这种方法有个优点，即测量速度可共用一个传感器（例如增量式传感器），因而在给定点附近能够提供良好的速度控制。这种情况适用于所有其他产生脉冲的速度传感器。

非接触式旋转式速度传感器与运动物体无直接接触，比如光电方法让光照射旋转圆盘（刻有一定黑白线条），将其反射光的强弱进行脉冲化处理之后检测出旋转频率和脉冲数目，以求出角位移，即旋转角度。这种旋转圆盘可制成带有缝隙的，通过两个光电二极管就能够辨别出角速度，即转速，这是一种光电脉冲式转速传感器。另外常用的还有测速发电机，有直流测速发电机和交流测速发电机两种主要形式。

直流测速发电机的应用更为普遍。这种传感器的选择是由其线性度（可达 0.1%）、磁滞程度、最大可用速度（达 3000～8000r/min）以及惯量参数决定的。把测速发电机直接接在主轴上总是有益的，因为这样可使它以可能达到的最高转速旋转。交流测速发电机应用较少，它特别适用于遥控系统。此外，当它与可调变压器式位置传感器连用时，只要由相同的频率控制，就能够把两者的输出信号结合起来。

测速发电机（或称为转速计传感器，比率发电机）是基于发电机原理的速度传感器或角速度传感器。

如果线圈在恒定磁场中发生位移，那么线圈两端的感应电压 E 与线圈内交变磁通 ϕ 的变化速率成正比，输出电压为

$$E=-\frac{\mathrm{d}\phi}{\mathrm{d}t} \tag{23-6-3}$$

这就是测速发电机测量角速度的原理，它又可以按结构再细分为直流测速发电机、交流测速发电机和感应式交流测速发电机。

直流测速发电机的定子是永久磁铁，转子是线圈绕组，它的原理和永久磁铁的直流发电机相同，转子产生的电压通过换向器和电刷以直流电压的形式输出。可以测量 0～10000r/min 的旋转速度，线性度为 0.1%。它的优点是停机时不产生残留电压，因此最适宜用作速度传感器。它有两个缺点：一是电刷部分属于机械接触，对维修的要求高；另一个是换向器在切换时产生的脉动电压会导致测量精度降低。因此，现在也有无刷直流测速发电机。

永久磁铁式交流测速发电机的构造和直流测速发电机恰好相反，它在转子上安装多磁极永久磁铁，定子线圈输出与旋转速度成正比的交流电压。二相交流测速发电机是交流感应测速发电机中的一种，其原理如图 23-6-12 所示。它的转子由铜、铝等导体构成，定子由相互分离的、空间位置成 90°的励磁线圈和输出线圈组成。在励磁线圈上施加一定频率的交流电压产生磁场，使转子在磁场中旋转产生涡流，而涡流产

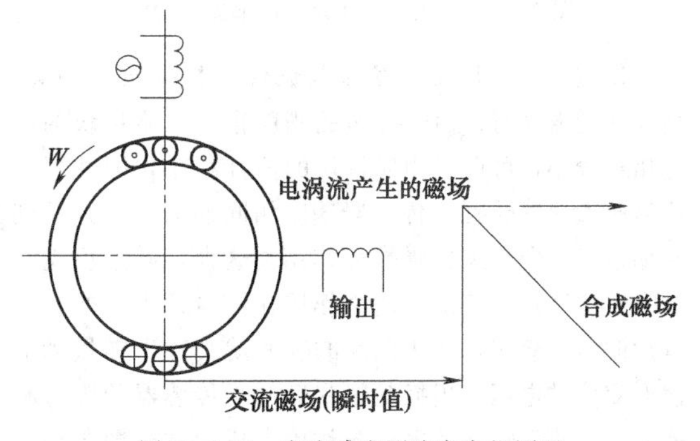

图 23-6-12　交流感应测速发电机原理

第23篇

生的磁通又反过来使交流磁场发生偏转，于是合成的交流磁通在输出线圈中感应出与转子旋转速度成正比的电压。

6.2.4　加速度和角加速度的测量

加速度传感器是一种能够测量加速度的传感器，通常由质量块、阻尼器、弹性元件、敏感元件和适调电路等部分组成。传感器在加速过程中，通过对质量块所受惯性力进行测量，利用牛顿第二定律获得加速度值。根据传感器敏感元件的不同，常见的加速度传感器包括电容式、伺服式、压阻式、压电式等。

(1) 压电式

压电式加速度传感器又称压电加速度计，如图23-6-13所示，它也属于惯性式传感器。其原理是利用压电陶瓷或石英晶体的压电效应，在加速度计受振时，质量块加在压电元件上的力也随之变化。当被测振动频率远低于加速度计的固有频率时，力的变化与被测加速度成正比。压电式传感器一般由壳体及装在壳体内的弹簧、质量块、压电元件和固定安装的基座组成。压电元件一般由两片压电片组成，并在压电片的两个表面镀银，输出端由银层或两片银层之间所夹的金属块上引出，输出端的另一根引线就直接和传感器的基座相连。在压电片上放置一个质量块，然后用硬弹簧对质量块预加载荷，然后将整个组件装在一个基座的金属壳体内。为了隔离基座的应变传递到压电元件，避免产生假信号输出，增加传感器的抗干扰能力，基座一般要加厚或者采用刚度较大的材料制造。

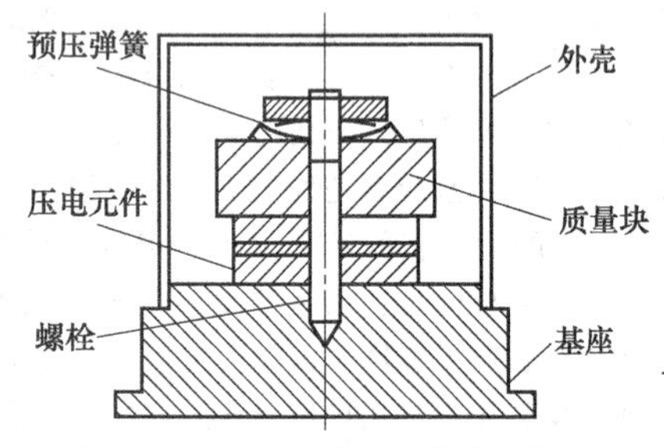

图23-6-13　压电式加速度传感器结构图

使用时，将传感器基座与试件刚性固定在一起，当其感受振动时，由于弹簧的刚度很大，质量块的质量相对较小，可以认为质量块的惯性很小，因此可以认为质量块感受到与传感器基座相同的振动，并受到与加速度方向相反的惯性力作用，这样，质量块就有一个正比于加速度的作用力作用在压电片上。通过压电片的压电效应，在压电片的表面就会产生随振动加速度变化的电压，当振动频率远低于传感器的固有频率时，传感器输出的电压与作用力成正比，即与传感器感受到的加速度成正比。将此电压输入到前置放大器后就可以用普通的测量仪器测出加速度，如在放大器中加适当的积分电路，就可以测出振动速度和位移。

压电式加速度传感器实物如图23-6-14所示。

图23-6-14　压电式加速度传感器实物图

(2) 压阻式

压阻式加速度传感器的结构原理如图23-6-15所示，一质量块固定在悬臂梁的一端，而悬臂梁的另一端固定在传感器基座上，悬臂梁的上下两个面都贴有应变片并组成惠斯通电桥，质量块和悬臂梁的周围填充硅油等阻尼液，用以产生必要的阻尼力。质量块的两边是限位块，它们的作用是保护传感器在过载时不致损坏。

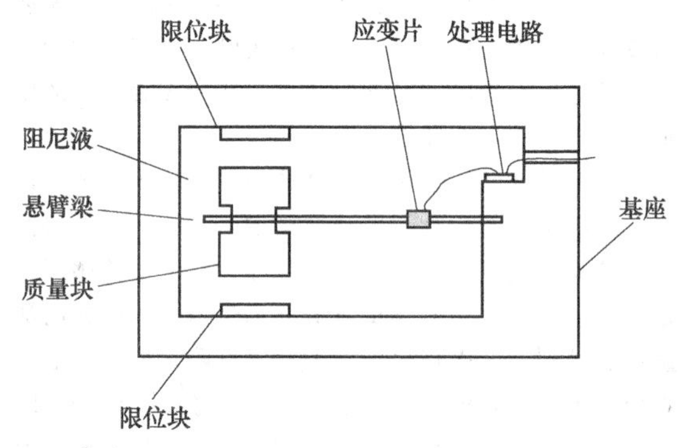

图23-6-15　压阻式加速度传感器结构

被测物的运动导致与其固连的传感器基座的运动，基座又通过悬臂梁将此运动传递给质量块。由于悬臂梁的刚度很大，所以质量块也会以同样的加速度运动，其产生的惯性力正比于加速度大小。而此惯性力作用在悬臂梁的端部使之发生形变，从而引起其上的应变片电阻值变化。在恒定电源的激励下，由应变片组成的电桥就会产生与加速度成比例的电压输出信号。

基于MEMS（微机电系统）硅微加工技术，压阻式加速度传感器具有体积小、低功耗等特点，易于集成在各种模拟和数字电路中，广泛用于汽车碰撞实验、测试仪器、设备振动监测等领域。

压阻式加速度传感器实物如图23-6-16所示。

图 23-6-16　压阻式加速度传感器实物图

（3）电容式

电容式加速度传感器又称变电容式加速度传感器，它的结构原理如图 23-6-17 所示。一个质量块固定在弹性梁的中间，质量块的上端面是一个活动电极，它与上固定电极组成一个电容器 C_1；质量块的下端面也是一个活动电极，它与下固定电极组成另一个电容器 C_2。

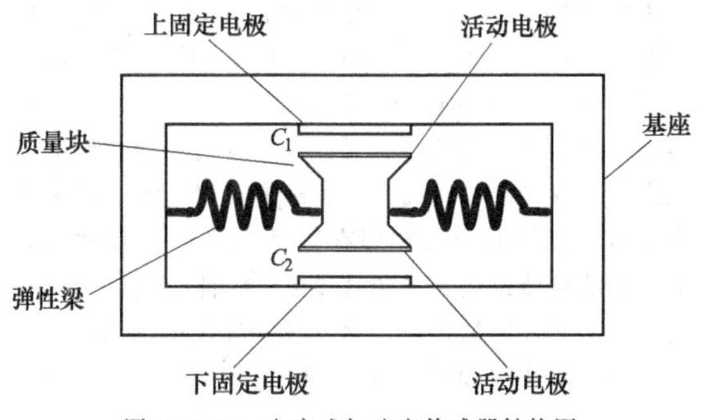

图 23-6-17　电容式加速度传感器结构图

当被测物的振动导致与其固连的传感器基座振动时，质量块将由于惯性而保持静止，因此，上、下固定电极与质量块之间将会产生相对位移。这使得电容 C_1、C_2 的值一个变大，另一个变小，从而形成一个与加速度大小成正比的差动输出信号。

随着微电子技术的发展，如今的电容式加速度传感器都普遍采用 MEMS 技术制造。图 23-6-18 显示了一种 MEMS 变电容式加速度传感器的结构，它的整个敏感元件由粘在一起的三个单晶硅片构成。其中上、下硅片构成两个固定电极，中间的硅片通过化学刻蚀形成由柔性薄膜支撑的具有刚性中心质量块的形状，薄膜的厚度取决于该加速度传感器的量程。另外，在薄膜上还有刻蚀出的小孔，当薄膜随质量块运动时，空气流经小孔从而产生所需的阻尼力。采用 MEMS 技术得到了这种一体化的结构，它的可靠性是相当高的。

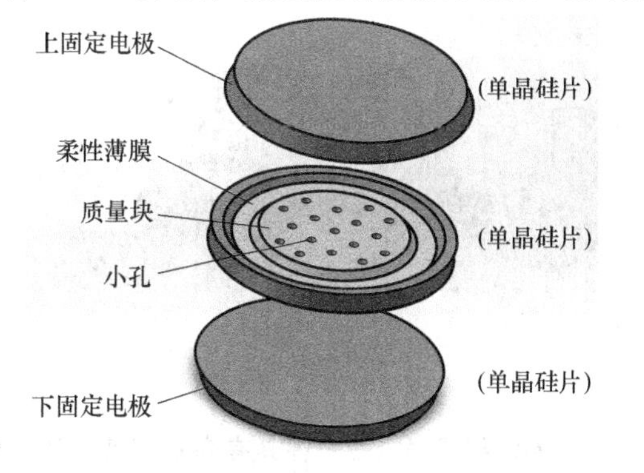

图 23-6-18　MEMS 变电容式加速度传感器

定容式加速度传感器实物图如图 23-6-19 所示。

图 23-6-19　定容式加速度传感器实物图

（4）伺服式

伺服式加速度传感器是一种采用了负反馈工作原理的加速度传感器，亦称力平衡加速度传感器，从自动控制的角度来看，它实际上是一种闭环系统。

如图 23-6-20 所示，伺服式加速度传感器有一个弹性支撑的质量块，质量块上附着一个位移传感器（如电容式位移传感器）。当基座振动时，质量块也会随之偏离平衡位置，偏移的大小由位移传感器检测得到，该信号经伺服放大电路放大后转换为电流输出，该电流流过电磁线圈从而产生电磁力，该电磁力的作用将使质量块趋于回到原来的平衡位置上。由此可见，电磁力的大小必然正比于质量块所受加速度的大小，而该电磁力又是正比于电流大小的，所以通过测量该电流的大小即可得到加速度的值。

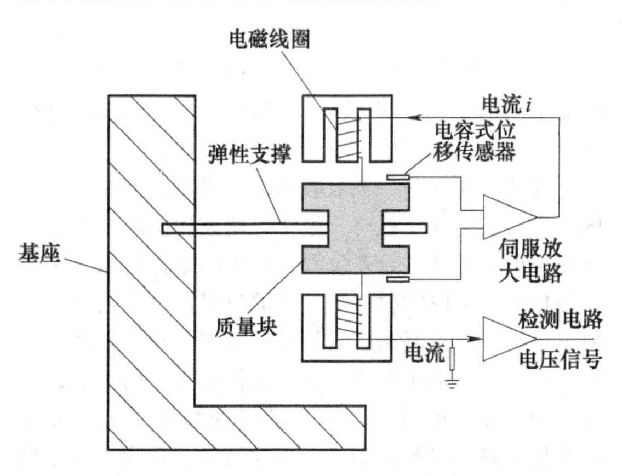

图 23-6-20　伺服式加速度传感器

由于采用了负反馈工作原理，伺服式加速度传感器通常具有极好的幅值线性度，在峰值加速度幅值高达 50g 时通常可达万分之几。另外还具有很高的灵敏度，某些伺服加速度传感器具有几微 g 的灵敏阈值，频率范围通常为 0～500Hz。

伺服式加速度传感器常用于测量较低的加速度值以及频率极低的加速度，其尺寸是相应的压电式加速度传感器的数倍，价格通常也高于其他类型的加速度传感器。由于其高精度和高灵敏度的特性，伺服式加速度传感器广泛应用于导弹、无人机、船舶等高端设备的惯性导航和惯性制导系统中，在高精度的振动测量和标定中也有应用。

伺服式加速度传感器实物如图 23-6-21 所示。

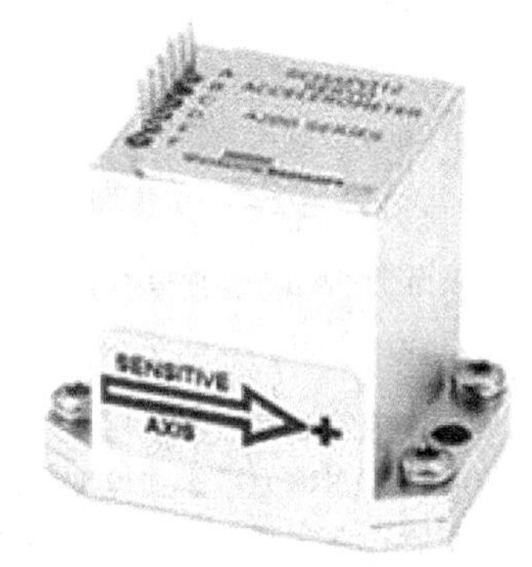

图 23-6-21　伺服式加速度传感器实物图

6.2.5　姿态角的检测

姿态传感器就是能够检测重力方向或姿态角变化（角速度）的传感器，因此它通常用于移动机器人的姿态控制等方面。根据检测原理可以将其分为陀螺式和垂直振子式等。

（1）陀螺式

陀螺传感器是检测随物体转动而产生的角速度的传感器，即使没有安装在转动轴上，它也能检测物体的转动角速度，因此，它可以用于移动机器人的姿态以及转轴不固定的转动物体的角速度检测。陀螺式传感器主要有速率陀螺仪、位移陀螺仪、方向陀螺仪等，在机器人领域中一般使用速率陀螺仪。

现代陀螺仪是一种能够精确地确定运动物体方位的仪器，它是现代航空、航海、航天和国防工业中广泛使用的一种惯性导航仪器。传统的惯性陀螺仪主要是指机械式的陀螺仪，机械式的陀螺仪对工艺结构的要求很高，结构复杂，它的精度受到了很多方面的制约。二十世纪七十年代以来，现代陀螺仪的发展进入了一个全新的阶段。1976 年科学家提出了现代光纤陀螺仪的基本设想，到八十年代以后，现代光纤陀螺仪得到了迅速的发展，与此同时，激光谐振陀螺仪也有了很大的发展。

根据具体的检测方法又可以将其分为机械转动型、振动型、气体型及光学型等。下面介绍振动陀螺仪的检测原理，由于其利用了微机械加工技术，故具有小型、处理方便、价格低廉、精度高等特点。然后再介绍昂贵且精度高的光学陀螺仪的检测原理。

① 振动陀螺仪。振动陀螺仪是指给振动中的物体施加恒定的转速，利用哥氏力作用于物体的现象来检测转速的传感器。哥氏力 $\boldsymbol{f}_c$ 是质量 m 的质点，同时具有速度 $\boldsymbol{v}$ 和角速 $\boldsymbol{\omega}$，相对于惯性参考系运动时所产生的惯性力，如图 23-6-22（a）所示，惯性力作用在对应于物体的两个运动方向的垂直方向上，该方向即为图 23-6-22（a）所示的哥氏加速度 $\boldsymbol{a}$ 的方向，它的大小为

$$\boldsymbol{f}_c = m\boldsymbol{a}_c = 2m\boldsymbol{v}\times\boldsymbol{\omega} \tag{23-6-4}$$

以图 23-6-22（b）所示的音叉型振子为例，进一步说明利用陀螺仪的哥氏力检测转速的原理。在图 23-6-22（b）中，设定与图 23-6-22（a）中产生哥氏力的原理相同的姿态坐标系。这时，假设让音叉的两根振子相互沿 y 轴进行振动，于是在 z 轴方向引起转动速度，音叉左侧的分叉沿 $-x$ 方向、而右侧的分叉沿 $+x$ 方向产生哥氏力。无论是直接检测哥氏力或者是检测它们的合力作用在音叉根部向左转动的力矩，均能检测出转动的角速度 θ。将音叉设计为两个分叉是由于此方法可以消除音叉加速度的影响。

陀螺仪实物如图 23-6-23 所示。

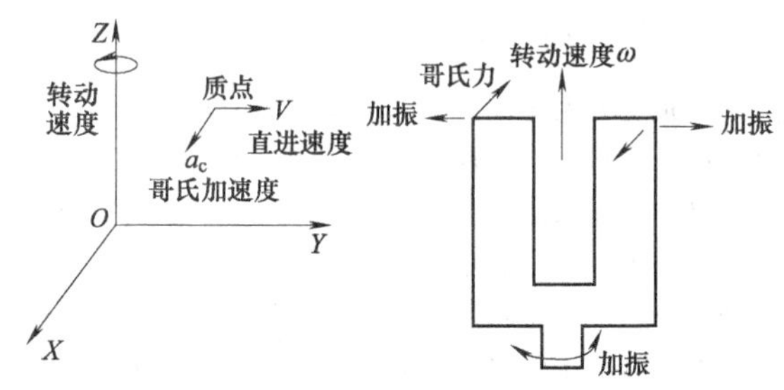

(a) 哥氏加速度　　(b) 作用在音叉振子上的哥氏力

图 23-6-22　检测哥氏力的转速陀螺仪

图 23-6-23　陀螺仪

② 光纤陀螺仪。另一种具有高精度特征姿态的传感器就是光纤陀螺仪，光纤陀螺仪的工作原理是基

于 Sagnac 效应（萨格纳克效应）的。如图 23-6-24 所示，当光束在一个环形的通道中前进时，如果环形通道本身具有一个转动速度，那么光线沿着通道转动的方向前进所需要的时间要比沿着这个通道转动相反的方向前进所需要的时间多。也就是说，当光学环路转动时，在不同的前进方向上，光学环路的光程相对于环路在静止时的光程都会产生变化。利用光程的变化，检测出两条光路的相位差或干涉条纹的变化，就可以测出光路旋转角速度，这便是光纤陀螺仪的工作原理。人们已经利用这个效应开发了测量转速的装置，环形激光陀螺仪就是其中的一例。

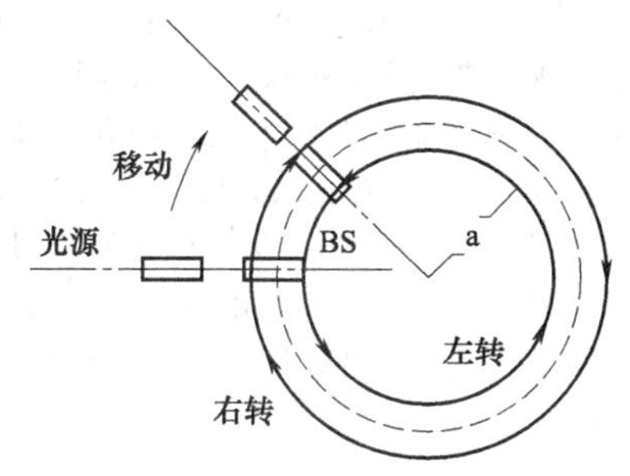

图 23-6-24　Sagnac 效应

该装置的结构是共振频率 Δf 振动的两个方向的激光，在等腰三角形玻璃块内通过反射镜传递波束。如果玻璃块围绕与光路垂直的轴以角速度 ω 转动时，左右转动的两束传播光波将出现光路长度差，导致频率上的差别。让两个方向的光发生干涉，该频率差就呈现出干涉条纹。此时有

$$\Delta f=\frac{4S\omega}{\lambda L} \tag{23-6-5}$$

式中，S 为光路包围的面积；λ 为激光的波长；L 为光路长度。

光纤陀螺仪的分类方式有多种。依照工作原理可分为干涉型、谐振式以及受激布里渊散射光纤陀螺仪三类，其中干涉型光纤陀螺仪是第一代光纤陀螺仪，它采用多匝光纤线圈来增强萨格纳克效应，目前应用最为广泛。按电信号处理方式不同可分为开环光纤陀螺仪和闭环光纤陀螺仪，一般来说，闭环光纤陀螺仪由于采取了闭环控制而具有更高的精度。按结构又可分为单轴光纤陀螺仪和多轴光纤陀螺仪，其中，三轴光纤陀螺仪由于具有体积小、可测量空间位置等优点，是光纤陀螺仪的一个重要发展方向。

(2) 垂直振子式

倾角传感器理论基础是牛顿第二定律，根据基本的物理原理，在一个系统内部，速度是无法测量的，但却可以测量其加速度。如果初速度已知，就可以通过积分算出线速度，进而可以计算出直线位移，所以它是运用惯性原理的一种加速度传感器。

当倾角传感器静止时，也就是侧面和垂直方向没有加速度作用，那么作用在它上面的只有重力加速度。重力垂直轴与加速度传感器灵敏轴之间的夹角就是倾斜角。

图 23-6-25 所示为垂直振子式伺服倾斜角传感器的原理。振子由挠性薄片支撑，即使传感器处于倾斜状态，振子也能保持铅直姿态，此时振子将离开平衡位置。通过检测振子是否偏离了平衡点，或者检测由偏离角函数（通常是正弦函数）所给出的信号，就可以求出输入倾斜角度。该装置的缺点是：如果允许振子自由摆动，由于容器的空间有限，不能进行与倾斜角度对应的检测。实际应用中对图 23-6-25 所示的结构做了改进，把代表位移函数所输出的电流反馈到可动线圈部分，让振子返回平衡位置，此时振子质量产生的力矩 M 为：

$$M=mgl\sin\theta \tag{23-6-6}$$

转矩 T 为：

$$T=Ki \tag{23-6-7}$$

在平衡状态下应有 $M=T$，于是得到

$$\theta=\arcsin\frac{Ki}{mgl} \tag{23-6-8}$$

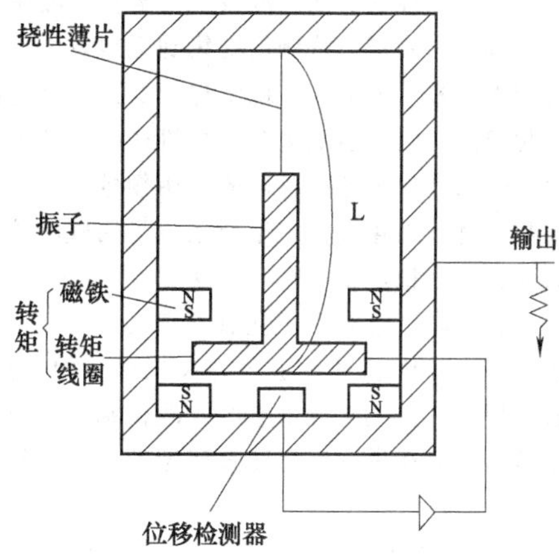

图 23-6-25　垂直振子式伺服倾斜角传感器

这样，根据测量出的线圈电流 i，即可求出倾斜角 θ，并克服了上述装置测量范围小的缺点。

光线陀螺仪实物如图 23-6-26 所示。

图 23-6-26　光线陀螺仪

6.3 外传感器

6.3.1 视觉传感器

视觉传感器是重要的、应用广泛的一种机器人外传感器。尽管目前大多数机器人还不具有视觉，但已有许多具有视觉功能的机器人在运行，其视觉能力主要是模仿人眼而设计出的人造光学眼睛。人工视觉系统可以分为图像输入（获取）、图像处理、图像理解、图像存储和图像输出几个部分，实际系统可以根据需要选择其中的若干部分。

(1) 生物视觉基础

人类具有视觉、听觉、触觉、嗅觉和味觉五种感觉。人类通过这些感觉器官从外界获取各种各样的信息，在这些信息中，有80%是从视觉获取的。其他的动物，大部分也具有视觉，其中像高级动物那样的视觉占有很高比例。

眼睛是人类最高级的感知器官，所以毫无疑问，视觉在人类感知中扮演着最重要的角色。然而，人类感知只限于电磁波谱的视觉波段，视觉传感器则可覆盖几乎全部电磁波谱，从伽马射线到无线电波。它们可以对非人类习惯的那些图像源进行加工，这些图像源包括超声波、电子显微镜及计算机产生的图像。因此，视觉传感器涉及各种各样的应用领域。

多数动物在进化过程中渐渐适应了用眼睛接受光的刺激而获取信息，于是具有了视觉。

利用光获取信息有下述优点：

① 光是对人体无害的波段内波长最短的电磁波。人类若利用光，安全是最重要的，波长越短，图像的分辨率越高。但在靠近可视波长区域外的紫外线，对人体有害。

② 光在空气和水中传播速度很快，故可以通过非接触方式得到实时信息。如果在捕捉食物或躲避危险时信息传递慢了，就难以维持生存。

③ 光的能量在自然环境中衰减很小，即使远距离也能得到高信噪比的信息，可以利用光线看清物体表面。物体表面状态不同，对光的反射率也不一样。不同波长反射率不同，由此可知物体表面的形状。透视图和温度分布图也很有用，因为在控制动作时，必须首先了解物体的外形信息。

④ 太阳光中有丰富的辐射能可以利用。

有些人不幸患有先天性白内障而失明，即使通过手术恢复了视力，也不能立刻看见物体，这是因为大脑的视觉信息处理功能还不健全。为了健全大脑的视觉功能，必须进行艰苦的训练。

眼睛的晶状体和普通光学透镜之间的主要差别在于前者的适应性强，晶状体前表面的曲率半径大于后表面的曲率半径，晶体状的形状由睫状体韧带和张力来控制。为了对远方的物体聚焦，控制肌肉使晶状体相对比较扁平；同样，为对眼睛近处的物体聚焦，肌肉会使晶状体变得较厚。

当晶状体的折射能力由最小变到最大时，晶状体的聚焦中心与视网膜间的距离由17mm缩小到14mm。当眼睛聚焦到远于3m的物体时，晶状体的折射能力最弱；当眼睛聚焦到非常近的物体时，晶状体的折射能力最强。这一信息使计算出任何图像在视网膜上形成图像的大小变得很容易。例如，图23-6-27中，观察者正在看一棵高15m、距离100m的树，如果h为物体在视网膜上图像的高，单位为毫米，由几何形状可以看出$15/100=h/17$，即$h=2.55$mm。正像之前所指出的那样，视网膜图像主要反射在中央凹区域上。然后，由光接收器的相应刺激作用产生感觉，感觉把辐射能转变为电脉冲，最后由大脑解码。

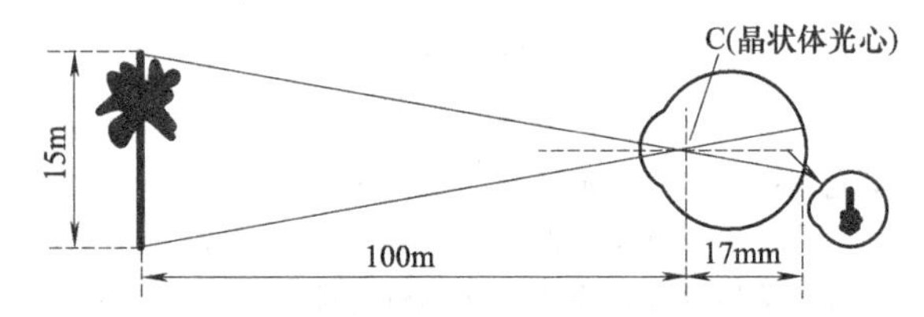

图 23-6-27 用眼睛看一棵棕榈树

眼球靠周围的六根眼外肌进行旋转运动，如追随运动物体的跟踪运动，读书时高速跳跃地飞快扫视，在注视点上左右视轴交叉的集中外展运动，凝视某一点时不自觉产生的微小振动即凝视微动等。当整个视野受到刺激时，眼球能主动地转移视线，把分布在大范围内的像合成为一个知觉，因此，虽然人的眼睛仅在中心处视力最强，但能在广大范围内以高分辨率看清物体。

人类从外界获取的视觉信息可分为图形信息、立体信息、空间信息和运动信息。图形信息是平面图像，它可记录二维图像的明暗和色彩，在识别文字和形状时起重要作用。立体信息表明物体的三维形状，如物体表面的倾斜、凹凸、距离差等，可用于识别物体的立体形状。空间信息包括空间中有无物体、物体的远近、配置等，可用于感知活动空间、手足活动的余地等。运动信息是随时间变化的，表明物体运动的有无、运动方向和速度等。

图形信息和立体信息在物体的区分和识别中起重要作用。位于黄斑或其附近的成像被接收后，一般送到大脑的联合区进行识别处理。空间信息和运动信息虽然对控制人体运动非常重要，但很多运动是无意识的。例如，把球投给对方时，感知对手的距离，控制肌肉投掷的力量，调节投球的距离，这个过程就是无意识的。

人的视觉总是综合接收上述信息并进行实时处理，但是，目前还不能制作出具有这样高级功能的视觉系统。像昆虫这样的小生物也具有一定的视觉，虽然不能了解小生物眼里看到的是什么样的世界，但它的视觉能支配它的行动。与昆虫视觉信息处理的容量相对照，可以相信人类以今天的技术水平完全能制造出适用于特定目的和用途的、功能有限的实用化视觉系统。

（2）光接收装置和各种摄像机

① 光电二极管与光电转换器件。光电二极管（photo-diode，Pd）和普通二极管一样，也是由一个PN结组成的半导体器件，也具有单方向导电特性。但在电路中，它不是作整流元件，而是把光信号转换成电信号的光电传感器件。PN型元件的优点是暗电流小，所以被广泛用于照度计、分光度计等测量装置中。

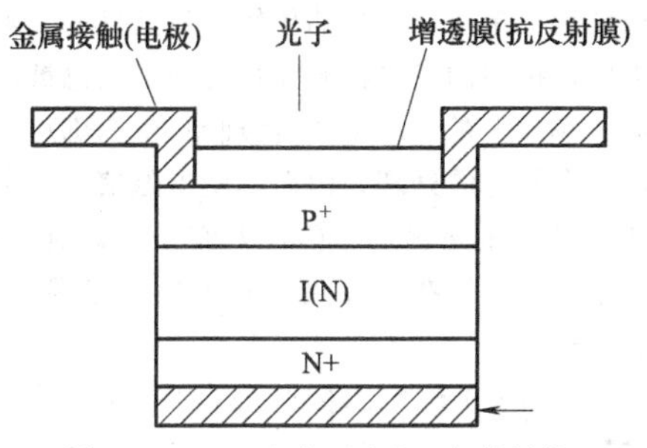

图 23-6-28　PIN 结型光电二极管结构

高速响应的发光二极管有 PIN 结型与雪崩型。PIN 结型光电二极管也称 PIN 结二极管，如图23-6-28所示，是在两种半导体之间的 PN 结或者半导体与金属之间的结的邻近区域，在 P 区与 N 区之间生成 I 型层，吸收光辐射而产生光电流的一种光检测器。具有结电容小、渡越时间短、灵敏度高等优点。雪崩型光电二极管是在 PN 结上加 100V 左右的反向偏执电压产生强电场，能激励载流子加速，与原子相撞产生电子雪崩现象。这些高速型二极管的响应很快，能用于高速光通信等。光电晶体管就是经过晶体管把光电二极管的输出放大的结构。

② PSD。PSD（position sensitive detector，位置敏感探测器）是测定入射光位置的传感器，由发光二极管、表面电阻膜、电极组成，是一种基于半导体PN结横向光电效应的光电器件，它能连续地检测入射光斑的重心位置。具有分辨率高、响应速度快、信号处理相对简单、检测位置的同时还能检测光强等优点，适用于位置、距离、位移、角度以及其他相关物理量的精密测量。

（3）简单视觉传感器

① CCD 图像传感器。电荷耦合器件（charge coupled device，CCD）图像传感器是由多个光电二极管传送储存电荷的装置。它使用一种高感光度的半导体材料制成，能把光线转变成电荷，通过模数转换器芯片转换成数字信号，数字信号经过压缩以后由相机内部的闪速存储器或内置硬盘卡保存，因而可以轻而易举地把数据传输给计算机，并借助于计算机的处理手段根据需要和想象来修改图像。

工业黑白 CCD 相机实物如图 23-6-29 所示。

图 23-6-29　工业黑白 CCD 相机实物图

CCD 图像传感器有一维形式的，是由发光二极管和电荷传送部分一维排列制成的。此外还有二维形式的，它可以代替传统的硒化镉光导摄像管和氧化铅光电摄像管二维传感器，传送方式有行间传送、帧-行间传送、帧传送及全帧传送四种方式。

CCD 图像传感器把垂直寄存器用作单画面图像的缓存，所以可以将曝光时间和信号传送时间分离开。也就是说，其具有所有像素能在同一时间曝光的特点。

② CMOS 图像传感器。CMOS 图像传感器目前主要有无源像素图像传感器（passive pixel sensor，PPS）和有源像素图像传感器（active pixel sensor，APS）两种，如图 23-6-30 所示。由于 PPS 信噪比低、成像质量差，所以目前绝大多数 CMOS 图像传感器采用的是 APS 结构。APS 结构的像素内部包含一个有源器件，由于该放大器在像素内部具有放大和

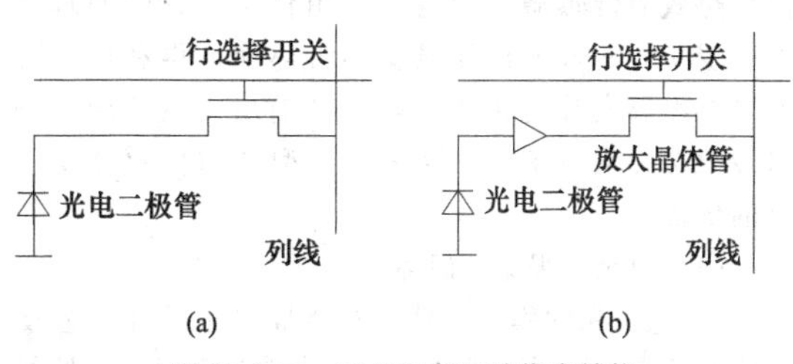

图 23-6-30　CMOS 的两种像素结构

缓冲功能，故具有良好的消噪功能，且电荷不需要像 CCD 器件那样经过远距离移位到达输出放大器，因此避免了所有与电荷转移有关的 CCD 器件的缺陷。

CMOS 图像传感器是由接收部分（二极管）和放大部分组成一个单元，然后按照二维排列，是一种典型的固体成像传感器，与 CCD 有着共同的历史渊源。CMOS 图像传感器通常由像敏单元阵列、行驱动器、列驱动器、时序控制逻辑、AD 转换器、数据总线输出接口、控制接口等组成，这几部分通常都被集成在同一块硅片上。其工作过程一般可分为复位、光电转换、积分、读出四部分。

CMOS 摄像头实物如图 23-6-31 所示。

图 23-6-31　CMOS 摄像头实物图

在 CMOS 图像传感器芯片上还可以集成其他数字信号处理电路，如 AD 转换器、自动曝光量控制、非均匀补偿、白平衡处理、黑电平控制、伽马校正等，为了进行快速计算甚至可以将具有可编程功能的 DSP 器件与 CMOS 器件集成在一起，从而组成单片数字相机及图像处理系统。

CMOS 传感器的优点是耗电低，并且利用一般的半导体制造技术就可以完成 CMOS 处理器的设计和加工，这都有利于图像处理电路和图像传感器的单片化和低成本化。

③ 其他的摄像元件。光电子倍增管是将微弱光信号转换成电信号的真空电子器件，根据二次放电效应增大入射光，因此它可以用来检测微弱光线，如用于夜间监视摄像机等。

在红外线图像方面有波长为 2～15μm 的中红外和远红外区域的传感器，在红外线检测器中得到较多使用的是 HgCdTe 和 AlGaAs 结晶的量子型传感器。热效应传感器最近也被实用化了，它的原理是把装置接收的入射红外线变换为热能，再利用温度检测器将温度升高转变为电信号输出。热效应型图像传感器无须冷却器，这是量子型图像传感器所不及的优点。

(4) 功能性视觉传感器

1) 人工视网膜传感器　视网膜是人体用来感受光信号并产生视觉的重要组织，光信号经过视网膜神经细胞的处理后形成视觉神经冲动，传输到中枢神经从而产生视觉。人工视网膜技术是针对由于外层视网膜细胞功能丧失所导致失明而提出的一种视觉恢复技术。它将微电子技术、微机电系统（micro-electro-mechanical system，MEMS）技术与生物医学相结合，由视网膜芯片产生电信号来刺激视觉神经，从而使失明或濒临失明的患者恢复部分视力。

人工视网膜芯片由像素阵列、控制扫描器、输出电路组成。各个像素根据给定的－1、0、＋1 三种灵敏度状态控制信号受控，各自对应负、零、正灵敏度，属于灵敏度可调光敏元件（variable sensitivity photodetection cell，VSPC）。因此，可以利用适当的控制规则，实现边缘增强、光滑、模式匹配、一维摄影等图像处理运算。

与 CCD 相比，人工视网膜传感器不仅图形处理功能强，而且具有灵活、快速、耗电低、成本低等特点，因此它被广泛应用于游戏机、数字摄像机及安全等领域。

2) 超高速数字视觉芯片　人们正在研究包含图像处理功能在内的超高速数字视觉芯片，它已经超出以往以处理摄像信号为主的传统图像处理的界限。在二维平面内排列的光电检测元件阵列的信息被送入制作在同一芯片上的并联通用处理单元（PE）内，由于实施完全并行的处理，因而不受摄像信号速率的限制，能完成高速处理。目前，人们正在试制 64×64 像素的芯片，它能在 1ms 的帧速率内同时跟踪 18 个物体的轨迹。

3) 时间调制图像传感器　这种图像传感器的每一个像素都把光检测器生成的入射光量以及它与全体像素共同参照信号的时间相关值并行储存起来，然后类似于图像传感器那样输出。如果设像素 (i, j) 的光检测器的输出是 $f_{i,j}(t)$，外部电信号为 $g(t)$，扫描周期一致的积分时间为 T，那么时间相关型图像传感器的输出为

$$\phi_{i,j}(t)=\int_{t-T}^{t} f_{i,j}(t) g(t) \mathrm{d} t \qquad (23\text{-}6\text{-}9)$$

由于将高带宽的光检测器与乘法器相结合，故 $f(t)$ 和 $g(t)$ 不受扫描周期的限制。在进行调制后，各个像素生成带宽很窄的信号，故可以按照低的扫描周期输出。

时间调制型图像传感器的应用主要在震动模态测量、图像特征提取、立体测量、可变分光谱摄像等方面。例如，放置在环境光中的物体在高频调制光的照射下，将调制光线进行适当的时间延迟后作为参考信号，就能消除环境光的影响，拍摄出仅由调制光照明的物体图像。

(5) 三维视觉传感器

1) 三维视觉传感器的分类　三维视觉传感器的分类如图 23-6-32 所示。它可以分为被动传感器（用摄像机等对目标物体进行摄影，获得图像信号）和主动传感器（借助于传感器向目标物体投射光图像，再接收返回信号测量距离）两大类。

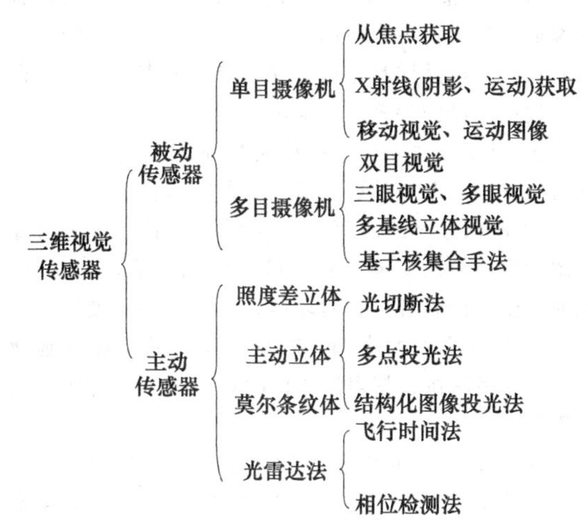

图 23-6-32　三维视觉传感器的分类

2) 被动视觉传感器

① 单目视觉。采用单个摄像机的被动视觉传感器有两种方法：一种方法是测量视野内各点在透镜聚焦的位置，以推算出透镜和物体之间的距离；另一种方法是移动摄像机，拍摄到对象物体的多个图像，求出各个点的移动量再设法复原形状。

单目视觉是视觉技术的一个分支，其原理是利用一台视觉传感器获取图像，利用图像信息获取 3D 空间物体信息。它也是双目和多目视觉的基础。与双目和多目配置形式相比，单目配置形式具有结构简单，使用方便灵活，避免了双目的盲区、最优距离以及视场范围小等限制，同时也避免了双目和多目配置形式的立体匹配等难题。单目视觉的发展是视觉技术整体发展的一个组成部分，而视觉技术的发展是单目视觉发展的更为全面的体现。但是，视觉技术从狭义上来讲可以看作是单目视觉的技术，故本章对视觉技术的阐述可以理解为对单目视觉技术的论述。

② 立体视觉。双目立体视觉是被动视觉传感器中最常用的方式。双目立体视觉是模仿人的双目来获取环境信息，通过两个并行的摄像机来获取外界信息。两个摄像头从不同的视点观察同一物体，在左右成像平面上形成成像点，将两幅图像中同一物体在左右成像平面成像点之间的像素值做差，从而获得视差值，然后通过立体视觉视差原理能够计算得到该物在环境中的位姿信息。如图 23-6-33 所示为任意空间点在双目摄像机下的成像示意图。

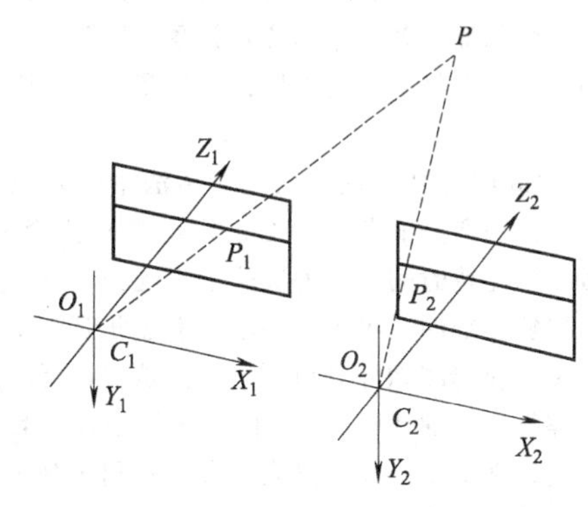

图 23-6-33　双目立体视觉成像示意图

P 点为空间中物体上的任意一点，P_1 点为 P 点在左摄像平面的成像点，P_2 点为 P 点在右摄像平面的成像点。O_1 点和 O_2 点分别为左右摄像机的光心，O_1O_2 之间的距离称为光轴距离。如果只有一个摄像机是无法确定 P 点的位置的，因为某一点的成像点为 P_1 点可以是在 O_1P 所在的直线上的任意一点。双目立体视觉就是用来解决这一问题，用 C_1C_2 两个摄像机同时观察空间中的 P 点，如图 23-6-33 所示 O_1P 与 O_2P 的交点即为 P 点的准确位置，而 P_1P_2 即为左右两幅图像的匹配点。

双目立体相机实物如图 23-6-34 所示。

图 23-6-34　双目立体相机实物

3) 主动视觉传感器

① 光切断法。光切断法的原理如图 23-6-35 所示。光切断法即把双目立体视觉中的一个摄像机改为

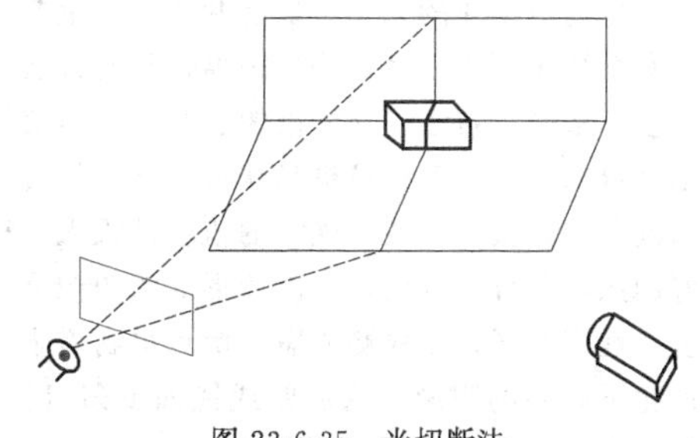

图 23-6-35　光切断法

狭缝投光光源，然后从水平扫描狭缝光得到的镜面角度以及从图像提取狭缝像的位置关系，按照与立体视觉相同的三角测量原理就可以计算和测量出视野内各个点之间的距离。

② 空间编码测距仪。在光切断法中，要想获得整个画面的距离分布信息，必须取得多幅狭缝图像，这样做相当花费时间。要解决这个问题，可以将其改为多个狭缝光线同时投光的办法，不过此时需要对图像中的多个狭缝图像加以识别。也就是说，可以给各个狭缝编排适当的代码ID，对ID的编排方法有把多条狭缝光线随机切断后再投光的方法及利用颜色信息识别多个狭缝的方法。

③ 莫尔条纹法。莫尔条纹法的基本思想是将一组光栅投影到物体表面，通过弯曲状况判断表面高低。就是投射多个狭缝形成的条纹，然后在另一个位置上透过同样形状的条纹进行观察，通过对条纹间隔或图像中条纹的倾斜等进行分析，可以复原物体表面的凹凸形状。

④ 激光测距法。激光测距法可分为两类：激光飞行时间测距和激光非飞行时间测距。激光飞行时间测距即利用激光到达目标所用时间来进行测距的方法。非飞行时间测距则是采用光子计数或数学统计方法进行测距的方法。

4）主动与被动传感器混用　从原理上讲，被动传感器属于立体视觉，但是，如果为了提高立体视觉的可靠性，将特征条纹作为光图案投射到物体上，这种方式就应该归属于主动传感器与被动传感器混用的类型，该系统由立体摄像机和图案投光器构成。投光图案包括随机点结构、条状花、各种大小的点图案、随机间隔缝隙光等。

混合方式无须改变投光图案，仅由立体摄像机和简单的投影器即可组成系统，因此作为工业机器人及移动机器人的视觉已经达到实用化。

（6）视觉传感器的应用

在空间中判断物体的位置和形状一般需要两类信息：距离信息和明暗信息，视觉系统主要用来解决这两方面的问题。当然，作为物体视觉信息来说还有色彩信息，但它对物体的识别不如前两类信息重要，所以在视觉系统中用得不多。获得距离信息的方法可以有超声波、激光反射法、立体摄像法等。明暗信息主要靠电视摄像机、固态摄像机来获得。与其他传感器工作情况不同，视觉系统对光线的依赖性很大，往往需要好的照明条件，以便使物体所形成的图像最为清晰、复杂程度最低，使检测所需的信息得到增强，不至于产生不必要的阴影、低反差或镜面反射等问题。下面简单列举一些已取得的应用成果。

① 工业上的应用。生产线上部件安装、自动焊接、切割；大规模集成电路生产线上自动连接引线、对准芯片和封装；石油、煤矿等地质钻探中数据流自动检测和滤波；纺织、印染业进行自动分色和配色。

② 各类检验、监视中的应用。如检查印刷底版的裂痕、短路及不合格的连接部分；检查铸件的杂质和断口；对产品样品进行常规检查；检查标签文字标记、玻璃产品的裂缝和气泡等。

③ 商业上的应用。自动巡视商店或者其他重要场所门廊；自动跟踪可疑的人并及时报警。

④ 遥感方面的应用。自动制图、卫星图像与地形图对准，自动测绘地图；国土资源管理，如森林、水面、土壤的管理等；对环境、火灾自动监测。

⑤ 医疗方面的应用。对染色体切片、癌细胞切片、X射线图像、超声波图像的自动检查，进而自动诊断等。

⑥ 军事方面的应用。自动监视军事目标，自动发现、跟踪运动目标，自动巡航捕获目标和确定距离。

近年来，随着传感技术的发展，视觉传感器已用于各个领域中，视觉传感器的典型应用领域为组装和自主式智能系统与导航。在组装过程中，局部和整体需求都要用到计算机视觉。元件的定向和定位，或机器人手腕或手爪的一个零件，以及元件的检验或工具放在夹具中都被认为是局部需求。元件的位置或用于安装工艺的机器人工作空间的一个零件被认为是全局需求。机器人视觉主要被用于全局需求及安装过程中组装件的定位。

6.3.2 触觉传感器

触觉是智能机器人实现与外部环境直接作用的必需媒介，是仅次于视觉的一种重要知觉形式。触觉既能保证机器人可靠地抓握各种物体，又能获取环境信息、识别物体形状和表面纹理、确定物体的空间位置和姿态参数等。触觉融合于视觉将为智能机器人提供可靠而坚固的知觉系统。触觉传感器由敏感材料或者结构制成，主要用于测量自身与外部物体相互作用时所引起的物理量的变化。

自20世纪开始，世界各国开始投入较多的科研资源对机器人触觉传感器进行系统的研究。最早研制触觉敏感皮肤的是美国MSI公司，该敏感皮肤应用在工业机器人手臂上。印度的研究者根据压电陶瓷材料的压电效应制作了一种压电式触觉传感器。2003年，美国伊利诺伊州大学研究了用聚酰亚胺和金属薄膜应变计的柔性触觉传感器皮肤。2005年美国航空

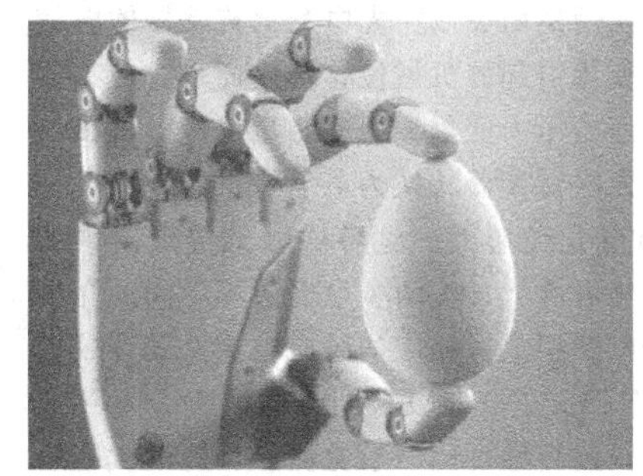

图 23-6-36　机器人中的触觉传感器应用

航天局研制出一种机器人非接触式的敏感皮肤。2002年，南京航空航天大学研究人员采用光波导原理设计出能检测三维力的触觉传感器。重庆大学也研制了一种压电式四维力触觉传感器。触觉传感器经过几十年的研究，在机器人应用中已经取得了较大进步。机器人应用中，触觉传感器可以分为点接触型触觉传感器、面接触型触觉传感器和滑觉传感器。

机器人中的触觉传感器应用场景如图 23-6-36 所示。

(1) 点接触型触觉传感器

点接触型触觉传感器主要用于判别传感器与目标之间的接触状态，可以测量接触力的大小，也可以只是简单地用 0 或 1 表示是否接触。点接触型触觉传感器在躲避障碍物、控制机械手的运动等方面具有重要价值。点接触型触觉传感器主要有机械式、压阻式、压电式、光电式、电容式、电磁式、光纤式及生物信号式等几类。

① 机械式触觉传感器。最简单的触觉传感器是机械微动开关，微动开关输出 0 和 1，相当于一个 bit 的二进制触觉传感器。硅微机械是比较前沿的传感器技术，硅具有很好的抗拉强度和较低的热膨胀系数，这些优良特性使得微机械传感器成为可能。基于硅微机械加工技术的传感器可以融合集成电路的先进处理能力组成微机电系统。硅微机械目前成功的应用是压力和加速度传感器，未来可基于硅微机械技术研制结构复杂的触觉传感器，由于涉及复杂的三维物体，加工过程需要特别的工艺技术。

② 阻抗型触觉传感器。阻抗型触觉传感器通过测量两点之间的导电体的阻抗获得接触情况，外力引起导电体变形，从而引起阻抗的变化，因而可以检测外力作用情况。阻抗型触觉传感器结构简单、噪声低易于构建高分辨率的触觉图像，不足之处可能存在迟滞，因而带宽较低；另外，长久使用后导电体可能会出现不可恢复的形变。应变片是一种常用的阻抗型传感器，应变片采用电阻材料或半导体材料制造，在外力作用下产生机械变形时，阻抗发生相应的变化。导电橡胶是另一种理想的压阻材料，其阻抗可随着外力而变化。在结构上，导电橡胶触觉传感器是由导电橡胶层和绝缘橡胶相间制成的叠层橡胶片，两层叠合在一起后，导电橡胶条的交叉点就构成一个触觉单元。导电橡胶富有弹性，但弹性受温度影响较大并可能失效，应用中须限制温度。

③ 压电式触觉传感器。压电材料是在压力作用下会在两端面间出现电压的晶体材料，对压电材料施加压力会产生电位差；反之，施加电压则产生机械应力。压电材料具有较高的频响特性，是测量振动的理想材料，但由于阻抗很大，通常只适合动态力的测量。PVDF 属于高分子聚合物材料，具有压电性和热电性，其材质特性与人体皮肤非常接近。外力作用于极化后的 PVDF 薄膜时，垂直于作用力的薄膜表面会产生一定数量的电荷，电荷与作用力成正比，该特性可用于制作触觉传感器。PVDF 薄膜频率响应极宽，热稳定性好，而且轻薄，其柔顺性及加工性能好，可以做成大面积器件、阵列式器件及各种复杂形状的传感器。PVDF 不能响应静态压力，输出信号比较微弱，电稳定性也较差，不利于长时间测量。PVDF 温度上限为 80℃，使用场合相对受限。意大利的 P. Dario 较早采用 PVDF 制成触觉传感器，该传感器底部通过印刷电路板为厚厚的 PVDF 薄膜提供支撑，PVDF 薄膜上面是一层力敏导电硅橡胶，导电硅橡胶上面又是一层 PVDF 薄膜。印刷电路上有电极网络，每个电极通过金属孔与印刷电路底部的相应电极相连。当薄膜受压时，测量印刷电路上下电极之间的电压可以测得压电效应产生电荷数量，从而完成触觉测量。

④ 光电型触觉传感器。光电传感器包括光源、传导介质和光电探测器，光电探测器通常为相机或光电二极管。触觉作用力引起的传导介质的变化通常会导致频谱、传输或反射强度的变化。光电型传感器具有很高的空间分辨率，抗电磁干扰，缺点在于环境适

应性较差，常因污染而失效。光电触觉传感器的电信号通常由压力变化引起的机械位移转换而来，传感器与物体接触表面的压力变化会引起测量机构的机械位移，进而通过光电转换器转换为电信号。

⑤ 电容式触觉传感器。电容式触觉传感器内的微电容可以简化为由上、下两个电极层和中间的介质层组成，每个电极层上有相应的感应电极，其等效结构如图 23-6-37 所示。电容极板间距的改变会导致电容参数的变化，该特性可用于触觉测量。为最大限度地提高灵敏度，须使用高介电常数的电介质。采用微电子工艺可以制造由微小电容阵列构造的具有高分辨率的触觉传感器，但是单个传感器的容抗将减少。电容型传感器的问题在于容易引入杂散电容，可以通过优化电路布局和机械设计来减少杂散电容的影响。

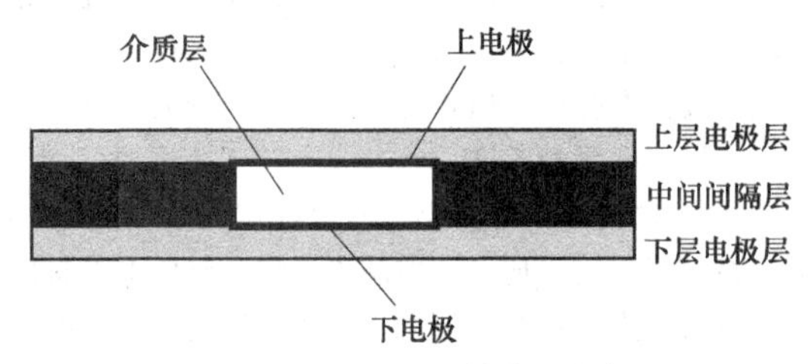

图 23-6-37 电容式触觉传感器等效结构

⑥ 电磁式触觉传感器。电磁式触觉传感器的设计有两种方法：a. 外力作用下运动的小磁铁会导致测量点附近磁通密度的变化，而磁通可以通过霍尔效应或磁阻进行测量，据此可以对外力进行测量；b. 变压器或电感器的铁芯受外力变形或移位将改变磁耦合状态，据此也可以实现对外力的测量。磁敏传感器优点在于灵敏度高、动态范围大、没有迟滞、鲁棒性好。

⑦ 光纤触觉传感器。光纤作为传感器可以利用的特性包括光路传输特性以及相位、强度和偏振方向等内在特性，这些均可用于接触状态、力矩和力的测量。其结构如图 23-6-38 所示。光纤的优点在于安全、体积小、重量轻及抗外部电磁干扰，并可实现远距离测量。相位和干涉法比较复杂，工业应用不多。

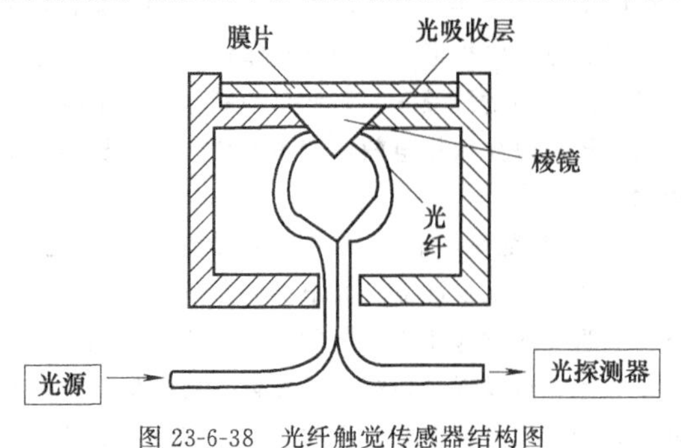

图 23-6-38 光纤触觉传感器结构图

触觉传感器一般通过光强对触觉过程进行测量，如通过光纤处于微弯状态时的光强衰减可以检测光纤外表而所受到的机械弯曲或扰动（几微米量级）。

（2）面接触型触觉传感器

面接触型触觉传感器由点接触型触觉传感器以阵列方式组合而成，用于测量传感器区域垂直作用力的分布情况，并可形成敏感面与物体相互作用时的触觉图像。由于简单有效，上述传感器中，电容、压阻、压电和光电类传感器在触觉应用中往往优先选用。在自主机器人应用中，接触型触觉传感器常常面积较大，能够更好地完成环境探测、目标识别和精确操控。

随着智能机器人和虚拟现实等领域的快速发展，触觉传感出现了全局检测、多维力检测以及微型化、智能化和网络化的趋势，传统的触觉传感器已难以满足应用需求，特别是近年来微电子工艺的成熟和普及，为这种需求提供了技术可行性。随着仿生机器人的兴起，接触型触觉传感器与人工皮肤常常以一体化的方式出现，并更多地强调柔顺性。

在全局触感方面，触觉传感器通常覆盖很大的区域，在仿生机器人等应用中，机器人皮肤要求具有人类皮肤的柔顺性，其肤感触觉传感器为超大面积阵列式结构，安装在较薄的柔性基底上，并且十分坚固。这种触觉传感器可用于表面形状和表面特性的检测。PVDF（聚偏氟乙烯）、碳纤维和光纤是触感皮肤比较理想的材料。PVDF 可以被制造成大面积的“人工皮肤”，碳纤维和光纤可以通过编织工艺构造大面积可穿戴的柔顺型触觉传感器，可用于任意表面的触觉测量，并测量多维接触力分布。此外，在 PVDF 人工皮肤表层制作阵列式电极也是一种可行的全局触觉传感方案，当皮肤触碰物体时，相互交错的电极会因触碰而导通，其原理与数字键盘类似，如图 23-6-39 所示，优点是抗干扰能力强，不足之处在于无模拟量输出，难以反映接触力的大小。

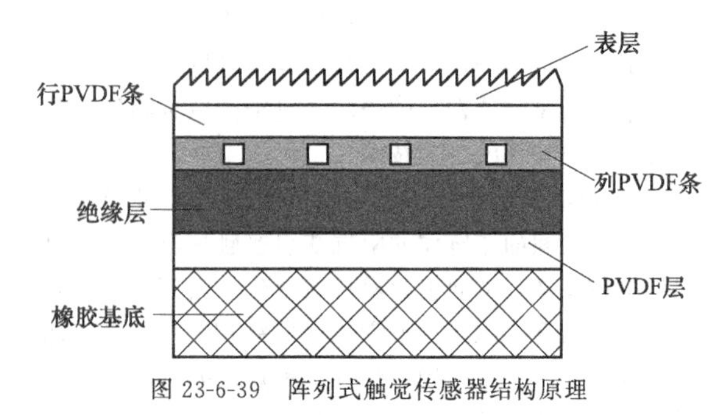

图 23-6-39 阵列式触觉传感器结构原理

① 三维力触觉传感器。多维力检测对于智能机器人的环境感知和精确操控具有重要价值。早在

1984 年，Kinoshita 等开始关注 3D 目标的感觉以及传感器设计问题。2010 年，Van 等利用 MEMS 技术成功研制了用于机器人指部的三维力触觉传感器。2009 年，中科院合肥智能机械研究所成功研制了三维力柔性触觉传感器，实现了对三维力的检测。2014 年，Yu 成功开发了一种可检测 x(4N)、y(4N) 和 z(20N) 方向的触觉传感器。

② 带微处理器触觉传感器。触觉传感器的微型化、智能化和网络化也是虚拟现实和现代机器人系统的迫切需求，带有微处理器的触觉传感器能够在探测现场即时采集和处理数据，并实时地与外界进行触觉数据交互。微电子工艺的技术进步促进了智能传感器的快速发展，未来触觉传感器除具备基本的触觉传感功能外，还将具备自诊断、校准和测试等附加功能。

③ 多模感知触觉传感器。多模感知也是触觉传感器的一个方向。在人工皮肤中内置一层可以检测温度变化的传感器以实现热觉检测是通常的做法。2014 年，Wettels 等研究了一种可用于目标识别和抓取作业的指型触觉传感器阵列，该传感器可以像人类皮肤一样具有感知力、热和微振动的能力。此外，Sohgawa 等也研制了一种采用悬臂梁的多功能触觉传感器，该传感器不仅能够探测到目标的接近，而且能够检测接触、滑移和表面纹理等情况。

(3) 滑觉传感器

滑觉传感器是一种感知滑觉、检测相对滑动的传感器，主要用于测量物体与传感器之间的相对运动趋势，可以是专门的滑觉传感器，也可以由触觉传感器解析得到。目前广泛应用于机器人仿生研究等领域。

人类在用手抓取物体时，不需要视觉的辅助就可以感知被抓取物体是否有滑落的趋势，并根据这种感知来增加或是减小握力，以达到用最小的力来抓住物体这一效果，这种感知能力就是滑觉。

滑觉传感器的设计方案品类繁多，但尚没有一种廉价且抗干扰能力强的滑觉传感器。而与目前已有的滑觉传感器相比，由于光纤微弯效应是光在光纤内传播时因光纤弯曲变形导致光通量损耗，在这个过程中，由于光子的电中性，任意强度的电场、磁场或是任意速度的电场、磁场变化都无法影响这一过程。因此，以光纤微弯效应为原理设计的传感器，具有得天独厚的抗电磁干扰能力。

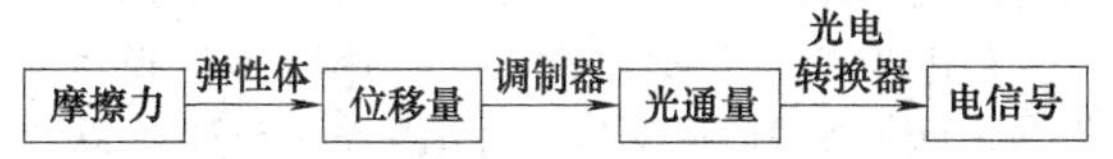

图 23-6-40　基于光纤微弯效应的滑觉传感器原理

滑觉传感器首先将相对滑动时产生的动摩擦力转换为位移信号，之后通过基于光纤微弯曲效应制作的调制器将位移信号转换为光通量，最后通过光电转换器将光通量转换为电信号，以此来完成对相对滑动的捕捉。在该传感器中，核心元件是将位移量转换为光通量的调制器。传感器与被测物体间的摩擦力输入传感器中，通过传感器内的弹性体转换为位移量，该位移量通过调制器改变光纤的弯曲程度，由此改变光纤输出端的光通量，最终通过光敏电阻将光通量的变化转变为电压的变化。

6.3.3　力觉传感器

机器人的力觉主要有指、肢和关节等运动时机器人对受力的感知。主要包括腕力觉、关节力觉和支座力觉等。在力传感器中，既有测量三轴力的传感器，又有测量绕三轴的力矩传感器。根据被测对象负载类型不同，可以把力传感器分为测力传感器（单轴力传感器）、力矩表（单轴力矩传感器）、手指传感器（检测机器人手指作用力的超小型单轴力传感器）和六轴力觉传感器。根据力的检测方式不同，可以分为检测应变或应力的应变片式、利用压电效应的压电元件式、用位移计测量负载产生的位移的差动变压器、电容位移计式。

(1) 力测量原理

应变计是指测量外力作用下变形材料的变形量的传感器。根据应变计材料不同，可分为以下几种：电阻丝应变计（采用电阻细丝）、铂应变计（采用金属铂）、半导体应变计（采用压电半导体）。

① 应变计。以典型的金属电阻丝应变计为例，介绍应变计基本原理。电阻应变计的结构如图 23-6-41所示，它主要由敏感栅、基底、引线、盖层和黏结剂五部分组成。

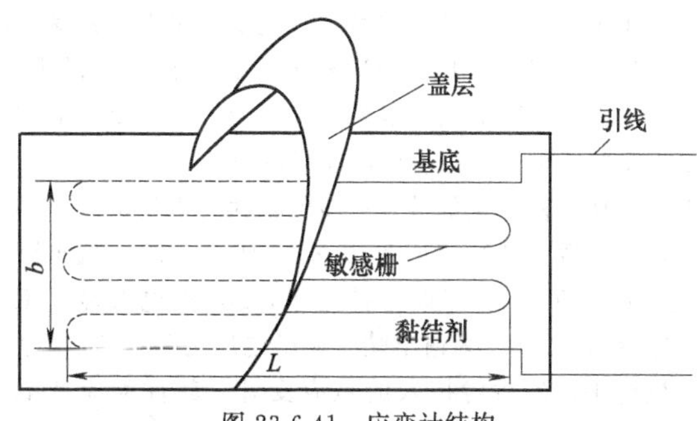

图 23-6-41　应变计结构

在金属式应变计的经典结构中，敏感栅是最重要的组成部分，通常由 0.015～0.05mm 的金属丝绕成栅状，以便在较小的尺寸范围内输出较大的应变。图中 L 表示栅长，b 表示栅宽，为保持敏感栅的形状、尺寸和位置，用黏结剂将其固定在纸质或者胶质基底上。引线将敏感栅的输出引至测量电路，一般采用低阻镀锡铜线。应变计在工作时，随着试件受力变形，应变计的敏感栅也获得同样的变形，根据电阻应变效应，敏感栅的电阻值将随之发生变化，并与试件应变成正比。因此，电阻应变效应是电阻应变计工作的物理基础。设有一段长为 l，截面半径为 r 的导电材料，如图 23-6-42 所示。

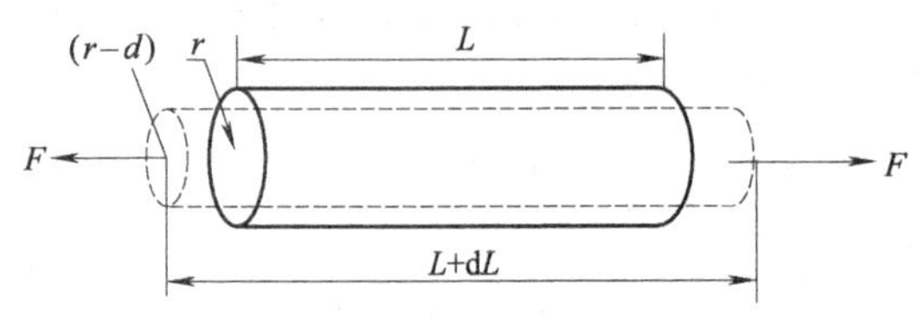

图 23-6-42 电阻丝受力拉伸图

$$R=\rho\times\frac{l}{A(r)} \tag{23-6-10}$$

$$A(r)=\pi r^2 \tag{23-6-11}$$

式中，ρ 为导电材料的电阻率；$A(r)$ 为截面积。当导电材料受到轴向力 F 而被拉伸时，其轴向拉长（$L+\mathrm{d}L$），而径向被压缩（$r+\mathrm{d}r$），同时电阻率 ρ 也将发生变化，导电材料电阻也随之发生变化，其电阻相对变化可表示为：

$$\frac{\mathrm{d}R}{R}=\frac{\mathrm{d}\rho}{\rho}+\frac{\mathrm{d}L}{L}-\frac{\mathrm{d}A}{A} \tag{23-6-12}$$

式中，电阻相对变化 $\mathrm{d}R/R$ 由电阻率相对变化 $\mathrm{d}\rho/\rho$、长度的相对变化 $\mathrm{d}L/L$ 和截面积的相对变化 $\mathrm{d}A/A$ 三部分组成。其中，$\mathrm{d}L/L=\varepsilon$ 是材料的轴向线应变。电阻的相对变化可表示为：

$$\frac{\mathrm{d}R}{R}=\frac{\mathrm{d}\rho}{\rho}+(1+2\mu)\varepsilon \tag{23-6-13}$$

导电材料主要指金属和半导体材料，电阻率的相对变化 $\mathrm{d}\rho/\rho$ 对不同的材料电阻率有所不同。

由电阻应变计的原理可知，应变计可以把机械应变转换为电阻的变化，但这种电阻的变化比较微小，用一般测量电阻的仪表很难直接测量，须用专业的测量设备精确测量。电桥电路将微弱的电阻变化变换为电压变换并将变化信号进一步的放大。电桥电路，即惠斯顿电桥，其结构如图 23-6-43 所示，四个阻抗臂 R_1、R_2、R_3、R_4 以顺时针为序，AC 是电源端，工作电压为 U；BD 为输出端，输出电压为 U_0。在整个阻抗桥中，当桥臂接入的是应变计，就称为应变电桥。根据接入应变计的方式可分为：单臂应变电桥，电桥的一个臂接入应变计；双臂应变电桥，电桥的两个臂接应变计；全臂应变电桥，电桥的所有臂接应变计。当桥臂上粘贴的应变片受到拉力 F 的作用时，应变电阻发生形变，BD 两端输出电压同时发生变化，通过信号放大转换从而等效测量出压力大小。

② 半导体压电式传感器工作原理。某些晶体在

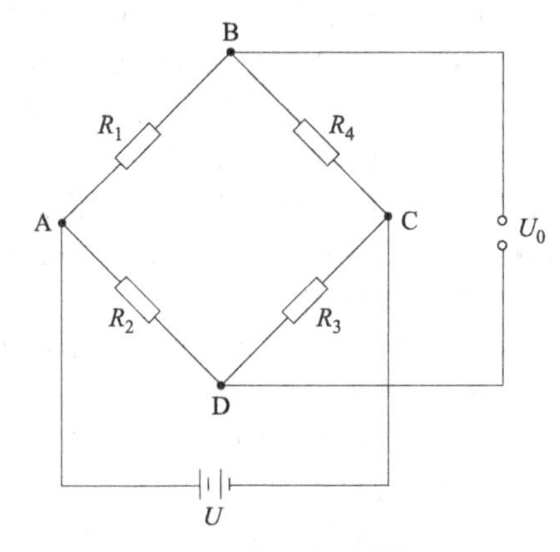

图 23-6-43 电桥臂结构图

一定方向受到外力作用时，内部将产生极化现象，相应地在晶体的两个表面产生符号相反的电荷，当外力作用除去时，又恢复到不带电状态；当作用力方向改变时，电荷的极性也随着改变，这种现象称为压电效应。反之，在电介质的极化方向上施加交变电场或电压，它会产生机械变形，当去掉外加电场时，电介质变形随之消失，这种想象称为逆压电效应（电致伸缩效应）。压电式传感元件是力敏感元件，它可以测量最终能变换为力的非电物理量，例如动态力、动态压力、振动、加速度等，但不能用于静态参数的测量。在压电式传感器中，常将两片或多片组合在一起使用，由于压电材料有极性，故接法有串联和并联两种。

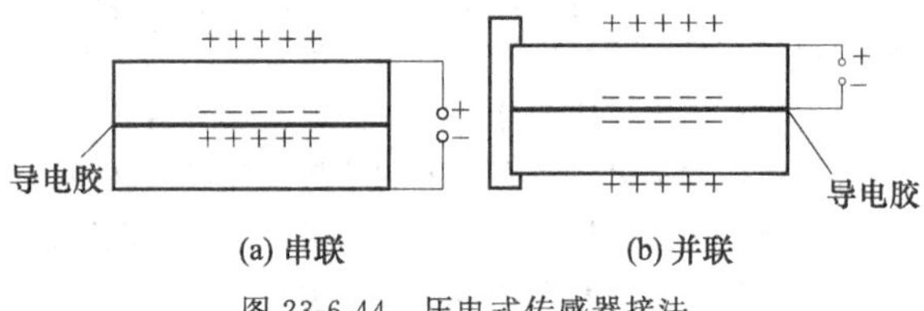

图 23-6-44 压电式传感器接法

（2）力矩测量原理

力矩是力和力臂的乘积，可以使机械零部件转动的力矩称为转矩，可使机械零部件产生一定的扭曲变形的力矩称为扭矩。应变块力矩测量方式是采用应变片电测技术，在弹性轴上组成应变桥，向应变桥提供电源即可测得该弹性轴受到垂直于轴力作用而发生形变所引起的电信号变化。将该应变信号放大后，经过压/频转换，转换为与扭应变成正比的频率信号。

如图 23-6-45 所示，在垂直于墙壁的梁的根部带有两个彼此连接的应变块，当在相距梁根部 Z 点处施加力 F，应变块就受到力矩的作用，应变片输出的 A_1 和 A_2 为

$$A_1=k(z-z_1)F \tag{23-6-14}$$

$$A_2=k(z-z_2)F \tag{23-6-15}$$

根据式（23-6-14）与式（23-6-15），可以求出 F，即

$$F=\frac{1}{k}\times\frac{A_1-A_2}{z_2-z_1} \tag{23-6-16}$$

式中，(z_2-z_1) 为两个应变块之间的距离；k 为常数，在给定位置施加给定大小的力，由传感器的输出就可以确定该常数的具体值。同时，施加力 F 的位置也可以由下式求出：

$$z=\frac{A_1Z_2-A_2Z_1}{A_1-A_2} \tag{23-6-17}$$

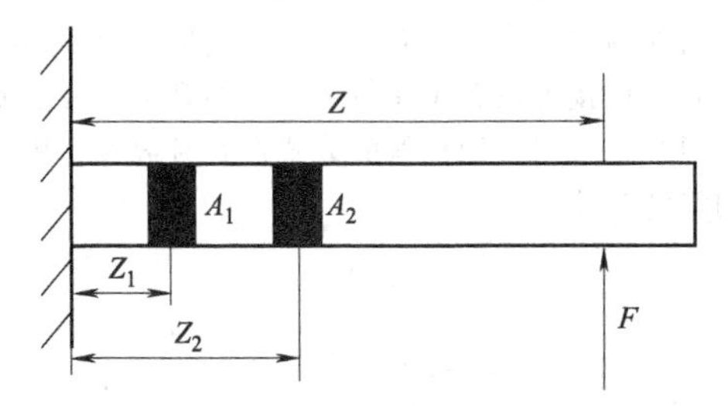

图 23-6-45　应变块检测力矩原理

（3）多维机器人传感器

机器人力/力矩传感器是测量并输出在笛卡儿直角坐标系中各个坐标（X，Y，Z）上的力和力矩的传感器。一个六轴力/力矩（force/torque）传感器也经常被称作多轴力/力矩传感器、多轴加载单元、F/T传感器或者六轴加载单元。力/力矩传感器一般安装在机器人的关节驱动器上，比如腕关节、踝关节等，用于测量关节驱动器的输出力和力矩，实现关节力的控制，也可以安装在机器人的足底，测量地面反作用力和力矩，实现机器人的稳定控制。

① 三维力传感器。三维力传感器能同时检测三维空间的三个力/力矩，通过这些信息控制系统不但能检测和控制机器人手爪抓取物体的握力，而且还可以检测抓取物体的重量以及在抓取操作过程中是否有滑动、振动等。三维指力传感器有侧装式和顶装式两种，侧装式三维指力传感器一般用于两指的机器人夹持器，顶装式三维指力传感器一般用于机器人多指灵巧手。

压电晶片本身不能对力矩进行测量，只有将多个对剪切力敏感的压电晶片排列成环状，同时使每个小片晶体的敏感轴均沿着圆环的切线方向，并将它们组装在传感器的壳体里，才可实现对力矩的测量。图 23-6-46 中，R 为对剪切力敏感的压电晶片的圆心到圆环圆心的距离，F 为作用在圆环上的切向作用力。

$$M=\sum FR \tag{23-6-18}$$

$$Q=\frac{d_{ji}M}{R} \tag{23-6-19}$$

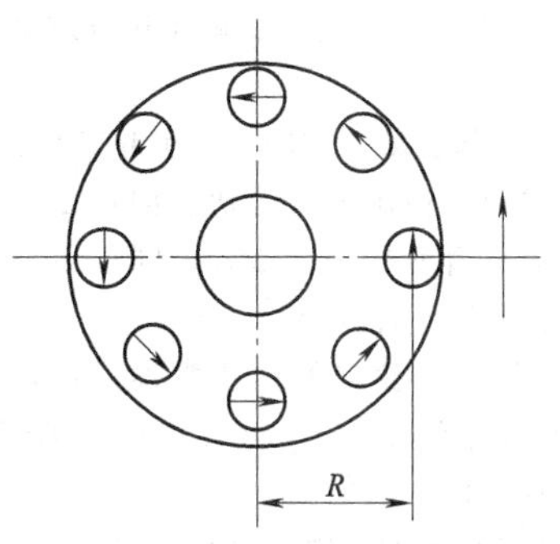

图 23-6-46　三维力传感器原理

传感器的输出电荷与被测力矩 M 成正比，通过适当的测量系统测出传感器的电荷量，就能实现对力矩的测量。

② 六维力传感器。六维力传感器是力传感器中的一种新型传感器，能同时转换多维力/力矩信号为电信号，可用于监测方向和大小不断变化的力与力矩、测量加速度或惯性力以及检测接触力的大小和作用点。在六维力传感器研究中，力敏元件的结构设计是力传感器的核心问题，因为力敏元件的结构决定力传感器的性能优劣。当前六维力传感器主要有三垂直筋结构的六维力传感器、筒形六维力传感器、双环形六维力传感器、四垂直筋结构的六维力传感器、盒式结构六维力传感器、十字结构六维力传感器、圆柱形六维力传感器、双头形六维力传感器、三梁结构的六维力传感器、八垂直筋结构的六维力传感器以及基于STEWART 平台结构的六维力传感器等。传感器上的力 F 和力矩 M 通过下式求得：

$$\begin{Bmatrix}F_X\\F_Y\\F_Z\\M_X\\M_Y\\M_Z\end{Bmatrix}=\begin{bmatrix}0&0&k_{13}&0&0&0&k_{17}&0\\k_{21}&0&0&0&0&k_{26}&0&0\\0&k_{32}&0&k_{34}&0&k_{36}&0&k_{38}\\0&0&0&k_{44}&0&0&0&k_{48}\\0&k_{52}&0&0&0&k_{56}&0&0\\k_{61}&0&k_{63}&0&k_{65}&0&k_{67}&0\end{bmatrix}\begin{Bmatrix}U_1\\U_2\\U_3\\U_4\\U_5\\U_6\end{Bmatrix} \tag{23-6-20}$$

其中，$K_{ij}(i=1,2,\cdots,8;j=1,2,\cdots,6)$为各电桥的特征系数；$U_j(j=1,2,\cdots,8)$为各电桥的输出量。

多维力传感器的精度不同于一维力传感器，多维力除了其作用力方向和该方向输出之间有输入/输出关系外，还存在维间耦合，也就是说，在没有受到力的方向上也有输出。因此，多维力传感器的误差包括Ⅰ类误差和Ⅱ类误差两种。

Ⅰ类误差指在某一方向加力和该方向输出电压之间有一个确定的比例关系。根据输出电压与加力作出

的输入、输出特性曲线可以得到其误差数据。其中，理论输出电压＝灵敏度×实际施加力的大小，Ⅰ类误差＝(理论输出电压－实测输出电压)/全量程输出电压。

Ⅱ类误差指在某一方向加力引起其他方向输出电压和该方向额定输出电压之比。如在 Y 方向加力引起在 Y 方向的输出电压为 ΔU_y，则称 $\Delta U_y/U_{yfs}$ 为 X 方向对 Y 方向的干扰误差。

误差：要求Ⅰ类误差和Ⅱ类误差都小于精度要求。如果传感器精度为 0.3%，那么Ⅰ类误差和Ⅱ类误差必须都小于 0.3%。

(4) 力觉传感器研究热点与难点

① 六维力传感器无论采用何种具体结构，各测量敏感部位都存在一定的力耦合，并且无法实现完全解耦，这给六维力传感器的标定带来很大的困难，对测试精度有很大影响（尤其当传感器承受复合载荷时更是如此）。这是这类传感器的主要缺憾。

② 用于机器人手腕和手指的既无力耦合，又具有结构简单、刚度高、灵敏度高和精度高等优点的六维力传感器的设计理论。

③ 用于微机械电气系统 MEMS 的集成化微型仪器与传感器。

④ 适于六维力传感器的信号处理系统。现有的这些系统大多在对传感器进行标定及进行矩阵求逆运算等方面存在不足。

⑤ 新型的微位移及微力传感器。为了使微操作机器人系统具有较强的智能，微位移传感器及微力传感器是必不可少的。由于微观世界里的种种条件约束，现有系统中各种微力、微位移、速度、加速度传感器均未能成功地得到应用。

⑥ 传感器融合。机器人系统中使用的传感器种类和数量越来越多，每种传感器都有一定的使用条件和感知范围，并且又能给出环境或对象的部分或整个侧面的信息，例如机器人的接触觉、滑觉、力觉和压觉等。为了有效地利用这些传感器信息，需要采用某种形式对传感器信息进行综合、融合处理，不同类型信息的多种形式的处理系统就是传感器融合。随着机器人智能水平的提高，多传感器信息融合理论和技术将会逐步完善和系统化。

6.3.4　接近觉传感器

接近觉传感器是一种能在近距离范围内获取执行器与对象物体之间相对关系信息的传感器，其用途是确保安全，防止发生碰撞。由于被测量物体与机器人之间的距离一般来讲比较接近，因此虽然是测量传感器，但测量精度不高，输出经常用 0 或 1 表示，而且接近觉传感器的安装空间比较狭窄，因此要求具有体积小、质量轻、结构简单以及稳定和坚固的特性。在设计和制造的时候应充分考虑应用环境，灵活运用检测的基本方法。下面介绍几种常用的测量方式。

(1) 接触式

接触式传感器采用最可靠的直接接触的方式来确定是否接近。如图 23-6-47 和图 23-6-48 所示分别为微型开关和连杆构成的接近觉传感器和须状接触式接近觉传感器，它们的工作方式大同小异，均会在接触时产生物理系统相关参数的变化。连杆接近觉传感器会产生弹性形变，须状接触式接近觉传感器会产生电流，信号的输出模式为有无梁的弹性形变引起的阻抗变化和物体接触或者不接触所引起的开关的接通或断开。但是，采用直接接触的方式会有对被检测物体产生损坏的危险。

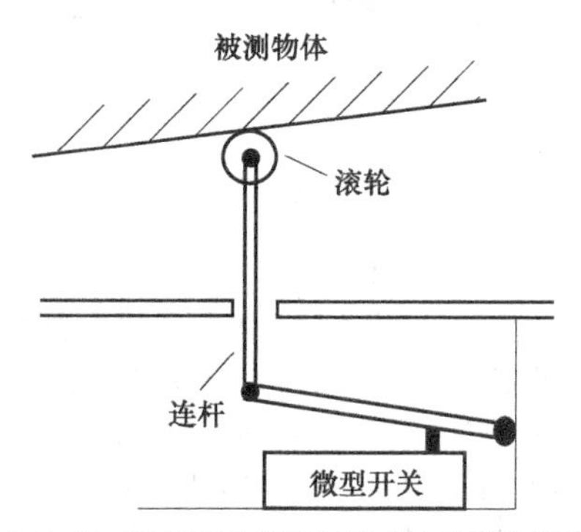

图 23-6-47　微型开关和连杆构成的接近觉传感器

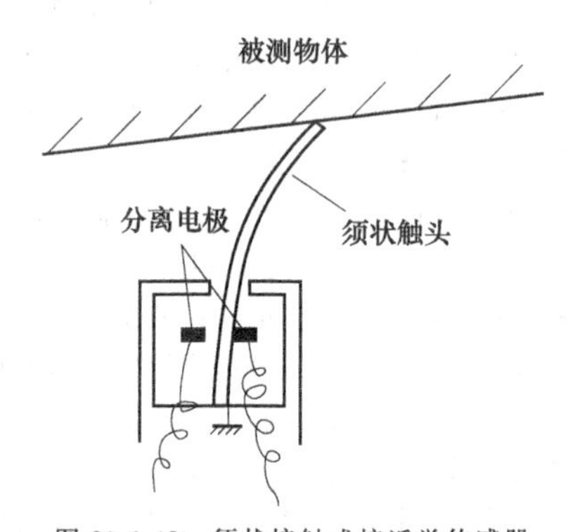

图 23-6-48　须状接触式接近觉传感器

(2) 电容式

电容式接近传感器是一个以电极为检测端的经典电容接近开关，它由高频振荡电路、检波电路、放大电路、整形电路及输出电路组成，电容与电极面积、电介质的介电系数成正比，与电极件的距离成反比。如果相对电极的面积固定，介电系数不变，则可以根据电容的变化检测出电极和导体或电介质物体间的距离。由于平时检测电极与大地之间存在一定的电容量，所以令它成为振荡电路的一个组成部分。当被检测物体接近检测电极时，由于检测电极加有电压，检测电极就会受到静电感应而产生极化现象，被测物体越靠近检测电极，检测电极上的感应电荷就越多。检测电极上的静电电容为 $C=\frac{Q}{V}$，所以随着电荷量的增多，检测电极电容 C 随之增大。振荡电路的振荡频率 $f=\frac{1}{2\pi\sqrt{LC}}$ 与电容成反比，所以当电容 C 增大时振荡电路的振荡减弱，甚至停止振荡。振荡电路的振荡与停振这两种状态被检测电路转换为开关信号后向外输出。图 23-6-49 所示为电容接触部分的原理图。

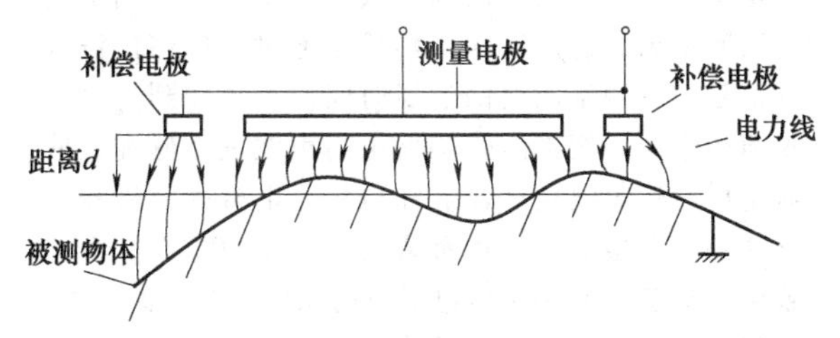

图 23-6-49　电容式传感器接触部分原理图

应该注意，为产生电荷聚集作用，被检测物体应为金属导体或者电介质，非金属导体应采用其他方法。

(3) 电磁式

电磁式接近觉传感器与电容式具有类似的电路设计，不同的是在靠近被测物体时改变的物理量不同。顾名思义，电容式改变的是电容大小，电磁式改变的是磁场强弱。霍尔效应是电磁效应的一种，被广泛应用于各个行业，利用霍尔效应制成的电磁式接近觉传感器具有对磁场敏感、结构简单、体积小、频率响应宽、输出电压变化大和使用寿命长等优点。

霍尔效应是指通电的导体或者半导体在磁场中由于电子受洛伦兹力的作用向一侧偏移而产生电压的现象。导体或者半导体两端的电位差就是霍尔电压。霍尔元件一般具有四个端子，如图 23-6-50 所示，其中两个是电流输入端，另外两个是电压输出端。霍尔效应传感器是利用电子在磁场中所受的洛伦兹力的作用，洛伦兹力 $F=q(V\times B)$，其中 q 是电荷量，V 是速度矢量，即电流方向，B 是磁场方向。假定电流通过放置在磁场中的掺杂 N 型半导体，由于在 N 型半导体中的电子是多数载流子，电流方向应与电子运动方向相反。

由此可知，作用在载有负电荷的运动粒子具有如图 23-6-50 所示的受力方向，这个力作用在电子上使电子汇集在一起，因此物体会产生电压。当霍尔传感

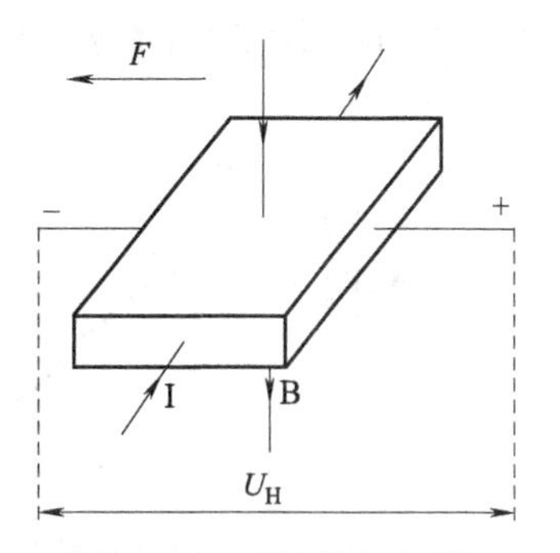

图 23-6-50　霍尔效应示意图

器单独使用时只能检测有磁物体，但是让它与永久磁体组合在一起的时候可以检测所有的铁磁物体。因为若将铁磁物体靠近半导体与永久磁体组成的霍尔元件时，会使通过半导体的磁场强度减弱，如图 23-6-51 所示，从而洛伦兹力下降，导体两端的电压也会下降，这种减少是判断物体与接近觉传感器之间距离的关键。电压变化经过放大电路之后，对传感器设置电压阈值，便可以进行二值输出。

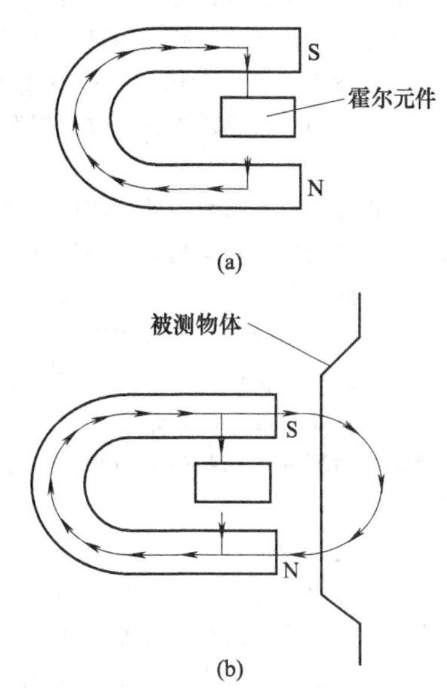

图 23-6-51　霍尔传感器接近时磁场变化

与电容式传感器类似，利用霍尔效应制成的接近觉传感器只能感应导体，不适用于非金属材料。

(4) 气压式

为了对非金属物体进行测量，可以采用气压式传感器，其结构如图 23-6-52 所示。原理为：当气压枪接近物体表面时，保持总输入气压 P_a 不变，则气压枪与物体的距离 d 和气压枪旁路反射气压 P_b 之间存在局部线性关系，测量旁路气压值，即可得到与物体的距离。气压式接近觉传感器要求空气质量比较高，

且不存在大量粉尘的环境，但具有防火、防磁、防辐射的能力。

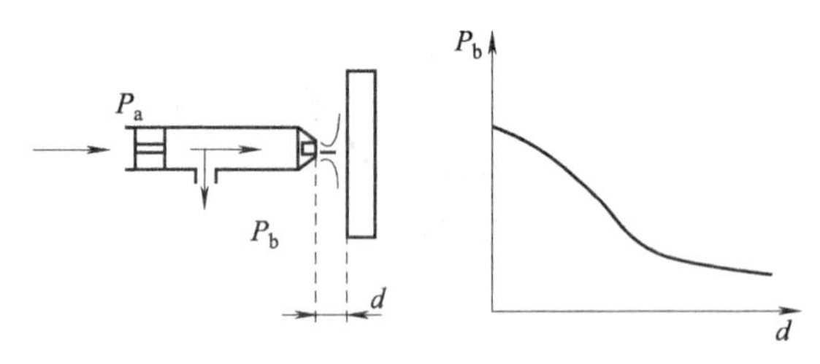

图 23-6-52 气压式接近测距原理图

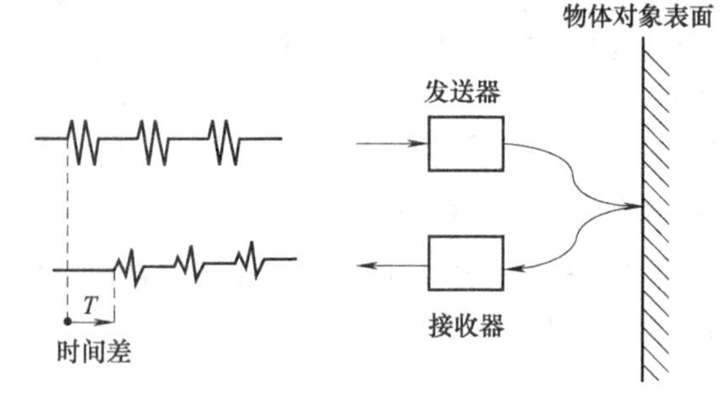

图 23-6-53 飞行时间法测量原理

6.3.5 长距离传感器

长距离传感器是对远处的物体进行空间信息采集的器件，是机器人进行避障运动和绘制环境地图时不可少的传感器，自动驾驶无人汽车与深度相机中均存在距离传感器。测量机器人与物体之间长距离的传感器都是非接触式，所以这里只介绍非接触式传感器的测量原理。

根据测量介质的不同可以分为超声波传感器和激光或者红外线等光学传感器，根据测量方式不同可以分为主动式（向被测对象主动照射超声波或者光线）和被动式（不向被测对象照射光线，仅根据发自对象物体的光线）。

超声波传感器只有主动式一种，超声波测距传感器根据超声波从收发器到对象物体之间往复传递所花费的时间长短来计算距离。光学距离传感器有主动型与被动型之分，主动型依据的测量原理有基于三角测量原理的方法、调制光相位差的方法；基于反射光强度的方法三类；被动型依据的测量原理有基于多个相机的立体视觉三角测量法和基于单目相机获取多角度图像的测量方法。

(1) 主动型测距传感器

主动型测距传感器有超声波测距传感器和光学的激光测距传感器、红外线测距传感器和基于投射结构光的传感器。其中超声波测距传感器、激光测距传感器测量原理基本相同，均是利用飞行时间法测量与物体之间的距离，其测量原理如图 23-6-53 所示，设声波或光波在介质中的传播速度为 V，飞行时间为 T，则所测距离 d 为

$$d=\frac{1}{2}VT \tag{23-6-21}$$

由于介质的不同，在实际应用中存在明显差异，应根据不同的环境与要求选择正确的测距传感器。超声波是一种频率高于 20000Hz 的声波，它的方向性好，穿透能力强，易于获得较集中的声能，在水中传播距离远，可用于测距、测速、清洗、焊接、碎石、杀菌消毒等。在医学、军事、工业、农业上有很多的应用。超声波因其频率下限大于人的听觉上限而得名。超声波测距传感器通过发射超声波脉冲信号，并测量回波的返回时间便可得知到达物体表面的距离。超声波传感器由超声波发生器和接收器组成，超声波发生器有压电式、电磁式及磁滞伸缩式等，在检测技术中最常用的是压电式。压电式超声波传感器利用了压电材料的压电效应，如石英、电气石等。逆压电效应是将高频电振动转换为高频机械振动，以产生超声波，可作为“发射”探头；正压电效应则将接收的超声振动转换为电信号，可作为“接收”探头。超声波进行距离测量的优点是电路及信号处理简单，能在液体，特别是不透光的、浑浊的水或者其他液体中测量，所以可以将它应用在光学传感器无法胜任的场合。其缺点是由于声波在介质中的传播时间比较慢，所以测量比较慢，而且不能同时检测，因为声音是可以互相干扰的，只能轮询，一个接一个去检测。

激光测距传感器在工作时向目标射出一束很细的激光，由光电元件接收目标反射的激光束，计时器测定激光束从发射到接收的时间，从而计算出从观测者到目标的距离。与超声波测距唯一差别是光速很快，因此需要更加精确的时间测量，例如，光速约为 3×10^8 m/s，要想使分辨率达到 1mm，则传输时间测距传感器的电子电路必须能分辨出 $0.001\text{m}/(3\times10^8\text{m/s})=3\text{ps}$ 的时间，这对电子技术提出了过高要求，实现起来造价太高。但是，如今廉价的传输时间激光传感器巧妙地避开了这一障碍，利用一种简单的统计学原理，即平均法则实现了 1mm 的分辨率，并且能保证响应速度。

激光测距仪是目前使用最为广泛的测距传感器，在室外无人车驾驶、室内三维点云重建中均被广泛应用。激光的发射原理及产生过程的特殊性决定了激光具有普通光所不具有的特点，即单色性好、相干性好和方向性好。也正是由于这三种特性使激光被应用到

生活中的各个方面。在机器人应用领域，激光测距仪一般以激光雷达的形式出现，不单实现测距的功能，它还通过多线束旋转的方式获得了周围空间的三维信息，为机器人的决策提供依据。单线束激光测距在测距原理上仍是采用飞行时间法，但是为了实现导航与三维重建，又进行了许多改进，由单线变成多线，由飞行时间法变成连续波调频，由机械激光雷达变成固态激光雷达等。激光雷达是机器人视觉系统的重要分支，具有分辨率高、测量距离长、抗干扰能力强等诸多优点。

红外测距传感器利用红外信号遇到障碍物距离不同反射强度也不同的原理进行障碍物远近的检测，如图 23-6-54 所示。

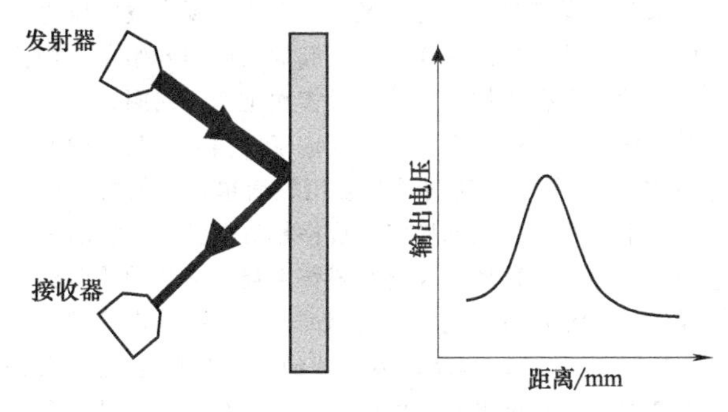

图 23-6-54　红外测距原理图

红外测距传感器具有一对红外信号发射与接收二极管，发射管发射特定频率的红外信号，接收管接收这种频率的红外信号。当红外的检测方向遇到障碍物时，红外信号反射回来被接收管接收，经过处理之后，通过数字传感器接口返回到机器人主机，机器人即可利用红外的返回信号产生的电压与距离的关系来识别周围环境的变化。它的优点是中远距离测量，在无反光板和反射率低的情况下能测量较远的距离，有同步输入端，可多个传感器同步测量，测量范围广，响应时间短，一般情况下外形设计紧凑，易于安装，便于操作。它的缺点是相对于超声波传感器价格比较贵，而且容易受到外界光线干扰，测量距离比超声波测距传感器近。红外线传感器能很容易地检测出工作空间内某物体是否存在，但作为距离的测量仍有其他复杂的问题，因为接收器接收到的反射光线会随着物体表面特征不同和物体表面相对于传感器光轴的方向不同而出现差异，在计算时仍需注意这种差异与不同。

基于投射结构光的传感器与以上三种传感器最大的不同是接收端用两台摄像机捕捉结构光通过物体表面投影的模式图案进行测距，其基本原理是立体视觉测距中的三角测量原理。首先对投影仪投射的光斑与相机之间拍摄图像进行特征匹配，然后在此基础上基于三角测量原理（通过测量三角形三条边三个角中的三个量，如角边角、边角边等，计算其余三个量）计算特征点距离相机的距离。结构光的投影模式有单点光、狭缝光、点阵光、二值模式、灰度模式、彩色模式等，如图 23-6-55 所示。

相比于被动的立体视觉测量方法，主动投射结构光测量方法最大优点是很容易找到两幅图像中的对应点，以单点光为例，根据投影器的方向就可以判断摄像机所拍摄的点将被投影的方向。在工业与日常生活中，基于结构光的距离传感器十分常见，如微软公司出品的基于红外散斑结构光原理的深度相机 Kinect 1、英特尔公司的基于红外条纹结构光的 RealSense、基于可见条纹结构光的 Enshape 均是结构光测量的产品。但是，主动型传感器的缺点是结构光投射器的输出大小受安全限制，无法照射很远，因此，深度相机的测量范围一般在 10m 以内，而且采用红外光或者可见光时容易受到自然光照的影响，室外效果比较差。

（2）被动式距离传感器

被动式距离传感器采用多个相机在外界光照条件下对目标进行测距，不主动投射光源，因此称为被动式。前边已经提到，基于投射结构光距离传感器与被动式距离传感器的核心思想相同，均为三角测量原理（图 23-6-56）。

L 是到对象物体的距离，d 是两台摄像机的距离，α、β 是从平行的两个摄像机的视线方向到对象物的方向之间的角度，那么距离 L 可由下面公式求出

$$L=\frac{d}{\tan\alpha+\tan\beta} \tag{23-6-22}$$

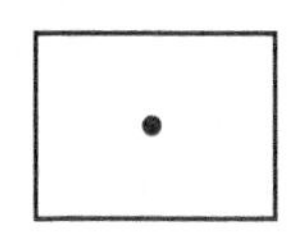

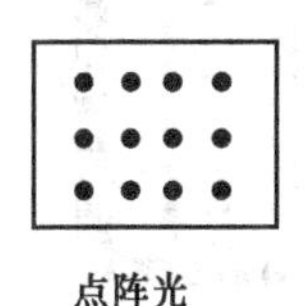

狭缝光

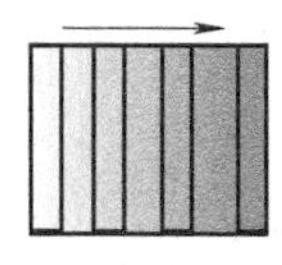

图 23-6-55　结构光模式

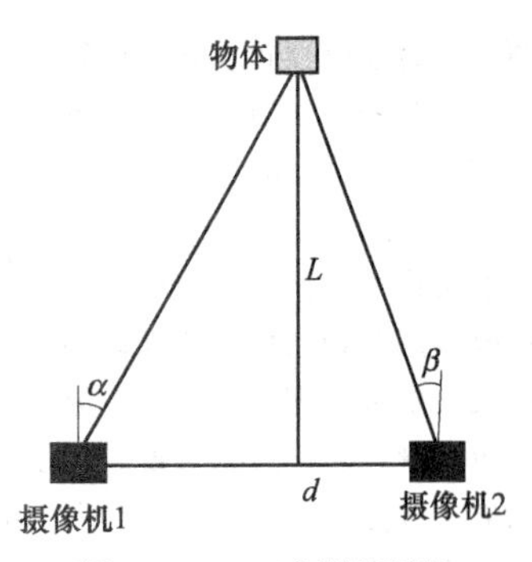

图 23-6-56 三角测量原理

只要摄像机能拍摄出包含同一物体的两幅图像，理论上就可以计算出物体与摄像机之间的距离。然而在三角测量原理中一个特别重要的事情就是如何确定两个摄像机中的图像是同一个物体。由于放在不同位置的两个摄像机所拍摄的图像是不同的，假设一个桌子上有个圆球 A 和立方体 B，摄像机 1、2 从不同角度拍摄的图像如图 23-6-57 所示，从图中可以发现同一事物在不同的摄影机中是不同的，在实际拍摄中不单单仅有平移变化，可能还会有旋转、仿射变换等，因此图像之间的特征点匹配是被动测距的难点所在。目前已经有很多特征点检测与匹配的方法，如 harris 角点检测、sift 特征检测、surf 特征检测等，GPU 的高速发展使大量并行计算成为可能，大大加快了图像测距领域的发展。

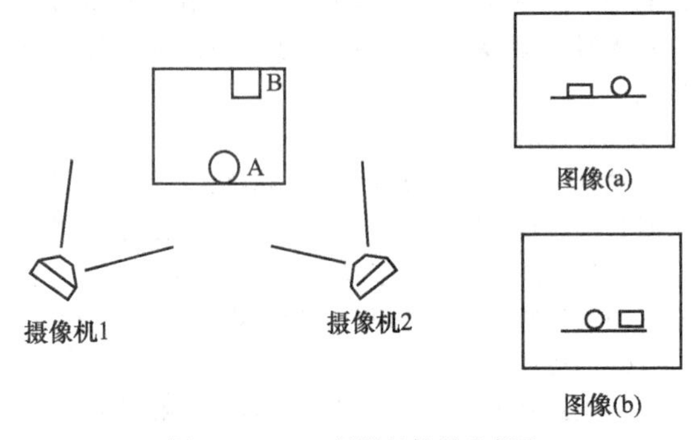

图 23-6-57 双摄影机拍摄示意图

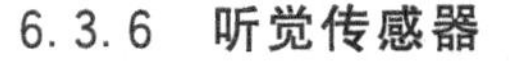
6.3.6 听觉传感器

机器人听觉传感器能感知环境汇总的声音、超声波、次声波的信息。听觉传感器分为语音传感器与声音传感器两种，前者注重人类语音的合成与理解，后者注重声音的获取。

(1) 声音传感器

声音传感器也叫传声器，是将声音信号转换为电信号的能量转换器件，机器人系统中也采用传声器来接受声音信号，最常用的传声器有动圈式、电容式，其他的还有微机电式、铝带式和碳精式。

① 动圈式。动圈式传声器是目前比较普及的声音输入设备，其基本构造包含线圈、振膜、永久磁铁三部分。当声波进入麦克风时，振膜受到声波的压力而产生振动，与振膜连接在一起的线圈则开始在磁场中移动，根据法拉第定律以及楞次定律，线圈会产生感应电流，这样声音信号就变成了电信号，其结构如图 23-6-58 所示。动圈话筒使用较简单，无须极化电压，牢固可靠、性能稳定、价格相对便宜，但它的瞬态响应和高频特性不及电容式传声器，通常动圈话筒噪音低，无须馈送电源，使用简便，性能稳定可靠。

② 电容式。电容式传声器的极头实际上是一只电容器，只不过电容器的两个电极一个固定，另一个可动而已，通常两电极相隔很近（一般只有几十微米）。可动电极实际上是一片极薄的振膜（约 25～30μm），固定电极是一片具有一定厚度的极板，当声波进入麦克风，振膜产生振动，因为基板是固定的，使得振膜和基板之间的距离会随着振动而改变，根据电容的特性

$$C \propto \frac{A}{d} \tag{23-6-23}$$

其中，A 是隔板面积；d 为隔板距离；当两块隔板距离发生变化时，电容值 C 会产生改变。再经由

$$Q=CV \tag{23-6-24}$$

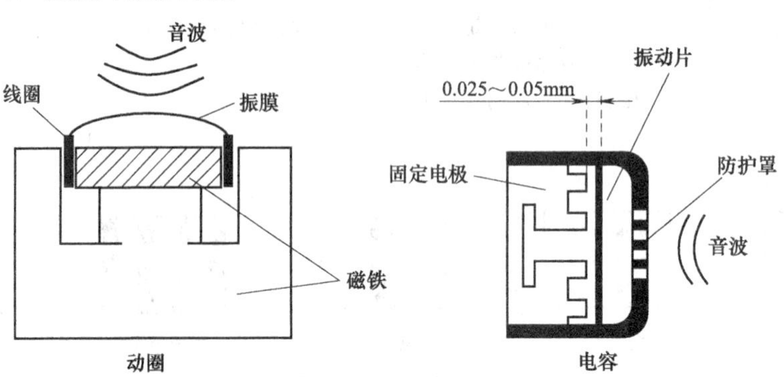

图 23-6-58 传声器示意图

其中，Q 为电量；V 为固定电极的电压。可知，当 C 改变时，若 Q 不变，就会造成电压 V 的改变，则在放大器一端产生交变电压，使声音信号变为电信号。因为在电容式麦克风中需要维持固定的极板电压，所以此类型麦克风需要额外的电源才能运作，一般常见的电源为电池，或借由换向电源来供电。电容式麦克风因灵敏度较高，常用于高品质的录音。但是电容式传声器要求振膜的强度值较高，一般采用金属化的塑料膜或金属膜。

为了解决电容式传声器需要电池电源的缺点，研发了驻极体式电容传声器，利用可保有永久电荷的驻极体物质，不再对电容充电，但一般驻极体麦克风组件内置有电子电路以放大信号，如图 23-6-59 所示，因此仍需以低电压供电（常规电压是 1.0～10V）。

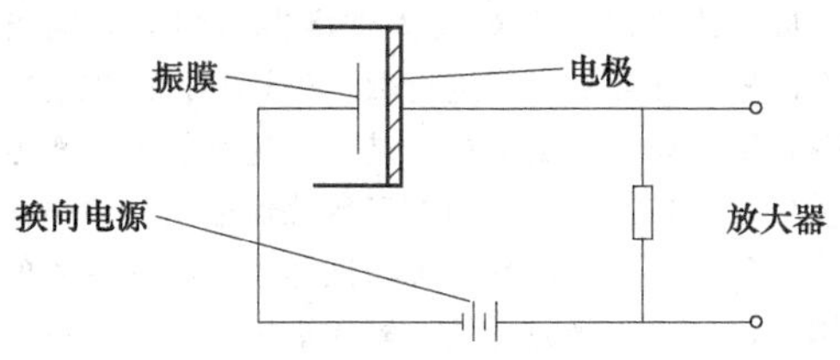

图 23-6-59　电容式传声器放大结构

③ 其他传声器。微机电麦克风是指使用微机电技术做成的麦克风，也称麦克风芯片或硅麦克风。微机电麦克风的压力感应膜是以微机电技术直接蚀刻在硅芯片上，此集成电路芯片通常也集成一些相关电路，如前置放大器。大多数微机电麦克风在基本原理上属于电容式麦克风的一种变型。微机电麦克风也常内置模拟数字转换器，直接输出数字信号，成为数字式麦克风，以便于数字电路连接。

铝带式麦克风是在磁铁两极间放入通常是铝质的波浪状金属箔带，金属薄膜受声音振动时，因电磁感应产生信号。

(2) 语音传感器

语音传感器是利用语言信息处理技术制成的。机器人通过语音传感器实现“人机”对话，一台高级的机器人不仅能接收到听觉信息，而且能听懂、了解语言背后的内容与含义，在此基础上讲出人能听懂的语言。机器人系统的语音传感器更像是人类的听觉系统，为了达到与机器人进行交流的基本功能，其应包含语音输入、语音识别、语音合成与输出三大部分。

语音输入分为特定人语音输入与非特定人语音输入，后者又称自然语言输入，采用不同的器件进行语音输入，音质差别较大，应采用不同的识别系统。语音识别是语音传感器的核心，它是让机器通过识别和理解过程把语音信号转变为相应的文本或命令的技术，模拟的是人体中大脑分析理解的功能。语音识别基本结构如图 23-6-60 所示，分为训练与识别两个阶段。在训练阶段，用户将词汇表中的每一词均说一遍，并且将其特征矢量作为模板存入模板库。在识别阶段，将输入语音的特征矢量依次与模板库中的每个模板进行相似度比较，将相似度最高者作为识别结果输出。近几年来，借助机器学习领域深度学习研究的发展以及大数据语料的积累，语音识别技术得到突飞猛进的发展。将机器学习领域深度学习研究引入到语音识别声学模型训练，使用带卷积神经网络预训练的多层神经网络，提高了声学模型的准确率。

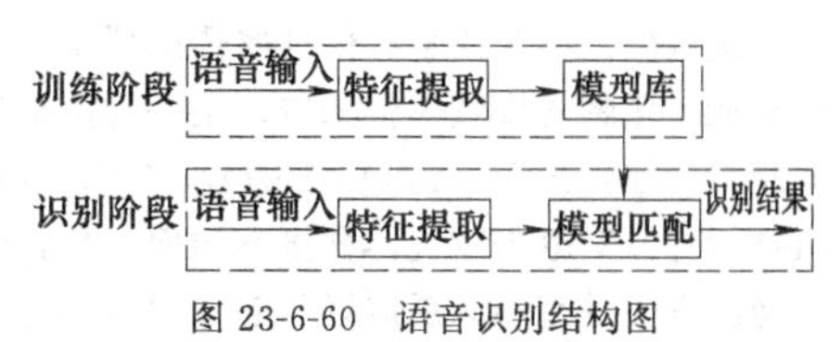

图 23-6-60　语音识别结构图

语音合成与输出是根据语音识别的结果利用电子计算机和拟人元器件发出人类声音的过程，语音合成和语音识别技术是实现人机语音通信，建立一个有听和讲能力的口语系统所必需的两项关键技术。

语音合成又称文语转换技术，文语转换过程是先将文字序列转换成音韵序列，再由系统根据音韵序列生成语音波形。其中，第一步涉及语言学处理，如分词、字音转换等，以及一整套有效的韵律控制规则；第二步需要先进的语音合成技术，能按要求实时合成出高质量的语音流。因此，文语转换系统需要一套复杂的文字序列到音韵序列的转换程序，也就是说，文语转换系统不仅需要应用数字信号处理技术，而且必须有大量的语言学知识的支持。

6.3.7　其他相关传感器

在某些特殊情况下，机器人还需要其他传感器来感知环境，如为检测机器人所处环境气体成分与浓度是否符合标准的嗅觉传感器，为检测溶液中离子浓度或者拟人检测酸甜苦辣等味道的味觉传感器。这些其他类型的传感器应用机器人丰富的感知能力，为外部人员了解机器人所处环境提供数据支持。

(1) 嗅觉传感器

嗅觉传感器又叫气体传感器，是对空气中的气体进行分析的传感器。气体传感器是化学传感器的一大门类，从工作原理、特性分析到测量技术，从所用材料到制造工艺，从检测对象到应用领域，都可以构成独立的分类标准，衍生出许多纷繁庞杂的分类体系。但是在机器人感知方面采用嗅觉传感器的比较少，在应用过程中也多用于警报、预测，并不参与机器人的行为控制，因此这里只进行简单介绍。

气体传感器大体分为半导体气体传感器、固体电解质气体传感器、接触燃烧式气体传感器、光学式气体传感器、石英谐振式气体传感器、表面声波气体传感器等。其中，半导体传感器在气体传感器中约占60%，使用最为广泛，根据其机理分为电阻型和非电阻型。

半导体气体传感器的原理是采用金属氧化物或金属半导体氧化物材料做成的元件与气体相互作用时产生表面吸附或反应，引起以载流子运动为特征的电导率或伏安特性或表面电位变化。这些都是由材料的半导体性质决定的。电阻式半导体气体传感器主要是指半导体金属氧化物陶瓷气体传感器，是一种用金属氧化物薄膜（例如：SnO_2、ZnO、Fe_2O_3、TiO_2等）制成的阻抗器件，其电阻随气体含量不同而变化，气味分子在薄膜表面进行还原反应以引起传感器传导率的变化，这样就可以根据传导率的变化检测气体浓度。非电阻式半导体气体传感器是MOS二极管式和结型二极管式以及场效应管式半导体气体传感器，其电流或电压随气体含量而变化，主要检测氢气和硅烷气等可燃性气体。

固体电解质气体传感器、接触燃烧式气体传感器、光学式气体传感器、石英谐振式气体传感器、表面声波气体传感器等传感器根据检测原理的不同，不仅能检测某一气体的浓度，还可以检测出气体种类。它们都有各自的适用环境，在实际应用中应具体问题具体分析，灵活使用。

（2）味觉传感器

人体产生味感的基本途径就是具有一定水溶性的呈味物质吸附于受体膜表面并刺激其上的味觉感受体，然后通过一个收集和传递信息的神经感觉系统传导到大脑的味觉中枢，最后通过大脑的综合神经中枢系统分析，从而产生味感。而人工味觉传感器技术最基本的原理就是模仿人的味觉感受机理，从非选择性的味觉传感器阵列中收集信号并进行模式识别。目前某些传感器可实现一些简单的检测，例如pH计可用于氢离子浓度检测，导电计用于溶液中离子浓度的检测等。但这些传感器只能检测物质的某些物理化学特性，并不能模拟实际的生物敏感功能，测量的物理化学参数要受到外界物质的影响，这些特性也不能反映物质之间的关系。另外，数字式精确的测量值与人类对外界事物符号化的模糊式描述不能统一。

人工味觉传感器主要由传感器阵列和模式识别系统组成，传感器阵列对液体试样做出响应并输出信号，信号经计算机系统进行数据处理和模式识别后即可得到反映样品味觉特征的结果。这种技术与普通的化学分析法相比，其不同在于传感器输出的并非样品成分的分析结果，而是一种与试样某些特性有关的信号模式，这些信号通过具有模式识别能力的计算机分析后，能得出对样品味觉特征的总体评价。目前运用广泛的生物模拟味觉和味觉传感系统是根据对接触味觉物质溶液的类脂高聚物膜产生的电势差的原理制成的多通道味觉传感器，该传感器部分再现了人体由味觉物质引起的味蕾细胞感受器的膜电势的机理和与人的味觉感受方式相似的随味觉物质溶液的反应，同时该传感器具有很好的仿真效果和更高的分辨率，能够为人类感觉的表示提供一个客观的尺度。

第 7 章　机器人视觉技术

7.1　概述

7.1.1　应用背景

机器人视觉技术的主要任务是为机器人建造视觉系统。同人类视觉系统的作用一样，机器人视觉系统将赋予机器人一种高级感觉，使得机器人能以智能和灵活的方式对其周围的环境做出反应。随着人类对机器人系统应用领域不断提出更高的要求，机器人视觉将越来越复杂。

视觉传感器具有快速获取大量信息、易于自动处理且精度高、易于同设计信息以及加工控制信息集成、非接触式感知环境等特点，因此，机器人视觉系统在机器人的研究和应用中占有十分重要的地位，对机器人的智能化起着决定性的作用。机器人视觉伺服系统的研究不仅具有重要的理论意义，而且具有广阔的工业应用前景。机器人视觉的主要应用领域有：

① 工业自动化生产线应用。产品检测、工业探伤、自动流水线生产和装配、自动焊接、PCB 印制板检查以及各种危险场合工作的机器人等。将图像和视觉技术用于生产自动化，可以加快生产速度，保证质量的一致性，还可以避免人的疲劳、注意力不集中等带来的误判。

② 各类检验和监视应用。标签文字标记检查、邮政自动化、计算机辅助外科手术、显微医学操作、石油、煤矿等钻探中数据流自动监测和滤波、纺织印染业进行自动分色、配色、重要场所门廊自动巡视、自动跟踪报警等。

③ 视觉导航应用。巡航导弹制导、无人驾驶机飞行、自动行驶车辆、移动机器人、精确制导及自动巡航捕获目标和确定距离等，既可避免人的参与及由此带来的危险，也可提高精度和速度。

④ 图像自动解释应用。对放射图像、显微图像、医学图像、遥感多波段图像、合成孔径雷达图像、航天航测图像等的自动判读理解。由于近年来技术的发展，图像的种类和数量飞速增长，图像的自动理解已成为解决信息膨胀问题的重要手段。

⑤ 人机交互应用。人脸识别、智能代理等。可让计算机借助人的手势动作（手语）、嘴唇动作（唇读）、躯干运动（步态）、表情测定等了解人的愿望要求而执行指令，这既符合人类的交互习惯，又可增加交互方便性和临场感等。

⑥ 虚拟现实应用。飞机驾驶员训练、医学手术模拟、场景建模、战场环境表示等，它可帮助人们超越人的生理极限，“身临其境”，提高工作效率。

机器视觉的应用是多方面的，它已经并将继续得到越来越广泛的应用。

7.1.2　发展现状

视觉伺服是利用从图像中提取的视觉信息特征，进行机器人末端执行器的位置闭环控制。具体讲，就是利用机器视觉的原理，应用视觉传感器得到目标和机器人的图像信息，并通过快速图像处理和图像理解，在尽可能短的时间内给出反馈信息，参与机器人的控制决策，构成机器人位置闭环控制系统。

将视觉信息用于机械手定位的研究可以追溯到 20 世纪 70 年代初期。1973 年研究者提出采用视觉信息以提高机器人定位精度，利用视觉反馈来定位一个盒子的位置与方向，使机器人精确地将一个六棱柱放入盒中。但由于当时计算机性能和图像处理器件的限制，这种任务并不是严格意义上的视觉伺服系统，只能作为机器人视觉伺服的雏形现在通常称这种控制方式为控制。到了 70 年代末期，相继出现了抓取传送带上的目标物体、完成简单零部件的装配等成功的例子。1979 年研究者提出了一种视觉反馈闭环控制方案，并命名为“视觉伺服”，以区别于早期的静态开环系统。随后几年内，机器人视觉伺服技术有了较快的发展，并出现了很多较为成功的应用，如机器人装配、搬运、焊接、邮件分拣等。80 年代初期，英国研究者首次从信息处理的角度综合了图像处理、心理物理学、神经生理学及临床精神病学的研究成果，提出了第一个较为完善的视觉系统框架，解决了研究视觉理论的策略问题。

要完整地解释视觉，就要在三个不同的层次上对它进行理解，即计算理论、算法和硬件实现。从计算理论层次来看，视觉信息处理应当用三级内部表达来加以描述。所谓表达，是指一种能把某些实体或几类信息描述清楚的形式化系统，以及说明该系统如何行使其职能的若干规则。这三级表达是要素图（图像的表达）、2.5 维图（可见表面的表达）和三维模型表达（用于识别的三维物体形状表达）。即视觉信息从

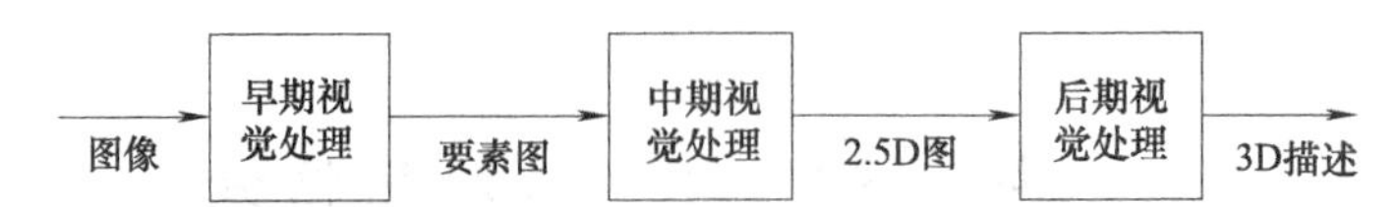

图 23-7-1　Marr 框架的视觉三阶段

最初的原始数据（二维图像数据）到最终对三维环境的表达经历了三个阶段的处理，如图 23-7-1 所示。

80 年代中期，随着机器人研究的深入和计算机技术的发展，机器视觉的研究与机器人学的结合更加紧密，出现了专门的图像处理设备，人们开始系统地研究机器人视觉技术。在此期间，摄像机成像模型被提出，模型提供了可以确定目标位置的数字视频处理系统，并将其应用于机器人位置闭环控制，提高视觉伺服控制的实时性。一个能够完成自动跟踪的视觉系统也被描述出来了，系统采用视频处理硬件来识别目标和更新摄像机的位姿，以使目标处于摄像机图像平面的中心位置。Weiss 提出了针对机器人位姿与图像特征之间的非线性时变关系的自适应控制方法，用于基于图像的视觉伺服控制，并完成了各种结构机械臂的详细仿真。90 年代初期，视觉伺服的应用已经发展到对运动目标的跟踪及捕捉。Lin 设计了一个跟踪控制器，用于控制机器人从运动的传送带上抓取部件。通过视觉系统导航，利用在末端执行器上装有网子的六自由度机器人抓取运动的球。

视觉伺服的应用已从工业生产产品的检验、机器人进行装配及搬运、移动机器人进行导航等逐步向农产品的分拣、航空航天技术、智能娱乐机器人打曲棍球、机器人足球等应用领域扩展。随着计算机存储及计算能力的增强以及图像处理硬件和摄像机的快速发展，视觉伺服控制逐步成为机器人研究领域的热门课题、特别是机器视觉技术与神经网络技术、信息融合技术、智能控制等相结合，使其从系统结构形式、图像处理及图像识别方法、视觉控制器的设计等方面都有了长足的发展。如 Sun 采用两个神经网，用一个分层 Kohohen 网络作为基本网进行全局控制，视觉信号来自两个固定于工作空间的摄像机，另一个调整网采用 BP 网络进行局部控制，视觉信号来自安装在末端上的两个摄像机，从而提高了其定位精度。Lin 应用颜色、边缘和图像的运动等视觉特征，采用模糊逻辑和加权的信息融合方法，加强图像特征的鲁棒性。

7.1.3　视觉伺服关键技术问题

(1) 摄像机标定

机器视觉的主要任务是利用计算机实现对三维景物的描述、识别和理解。所谓描述即通过视觉传感器（CCD/CMOS 摄像机）采集三维环境中的视觉目标的二维图像，而识别和理解是利用图像处理技术识别环境中的物体，并对其做出正确反应，即二维图像的三维恢复。无论哪一项任务，首要要解决的都是三维物点与二维像点间的对应问题。这种对应关系是由摄像机成像几何模型决定的，确定这种对应关系的过程称为摄像机标定。摄像机标定的精度对视觉伺服定位的准确性十分敏感，尤其对于基于位置的视觉伺服控制方式，因此，摄像机标定是机器人视觉研究的基本问题。

摄像机标定方法主要有传统的摄像机标定和摄像机自标定两种。从计算的角度划分，传统的摄像机标定方法又可分为利用最优化算法的摄像机定标方法、利用透视变换矩阵的摄像机定标方法、两步定标方法和双平面定标方法。摄像机自标定也可划分为利用本质矩阵和基本矩阵的摄像机定标、利用绝对二次曲线和外极线变换性质的摄像机定标、利用主动系统控制摄像机做特定运动的自定标和利用多幅图像之间的直线对应关系的摄像机定标。目前，摄像机标定存在的主要问题是标定的精度畸变造成的非线性与实时性之间的矛盾以及如何提高标定的鲁棒性。

(2) 图像处理及图像理解

视觉伺服的根本任务是应用视觉信息实现机器人对三维空间目标的抓取，这就需要从摄像机获取的二维图像中提取目标的信息特征。根据具体的视觉伺服系统的特点，可选取不同的信息特征。现有的图像特征检测可分为基于目标轮廓的特征和基于目标区域的特征，大部分方法采用目标物体的几何特征，如点、直线、圆等。根据所选取信息特征的不同，图像处理的过程及侧重点也有所不同。一般讲，图像处理及理解主要包括图像滤波、边缘锐化、角点检测、图像模式识别、特征提取等内容。

针对图像滤波、边缘锐化、目标识别等图像处理问题的算法较多，如邻域平均滤波、空域低通滤波、中值滤波、角点检测、基于矩不变量的形状识别等，同时还包括基于小波变换、神经网络、模糊理论和遗传算法的滤波、边缘锐化和图像分割等现代方法。当前图像处理所面临的主要问题是提高图像处理的速度及提高图像特征选择的鲁棒性。

(3) 视觉控制器设计

大多数机器人视觉伺服系统采用动态的视觉移动

控制结构，整个系统的控制一般由机器人的视觉控制器和关节控制器两部分组成。这种控制结构的优点在于将视觉控制器与机器人的运动控制器分离，将机器人看作一个理想的笛卡儿空间运动设备，降低了控制器的设计难度，并避免了视觉控制过程中出现运动奇异点。

视觉伺服系统所采用的视觉控制方法较多，如经典控制方法、现代控制方法以及智能控制方法，在视觉伺服控制中已得到了的应用。机器人视觉伺服系统相对于其他机器人控制系统的显著特点是引入视觉信息作为反馈信号。视觉信息虽然具有包含信息量大、可以非接触地感知环境等优点，但其缺点也很明显，如相对低的采样速度、固有的时滞特性、容易受到外界噪声的干扰等。因此，从控制的角度讲，视觉伺服的关键问题在于实时性和稳定性。

对于人的视觉来说，由于人的大脑和神经的高度发达，其目标识别能力很强，但是人的视觉也同样存在障碍，例如，即使是具有一双敏锐视觉和极为高度发达头脑的人，一旦置于某种特殊环境（即使曾经具备一定的先验知识），其目标识别能力也会急剧下降。事实上，人们在这种环境下面对简单物体时仍然可以有效而简便地识别；而在这种情况下面对复杂目标或特殊背景时，则在视觉功能上发生障碍。两者共同的结果是导致目标识别的有效性和可靠性大幅度下降。将人的视觉引入机器视觉中，机器视觉也存在着这样的障碍。它主要表现在三个方面：一是如何准确、高速、实时地识别出目标；二是如何有效地增大存储容量，以便容纳下足够多细节的目标图像；三是如何有效地构造和组织出可靠的识别算法，并且顺利地实现。前两者相当于人的大脑这样的物质基础，可以期待高速的阵列处理单元以及算法（如神经网络、分维算法、小波变换等算法）的新突破，用极少的计算量以及高度的并行性实现功能。为了便于理解，现将人的视觉与机器视觉的对比列于表23-7-1、表23-7-2。

另外，由于当前对人类视觉系统和机理、人脑心理和生理的研究还不够，目前人们所建立的各种视觉系统大多数是只适用于某一特定环境或应用场合的专用系统，而要建立一个可与人类的视觉系统相比拟的通用视觉系统是非常困难的。主要原因有以下几点：

① 图像对景物的约束不充分。首先是图像本身不能提供足够的信息来恢复景物，其次是当把三维景物投影成二维图像时丧失了深度信息，因此，需要附加约束才能解决从图像恢复景物时的多义性。

② 多种因素在图像中相互混淆。物体的外表受材料的性质、空气条件、光源角度、背景光照、摄像机角度和特性等因素的影响，所有这些因素都归结到一个单一的测量，即像素的灰度。要确定各种因素对像素灰度的作用大小是很困难的。

③ 理解自然景物要求大量知识。例如，要用到阴影、纹理、立体视觉、物体大小的知识，关于物体的专门知识或通用知识，可能还有关于物体间关系的知识等，由于所需的知识量极大，难以简单地用人工进行输入，可能要求通过自动知识获取方法来建立。

④ 人类虽然自己就是视觉的专家，但它又不同于人的问题求解过程，难以说出自己是如何看见事物，故很难给计算机视觉的研究提供直接的指导。

表23-7-1　机器视觉与人的视觉能力比较

能力	机器视觉	人的视觉
测距	能力有限	定量估计
定方向	定量计算	定量估计
运动分析	定量分析，但受限制	定量分析
检测边界区域	对噪音比较敏感	定量、定性分析
图像形状	受分割、噪音制约	高度发达
图像机构	需要专用软件，能力有限	高度发达
阴影	初级水平	高度发达
二维解释	对分割完善的目标能较好地解释	高度发达
三维解释	较为低级	高度发达
总的能力	最适合于结构环境的定量测量	最适合于复杂的、非结构化环境的定量解释

表23-7-2　机器视觉与人的视觉性能标准比较

性能标准	机器视觉	人的视觉
分辨率	能力有限	定量估计
处理速度	零点几秒/每帧图像	定量估计
处理方式	串行处理，部分并行处理	每只眼睛每秒处理（实时）10^{10}空间数据
视觉功能	二维、三维立体视觉有限	自然形式三维立体视觉
感官范围	紫红、红外、可见光	可见光

7.2　机器人视觉系统组成

7.2.1　机器人视觉系统的分类

7.2.1.1　视觉伺服系统的分类

根据不同的标准，如系统的组成结构、反馈类型、控制结构等，系统有不同的分类方式。目前，机器人视觉伺服系统大致可以划分为以下几种类型。

① 根据视觉处理时间与机器人控制时间的关系划分。根据视觉处理与机器人控制的动作时间是串行还是并行实现可分为静态的和动态的视觉伺服控制。

“静态”控制策略是图像处理与运动伺服串行进行，即获取图像→计算关节命令→机器人运动控制→停止；再获取图像→……这种方法操作简单，图像处理与伺服控制分开进行，但每次视觉处理时，机器人都要停止，其动态品质较差。“动态”控制策略是图像处理与关节运动伺服并行进行，图像处理后的结果是不断为伺服提供新的位置，如果图像处理速度足够快，或者通过位置预测、插补等手段能够及时更新位置，可以获得较好的动态品质。

② 根据摄像机的数目及位置划分。根据摄像机数目的不同可以分为单目视觉伺服系统、双目视觉伺服系统以及多目视觉伺服系统。

单目视觉无法直接得到目标的三维信息，一般是通过移动获取深度信息。单目视觉适用于工作任务比较简单且深度信息要求不高的工作环境。双目视觉可以得到深度信息，当前的视觉伺服系统主要采用双目视觉。多目视觉伺服可以观察到目标的不同部分，但视觉控制器的设计比较复杂，且相对于双目视觉伺服更加难以保证系统的稳定性。

③ 根据摄像机同机械末端的位置关系可分为手眼系统和固定摄像机系统。手眼系统能得到目标的精确位置，可以实现精确控制，但只能得到小的工作空间场景，而且由于手眼系统只能观察到目标而无法观察到机器人末端，需要通过已知的机器人运动学模型来求解目标与机器人末端的位置关系，因此，对标定误差以及运动学误差比较敏感。固定放置的摄像机既可以观察到目标，也可以观察到机器人末端，并且可以得到大的工作空间场景，能得到机器人末端相对于目标的速度，但无法得到目标的准确信息，且机器人运动可能造成目标图像的遮挡。为了克服两种摄像机放置位置的不足，可以采用两种方式的协作使用，这种方法主要用于全局信号的获取，但精度较手眼系统低。

④ 根据视觉信息是否直接控制关节角划分。如果一个视觉反馈系统是分层控制，即高层的视觉处理系统为底层的控制单元设定关节位置，而底层的关节控制依靠自己的反馈来镇定，这种系统称为视觉移动类型，如图 23-7-2 和图 23-7-3 所示。若直接由视觉控制器计算关节输入，只由视觉独立地镇定整个系统，则称为直接视觉伺服系统，如图 23-7-4 和图 23-7-5所示。由于大多数机器人系统已经采用笛卡儿空间的运动规划，把视觉控制与机器人关节角控制分开，可以简化整个系统的控制结构。另外，视觉系统的采样速度及处理速度相对较慢，如果仅仅采用视觉系统作为反馈进行镇定容易引起振荡和抖动，因此大多数系统采用视觉移动类型结构。

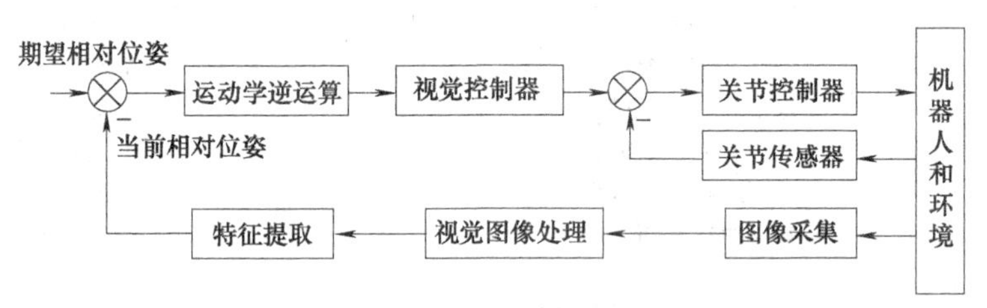

图 23-7-2　基于位置的系统方框图

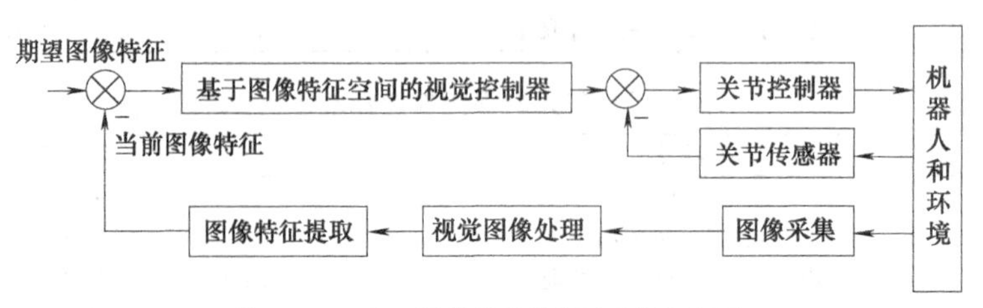

图 23-7-3　基于图像的视觉移动系统方框图

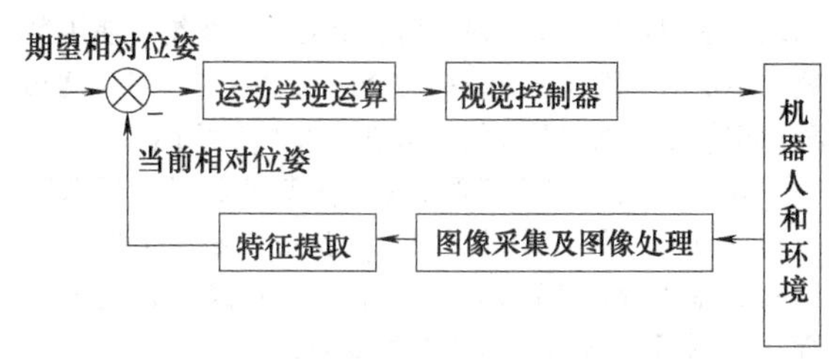

图 23-7-4　基于位置的直接视觉伺服系统方框图

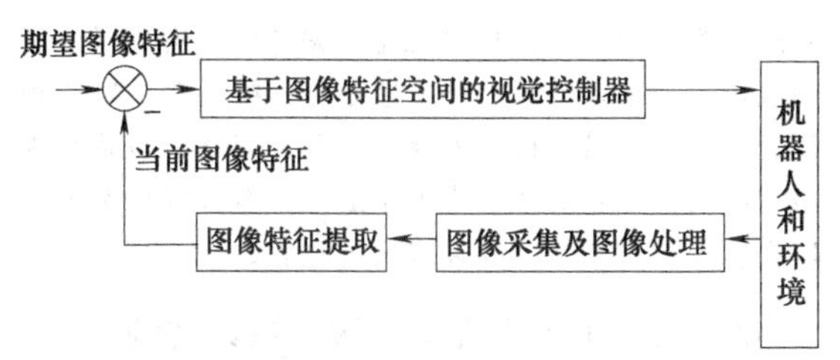

图 23-7-5　基于图像的直接视觉伺服系统方框图

7.2.1.2　全向视觉系统分类

全向视觉技术源于全景图这一概念，其最初涉及的主要内容包括艺术上的全景画、全景照相技术以及油画中出现的非平面反射镜等。随后，研究人员发明了越来越多的方法来获取真实环境的全景图，如发明了镜头能摇动的相机、能旋转的相机、带广角镜头的相机等。

随着计算机技术和数字成像技术等的发展，目前主要出现了多摄像机拼接、鱼眼镜头以及折反射式三种全向视觉系统。

（1）多摄像机拼接全向视觉系统

多摄像机拼接全向视觉系统是利用安装在不同位置上的多个摄像机同时采集图像，然后根据摄像机的空间几何关系对图像进行拼接的一种全向视觉系统。比较典型的有 Ring Cam 系统，如图 23-7-6（a）所示，该系统使用成正五边形分布的五个摄像机分别采集五个方向的图像，经拼接组合以后可以得到 3000×480 分辨率的全景图像，已经在视频会议等方面得到应用。另外一种特殊的多摄像机拼接系统是 Jupiter 立体全向视觉系统，如图 23-7-6（b）所示，该系统结构非常复杂，使用了 20 个成像单元，每个成像单元上安装有 3 个使用 CMOS 成像芯片的摄像机，如图 23-7-6（c）所示，通过这些成像单元在空间中的组合，可以得到空间中任意物体距离摄像机的深度信息，从而完成空间的三维绘制与重构任务。

多摄像机拼接成像的全向视觉系统所采集的图像分辨率很高，而且由于其使用普通镜头，因此成像畸变小。但其结构复杂，摄像机安装和标定难度较大，价格昂贵，一次采集得到的全景图像数据量巨大，比如 Jupiter 系统需要 10 台 PC 机分别处理 20 个成像单元一次采集的图像。因此，多摄像机拼接成像的全向视觉系统不适合在数据采集与处理能力有限、图像采集和处理实时性要求很高的自主移动机器人平台上使用。

（2）鱼眼镜头全向视觉系统

鱼眼镜头全向视觉系统是指使用短焦距、超广角镜头实现全视角图像采集的视觉系统见图 23-7-7。鱼眼镜头的焦距一般小于 16mm，视角达到或超过 180°，可以观察到以镜头为球心的超过半球面范围内的场景。但这种成像方式存在很大的图像畸变，且畸变模型不满足平面透视投影约束，成像模型复杂，不同的鱼眼镜头成像模型也不同，将畸变图像恢复为无畸变的透视投影图像的难度较大。标定的精度会随着模型复杂度的增加而提高，但是这也会导致标定计算复杂度的增加。另外，鱼眼镜头结构复杂，通常需要 10 余组镜片组合而成，需精密成型和装配，价格昂贵。因此，鱼眼镜头大多用于数码相机，使照片透视汇聚感强烈，产生强大的视觉冲击力，但这种视觉系统却较少应用于自主移动机器人。

（3）折反射式全向视觉系统

折反射式全向视觉系统的出现较好地解决了以上两种全向视觉系统存在的问题，得到了广泛的应用和研究。折反射式全向视觉系统主要由全向反射镜面和

(a) RingCam全向视觉系统

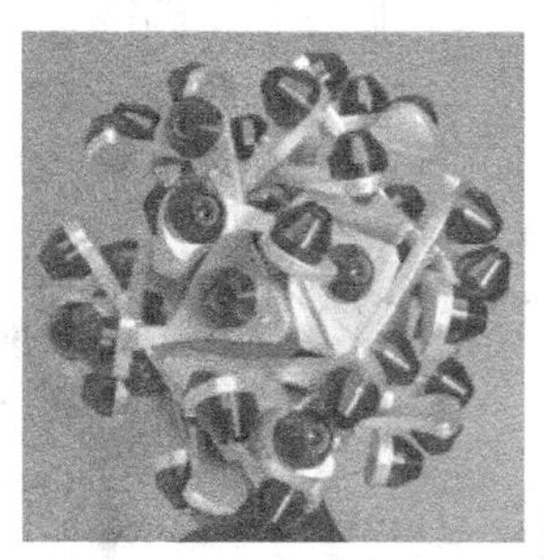

(b) Jupiter全向视觉系统

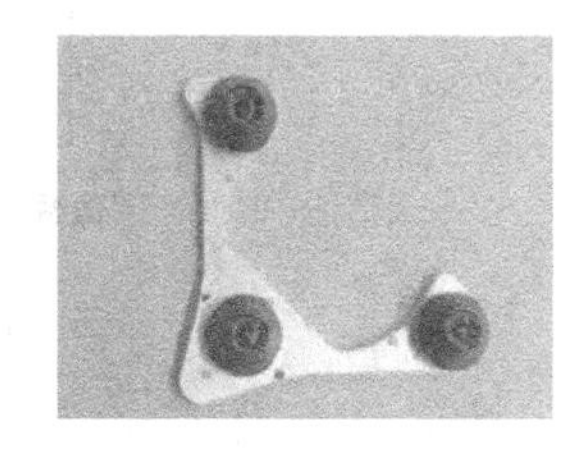

(c) Jupiter成像单元

图 23-7-6　典型的多摄像机拼接全向视觉系统

(a) 带鱼眼镜头的相机

(b) 采集的全景图像

图 23-7-7 使用 Sigma 8mm-f4-EX 鱼眼镜头的 Canon 相机及采集的全景图像

摄像机组成，环境入射光线经过全向反射镜面反射后，再经过摄像机镜头折射后成像。这种全向视觉系统具有视场角宽广（水平方向 360°，垂直方向大于 90°）、成像迅速（一次曝光即可获得全景图像）、结构简单、价格适中等特点，能够很好地满足移动机器人视觉系统的要求。使用全向反射镜面和普通摄像机的全向视觉系统最早由 Rees 在 1970 年提出，使用一个双曲线型反射镜面得到全景图像，该图像能够恢复为普通投影图像。

1990 年以来，计算机技术的进步使得在计算机中实时处理视频图像成为可能，研究人员研制开发了多种计算机或者机器人折反射全向视觉系统，如使用圆锥形反射镜面的全向视觉系统、使用球形反射镜面的全向视觉系统、使用双曲线型反射镜面的全向视觉系统、使用抛物线型反射镜面和远心镜头的全向视觉系统。上述这几种典型的全向视觉系统的结构如图 23-7-8 所示。

研究人员还设计实现了用多种其他反射镜面来构成全向视觉系统，如椭圆线型的反射镜面、水平等比镜面、垂直等比镜面、角度等比镜面以及各种组合镜面等，以适应不同应用场合的要求。

由于折反射式全向视觉系统具有前面提到的许多优点，其在众多的计算机视觉相关领域中得到了广泛的应用，如视频会议、环境监控、三维重构、虚拟现实、机器人导航、机器人自定位等。当然，该系统视角宽广的优点相应地也带来了成像分辨率降低和成像畸变增大的缺点，需要在应用中克服。

7.2.2 机器人视觉伺服控制系统的组成

机器人视觉伺服控制是指将视觉传感器（通常用摄像机）作为测量仪器，以得到的图像信息作为反馈输入，构造机器人的位置闭环反馈。系统由视觉控制器和机构本体两部分构成，控制系统根据操作者的命令对机器人本体进行操作和控制，完成伺服任务，其系统结构如图 23-7-9 所示。

视觉系统的主要硬件组成有光源、光学镜头及摄像机、图像采集卡、图像处理卡、执行机构等几个部分，视觉系统图像采集流程如图 23-7-10 所示。

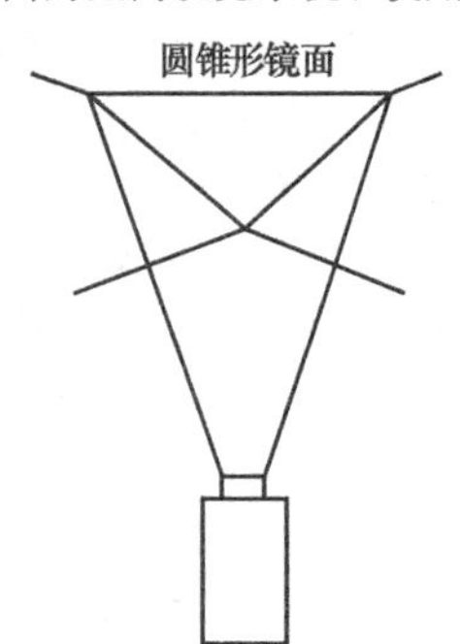

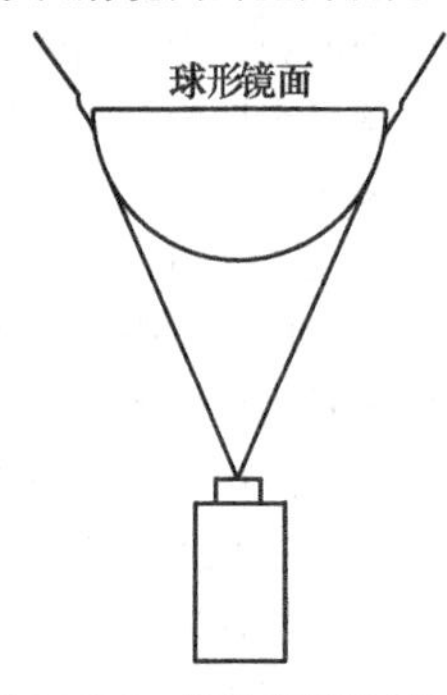

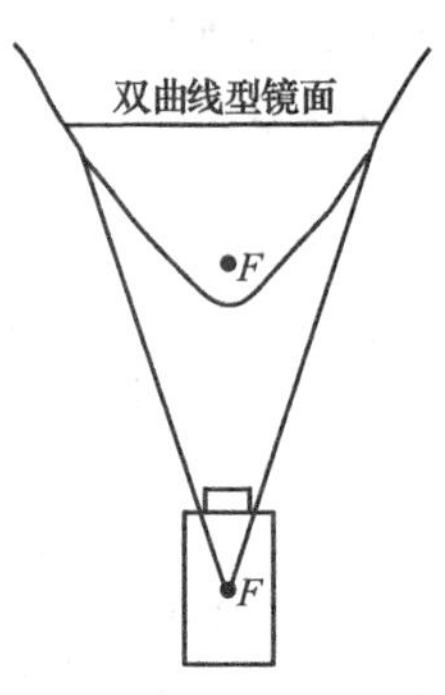

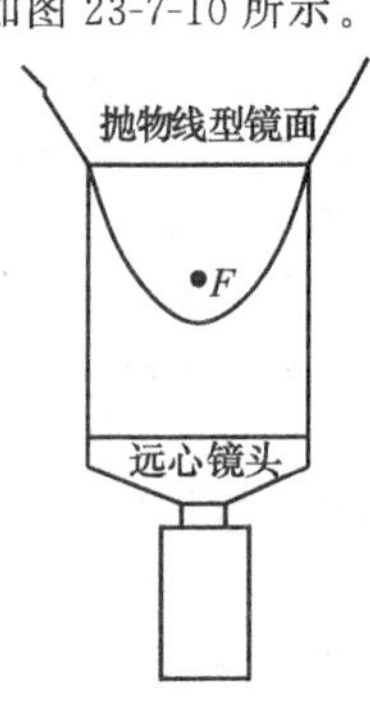

图 23-7-8 几种典型的折反射全向视觉系统的结构示意图

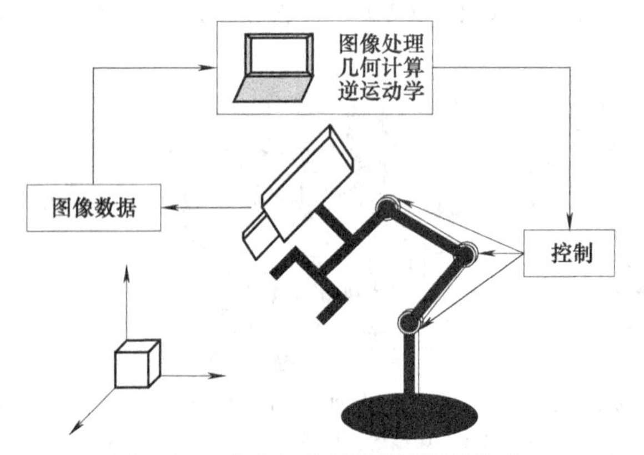

图 23-7-9 机器人视觉伺服控制系统结构

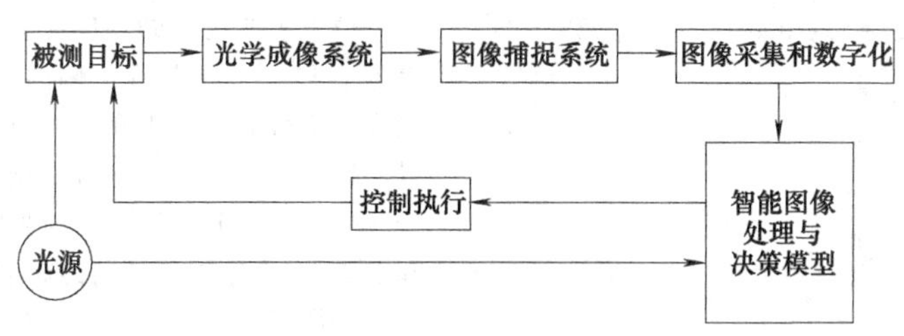

图 23-7-10　视觉系统图像采集流程

机器人与环境是由机器人本体、机器人关节控制器以及伺服目标及环境构成，典型的机器人视觉伺服控制系统的组成如图 23-7-11 所示。

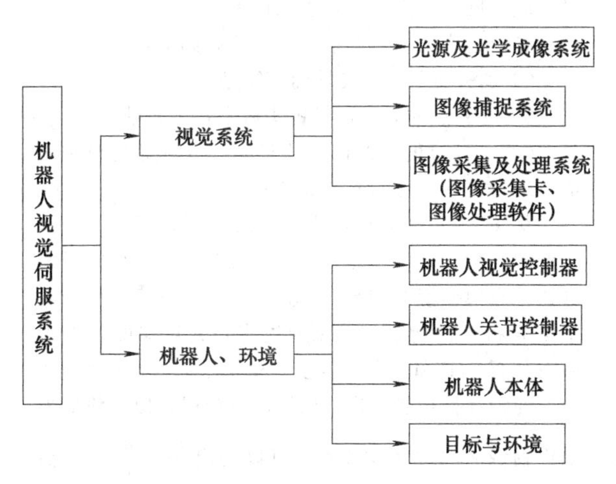

图 23-7-11　机器人视觉伺服控制系统组成

7.2.3　镜头和视觉传感器

镜头是一种光学设备，用于聚集光线在摄像机内部成像，本节中则是指在数字传感器上成像。镜头的作用是产生锐利的图像，以得到被测物的细节，本节将讨论使用不同镜头产生不同的成像几何，同时本节将介绍镜头的主要像差。像差会影响图像质量，可能影响算法的精度。

7.2.3.1　针孔摄像机

如果忽略光波的特性，可以将光看作在同类介质中直线传播的光线。图 23-7-12 所示为针孔摄像机成像的模型，左端物体在右边像平面上成像。像平面相当于一个方盒子的一个面，在这个面的对面是针孔所在的面，针孔相当于投影的中心。针孔摄像机所成的像为物体的倒像。

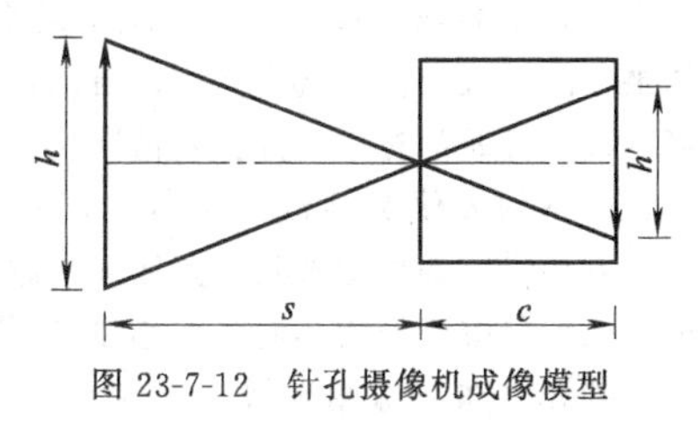

图 23-7-12　针孔摄像机成像模型

被测物在像平面成像，像平面与针孔形成一个盒子状，针孔相当于投影中心。从投影中心左右两侧的相似三角形我们可以得到像的高度 h'：

$$h'=h\frac{c}{s} \tag{23-7-1}$$

式中，h 为物体高度；s 为物体到投影中心的距离；c 为像平面到投影中心的距离，c 被称作摄像机常数或主距。从式（23-7-1）可以看出，增加主距 c，像高 h' 也会增加，反过来，如果增加物距 s，则 h' 就会减小。

7.2.3.2　高斯光学

针孔摄像机模型基本可以满足通过摄像机标定来测量地球坐标系中的被测物的要求。但是这种简单模型不能反映真实的情况，由于针孔太小，只有极少量的光线能够通过小孔到达像平面，因此必须采用非常长的曝光时间以得到亮度足够的图像。因此，真正的摄像机使用镜头收集光线，镜头通常由一定形状的玻璃或塑料构成，玻璃或塑料的形状决定了镜头使光线发散还是汇聚。

镜头是基于折射原理构造而成的。光线在定介质中的传播速度 v 小于在真空中的传播速度 c，其比值 $n=\frac{c}{v}$ 称作此介质的折射率。在常温常压下，空气的折射率为 1.0002926，接近于 1。不同玻璃的折射率大致在 1.48～1.62 之间。

假设第一种介质折射系数为 n_1，第二种介质折射系数为 n_2，当光线以入射角 α_1 到达介质一与介质二分界面时，光线将分成折射光与反射光，其中入射角 α_1 是入射光线与分界面法线的夹角。对于将要讲述的镜头，只关注折射光。如图 23-7-13 所示，折射光以出射角 α_2 传输通过第二种介质，其中出射角 α_2 是出射光线与分界面法线的夹角。这两个角度之间的关系可以用折射定律表示：

$$n_1\sin\alpha_1=n_2\sin\alpha_2 \tag{23-7-2}$$

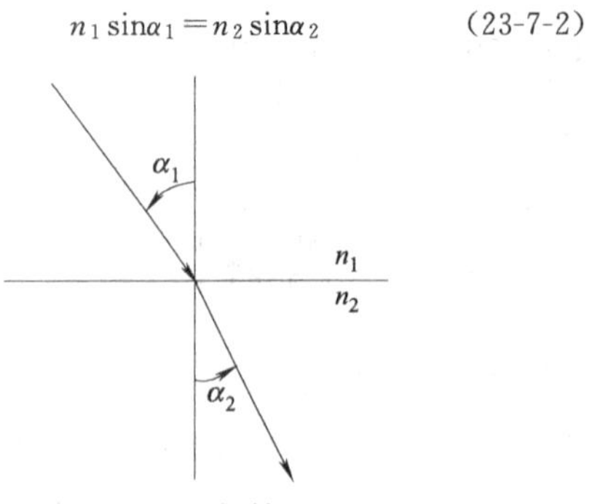

图 23-7-13　折射原理

折射率 n 实际上决定于波长 $n=n(\lambda)$。白光是由多种不同波长的光组成，因此当白光折射时会散成多种颜色，这种效果称作色散。

从式（23-7-2）可以看出折射定律是非线性的。显然，与针孔模型不同，镜头成像是非线性过程。也就是说同心光束通过镜头后将不能完全汇聚在一点。当入射角 α 很小时，可以用 α 代替 $\sin\alpha$，通过这个近似，可以得到线性的折射定律：

$$n_1\alpha_1=n_2\alpha_2 \tag{23-7-3}$$

根据近轴近似可以得到高斯光学，在高斯光学中同心光束通过由球面透镜构成的镜头后又汇聚到一点。高斯光学是理想化的光学系统，所有与高斯光学的背离均称作像差。光学系统设计的目标就是保证镜头的结构在满足高斯光学基础上使入射角足够大，以满足实际应用。

现在看看光线通过一个镜头将会发生的变化。此时可以将镜头看作是由两个球心位于同一直线的折射球面组成，两个球面之间为一种均匀介质。镜头外两侧介质也是相同的，镜头具有一定厚度。如图23-7-14所示的模型称为厚透镜模型。由于光线是从左向右传播的，所有水平间距均按光的方向测量，因此所有在镜头前的水平间距为负。而且，所有向上的间距为正，向下的间距为负。

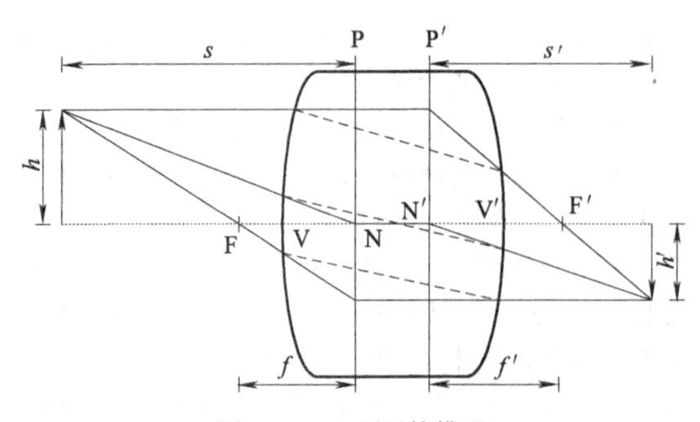

图 23-7-14　厚透镜模型

位于镜头前方的物体在镜头后成像。镜头有两个焦点 F 和 F′，在镜头一侧的平行于光轴的光线经过镜头后汇聚到另一侧的对应焦点。主平面 P 和 P′可以由镜头一侧入射的平行光线与另一侧过焦点的对应光线的交点得到，该平面与光轴垂直。相应的焦点 F 和 F′与主平面 P 和 P′的距离为 f 和 f'。由于镜头两侧的介质相同，因此 $f=-f'$，f'为镜头焦距。物体到主平面 P 的距离为物距 s，而像到主平面 P′的距离为像距 s'。图 23-7-14 中虚点线表示的是光轴，为镜头两个折射球面的旋转对称轴。折射球面与光轴的交点为顶点 V 和 V′。节点 N 和 N′的特点是当镜头两边介质相同，节点 N 和 N′为主平面与光轴的交点。如果介质不同，节点就不在主平面上。

在上述定义下，厚镜头成像法则如下：

① 镜头前平行于光轴的光线过 F′。

② 过 F 点的光线通过镜头后平行于光轴。

③ 过 N 点的光线也会过 N′点，并且通过镜头之前与通过镜头之后与光轴夹角不变。

从图 23-7-14 可以看出，三条光线聚于一点，由于像的几何尺寸完全取决于 F 和 F′、N 和 N′，因此这四个点称作镜头的基本要素。注意，对于平行于主平面 P 和 P′的物面上的所有物点，其对应的像点也会在平行于 P 和 P′的平面上，这个平面叫作像平面。

与针孔摄像机一样，同样可以利用相似三角形来确定物像之间的基本关系。可以看出 $\frac{h}{s}=\frac{h'}{s'}$，类似式（23-7-3），得到：

$$h'=h\frac{s'}{s} \tag{23-7-4}$$

定义放大系数为 $B=h'/h$，可以得到 $B=s'/s$，利用光轴上下两侧的相似三角形，可以得出 $h'/h=f/(f-s)$ 及 $h'/h=(f'-s')/f'$，这两个三角形分别位于镜头两侧，并且光轴是它们中的一条公共边，F 和 F′是其中的一个顶点，同时正负符号根据前面所提到的符号定义。因此，当 $f=-f'$时，可以推出：

$$\frac{1}{s'}-\frac{1}{s}=\frac{1}{f'} \tag{23-7-5}$$

从式中可以推出当物距 s 变化时，通过镜头的光线将相交的位置，即物体成像的位置。例如，物体靠近镜头，也就是 s 的绝对值变小，像距 s'就会变大；同理，如果物距变大，像距就会变小。所以，聚焦过程就相当于改变像距的过程。其极限情况是：如果物距无穷远，所有的光线都会成为平行光，此时 $s'=f'$。从另一方面讲，如果把被测物置于 F，像平面将在无穷远处。如果继续把物体向镜头移动使其位于 F 之内，将看到光线在成像端发散，式（23-7-5）中 s'

的正负号发生变化，其像为在物体同一侧的虚像，如图 23-7-15 所示，这就是放大镜的主要原理。

从 $B=h'/h=f/(f-s)=f'/(f'+s)$ 可以得出，对于相同物距 s，随着焦距 f' 的增加，放大倍率 B 也会增加。

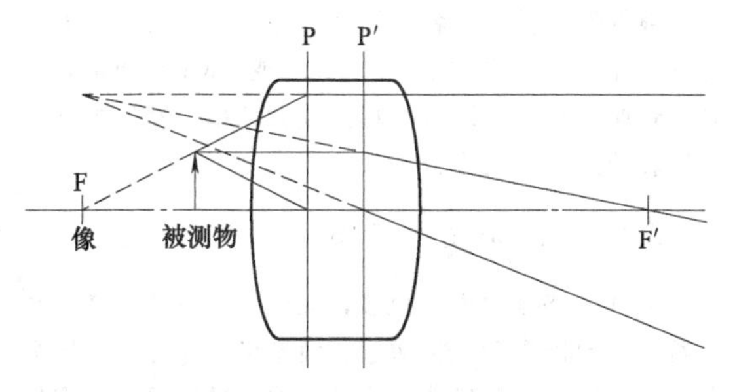

图 23-7-15　物距比焦距还小时成虚像

实际的镜头系统远比已经讨论过的厚镜头要复杂得多。为了减少像差，通常镜头由多个球心位于同一光轴上的光学镜片组成。图 23-7-16 是一个真实的镜头的例子。尽管真实的镜头更加复杂，但一个镜头系统仍可以看作是个厚镜头，因此也可以用它的主要元素来描述。图 23-7-16 表示了焦点 F 和 F′、节点 N 和 N′及主平面的位置。在这个镜头中，物方焦点 F 位于第二个镜片内部，而且 N′在 N 的前面。

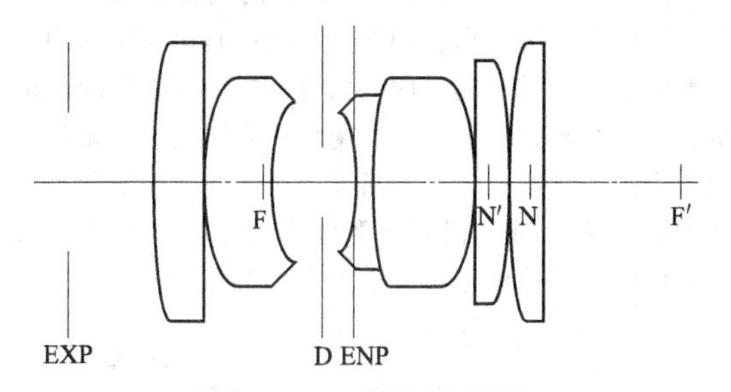

图 23-7-16　镜头主要要素

真实的镜头有一定孔径大小限制。为了控制到达像平面光线的多少，镜头系统中一般都设计有可变光阑，在镜头筒上有个环可以用来调整光阑大小，在图 23-7-16 中 D 表示系统的光阑。镜头的其他组成部件，如镜筒也会限制到达像平面光线的总量。这些因素统称为光阑，其中最大程度限制通光量的光阑称作镜头的孔径光阑，并不是最小的光阑为镜头的孔径光阑。因为在光穿过镜头时，光阑前后的镜片可能放大或缩小光阑的实际尺寸，因此镜头中相对较大的光阑也可能成为镜头系统的孔径光阑。

7.2.3.3　远心镜头

(1) 远心镜头原理

工业镜头是机器视觉系统中十分重要的成像元件。21 世纪初，随着机器视觉系统在精密检测领域的广泛应用，普通工业镜头难以满足检测要求，为弥补普通镜头应用的不足，满足精密检测需求，远心镜头应运而生。远心镜头主要是为纠正传统工业镜头视差而设计的，它可以在一定的物距范围内，使得到的图像放大倍率不发生变化，这对被测物不在同一物面上的情况有十分重要的意义。

远心镜头由于其特有的平行光路设计一直被对镜头畸变要求很高的机器视觉应用场合所青睐。远心镜头依据其独特的光学特性（高分辨率、超宽景深、超低畸变以及独有的平行光设计等）给机器视觉精密检测带来质的飞跃。远心镜头设计目的就是消除由于被测物体（或 CCD 芯片）离镜头距离的远近不一致而造成的放大倍率不一样的问题。根据远心镜头将设计原理进行分类，分别为：

① 物方远心光路设计原理及作用。物方远心光路是将孔径光阑放置在光学系统的像方焦平面上，物方主光线平行于光轴主光线，汇聚中心位于物方无限远，称之为物方远心光路。其作用是可以消除物方由于调焦不准确带来的读数误差。

② 像方远心光路设计原理及作用。像方远心光路是将孔径光阑放置在光学系统的物方焦平面上，像方主光线平行于光轴主光线，汇聚中心位于像方无限远，称之为像方远心光路。其作用是可以消除像方调焦不准引入的测量误差。

③ 两侧远心光路设计原理及作用。综合了物方/像方远心的双重作用，主要用于视觉测量检测领域。

(2) 远心镜头基本分类

远心镜头主要分为物方远心镜头、像方远心镜头和双侧远心镜头。

① 物方远心镜头。物方远心镜头是将孔径光阑放置在光学系统的像方焦平面上，当孔径光阑放在像方焦平面上时，即使物距发生改变，像距也发生改变，但像高并没有发生改变，即测得的物体尺寸不会变化。物方远心镜头用于工业精密测量，畸变极小，高性能的可以达到无畸变。

② 像方远心镜头。像方远心镜头是通过在物方焦平面上放置孔径光阑，使像方主光线平行于光轴，即使 CCD 芯片的安装位置有改变，在 CCD 芯片上投影成像大小仍不变。

③ 双侧远心镜头。双侧远心镜头兼有上面两种远心镜头的优点。在工业图像处理中，一般只使用物方远心镜头，偶尔也有使用两侧远心镜头的。而在工业图像处理/机器视觉这个领域里，像方远心镜头一般来说不会起作用，因此这个行业基本是不用它的。

(3) 远心镜头技术参数

① 高影像分辨率。图像分辨率一般以量化图像传感器，即有空间频率对比度的CTF（对比传递函数）衡量，单位为lp/mm（每毫米线耦数）。大部分机器视觉集成器往往只是集合了大量廉价的低像素、低分辨率镜头，最后只能生成模糊的影像。而采用AFT远心镜头，即使是配合小像素图像传感器，也能生成高分辨率图像。

② 近乎零失真度。畸变系数即实物大小与图像传感器成像大小的差异百分比。普通机器镜头通常有高于1%～2%的畸变，可能严重影响测量时的精确水平。相比之下，远心镜头通过严格的加工制造和质量检验，将此误差严格控制在0.1%以下。

③ 无透视误差。在计量学应用中进行精密线性测量时，经常需要从物体标准正面（完全不包括侧面）观测。此外，许多机械零件并无法精确放置，测量时间距也在不断地变化，而软件工程师却需要能精确反映实物的图像，远心镜头可以完美解决以上困惑。因为入射光瞳可位于无穷远处，成像时只会接收平行光轴的主射线。

④ 远心设计与超宽景深。双远心镜头不仅能利用光圈与放大倍率增强自然景深，更有非远心镜头无法比拟的光学效果，即在一定物距范围内移动物体时成像不变，亦即放大倍率不变。

(4) 远心镜头的选择

远心镜头与相机的匹配选择原则和普通工业镜头是一样的，只要其靶面的规格大于或等于相机的靶面即可。使用过程中，在远心镜头的物镜垂直下方区域的都是远心成像，而超出此范围的区域，就不是严格意义上的远心成像了，会产生不必要的偏差。

在选择镜头时，首先应明白在什么情况需要选择远心镜头。根据远心镜头原理特征及独特优势，当检查物体遇到以下六种情况时，最好选用远心镜头。

① 当需要检测有厚度的物体时（厚度＞1/10 FOV直径）；

② 需要检测不在同一平面的物体时；

③ 当不清楚物体到镜头的距离究竟是多少时；

④ 当需要检测带孔径的三维物体时；

⑤ 当需要低畸变、图像效果亮度几乎完全一致时；

⑥ 当缺陷只在同一方向平行照明下才能检测到时。

选择远心镜头，首先应明白远心镜头相关指标对应的使用条件。

① 物方尺寸——拍摄范围。

② 像方尺寸——使用的CCD的靶面大小。

③ 工作距离——物方镜头前表面距离拍摄物的距离。

④ 分辨率——使用的CCD像素大小。

⑤ 景深——镜头能成清晰像的范围。像/物倍率越大，景深越小。

⑥ 接口——照相机接口，多为C、T等接口。

根据使用情况（物体尺寸和需要的分辨率）选择物方尺寸合适的物方镜头和CCD或CMOS相机，同时得到像方尺寸，即可计算出放大倍率，然后根据产品列表选择合适的像方镜头。

7.2.3.4 视觉传感器

视觉传感器的种类很多，如光敏晶体管、激光传感器、光导摄像管、析像管、固态摄像器件等，但只有两种适用于工业机器人领域，即光导摄像管和固体摄像器件。

(1) 光导摄像管

光导摄像管是最早采用的图像传感器，它具有电子管的缺点，即体积大、抗振性差、功耗大、寿命短等，因此近年来在工业上有被固体器件逐渐取代的趋势。但目前，摄像管在分辨力及灵敏度等性能指标上目前仍有优势，所以在一些要求较高的场合仍得到广泛应用。

图23-7-17是一个光导摄像管的结构原理图。摄像管外面是一圆柱形玻璃外壳。一端是电子枪，用来发射电子束；另一端是内表面有一层透明金属膜的屏幕。一层很薄的光敏“靶”附着在金属膜上，靶的电阻与光的强度成反比。靶后面的金属网格使电子束以近于零的速度到达靶面。聚焦线圈使电子束聚得很细，偏转线圈使电子束上下左右偏转扫描。

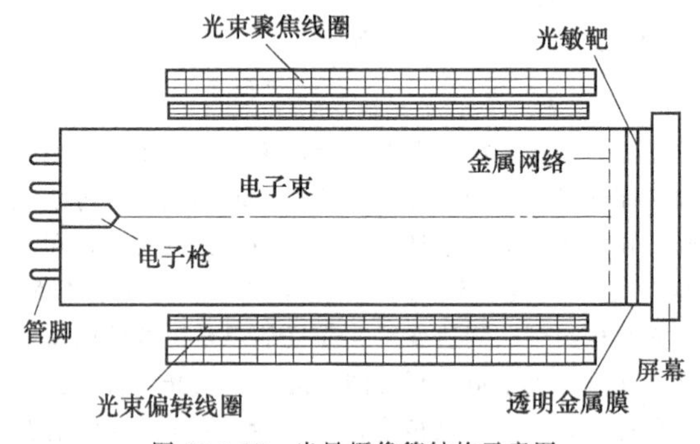

图23-7-17　光导摄像管结构示意图

工作时，金属膜加有正电压。无光照时，光敏材料呈现绝缘体特性，电子束在靶内表面形成电子层，平衡金属膜上的正电荷，这时光敏层相当于一个电容器。有光投射到光敏靶上时，其电阻降低，电子向正电荷方向流动，流动电子的数量正比于投射到靶上某区域上的光强，因此，在靶表面上的暗区电子剩余浓度较高，而在亮区较低。电子束再次扫描靶面时，使失去的电荷得到补充，于是在金属膜内形成了一个正比于该处光强的电流。从管脚将电流引入，加以放大，便得到一个正比于输入图像强度的视频信号。选用时，要考虑响应时间，标准扫描时间为 1/60s 一帧图像。

摄像器件，它的摄像原理与摄像管基本一致，不同的是图像投射屏幕由硅成像元素即光检测器排列的矩阵组成，用扫描电路替代了真空电子束扫描。它具有质量小、体积小、结构牢靠等优点，而且价格也越来越便宜，为工业应用带来了广阔的前景。

（2）CCD 传感器

在 20 世纪 80～90 年代，CCD（charge-coupled device，电荷耦合元器件）技术一直统领着图像传感器件的潮流，它是能集成在一块很小的芯片上的高分辨力和高质量的图像传感器。然而，近些年来随着半导体制造技术的飞速发展，集成晶体管的尺寸越来越小，性能越来越好，CMOS（complimentary metal oxide semiconductor，互补性金属氧化物半导体）图像传感器近年得到迅速发展。CMOS 在中端、低端应用领域提供了可以与 CCD 相媲美的性能，且在价格方面占有优势。随着技术的发展，CMOS 在高端应用领域也将占据一席之地。

CCD 是 20 世纪 70 年代初发展起来的新型半导体光电成像器件。美国贝尔实验室的 W. S. Boyle 和 G. E. Smith 于 1970 年提出 T CCD 的概念。随着新型半导体技术的不断涌现和器件微细化技术的日趋完备，CCD 技术得到了很快的发展。目前，CCD 技术在图像传感中的应用最为广泛，已成为现代光电子学和测试技术中富有成果的领域之一。图 23-7-18 是 CCD 器件摄像原理示意图。CCD 器件可分为行扫描传感器和面阵传感器。行扫描传感器只能产生一行输入图像，适合于物体相对传感器作垂直方向运动的应用（如传送带）或一维测盘应用，分辨力一般在 256～2048 像素之间。面阵传感器的分辨力常用的为 256×256 像素、480×480 像素、1024×1024 像素，正在研制的 CCD 传感器还要达到更高的水平。

（3）CMOS 传感器

CMOS 和 CCD 传感器一样，是在 Si（硅）半导体材料的基础上制作的。新一代 CMOS 采用有源像素设计，每个像元由一个能够将光子转化成电子的光电二极管、一个电荷/电压转换器、一个重置、一个选取晶体管以及增益放大器组成。CMOS 传感器在结构排列上像是一个计算机内存 DRAM 或平面显示器，覆盖在整块 CMOS 传感器上的金属格子将时钟信号、读出信号与纵队排列输出信号相互连接。CMOS 图像传感器的每个像元内集成的电荷/电压转换器把像元产生的光电荷转换后直接输出电压信号，以类似计算机内存 DRAM 的简单 X-Y 寻址技术的方式读出信号，这种方式允许 CMOS 从整个排列、部分甚至单个像素来读出信号，这一点是和 CCD 不一样的，也是 CCD 做不到的。另外，内置的电荷/电压转换器实时地把光电二极管生成的光电荷转换成电压信号，原理上消除了“开花”和“Smear”效应，使强光对相邻像元的干扰降到很小。

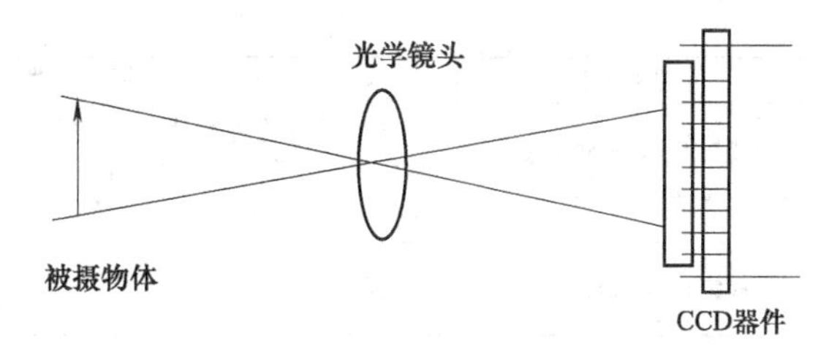

图 23-7-18　CCD 固体器件摄像原理示意图

CMOS 是能应用当代大规模半导体集成电路生产工艺来生产的图像传感器，具有成品率高、集成度高、功耗小、价格低等特点。CMOS 是世界上许多图像传感器半导体研发企业试图用来替代 CCD 的技术。经过多年的努力，作为图像传感器，CMOS 已经克服了早期的许多缺点，发展到了在图像品质方面可以与 CCD 技术较量的水平。现在 CMOS 的水平使它们更适合应用于要求空间小、体积小、功耗低而对图像噪声和质量要求不是特别高的场合。如大部分有辅助光照明的工业检测应用、安防保安应用和大多数消费型商业数码相机应用。

在选用视觉传感器时应主要考虑分辨力、扫描时间与形式、几何精度、稳定性、带宽、频响、信噪比、自动增益、控制等因素。表 23-7-3 是几种类型传感器的比较。

表 23-7-3　视觉传感器对比

传感器类型	特　性	价格和适用性
CCD(电荷耦合器件)	非常通用的传感器之一，必须串行读取图像的全部像素，帧频很高，固有“开花”和“Smear”的缺陷	高性能、高价格、供货厂家多
CID&MOS(电荷注入和金属氧化半导体)	亮点光源的“开花”更少，图像各部分可随便设定地址	价格很高，供货厂家少

续表

传感器类型	特性	价格和适用性
CMOS(互补型金属氧化半导体)	非常通用的传感器之一，图像读取同DRAM，帧频可很高。无"开花"和"Smear"缺陷。传感器噪声、灵敏度等指标稍差，难以完全满足科研级应用需求	目前工业产品性能接近CCD，性价比远高于其他传感器，在中高端应用场合完全可以取代CCD
真空电子管传感器	旧技术	价格高，适合某些特殊应用，目前基本处于被淘汰的过程中

7.3 单目视觉

近年来，视觉传感器因能采集丰富的环境信息且价格低廉、使用方便而受到了普遍的关注，基于视觉传感器的定位方法也成了研究的热点。根据使用视觉传感器数目的不同，视觉定位方法可分为单目视觉定位、双目视觉（立体视觉）定位和多目视觉（全方位视觉）定位。

单目视觉定位就是仅利用一台摄像机完成定位工作。它具有简单易用和适用广泛等特点，无须解决立体视觉中的两摄像机间的最优距离和特征点的匹配问题，也不会像全方位视觉传感器那样产生很大的畸变。在机器视觉研究领域，如何在单目视觉条件下完成位置与姿态的求解已成为一个重要的研究方向。单目视觉定位技术可应用在多个方面，如摄像机标定、机器人定位、视觉伺服、目标跟踪和监测等。

7.3.1 单目摄像机标定

对于单目二维视觉测量，其摄像机垂直于工作平面安装，摄像机的位置和内外参数固定，如图23-7-19所示。

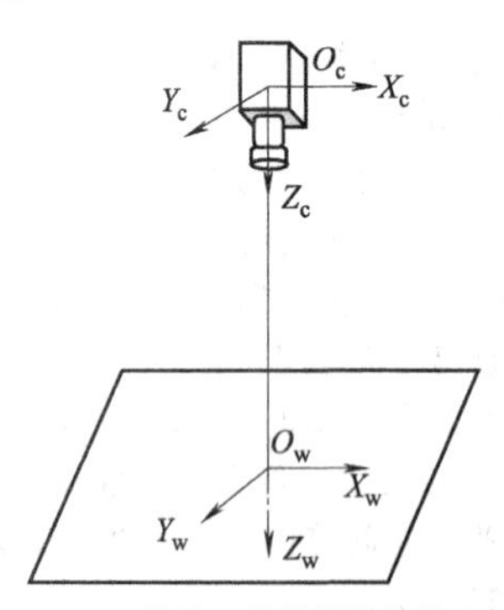

图23-7-19 单目二维视觉测量的坐标系

在摄像机的光轴中心建立坐标系，使 Z_c 轴方向平行于摄像机光轴，并以从摄像机到景物的方向为正方向，X_c 轴方向取图像坐标沿水平增加的方向。景物坐标系原点 O_w 可选择光轴中心线与景物平面的交点，Z_w 轴方向与 Z_c 轴方向相同，X_w 轴方向与 X_c 轴方向相同，于是有 $\boldsymbol{R}=\boldsymbol{I}$，$\boldsymbol{p}=[0\quad 0\quad d]^{\mathrm{T}}$，$d$ 为光轴中心点 O_c 到景物平面的距离。在工作平面上，景物坐标可表示为 $(x_w, y_w, 0)$。由式（23-7-6）可以获得景物点在摄像机坐标系下的坐标：

$$\begin{bmatrix} x_c \\ y_c \\ z_c \\ 1 \end{bmatrix}=\begin{bmatrix} \boldsymbol{R} & \boldsymbol{p} \\ 0 & 1 \end{bmatrix}\begin{bmatrix} x_w \\ y_w \\ z_w \\ 1 \end{bmatrix}=\begin{bmatrix} 1 & 0 & 0 & 0 \\ 0 & 1 & 0 & 0 \\ 0 & 0 & 1 & d \\ 0 & 0 & 0 & 1 \end{bmatrix}\begin{bmatrix} x_w \\ y_w \\ 0 \\ 1 \end{bmatrix}=\begin{bmatrix} x_w \\ y_w \\ d \\ 1 \end{bmatrix} \tag{23-7-6}$$

若摄像机的畸变可以忽略不计，内参数采用四参数摄像机模型，将工作平面上的两点 $\boldsymbol{P}_1=(x_{w1}, y_{w1}, 0)$ 和 $\boldsymbol{P}_2=(x_{w2}, y_{w2}, 0)$ 代入式（23-7-6）得：

$$\begin{bmatrix} u \\ v \\ 1 \end{bmatrix}=\begin{bmatrix} k_x & 0 & u_0 \\ 0 & k_y & v_0 \\ 0 & 0 & 1 \end{bmatrix}\begin{bmatrix} x_c/z_c \\ y_c/z_c \\ 1 \end{bmatrix} \tag{23-7-7}$$

并整理得

$$\begin{cases} u_2-u_1=\dfrac{k_x}{d}(x_{w2}-x_{w1}) \\ v_2-v_1=\dfrac{k_y}{d}(y_{w2}-y_{w1}) \end{cases} \tag{23-7-8}$$

$$\begin{cases} k_{xd}=\dfrac{u_2-u_1}{x_{w2}-x_{w1}} \\ k_{yd}=\dfrac{v_2-v_1}{y_{w2}-y_{w1}} \end{cases} \tag{23-7-9}$$

式中 (u_1, v_1)——点 P_1 的图像坐标；

(u_2, v_2)——点 P_2 的图像坐标；

$k_{xd}=\dfrac{k_x}{d}$，$k_{yd}=\dfrac{k_y}{d}$——标定出的摄像机参数。

可见，对于单目二维视觉，在不考虑畸变的情况下，其摄像机参数可以利用平面上两个坐标已知的点实现标定。

进行视觉测量时，可以选择任意一个平面坐标和图像坐标已知的点作为参考点，利用任意点的图像坐标可以计算出该点相对于参考点的位置。例如，选择 $\boldsymbol{P}_1$ 点作为参考点，对于任意点 $\boldsymbol{P}_i$，其位置可由式（23-7-10）获得：

$$\begin{cases}x_{wi}=x_{w1}+(u_i-u_1)/k_{xd}\\ y_{wi}=y_{w1}+(v_i-v_1)/k_{yd}\end{cases}\quad(23\text{-}7\text{-}10)$$

式中，(u_1, v_1)——点 P_1 的图像坐标。

7.3.2 单目视觉的位置测量

单台摄像机构成的单目视觉，在不同的条件下能够实现的位置测量不同。例如，在与摄像机光轴中心线垂直的平面内，利用一幅图像可以实现平面内目标的二维位置测量。在摄像机的运动已知的条件下，利用运动前后的两幅图像中的可匹配图像点对可以实现任意空间点的三维位置的测量。对于垂直于摄像机光轴中心线的平面内的目标，如果目标尺寸已知，则可以利用一幅图像测量其三维坐标。在摄像机的透镜直径已知的前提下，通过摄像机的聚焦离焦来改变景物点的光斑大小，也可以实现对景物点的位置测量。聚焦离焦需要一定的时间，影响测量的实时性，在机器人控制领域应用较少，在此不做介绍。这里主要介绍在垂直于摄像机光轴中心线的平面内对已知尺寸目标的三维测量，以及摄像机倾斜安装时平面内目标的测量。

(1) 垂直于摄像机光轴平面内目标的测量

假设摄像机镜头的畸变较小，可以忽略不计。摄像机采用小孔模型，内参数采用式（23-7-7）所示的四参数模型，并经过预先标定。假设目标在垂直于摄像机光轴中心线的平面内，目标的面积已知。

摄像机坐标系建立在光轴中心处，其 Z 轴与光轴中心线方向平行，以摄像机到景物方向为正方向，其 X 轴方向取图像坐标沿水平增加的方向。在目标的质心处建立世界坐标系，其坐标轴与摄像机坐标系的坐标轴平行，见图 23-7-20。

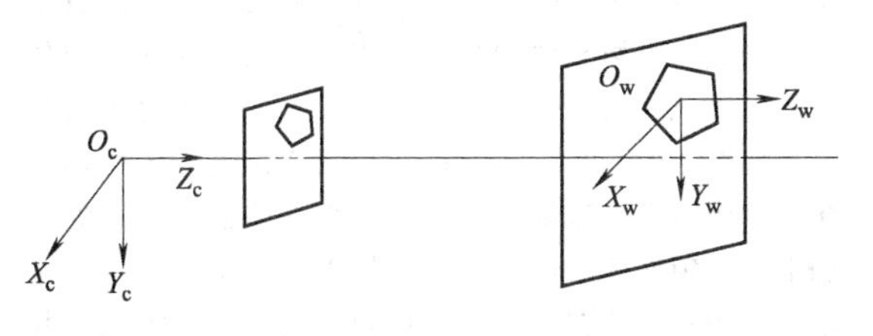

图 23-7-20　垂直于光轴中心线平面内目标的测量

由式（23-7-10）得

$$\begin{cases}x_{ci}=\dfrac{u_i-u_0}{k_x}z_{ci}=\dfrac{u_{di}}{k_x}z_{ci}\\ y_{ci}=\dfrac{v_i-v_0}{k_y}z_{ci}=\dfrac{v_{di}}{k_y}z_{ci}\end{cases}\quad(23\text{-}7\text{-}11)$$

由于世界坐标系的坐标轴与摄像机坐标系的坐标轴平行，因此可得

$$\begin{cases}x_{ci}=x_{wi}+p_x\\ y_{ci}=y_{wi}+p_y\\ z_{ci}=p_z\end{cases}\quad(23\text{-}7\text{-}12)$$

将目标沿 x_w 轴分成 N 份，每一份近似为一个矩形，见图 23-7-21，假设第 i 个矩形的 4 个顶点分别记为 p_{1i}、p_{2i}、p_{1i+1}、p_{2i+1}，则目标的面积为

$$S=\sum_{i=1}^{N}(P_{2y}^{i}-P_{1y}^{i})(P_{1x}^{i+1}-P_{1x}^{i})\quad(23\text{-}7\text{-}13)$$

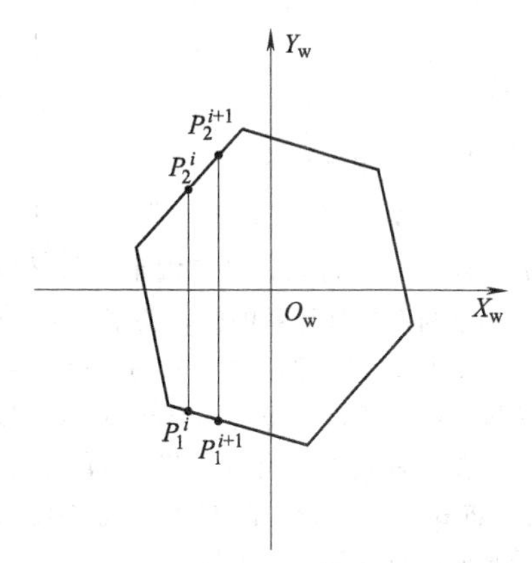

图 23-7-21　目标面积计算示意图

式中　P_{1x}^{i}、P_{1y}^{i}——P_1^i 在世界坐标系的 X_w 和 Y_w 轴的坐标；

S——目标的面积。

将式（23-7-11）和式（23-7-12）代入式（23-7-13）得

$$S=\left[\sum_{i=1}^{N}(v_{d2}^{i}-v_{d1}^{i})(u_{d1}^{i+1}-u_{d1}^{i})\right]\frac{p_z^2}{k_xk_y}=\frac{S_1}{k_xk_y}p_z^2\quad(23\text{-}7\text{-}14)$$

式中，S_1 为目标在图像上的面积。

由式（23-7-14）可以得到 p_z 的计算公式

$$p_z=\sqrt{k_xk_yS/S_1}\quad(23\text{-}7\text{-}15)$$

对于一个在世界坐标系中已知的点 $P_j=(x_{wj}, y_{wj}, z_{wj})$，其图像坐标为 (u_j, v_j)，由式（23-7-11）、式（23-7-12）、式（23-7-15）可以计算出 p_x 和 p_y：

$$\begin{cases}p_x=\dfrac{u_{dj}}{k_x}p_z-x_{wj}\\ p_y=\dfrac{v_{dj}}{k_y}p_z-y_{wj}\end{cases}\quad(23\text{-}7\text{-}16)$$

获得 p_x、p_y 和 p_z 后，利用式（23-7-11）、式（23-7-12）可以根据图像坐标计算出目标上任意点在摄像机坐标系和世界坐标系下的坐标。在垂直于摄像机光轴中心线的平面内，对已知尺寸目标的三维测量多见于球类目标的视觉测量以及基于图像的视觉伺服过程中对目标深度的估计等。

（2）平面内目标的测量

如果被测量的目标处在一个固定平面内，则视觉测量成为景物平面到成像平面的映射，利用单目视觉可以实现平面内目标的三维位置测量。摄像机光轴垂直于景物平面，属于单目视觉平面测量的一个特例。作为更一般的情况，考虑摄像机光轴与景物平面倾斜时对平面内目标的测量。

假设摄像机的镜头畸变可以忽略，摄像机的内外参数模型（考虑到景物在平面内，$z_w=0$）：

$$\begin{bmatrix} x_w & y_w & 1 & 0 & 0 & 0 & -ux_w & -uy_w \\ 0 & 0 & 0 & x_w & y_w & 1 & -vx_w & -vy_w \end{bmatrix} m' = \begin{bmatrix} u \\ v \end{bmatrix} \tag{23-7-17}$$

式中，$m'=m/m_{34}$；

$m=[m_{11} \quad m_{12} \quad m_{14} \quad m_{21} \quad m_{22} \quad m_{24} \quad m_{31} \quad m_{32}]^T$。

由式（23-7-17）可知，只要求出 m'，便可以确定世界坐标系与图像坐标系的转换关系。由于景物平面上的每个点可以提供两个方程，式（23-7-17）中有 8 个位置参数，所以仅需要 4 个已知点即可求解出 m'。当然，更多的已知点有利于提高 m' 的精度。获得 m' 后，将式（23-7-17）改写为（23-7-18），可以用于测量平面内目标的二维坐标。

$$\begin{bmatrix} m'_{11}-um'_{31} & m'_{12}-um'_{32} \\ m'_{21}-vm'_{31} & m'_{22}-vm'_{32} \end{bmatrix} \begin{bmatrix} x_w \\ y_w \end{bmatrix} = \begin{bmatrix} u-m'_{14} \\ v-m'_{24} \end{bmatrix} \tag{23-7-18}$$

7.3.3　单目视觉定位方法

7.3.3.1　基于单帧图像的定位方法

基于单帧图像的定位就是根据一帧图像的信息完成目标定位工作。因为仅采用一帧图像信息量少，所以必须在特定环境内设置一个人工图标，图标的尺寸以及在世界坐标系中的方向、位置等参数一般都是已知的，从预先标定好的摄像机实时拍摄的一帧图像中提取图标中某些特征元素的像面参数，利用其投影前后的几何关系，求解出摄像机与人工图标的相对位置和姿态关系。如何快速准确地实现模板与投影图像之间的特征匹配问题是其研究的重点。该方法具有形式简单、算法实现容易、硬件要求低等优点，但是也存在着鲁棒性、实时性较差和对人工路标依赖性强等缺点。常用的特征元素有点、直线、二次曲线等。

（1）基于点特征的定位

基于点特征的定位又称为 PnP（perspective-n-point）问题，是机器视觉领域的一个经典问题。它是根据物体上 n 个特征点来确定摄像机的相对位置和姿态，具体描述为：假定摄像机为小孔模型且已标定好，摄取一幅在物体坐标系下坐标已知的 n 个空间点的图像，且这 n 个图像点的坐标已知，由此来确定这 n 个空间点在摄像机坐标系下的坐标。

对 PnP 问题的研究基本围绕解的确定性和求解算法的线性两方面展开，多年来，研究者们主要针对 P3P、P4P 和 P5P 问题做了大量的探索，得到以下结论：当 $n\leqslant 2$ 时有无限组解，即仅有两个点不能确定点在摄像机坐标系下的位置；当 $n=3$ 且三个控制点决定的平面不通过光心时，最多有 4 组解且解的上限可以达到；当 $n=4$ 时，4 个空间点在同一平面时解是唯一的，4 个空间点不共面时，则可能出现多个解；当 $n=5$ 时，若 5 个控制点中任意 3 点不共线，则 P5P 问题最多可能有两个解，且解的上限可以达到；当 $n\geqslant 6$ 时，PnP 问题就成为经典的 DLT（direct linear transformation）问题，可以线性求解。在目标上设置点特征定位具有测量系统精度高、测量速度快的特点，在陆上、空间、水下定位计算中得到了广泛的应用。由于通过同一平面不共线的 4 个空间点可以得到摄像机的唯一确定位置，所以用点特征进行定位多应用 P4P 方法；为了提高特征点提取的鲁棒性，一般设计采用多于 4 个特征点的人工图标。

（2）基于直线特征的定位

基于直线特征的定位研究也不少，因为直线特征在自然环境中存在的比较多，且其抗遮挡能力强，易于提取。比如应用图像中直线和摄像机光心构成的投影平面的法向量和物体直线垂直来构建定位数学模型。这种方法要求确定物体位姿的三条直线不同时平行且不与光心共面，进而建立由三条直线构成的三个非线性方程。它有效地解决了利用直线特征如何进行视觉定位的问题，但是非线性方程组较为复杂，定位误差偏大。一些学者根据空间不平行于像面的平行线投影到像面交于灭影点的原理，利用灭影点在像面上的位置，可以计算出代表该组直线三维方向（相对于摄像机坐标系）的矢量，从而可获得摄像机与人工图标的相对位姿参数。该算法的计算建立在分析性结论的基础上，无须迭代，计算量小，但必须准确提取像面直线和灭影点的位置参数，这使图像的处理变得比较复杂。针对四条直线组成的平面四边形（例如矩形、平行四边形等）特征出现了一些视觉定位算法，求解过程简单，具有较高的求解精度和较大的应用价值。

（3）基于曲线特征的定位

基于曲线特征的定位一般需要对复杂的非线性系统进行求解。比较经典的如利用共面曲线和非共面曲线进行定位，都需要对几个高次多项式进行求解，算法比较复杂。但是当两个空间曲线共面时，可以得到物体姿态的闭式解。

圆是很常见的图形，作为二次曲线的一种，也引起人们的关注。一般情况下，圆经透视投影后将在像面上形成椭圆，该椭圆的像面参数与圆的位置、姿态、半径等存在着对应的函数关系，采用一定的方法对相应的关系求解即可得到圆与摄像机的相对位置和姿态参数。学者们分别运用不同的方法对圆特征进行了定位。利用圆特征进行定位可以摆脱匹配问题，提高定位速度，但其抗干扰能力欠佳。

7.3.3.2 基于双帧或多帧图像的定位

虽然使用特殊的人工图标实现定位可以容易找到匹配特征，但是使用人工图标本身制约了视觉定位的应用场合，所以利用摄像机获取的自然图像信息来进行定位是该领域的研究趋势之一。基于双帧或多帧图像的定位方法，就是利用摄像机在运动中捕捉同一场景不同时刻的多帧图像，根据拍摄图像间的位置偏差实现目标的定位。实现多帧投影图像之间的对应特征元素匹配是该定位算法的关键。这类算法一般相对比较复杂，精确性和实时性不高，但不依赖人工标志，通过拍摄自然图像就可实现定位。

一种双帧图像定位估计方法是采用事先已标定的摄像机在运动中拍摄目标，利用目标在前后相邻两帧图像上的投影点形成多个匹配点对估计出基本矩阵，由基本矩阵和本质矩阵的关系进一步求出本质矩阵，并经过分解获得单目摄像机的外部运动参数（旋转和平移），利用坐标系转换从而获得目标的三维信息。针对定位中基本矩阵对定位精度的影响问题，采用一种基本矩阵迭代估计算法，结合 RANSAC 算法实现了基本矩阵的鲁棒性估计。该定位方法类似立体视觉定位原理，可以获取较多的周围环境信息，但是需要获得摄像机运动的平移距离和投影图像之间至少八对匹配点，局限性大。还可以利用尺度不变特征变换（SIFT）具有尺度、旋转不变性的特点，采用 SIFT 算法进行图像特征的提取和匹配，计算出目标的三维信息，实现目标的定位。该算法很好地解决了拍摄图像对应点的自动匹配问题，但由于其图像采样频率偏低，不适合摄像机在快速运动状态下的应用。

另一种方法是利用图像之间的拼接技术实现摄像机的定位。摄像机通过平移或旋转可以获取两幅相邻的有着重叠区域的图像，且重叠区域中的相同像点的位置发生了改变。通过图像拼接过程中的图像配准技术，利用仿射变换求得相邻图像之间的特征变化关系，最后进一步推得摄像机的运动情况，从而初步实现摄像机的定位。该方法采用基于灰度信息的拼接方法对两幅图像进行图像配准，可初步实现摄像机定位的要求。但因为缺乏场景中景物到摄像机光心的实际距离，无法推得摄像机的位移量，而只能计算得出摄像机的运动方向以及摄像机绕光轴的旋转角度。

一种将单目视觉测量中的离焦法和聚焦法相结合的摄像机定位方法是通过移动摄像机，目测找出图像近似最清晰的位置，在其前后各取等间距的两个位置，并在以上三个位置拍摄图像；然后应用离焦定位算法进行计算，得到近似的峰值点位置。在近似峰值点位置附近取若干个测点并拍摄图像，然后应用聚焦定位算法进一步求得精确的峰值点位置，从而确定摄像机相对于被测点的聚焦位置。该方法将离焦法和聚焦法结合起来，使两者的优缺点互相弥补，避免了建立复杂的数学模型，同时减少了由于简化的假设与模型而造成的误差，提高了测量精度，适合于针对实际被测物体复杂图像的测量。

7.4 双目视觉

双目立体视觉是基于视差原理，由多幅图像获取物体三维几何信息的方法。在机器视觉系统中，双目立体视觉一般由双摄像机从不同角度同时获取周围景物的两幅数字图像，或由单摄像机在不同时刻从不同角度获取周围景物的两幅数字图像，并基于视差原理即可恢复出物体三维几何信息，重建周围景物的三维形状与位置。

双目立体视觉有时简称为体视，是人类利用双眼获取环境三维信息的主要途径。随着机器视觉理论的发展，双目立体视觉在机器视觉研究中发挥了越来越重要的作用，具有广泛的适用性。本节将介绍双目立体视觉原理、视觉精度、系统结构、极线几何、对应点匹配及系统标定等问题。

7.4.1 双目立体视觉原理

双目立体视觉是基于视差，由三角法原理进行三维信息的获取，即由两个摄像机的图像平面（或单摄像机在不同位置的图像平面）和被测物体之间构成一个三角形。已知两摄像机之间的位置关系，便可以获取两摄像机公共视场内物体的三维尺寸及空间物体特征点的三维坐标。双目立体视觉系统一般由两台摄像机或者由一台运动的摄像机构成。

（1）双目立体视觉三维测量原理

双目立体视觉三维测量是基于视差原理的。图 23-7-22 所示为简单的平视双目立体成像原理图，两摄像机的投影中心连线的距离，即基线距为 B。两摄像机在同一时刻观看空间物体的同一特征点 P，分别在“左眼”和“右眼”上获取了点 P 的图像，它们的图像坐标分别为 $p_{\text{left}}=(X_{\text{left}},Y_{\text{left}})$，$p_{\text{right}}=$

(X_{right}, Y_{right})。假定两摄像机的图像在同一个平面上，则特征点 P 的图像坐标的 Y 坐标相同，即 $Y_{left}=Y_{right}=Y$，则由三角几何关系得到

$$\begin{cases} X_{left}=f\dfrac{x_c}{z_c} \\ X_{right}=f\dfrac{(x_c-B)}{z_c} \\ Y=f\dfrac{y_c}{z_c} \end{cases} \tag{23-7-19}$$

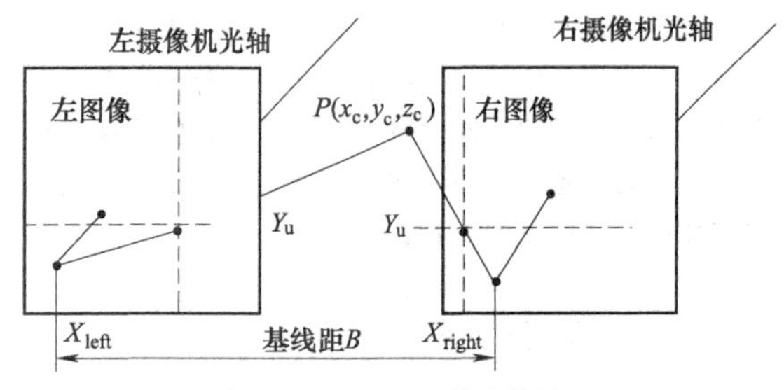

图 23-7-22　双目立体成像原理

则视差为：$Disparity=X_{left}-Y_{right}$。由此可计算出特征点 P 在摄像机坐标系下的三维坐标为

$$\begin{cases} x_c=\dfrac{B\cdot X_{left}}{Disparity} \\ y_c=\dfrac{B\cdot Y}{Disparity} \\ z_c=\dfrac{B\cdot f}{Disparity} \end{cases} \tag{23-7-20}$$

因此，左摄像机像面上的任意一点只要能在右摄像机像面上找到对应的匹配点（二者是空间同一点在左、右摄像机像面上的点），就可以确定出该点的三维坐标，这种方法是点对点的运算。像面上所有点只要存在相应的匹配点，就可以参与上述运算，从而获取其对应的三维坐标。

（2）双目立体视觉数学模型

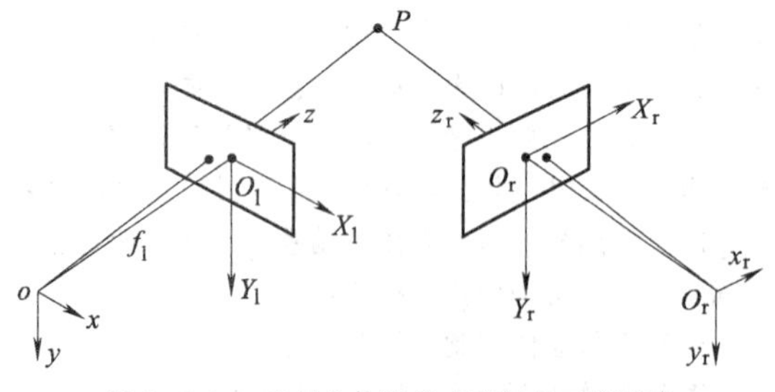

图 23-7-23　双目立体视觉中空间点三维重建

在分析了简单的平视双目立体视觉的三维测量原理基础上，考虑一般情况，对两个摄像机的摆放位置不做特别要求。如图 23-7-23 所示，设左摄像机 $o-xyz$，位于世界坐标系的原点处且无旋转，图像坐标系为 $O_l-X_lY_l$，有效焦距为 f_l；右摄像机坐标系为 $o_r-x_ry_rz_r$，图像坐标系为 $O_r-X_rY_r$，有效焦距为 f_r，则摄像机透视变换模型为

$$\boldsymbol{s}_l\begin{bmatrix} X_l \\ Y_l \\ 1 \end{bmatrix}=\begin{bmatrix} f_l & 0 & 0 \\ 0 & f_l & 0 \\ 0 & 0 & 1 \end{bmatrix}\begin{bmatrix} x \\ y \\ z \end{bmatrix} \tag{23-7-21}$$

$$\boldsymbol{s}_r\begin{bmatrix} X_r \\ Y_r \\ 1 \end{bmatrix}=\begin{bmatrix} f_r & 0 & 0 \\ 0 & f_r & 0 \\ 0 & 0 & 1 \end{bmatrix}\begin{bmatrix} x_r \\ y_r \\ z_r \end{bmatrix} \tag{23-7-22}$$

而 $o-xyz$ 坐标系与 $o_r-x_ry_rz_r$ 坐标系之间的相互关系可通过空间转换矩阵 $\boldsymbol{M}_{lr}$ 表示为

$$\begin{bmatrix} x_r \\ y_r \\ z_r \end{bmatrix}=\boldsymbol{M}_{lr}\begin{bmatrix} x \\ y \\ z \\ 1 \end{bmatrix}=\begin{bmatrix} r_1 & r_2 & r_3 & r_x \\ r_4 & r_5 & r_6 & r_y \\ r_7 & r_8 & r_9 & r_z \end{bmatrix}\begin{bmatrix} x \\ y \\ z \\ 1 \end{bmatrix},$$

$$\boldsymbol{M}_{lr}=[\boldsymbol{R}\mid\boldsymbol{T}] \tag{23-7-23}$$

其中，$\boldsymbol{R}=\begin{bmatrix} r_1 & r_2 & r_3 \\ r_4 & r_5 & r_6 \\ r_7 & r_8 & r_9 \end{bmatrix}$ 与 $\boldsymbol{T}=\begin{bmatrix} t_x \\ t_y \\ t_z \end{bmatrix}$ 分别为 $o-xyz$ 坐标系与 $o_r-x_ry_rz_r$ 坐标系之间的旋转矩阵和原点之间的平移变换矢量。

由式（23-7-21）～式（23-7-23）可知，对于 $o-xyz$ 坐标系中的空间点，两摄像机像面点之间的对应关系为

$$\boldsymbol{p}_r\begin{bmatrix} X_r \\ Y_r \\ 1 \end{bmatrix}=\begin{bmatrix} f_rr_1 & f_rr_2 & f_rr_3 & f_rr_x \\ f_rr_4 & f_rr_5 & f_rr_6 & f_rr_y \\ r_7 & r_8 & r_9 & t_z \end{bmatrix}\begin{bmatrix} zX_l/f_l \\ zY_l/f_l \\ z \\ 1 \end{bmatrix} \tag{23-7-24}$$

于是空间点三维坐标可以表示为

$$\begin{cases} x=zX_l/f_l \\ y=zY_l/f_l \\ z=\dfrac{f_l(f_rt_x-X_rt_z)}{X_r(r_7X_l+r_8Y_l+f_lr_9)-f_r(r_1X_l+r_2Y_l+f_lr_3)} \\ \quad=\dfrac{f_l(f_rt_y-Y_rt_z)}{Y_r(r_7X_l+r_8Y_l+f_lr_9)-f_r(r_4X_l+r_5Y_l+f_lr_6)} \end{cases} \tag{23-7-25}$$

因此，已知焦距 f_l、f_r 和空间点在左右摄像机中的图像坐标，只要求出旋转矩阵 $\boldsymbol{R}$ 和平移矢量 $\boldsymbol{T}$ 就可以得到被测物体点的三维空间坐标。

如果用投影矩阵表示，空间点三维坐标可以由两个摄像机的投影模型表示。即

$$\begin{cases} \boldsymbol{s}_l\boldsymbol{p}_l=\boldsymbol{M}_l\boldsymbol{X}_W \\ \boldsymbol{s}_r\boldsymbol{p}_r=\boldsymbol{M}_r\boldsymbol{X}_W \end{cases} \tag{23-7-26}$$

其中，$\boldsymbol{p}_l\boldsymbol{p}_r$ 分别为空间点在左右摄像机中的图像坐

标；M_1、M_r分别为左右摄像机的投影矩阵；X_W为空间点在世界坐标系中的三维坐标。实际上，双目立体视觉是匹配左右图像平面上的特征点并生成共轭对集合$\{(p_{1,i},p_{1,i})\},i=1,2,\cdots,n$。每一个共轭对定义的两条射线相交于空间中某一场景点。空间相交的问题就是找到相交点的三维空间坐标。

7.4.2　双目立体视觉的精度分析

双目立体视觉是利用两台摄像机来模仿并实现人眼的功能，利用空间点在两摄像机像面上的透视成像点坐标来求取空间点的三维坐标。为了分析双目视觉系统的结构参数对视觉精度的影响，建立如图 23-7-24 所示的精度分析模型。为简化分析，设两台摄像机水平放置，视觉系统的坐标原点为其中一台摄像机的投影中心。设摄像机的有效焦距为 f_1、f_2，光轴与 x 轴的夹角为 α_1、α_2，ω_1、ω_2为小于摄像机的视场角的投影角。

由几何关系得到 P 点的三维坐标为

$$\begin{cases} x=\dfrac{B\cot(\omega_1+\alpha_1)}{\cot(\omega_1+\alpha_1)+\cot(\omega_2+\alpha_2)} \\ y=Y_1\dfrac{z\sin\omega_1}{f_1\sin(\omega_1+\alpha_1)}=Y_2\dfrac{z\sin\omega_2}{f_2\sin(\omega_2+\alpha_2)} \\ z=\dfrac{B}{\cot(\omega_1+\alpha_1)+\cot(\omega_2+\alpha_2)} \end{cases} \tag{23-7-27}$$

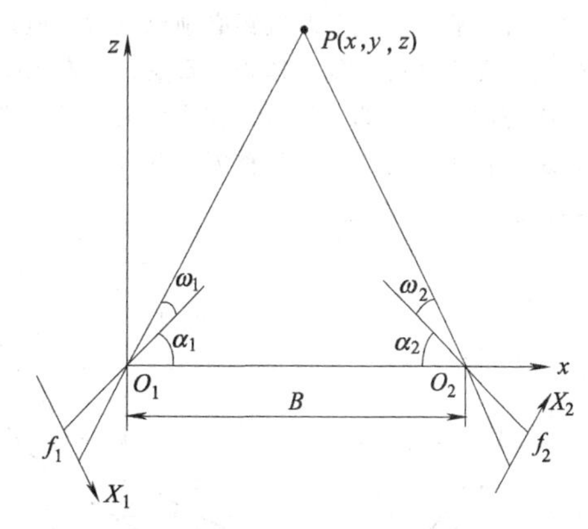

图 23-7-24　双目立体视觉系统精度分析模型

(1) 系统结构参数对精度的影响

下面分析双目立体视觉系统的结构参数以及 P 点的位置对视觉系统视觉精度的影响。设两台摄像机 X 方向的提取精度分别为 δX_1、δX_2，Y 方向的提取精度分别为 δY_1、δY_2，则 P 点 X 方向的精度为

$$\Delta x=\sqrt{\left(\frac{\partial x}{\partial X_1}\delta X_1\right)^2+\left(\frac{\partial x}{\partial X_2}\delta X_2\right)^2} \tag{23-7-28}$$

P 点 Y 方向的测量精度为

$$\Delta y=\sqrt{\left(\frac{\partial y}{\partial X_1}\delta X_1\right)^2+\left(\frac{\partial y}{\partial X_2}\delta X_2\right)^2+\left(\frac{\partial y}{\partial Y_1}\delta Y_1\right)^2+\left(\frac{\partial y}{\partial Y_2}\delta Y_2\right)^2} \tag{23-7-29}$$

P 点 Z 方向的测量精度为

$$\Delta z=\sqrt{\left(\frac{\partial z}{\partial X_1}\delta X_1\right)^2+\left(\frac{\partial z}{\partial X_2}\delta X_2\right)^2} \tag{23-7-30}$$

P 点的总体测量精度为

$$\Delta xyz=\sqrt{(\Delta x)^2+(\Delta y)^2+(\Delta z)^2} \tag{23-7-31}$$

根据以上分析，可以得出以下结论：

① 两台摄像机的有效焦距 f_1、f_2越大，视觉系统的视觉精度越高，即采用长焦距镜头容易获得高的测量精度。

② 视觉系统的基线距 B 对视觉系统视觉精度的影响比较复杂，当 B 增大时，相应的测量角 $\alpha+\omega$ 变大，使得 B 对精度的影响呈非线性关系。

③ 位于摄像机光轴上点的测量精度最低。

因此，在此通过研究两摄像机光轴的交点位置的视觉精度来分析基线距 B 对视觉精度的影响。假定两摄像机对称放置，设 $\alpha_1=\alpha_2=\alpha$，$\omega_1=\omega_2=0$，$k=B/z$，并令

$$e_1=\frac{z}{B}\times\frac{\cot\alpha}{\sin^2\alpha}=\frac{1}{2}+\frac{1}{8}k^2,$$

$$e_2=\frac{z}{B}\times\frac{1}{\sin^2\alpha}=\frac{1}{k}+\frac{1}{4}k,e_3=\sqrt{e_1^2+e_2^2} \tag{23-7-32}$$

则

$$\frac{\partial x}{\partial X}=-\frac{z}{f}\times e_1,\frac{\partial y}{\partial X}=-\frac{y}{f}\times e_1,\frac{\partial z}{\partial X}=\frac{z}{f}\times e_2 \tag{23-7-33}$$

由此可以看出，e_1正比于 Δx 的大小，e_2正比于 Δz 的大小，而 e_3反映了 Δxyz 的大小。图 23-7-25 表示了系统精度与其结构参数的关系，由图 23-7-25 可以看出，k 在 0.8～2.2 之间变化时，系统的测量精度变化较小，因此，当系统工作距离较小时，$k=B/z$ 不是设计的重点；而 $k<0.5$ 时，$B=kz$ 变化对测量精度有较大的影响，此时设计重点应当放在系统的结构尺寸上。由图 23-7-25 可知，e_3 的最小值出现在 $k=1.3$ 附近，为较合适的结构。因此，对工作距离

较大的系统，要求系统的基线距必须也较大。但是基线距的大小受到系统空间、体积、重量、成本和摄像机的大小等因素的制约。另外，在系统结构已经确定时，系统工作距离越大，测量精度越低。

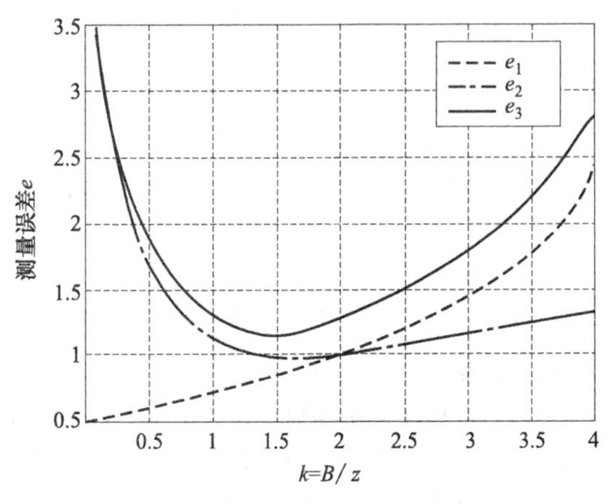

图 23-7-25　系统结构对视觉精度的影响

（2）摄像机焦距对精度的影响

为了获得合适的三维视觉精度，一方面要求两台摄像机焦点之间的距离尽可能远（即视觉系统的基线距离尽可能大），另一方面要求被测物体特征点的求取精度尽可能的高（一般要求达到子像素精度）。采用长焦距摄像机（>25mm）和固定基线长很容易达到 1/20000 的相对深度误差。如图 23-7-26（a）所示，系统的深度视觉误差 e_{max} 主要与特征点的像面坐标的求取精度公式和两摄像机光轴之间的夹角 α 有关，同时也与摄像机的焦距有关。光路越长，深度误差越小，同时视场范围越小。如图 23-7-26（b）所示，要保持深度误差不变，且不增加系统的体积，必须采用短焦距摄像机，同时特征点的提取精度至少提高一倍。如图 23-7-26（c）所示，当摄像机的焦距增加到两倍时，要维持同样的深度误差和视场范围，则摄像机的基线距必须增加两倍。

7.4.3　双目立体视觉的系统结构

为了从二维图像中获得被测物体特征点的三维坐标，双目视觉系统至少要从不同位置获取包含物体特征点的两幅图像，它的一般结构为交叉摆放的两个摄像机从不同角度观测同一被测物体。图 23-7-27 所示为双目立体视觉系统的结构形式。只要能够从不同位置或者角度获取同一物体特征点的图像坐标，就可以由双目立体视觉测量原理求取三维空间坐标。

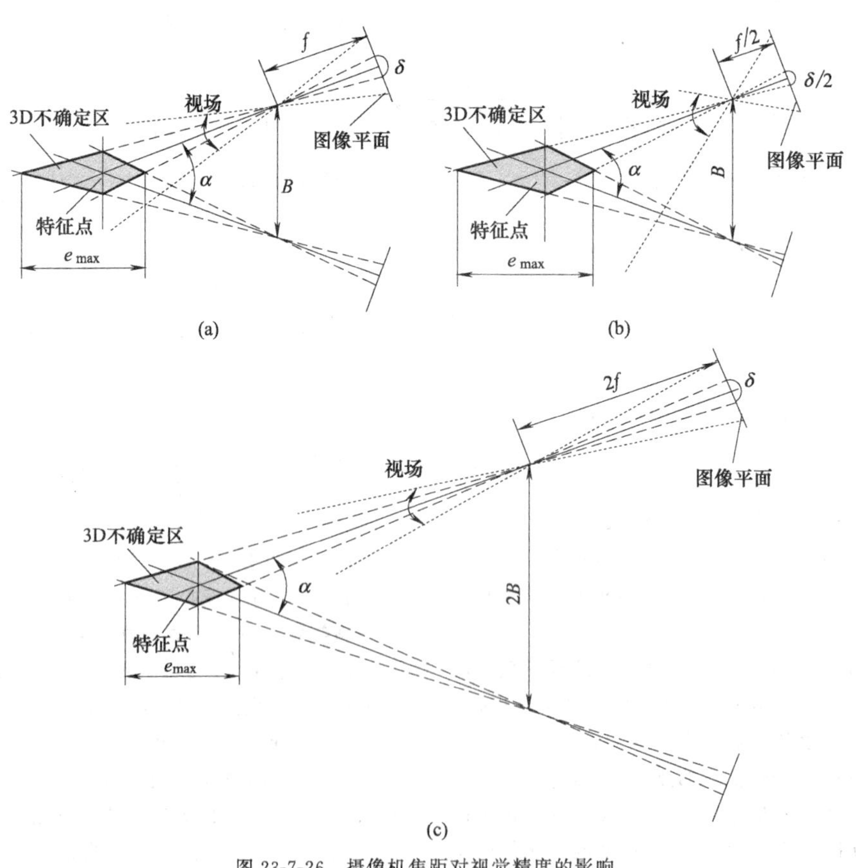

图 23-7-26　摄像机焦距对视觉精度的影响

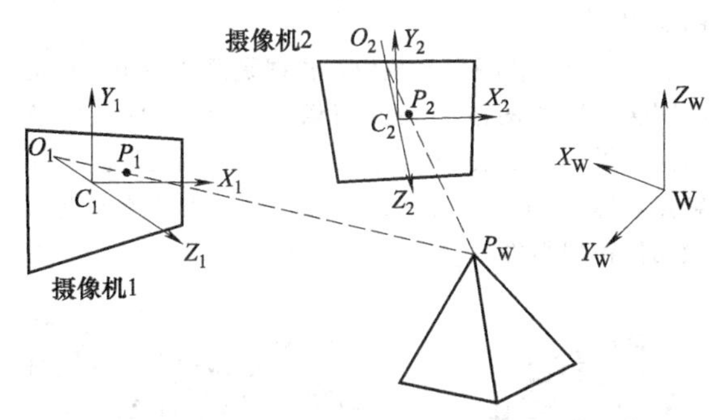

图 23-7-27　双目立体视觉系统的结构配置形式

事实上获取两幅图像并不一定需要两个摄像机，由一个摄像机通过运动在不同位置观测同一个静止的物体，或者由一个摄像机加上光学成像方式，都可以满足要求。下面介绍这些不同的双目立体视觉系统的配置方式。

7.4.3.1　基于两个摄像机的双目系统结构

一般采用两个摄像机来组成双目立体视觉系统，利用视差原理来实现三维测量。如图 23-7-27 所示，由观测点到被测点的连线在空间有唯一的交点。

如图 23-7-28 (a) 所示，以往的双目立体视觉系统的结构是两个摄像机斜置于基座上，中间放线路板，照明灯放在中间前部。这种传统的设计有许多不合理的地方：由于基线距是两摄像机头中心的距离，因此实际的基线距 B 比视觉系统的横向宽度 L 要小许多；照明系统是固定的，对于某些测量对象不适用(如浅盲孔等)；线路板用螺丝固定在基座上，维修时要拆下整个视觉系统，使维修后重新标定不可避免。

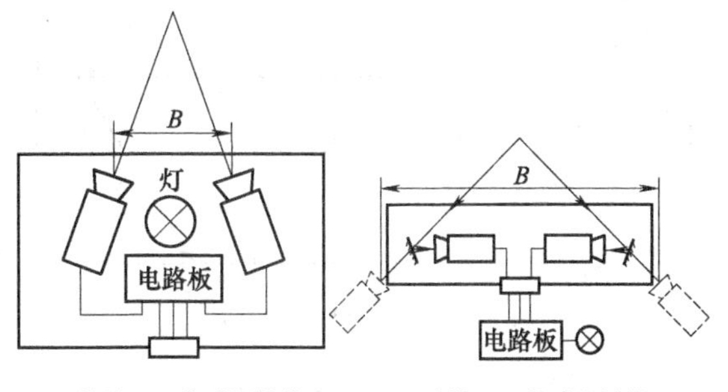

(a) 传统双目传感器结构　　(b) 改进双目传感器结构

图 23-7-28　基于两台摄像机的双目系统结构

如图 23-7-28 (b) 所示，两个摄像机反向放置，在摄像机前面各摆放一个平面反射镜，用来调整摄像机的测量角度。这种结构实际上把两个摄像机成像在有限的空间内，增大了系统基线距 B 的值，而系统的体积并不发生显著变化。同时照明系统采用分体式设计，可以固定在系统外面任何位置，以任意角度为测量提供照明。同传统的设计相比，在系统横向尺寸保持不变的情况下，改进结构可以有更大的基线距 B，能得到更高的测量精度，而且纵向尺寸大大缩短，整个系统的体积更小，重量更轻，便于固定。

7.4.3.2　基于单个摄像机的双目系统结构

如图 23-7-29 所示，当单个摄像机位于位置 1 和位置 2 时，分别采集包含物体特征点的图像。摄像机仅仅沿着 X 方向移动，沿其他方向没有移动，也没有转动。系统的基线距 B 与摄像机的移动距离相关。

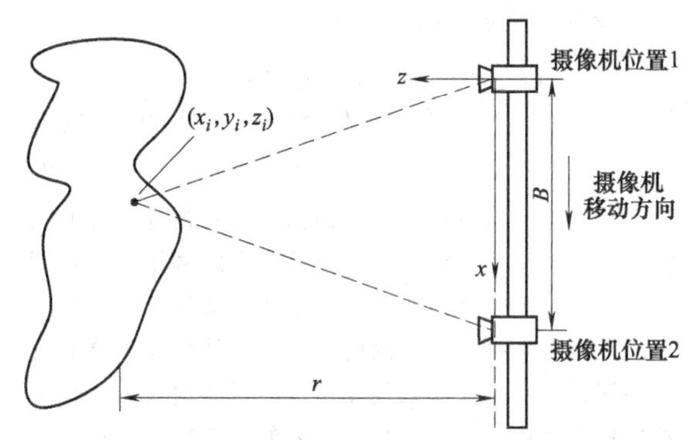

图 23-7-29　运动式单摄像机双目视觉系统

如果摄像机事先移动的两个位置确定下来，该系统只需要一次标定，即可构成双目视觉系统的测量系统，否则系统在各个移动位置必须重新标定。这种结构的特点是：采用单摄像机，降低了系统的成本；根据摄像机的移动位置的不同，很容易构成不同基线距的双目视觉系统，具有很大的灵活性。但是这种结构对摄像机的移动位置（尤其是移动前和移动后的固定位置）要求比较高，因为摄像机在两个位置的固定是在测量过程中进行的，因此测量速度不可能很快。对于要求在线检测的应用场合，这种结构显然不能满足要求。

另外一种获取被测物体立体图像的方式是将光学成像系统和单摄像机结合组成单摄像机双目立体视觉系统。光学成像系统实际上是一些棱镜、平面反射镜或球面反射镜组成的具有折射兼反射功能的光学系统。一些学者采用这种方式来研制基于单摄像机的立体视觉系统。虽然这些学者所采用的光学元件的型式以及配置各不相同，但其基本原理都一样，即使用多个光学器件及单个摄像机形成两个或者更多个摄像机的像，相对于被观测物体来说，相当于不同摄像机从不同角度去观测同一物体，因而具有两个摄像机的同样功能。

(1) 测量范围

① 深度方向 H。

$$H \in \left[\frac{B}{2}\tan\phi, \frac{B}{2}\tan(\phi+\theta)\right] \quad (23\text{-}7\text{-}34)$$

② X，Y 方向测量范围$\pm\Delta$。

$$\Delta=\begin{cases} H\cot\phi-\dfrac{B}{2} & \left(\dfrac{B}{2}\tan\phi\leqslant H\leqslant\dfrac{B}{\cot\phi+\cot(\phi+\theta)}\right) \\ \dfrac{B}{2}-H\cot(\phi+\theta) & \left(H>\dfrac{B}{\cot\phi+\cot(\phi+\theta)}\right) \end{cases} \quad (23\text{-}7\text{-}35)$$

(2) 反射镜 M_1长度

$$l_1=\frac{d\sin\theta}{\cos(\theta+\alpha)} \quad (23\text{-}7\text{-}36)$$

反射镜 M_2 的最短长度

$$l_{\min}=\frac{1}{\cos\beta}=\left|\frac{d\cos2\alpha+d\tan(\theta-\alpha)\sin(2\alpha)}{\tan\beta-\tan(\theta-\alpha)}-\frac{L\tan\beta}{2(\tan\beta+\cot2\alpha)}\right| \quad (23\text{-}7\text{-}37)$$

从以上分析可以看出，镜像式双目视觉系统的结构可以做得很小，但却可以获得很大的基线距，从而提高测量精度。通过改变两组平面镜的摆放角度就可以改变两虚拟摄像机之间的距离，即使增大视觉系统的基线距，也不会导致视觉系统体积的增大。两个虚拟摄像机是由一个摄像机镜像来的，因此，采集图像的两个“摄像机”的参数完全一致，具有极好的对称性。另外，对物体特征点的三维测量，只需一次采集就可以获得物体特征点的两幅图像，从而提高了测量速度。总之，基于单摄像机镜像式双目视觉系统配置具有以下优点：成本低、结构灵活及测量速度快。但是这种结构的一个最大缺点是：由于一幅图像包括了被测物体的特征点“两幅”图像，允许的图像视差减小了一半，因此视觉系统的测量范围至少减小了一半。同样在图像的中央是“两幅”图像的相交处，图像变得不可利用，而对一个摄像机来说，图像中央应该是成像质量最好和受镜头畸变影响最小的地方。

通过以上分析，各种配置的双目立体视觉系统都存在各自的优点和缺点。因此，只能针对一个具体的测量对象，才能确定最好的视觉系统配置方式。对要求大测量范围和较高测量精度的场合，采用基于双摄像机的双目立体视觉系统比较合适；对测量范围要求较小，对视觉系统的体积和质量要求严格，需要高速度的实时测量对象，基于光学成像的单摄像机双目立体视觉系统成为最佳选择。

7.4.4　双目立体视觉中的极线几何

极线几何讨论的是两个摄像机图像平面的关系，它不仅对双目立体视觉中两幅图像的对应点匹配有着重要作用，而且在三维重建和运动分析中也具有广泛的应用。

在双目立体视觉系统中，数据是两个摄像机获得的图像，即左图像 I_l与右图像 I_r，如图 23-7-30 所示。如果 p_l、p_r是空间同一点 p 在两个图像上的投影点，称为 p_l与 p_r互为对应点。对应点的寻找与极线几何密切相关。

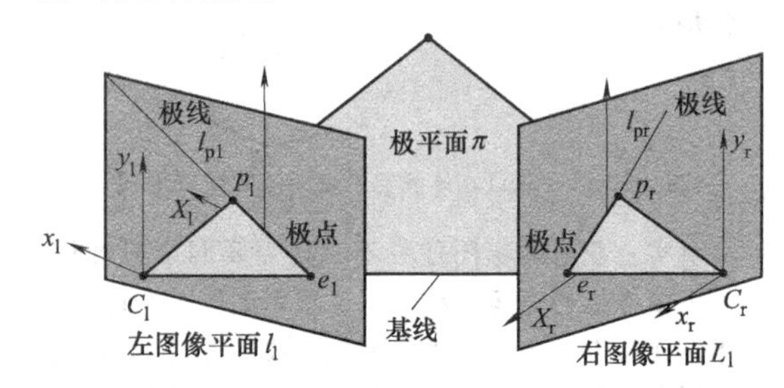

图 23-7-30　双目立体视觉中的极线几何关系

首先介绍极线几何的几个概念：

① 基线。指左右两摄像机光心的连线，图 23-7-30 中直线C_lC_r。

② 极平面。指空间点 p、两摄像机光心决定的平面，图 23-7-30 中平面 π。

③ 极点。指基线与两摄像机图像平面的交点，图 23-7-30 中 e_l、e_r。

④ 极线。极平面与图像平面的交线，图 23-7-30 中直线e_lp_l、e_rp_r，同一图像平面内所有的极线交于极点。

⑤ 极平面簇。由基线和空间任意一点确定的一簇平面，如图 23-7-31 所示，所有的极平面相交于基线。

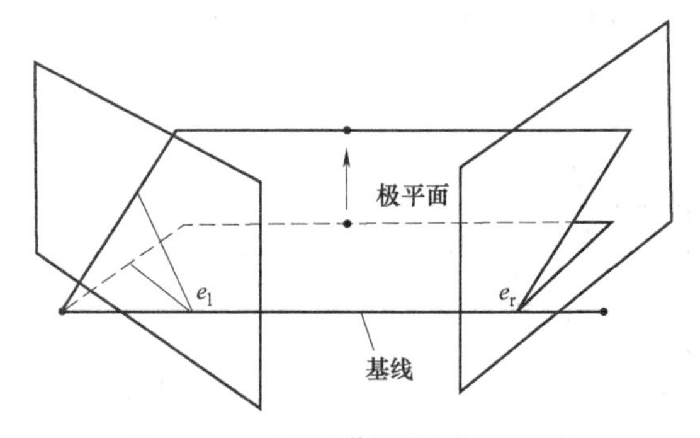

图 23-7-31　双目立体视觉中的极平面簇

在图 23-7-30 中，称直线e_lp_l为图像 I_l上对应于 p_r点的极线，直线e_rp_r为图像 I_r上对应于 p_l点的极线。如果已知 p_l在图像 I_r内的位置，则在图像 I_r内 p_l所对应的点必然位于它在图像 I_r内的极线上，即 p_r一定在直线e_rp_r上，反之亦然。这是双目立体视觉的一个重要特点，称之为极线约束。另一方面，从极限约束只能知道 p_l所对应的直线，而不知道它的对应点在直线上的具体位置，即极线约束是点与直线的对应，而不是点与点的对应。尽管如此，极线约束给出了对应点重要的约束条件，它将对应点匹配从整幅图像寻找压缩到在一条直线上寻找对应点。因此，极大地减小了搜索的范围，对对应点匹配具有指导作用。下面给出一种在已知 M_l 与 M_r、投影短阵的条件下求极线的方法。

将两个摄像机的投影方程式（23-7-26）写成

$$\begin{cases} s_l \boldsymbol{p}_l = \boldsymbol{M}_l \boldsymbol{X}_w = (\boldsymbol{M}_{ll} \quad \boldsymbol{m}_l)\boldsymbol{X}_w \\ s_r \boldsymbol{p}_r = \boldsymbol{M}_r \boldsymbol{X}_w = (\boldsymbol{M}_{rl} \quad \boldsymbol{m}_r)\boldsymbol{X}_w \end{cases} \tag{23-7-38}$$

式中 $\boldsymbol{X}_w$——空间某点 P 在世界坐标系下的齐次坐标；

$\boldsymbol{p}_l$、$\boldsymbol{p}_r$——P 点分别在左右图像的图像齐次坐标；

$\boldsymbol{M}_{ll}$ 和 $\boldsymbol{M}_{rl}$——$\boldsymbol{M}_l$ 与 $\boldsymbol{M}_r$ 矩阵中左面的 3×3 部分；

$\boldsymbol{m}_l$ 和 $\boldsymbol{m}_r$——$\boldsymbol{M}_l$ 与 $\boldsymbol{M}_r$ 矩阵中右边的 3×1 部分。

为了使上述消去过程更清晰，在此引入反对称短阵：如果 $\boldsymbol{t}$ 为三维向量，$\boldsymbol{t}=(t_x, t_y, t_z)^T$，称下列矩阵为由 $\boldsymbol{t}$ 定义的反对称短阵，记作 $[\boldsymbol{t}]_X$。

$$[\boldsymbol{t}]_X = \begin{bmatrix} 0 & -t_z & t_y \\ t_z & 0 & -t_x \\ -t_y & t_x & 0 \end{bmatrix} \tag{23-7-39}$$

由定义可知，$[\boldsymbol{t}]_X = -([\boldsymbol{t}]_X)^T$，$[\boldsymbol{t}]_X$ 是一个不满秩的不可逆矩阵。

上述公式有以下重要关系：

$$\boldsymbol{p}_r^T [\boldsymbol{m}]_X \boldsymbol{M}_{rl} \boldsymbol{M}_{ll}^{-1} \boldsymbol{p}_l = 0 \tag{23-7-40}$$

式（23-7-40）的意义是，它给出了 $\boldsymbol{p}_l$ 与 $\boldsymbol{p}_r$ 所必须满足的关系。可以看出，在给定 $\boldsymbol{p}_l$ 的情况下，式(23-7-40)是一个关于 $\boldsymbol{p}_r$ 的线性方程，即 $\boldsymbol{I}_r$ 图像上的极线方程。反过来，在给定 $\boldsymbol{p}_r$ 的情况下，式（23-7-40）是一个关于 $\boldsymbol{p}_l$ 的线性方程，即 I_l 上图像上的极线方程。

令 $\boldsymbol{F}=[\boldsymbol{m}]_X \boldsymbol{M}_{rl} \boldsymbol{M}_{ll}^{-1}$，则式（23-7-40）可以写成 $\boldsymbol{p}_r^T \boldsymbol{F} \boldsymbol{p}_l = 0$，$\boldsymbol{F}$ 称为基本矩阵（fundamental matrix）。基本矩阵是极线几何的一种代数表示，将极线约束采用基本矩阵以解析形式可以表示为

$$\boldsymbol{l}_{pr} = \boldsymbol{F}\boldsymbol{p}_l \tag{23-7-41}$$

$$\boldsymbol{l}_{pl} = \boldsymbol{F}^T \boldsymbol{p}_r \tag{23-7-42}$$

如果已知左右摄像机的内参数矩阵 A_l、A_r 和两个摄像机之间的结构参数 R、T，则极平面方程又可以表示为

$$\boldsymbol{p}_r^T \boldsymbol{A}_r^{-T} \boldsymbol{S}\boldsymbol{R}\boldsymbol{A}_l^{-1} \boldsymbol{p}_l = 0 \tag{23-7-43}$$

其中 $\boldsymbol{S}$ 为反对称矩阵，其矢量定义为 $\boldsymbol{S}=[\boldsymbol{t}]_X = \begin{bmatrix} 0 & -t_z & t_y \\ t_z & 0 & -t_x \\ -t_y & t_x & 0 \end{bmatrix}$。

因此基本矩阵又可以表示为

$$\boldsymbol{F} = \boldsymbol{A}_r^{-T} \boldsymbol{S}\boldsymbol{R}\boldsymbol{A}_l^{-1} \tag{23-7-44}$$

从式（23-7-44）可以看出，基本矩阵实际上包括双目立体视觉系统的所有参数，即两个摄像机内部参数 $\boldsymbol{A}_l$、$\boldsymbol{A}_r$ 和视觉系统的结构参数 $\boldsymbol{R}$、$\boldsymbol{t}$。这表明基本矩阵只与视觉系统的参数（摄像机内部参数和两摄像机结构参数）有关，与外部场景无关，是双目立体视觉内在的一种约束关系。$\boldsymbol{F}$ 矩阵在立体视觉与运动视觉中是一个很重要的矩阵。

定义 $E=RS$ 为本质矩阵，它只与视觉系统的结构参数有关。近十年来，许多学者对基本矩阵 F 和本质矩阵 E 的性质和应用进行了深入的研究。基本矩阵 F 是具有 7 个自由度的秩为 2 的齐次矩阵，它描述了两个摄像机的相对位置。基本矩阵 F 可以分解成只差一个矩阵因子的两个摄像机的投影短阵，因此重建结果只差一个矩阵因子 $\boldsymbol{H}$，所以，这种重建是在射影几何意义下的重建，所计算出来的几何元素保持射影变换群下的不变量。本质矩阵 E 可以分解成两个摄像机位置的旋转短阵 R 和带一比例因子的平移矩阵 t，因此在运动参数分析中具有重要作用。本质矩阵是具有 5 个自由度的秩为 2 的矩阵。

基本矩阵 $\boldsymbol{F}$ 和本质矩阵 $\boldsymbol{E}$ 的性质简单介绍如下。

（1）基本矩阵 F 的性质

① 具有 7 个自由度的秩为 2 的齐次矩阵；

② 如果 $\boldsymbol{p}_l$ 与 $\boldsymbol{p}_r$ 为对应图像点，则满足 $\boldsymbol{p}_r^T \boldsymbol{F} \boldsymbol{p}_l = \boldsymbol{0}$；

③ $\boldsymbol{l}_{pr} = \boldsymbol{F}\boldsymbol{p}_l$ 为对应于 $\boldsymbol{p}_l$ 的极线，$\boldsymbol{l}_{pl} = \boldsymbol{F}^T \boldsymbol{p}_r$ 为对应于 $\boldsymbol{p}_r$ 的极线；

④ 极点为 $\boldsymbol{F}\boldsymbol{e}_l = \boldsymbol{F}^T \boldsymbol{e}_r = \boldsymbol{0}$。

（2）本质矩阵 E 的性质

① 具有 5 个自由度的秩为 2 的矩阵；

② 有一个奇异值为 0，另外两个奇异值相等；

③ $\boldsymbol{E}^T \boldsymbol{t} = 0$；

④ $\boldsymbol{E}\boldsymbol{E}^T$ 仅由平移来决定；

⑤ $\|\boldsymbol{E}\|^2 = 2\|\boldsymbol{t}\|^2$。

7.4.5 双目立体视觉中的对应点匹配

双目立体视觉是建立在对应点的视差基础之上，因此左右图像中各点的匹配关系成为双目立体视觉技术的一个极其重要的问题。然而，对于实际的立体图像对，求解对应问题极富挑战性，可以说是双目立体视觉中最困难的一步。为了求解对应，人们已经建立了许多约束来减少对应点误匹配，并最终得到正确的对应。

在双目立体视觉系统中，对应点匹配问题主要关心两幅图像中点、边缘或者区域等几何基元的相似程度。

7.4.5.1 图像匹配的常用方法

由于噪声、光照变化、遮挡和透视畸变等因素的

影响，空间同一点投影到两个摄像机的图像平面上形成的对应点的特性可能不同，在一幅图像中的一个特征点或者一小块子图像在另一幅图像中可能存在好几个相似的候选匹配。因此需要另外的信息或者约束作为辅助判据，以便能得到唯一准确的匹配。一般采用的约束有：

① 极线约束。在此约束下，匹配点一定位于两幅图像中相应的极线上。

② 唯一性约束。两幅图像中对应的匹配点有且仅有一个。

③ 视差连续性约束。除了遮挡区域和视差不连续区域外，视差的变化应该都是平滑的。

④ 顺序一致性约束。位于一幅图像极线上的系列点在另一线上具有相同的顺序。

在双目立体视觉中，图像匹配的目的是给定在一幅图像上的已知点（或称为源匹配点）后在另一幅图像上寻找与之相对应的目标匹配点（或称为同名像点）。图像匹配方法通常有基于图像灰度（区域）的匹配、基于图像特征和基于解释的匹配或者多种方法相结合的匹配。

基于灰度的区域匹配方法，其基本原理是在其中一幅图像中选取一子窗图像，然后在另一幅图像中的一个区域内，根据某种匹配准则寻找与子窗口图像最为相似的子图像。目前常用的匹配准则有最大互相关准则、最小均方差准则等，区域匹配常常需要进行相关计算。主要用于表面非常平滑的匹配，如卫星、航空照片的匹配，以及具有明显纹理特征的立体图像。区域匹配能够直接获得稠密偏差图。但当缺乏纹理特征或者图像深度不连续时，容易出错。这种方法的计算量很大并且误匹配概率较高，匹配精度较差。

单纯的区域匹配不能简单明确地完成全局匹配任务，大多数区域匹配系统都遇到如下限制：

① 区域匹配要求在每个相关窗口中都存在可探测的纹理特征，对于较弱特征和存在重复特征的情况，匹配容易失败。如果相关窗口中存在表面不连续特征，匹配容易混淆。

② 区域匹配对绝对光强、对比度和照明条件敏感。

③ 区域匹配不适用于深度变化剧烈的场合。

基于以上原因，区域匹配系统往往需要人为介入，指导正确匹配。

特征匹配方式是基于抽象的几何特征（如边缘轮廓、拐点、几何基元的形状及参数化的几何模型等），而不是基于简单的图像纹理信息进行相似度的比较。由于几何特征本身的稀疏性和不连续性，特征匹配方式只能获得稀疏的深度图，需要各种内插方法才能最后完成整幅深度图的提取工作。特征匹配方式需要对两幅图像进行特征提取，相应地会增加计算量。特征匹配具有如下优点：

① 因为参与匹配的点（或特征）少于区域匹配所需要的点，因此速度较快。

② 因为几何特征提取可达到“子像素”级精度，因此特征匹配精度较高。

③ 因为匹配元素为物体的几何特征，因此特征匹配对照明变化不敏感。

基于解释的匹配方法是根据各匹配点的先验知识或固有约束，从可能候选点中进行筛选实验，从中选出最符合固有约束的位置作为匹配点，常用的约束有几何约束（如距离、角度）、拓扑约束（如邻接关系）等，这种匹配的精度不高且通常用于定性识别和判断。此外，还有其他类型的立体匹配方式，如像素特征法、采用小波变换法、相关位相分析法以及滤波分析等匹配方式。

7.4.5.2 已知极线几何的对应点匹配方法

由前面的讨论可知，双目立体视觉系统经过参数标定之后，两个摄像机的内部参数以及视觉系统的结构参数已知，可以直接利用这些参数计算出基本矩阵或者本质矩阵，即能够获得该视觉系统的极线约束关系。

另一方面，双目立体视觉系统的测量对象为具有明显几何特征的一些工件（或构件），如棱线的交点、圆孔的中心或者圆孔几何尺寸。这些测量对象中，有些特征点的对应关系比较明确，而有些特征点的对应关系则未知，如圆孔边缘。因此，对这类未知对应关系的特征，在进行测量之前，需要建立准确的对应关系。

在此结合双目立体视觉系统的特点介绍一种基于极线约束、特征匹配与区域匹配相结合的立体匹配方法，其基本过程如图 23-7-32 所示。首先提取被测物体在两幅图像中的几何特征（边缘轮廓或者拐点，视测量要求而定），基于极线约束关系建立初始候选匹配关系，并进行对称性测试（所谓对称性测试是指对匹配关系进行两个方向的检验，即同样算法应用于从左图像到右图像，也应用于从右图像到左图像），将

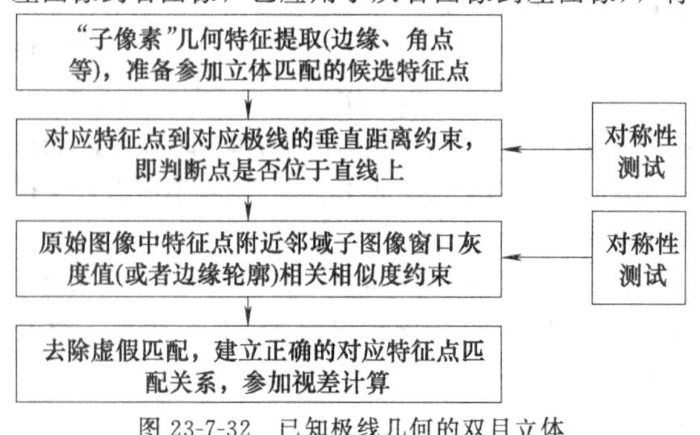

图 23-7-32 已知极线几何的双目立体视觉对应点的匹配过程

只有一个方向或者两个方向都不满足约束关系的匹配视为虚假匹配。然后基于区域匹配方式对特征点附近的子图像窗口的图像纹理信息或者边缘轮廓进行相关运算，并进行相似度比较和对称性测试，将最后的匹配对应点作为正确的匹配特征点，参加视差计算。

7.4.5.3　未知极线几何的对应点匹配方法

大多数立体视觉对应点匹配都采用了极线约束，首先通过视觉系统标定，求出基本矩阵（或本质矩阵），在基本矩阵的指导下进行匹配。然而在一些没有标定或者需要现场标定的情形下，极线几何未知，极线约束不可利用。这种情况下，可以采用如图 23-7-33所示的计算过程。在未知极线几何的立体视觉系统中，因为立体对应点匹配准确程度直接依赖于极线几何估计精度，因此极线几何的确定也就成为关键的一步。

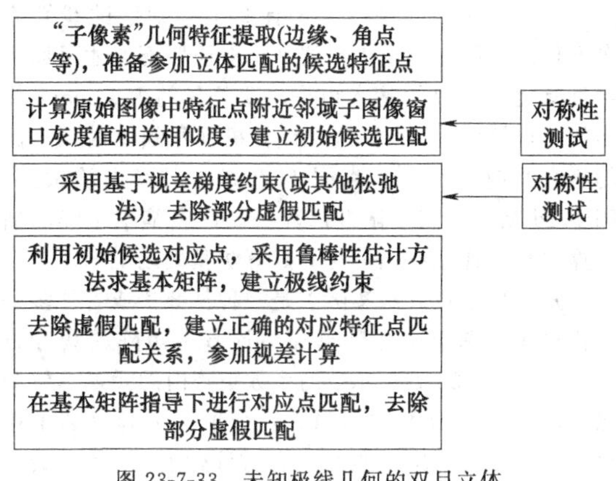

图 23-7-33　未知极线几何的双目立体视觉对应点的匹配过程

由前面的讨论可知，极线几何可以由 3×3 的基本矩阵 $\boldsymbol{F}$ 来描述。$\boldsymbol{F}$ 是在个带有比例因子的基础上定义的，即乘以任何一个不为零的比例系数，$\boldsymbol{F}$ 所表示的几何意义是相同的，另外 $\boldsymbol{F}$ 的秩为 2，因此，$\boldsymbol{F}$ 实际上可以由 7 个参数确定。

为了求解 F，需要建立没有极线约束的两幅图像之间的对应匹配点。为了减少需要处理的数据量，提高处理速度，首先采用 Harris 角点探测方法求出每幅图像中的“子像素”级精度的高曲率角点。其次采用经典的基于灰度相关的区域匹配方法，建立这些点之间的初始候选匹配关系，并经对称性测试，建立点与点之间的一一对应关系。再次对候选匹配点采用基于视差梯度约束（也可以采用其他松弛法）消除部分虚假匹配，建立包含大多数正确匹配关系的对应点匹配，再使用这些点，采用鲁棒性估计算法求解基本矩阵，并消除部分虚假匹配。至此，可以建立绝大多数准确匹配的对应点，几乎没有虚假匹配的立体匹配对应点（根据整个计算过程中的阈值而定，条件越苛刻，所求的对应点数量就越少，但虚假匹配就越少）。最后根据建立的准确匹配关系，计算高精度的基本矩阵，并在基本矩阵指导下，进行更多对应点的匹配。

(1) 基于相关方式建立候选

特征点的探测方法有以下约定：以图像中的一个特征为中心，大小为 $m\times n$ 的子图像窗口称为特征点的邻域窗。对应于左图像的邻域窗称为左邻域窗，对应于右图像的邻域窗称为右邻域窗。如给定左图像中的一个特征点 $P_{\mathrm{l}i}$，则称 $P_{\mathrm{l}i}$ 的邻域窗为 $P_{\mathrm{l}i}$ 的左邻域窗。

在建立左图像中的特征点与右图像特征点的候选对应匹配关系时，将对左图像中给定的特征点 $P_{\mathrm{l}i}$ 的左邻域窗与第二幅图像每一个特征点的右邻域窗进行相似度比较。如果对第一幅图像中给定点与第二幅图像中某一点满足下列要求：相似度满足阈值要求，与第二幅图像中所有特征点的右邻域窗的相似度为最优，则视这两点为对应点。如果该点的邻域窗与第二幅图像中所有点的邻域窗的相似度都不满足阈值要求，则认为该点在第二幅图像中没有对应点，右图像中特征点与左图像特征点的对应关系的候选匹配的建立与左图像的过程相同，只是两者的位置颠倒。

分别建立了两者之间的候选匹配关系后，进行对称性测试，只有当两个匹配集中的对应点完全一致时，才视为有效匹配，即若在右图像中找到左图像特征点的 p_1 的对应点 p_r，当从左图像中寻找 p_r 的对应点 p_1 时，才视 p_1 与 p_r 为有效候选匹配。图 23-7-34 直观地描述了以上算法。

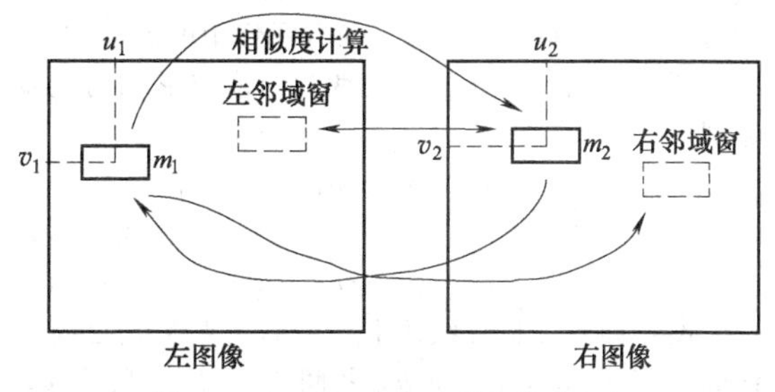

图 23-7-34　基于相似度计算的对应点的候选匹配的建立

设 $S(x,y)$ 为 (x,y) 对应的两个邻域窗的相似度，$I(x,y)$ 为目标图像 (x,y) 处的灰度值，I 为目标图像邻域窗的灰度平均值；$T(x,y)$ 为源图像 (x,y) 处的灰度值，T 为源图像邻域窗的灰度平均值。对在右图像中寻找左图像中特征点的对应时，右图像为目标图像，而左图像为源图像，反之亦然，则相似度可以根据以下任何一种方式计算。

① 灰度差的平方方式；

② 归一化灰度差的平方方式；

③ 灰度互相关方式；

④ 归一化灰度互相关方式；

⑤ 归一化灰度互相关系数方式。

在以上相似度计算方法中，非归一化方法的计算量相对较小，但容易受光照条件的限制；而归一化方式受光照影响较小；基于灰度互相关系数是在与平均灰度差值基础上进行计算的，受光照影响最小，不过它的计算量也是最大的。对计算特征点邻域窗的相似度，计算数据比较小，因此选择基于灰度互相关系数方法来计算相似度，以避免光照变化对立体匹配的负面影响。

(2) 基于视差梯度的对应点匹配强度的计算

在基于灰度相关建立的候选匹配集中，由于受图像亮度、环境条件的影响或者图像内可能存在相似特征，因此，必然存在许多虚假匹配。这里介绍一种基于视差梯度方式去除部分虚假匹配的方法。视差梯度可以作为两对对应点匹配之间相容程度的一种测度。

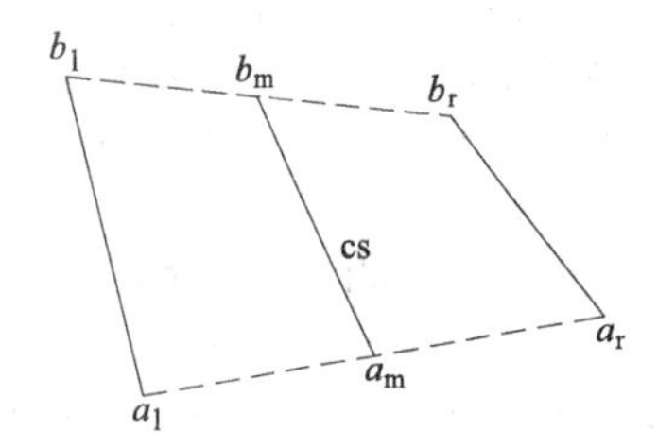

图 23-7-35 视差梯度及其测度

如图 23-7-35 所示，假定左图像中的点 $a_1(a_{1x}, a_{1y})$ 和右图像中的点 $a_r(a_{rx}, a_{ry})$ 为一对应匹配，左图像中的点 $b_1(b_{1x}, b_{1y})$ 和右图像中的点 $b_r(b_{rx}, b_{ry})$ 为另一对应匹配，则这两对对应点形成的视差分别为

$$d_a = a_r - a_1 = (a_{rx} - a_{1x}, a_{ry} - a_{1y}) \tag{23-7-45}$$

$$d_b = b_r - b_1 = (b_{rx} - b_{1x}, b_{ry} - b_{1y}) \tag{23-7-46}$$

设 a_1和 a_r之间连线的中点为 a_m，b_1和 b_r之间连线的中点为 b_m，a_m 和 b_m 之间连线的矢量为 $\boldsymbol{d}_{cs}(a_m, b_m)$，则视差梯度定义为：

$$d_{gr} = \frac{|d_a - d_b|}{|d_{cs}(a_m, b_m)|} \tag{23-7-47}$$

在图像中相互靠近的角点，应该具有相似的视差，视差梯度可以作为这种相似性的一种测度。视差梯度越小，两对对应点之间的相容性就越好。在立体视觉算法中广泛采用视差梯度方法消除虚假匹配。首先计算要判断的一对对应匹配与其他所有的对应匹配之间的视差梯度之和，这个视差梯度和可以作为判断一对对应匹配同它邻域内的对应匹配之间的相容程度。采用递归搜索的方式消虚假匹配，直到所有的对应匹配满足最大视差梯度和与最小视差梯度和相差约 3 倍时，即可停止递归搜索过程。采用这种方式，可以消除约 20% 的虚假匹配。

(3) 基于候选匹配对应点的基本矩阵鲁棒性计算方法

给定两幅图像内对应的特征点集 $x \leftrightarrow x'$，$x(x, y, 1)$、$x'(x', y', 1)$ 分别表示左右摄像机的对应点的齐次坐标。由基本矩阵的定义可知：$x'Fx=0$ 即：

$$\boldsymbol{A}\boldsymbol{f} = \boldsymbol{0} \tag{23-7-48}$$

其中，$\boldsymbol{f} = (F_{11}, F_{12}, F_{13}, F_{21}, F_{22}, F_{23}, F_{31}, F_{32}, F_{33})^T$，满足约束 $\|f\|=1$；

$$\boldsymbol{A} = \begin{bmatrix} x_1'x_1 & x_1'y_1 & x_1' & y_1'x_1 & y_1'y_1 & y_1' & x_1 & y_1 & 1 \\ \vdots & \vdots & \vdots & \vdots & \vdots & \vdots & \vdots & \vdots & \vdots \\ x_n'x_n & x_n'y_n & x_n' & y_n'x_n & y_n'y_n & y_n' & x_n & y_n & 1 \end{bmatrix}$$

式 (23-7-48) 是一个具有 9 个未知数的线性齐次方程组，因此，至少需要 8 个对应匹配点才可以求出带有比例系数的基本矩阵，即著名的由 Longue 提出的 8 点算法。8 点算法在计算机视觉领域内到广泛的研究和应用，为了克服 8 点算法对噪声的敏感，Richard 提出了归一化 8 点算法。许多基本矩阵的估计算法都是建立在归一化 8 点算法基础之上的。

归一化 8 点算法实际上是一种从 8 个或者更多归一化对应点图像坐标数据去估计基本矩阵的线性方法。由于式 (23-7-48) 中的系数矩阵内的元素单位为像素，其条件数可能相当大，结果会引起解的不稳定。另外，由于错误匹配（有时即使有一个），最后得到的基本矩阵估计将存在较大的误差。因此，基于对应点图像坐标数据直接利用最小二乘法估计基本矩阵的方法不是鲁棒的。常用的鲁棒法有 M-estimators 法和最小中值法。M-estimators 法可以用加权最小二乘法来实施。因此，在进行计算前，先要对对应特征点的图像数据进行归一化处理。归一化的方法描述如下：定义一个变换 $\boldsymbol{T}_{norm}$，每一个变换包括平移和比例缩放过程，以便使原始图像数据的质心为原点，变换后的图像点坐标到原点的 RMS 距离为$\sqrt{2}$。

$$\begin{bmatrix} u_i \\ v_i \\ 1 \end{bmatrix} = T_{norm} x_i, \begin{bmatrix} u_i' \\ v_i' \\ 1 \end{bmatrix} = \boldsymbol{T}'_{norm} x_i' \tag{23-7-49}$$

根据上述要求，首先变换 $\boldsymbol{T}_{norm}$：

$$\boldsymbol{T}_{norm} = \begin{bmatrix} \frac{\sqrt{2}}{s} & 0 & -\bar{x} \\ 0 & \frac{\sqrt{2}}{s} & -\bar{y} \\ 0 & 0 & 1 \end{bmatrix} \tag{23-7-50}$$

其中，$\bar{x}=\frac{1}{n}\sum_{i}x_i$，$\bar{y}=\frac{1}{n}\sum_{i}y_i$，$s=\sqrt{\frac{1}{n}\sum_{i=1}^{n}[(x_i-\bar{x})^2+(y_i-\bar{y})^2]}$。

实际上，变换 $\boldsymbol{T}'_{\text{norm}}$ 也可由式（23-7-50）类似求出。根据式（23-7-50）定义的变换分别将对应特征点的图像数据进行归一化处理。并将归一化数据代入式（23-7-48）采用最小二乘方法求得归一化基本矩阵 $\boldsymbol{F}_{\text{norm}}$。计算出的 $\boldsymbol{F}_{\text{norm}}$ 不一定满足秩2约束，因此还需要进行调整，以使 $\boldsymbol{F}_{\text{norm}}$ 满足秩2约束。

采用SVD将 $\boldsymbol{F}_{\text{norm}}$ 分解为：

$$\boldsymbol{F}_{\text{norm}}=U\begin{bmatrix}D_1 & 0 & 0\\ 0 & D_2 & 0\\ 0 & 0 & D_3\end{bmatrix}\boldsymbol{V}^{\text{T}} \tag{23-7-51}$$

其中，$D_1>D_2>D_3$。令 $D_3=0$，则有：

$$\boldsymbol{F}_{\text{norm}}=U\begin{bmatrix}D_1 & 0 & 0\\ 0 & D_2 & 0\\ 0 & 0 & 0\end{bmatrix}\boldsymbol{V}^{\text{T}} \tag{23-7-52}$$

此时 $\boldsymbol{F}_{\text{norm}}$ 满足秩2的约束条件。由 $\boldsymbol{F}_{\text{norm}}$ 可求得基本矩阵：

$$\boldsymbol{F}=(\boldsymbol{T}'_{\text{norm}})^{\text{T}}\boldsymbol{F}_{\text{norm}}\boldsymbol{T}_{\text{norm}} \tag{23-7-53}$$

由鲁棒性估计算法求出基本矩阵和准确的立体匹配点后，可以在基本矩阵指导下进行更多对应点匹配。

7.4.6　双目视觉系统标定

双目立体视觉系统的标定主要是指摄像机的内部参数标定后确定视觉系统的结构参数 R 和 T。一般方法是采用标准2D或3D精密靶标，通过摄像机的图像坐标与三维世界坐标的对应关系求得这些参数。

7.4.6.1　双目立体视觉常规标定方法

通过摄像机标定过程，可以得到摄像机的内部参数。对特征对应点在视觉系统的左右摄像机的图像坐标进行归一化处理，设获得的理想图像坐标分别为（X_1，Y_1）和（X_r，Y_r）。

双目立体视觉系统中左右摄像机的外部参数分别为 R_1、T_1 与 R_r、T_r。则 R_1、T_1 表示左摄像机与世界坐标系的相对位置，R_r、T_r 表示右摄像机与世界坐标系的相对位置。对任意点，如它在世界坐标系、左摄像机坐标系和行摄像机坐标系下的非齐次坐标分别为 x_w、x_1、H_r，则

$$x_1=R_1x_w+T_1,\quad x_r=R_rx_w+T_r \tag{23-7-54}$$

消去 x_w，得到 $x_r=R_rR_1^{-1}x_1+T_r-R_rR_1^{-1}T_1$。因此，两个摄像机之间的几何关系可以用以下关系式表示：

$$x_r=R_rR_1^{-1},\quad T=T_r-R_rR_1^{-1}T_1 \tag{23-7-55}$$

式（23-7-54）表示，如果对双摄像机分别标定，得到 R_1、T_1 与 R_r、T_r，则双摄像机的相对几何位置就可以由式（23-7-55）计算。实际上，在双目立体视觉系统的常规标定方法中，是由标定靶标对两个摄像机同时进行摄像机摄像标定。以分别获得两个摄像机的内、外参数，从而不仅可以标定出摄像机的内部参数还可以同时标定出双目立体视觉系统的结构参数。

7.4.6.2　基于标准长度的标定方法

双目视觉系统标定还有多种方法，下面介绍一种基于标准长度的双目视觉系统标定方法。该方法简单，使用方便，标定精度高。

由双目立体视觉数学模型式：

$$\begin{aligned}&(f_2t_x-X_2t_z)(r_4X_1+r_5Y_1+f_1r_6)-\\&(f_2t_y-Y_2t_z)(r_1X_1+r_2Y_1+f_1r_3)\\&=(Y_2t_x-X_2t_y)(r_7X_1+r_8Y_1+f_1r_9)\end{aligned} \tag{23-7-56}$$

令 $\boldsymbol{T}'=\alpha\boldsymbol{T}$，因 $t_x\neq0$，选择 $\alpha=\frac{1}{t_x}$，则有 $\boldsymbol{T}'=(1,t'_y,t'_z)^{\text{T}}$。式（23-7-56）是一个含有11个未知数 t'_y、t'_z、$r_1\sim r_9$ 的非线性方程，用函数 $f(x)=0$ 来表示，其中

$$x=(t'_y,t'_z,r_1,r_2,r_3,r_4,r_5,r_6,r_7,r_8,r_9)$$

另外，$r_1\sim r_9$ 构成的旋转矩阵 R 是正交的，具有六个正交约束条件。由此构成以下罚函数：

$$\begin{cases}h_1(x)=M_1(r_1^2+r_4^2+r_7^2-1)\\h_2(x)=M_2(r_2^2+r_5^2+r_8^2-1)\\h_3(x)=M_3(r_3^2+r_6^2+r_9^2-1)\\h_4(x)=M_4(r_1r_2+r_4r_5+r_7r_8)\\h_5(x)=M_5(r_1r_3+r_4r_6+r_7r_9)\\h_6(x)=M_6(r_2r_3+r_5r_6+r_8r_9)\end{cases} \tag{23-7-57}$$

其中 $M_1\sim M_6$ 为罚因子，从而由所有观测点得到无约束最优目标函数为：

$$\min F(x)=\sum_{i=1}^{n}f_i^2(x)+\sum_{i=1}^{6}M_ih_i^2(x) \tag{23-7-58}$$

最后由 Levenberg-Marquardt 法求得 x。

对于 P_i 点的空间位置为（X_i，Y_i，Z_i），对应的像面坐标分别为（X_{li}，Y_{li}）、（X_{ri}，Y_{ri}）。空间点 P_i、P_j 的距离 D_{ij} 表示为：

$$f_1^2D_{ij}^2=(z_iX_{li}-z_jX_{lj})^2+(z_iY_{li}-z_jY_{lj})^2+f_1^2(z_i-z_j)^2 \tag{23-7-59}$$

因式（23-7-59）求得的 z_i 带有比例因子，即 $z'_i=\alpha z_i$，则式（23-7-59）变为

$$\alpha^2f_1^2D_{ij}^2=(z'_iX_{li}-z'_jX_{lj})^2+(z'_iY_{li}-z'_jY_{lj})^2+f_1^2(z'_i-z'_j)^2 \tag{23-7-60}$$

由式（23-7-60）可求得

$$\alpha=\pm\frac{\sqrt{(z_i'X_{1i}-z_j'X_{1j})^2+(z_i'Y_{1i}-z_j'Y_{1j})^2+f_1^2(z_i'-z_j')^2}}{f_1D_{ij}} \tag{23-7-61}$$

α 的符号由坐标选取法决定。

为了加强所建模型的内部强度，使算法有更高的精度，在式（23-7-61）的基础上又可引进距离的相对控制。在确定旋转矩阵 R 和平移矢量 T 后，用一已知精确长度值为 D 的标准尺，将其摆放在测量空间的不同位置处，由经纬仪测量系统观测标尺上的两个目标点。设

$$L_k=D'^2_k-D'^2_1 \tag{23-7-62}$$

式中，D_1' 以为标尺位于位置 1 处时测得的含有比例因子的标尺长度；D_k' 为标尺位于位置 k 处时测得的含有比例因子的标尺长度；L_k 为空间相对距离的分散性。于是目标函数为

$$\min F(x)=\sum_{i=1}^{2n}f_i^2(x)+\sum_{i=1}^{6}M_ih_i^2(x)+\sum_{i=1}^{n}[ml_i(x)]^2 \tag{23-7-63}$$

式中，n 为标尺的摆放次数；m 为权因子。最后由 Levenberg-Marquardt 法求得 x。至此获得了双目立体视觉传感器的结构参数。

7.5 机器人二维视觉信息处理

机器视觉检测系统通过机器视觉产品（即图像摄取装置，根据感光传感器不同分 CMOS 和 CCD 两种）将被摄取目标转换成模拟图信号，传送给专用的图像处理系统，根据像素分布和亮度、颜色等信息，转变成数字化信号，图像处理系统对这些信号进行各种运算来抽取目标的特征，如面积、数量、位置、长度，再根据预设的允许度和其他条件输出结果，包括尺寸、角度、个数、合格/不合格、有/无等，实现自动识别功能。

本小节主要介绍机器视觉系统中的二维视觉信息处理技术。二维视觉信息处理技术，是客观世界的三维景物生成二维图像的过程，主要依赖于数字化处理、编码压缩、增强和复原、图像分割、形态学处理、特征提取及模式识别等技术。

7.5.1 数字化处理

要把现实中的图像转化为计算机可以处理的图像，需要把真实的图像转换为计算机能够接受的显示和存储方式，然后再用计算机分析和处理。将模拟图像转变成数字图像的转换过程称为图像数字化，该过程可简单地分为采样和量化两个步骤，如图 23-7-36 所示。

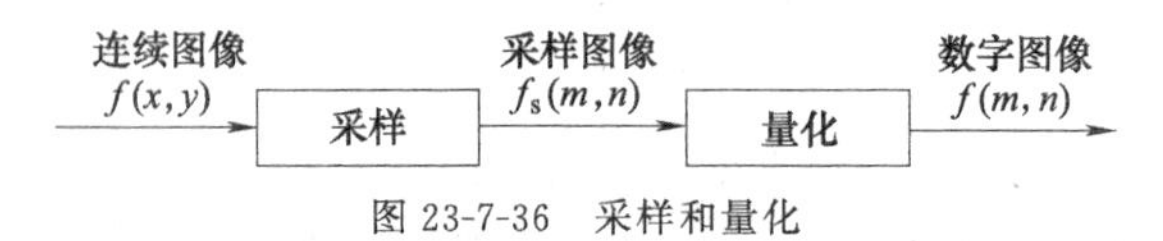

图 23-7-36　采样和量化

7.5.1.1 采样

采样是将空间域或时域上连续的图像（模拟图像）变换成离散采样点（像素）集合的一种操作。通过采样操作就能在空间上用有限的采样点来代替连续无限的坐标点。图像经采样后被分割成空间上离散的像素，但其灰度是连续的，还不能用计算机进行处理。

采样频率的选取依据原图像中包含的细微浓淡变化来决定。它决定了采样后图像的质量。采样频率越高，得到的图像样本越逼真，图像的质量越高，但要求的存储量也越大。一般来说，原图像中的画面越复杂，色彩越丰富，则采样间隔应越小。由于图像基本上是采取二维平面信息的分布方式来描述的，所以为了对它进行采样操作，需要先将二维信号变为一维信号，再对一维信号完成采样。

根据信号的采样定理，要从取样样本中精确地复原图像，可得到图像采样的奈奎斯特（Nyquist）定理：图像采样的频率必须大于或等于源图像最高频率分量的 2 倍，即

$$\begin{cases}\omega_{x0}\geqslant 2\omega_{xc}\\ \omega_{y0}\geqslant 2\omega_{yc}\end{cases} \tag{23-7-64}$$

将二维图像信号变换成一维图像信号最常用的方法是，首先沿垂直方向按一定间隔，从上到下的顺序沿水平方向以直线扫描的方式，取出各个水平行上灰度值的一维扫描信息，从而获得图像每行的灰度值阵列，即一组一维的连续信号。再对一维扫描线信号按一定时间间隔采样得到离散信号。最后将得到的结果再沿水平方向采样。经过采样之后得到的二维离散信号的最小单位就称为像素。

7.5.1.2 量化

图像经过采样后得到的像素值，即灰度值仍然是连续量。把采样后所得到的各像素值从模拟量到离散量的变化称为图像灰度的量化。量化在一定的准则下进行，比如最小平方误差、人眼视觉特性的主观准则等。不同的量化准则将导致不同的量化效果。量化的方法包括均匀量化和非均匀量化。

从量化方式的角度进行分类，量化分为以下两种。

① 标量量化：对每个像素做独立的量化。

② 矢量量化：将多个像素组成一组，构成一个矢量，然后按组进行量化。

一幅原始照片的灰度值是空间变量（位置的连续值）的连续函数。在 $M \times N$ 点阵上对照片灰度采样并加以量化（归为 $2b$ 个灰度等级之一），可以得到计算机能够处理的数字图像。为了使数字图像能重建原来的图像，对 M、N 和 b 值的大小就有一定的要求。在接收装置的空间和灰度分辨能力范围内，M、N 和 b 的数值越大，重建图像的质量就越好。当取样周期等于或小于原始图像中最小细节周期的一半时，重建图像的频谱等于原始图像的频谱，因此重建图像与原始图像可以完全相同。由于 M、N 和 b 三者的乘积决定一幅图像在计算机中的存储量，因此在存储量一定的条件下需要根据图像的不同性质选择合适的 M、N 和 b 值，以获取最好的处理效果。

7.5.2　编码压缩

编码压缩技术可减少描述图像的数据量（即比特数），以节省图像传输、处理时间和减少所占用的存储器容量。压缩可以在不失真的前提下获得，也可以在允许的失真条件下进行。编码是压缩技术中最重要的方法，它在图像处理技术中是发展最早且比较成熟的技术。

7.5.2.1　压缩的原理

对图像数据的压缩通过对图像的编解码来实现，如图 23-7-37 所示。此过程包含两个步骤。

① 通过对原始图像的编码以达到减少数据量的目的（压缩过程），所获得的编码结果并不一定是图像形式，但可用于存储和传输。

② 为了实际应用的需要对编码结果进行解码，得到解码图像（恢复了图像形式）以使用。

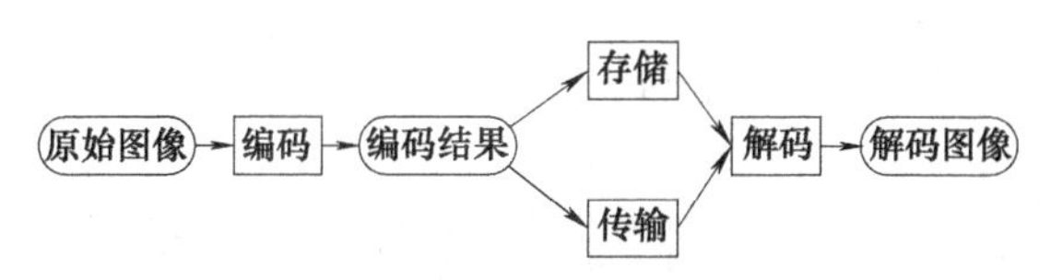

图 23-7-37　图像编解码过程

7.5.2.2　编码分类

目前，图像编码压缩的方法很多，根据出发点不同其分类方法也不同。

① 根据解压缩后重建图像和原始图像之间是否有误差，可以将图像编码与压缩方法分为无损（无失真）编码和有损（有失真）编码两大类。

② 根据编码原理，图像压缩编码分为熵编码、预测编码、变换编码和混合编码等。

③ 根据图像的光谱特征，图像压缩编码分为单色图像编码、彩色图像编码和多光谱图像编码。

④ 根据图像的灰度，图像压缩编码分为多灰度编码和二值图像编码。

7.5.3　图像增强和复原

图像增强和复原的目的是提高图像的质量，如去除噪声、提高图像的清晰度等。图像增强不考虑图像降质的原因，突出图像中所感兴趣的部分。图像复原要求对图像降质的原因有一定了解，一般应根据降质过程建立“降质模型”，再采用某种滤波方法恢复或重建原来的图像。这里主要介绍图像增强技术。

7.5.3.1　图像增强

图像增强是图像模式识别中非常重要的图像预处理过程。图像增强的目的是通过对图像中的信息进行处理，使得有利于模式识别的信息得到增强，不利于模式识别的信息被抑制，扩大图像中不同物体特征之间的差别，为图像的信息提取及识别奠定良好的基础。图像增强技术可以有多种分类，如点增强、空域增强和频域增强，平滑（抑制高频成分）与锐化（增强高频成分）等。这里以第一种为例。

（1）点增强

点增强主要指图像灰度变换和几何变换。

① 灰度变换由输入像素点的灰度值决定相应的输出像素点的灰度值。灰度变换不会改变图像内的空间关系。常用的灰度变换技术有直方图均衡化、对数变换、幂律变换等，此处以直方图处理为例。

灰度直方图是对应每一个灰度值，统计该灰度值的像素数，据此绘制的像素数-灰度值图形。直方图均衡化的具体步骤如下。

a. 计算原始图像直方图：

$$h(r_k)=n_k$$

$$P(r_k)=n_k/n \tag{23-7-65}$$

b. 计算直方图累计分布曲线：

$$T(r_k)=\sum_{j=0}^{k}P_r(r_j)=\sum_{j=0}^{k}n_j/n \tag{23-7-66}$$

c. 用累计分布曲线做变换函数进行图像灰度变换：

$$s_k=level\cdot T(r_k) \tag{23-7-67}$$

式中，$level$ 为灰度等级，例如 256。

② 几何变换是图像处理中的另一种基本变换。它通常包括图像的平移、图像的镜像变换、图像的转置和图像的旋转等。通过图像的几何变换可以实现图

像的最基本的坐标变换及缩放功能。

a. 图像的平移变换。设图像的高度为 H，宽度为 W，如图 23-7-38 所示。

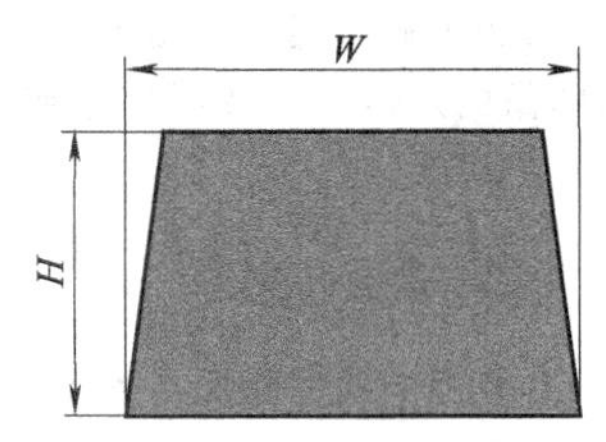

图 23-7-38 平移变换

图像是由像素组成的，而像素的集合就相当于一个二维的矩阵，每一个像素都有一个“位置”，也就是像素都有一个坐标。假设原来的像素的位置坐标为 (x_0, y_0)，经过平移量 $(\Delta x, \Delta y)$ 后，坐标变为 (x_1, y_1)，如图 23-7-39 所示。

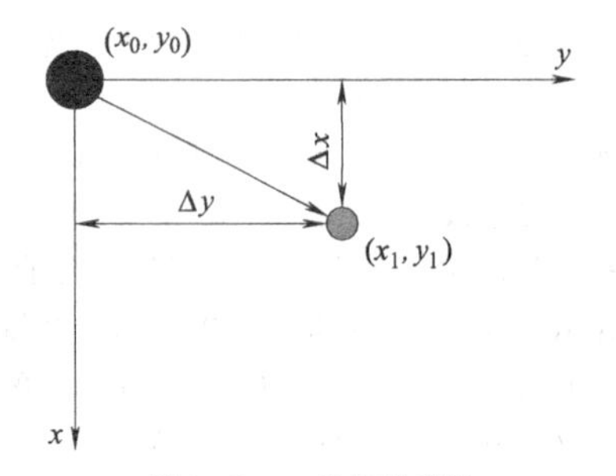

图 23-7-39 坐标位变换

数学表达如下：

$$x_1 = x_0 + \Delta x$$
$$y_1 = y_0 + \Delta y \tag{23-7-68}$$

矩阵表示如下：

$$\begin{bmatrix} x_1 \\ y_1 \\ 1 \end{bmatrix} = \begin{bmatrix} 1 & 0 & \Delta x \\ 0 & 1 & \Delta y \\ 0 & 0 & 1 \end{bmatrix} \begin{bmatrix} x_0 \\ y_0 \\ 1 \end{bmatrix} \tag{23-7-69}$$

式 (23-7-69) 称为平移变换矩阵（因子），Δx 和 Δy 为平移量。

$$\begin{bmatrix} 1 & 0 & \Delta x \\ 0 & 1 & \Delta y \\ 0 & 0 & 1 \end{bmatrix} \tag{23-7-70}$$

b. 图像的镜像变换。图像的镜像变换分为水平镜像和垂直镜像。无论是水平镜像还是垂直镜像，镜像后高度和宽度都不变。

水平镜像操作：以原图像（图 23-7-40）的垂直中轴线为中心，将图像分为左右两部分进行对称变换，如图 23-7-41 所示。

垂直镜像操作：以原图像的水平中轴线为中心，将图像分为上下两部分进行对称变换，如图 23-7-42 所示。

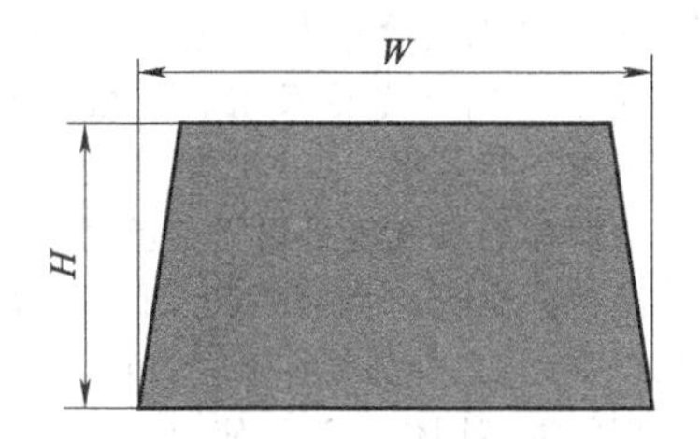

图 23-7-40 原图像

H—图像的高度，关联 x；W—图像的宽度，关联 y

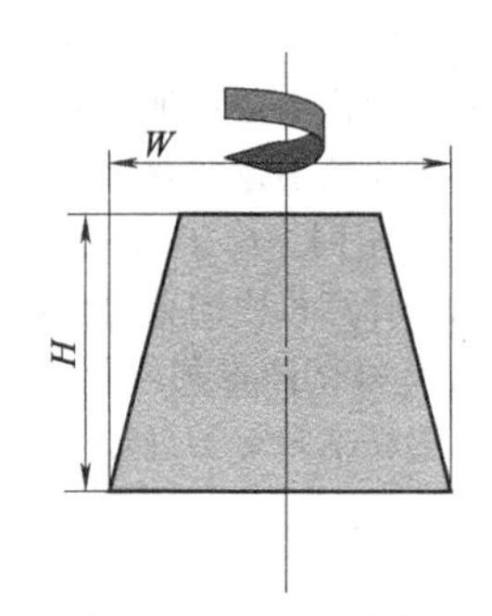

图 23-7-41 水平镜像

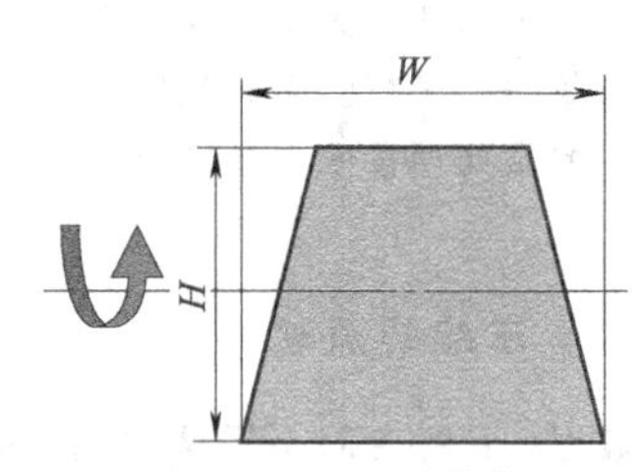

图 23-7-42 垂直镜像

c. 图像的转置变换。图像的转置变换就是将图像像素的 x 坐标和 y 坐标互换。这样将改变图像的高度和宽度，转置后图像的高度和宽度也将互换。

图像转置变换用数学公式描述如下：

$$x_1 = y_0$$
$$y_1 = x_0 \tag{23-7-71}$$

写成矩阵形式如下：

$$\begin{bmatrix} x_1 \\ y_1 \\ 1 \end{bmatrix} = \begin{bmatrix} 0 & 1 & 0 \\ 1 & 0 & 0 \\ 0 & 0 & 1 \end{bmatrix} \begin{bmatrix} x_0 \\ y_0 \\ 1 \end{bmatrix} \tag{23-7-72}$$

d. 图像的旋转转换。一般情况下，旋转操作会有一个旋转中心，这个旋转中心一般为图像的中心，旋转之后图像的大小一般会发生改变。图像像素原来的坐标为 (x_0, y_0)，选择 θ 角度（顺时针）后得到 (x_1, y_1)，用数学公式表达如下：

$$x_1 = x_0\cos\theta + y_0\sin\theta$$
$$y_1 = -x_0\sin\theta + y_0\cos\theta \tag{23-7-73}$$

矩阵表示如下：

$$\begin{bmatrix}x_1\\y_1\\1\end{bmatrix}=\begin{bmatrix}\cos\theta & \sin\theta & 0\\-\sin\theta & \cos\theta & 0\\0 & 0 & 1\end{bmatrix}\begin{bmatrix}x_0\\y_0\\1\end{bmatrix} \quad (23\text{-}7\text{-}74)$$

（2）空域增强

图像的空间信息可以反映图像中物体的位置、形状、大小等特征，而这些特征可以通过一定的物理模式来描述。例如，物体的边缘轮廓由于灰度值变化剧烈，一般出现高频率特征，而一个比较平滑的物体内部由于灰度值比较均一，则呈现低频率特征。因此，根据需要可以分别增强图像的高频和低频特征，将空间滤波分为锐化空间滤波器和平滑空间滤波器。对图像的高频增强可以突出物体的边缘轮廓，从而起到锐化图像的作用。例如，对于人脸的比对查询，就需要通过高频增强技术来突出五官的轮廓。相应地，对图像的低频部分进行增强可以对图像进行平滑处理，一般用于图像的噪声消除。

① 锐化空间滤波器。锐化滤波能减弱或消除图像中的低频分量，但不影响高频分量。因为低频分量对应图像中灰度值缓慢变化区域，因而与图像的整体特性如整体对比度和平均灰度值有关。锐化滤波能使图像反差增加、边缘明显，可用于增强图像中被模糊的细节或景物边缘。

从以上图像灰度的一阶和二阶微分的性质可以看出，在灰度值变化的地方，一阶微分和二阶微分的值都不为 0；在灰度恒定的地方，微分值都为 0。也就是说，不论是使用一阶微分还是二阶微分都可以得到图像灰度的变化值。

对于图像边缘处的灰度值来说，通常有两种突变形式。

a. 边缘两边图像灰度差异较大，这就形成了灰度台阶。在台阶处，一阶微分和二阶微分的值都不为 0。

b. 边缘两边图像灰度变化不如台阶那么剧烈，会形成一个缓慢变换的灰度斜坡。在斜坡的起点和终点，一阶微分和二阶微分的值都不为 0，但是沿着斜坡一阶微分的值不为 0，而二阶微分的值为 0。

对于图像的边缘来说，通常会形成一个斜坡过渡。一阶微分在斜坡处的值不为 0，那么用其得到的边缘较粗；而二阶微分在斜坡处的值为 0，但在斜坡两端值不为 0，且值的符号不一样，这样二阶微分得到的是一个由 0 分开的一个像素宽的双边缘。也就说，二阶微分在增强图像细节方面比一阶微分好得多，并且在计算上也要比一阶微分方便。

a. 梯度图。在图像处理中的一阶微分通常使用梯度的幅值来实现。对于图像 $f(x,y)$，f 在坐标 (x,y) 处的梯度是一个列向量：

$$\nabla f=\mathrm{grad}(f)=\begin{bmatrix}g_x\\g_y\end{bmatrix}=\begin{bmatrix}\dfrac{\partial f}{\partial x}\\\dfrac{\partial f}{\partial y}\end{bmatrix} \quad (23\text{-}7\text{-}75)$$

该向量表示图像中的像素在点（x，y）处灰度值的最大变化率的方向。向量 ∇f 的幅值就是图像 $f(x,y)$ 的梯度图，记为 $M(x,y)$：

$$M(x,y)=\mathrm{mag}(\nabla f)=\sqrt{g_x^2+g_y^2} \quad (23\text{-}7\text{-}76)$$

$M(x,y)$ 是和原图像 $f(x,y)$ 同大小的图像。由于求平方的根运算比较费时，通常可以使用绝对值的和来近似：

$$M(x,y)\approx|g_x|+|g_y| \quad (23\text{-}7\text{-}77)$$

b. 一阶梯度算子。图像是以离散的形式存储，通常使用差分来计算图像的微分，常见的计算梯度模板有以下几种。

根据梯度的定义：

$$g_x=f(x+1,y)-f(x,y)$$
$$g_y=f(x,y+1)-f(x,y) \quad (23\text{-}7\text{-}78)$$

可以得到模板 $[-1, 1]$ 和 $\begin{bmatrix}-1\\1\end{bmatrix}$。

（a）Robert 交叉算子。在图像处理的过程中，不会只单独地对图像中的某一个像素进行运算，通常会考虑每个像素的某个邻域的灰度变化。因此，通常不会简单地利用梯度的定义进行梯度的计算，而是在像素的某个邻域内设置梯度算子。考虑，3×3 区域的像素，使用如下矩阵表示：

$$\begin{bmatrix}z_1 & z_2 & z_3\\z_4 & z_5 & z_6\\z_7 & z_8 & z_9\end{bmatrix} \quad (23\text{-}7\text{-}79)$$

令中心点 z_5 表示图像中任一像素，那么根据梯度的定义，z_5 在 x 和 y 方向的梯度分别为：$g_x=z_9-z_5$ 和 $g_y=z_8-z_6$，梯度图像 $M(x,y)$ 为

$$M(x,y)\approx|z_9-z_5|+|z_8-z_6| \quad (23\text{-}7\text{-}80)$$

根据上述公式，Robert 在 1965 年提出的 Robert 交叉算子

$$\begin{bmatrix}-1 & 0\\0 & 1\end{bmatrix}\text{和}\begin{bmatrix}0 & -1\\1 & 0\end{bmatrix} \quad (23\text{-}7\text{-}81)$$

（b）Sobel 算子。Robert 交叉算子的尺寸是偶数，偶数尺寸滤波器没有对称中心，计算效率较低，所以通常滤波器的模板尺寸是奇数。仍以 3×3 为例，以 z_5 为对称中心（表示图像中的任一像素），有

$$g_x=(z_7+2z_8+z_9)-(z_1+2z_2+z_3)$$
$$g_y=(z_3+2z_6+z_9)-(z_1+2z_4+z_7)$$
$$(23\text{-}7\text{-}82)$$

利用上述公式可以得到两个卷积模板，分别计算图像在 x 和 y 方向的梯度，结果如下：

第 23 篇

$$\begin{bmatrix}-1 & -2 & -1\\ 0 & 0 & 0\\ 1 & 2 & 1\end{bmatrix} \text{和} \begin{bmatrix}-1 & 0 & 1\\ -2 & 0 & 2\\ -1 & 0 & 1\end{bmatrix} \quad (23\text{-}7\text{-}83)$$

c. 二阶微分算子——LapLace拉普拉斯算子。二阶微分算子的代表就是拉普拉斯算子，其定义如下：

$$\nabla^2 f=\frac{\partial^2 f}{\partial x^2}+\frac{\partial^2 f}{\partial y^2} \quad (23\text{-}7\text{-}84)$$

其中：

$$\frac{\partial^2 f}{\partial x^2}=f(x+1,y)+f(x-1,y)-2f(x,y) \quad (23\text{-}7\text{-}85)$$

$$\frac{\partial^2 f}{\partial y^2}=f(x,y+1)+f(x,y-1)-2f(x,y) \quad (23\text{-}7\text{-}86)$$

由于一阶微分和二阶微分有各自的特点，其得到的图像边缘也不相同：一阶微分得到的图像边缘较粗，二阶微分得到的是较细的双边缘，所以在图像的边缘增强方面二阶微分算子的效果较好。

② 平滑空间滤波。平滑空间滤波器是低频增强的空间滤波技术。它的目的有两个：一是模糊处理，二是降低噪声。这里介绍的平滑空间滤波器也分为两类，一类是平滑线性空间滤波器；另一类是统计排序（非线性）滤波器。

a. 平滑线性空间滤波器。平滑线性空间滤波器的输出（响应）是包含在滤波器模板邻域内的像素的简单平均值。这些滤波器有时也称为均值滤波器。也可以把它们归入低通滤波器。

这种处理的结果降低了图像灰度的尖锐变化。

图23-7-43是常见的简单平均的滤波器模板，所有系数都相等的空间均值滤波器，有时也被称为盒状滤波器。

1	1	1
1	1	1
1	1	1

$R=\frac{1}{9}\sum_{i=1}^{9}Z_i$

图23-7-43　常见的简单平均的滤波器模板

图23-7-44所示的模板中，中心位置的系数最大，因此，在均值计算中可以为该像素提供更大的权重。其他像素离中心越近就赋予越大的权重。这种加权策略的目的是，在平滑处理中，试图降低模糊。当然也可以选择其他权重来达到相同的目的，但这个例子中所有系数的和等于16，这对于计算机来说是一个很有吸引力的特性，因为它是2的整数次幂。

1	2	1
2	4	2
1	2	1

图23-7-44　滤波器模板

一幅$M\times N$的图像进过一个$m\times n$的加权均值滤波器，滤波的过程可由下式给出：

$$g(x,y)=\frac{\sum_{s=-a}^{a}\sum_{t=-b}^{b}w(s,t)f(x+s,y+t)}{\sum_{s=-a}^{a}\sum_{t=-b}^{b}w(s,t)} \quad (23\text{-}7\text{-}87)$$

滤波后的图像中可能会有黑边。这是由于用0（黑色）填充原图像的边界，经滤波后，再去除填充区域的结果，某些黑的混入了滤波后的图像。对于使用较大滤波器平滑的图像，这就成了问题。

b. 统计排序（非线性）滤波器。统计排序滤波器是一种非线性空间滤波器，这种滤波器的响应以滤波器包围图像的像素的排序为基础，然后使用统计排序结果决定的值代替中心像素的值。

这一类中最知名的即为中值滤波，它是将像素邻域内的灰度值的中值代替该像素的值。中值滤波器的使用非常普遍，它对于一定类型的随机噪声提供了一种优秀的去噪能力。而且比同尺寸的线性平滑滤波器的模糊程度明显要低。不足之处是中值滤波花费的时间是均值滤波的5倍以上。中值滤波器对于处理脉冲噪声非常有效。中值滤波器的主要功能是使拥有不同灰度的点看起来更接近于它们的相邻点。

（3）频域增强

图像的空域增强一般只是对数字图像进行局部增强，而图像的频域增强可以对图像进行全局增强。在频率域空间的滤波与空域滤波一样可以通过卷积实现，因此傅里叶变换和卷积理论是频域滤波技术的基础。

频域增强技术是在数字图像的频率域空间对图像进行滤波，因此需要将图像从空间域变换到频率域，一般通过傅里叶变换实现。滤波分为低通滤波（对应时域的平滑）和高通滤波（对应时域的锐化）。频域中的滤波步骤：

$f(x,y)\longrightarrow$DFT$\longrightarrow$频率域滤波$\longrightarrow$IDFT$\longrightarrow g(x,y)$

第一步是二维傅里叶变换，结果是一个傅里叶频谱如$f(x,y)$的变换结果是$F(u,v)$。傅里叶变换速度很慢，可以用快速傅里叶变换进行加速。

第二步，进行频率域滤波

$$G(u,v)=H(u,v)F(u,v) \quad (23\text{-}7\text{-}88)$$

其中，$H(u,v)$ 为滤波器函数，常见的有以下几种。

① 平滑的频域滤波器

a. 理想低通滤波器。(u,v) 到中心的距离为：

$$D(u,v)=\mathrm{sqrt}[(x-宽度/2)^2+(y-长度/2)^2]$$

$$H(u,v)=1, D(u,v)\leqslant D_0$$

$$H(u,v)=0, D(u,v)>D_0 \quad (23\text{-}7\text{-}89)$$

即在超过 D_0 距离的范围全部舍去。

b. 巴特沃思低通滤波器

$$H(u,v)=1/\{1+[(D(u,v)/D_0]^{2n}\} \quad (23\text{-}7\text{-}90)$$

c. 高斯低通滤波器

$$H(u,v)=\mathrm{e}^{\frac{-D^2(u,v)}{2D_0^2}} \quad (23\text{-}7\text{-}91)$$

② 频率域锐化滤波器。同平滑滤波器，不过换成高通的了，相应的变换函数很简单：

$$H_{\mathrm{hp}}(u,v)=1-H_{\mathrm{lp}}(u,v) \quad (23\text{-}7\text{-}92)$$

③ 傅里叶反变换。傅里叶反变换即为把处理过的频率域结果反变换成图像。

7.5.3.2　图像复原

图像复原技术的目的是使退化了的图像尽可能恢复到原来的真实面貌。

图像增强和图像复原两者有相交叉的邻域，但图像增强主要是一个主观的过程，而图像复原的大部分过程是一个客观的过程。也就是说图像复原技术将图像退化的过程模型化，并据此采取相反的过程以得到原始的图像。

常见的图像退化原因大致有成像系统的像差或有限孔径或存在衍射、成像系统的离焦、成像系统与景物的相对运动、底片感光特性曲线的非线性、显示器显示时失真、遥感成像中大气散射和大气扰动、遥感摄像机的运动和扫描速度不稳定、系统各个环节的噪声干扰、模拟图像数字化引入的误差等。

对退化图像的复原，一般采用两种方法。

① 在图像缺乏已知信息的情况下，可以对退化过程（模糊和噪声）建立模型进行描述。由于这种方法试图估计图像被一些相对良性的退化过程影响以前的情况，故是一种估计方法。

② 若对于原始图像有足够的已知信息，则对原始图像建立一个数学模型并根据模型对退化图像进行拟合会更有效。

7.5.4　图像分割

图像分割本质是将像素进行分类。分类的依据是像素的灰度值、颜色、频谱特性、空间特性或纹理特性等。图像分割是图像处理技术的基本方法之一，应用于诸如染色体分类、景物理解系统、机器视觉等方面。

图像分割方法根据所使用的主要特征可以分为三组：第一组是有关图像或部分的全局知识，这一般由图像特征的直方图来表达；第二组是基于边缘的分割；第三组是基于区域的分割，在边缘检测或区域增长中可以使用多种不同的特征，例如亮度、纹理、速度场等。

7.5.4.1　阈值化

灰度阈值化是最简单的分割模型。很多物体或图像区域表征为不变的反射率或其表面光的吸收率，可以确定一个亮度常量即阈值。基本的阈值化过程为：扫描图像 f 的所有像素，当 $f(i,j)\geqslant T$ 时，分割后的图像像素 g（i，j）是物体像素，否则是背景像素。其中 T 是阈值。

选择正确的阈值是分割成功的关键，这种选择可以通过交互方式确定，也可以根据某个阈值检测方法来确定。常用的阈值确定方法包括全局阈值化、自适应阈值化、p 率阈值化、最优阈值化、多光谱阈值化等。

7.5.4.2　基于边缘的分割

边缘是指图像中两个不同区域的边界线上连续的像素点的集合，是图像局部特征不连续性的反映，体现了灰度、颜色、纹理等图像特性的突变。通常情况下，基于边缘的分割方法指的是基于灰度值的边缘检测，它是建立在边缘灰度值会呈现出阶跃型或屋顶型变化这一观测基础的方法。

阶跃型边缘两边像素点的灰度值存在着明显的差异，而屋顶型边缘则位于灰度值上升或下降的转折处。正是基于这一特性，可以使用微分算子进行边缘检测，即使用一阶导数的极值与二阶导数的过零点来确定边缘，具体实现时可以使用图像与模板进行卷积来完成。

如果图像由已知形状和大小的物体组成，分割可以看成是在图像中寻找该物体的问题。一种非常有效的解决该问题的方法是 Hough 变换，它甚至可用于重叠的或部分遮挡的物体的分割。

使用 Hough 变换的曲线检测算法如下。

• 在参数 a 的范围内量化参数空间。

• 形成一个 n 维的累积数组 $A(a)$，其结构与参数空间的量化相匹配；置所有元素为 0。

• 在适当的阈值化后的梯度图像中，对每个图像点（x_1，x_2），对于所有的在第一部适用范围内的 a，增大所有的满足 $f(x,a)=0$ 的累计单元 $A(a)$：

$$A(a)=A(a)+\Delta A \tag{23-7-93}$$

• 累计数组 $A(a)$ 中的局部最大值，对应于出现在原始图像中的曲线 $f(x,a)$。

7.5.4.3　基于区域的分割

从区域的边界构造区域以及检测存在的区域是容易做到的。然而，由基于边缘的方法产生分割和区域增长所得到的结果并不完全相同，如果将所有结果结合起来会有较好的提升效果。区域增长的方法主要有以下几种。

① 种子区域生长法是从一组代表不同生长区域的种子像素开始，再将种子像素邻域里符合条件的像素合并到种子像素所代表的生长区域中，并将新添加的像素作为新的种子像素继续合并过程，直到找不到符合条件的新像素为止。该方法的关键是选择合适的初始种子像素以及合理的生长准则。

② 区域分裂合并法的基本思想是首先将图像任意分成若干互不相交的区域，然后再按照相关准则对这些区域进行分裂或者合并从而完成分割任务。该方法既适用于灰度图像分割也适用于纹理图像分割。

③ 分裂和归并的结合可以产生兼有二者优点的一种新方法，分裂与归并方法常在金字塔图像表上进行。

④ 分水岭法是一种基于拓扑理论的数学形态学的分割方法，其基本思想是把图像看作是测地学上的拓扑地貌，图像中每一点像素的灰度值表示该点的海拔高度，每一个局部极小值及其影响区域称为集水盆，而集水盆的边界则形成分水岭。

其具体做法如下。

• 构建梯度图像的直方图：构建一张只具有亮度值 h 的像素的指针表，并允许直接存取访问。该过程可以以线性时间复杂度高效地实现。

• 假设填充过程已经执行到 k 层，从而每个灰度值比 k 小或等于 k 的像素都已经被分配了唯一的集水盆地标号或分水岭标号。

• 考虑亮度值为 $k+1$ 的像素：为所有这些候选成员构建一个先进先出（FIFO）队列。

• 构建确定出来的集水盆地的测量学影响区域：对于盆地 l_i，其测地学影响区域是那些与盆地 l_i 连续的灰度为 $k+1$ 的未标注的图像像素的所在地，它们与 l_i 的距离比与其他盆地的距离更近。

7.5.5　形态学处理

形态学，即数学形态学是图像处理中应用最为广泛的技术之一，主要用于从图像中提取对表达和描绘区域形状有意义的图像分量，使后续的识别工作能够抓住目标对象最为本质（最具区分能力）的形状特征，如边界和连通区域等。

数学形态学作为图像理解的一个分支兴起于 20 世纪 60 年代。形态学的基础是作用于物体形状的非线性算子的代数，它在很多方面都要优于基于卷积的线性代数系统。在很多领域中，如预处理、基于物体形状分割、物体量化等，与其他标准算法相比，形态学方法都有更好的结果和更快的速度。

形态学处理可以分为二值形态学和灰度形态学，灰度形态学由二值形态学扩展而来。

7.5.5.1　二值形态学

黑白点的集合构成了二值图像。假定只考虑黑色像素，其余部分认为是背景。基本的形态学变换是膨胀和腐蚀，由这两个变换可以衍生出更多的形态学运算，如开运算和闭运算等等。二值图像的基本形态学包括膨胀、腐蚀、开运算、闭运算以及击中不击中变换。

（1）二值膨胀

形态学变换膨胀采用向量加法对两个集合进行合并。膨胀 $X\oplus B$ 是所有向量加和的集合，向量加法的两个操作数分别来自 X 和 B。

$$X\oplus B=\{p\in\varepsilon^2,p=x+b,x\in X \text{ 且 } b\in B\} \tag{23-7-94}$$

图 23-7-45 是一个膨胀的例子：

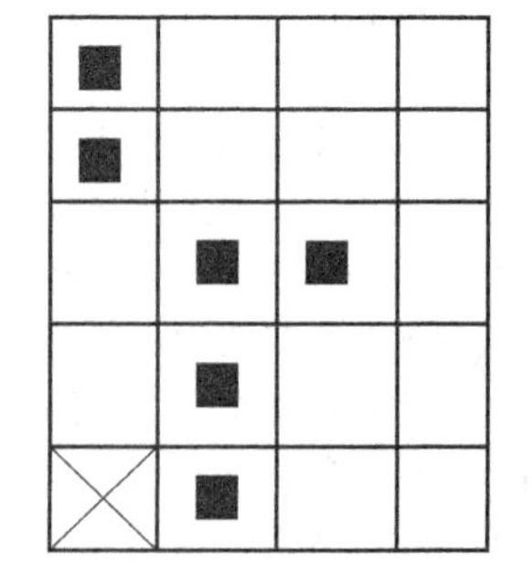

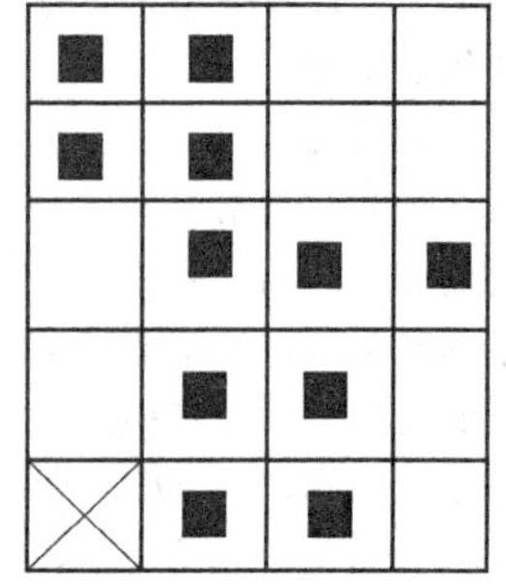

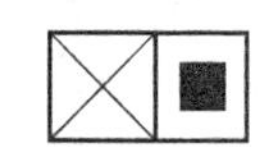

图 23-7-45　二值膨胀

$X=\{(1,0),(1,1),(1,2),(2,2),(0,3),(0,4)\}$

$B=\{(0,0),(1,0)\}$

$X\oplus B=\{(1,0),(1,1),(1,2),(2,2),(0,3),(0,4),(2,0),(2,1),(2,2),(3,2),(1,3),(1,4)\}$

膨胀是一种递增运算：

$$若\ X\subseteq Y,则\ X\oplus B\subseteq Y\oplus B$$

膨胀用来填补物体中小的空洞和狭窄的缝隙。它使物体的尺寸增大，如果需要保持物体原来的尺寸，则膨胀应与腐蚀相结合。

(2) 二值腐蚀

腐蚀$\ominus$对集合元素采用向量减法，将两个集合合并，腐蚀是膨胀的对偶运算。腐蚀和膨胀都不是可逆运算。

$$X\ominus B=\{p\in\varepsilon^2:p+b\in X,\forall b\in B\} \tag{23-7-95}$$

公式表明图像的每个点 p 都被测试到了：腐蚀的结果由所有满足 $p+b$ 属于 X 的点 p 构成。

采用各向同性结构元素的腐蚀运算也称为收缩或缩小。腐蚀还用来简化物体的结构，即那些只有一个像素宽的物体或物体的部分将被去掉。这样就把较复杂的物体分解为几个简单部分。基本的形态学变换可以用来在图像中寻找物体轮廓，而且速度很快。

(3) 开闭运算

先腐蚀再膨胀是一个重要的形态学变换，称为开运算，图像 X 关于结构元素 B 的开运算记为 $X\circ B$，定义为

$$X\circ B=(X\ominus B)\oplus \tag{23-7-96}$$

先膨胀再腐蚀称为闭运算，图像 X 关于结构元素 B 的闭运算记为 $X\bullet B$，定义为

$$X\bullet B=(X\oplus B)\ominus B \tag{23-7-97}$$

若图像关于 B 作开运算后仍保持不变，则称其关于 B 是开的。同样若图像 X 关于 B 作闭运算后仍保持不变，则称其关于 B 是闭的。

与膨胀和腐蚀不同，开运算和闭运算对于结构元素的平移不具有不变性。开运算是一种反向扩张（$X\circ B\subseteq X$），而闭运算是正向扩张（$X\subseteq X\bullet B$），与膨胀和腐蚀相同，开运算和闭运算是一对对偶变换：

$$(X\bullet B)^C=X^C\circ\hat{B} \tag{23-7-98}$$

另一个重要的性质是反复采用开运算或闭运算，其结果是幂等的，也就是说反复进行开运算或闭运算，结果并不改变。形式化地写为：

$$X\circ B=(X\circ B)\circ B \tag{23-7-99}$$

$$X\bullet B=(X\bullet B)\bullet B \tag{23-7-100}$$

(4) 击中击不中变换

击中击不中变换是用来查找像素局部模式的形态学运算符，其中“局部”一词指结构元素的大小，是一种模板匹配的变形。而模板匹配用来查找具有特定形状性质的像素集合（如角点或边界点）。

上述描述的运算都采用一个结构元素 B，并且所关注的是那些属于 X 的点；换一个角度，还可以关注那些不属于 X 的点。用不相交集合对 $B=(B_1, B_2)$ 表示一个运算，即复合结构元素，击中击不中变换定义为：

$$X\otimes B=\{x:B_1\subset X\ 且\ B_2\subset X^C\} \tag{23-7-101}$$

也就是说结果集合中的点 X 要同时满足两个条件：首先复合结构元素中代表点在 X 的 B_1 部分应该包含于 X，而 B_2 部分应该包含于 X^C。

在运算上击中击不中变换相当于一个图像 X 和结构元素（B_1，B_2）之间的匹配。可以用腐蚀和膨胀运算表示为：

$$X\otimes B=(X\Theta B_1)\cap(X^C\Theta B_2)=(X\Theta B_1)/(X\oplus\hat{B}_2) \tag{23-7-102}$$

7.5.5.2　灰度形态学

利用“最小化”和“最大化”运算，可以很容易地将作用于二值图像的二值形态学运算推广到灰度图像上。对一幅图像的腐蚀（或膨胀）运算定义为对每个像素赋值为某个邻域内输入图像灰度级的最小值（或最大值）。灰度级变换中的结构元素比二值变换有更多的选择。二值变换的结构元素只代表一个邻域，而在灰度级变换中，结构元素是一个二元函数，它规定了希望的局部灰度级性质。在求得邻域内最大值（或最小值）的同时，将结构元素的值相加（或相减）。

灰度图像的基本操作包括灰度膨胀、灰度腐蚀、灰度开和灰度闭。此外，灰度图像学的一个经典应用是顶帽变换。

(1) 灰度膨胀

令 F 表示灰度图像，S 为结构元素，使用 S 对 F 进行膨胀，记作 $F\oplus S$，形式化地定义为：

$$(F\oplus S)(x,y)=\max\{F(x-x',y-y')+S(x',y')\mid(x',y')\in D_s\} \tag{23-7-103}$$

其中，D_s是 S 的定义域。

与二值形态学不同的是，$F(x,y)$ 和 $S(x,y)$ 不再只是代表形状的集合，二是二维函数，既指明了形状，还由函数值给出了高度信息。

除了具有高度的结构元素外，实际应用中使用更多的是一种平坦（高度为 0）的结构元素，这种结构元素只能由 0 和 1 组成，为 1 的区域指明了运算涉及的范围。实际上，二值形态学中的结构元素可视为一

第23篇

种特殊（高度为 0）的灰度形态结构元素。当应用这种结构元素时，灰度膨胀完全变成了局部最大值运算，其计算公式可简化为：

$$F\oplus S(x,y)=\max\{f(x-x',y-y')\mid(x',y')\in D_S\} \tag{23-7-104}$$

（2）灰度腐蚀

令 F 表示灰度图像，S 为结构元素，使用 S 对 F 进行腐蚀，记作 $F\ominus S$，形式化地定义为：

$$(F\ominus S)(x,y)=\max\{F(x+x',y+y')-S(x',y')\mid(x',y')\in D_S\} \tag{23-7-105}$$

其中，D_S 是 S 的定义域。

同样，与二值形态学不同的是，$F(x,y)$ 和 $S(x,y)$ 不再只是代表形状的集合，二是二维函数，既指明了形状，还由函数值给出了高度信息。

（3）灰度开闭运算

与二值形态学类似，在灰度腐蚀和膨胀的基础上定义灰度开、闭运算。灰度开运算是先灰度腐蚀后灰度膨胀，灰度闭运算是先灰度膨胀后灰度腐蚀。

使用结构元素 S 对图像 f 进行灰度开运算，记作 $f\circ S$，表示为：

$$f\circ S=(f\ominus S)\oplus S \tag{23-7-106}$$

使用结构元素 S 对图像 f 进行灰度闭运算，记作 $f\bullet S$，表示为：

$$f\bullet S=(f\oplus S)\ominus S \tag{23-7-107}$$

假设有一个球形的结构元素 S，开运算相当于推动球沿着曲面的下侧面滚动，使球体津贴下侧来回移动，直至移动位置覆盖整个下侧面。此时球体的任何部分能够到达的最高点构成开运算 $f\circ S$ 的曲面；闭运算相当于让球体津贴曲面的上侧滚动，球体任何部分所能到达的最低点构成闭运算 $f\bullet S$ 的曲面。图 23-7-46 形象地说明了这一过程：图 23-7-46（a）所示图像中的一条水平像素线；图 23-7-46（b）、（d）所示为球紧贴该像素的上侧和下侧滚动的情况；图 23-7-46（c）、(e) 所示为滚动过程中最高点和最低点形成的曲线，即开、闭运算的结果。

（4）顶帽变换

顶帽变换是一种简单的对灰度图像进行物体分割的工具，要求待处理物体在亮度上能够与背景分开，即使背景的灰度不均匀，这个条件也要满足。顶帽变换已经被分水岭分割所替代，后者能处理背景更复杂的情况。

顶帽变换是灰度形态学的重要应用之一，图像 f 的顶帽变换 h 定义为图像 f 与其自身的开运算之差，表示为：

$$h=f-(f\circ S) \tag{23-7-108}$$

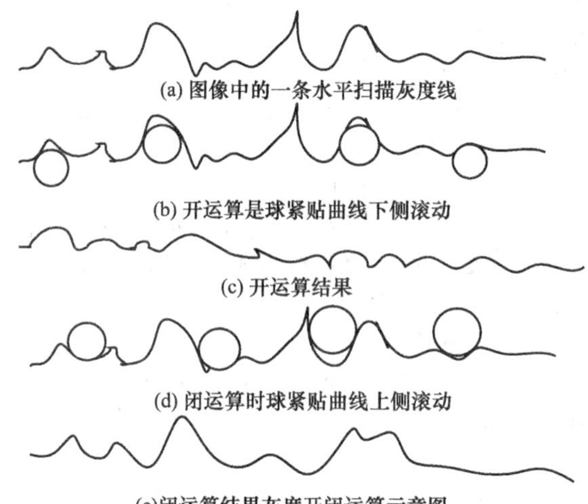

图 23-7-46　灰度开闭运算

若要从较暗（或相反的，亮）且变化平缓的背景中提取较亮（暗）物体，则顶帽变换是一个很好的可供选择的方法。那些与结构元素不符的部分通过开运算被去掉，再用原始图像减去开图像，被去掉的部分就清楚地显现出来了。实际的分割可以通过阈值化操作来实现。

7.5.6　特征提取

为了使计算机能够“理解”图像，从而具有真正意义上的“视觉”，需要研究如何从图像中提取有用的数据或信息，得到图像的“非图像”表示或描述，如数值、向量和符号等。这一过程就是特征提取，而提取出来的这些“非图像”表示或描述就是特征。有了这些数值或向量形式的特征，就可以通过训练教会计算机如何识别这些特征，从而使计算机具有识别图像的能力。

7.5.6.1　特征的定义与分类

特征是某一类对象区别于其他类对象的本质特点或特性，或是这些特点和特性的集合。对于图像而言，每一幅图像都具有能够区别于其他类图像的自身特征，有些是可以直观地感受到的自然特征，如亮度、边缘、纹理和色彩等；有些则是需要通过变换或处理才能得到的，如矩、直方图以及主成分等。常常将某一类对象的多个或多种特性组合在一起，形成一个特征向量来代表该类对象，如果只有单个数值特征，则特征向量为一个一维向量；如果是 n 个特性的组合，则为一个 n 维特征向量。该特征向量常常被作为识别系统的输入。实际上，一个 n 维特征就是一个位于 n 维空间中的点，而识别（分类）任务就

是找到这个 n 维空间中的一种划分。

图像特征的分类有多种标准。如根据特征自身的特点可以将其分为两大类：描述物体外形的形状特征和描述物体表面灰度变化的纹理特征。而根据特征提取所采用方法的不同又可以将特征分为统计特征和结构（句法）特征。

7.5.6.2　特征选取的准则

图像识别实际上是一个分类的过程，为了识别出某图像所属类别，需要将它与其他不同类别的图像区分开来。这就要求选取的特征不仅要能够很好地描述图像，还要能够很好地区分不同类别的图像。我们希望选择那些在同类图像之间差异较小，在不同类别的图像之间差异较大的图像特征，称为最具有区分能力特征。

简单的特征提取方法是提取图像中所有像素的灰度值作为特征，这样可以提供尽可能多的信息给分类器，让分类器具有最大的工作自由度。然而，高维度意味着高计算复杂度，容易引起“维度灾难”。此外，很多时候由于已经掌握了有关样本图像的某些先验知识，因此没有必要把全部像素信息都交给分类器。如已经知道鼻子、肤色、面部轮廓等信息与表情识别任务的关联度不大，那么在识别过程中就不需要人脸照片中的全部信息，可以只运用眉毛、眼睛和嘴这些表情区域作为特征提取的候选区，然后进一步在表情区中提取特征信息。

7.5.6.3　基本纹理特征

纹理是表达物体表面或结构（分别对于反射或透射形成的图像）的属性，使用广泛，且在直觉上可能是明显的，但是由于它的变化范围很宽泛，因而并没有精确的定义。纹理通常被定义为由互相关联的元素组成的某种东西，因此考虑的是一组像素，且所描述的纹理高度依赖于考虑的数量（纹理尺度）。纹理分析的主要目标是纹理识别和基于纹理的形状分析。用于纹理描述的特征（即量度）提取方法，大致可以分类为结构法、统计法和合成法。

（1）结构法

纹理描述的基本方法是生成图像的傅里叶变换，并对变换数据以某种方法进行分类以便得到一组量度。这组量度的大小比图像变换小。针对原始图像 P，其傅里叶变换结果记为

$$FP_{u,v}=F(P_{x,y}) \tag{23-7-109}$$

其中，$FP_{u,v}$ 和 $P_{x,y}$ 分别为变换后的波谱和像素数据。傅里叶变换的一个显著优势是，它具有位移不变性，即相位很少用于基于傅里叶的纹理系统，所以通常用到的是变换的模数（即它的强度）。变换结果与图像大小相同，如果结合变换具有对称性，则并不需要把所有分量用作量度。因此，可以对傅里叶变换进行滤波以便选取那些适合于特殊应用的频率分量。另外，还方便把这些强度变换数据用不同方法结合在一起以减少量度。

该方法对较大的项（通过平方函数）给出优先。当较大的值是兴趣点时，这个量是合适的；当这个量呈均一分布时，它的作用非常小。另一个量度是惯性 i，定义为

$$i=\sum_{u=1}^{N}\sum_{v=1}^{N}(u-v)^2 NFP_{u,v} \tag{23-7-110}$$

该算法着重关注具有很大间隔的分量。由此可见，每个量度描述处理数据的不同方面。

理论上，对于相同的目标而言，这些量度应该相同，而对于不同目标也应该各不相同。根据傅里叶分析，这些量度本身具有位置不变性。显然，熵、惯性和能量都不受旋转的影响，因为在这些计算中次序并不重要。这些量度还具有尺度不变性，这是傅里叶变换频率缩放特性的结果。另外，这些量度自身（经过正规化处理）对光照的线性变化也具有不变性。由于这些描述容易受到噪声的影响，在处理大数据集时需要更多的量度以更好地区别不同的纹理。其他量度方法包括：主峰值的能量、主峰值的拉普拉斯值、最大水平频率幅值、最大垂直频率幅值。这些量度被选来用于在有噪声的环境下增强傅里叶变换量度的性能。这些方法在本质上都是结构性的，即通过将变换应用于整帧图像来揭示图像中的结构。

（2）统计法

著名的统计法是共生矩阵。共生矩阵包括一些元素，它们是由分开一定距离和在一定倾角上具有特定亮度级的像素对组成。对应亮度级 b_1 和 b_2，共生矩阵 $\boldsymbol{C}$ 为

$$\boldsymbol{C}_{b_1,b_2}=\sum_{x=1}^{N}\sum_{y=1}^{N}(P_{x,y}=b_1)\wedge(P_{x',y'}=b_2) \tag{23-7-111}$$

其中，$\wedge$ 表示逻辑与运算，x 坐标上的 x' 是由距离 d 和倾角 θ 给出的偏移量

$$x'=x+d\cos\theta \quad \forall[d\in 1,\max(d)]\wedge(\theta\in 0,2\pi) \tag{23-7-112}$$

同时，y 坐标上的 y' 为

$$y'=y+d\sin\theta \quad \forall[d\in 1,\max(d)]\wedge(\theta\in 0,2\pi) \tag{23-7-113}$$

将上式用于图像处理可以得到一个对称的方阵，其维数等于图像的灰度级数。在共生矩阵的生成过程中，最大距离设为一个像素，方向设为选取每个点的

四个最邻近点。共生矩阵的计算是亮度空间的空间关系，而不是频率含量。为了更快速地生成结果，可以通过对整帧图像的亮度比例进行调节来减少灰度级数，进而减少共生矩阵的维数，但是这样做也会降低其分辨能力。这些矩阵还需要用一些量度方法来进行描述，如熵、惯性和能量等。

(3) 合成法

前面介绍的两种方法都假设用单纯的结构或统计描述来表达纹理，这两种方法可以通过合适的方式结合起来。因为纹理并不是一个精确量，而是一个模糊量，可以有很多不同的描述。研究者认为纹理是几何结构和统计结构的结合，并提出了统计几何特征法，体现了纹理描述的基础。实质上，可以先从图像中求出几何特征，然后用统计值来描述。首先，由具有 NB 个量度级的原图像 P 得到二值图像 B，再从$NB-1$帧二值图像求出几何量。这些二值图像可计算为

$$B(\alpha)_{x,y}=\begin{cases}1, P_{x,y}\geqslant\alpha\\0,\text{其他}\end{cases}\quad \forall\alpha+\in 1,NB \tag{23-7-114}$$

其次，每个二值区域的所有点都与1或0区域相连通。对这些数据计算四个几何量度。第一，每个二值平面中1和0的区域数目（即1和0的连通集合），记为 NOC_1 和 NOC_0。第二，在每个平面上，用不规则性来描述每个连通域，它是1连通区域 R 的一个局部形状量度，即1连通的不规则性 I_1，定义为

$$I_1(R)=\frac{1+\sqrt{\pi}\max\limits_{i\in R}\sqrt{(x_i-\overline{x})^2+(y_t-\overline{y})^2}}{\sqrt{N(R)}}-1 \tag{23-7-115}$$

其中，x_i 和 y_t 是区域内各点的坐标，$\overline{x}$ 和 $\overline{y}$ 是区域的重心（即区域 x 和 y 坐标的平均值），N 是区域范围内所有点的数目。用同样的方法定义0连通的不规则性 $I_0(R)$。如果把它应用于1和0的区域，那么又可以得到两个几何度量，分别是 $IRGL_1(i)$ 和 $IRGL_0(i)$。为了使不同区域的贡献达到平衡，特定平面上1区域的不规则性用加权和 $WI_1(\alpha)$ 来表示，如

$$WI_1(\alpha)=\frac{\sum\limits_{R\in B(\alpha)}N(R)I(R)}{\sum\limits_{R\in P}N(R)} \tag{23-7-116}$$

同样，0连通的加权不规则性表示为 WI_0。与连通区域的两个计数 NOC_1 和 NOC_0 一起，这些加权不规则性形成统计几何特征 SGF 的四个几何量度。

不规则性量度可以用紧凑度来代替，但是紧凑度随旋转而变化，尽管还没有发现它对处理结果有很大的影响。要实现这些量度，需要得到每个二值平面上的1连通和0连通的集合。

7.5.7 模式识别

模式识别（pattern recognition）是人类的一项基本智能，在日常生活中，人们经常在进行“模式识别”。随着20世纪40年代计算机的出现以及50年代人工智能的兴起，人们当然也希望能用计算机来代替或扩展人类的部分脑力劳动。模式识别在20世纪60年代初迅速发展并成为一门新学科。

7.5.7.1 模式与模式识别

模式是由确定的和随机的成分组成的物体、过程和事件。在一个模式识别问题中，它是识别的对象。模式识别是指对表征事物或现象的各种形式的（数值的、文字的和逻辑关系的）信息进行处理和分析，以对事物或现象进行描述、辨认、分类和解释的过程，即应用计算机对一组事件或过程进行鉴别和分类。这里所指的模式识别主要是对语音波形、地震波、心电图、脑电图、图片、照片、文字、符号、生物的传感器等对象进行测量的具体模式进行分类和辨识。模式识别与统计学、心理学、语言学、计算机科学、生物学、控制论等都有关系。它与人工智能、图像处理的研究有交叉关系。例如自适应或自组织的模式识别系统包含了人工智能的学习机制：人工智能研究的景物理解、自然语言理解也包含模式识别问题。又如模式识别中的预处理和特征提取环节需要应用图像处理的技术，而图像处理中的图像分析也常常应用模式识别的技术。

物理对象在图像分析和计算机视觉中通常表示为分割后图像中的一个区域。整个物体集合可以被分为几个互不相交的子集合，子集合从分类的角度来看具有某种共同特性，称为类。如何对物体进行分类并没有明确的定义，需依具体的分类目的而定。物体识别从根本上说就是为物体标明类别，而用来进行物体识别的算法称为分类器。类别总数通常是事先已知的，一般可以根据具体问题而定。但是，也有可以处理类别总数不定情况的方法。分类器实际识别的不是物体，而是物体的模式。

模式识别的主要步骤如图23-7-47所示。“构建形式化描述”基于设计者的经验和直觉。选择一个基本性质集合，用来描述物体的某些特征。这些性质以适当的方式衡量，并构成物体的描述模式。这些性质可以是定量的，也可以是定性的，形式也可能不同（数值向量、链等）。模式识别理论研究如何针对特定

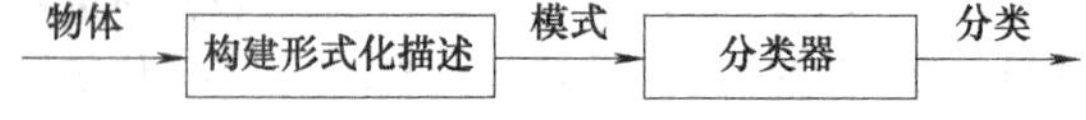

图23-7-47 模式识别的主要步骤

的基本物体描述集合设计分类器。

有两种基本的模式识别方法，即统计模式识别方法和句法（结构）模式识别方法。统计模式识别是对模式的统计分类方法，即结合统计概率论的贝叶斯决策系统进行模式识别的技术，又称为决策理论识别方法；而利用模式与子模式分层结构的树状信息所完成的模式识别工作，就是句法模式识别。

7.5.7.2　统计模式识别

统计模式识别的基本原理是：有相似性的样本在模式空间中互相接近，并形成“集团”，即“物以类聚”。统计物体描述采用基于数值的表述，称为特征，在图像理解中，特征来自物体描述。描述一个物体的模式（也称作模式向量，或特征向量）是一个基本描述的向量，所有可能出现的模式的集合即为模式空间，也称为特征空间。如果基本描述选择得当，则每个类的物体模式在模式空间也相邻。在特征空间中各类会构成不同的聚集，这些聚集可以用分类曲线（或高维特征空间中的超曲面）分开。若存在一个分类超曲面可以将特征空间分为若干个区域，并且每个区域内只包含同一类物体，则这个问题称为是具有可分类别。若分类超曲面是一个平面，则称为线性可分。直观地，希望可分类别能够被准确无误地识别。然而大多数物体识别问题并不具有可分类别，这种情况下在特征空间中不存在一个分类超曲面可以将各类无误地分开，肯定会有某些物体被错分。统计模式识别的分析方法是根据模式所测得的特征向量 $\boldsymbol{X}=(x_{i1},x_{i2},\cdots,x_{id})^{\mathrm{T}}$，$(i=1,2,\cdots,N)$ 将一个给定的模式归入 C 类 w_1，w_2，…，w_C 中，可视为根据模式之间的某种距离函数来判别分类。其中，N 为样本数目，d 为样本特征向量的维数。在统计模式识别中，贝叶斯决策规则从理论上解决了最优分类器的设计问题，但其实施却必须首先解决更困难的概率密度估计问题。BP神经网络直接从观测数据（训练样本）学习，是一种更加简便有效的方法，因而获得了广泛的应用，但它是一种启发式技术，缺乏工程实践的坚实理论基础。统计理论研究所取得的突破性成果导致现代统计学理论——VC理论的建立，该理论不仅在严格的数学基础上圆满地回答了人工神经网络中出现的理论问题，而且导出了一种新的学习方法——支持向量机。

支持向量机（SVM）方法已经被证明是有效并且非常受欢迎的。在这个方法中，可区分的二分类问题的最优分类可以通过最大化两类的间隔的宽度得到。这个宽度定义为 n 维特征空间的判别超平面之间的距离。来自每一类的向量如果与判别平面距离最近，则称为支持向量。考虑一个线性可区分的二分类问题，训练样本集为 $D=\{(x_1,y_1),(x_2,y_2),\cdots,(x_m,y_m)\}$，$y_i\in\{-1,+1\}$。在样本空间中，划分超平面可通过如下线性方程来描述：

$$\boldsymbol{w}^{\mathrm{T}}x+b=0 \tag{23-7-117}$$

其中 $\boldsymbol{w}=(w_1,w_2,\cdots,w_d)$ 为法向量，决定了超平面的方向；b 为位移项，决定了超平面与原点之间的距离。显然，划分超平面可由法向量 $\boldsymbol{w}$ 和位移项 b 确定，下面将其记为（$\boldsymbol{w}$，b）。样本空间中任意点 x 到超平面（$\boldsymbol{w}$，b）的距离可写为

$$r=\frac{|\boldsymbol{w}^{\mathrm{T}}x+b|}{\|\boldsymbol{w}\|} \tag{23-7-118}$$

假设超平面（$\boldsymbol{w}$，b）能将训练样本正确分类，即对于（x_i，y_i）$\in D$，若 $y_i=+1$，则有 $\boldsymbol{w}^{\mathrm{T}}x_i+b>0$；若 $y_i=-1$，则有 $\boldsymbol{w}^{\mathrm{T}}x_i+b<0$。令

$$\begin{cases}\boldsymbol{w}^{\mathrm{T}}x_i+b\geqslant+1, & y_i=+1\\ \boldsymbol{w}^{\mathrm{T}}x_i+b\leqslant-1, & y_i=-1\end{cases} \tag{23-7-119}$$

距离超平面最近的几个训练样本使上式的等号成立，则样本称为“支持向量”，两个异类支持向量到超平面的距离之和为

$$r=\frac{2}{\|\boldsymbol{w}\|} \tag{23-7-120}$$

称为“间隔”，欲找到具有“最大间隔”的划分超平面，也就是要找到满足式（23-7-119）中约束的参数 w 和 b，使得 r 最大，即

$$\max_{\boldsymbol{w},b}\frac{2}{\|\boldsymbol{w}\|}$$
$$\text{s. t. } y_i(\boldsymbol{w}^{\mathrm{T}}x_i+b)\geqslant1,\ i=1,2,\cdots,m \tag{23-7-121}$$

显然，为了最大化间隔，仅需要最大化 $\|\boldsymbol{w}\|^{-1}$，这等价于最小化 $\|\boldsymbol{w}\|^2$。于是式（23-7-121）可重写为

$$\min_{\boldsymbol{w},b}\frac{1}{2}\|\boldsymbol{w}\|^2$$
$$\text{s. t. } y_i(\boldsymbol{w}^{\mathrm{T}}x_i+b)\geqslant1,\ i=1,2,\cdots,m \tag{23-7-122}$$

7.5.7.3　句法模式识别

句法模式识别又称结构方法或语言学方法。统计模式识别中采用定量的物体描述，这类描述具有数值参数（特征向量），而句法模式识别的特点则是定性的物体描述。物体结构包含于句法描述中。当特征描述无法表示被描述物体的复杂程度时，或当物体无法被表示成由简单部件构成的分级结构时，就应该采用句法物体描述。其基本思想是把一个模式描述为较简单的子模式的组合，子模式又可描述为更简单的子模式的组合，最终得到一个树型的结构描述，在底层的

最简单的子模式称为模式基元。

在句法方法中选取基元的问题相当于在统计方法中选取特征的问题。通常要求所选的基元能对模式提供一个紧凑的反映其结构关系的描述，又要易于用非句法方法加以抽取。显然，基元本身不应该含有重要的结构信息。与统计识别中的情况相同，对基元描述和它们之间关系的设计不是算法化的，而是基于对问题的分析、设计者的经验和能力。然而，还是有一些原则值得遵循：①基元类型不要太多；②被选中的基元应该能够形成正确的物体表示；③基元应该能够较容易地从图像中分割出来；④基元应该能够由某种统计模式识别方法较容易地识别出来；⑤基元应该与待描述物体（图像）结构的重要的自然部件相对应。模式以一组基元和它们的组合关系来描述，称为模式描述语句。例如，如果描述技术图纸，则基元将是直线段和曲线段，它们之间的关系用诸如相邻、在左侧、在上方等二元关系描述。这相当于在语言中，句子和短语由词组合，词由字符组合一样。基元组合成模式的规则，由语法来指定。

假定物体已经由一些基元和它们之间的关系正确地描述了，并且假定对每一类来说其语法都已知，该语法能够生成特定类别中所有物体的描述。句法识别决定一个描述词语对于特定类的语法是否在句法上是正确的，也就是说每个类只包含其句法描述能够由该类语法生成的物体。句法识别是一个搜索语法的过程，目标语法能够产生描述待处理物体的语法词语。句法的识别过程可通过句法分析进行，即分析给定的模式语句是否符合指定的语法，满足某类语法的即被分入该类。可以说句法模式识别是基于对结构相似性的测量来分类模式。该方法不但可以用于分类，也可以用于描述。

若已存在一个适当的语法可以用来表示各类别的所有模式，则最后一步就是设计一个能够正确判断模式（词语）类别的语法分类器。显然最简单的方法就是为每个类分别构造一个语法；未知模式 x 被输入一个由若干个黑箱构成的平行结构，这个装置可以判断是否 $x \in L(G_j)$，其中 $j=1, 2, \cdots, R$，R 为类别总数；$L(G_j)$ 为由第 j 个语法产生的语言。如果第 j 个黑箱的决定为正，则模式被认为是来自于第 j 类，分类器将这个模式判定为属于第 j 类。注意，通常可以有几个语法同时将一个模式接受为其对应的类。

判断一个词语是否能由某个语法产生是在句法分析过程中进行的，并且，句法分析能够构造表示模式结构信息的模式生成树。句法分析本质上就是试图通过使用一系列替代规则将初始符号转换为待测试模式。若替代过程成功，则分析结束，说明待测试模式可以由语法生成，待测试模式可以被判定为属于该语法表示的类别。若替代过程失败，则说明待测试模式不表示相应类的物体。

一般来说，构造模式词语的过程究竟如何并不重要，这一变换过程可以采用自上而下的方式，也可以采用自下而上方式。纯粹的自上而下方法效率不高，因为会产生太多的错误路径。可以利用一致性检验减少错误路径的数量，例如，若词语以一个非终结符 I 开头，则只有右侧模式也以 I 开头的规则才适用。利用先验规则，可以设计更多的一致性检验。这一方法称为树剪枝。

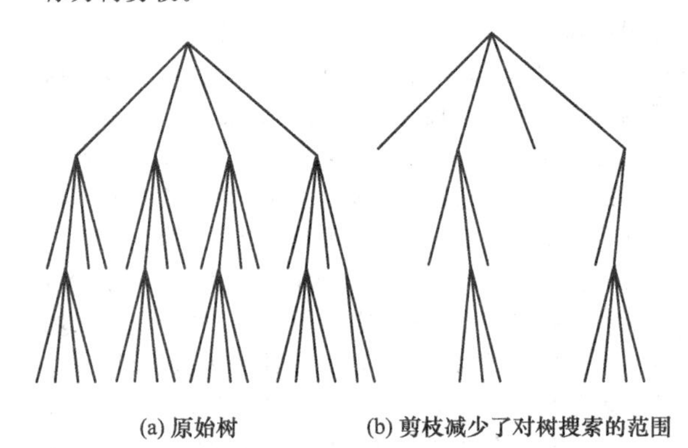

图 23-7-48　树剪枝

句法分析的另一种方法是利用类的典型关系结构。句法分析就是将表示待分析物体的关系结构与典型关系结构进行比较。主要目标是找到两个关系结构之间的同构，这种方法同样适用于 n 元关系结构。关系结构匹配是一种很有希望的句法识别和图像理解方法。图 23-7-49 是一个关系结构匹配的简单例子。

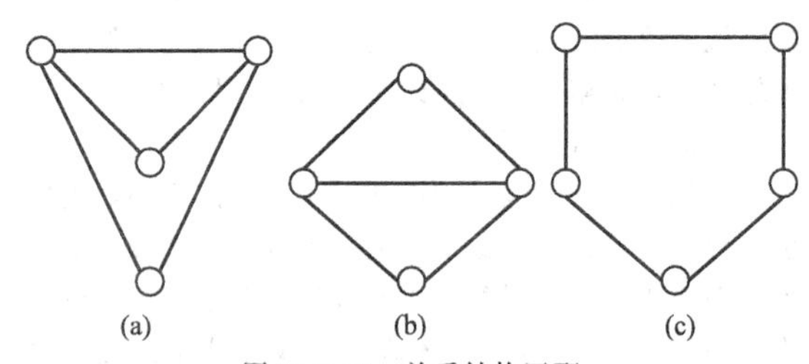

图 23-7-49　关系结构匹配

假定结点和关系具有相同类型，则（a）和（b）匹配；（c）与（a）或（b）都不匹配

统计识别与句法识别的主要区别在于学习过程。利用目前的技术，语法构造过程很难算法化，需要大量的人工干预。通常基元越复杂，则语法越简单，句法分析也越简单迅速。但是，复杂的基元描述使得基元的识别过程变得更加困难、更耗时间，而且，基元

提取和关系估计也变得不容易处理。

7.6　机器人三维视觉信息处理

三维视觉是借助机器视觉技术使用三维信息处理一些传统二维技术目前无法解决的应用难题。三维视觉系统能提供三维空间的信息，基于三维视觉系统的跟踪，可依靠三维信息建立三维目标模型，从而实现在复杂情况下（如多目标互相遮挡等）的精确跟踪，大幅提高跟踪的准确性，更可应用到交通、机场、银行等安防领域的视觉监控中，如提出采用三维视频融合的监控系统、集成空间位置信息、可增强位置感知、辅助应急决策等。同时，三维视觉在环境感知方面的显著特性和巨大应用潜力，近年来引起了世界范围企业巨头和研究机构的普遍关注。

7.6.1　三维重建

基于视觉的三维重建技术，即采用计算机视觉方法进行物体的三维模型重建，是指利用数字相机作为图像传感器，综合运用图像处理、视觉计算等技术进行非接触三维测量，用计算机程序获取物体的三维信息。其优势在于不受物体形状限制、重建速度较快、可以实现全自动或半自动建模等，是三维重建的一个重要发展方向，能广泛应用于包括移动机器人自主导航系统、航空及遥感测量、工业自动化系统等在内的各个领域，由此项技术产生的经济效益极为可观。

作为计算机视觉技术的一个重要分支，基于视觉的三维重建技术以 Marr 的视觉理论框架为基础，形成了多种理论方法。例如，根据相机数目的不同，可分为单目视觉法、双目视觉法、三目视觉、多目视觉法和深度视觉法；根据原理的不同，又可分为基于区域的视觉方法、基于特征的视觉方法、基于模型的视觉方法和基于规则的视觉方法等；根据获取数据的方式不同，可分为主动视觉法和被动视觉法等。

7.6.1.1　被动式三维重建技术

被动式三维重建技术一般利用周围环境如自然光的反射，使用相机获取图像，然后通过特定算法计算得到物体的立体空间信息。主要有以下三种方法。

(1) 明暗恢复形状法

明暗恢复形状法是一种较为常用的三维形状恢复问题的方法。考虑到图像的阴影边界包含了图像的轮廓特征信息，因此能够利用不同光照条件下的图像的明暗程度与阴影来计算物体表面的深度信息，并以反射光照模型进行三维重建。需要注意的是，像素点的亮度受到包括光源指标、相机（或观察者）位置和参数、目标表面材质和形状等的影响。传统明暗恢复形状法均进行了如下假设：①光源为无限远处点光源；②反射模型为朗伯体表面反射模型；③成像几何关系为正交投影。

明暗恢复形状法的应用范围比较广泛，可以恢复除镜面外的各种物体的三维模型。缺点体现在过程多为数学计算、重建结果不够精细，另外不能忽视的是，明暗恢复形状法需要准确的光源参数，包括位置与方向信息。这就导致其无法应用于诸如露天场景等具有复杂光线的情形中。

(2) 纹理恢复形状法

纹理恢复形状法的定义是各种物体表面具有不同的纹理信息，这种信息由纹理元组成，利用物体表面的纹理元确定表面方向进而恢复出表面三维形状。

纹理法的基本理论为：纹理元可以看作是图像区域中具有重复性和不变性的视觉基元，纹理元在各个位置和方向上反复出现。当某个布满纹理元的物体被投射在平面上时，其相应的纹理元也会发生弯折与变化。由纹理元的变化可以对物体表面法向量方向进行恢复。常用的纹理恢复形状方法有三类：利用纹理元尺寸变化、利用纹理元形状变化以及利用纹理元之间关系变化对物体表面梯度进行恢复。例如透视收缩变形使与图像平面夹角越小的纹理元越长，投影变形会使离图像平面越近的纹理元越大。通过对图像的测量来获取变形，进而根据变形后的纹理元，逆向计算出深度数据。纹理恢复形状法对物体表面纹理信息的要求严苛，需要了解成像投影中纹理元的畸变信息，应用范围较窄，只适合纹理特性确定等某些特殊情形。该方法精度较低，而且适用性差，因此在实际使用中较为少见。

(3) 立体视觉法

立体视觉法是另外一种常用的三维重建方法。主要包括直接利用测距器获取程距信息、通过一幅图像所提供的信息推断三维形状和利用不同视点上（或不同时间拍摄）的两幅或多幅图像恢复三维信息等三种方式。通过模拟人类视觉系统，基于视差原理获取图像对应点之间的位置偏差，恢复出三维信息。立体视觉系统主要由图像获取、相机模型、特征提取、图像匹配、深度计算、内插等组成。双目立体视觉重建，在实际应用中优于其他基于视觉的三维重建方法，也逐渐出现在一部分商业化产品上。不足的是图像特征匹配算法复杂，而且在基线距离较大的情况下重建效果明显降低。

作为计算机视觉的关键技术之一，立体视觉法也有其弊端。例如，立体视觉需要假设空间的平面是正平面，而实际情况却与此相差甚远。除此之外，匹配还存在歧义性：对于一幅图像上的某些特征点，另外的图像可能存在若干个与之相似的特征点，那么如何选取最适配的匹配点，显得较为棘手。除此之外，对于如相机的标定、大型场景重建需要获取多帧图像等问题，也影响了立体视觉的深层次应用。

7.6.1.2 主动式三维重建技术

主动式三维重建技术是指利用激光、声波、电磁波等光源或能量源发射至目标物体，通过接收返回的光波来获取物体的深度信息。主动测距有飞行时间法、结构光法、莫尔条纹法和三角测距法等方法。

(1) 飞行时间法

现以 Basler ToF 相机为例，介绍飞行时间法的测距原理，见图 23-7-50。

飞行时间法指的是在光速及声速一定的前提下，通过测量发射信号与接收信号的飞行时间间隔来获得距离的方法。这种信号可以是超声波，也可以是红外线等。

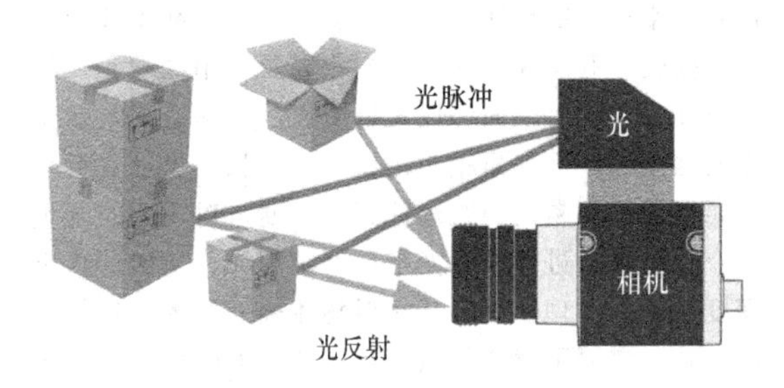

图 23-7-50 Basler ToF 相机工作原理

飞行时间法原理简单，测距速度高，又可避免阴影和遮挡等问题，但也有一定的局限性。首先，飞行时间法相机的分辨率非常低，对信号处理系统的时间分辨有较高要求。为了提高测量精度，实际的飞行时间测量系统往往采用时间调制光束，例如采用正弦调制的激光束，然后比较发射光束和接收光束之间的位相，计算出距离。其次，飞行时间法相机容易受到环境因素的影响，如混合像素、外界光源等，导致景物深度不准确。最后，系统误差与随机误差对测量结果的影响很大，需要进行后期数据处理，主要体现在场景像素点的位置重合上。

Basler ToF 相机是一种工业 3D 相机，其工作原理是脉冲 ToF。它配备了工作在近红外光谱范围 (850nm) 的 8 个大功率 LED，并通过一次拍摄生成 2D 和 3D 数据，所获取的大部分图像包括范围、强度和置信度图。Basler ToF 相机主要特点如表 23-7-4 所示。

表 23-7-4 Basler ToF 相机主要特点

项目	特点
分辨率	640px×480px(NIR)
帧速率	20fps
工作范围	0～13m
精度	±1cm(视场景而定)
接口	完全符合 GigE Vision 和 GenICam 标准
镜头	57°h×43°v
软件	兼容 Windows 和 Linux
备注	易于集成和使用，降低系统总成本

(2) 结构光法

结构光法是一类常用的在采集图像时直接获取深度信息的方法，通过向表面光滑无特征的物体发射具有特征点的光线，依据光源中的立体信息辅助提取物体的深度信息。本方法使用条件：相机和光源要先标定好。该方法的作用：结构光成像不仅能给出空间点的距离 Z（根据成像高度求取物体距离 Z，由此可见成像高度中包含了 3 维的深度信息），同时也能给出沿 Y 方向的物体宽度。

具体过程包括两个步骤：利用激光投影仪向目标物体投射可编码的光束，生成特征点；根据投射模式与投射光的几何图案，通过三角测量原理计算摄像机光心与特征点之间的距离，由此便可获取生成特征点的深度信息，实现模型重建。

这种可编码的光束就是结构光，包括各种特定样式的点、线、面等图案。结构光法解决了物体表面平坦、纹理单一、灰度变化缓慢等问题。因为实现简单且精度较高，所以结构光法的应用非常广泛，目前已有多家公司生产了以结构光技术为基础的硬件设备，如 PrimeSense 公司的 Prime Sensor、微软公司的 Kinect（图 23-7-51）和华硕公司的 Xtion PRO LIVE 等产品。

(3) 莫尔条纹法

自 Meadows 等 1970 年提出莫尔轮廓法以来，在此基础上提出了影像莫尔法、投影莫尔法、扫描莫尔法以及这些方法的改进方法，使莫尔等高线三维测量技术不同程度地达到实用化程度。

① 影像莫尔法的原理如图 23-7-52 所示，光源照射到置于被测物体上的主光栅，其影像投在物体上，物体上 E 与光栅上 C 点的高度差 W 为

$$W=\frac{NP}{\tan\alpha}+\tan\beta \tag{23-7-123}$$

式中，N 为莫尔条纹的阶，如 AD 包含 m 条宽度为 P 的线对，AB 包含 n 条，则 $N=m-n$。影像莫尔法的特点是原理简单，精度高，但由于制造面积较大的光栅很困难，故该方法只适用于小物体的测量。

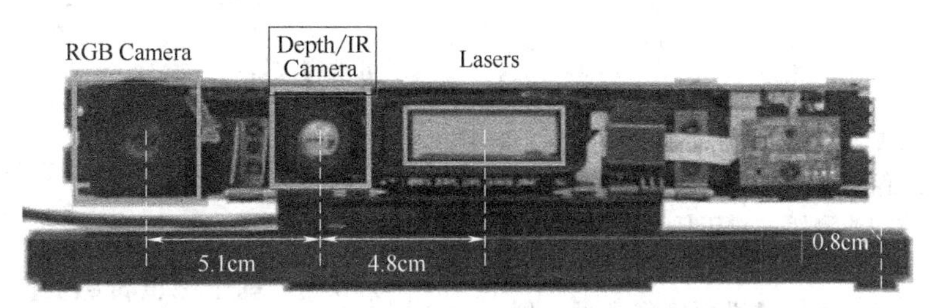

图 23-7-51　微软 kinect v2 外观及硬件资源示意图

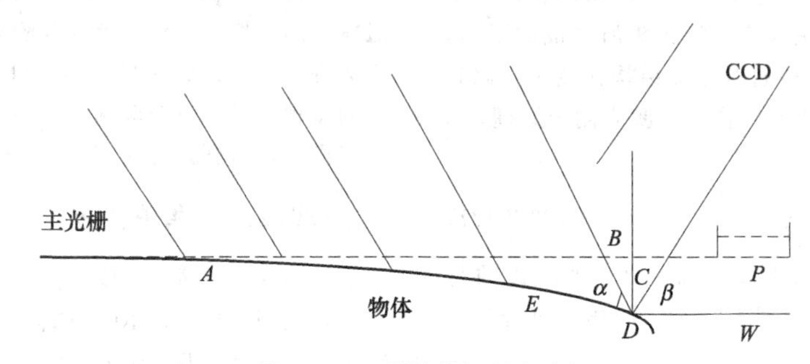

图 23-7-52　影像莫尔法原理图

② 投影莫尔法。这种方法是将光栅投射到被测物体上，然后在观察侧用第二个光栅观察物体表面的变形光栅像，这样就得到莫尔条纹。分析莫尔条纹就可以得到物体的深度信息。该方法的特点是适合于测量较大的物体。

③ 扫描莫尔法。其投影侧与投影莫尔法相同，但在观察侧不用光栅来形成莫尔条纹，而是用电子扫描光栅和变形像叠加生成莫尔等高线。它的优点是利用现代电子技术，可以很方便地改变扫描光栅栅距、位相等。生成不同位相的莫尔等高线条纹图像，便于实现计算机自动处理。其缺点是需要扫描机构，数据获取速度低、稳定性较差、对噪声敏感。

（4）三角测距法

三角测距法是一种非接触式的测距方法，以三角测量原理为基础。红外设备以一定的角度向物体投射红外线，光遇到物体后发生反射并被 CCD（charge-coupled device，电荷耦合元件）图像传感器所检测。随着目标物体的移动，此时获取的反射光线也会产生相应的偏移值。根据发射角度、偏移距离、中心矩值和位置关系，便能计算出发射器到物体之间的距离。三角测距法在军工测量、地形勘探等领域中应用广泛。这里阐述单点激光测距原理和线状激光三角测距原理。

① 单点激光测距原理。单点激光测距原理图如图 23-7-53 所示，激光头与摄像头在同一水平线（称为基准线）上，其距离为 s，摄像头焦距为 f，激光头与基准线的夹角为 β。假设目标物体在点状激光器的照射下，反射回摄像头成像平面的位置为点 P。

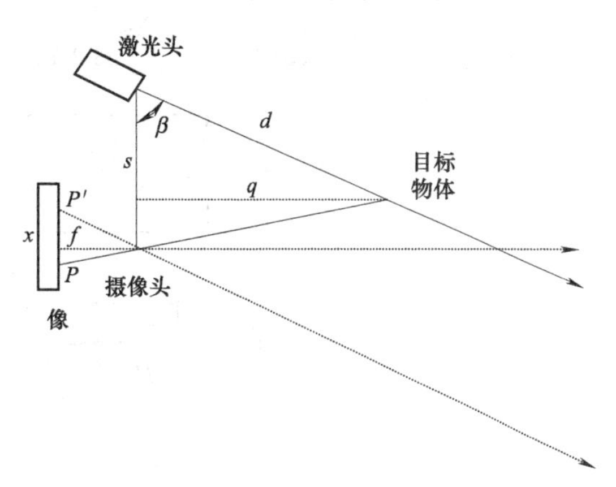

图 23-7-53　单点激光测距示意图

由几何知识可作相似三角形，激光头、摄像头与目标物体组成的三角形，相似于摄像头、成像点 P 与辅助点 P'。P 与辅助点 P'。设 $PP'=x$，q、d 如图 23-7-53 所示，则由相似三角形可得：

$$\frac{f}{x}=\frac{q}{s}\Longrightarrow q=\frac{fs}{x} \tag{23-7-124}$$

可分为两部分计算：

$$X=x_1+x_2=\frac{f}{\tan\beta}+\text{pixelSize}\times\text{position} \tag{23-7-125}$$

其中，pixelSize 是像素单位大小，position 是成像的像素坐标相对于成像中心的位置。最后，可求得距离 d：

$$d=\frac{q}{\sin\beta} \tag{23-7-126}$$

② 线状激光测距原理。将激光光条的中心点 P_1、成像点 P_1'、摄像头、激光头作为基准面，中心点 P_1 就符合单点结构光测距。对于任一点（该点不在基准面上），也可由三角测距得出。

如图 23-7-54 所示，将成像平面镜像到另一侧。其中 P_1'，P_2'和分别是 P_1 和 P_2 的成像位置，对于点 P_2、成像点 P_2'、摄像头、激光头所形成的平面，与基准面存在夹角 θ，也符合单点结构光测距。此时的焦距为 f'，x 的几何意义同单点激光测距原理，L 表示基准线长度。

$$\frac{d'}{L}=\frac{f'}{x} \tag{23-7-127}$$

d'是 P_2 与基准线所成平面上 P_2 到底边的高（类比于单点激光测距原理中的 q）。同样 x 可分为两部分计算：

$$x=\frac{f'}{\tan\beta}+\text{pixelSize}\times\text{position} \tag{23-7-128}$$

上述中的平面与基准面的夹角为 θ：

$$\frac{f'}{f}=\cos\theta \tag{23-7-129}$$

$$\tan\theta=\frac{|P_2'\cdot y-P_1'\cdot y|}{f} \tag{23-7-130}$$

可求得 f'：

$$f'=\frac{f}{\cos\{\arctan[(P_{2'}.y-P_{1'}.y)/f]\}} \tag{23-7-131}$$

7.6.2　基于深度传感器的三维重建流程

下面介绍使用 Kinect 采集景物的点云数据，经过深度图像增强、点云计算与配准、数据融合、表面生成等步骤，完成对景物的三维重建。图 23-7-55 显示的流程表明，对获取到的每一帧深度图像均进行前六步操作，直到处理完若干帧。最后完成纹理映射。

7.6.2.1　相关概念

(1) 彩色图像与深度图像

彩色图像也叫作 RGB 图像，R、G、B 三个分量对应于红、绿、蓝三个通道的颜色，它们的叠加组成了图像像素的不同灰度级。深度图像又称为距离图像，与灰度图像中像素点存储亮度值不同，其像素点存储的是该点到相机的距离，即深度值。图 23-7-56 表示深度图像与灰度图像之间的关系。

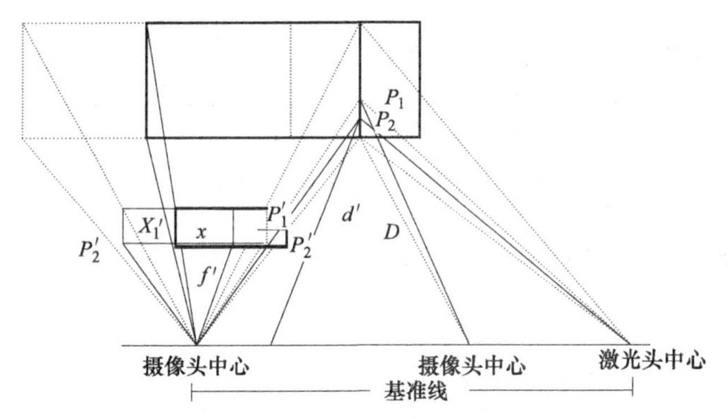

图 23-7-54　线状激光三角测距示意图

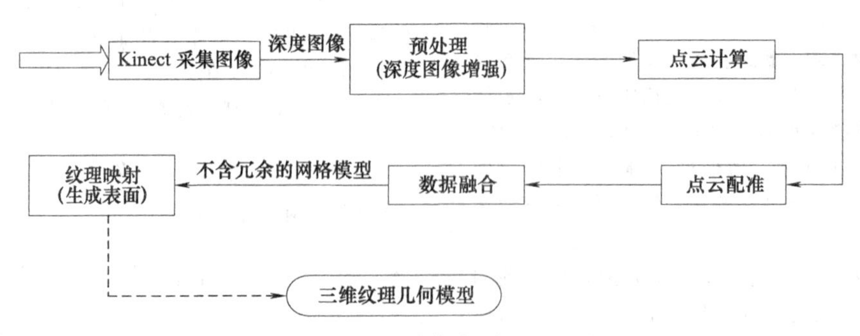

图 23-7-55　基于深度传感器的三维重建流程图

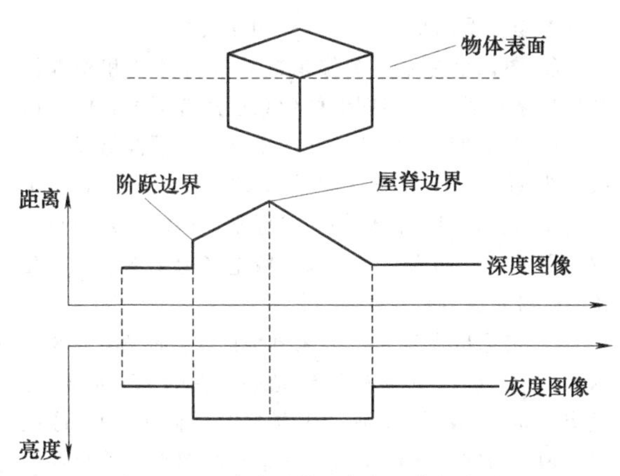

图 23-7-56　深度图像与灰度图像的关系图

深度值指目标物体与测量器材之间的距离。由于深度值的大小只与距离有关，而与环境、光线、方向等因素无关，所以深度图像能够真实准确地体现景物的几何深度信息。

（2）PCL

PCL（point cloud library，点云库）是由斯坦福大学的 Dr. Radu 等基于 ROS（robot operating system，机器人操作系统）下开发与维护的开源项目，最初被用来辅助机器人传感、认知和驱动等领域的开发。2011 年 PCL 正式向公众开放。随着对三维点云算法的加入与扩充，PCL 逐步发展为免费、开源、大规模、跨平台的 C++编程库。

PCL 实现了大量点云相关的通用算法和高效数据结构，涉及点云获取、滤波、分割、配准、检索、特征提取、识别、追踪、曲面重建、可视化等。架构图见图 23-7-57。支持多种操作系统平台，可在 Windows、Linux、Android、Mac OS X、部分嵌入式实时系统上运行。如果说 OpenCV 是 2D 信息获取与处理的结晶，那么 PCL 就在 3D 信息获取与处理上具有同等地位。现在的 PCL 相较于早期的版本，加入了更多新鲜、实用、有趣的功能，为点云数据的利用提供了模块化、标准化的解决方案。再通过诸如图形处理器、共享存储并行编程、统一计算设备架构等高性能技术，提升 PCL 相关进程的速率，实现实时性的应用开发。

在算法方面，PCL 是一套包括数据滤波、点云配准、表面生成、图像分割和定位搜索等一系列处理点云数据的算法。每一套算法都是通过基类进行划分的，试图把贯穿整个处理环节的所有常见功能整合在一起，从而保证了算法实现过程的紧凑性、可重用性和可执行性。

图 23-7-57　PCL 架构图

① 创建处理对象，例如滤波、特征估计、图像分割等；

② 通过“Set InputCloud”输入初始点云数据，进入处理模块；

③ 设置算法相关参数；

④ 调用不同功能的函数实现运算，并输出结果。

为了实现模块化的应用与开发，PCL被细分成多组独立的代码集合，因此，可方便快捷地应用于嵌入式系统中，实现可移植的单独编译。以下列举了部分常用的算法模块。

libpcl filters：如采样、去除离群点、特征提取、拟合估计等数据实现过滤器。

libpcl features：实现多种三维特征，如曲面法线、曲率、边界点估计、矩不变量、主曲率，PFH和FPFH特征，旋转图像、积分图像，NARF描述子，RIFT，相对标准偏差，数据强度的筛选等。

libpcl I/O：实现数据的输入和输出操作，例如点云数据文件（PCD）的读写。

libpcl segmentation：实现聚类提取，如通过采样一致性方法对一系列参数模型（如平面、柱面、球面、直线等）进行模型拟合点云分割提取，提取多边形棱镜内部点云等。

libpcl surface：实现表面重建技术，如网格重建、凸包重建、移动最小二乘法平滑等。

libpcl register：实现点云配准方法，如ICP等。

libpclkeypoints：实现不同的关键点的提取方法，这可以用来作为预处理步骤，决定在哪儿提取特征描述符。

libpcl range：实现支持不同点云数据集生成的范围图像。

此类常用的算法模块均具有回归测试功能，以确保使用过程中没有引进错误。测试一般由专门的机构负责编写用例库。检测到回归错误时，会立即将消息反馈给相应的作者，因此能提升PCL和整个系统的安全稳定性。

(3) 点云数据

点云数据通常出现在逆向工程中，是由测距设备获取的物体表面的信息集合。其扫描资料以点的形式进行记录，这些点既可以是三维坐标，也可以是颜色或者光照强度等信息。通常使用的点云数据包括点坐标精度、空间分辨率和表面法向量等内容。点云一般以PCD格式进行保存，这种格式的点云数据可操作性较强，同时能够提高点云配准融合的速度。

(4) 坐标系

在三维空间中，所有的点必须以坐标的形式来表示，并且可以在不同的坐标系之间进行转换。首先介绍基本坐标系的概念、计算及相互关系。

① 图像坐标系。图像坐标系分为像素和物理两个坐标系种类。数字图像的信息以矩阵形式存储，即一副像素的图像数据存储在维矩阵中。图像像素坐标系以为原点、以像素为基本单位，U、V分别为水平、垂直方向轴。图像物理坐标系以摄像机光轴与图像平面的交点作为原点、以米或毫米为基本单位，其X、Y轴分别与U、V轴平行。

② 摄像机坐标系。摄像机坐标系如图23-7-58所示，其中，O点称为摄像机光心，轴X_C和轴Y_C与成像平面坐标系的X轴和Y轴平行，轴Z_C为摄像机的光轴，与图像平面垂直。光轴与图像平面的交点为图像主点O'。

③ 世界坐标系。考虑到摄像机位置具有不确定性，因此有必要采用世界坐标系来统一摄像机和物体的坐标关系。世界坐标系由原点及X_W、Y_W、Z_W三条轴组成。

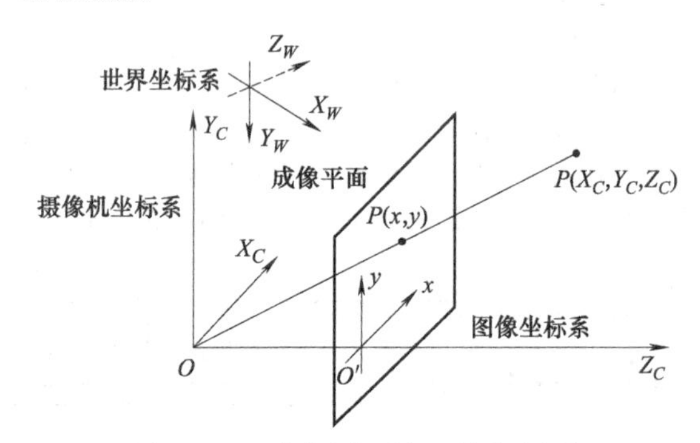

图23-7-58 基本坐标系相互关系示意图

7.6.2.2 具体流程

基于深度传感器的三维重建步骤如下。

(1) 深度图像的获取

深度图像也叫距离影像，是指将从图像采集器到场景中各点的距离（深度）值作为像素值的图像。获取方法有：激光雷达深度成像法、计算机立体视觉成像、坐标测量机法、莫尔条纹法、结构光法。

当一束激光照射到物体表面时，所反射的激光会携带方位、距离等信息。若将激光束按照某种轨迹进行扫描，便会边扫描边记录到反射的激光点信息，由于扫描极为精细，则能够得到大量的激光点，因而就可形成激光点云。点云格式有“*.las”“*.pcd”“*.txt”等。

深度图像经过坐标转换可以计算为点云数据，有规则及必要信息的点云数据可以反算为深度图像。这里由微软Kinect拍摄获取景物的深度图像，同时可以获取其对应的彩色图像，如图23-7-59所示。为了

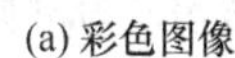

(a) 彩色图像

(b) 深度图像

图 23-7-59　Kinect 获取的彩色图像和深度图像对比示意图

获取足够多的图像，需要变换不同的角度来拍摄同一景物，以保证包含景物的全部信息。

Kinect v1 和 Kinect v2 预览版的最小运行环境比较，如表 23-7-5 所示。

表 23-7-5　Kinect v1 和 Kinect v2 预览版的最小运行环境比较表

比较项目	Kinect v1	Kinect v2 预览版
OS	Windows7 以后	Windows8 以后
编译器(Compiler)	Visual Studio 2010 以后	Visual Studio 2012 以后
接线端子(Connector)	USB2.0	USB3.0
CPU	Dual-Core 2.66GHz	Dual-Core 2.66GHz
GPU	DirectX 9.0c	DirectX 11.0c
RAM	2.0GBytes	2.0GBytes

（2）预处理

受到设备分辨率等限制，它的深度信息也存在着许多缺点。为了更好地促进后续基于深度图像的应用，必须对深度图像进行去噪和修复等图像增强处理。

（3）点云计算

预处理后的深度图像具有二维信息，像素点的值是深度信息，表示物体表面到 Kinect 传感器之间的直线距离，以毫米为单位。以摄像机成像原理为基础，可以计算出世界坐标系与图像像素坐标系之间的转换关系。

（4）点云配准

对于多帧通过不同角度拍摄的景物图像，各帧之间包含一定的公共部分。为了利用深度图像进行三维重建，需要对图像进行分析，求解各帧之间的变换参数。深度图像的配准是以场景的公共部分为基准，把不同时间、角度、照度获取的多帧图像叠加匹配到统一的坐标系中。计算出相应的平移向量与旋转矩阵，同时消除冗余信息。点云配准除了会制约三维重建的速度，也会影响到最终模型的精细程度和全局效果。因此必须提升点云配准算法的性能。下面介绍几种点云配准算法。

① 迭代最近点（iterative closest point，ICP）算法简单且计算复杂度低，使它成为受欢迎的刚性点云配准方法。ICP 算法以最近距离标准为基础迭代地分配对应关系，并且获得关于两个点云的刚性变换最小二乘。然后重新决定对应关系并继续迭代直到到达最小值。目前有很多点云配准算法都是基于 ICP 的改进或者变形，主要改进了点云选择、配准到最小控制策略算法的各个阶段。ICP 算法虽然因为简单而被广泛应用，但是它易于陷入局部最大值。ICP 算法严重依赖初始配准位置，它要求两个点云的初始位置必须足够近，并且当存在噪声点、外点时可能导致配准失败。

② 第二类点云配准算法应用了稳健统计和测量方法。应用核密度估计，将点云表示成概率密度，产生了核心相关（kernel correlation，KC）算法。这种计算最优配准的方法通过设置两个点云间的相似度测量来减小它们的距离，对全局目标函数执行最优化算

法，使目标函数值减小到收敛域。因为一个点云中的点必须和另一个点云中的所有点进行比较，所以这种方法的算法复杂度很高。

③ 为了克服 ICP 算法对初始位置的局限性，基于概率论的方法被研究出来。Gold 提出了鲁棒点匹配（robust point matching，RPM）算法及其改进算法。RPM 算法既可以用于刚性配准，也可以用于非刚性配准。该算法在存在噪声点或者某些结构缺失时，配准可能失败。

④ 第四类算法是称为形状描述符的点云配准框架，这类配准方法在初始位置很差的情况下也能很好地实现配准。它配准的前提是假设了一个点云密度，在没有这个特殊假设的情况下，如果将一个稀疏的点云匹配到一个稠密的点云，这种匹配方法将失败。

⑤ 第五类点云配准方法是基于滤波的方法。Ma 和 Ellis 首先提出了使用 U-粒子滤波（unscented particle filter，UPF）的点云配准算法。尽管这种算法能够精确地配准较小的数据集，但是它需要大量的粒子来实现精确配准。由于存在巨大的计算复杂度，这种方法不能用于大型点云数据的配准。为了解决这个问题，U-卡尔曼滤波（unscented kalman filter，UKF）算法被提出来了，这种方法受到了状态向量是单峰假设的限制，因此，对于多峰分布的情况，这种方法会配准失败。

（5）数据融合

经过配准后的深度信息仍为空间中散乱无序的点云数据，仅能展现景物的部分信息。因此必须对点云数据进行融合处理，以获得更加精细的重建模型。以 Kinect 传感器的初始位置为原点构造体积网格，网格把点云空间分割成极多的细小立方体，这种立方体叫做体素。通过为所有体素赋予有效距离场值，来隐式地模拟表面。基于空间体的点云融合示意图如图 23-7-60 所示。

SDF 值等于此体素到重建表面的最小距离值。当 SDF 值大于零，表示该体素在表面前；当 SDF 小于零时，表示该体素在表面后；当 SDF 值越接近于零，表示该体素越贴近于场景的真实表面。KinectFusion 技术虽然对场景的重建具有高效实时的性能，但是其可重建的空间范围却较小，主要体现在消耗了极大的空间用来存取数目繁多的体素。

为了解决体素占用大量空间的问题，Curless 等人提出了 TSDF（truncated signed distance field，截断符号距离场）算法。该方法只存储距真实表面较近的数层体素，而非所有体素，因此能够大幅降低 KinectFusion 的内存消耗，减少模型冗余点。

TSDF 算法采用栅格立方体代表三维空间，每个栅格中存放的是其到物体表面的距离。TSDF 值的正负分别代表被遮挡面与可见面，而表面上的点则经过零点，上图中左侧展示的是栅格立方体中的某个模型。若有另外的模型进入立方体，则按照一定公式实现融合处理。

（6）表面生成

表面生成的目的是构造物体的可视等值面，常用体素级方法直接处理原始灰度体数据。Lorensen 提出了经典体素级重建算法：移动立方体法。移动立方体法首先将数据场中八个位置相邻的数据分别存放在一个四面体体元的八个顶点处。对于一个边界体素上一条棱边的两个端点而言，当其值一个大于给定的常数 T，另一个值小于 T 时，则这条棱边上一定有等值面的一个顶点。

然后计算该体元中十二条棱和等值面的交点，并构造体元中的三角面片，所有的三角面片把体元分成了等值面内与等值面外两块区域，最后连接此数据场中的所有体元的三角面片构成等值面。合并所有立方体的等值面便可生成完整的三维表面。

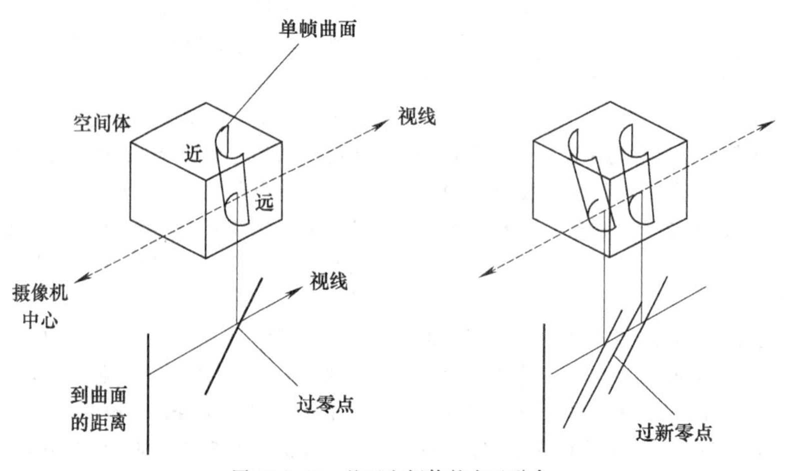

图 23-7-60　基于空间体的点云融合

7.7　机器人视觉技术应用

机器视觉伴随着 CCD/CMOS 传感技术、计算机技术、嵌入式技术、现场总线技术的发展，机器视觉技术已经逐步发展成为工业自动化生产过程中不可或缺的关键组成子系统。机器视觉系统被应用于各行业的生产设备中，助力行业设备升级，提高生产线工艺水平，提升产品的质量和成品率，是现代工业的核心技术之一。机器视觉技术已经被广泛应用于触摸屏、FPD、激光加工、太阳能、半导体、PCB、SMT、机器人与工厂自动化、食品饮料、制药、消费电子产品加工、汽车制造等行业。这里介绍机器视觉应用实例。

7.7.1　消防机器人视觉感知技术

消防机器人是一类承担特殊任务的移动机器人，能够代替消防员进入有毒、浓烟、高温、缺氧、坍塌、狭小空间等火灾事故现场，承担侦查检验、排烟降温、搜索救人、灭火等任务，起到加强消防员安全、增强救援能力的重大作用。

环境感知是实现消防机器人智能化的关键技术之一。环境感知包括“感觉”即通过传感器获取周围环境信息和“知道与理解”即信息的融合与利用两个部分。

在各种环境感知方式中，基于视觉传感器的视觉感知具有的较大优势。首先，类似于人类主要通过眼睛观察世界获得环境信息，视觉传感器所获取的图像数据同样包含大量信息（如实质性、空间和时间信息），并且在信息量上远超过其他非视觉感知方式；其次，不同于红外、激光、声呐等非视觉感知方式，视觉感知不向环境发射光或波，因而在获取环境数据时不会改变环境；第三，随着技术的进步和价格的快速下降，即使最为昂贵的视觉传感器也相对经济实惠，在成本上具有很好的可行性；第四，以各类高性能处理器为核心的视觉信息处理系统的计算能力已较为强大，对图像数据的处理日益充分，使得视觉感知在功能上不断得到扩展和深化。因此，视觉感知作为一种重要的环境感知手段得到了消防机器人研究者的广泛重视。

近年来，消防机器人的视觉感知技术得到了迅速发展，但仍然存在诸多不足，主要包括以下几方面。

① 在视觉系统的构建上主要使用同源视觉传感器（且主要为可见光摄像机）。由于缺乏不同类视觉传感器间的互补性和冗余性，成像系统往往受制于特定类型视觉传感器的固有缺陷，导致对环境信息的采集不够充分。例如，尽管可见光摄像机能够获得丰富的色彩、细节等信息，但在烟雾浓度较高、照度不佳的环境下探测性能会严重退化甚至失效．红外热像仪虽能较好克服低照度的影响，但获取红外热图像的质量不高。

② 对视觉感知算法的研究在广度和深度方面均有不足，导致消防机器人分析理解环境信息的能力仍然薄弱。广度方面，诸如火场人员识别与跟踪，火场地形分析、火情态势分析等方面的视觉感知算法虽然有研究者涉及，但总体处于相对空白的状态．深度方面，由于消防机器人工作环境的复杂性，包括火焰检测在内的许多现有算法的性能仍有较大的提升空间。

③ 视觉信息处理系统的计算能力仍有待提升。消防机器人分析和理解环境信息能力的增强往往要求在实时性约束下实现对图像/视频这类大数据作更为充分的计算处理，因而对视觉信息处理系统的计算能力提出了越来越高的要求。为此，需要在增强电路与系统运算能力、改进感知算法性能、优化代码运行效率等方面做进一步努力。

因此，统筹运用单目相机、双目相机、红外相机等多种感知手段构建更为完善的视觉感知系统，增强采集环境信息的能力；同时加强对火场中的人体、火焰、地形等重要环境对象的视觉感知算法研究，提高消防机器人分析理解环境信息的能力，同时提升系统实时性是消防机器人视觉感知技术未来发展的方向。

7.7.2　基于机器视觉的工业机器人分拣技术

工业生产过程中，流水生产线是一常见的生产模式。在流水生产线上，分拣作业是重要的一个环节，主要是将多个类型的物料或者工件通过分类并按照物料的类型将其放置在相应的位置。工业机器人分拣技术的应用能够有效减少人力资源的使用，同时提升分拣工作的准确性，提高流水生产线的生产效率，进而提升生产企业的经济效益，促进其发展。

（1）基于机器视觉的工业机器人分拣系统构成

常见的基于机器视觉的工业机器人分拣系统（见图 23-7-61）主要由以下几部分组成：六自由度工业机器人、工业相机、相机支架、传送带以及物料放置槽等。工业机器人是垂直多关节型机器人，主要有 AC 伺服控制器、输入输出信号转换器以及抓取构件组成，能够对物料或者工件进行吸取、抓取、装备、搬运、拆解以及测量等操作。机器视觉系统主要由工业相机、视觉控制器以及监视显示器等组成，能够检测出工件或者物料的数量、形状以及颜色等特性。它还可以实时检测工件的装配效果，然后通过串行总线连接到机器人控制器或者流水线的 PLV 控制系统中，进而指挥机器人进行分拣操作。此外，在工业机器人分拣系统中，还必须要有 PLC 可编程控制器单元，它主要是用来控制工业机器人或者电机等设备来执行相关操作、处理检测信号、管理生产过程中的数据传输和生产流程等工作。

图 23-7-61　基于机器视觉的工业机器人分拣系统

（2）基于机器视觉的工业机器人分拣工作流程

在生产流水线运行过程中，首先要借助工业相机对传送带上已经进入工作区域的物料或工件进行图像采集，之后由计算机对图像进行分析和处理，传递并识别、定位物料及工件的具体位置，然后对目标物料建立坐标系，根据该坐标系和机器人坐标系之间的关系，引导工业机器人进行准确分拣和抓取操作，并且能够将正确的物料放置到槽中。

可以将生产流水线的分拣作业分为以下四个步骤：定位、识别、抓取以及放置。如图 23-7-62 所示。

（3）基于机器视觉的工业机器人分拣技术分析

工业机器人分拣系统主要是为了实现机器人的自动化分拣工作。工业机器人分拣系统中的分拣技术主要包括以下几点。

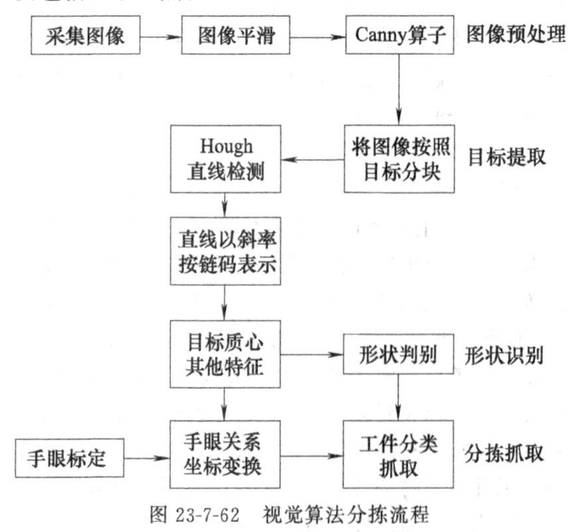

图 23-7-62　视觉算法分拣流程

① 相机标定。机器视觉中 CCD 摄像头的作用是采集目标图像，摄像头选用 DALSA 公司生产的 GM1400 千兆以太网工业相机（见图 23-7-63）。相机内参数为：焦距：4.2864mm；精度：1.3020mm/像素（长）、精度：0.9765mm/像素（宽）；焦距：5mm；精度：1.116mm/像素。为了方便计算，可以近似认为 1 像素为 1mm。

图 23-7-63　加拿大 DALSA 公司工业相机

在工业机器人分拣系统中，物料进入传送带工作区域后的第一步是进行相机标定，是机器视觉基础下工业机器人分拣工作的基础。如果没有进行相机标定工作，就不能实现机器视觉。相机标定是为了为工业机器人以及传送带上的物料或者工件分别建立出空间位置坐标系和图像坐标系，然后探讨并分析二者存在的联系，通过分析相机标定的相关结果，判断工业机器人以及目标物料或工件在坐标系中的准确位置，使得工业机器人能够在分拣过程中准确抓取到目标物料或工件，进而保证流水生产线的顺利运行。

② 工件的识别和定位。在整个系统运行过程中，工件的识别和定位是否正确将直接影响机器人分拣操作的质量。这两项工作多是以通过图像匹配技术来实现，可以根据匹配基元的不同将物料分为特征匹配、相位匹配以及区域匹配。其中，特征匹配和灰度之间的依赖程度较弱，因而被广泛应用。如图 23-7-64 所示。

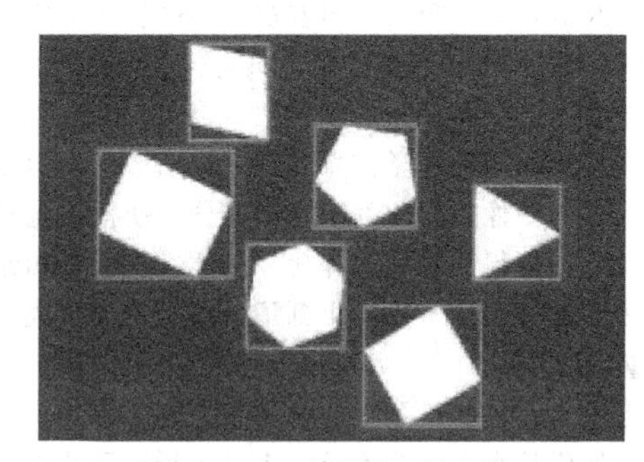

图 23-7-64　检测的工件边缘

③ 工业机器人的运动控制。在完成工件的检测、识别以及定位出相关工件的坐标后，要将机器人坐标系和图像坐标系进行转换，然后控制工业机器人的操

作轨迹，使其能够完成分拣任务，更加准确地将目标工件放置在相应位置。在工业机器人抓取工件或者物料的时候，首先必须要确定物料放置槽的坐标，然后记录每个工件的空间坐标所对应的全局变量。编写机器人控制程序软件，进而控制工业机器人进行分拣操作。首先打开工业相机，启动拍照功能对工件或者物料、场景等进行拍照，然后借助图像处理模块和坐标转化函数获得工件坐标，由计算机向机器人发布运行指示，在工件由传送带传输到机器人下方时，采用机械臂抓取或者吸取工件，然后调转到物料放置槽上方，将工件放置其中，进而实现物料或者工件的分拣工作。

7.7.3　苹果采摘机器人视觉感知技术

视觉系统是苹果采摘机器人的重要组成部分，机器人进行采摘任务过程中最关键环节之一是苹果目标的识别与定位。因此，苹果采摘机器人必须解决苹果目标的快速识别和准确定位两大难题。

苹果采摘机器人一般由移动机构、机械手、控制系统、视觉系统、末端执行器等组成，主要用于采摘成熟苹果。

苹果采摘机器人进行采摘作业时，首先要利用其视觉系统获取苹果目标的数字化图像，然后将图像中苹果目标与枝、叶、土壤、天空等背景区域分开，并对苹果目标的颜色、纹理、形状等特征进行分析，在识别出苹果目标后确定果实在机器人坐标系中的位置，然后由机器人驱动其机械手及末端执行器进行采摘。由此可见，采摘机器人的首要任务是利用视觉系统进行成熟苹果目标的识别与定位。

(1) 苹果采摘机器人中的视觉系统

苹果采摘机器人视觉系统（图 23-7-65）一般由图像获取部分、图像处理分析部分以及输出或显示部分组成，其主要任务是获取苹果的数字化图像，对获取的图像进行图像处理，苹果目标的识别与定位及枝干等障碍物的识别与定位等。苹果采摘机器人的机器视觉技术可以分为一维成像视觉技术、二维成像视觉技术和三维成像视觉技术。视觉系统中根据所使用图像传感器个数的不同可分为单目视觉技术、双目视觉技术和多目视觉技术。视觉检测技术往往结合人工光源或光学滤波器一起使用，以避免自然光在果实目标表面产生阴影而导致的目标识别不准确等问题。

(2) 视觉系统结构优化

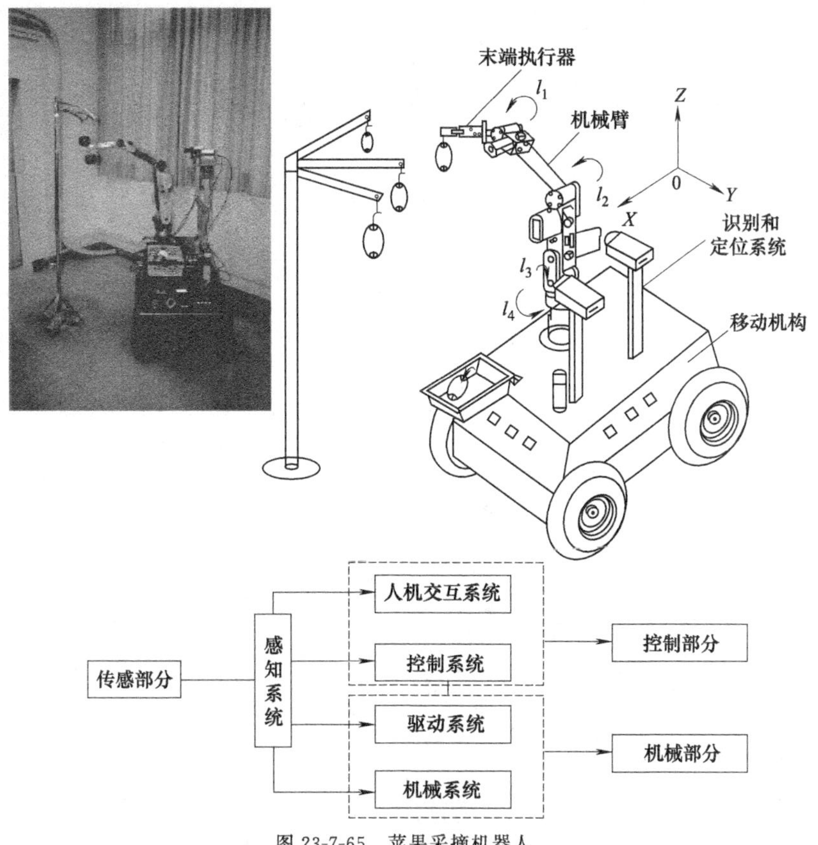

图 23-7-65　苹果采摘机器人

为了减少对苹果的损坏，苹果采摘机器人视觉系统对精度要求非常严格。由于苹果采摘机器人的工作环境中存在自然光照变化、图像采集时的顺光逆光、阴天晴天、枝叶等物体在苹果表面形成阴影等情况，造成自然光线下单纯利用视觉系统识别苹果目标比较困难。因此，借鉴医学上的无影灯原理，在视觉系统中加入主动光源和遮光装置可以减少上述情况产生的影响。

(3) 智能算法优化

苹果采摘机器人视觉系统中现有的枝干等障碍物和苹果目标分割、识别、定位算法的准确性还有待提高，枝干等障碍物及各种天气、不同光照条件以及颜色不均匀、阴影、振荡、重叠、遮挡等影响下的果实目标智能识别定位算法还需要进一步优化。视觉注意机制具有对局部突出的图像特征进行关注的特点，将视觉注意机制应用到苹果图像处理中，可只保留图像中的重要信息（如苹果目标）并进行处理，有望大大提高图像分析处理的效率和准确度。另外，深度学习是建立、模拟人脑进行分析学习的神经网络，模仿人脑的机制来解释图像等数据，深度学习理论为重叠及遮挡影响下苹果目标的识别定位提供了方向。

现有苹果采摘机器人视觉系统的实时性较低，苹果采摘机器人的工作效率对整个苹果产业有着至关重要的影响，视觉系统的实时性是制约苹果采摘机器人工作效率的重要因素。苹果采摘机器人在果园进行采摘时，风力或果实的采摘作业都会引起苹果目标的振荡，由于果实目标振荡的随机性与复杂性，导致现有振荡苹果目标的识别与定位算法的准确性、稳定性略低，如何快速、准确地对振荡影响下的苹果目标进行识别与定位亦是主要研究内容之一。

苹果采摘机器人在果园进行实际采摘作业时，由于果园的地面不平，苹果采摘机器人在行走时，视觉系统往往会受到振动等干扰，目前大多数视觉系统中均用图像处理算法进行分析，然而在视觉系统受振动影响的情况下，利用采集的图像序列是否能够准确地进行苹果目标的识别与定位尚待进一步研究。

第 8 章　工业机器人典型应用

工业机器人应用遍及汽车、工程机械、电子电器、半导体、塑料化工、医药食品等行业，在一些低端制造和劳动密集型行业机器人更具有潜在的广阔应用市场。这里介绍几种典型工业机器人的应用。

8.1　焊接机器人

焊接机器人是通过末端装接焊钳或焊枪，能够进行焊接、切割或热喷涂等作业的工业机器人。

8.1.1　焊接机器人的分类及特点

目前，实际生产中所使用的焊接机器人基本上都是关节型机器人，绝大部分有 6 个轴，焊接机器人应用比较普遍的主要有 3 种：点焊机器人、弧焊机器人和激光焊接机器人，见图 23-8-1。

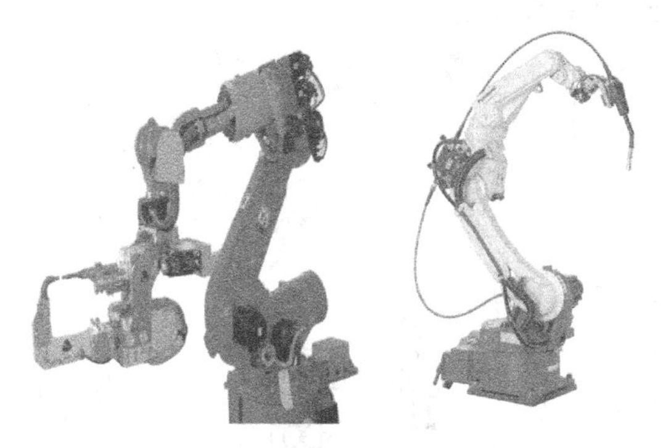

(a) 点焊机器人　　(b) 弧焊机器人

(c) 激光焊接机器人

图 23-8-1　焊接机器人分类

焊接机器人主要有以下特点。

① 提升自动化水平；

② 减少投资，简化生产，提升效率；

③ 质量稳定，焊缝成型好，焊接缺陷小；

④ 安全系数高，柔性化程度高；

⑤ 可降低工人的劳动强度及操作技术要求。

点焊机器人是用于点焊自动作业的工业机器人，其末端握持的作业工具是焊钳。

表 23-8-1 列举了在生产现场常用的点焊机器人的分类、特点和用途。

表 23-8-1　点焊机器人的分类、特点和用途

分类	特点	用途
垂直多关节型(落地式)	工作空间安装面积之比大，承载多数为 1000N 左右，有时附加外部轴	增强焊点作业
垂直多关节型(悬挂式)	工作空间均在机器人的下方	车体的拼接作业
直角坐标型	多数为 3、4、5 轴，价格便宜	连续直线焊缝
定位焊接用机器人(单向加压)	能承受 500kgf 加压反力的高刚度机器人，有些机器人本身带加压作业功能	车身底板定位焊

点焊机器人的主要技术参数见表 23-8-2。

表 23-8-2　点焊机器人的主要技术参数

结构形式	关节型、直角坐标型、极坐标型、组合式等
轴数	一般 6 轴，6 轴以上为附加外部轴
重复定位精度/mm	一般为±0.5，范围为±(0.1～1)
负载/N	一般为 600～1000，范围为 5～2500
驱动方式	一般为交流伺服，少数为直流伺服或电液伺服

弧焊机器人是用于弧焊自动作业的工业机器人，其末端持握的工具是弧焊作业用的焊枪。

弧焊机器人的主要技术参数见表 23-8-3。

表 23-8-3　弧焊机器人的主要技术参数

结构形式	空间关节型、直角坐标型、门式结构等
轴数	一般 6 轴，最多达 12 轴(6 个附加轴)
重复定位精度/mm	一般±(0.1～0.2)，范围为±(0.01～0.5)
负载/N	一般为 50～150，范围为 25～2500
驱动方式	直流伺服、交流伺服驱动

激光焊接机器人是用于激光焊自动作业的工业机

器人，其末端握持的工具是激光加工头。

激光焊接机器人的主要技术参数见表 23-8-4。

表 23-8-4　激光焊接机器人的主要技术参数

结构形式	一般空间关节型
轴数	一般 6 轴
重复定位精度/mm	一般≤0.1
负载/N	300～500
驱动方式	直流伺服,交流伺服驱动

8.1.2　焊接机器人的系统组成

焊接机器人是包括各种焊接附属装置及周边设备在内的柔性焊接系统，而不只是一台以规划的速度和姿态携带焊接工具移动的机器人单机。

8.1.2.1　点焊机器人

点焊机器人主要由操作机、控制系统和点焊焊接系统三部分组成，如图 23-8-2 所示。操作者可通过示教器和操作面板进行点焊机器人运动位置和动作程序的示教，设定运动速度、点焊参数等。点焊机器人按照示教程序规定的动作、顺序和参数进行点焊作业，其过程是完全自动化的。

点焊机器人控制系统由本体控制和焊接控制两部分组成，本体控制部分主要是实现机器人本体的运动控制；焊接控制部分则负责对点焊控制器进行控制，发出焊接开始指令，自动控制和调整焊接参数（如电流、压力、时间），控制焊钳的行程大小及夹紧/松开动作。

机器人点焊用焊钳种类繁多，从外形结构上有 C 型和 X 型两种，如图 23-8-3 所示。C 型焊钳用于点焊垂直及近于垂直倾斜位置的焊点，X 型焊钳则主要用于点焊水平及近于水平倾斜位置的焊点。

按电极臂加压驱动方式，点焊机器人焊钳又分为气动焊钳和伺服焊钳两种。

① 气动焊钳。气动焊钳是目前点焊机器人比较常用的，如图 23-8-4（a）所示。它利用气缸来加压，一般具有 2～3 个行程，电极可做完全大开、小开和闭合 3 个动作，电极压力一旦调定是不能随意变化的。

② 伺服焊钳。采用伺服电机驱动完成焊钳的张开和闭合，因此其张开度可以根据实际需要任意选定并预置，电极间的压紧力也可以无级调节，如图 23-8-4（b）所示。

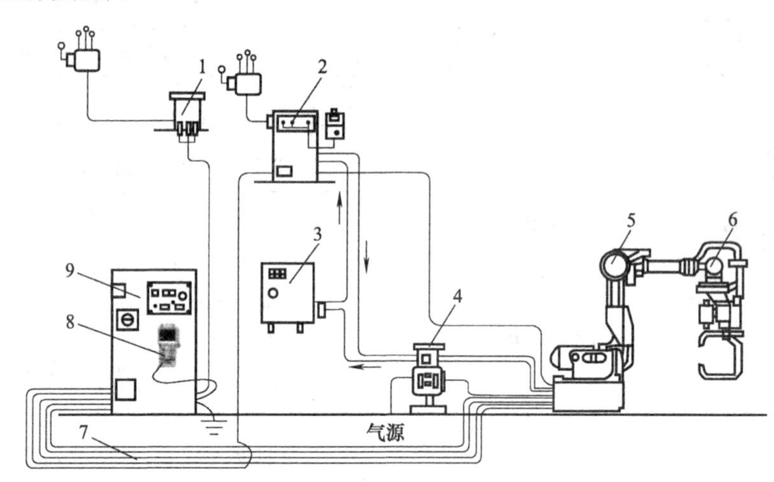

图 23-8-2　点焊机器人系统组成

1—机器人变压器；2—焊接控制器；3—水冷机；4—气/水管路组合体；5—操作机；6—焊钳；7—供电及控制电缆；8—示教器；9—控制柜

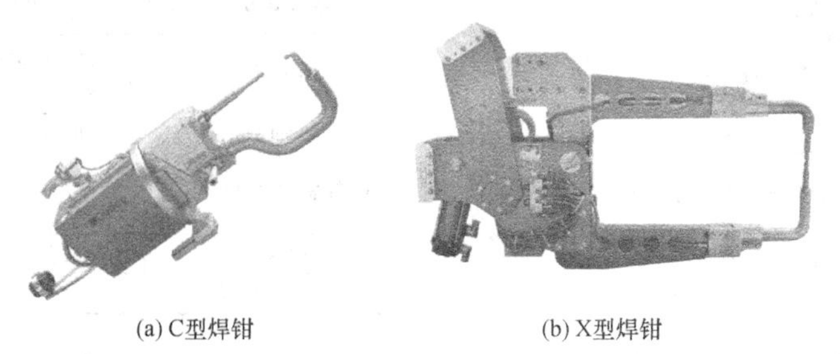

(a) C型焊钳　　(b) X型焊钳

图 23-8-3　点焊机器人焊钳

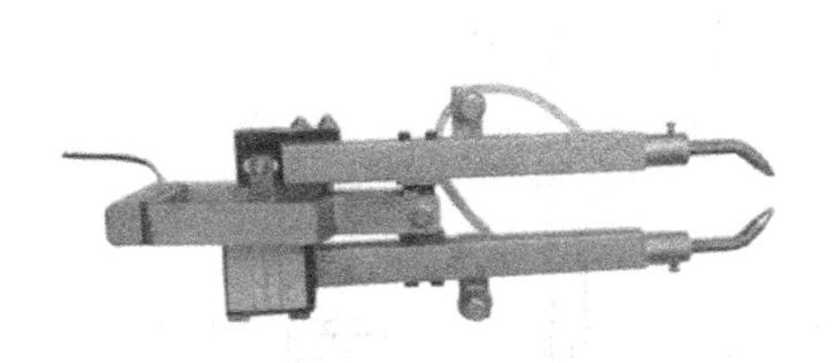

(a) 气动焊钳

(b) 伺服焊钳

图 23-8-4　点焊机器人焊钳

与气动焊钳相比，伺服焊钳的优点有提高工件的表面质量；提高生产效率；改善工作环境。

依据阻焊变压器与焊钳的结构关系，点焊机器人焊钳可分为分离式、内藏式和一体式三种，其优、缺点见表 23-8-5。

表 23-8-5　不同焊钳结构形式优、缺点

结构形式	优　点	缺　点
分离式焊钳	机器人负载小，运动速度高，价格便宜	阻焊变压器容量大，电力损耗大，能源利用率低
内藏式焊钳	二次电缆短，变压器容量小	机器人本体结构复杂
一体式焊钳	阻焊变压器输出端直接连到焊钳的电极臂上，节省能量	焊钳重量大，体积大，易引起过载

① 分离式焊钳。阻焊变压器与钳体相分离，钳体安装在机器人机械臂上，而阻焊变压器挂在机器人上方，可在轨道上沿机器人手腕移动的方向移动，两者之间用二次电缆相连，如图 23-8-5（a）所示。

② 内藏式焊钳。将阻焊变压器安放到机器人机械臂内，使其尽可能接近变压器的二次电缆，并可以在内部移动，如图 23-8-5（b）所示。

③ 一体式焊钳。将阻焊变压器和钳体安装在一起，然后共同固定在机器人机械臂末端法兰盘上，如图 23-8-5（c）所示。

点焊机器人焊钳主要以驱动和控制两者组合的形式来区分，可以采用工频气动式、工频伺服式、中频气动式、中频伺服式。其中，工频气动式机器人焊钳以成本低、技术相对成熟，应用最多，中频气动式机器人焊钳应用也比较广泛，特别是在焊钳结构较大或超大时，基本采用此种形式。

8.1.2.2　弧焊机器人

弧焊机器人的组成与点焊机器人基本相同，主要是由操作机、控制系统、弧焊系统和安全设备几部分组成，如图 23-8-6 所示。

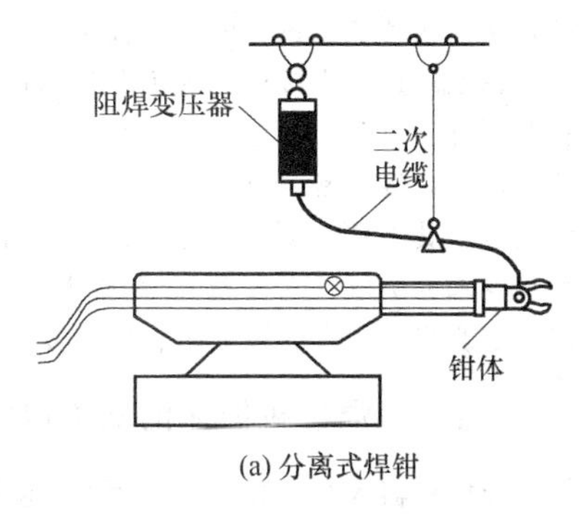

(a) 分离式焊钳

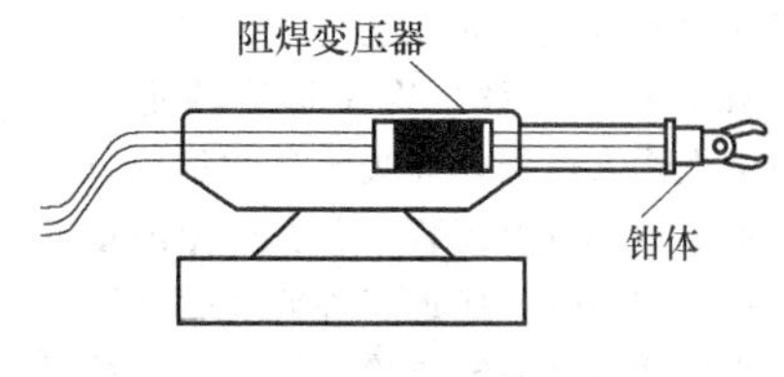

(b) 内藏式焊钳

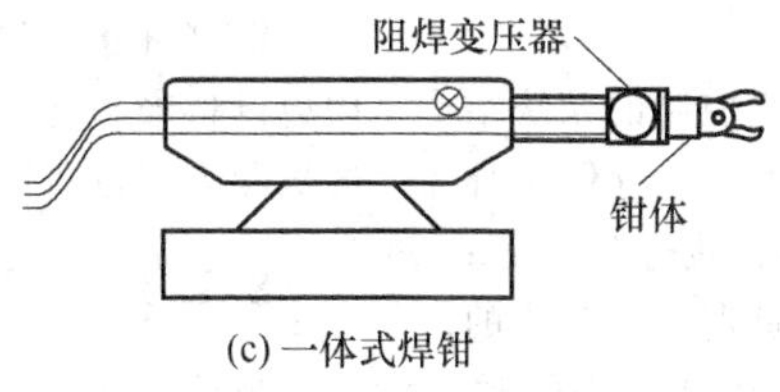

(c) 一体式焊钳

图 23-8-5　点焊机器人焊钳

第 23 篇

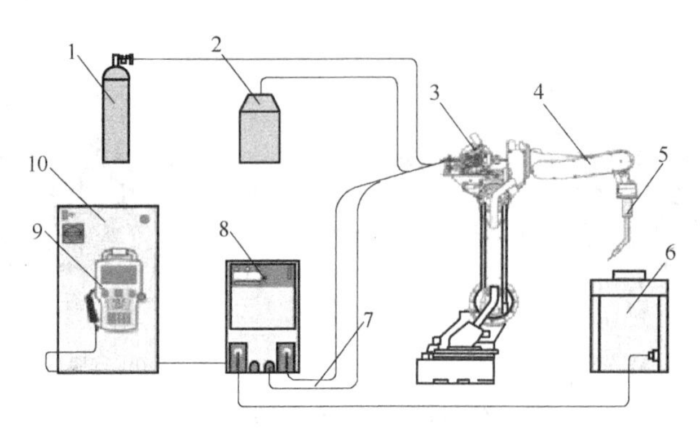

图 23-8-6 弧焊机器人系统组成

1—气瓶；2—焊丝桶；3—送丝机；4—操作机；5—焊枪；6—工作台；7—供电及控制电缆；8—弧焊电源；9—示教器；10—机器人控制柜

弧焊机器人操作机的结构与点焊机器人基本相似，主要区别在于末端执行器——焊枪，图 23-8-7 所示为弧焊机器人用焊枪。

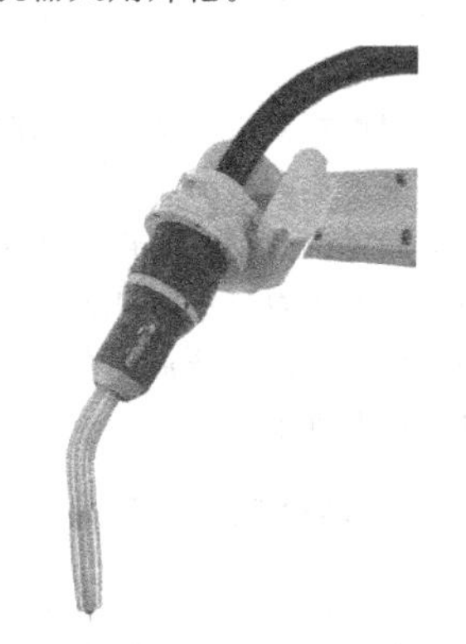

图 23-8-7 弧焊机器人用焊枪

弧焊系统是完成弧焊作业的核心装备，主要由弧焊电源、送丝机、焊枪和气瓶等组成。弧焊机器人多采用气体保护焊（CO_2、MIG、MAG 和 TIG），通常使用的晶闸管式、逆变式波形控制式、脉冲或非脉冲式等焊接电源都可以装到机器人上进行电弧焊。

安全设备是弧焊机器人系统安全运行的重要保障，起到防止机器人伤人或保护周边设备的作用。一般地，在机器人的末端焊枪上还装有各类触觉或接近传感器，可以使机器人在过分接近工件或发生碰撞时停止工作。当发生碰撞时，一定要检验焊枪是否被碰歪，否则由于工具中心点的变化，焊接的路径将会发生较大的变化，从而焊出废品。

弧焊机器人控制系统一般采用两级控制的系统结构：上级具有存储单元，可实现重复编程、存储多种操作程序，负责程序管理、坐标变换、轨迹生成等；下级由若干处理器组成，每一处理器负责一个关节的动作控制及状态检测，实时性好，易于实现高速、高精度控制。此外，弧焊机器人周边设备的控制，如工件定位夹紧、变位调控，设有单独的控制装置，可以单独编程，同时又可以和机器人控制装置进行信息交换，由机器人控制系统实现全部作业的协调控制。

8.1.2.3 激光焊接机器人

激光焊接机器人，通过机器人手臂夹持的光纤传输激光器，完成平面曲线、空间的多组直线、异形曲线等特殊轨迹的激光焊接作业。激光焊接机器人系统组成如图 23-8-8 所示。

激光加工头装于机器人本体手臂末端，其运动轨迹和激光加工参数由机器人数字控制系统提供指令，先由激光加工操作人员在机器人示教器上进行在线示教或在计算机上进行离线编程，材料进给系统将材料与激光同步输入激光加工头，高功率激光与进给材料同步作用完成加工任务。在加工过程中，机器视觉系统对加工区进行检测，检测信号反馈至机器人控制系统，从而实现加工过程的实时控制。

综上所述，焊接机器人主要包括机器人和焊接设备两部分。机器人由本体和控制系统（硬件及软件）组成，而焊接装备，以弧焊及点焊为例，则由焊接电源（包括其控制系统）、送丝机（弧焊）、焊枪（焊钳）等部分组成。对于智能机器人还应包括传感系统，如激光、力觉、视觉传感器及其控制装置等。

8.1.3 焊接机器人的周边设备与布局

焊接机器人在实际工程应用中，除需要焊接机器人系统（机器人和焊接设备）以外，还需要一系列的周边设备来辅助作业。同时，为节约生产空间，合理的机器人工位布局尤为重要。

8.1.3.1 周边设备

目前，常见的焊接机器人辅助装置有变位机、滑移平台、清焊装置和工具快换装置等。

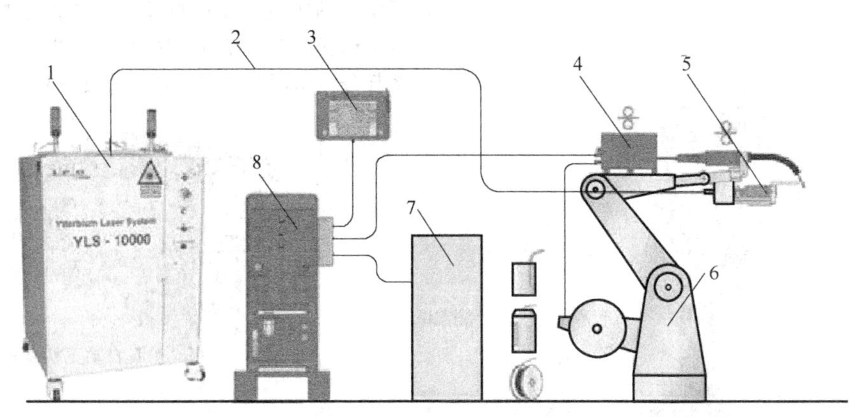

图 23-8-8　激光焊接机器人系统组成

1—激光器；2—光导系统；3—遥控盒；4—送丝机；5—激光加工头；6—操作机；7—机器人控制柜；8—焊接电源

(1) 变位机

对于待焊工件几何形状较为复杂的焊接作业，为了使焊接机器人的末端工具能够到达指定的焊接位置，一般通过增加外部轴来增加机器人的自由度，如图 23-8-9 所示。

图 23-8-9　焊接机器人外部轴扩展

变位机是机器人焊接生产线及焊接柔性加工单元的重要组成部分，如图 23-8-10 所示。在焊接作业前和焊接过程中，通过变位机让焊接工件移动或转动，使工件上的待焊部位进入机器人的作业空间。

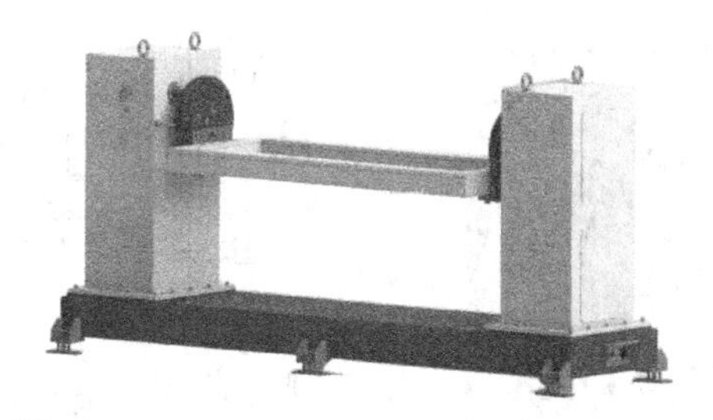
图 23-8-10　变位机

(2) 滑移平台

针对大型结构件的焊接作业，可以把机器人本体装在可移动的滑移平台或龙门架上，以扩大机器人本体的作业空间，确保工件的待焊部位和机器人都处于最佳焊接位置和姿态，如图 23-8-11 所示。

图 23-8-11　使用滑移平台的机器人焊接作业

(3) 焊钳电极修磨机

通过配备自动电极修磨机，可实现点焊机器人电极头工作面氧化磨损后的修磨过程自动化和提高生产线节拍，如图 23-8-12 所示。电极修磨完成后，需根据修磨量的多少对焊钳的工作行程进行补偿。

图 23-8-12　焊钳电极修磨机

(4) 焊枪自动清枪站

焊枪自动清枪站主要包括：焊枪清洗机、喷硅油/防飞溅装置和焊丝剪断装置三部分，如图 23-8-13

所示。

图 23-8-13　焊枪自动清枪站

(5) 工具自动更换装置

对于机器人多任务作业情况下，自动更换机器人手腕上的工具，完成机器人相应的上料、安装、焊接、卸料等多种任务。图 23-8-14 是针对点焊机器人多任务需求而开发的工具自动更换装置。

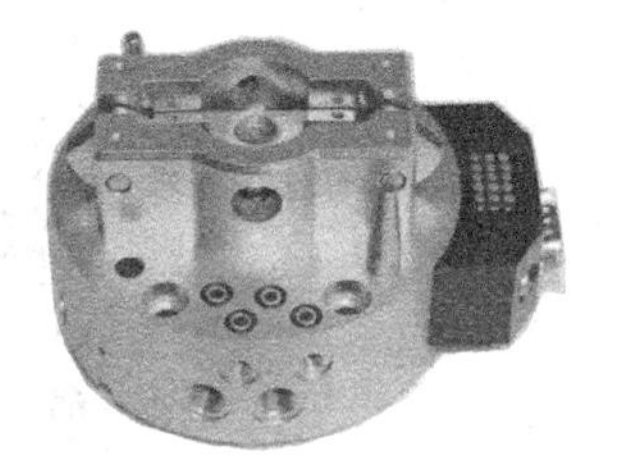

图 23-8-14　工具自动更换装置

8.1.3.2　工位布局

焊接机器人与周边辅助设备组成的系统称为焊接机器人工作站，工位布局的合理性与企业生产效率直接相关。表 23-8-6 是常见的焊接机器人工作站工位布局形式。

表 23-8-6　　常见焊接机器人工作站的工位布局

序号	类型	标准配置	图示	
			三维	二维
1	工作台,双工位	①机器人系统;②焊接电源;③机器人焊枪;④清枪装置;⑤机器人底座;⑥工装夹具;⑦防护围栏;⑧地台		
2	单轴,单工位	①机器人系统;②焊接电源;③机器人焊枪;④清枪装置;⑤机器人底座;⑥工装夹具;⑦防护围栏;⑧地台		
3	单轴,双工位	①机器人系统;②焊接电源;③机器人焊枪;④清枪装置;⑤机器人底座;⑥工装夹具;⑦防护围栏;⑧地台		
4	双轴,单工位	①机器人系统;②焊接电源;③机器人焊枪;④清枪装置;⑤机器人底座;⑥工装夹具;⑦防护围栏;⑧地台		

续表

序号	类型	标准配置	图示	
			三维	二维
5	双轴,双工位	①机器人系统;②焊接电源;③机器人焊枪;④清枪装置;⑤机器人底座;⑥工装夹具;⑦防护围栏;⑧地台		

8.1.4　焊接机器人应用案例

8.1.4.1　点焊机器人应用案例

目标产品：汽车整车。

工艺：点焊。

技术特点：多台点焊机器人协同作业。

基于点焊机器人的汽车焊接自动化生产线如图 23-8-15 所示。

图 23-8-15　基于点焊机器人的汽车焊接自动化生产线

8.1.4.2　弧焊机器人应用案例

目标产品：卡车消声器。

工艺：弧焊。

技术特点：焊缝跟踪系统、单轴变位系统、安全防护系统。

卡车消声器焊接工作站如图 23-8-16 所示。

图 23-8-16　卡车消声器焊接工作站

8.1.4.3　激光焊接机器人应用案例

目标产品：汽车整车。

工艺：激光拼焊。

技术特点：满足整车刚度，焊接速度快，易于自动控制和保证无后续加工。

基于激光焊接机器人的汽车生产线如图 23-8-17 所示。

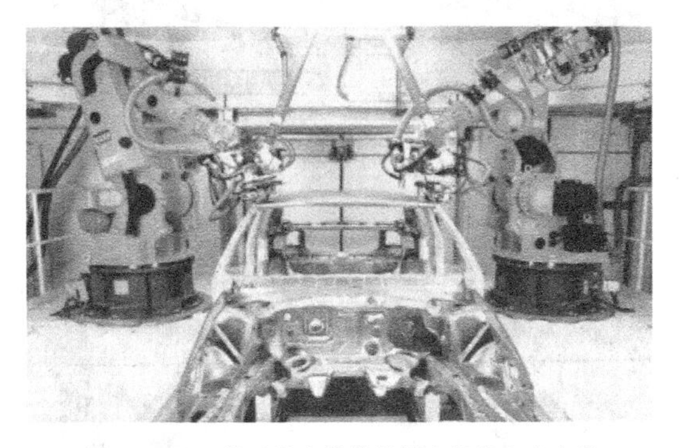

图 23-8-17　基于激光焊接机器人的汽车生产线

8.2　搬运机器人

搬运机器人是指可以进行自动化搬运作业的工业机器人，通过安装不同类型的末端执行器，可以完成不同形态工件的搬运工作。

8.2.1　搬运机器人的分类及特点

搬运机器人作为先进的自动化设备，具有通用性强、工作稳定的优点，并且操作简便、功能丰富。搬运机器人的主要优点如下。

① 定位准确，一致性好。
② 动作稳定，准确性高。
③ 提高生产效率，解放繁重劳力。
④ 柔性高、适应性强。
⑤ 降低制造成本，提高生产效益。

搬运机器人的主要技术参数见表 23-8-7。

表 23-8-7　搬运机器人的主要技术参数

结构形式	主要是龙门式、悬臂式、侧壁式、摆臂式和关节式
轴数	一般 4～6 轴，范围 1～10 轴
重复定位精度/mm	一般为±(0.05～0.5)，范围为±(0.01～2)
负载/N	一般为 100～1000，范围为 10～25000
驱动方式	直流伺服，交流伺服驱动

从结构形式上，搬运机器人可分为龙门式搬运机器人、悬臂式搬运机器人、侧壁式搬运机器人、摆臂式搬运机器人和关节式搬运机器人，如图 23-8-18 所示。其特点、应用场合见表 23-8-8。

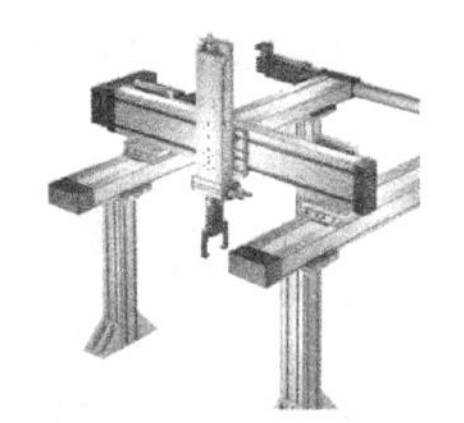

(a) 龙门式搬运机器人

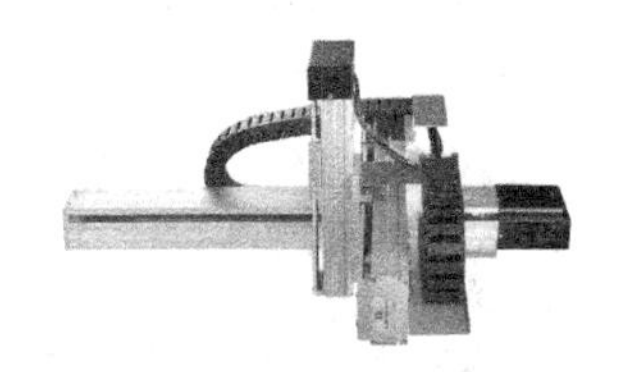

(b) 悬臂式搬运机器人

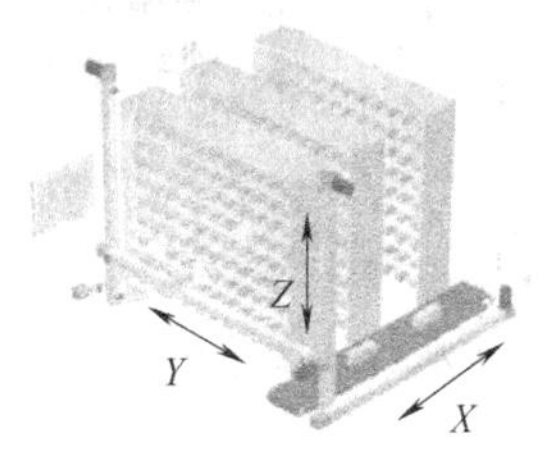

(c) 侧壁式搬运机器人

(d) 摆臂式搬运机器人

(e) 关节式搬运机器人

图 23-8-18　搬运机器人分类

表 23-8-8　搬运机器人特点、应用场合

名称	特点	应用场合
龙门式搬运机器人	负载能力强，可实现大物料、重吨位搬运，编程方便快捷	生产线转运及机床上下料等大批量生产过程
悬臂式搬运机器人	可随不同的应用采取相应的结构形式	机床自动上下料
侧壁式搬运机器人	可随不同的应用采取相应的结构形式，专用性强	立体库类搬运
摆臂式搬运机器人	可实现 4 轴联动，强度高，稳定性好	小负载类搬运
关节式搬运机器人	结构紧凑、占地空间小、相对工作空间大、自由度高	应用范围最为广泛

8.2.2　搬运机器人的系统组成

搬运机器人是包括相应附属装置及周边设备而形成的一个完整系统。以关节式搬运机器人为例，其主要由操作机、控制系统、搬运系统（气体发生装置、真空发生装置和手爪等）和安全保护装置组成，如图 23-8-19 所示。

搬运机器人的末端执行器是夹持工件移动的一种夹具，执行器在一定范围内具有可调性，可配备感知器，以确保其具有足够的夹持力，保证足够夹持精度。常见的搬运末端执行器有吸附式、夹钳式和仿人式等。

搬运机器人主要包括：机器人和搬运系统。机器人由搬运机器人本体及控制柜组成，搬运系统主要是末端执行器。

8.2.3　搬运机器人的周边设备与工位布局

用机器人完成一项搬运工作，除需要搬运机器人以外，还需要一些辅助周边设备。同时，为了节约生产空间，合理的机器人工位布局尤为重要。

8.2.3.1　周边设备

目前，常见的搬运机器人辅助装置有增加移动范围的滑移平台、合适的搬运系统装置和安全保护装置等。

对于某些搬运场合，由于搬运空间大，搬运机器人的末端工具无法到达指定的搬运位置或姿态，可通过外部轴的办法来增加机器人的自由度。其中增加滑移平台是搬运机器人增加自由度最常用的方法，可安装在地面上或安装在龙门框架上。

搬运系统主要包括真空发生装置、气体发生装置、液压发生装置等。

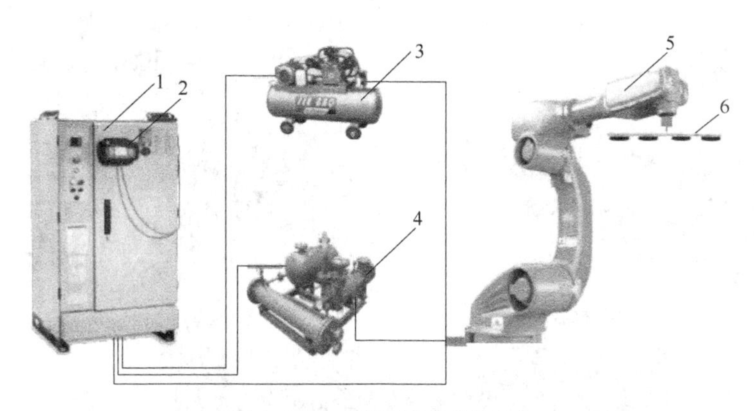

图 23-8-19　搬运机器人系统组成

1—机器人控制柜；2—示教器；3—气体发生装置；4—真空发生装置；5—操作机；6—端拾器（手爪）

8.2.3.2　工位布局

由搬运机器人组成的加工单元或柔性化生产，可完全代替人工实现物料自动搬运，因此搬运机器人工作站布局是否合理将直接影响搬运速率和生产节拍。根据车间场地面积，在有利于提高生产节拍的前提下，搬运机器人工作站可采用 L 型、环状、“品”字、“一”字等布局。

8.2.4　搬运机器人应用实例

目标产品：料箱或纸箱包装物料。

工艺：搬运。

技术特点：搬运机器人与生产线的协同作业、节拍控制、工序合理调度。

搬运机器人工作站如图 23-8-20 所示。

图 23-8-20　搬运机器人工作站

8.3　码垛机器人

码垛机器人是能将包装好的货物整齐、自动地码在托盘上的机器人。

8.3.1　码垛机器人分类及特点

码垛机器人作为新的智能化码垛装备，已在各个行业的包装物流线中发挥重大作用，实现“无人”或“少人”码垛。码垛机器人的主要优点如下。

① 占地面积小，动作范围大。

② 能耗低，降低运行成本。

③ 提高生产效率，解放繁重体力劳动。

④ 柔性高、适应性强，可实现不同物料码垛。

⑤ 定位准确，稳定性高。

码垛机器人的主要技术参数见表 23-8-9。

表 23-8-9　码垛机器人的主要技术参数

结构形式	主要是关节式和龙门式
轴数	多数是 4 轴，范围 2～10 轴
重复定位精度/mm	一般为±(0.05～0.5)
负载/N	一般为 500～1000
驱动方式	直流伺服，交流伺服驱动

码垛机器人一般不能进行横向或纵向移动，安装在物流线末端。故常见的码垛机器人结构多为关节式码垛机器人、摆臂式码垛机器人和龙门式码垛机器人，如图 23-8-21 所示。

8.3.2　码垛机器人的系统组成

码垛机器人同搬运机器人一样需要相应的辅助设备组成一个柔性化系统，才能进行码垛作业。以关节式为例，常见的码垛机器人主要由操作机、控制系统、码垛系统（气体发生装置、液压发生装置）和安全保护装置组成，如图 23-8-22 所示。操作者可通过示教器和操作面板进行码垛机器人运动位置和动作程序的示教，设定运动速度、码垛参数等。

码垛机器人的末端执行器是夹持物品移动的一种装置，其工作原理、结构与搬运机器人类似，如表 23-8-10 所示。

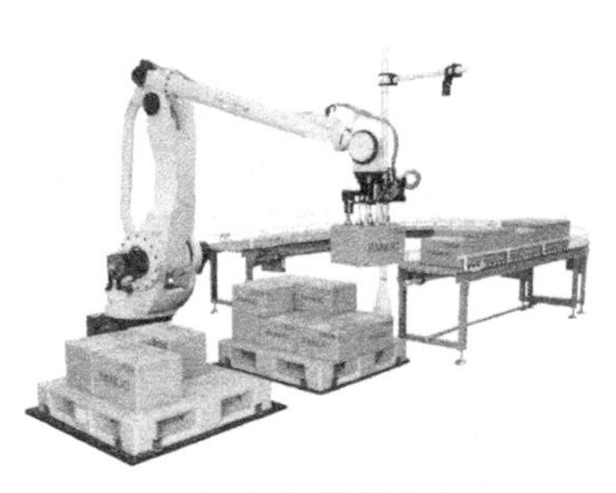
(a) 关节式码垛机器人

(b) 摆臂式码垛机器人

(c) 龙门式码垛机器人

图 23-8-21　码垛机器人分类

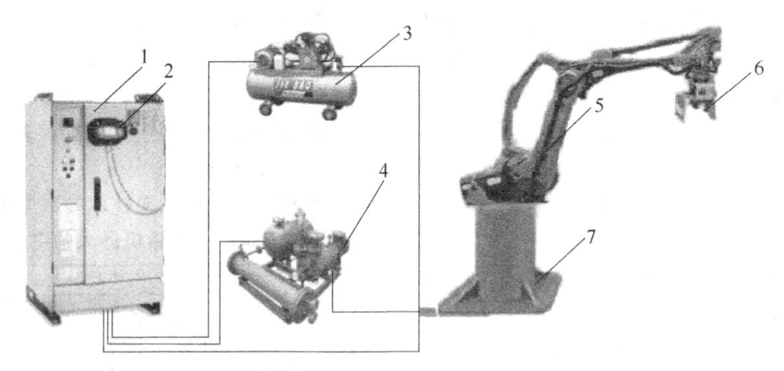

图 23-8-22　码垛机器人系统组成

1—机器人控制柜；2—示教器；3—气体发生装置；4—真空发生装置；5—操作机；6—手爪；7—底座

表 23-8-10　码垛机器人的末端执行器结构形式

结构形式	特点及应用场合
吸附式	用于医药、食品、烟酒等行业
夹板式	用于整箱或规则盒码垛
抓取式	可灵活适应不同形状和内含物物料袋的码垛,可胜任极端条件作业
组合式	通过组合以获得各单组手爪优势,灵活性较大,各单组手爪之间既可单独使用又可配合使用,可同时满足多个工位的码垛

8.3.3　码垛机器人的周边设备和工位布局

8.3.3.1　周边设备

目前，常见的码垛机器人辅助装置有重量复检机、金属检测机、倒袋机、整形机、自动剔除机、待码输送机、传送带、码垛系统等装置。

① 重量复检机（见图 23-8-23）。可以检测出前工序是否漏装、多装，可对合格品、欠重品、超重品进行统计，进而控制产品质量。

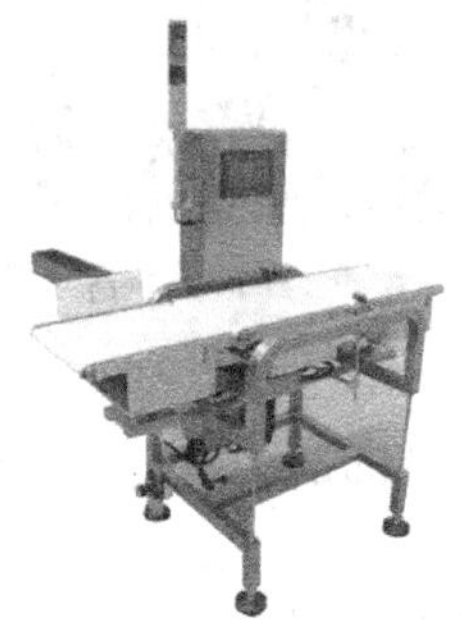
图 23-8-23　重量复检机

② 金属检测机（见图 23-8-24）。对于食品、医药、化妆品、纺织品的码垛，为防止在生产制造过程中混入金属等异物，需要金属检测机进行流水线检测。

图 23-8-24　金属检测机

③ 倒袋机（见图 23-8-25）是将输送过来的袋装码垛物按照预定程序进行输送、倒袋、转位等操作，以使码垛物按流程进入后续工序。

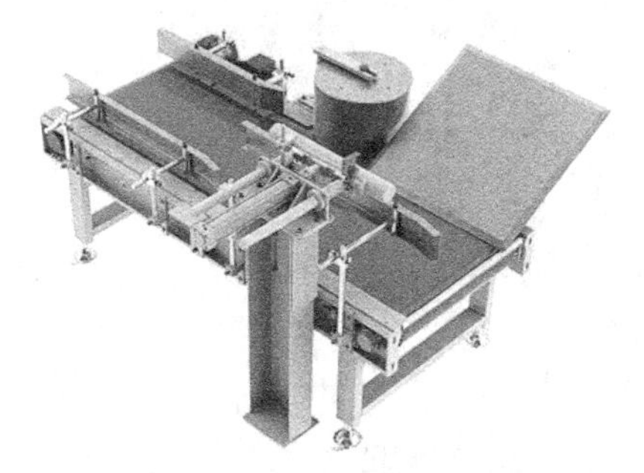

图 23-8-25　倒袋机

④ 整形机（见图 23-8-26）主要针对袋装码垛物的外形整形，经整形机整形后袋装码垛物内可能存在的积聚物会均匀分散，使外形整齐，之后进入后续工序。

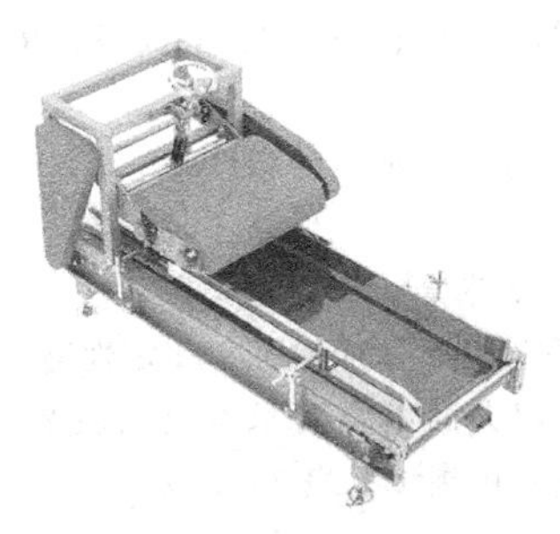

图 23-8-26　整形机

⑤ 自动剔除机（见图 23-8-27）。安装在金属检测机和重量复检机之后，主要用于剔除含异物及重量不合格的产品。

⑥ 待码输送机（见图 23-8-28）。待码输送机是码垛机器人生产线的专用输送设备，码垛货物聚集于此，便于码垛机器人末端执行器抓取，可提高码垛机

图 23-8-27　自动剔除机

器人的灵活性。

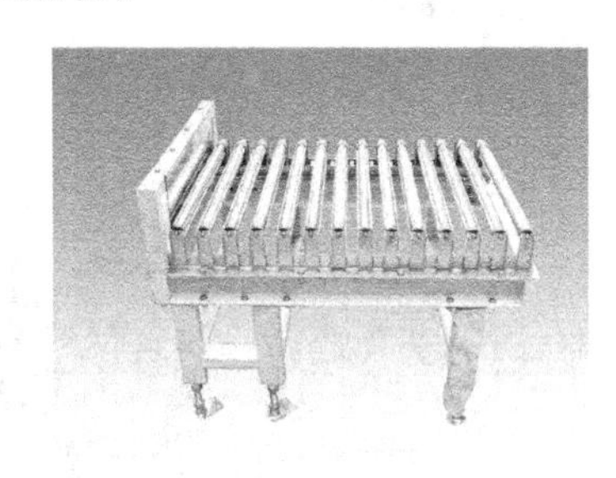

图 23-8-28　待码输送机

⑦ 传送带（见图 23-8-29）。传送带是自动化码垛生产线上必不可少的一个环节，针对不同的厂源条件可选择不同的形式。

图 23-8-29　传送带

8.3.3.2　工位布局

码垛机器人工作站的布局是以提高生产效率、节约场地、实现最佳物流码垛为目的，在实际生产中，常见的码垛工作站布局主要有全面式码垛和集中式码垛两种。

① 全面式码垛。码垛机器人安装在生产线末端，如图 23-8-30 所示，可针对一条或两条生产线，具有较小的输送线成本与占地面积、较大的灵活性和增加生产量等优点。

② 集中式码垛。码垛机器人被集中安装在某一区域，可将所有生产线集中在一起，具有较高的输送线成本，可节省生产区域资源，节约人员维护成本，一人便可全部操纵，如图 23-8-31 所示。

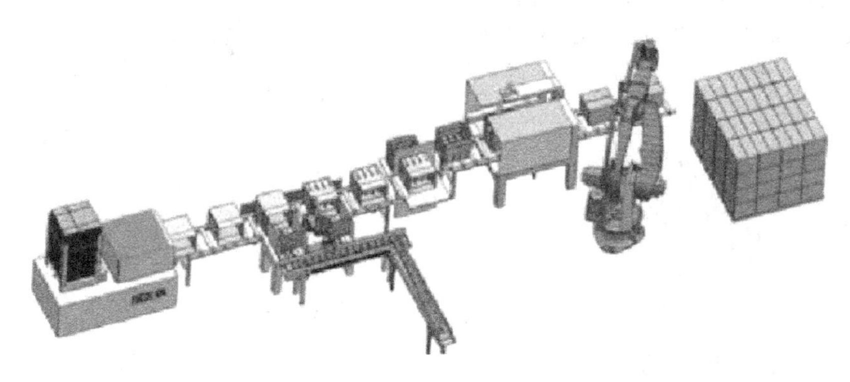

图 23-8-30 全面式码垛

图 23-8-31 集中式码垛

8.3.4 码垛机器人应用实例

目标产品：啤酒、饮料。

工艺：码垛。

技术特点：多台码垛机器人与生产线的协同作业、节拍控制、工序合理调度；机器人柔性的工作能力，占地面积小，能同时处理多种包装物和码多个料垛，生产效率高。

典型的啤酒、饮料码垛生产线如图 23-8-32 所示。

图 23-8-32 啤酒、饮料码垛生产线

8.4 装配机器人

8.4.1 装配机器人分类及特点

装配机器人是工业生产中用于装配生产线上对零件或部件进行装配的一类工业机器人。

作为柔性自动化装配的核心设备，装配机器人的主要优点如下。

① 精度高，保证装配精度。

② 速度快，缩短工作循环时间。

③ 生产效率高，解放工人。

④ 可靠性好、适应性强，稳定性高。

装配机器人的主要技术参数见表 23-8-11，其分类、特点及应用领域见表 23-8-12。

表 23-8-11 装配机器人的主要技术参数

结构形式	直角式、水平串联关节式、垂直串联关节式、并联关节式
轴数	多数是 4～6 轴
重复定位精度/mm	一般为±(0.05～0.5)
负载/N	一般为 10～100
驱动方式	直流伺服，交流伺服驱动

表 23-8-12　装配机器人的分类、特点及应用领域

结构形式	特　点	应用领域	图　示
直角式	具有整体结构模块化设计、操作、编程简单等优点，可用于零部件移送、简单插入、旋拧等作业	广泛应用于节能灯装配、电子类产品装配和液晶屏装配等	
水平串联关节式	也称作平面关节型机器人或SCARA机器人，是目前应用数量最多的一类装配机器人。具有速度快、精度高、柔性好等特点，适合小型、精密、垂直装配作业	广泛应用于电子、机械和轻工业等产品的装配，工厂柔性化生产需求	
垂直串联关节式	多为6个自由度，可在空间任意位置确定任意位姿	应用于作业对象外形较复杂的装配领域	
并联关节式	也称作Delta机器人，可安装在任意倾斜角度上，具有小巧高效、安装方便、精准灵敏等优点	广泛应用于IT、电子装配等领域	

8.4.2　装配机器人的系统组成

装配机器人的系统主要由操作机、控制系统、装配系统（手爪、气体发生装置、真空发生装置或电动装置）、传感系统和安全保护装置组成，如图 23-8-33 所示。

装配机器人的末端执行器是夹持工件移动的一种夹具，类似于搬运、码垛机器人的末端执行器。常见的装配执行器有吸附式、夹钳式、专用式和组合式。

带有传感系统的装配机器人可更好地完成销、轴、螺钉、螺栓等柔性化装配作业，在其作业中常用到的传感系统有视觉传感系统、触觉传感系统等。

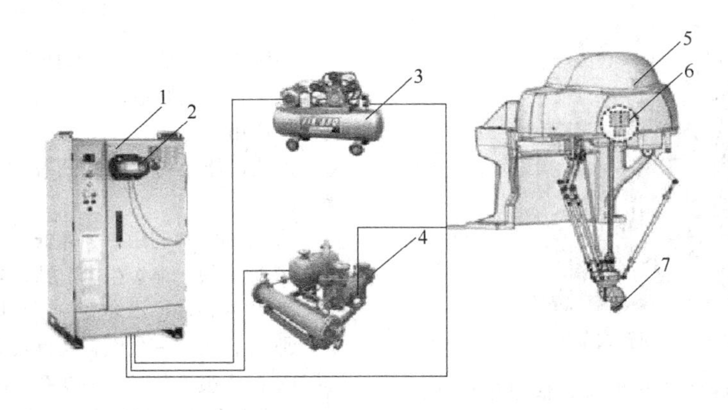

图 23-8-33　装配机器人系统组成

1—机器人控制柜；2—示教器；3—气体发生装置；4—真空发生装置；5—机器人本体；6—视觉传感器；7—手爪

① 视觉传感系统。配备视觉传感系统的装配机器人可依据需要选择合适的装配零件，并进行粗定位和位置补偿，完成零件平面测量、形状识别等检测。

② 触觉传感系统。装配机器人的触觉传感系统主要是实时检测机器人与被装配物件之间的配合，机器人触觉可分为接触觉、接近觉、压觉、滑觉和力觉等。在装配机器人进行简单工作过程中常用到的有接触觉、接近觉和力觉等。

8.4.3 装配机器人的周边设备和工位布局

8.4.3.1 周边设备

目前，常见的装配机器人辅助装置有零件供给器、输送装置等。

① 零件供给器。零件供给器的主要作用是提供机器人装配作业所需零部件，确保装配作业正常进行。目前应用最多的零件供给器主要是给料器和托盘，可通过控制器编程控制。

② 输送装置。在机器人装配生产线上，输送装置将工件输送到各作业点，通常以传送带为主，零件随传送带一起运动，借助传感器或限位开关实现传送带和托盘同步运行，方便装配。

8.4.3.2 工位布局

由装配机器人组成的柔性化装配单元，可实现物料自动装配，其合理的工位布局将直接影响生产效率。在实际生产中，常见的装配工作站可采用回转式和线式布局。

① 回转式装配工作站。回转式装配工作站可将装配机器人聚集在一起进行配合装配，也可进行单工位装配，灵活性较大，可针对一条或两条生产线，具有较小的输送线成本，占地面积小，广泛应用于大、中型装配作业，如图 23-8-34 所示。

图 23-8-34　回转式布局

② 线式布局。线式装配机器人依附于生产线，排布于生产线的一侧或两侧，具有生产效率高，节省装配资源、节约人员维护，一人便可监视全线装配等优点，广泛应用于小物件装配场合，如图 23-8-35 所示。

图 23-8-35　线式布局

8.4.4 装配机器人应用实例

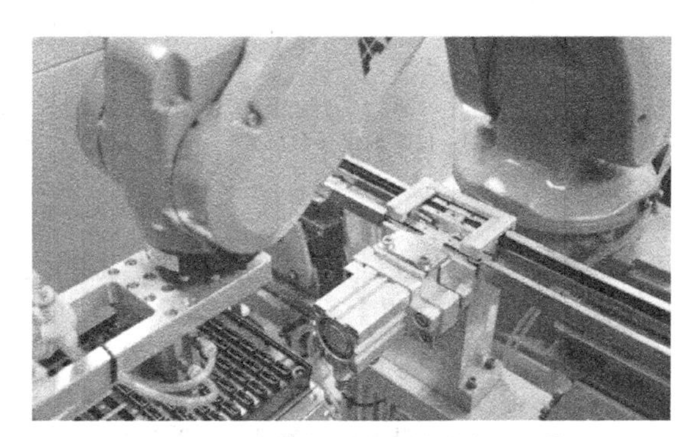

图 23-8-36　采用机器人进行鼠标的组装

目标产品：鼠标。

工艺：装配。

技术特点：机器人的高精度、高速度及低抖动特性，可进行质量检测。

8.5 涂装机器人

8.5.1 涂装机器人分类及特点

涂装机器人是一种典型的涂装自动化装备，已在汽车、工程机械制造、3C 产品及家具建材等领域得到广泛应用。

涂装机器人与传统的机械涂装相比，具有以下优点。

① 提高涂料利用率、降低有害物质排放量。

② 速度快，缩短生产节拍，效率高。

③ 柔性强，可以多品种、小批量作业。

④ 保证工艺一致性，获得较高质量的涂装产品。

⑤ 减少喷枪数量，降低系统故障率和维护成本。

涂装机器人的主要技术参数如表 23-8-13 所示。

表 23-8-13　涂装机器人主要技术参数

结构形式	多数为关节机器人,少量为直角坐标型、圆柱型等
轴数	多数为 5～6 轴
负载/N	以 50 左右居多,范围为 100～5000
重复定位精度/mm	一般为±2,最高达 0.025
驱动方式	以电液伺服驱动为多,主要采用交流伺服驱动

目前，国内外的涂装机器人从结构上来看，大多数仍采取与通用工业机器人相似的 5 或 6 自由度串联关节式机器人，在其末端加装自动喷枪。按照手腕结构划分，涂装机器人应用中较为普遍的主要有两种：球型手腕涂装机器人和非球型手腕涂装机器人，如图 23-8-37 所示。

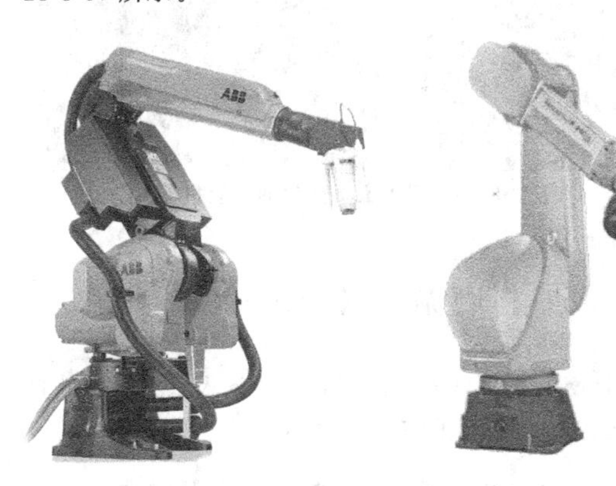

(a) 球型手腕涂装机器人　(b) 非球型手腕涂装机器人

图 23-8-37　涂装机器人分类

8.5.2　涂装机器人的系统组成

典型的涂装机器人系统主要由操作机、机器人控制系统、供漆系统、自动喷枪/旋杯、喷房、防爆吹扫系统等组成，如图 23-8-38 所示。

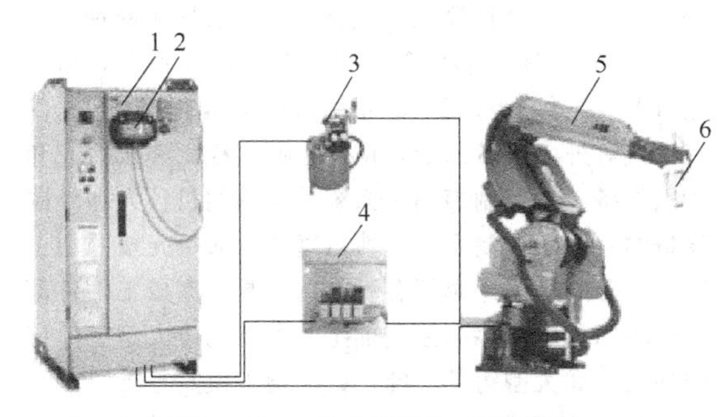

图 23-8-38　涂装机器人系统组成

1—机器人控制柜；2—示教器；3—供漆系统；4—防爆吹扫系统；5—操作机；6—自动喷枪/旋杯

涂装机器人与普通工业机器人相比，差异主要在防爆、油漆及空气管路和喷枪的布置等方面。

① 一般手臂工作范围宽大，进行涂装作业时可以灵活避障。

② 手腕一般有 2～3 个自由度，轻巧快速，适合内部、狭窄的空间及复杂工件的涂装。

③ 较先进的涂装机器人采用中空手臂和柔性中空手腕，可以使软管、线缆内置，从而避免软管与工件间发生干涉，减少管道粘着薄雾、飞沫，最大程度降低灰尘粘到工件的可能性，缩短生产节拍。

④ 一般在水平手臂搭载涂装工艺系统，从而缩短清洗、换色时间，提高生产效率，节约涂料及清洗液。

涂装机器人控制系统主要完成本体和涂装工艺控制。本体控制与通用工业机器人基本相同，涂装工艺的控制则是对供漆系统的控制。供漆系统主要由涂料单元控制盘、气源、流量调节器、换色阀、供漆供气管路及监控管线组成。

由于涂装作业的薄雾是易燃易爆的，所以涂装机器人多在封闭的喷房内作业。因此，防爆吹扫系统对于涂装机器人是极其重要的。防爆吹扫系统主要由危险区域之外的吹扫单元、操作机内部的吹扫传感器、控制柜内的吹扫控制单元三部分组成。其工作原理如图 23-8-39 所示，吹扫单元通过柔性软管向包含有电气元件的操作机内部施加压力，阻止爆燃性气体进入操作机内；同时由吹扫控制单元监视操作机内压、喷房气压，当异常状况发生时立即切断操作机伺服电源。

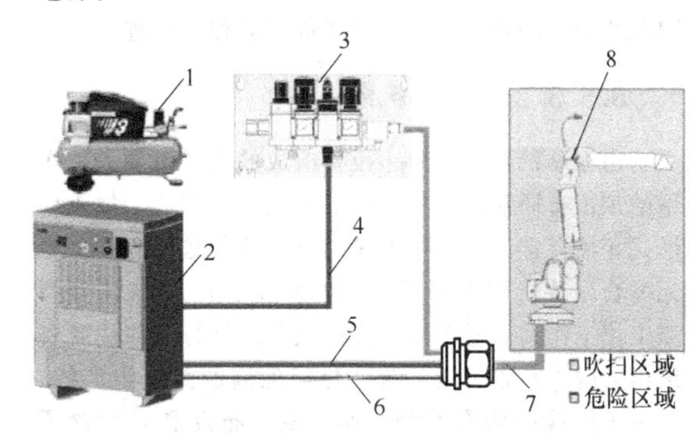

图 23-8-39　防爆吹扫系统工作原理

1—空气接口；2—控制柜；3—吹扫单元；4—吹扫单元控制电缆；5—操作机控制电缆；6—吹扫传感器控制电缆；7—软管；8—吹扫传感器

8.5.3　涂装机器人的周边设备和工位布局

完整的涂装机器人生产线或柔性涂装单元除了机器人和自动涂装设备两部分外，还包括一些周边辅助设备。同时，为了保证生产空间、能源和原料的高效利用，灵活性高、结构紧凑的涂装车间布局显得非常重要。

8.5.3.1 周边设备

目前，常见的涂装机器人辅助装置有机器人行走单元、工件传送单元、空气过滤系统、输调漆系统、喷枪清理装置、涂装生产线控制盘等。

① 机器人行走单元与工件传送单元。完成工件的传送及旋转动作的伺服转台、伺服穿梭机及输送系统，以及完成机器人上下左右滑移的行走单元。

② 空气过滤系统。为了保证涂装作业的表面质量，涂装车间环境及空气涂装所使用的压缩空气必须保持清洁，通常采用空气过滤系统对空气进行处理。喷房内的空气纯净度要求最高，一般要求经过三道过滤。

③ 输调漆系统。保证多台涂装机器人单元协同作业时，可以实现稳定、可靠的涂料与溶剂的供应。一般输调漆系统由以下几部分组成：油漆和溶剂混合的调漆系统、为涂装机器人提供油漆和溶剂的输送系统、液压泵系统、油漆温度控制系统、溶剂回收系统、辅助输调漆设备及输调漆管网等。

④ 喷枪清理装置。自动化的喷枪清洗装置能够快速地完成喷枪的清洗和颜色更换，彻底清除喷枪通道内及喷枪上飞溅的涂料残渣，同时对喷枪进行干燥，减少喷枪清理所耗用的时间、溶剂及空气。

⑤ 涂装生产线控制盘。对于采用两套或者两套以上涂装机器人单元同时工作的涂装作业系统，一般需配置生产线控制盘对生产线进行监控和管理。

8.5.3.2 工位布局

由涂装机器人与周边设备组成的涂装机器人工作站的工位布局形式，与焊接机器人工作站的工位布局形式相仿，常见的有由工作台或工件传送（旋转）单元配合涂装机器人构成并排、A型、H型与转台型双工位工作站。对于汽车及机械制造等行业往往需要结构紧凑、布置灵活、自动化程度高的涂装生产线，涂装生产线一般有两种，即：线型布局和并行盒子布局。

采取线型布局的涂装生产线在进行涂装作业时，产品依次通过各工作站完成清洗、中涂、底漆、清漆和烘干等工序，负责不同工序的各工作站间采用停走运行方式。

采用并行盒子布局，在进行涂装作业时，产品进入清洗站完成清洗作业，接着为其外表面进行中涂，之后分送到不同的盒子中完成内部、表面的底漆和清漆涂装，不同盒子间可同时以不同周期时间运行，同时日后如需扩充生产能力，可以轻易地整合新的盒子到现有的生产线中。

8.5.4 涂装机器人应用实例

目标产品：家具。

工艺：涂装。

技术特点：喷枪结构紧凑，以保证对内表面边角部位进行涂装，同时喷幅宽度具有较大的调整范围。

图 23-8-40 所示为用于家具部件的涂装机器人。

图 23-8-40 用于家具部件的涂装机器人

8.6 打磨抛光机器人

打磨抛光机器人是用于替代传统人工进行工件打磨抛光等加工作业的工业机器人。

8.6.1 打磨抛光机器人分类及特点

打磨抛光机器人主要用于工件的表面打磨、棱角去毛刺、焊缝打磨、内腔内孔去毛刺、孔口螺纹口加工等工作。应用领域包括：卫浴五金行业、IT行业、汽车零部件、工业零件、医疗器械、木材建材、家具制造、民用产品等。

打磨抛光机器人按照工件的材质不同，分为金属工件和非金属工件；按照对工件的处理方式不同，可分为工具型打磨机器人和工件型打磨机器人两种。

① 工具型打磨机器人。如图 23-8-41 所示，由工业机器人本体和打磨工具系统力控制器、刀库、工件变位机等外围设备组成，由总控制电柜固连机器人和外围设备，总控制柜的总系统分别调控机器人和外围设备的各个子控制系统，使打磨机器人单元按照加工需要，分别从刀库调用各种打磨工具，完成工件各部位的不同打磨工序和工艺加工。主要用于大型工件打磨加工，如大型铸件、叶片、大型工模具等。

② 工件型打磨机器人。如图 23-8-42 所示，是一种通过机器人抓手夹持工件，把工件分别送达到各种位置固定的打磨机床设备，分别完成磨削、抛光等不

图 23-8-41　工具型打磨机器人

同工艺和各种工序打磨加工的打磨机器人自动化加工系统。工件型打磨机器人主要适用于中小零部件的自动化打磨加工，还可以根据需要、配置上料和下料的机器人，完成打磨的前后道工件自动化输送。

一般情况下陶瓷卫浴、家具等生产厂家使用工具型机器人较多。五金、零部件、电子产品等使用工件型机器人较多。保持本体不变的情况下可根据不同生产情况进行转换。

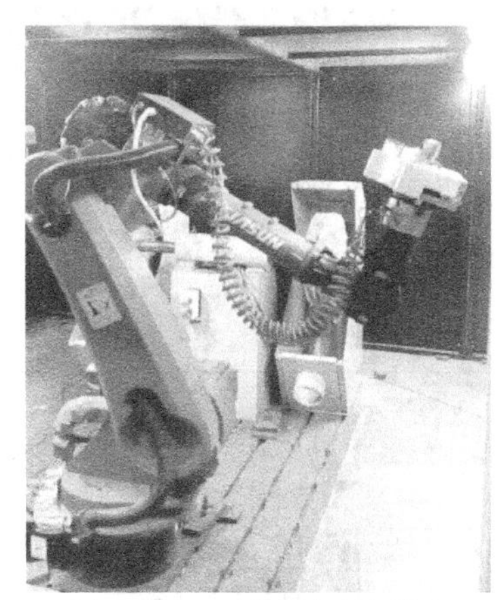
图 23-8-42　工件型打磨机器人

打磨抛光机器人的主要特点：提高打磨质量和产品光洁度，保证其一致性；提高生产率，一天可 24h 连续生产；改善工人劳动条件，可在有害环境下长期工作；降低对工人操作技术的要求；缩短产品改型换代的周期，减少相应的投资设备；可再开发性，用户可根据不同样件进行二次编程。

打磨抛光机器人的主要技术参数如表 23-8-14 所示。

表 23-8-14　打磨抛光机器人主要技术参数

结构形式	一般为关节机器人
轴数	一般为 6 轴
负载/N	以 50 左右居多，范围为 100～5000
重复定位精度/mm	一般为±2，最高达 0.025
驱动方式	以电液伺服驱动为多，主要采用 AC 伺服驱动
传感系统	一般搭载六维力-力矩传感器

8.6.2　打磨抛光机器人的系统组成

打磨抛光机器人系统如图 23-8-43 所示。该系统包括：六自由度工业机器人、机器人控制柜、打磨路径规划计算机、六维力-力矩传感器、研磨抛光工具、待加工工件等。如图所示，机器人末端安装六维力-力矩传感器，在力-力矩传感器末端安装研磨抛光工具，打磨路径规划计算机和机器人控制柜相连。机器人通过末端安装的研磨抛光工具打磨待加工工件，其在待加工工件上的打磨路径由打磨路径规划计算机给出，由于机器人在执行路径时位置存在偏差，可能在接触待加工工件时出现接触力过大或未接触的现象，所以需要通过安装在机器人末端的力-力矩传感器实时调整打磨工具与待加工工件之间的接触力，使其保持相对恒定，从而保证打磨的效果。

机器人打磨系统通过力-力矩传感器测量打磨工具和被加工工件之间的力，实时调整机器人位姿以保持力相对恒定，从而确保打磨效果。以美国 ATI Gamma 型六维力-力矩传感器（见图 23-8-44）为例，

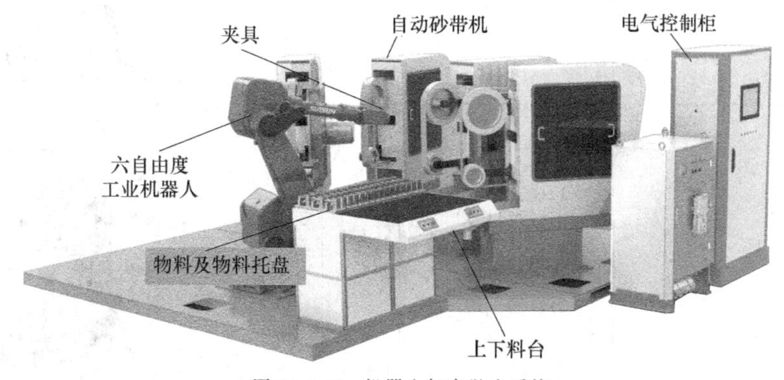

图 23-8-43　机器人打磨抛光系统

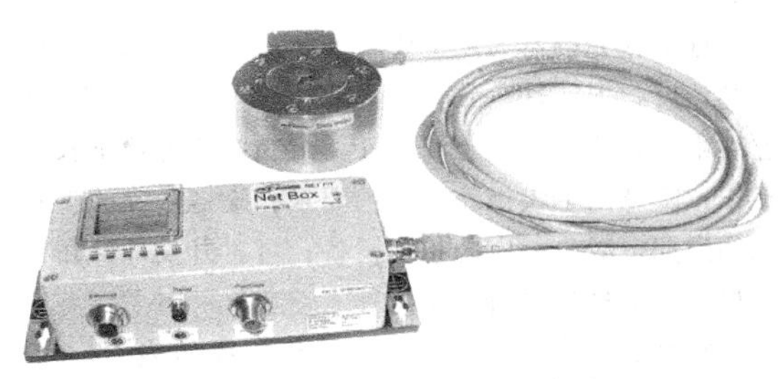

图 23-8-44　ATI 六维力-力矩传感器

该传感器已被 ABB、库卡等多家国外机器人公司所采用，实践证明 ATI 传感器具有良好的品质，适合工业机器人的打磨应用。

8.6.3　打磨抛光机器人的周边设备和工位布局

8.6.3.1　周边设备

打磨抛光机器人的主要周边设备，如表 23-8-15 所示。

表 23-8-15　打磨抛光机器人周边主要设备表

序号	名称	功能	图示
1	砂带机	(1)张紧力控制 (2)线速度控制 (3)压力缓冲控制 (4)故障报警	
2	主轴(适合大工件)	(1)接触力反馈 (2)压力缓冲 (3)辅助清理 (4)视觉系统	
3	主轴(适合表面去毛刺)	(1)压力缓冲 (2)辅助清理 (3)视觉识别 (4)加工	
4	抛光机	(1)线速度控制 (2)故障报警 (3)产量计数 (4)换轮报警 (5)自动上蜡	

续表

序号	名称	功能	图示
5	上下料台系统	(1)方便人工取放托盘 (2)自动输送物料 (3)故障报警显示 (4)上下料预警提示	
6	机器人端拾器	(1)实现自动抓取功能 (2)固定牢固 (3)多角度翻转 (4)气动张紧 (5)更换器件方便	
7	控制系统	(1)抛光自动补偿 (2)系统计数	

8.6.3.2　工位布局

由打磨抛光机器人组成的柔性化加工单元，可实现工件的自动打磨抛光，其合理的工位布局将直接影响到生产效率。在实际生产中，与上述工业机器人应用场合类似，常见的工作站可采用回转式和线式布局。

① 回转式布局。回转式工作站可将打磨抛光机器人聚集在一起进行配合加工，也可进行单工位打磨抛光，灵活性较大，可针对一条或两条生产线，具有输送线成本低、占地面积小等特点。

② 线式布局。线式打磨抛光机器人依附于生产线，排布于生产线的一侧或两侧，具有生产效率高、节省装配资源、节约人员维护、一人便可监视全线装配等优点。

8.6.4　打磨抛光机器人应用实例

目标产品：门把手、锁壳（图 23-8-45）。

工艺：压铸件打磨、抛光。

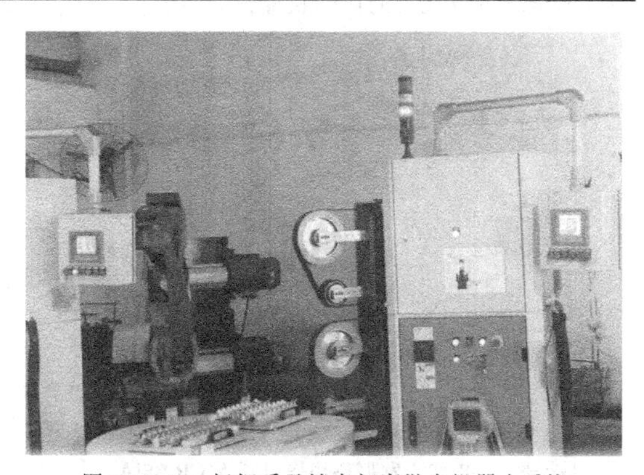

图 23-8-45　门把手及锁壳打磨抛光机器人系统

技术特点：产品外形复杂、表面质量要求苛刻、生产节拍快。

8.7　协作机器人

随着技术的进步与发展，机器人的应用领域已经从工厂向更贴近人们生活的领域扩展，机器人不只是工作在围栏中，而是与工人在同一个空间工作且不会对工人造成伤害。这种新一代机器人称为“协作机器人”。

8.7.1　协作机器人定义和特点

协作机器人（collaborative robot，简称为 cobot），1995 年美国西北大学的 J. E. Colgate 和 M. A. Peshkin 博士提出：一种与人在同一作业空间内直接进行物理合作的机器人，让机器人与工人在协同工作区实现交互操作。

协作机器人的主要特点如下。

① 轻量化：负载自重比高。

② 灵巧化：运动更灵活。

③ 拟人化：仿人手臂。

④ 安全性：具有更高的安全性。

⑤ 易操作性：手动示教，编程简单。

⑥ 智能性：融合触觉、视觉传感技术。

协作机器人的主要应用领域包括：电子和电器制造、3C 等新兴产业、规模化定制及中小型企业等。而且其应用范围也不限于工业领域，在医疗、农业、服务业等领域也有应用的空间，是机器人走向融合的开始。

8.7.2　协作机器人的典型产品

发那科生产的协作机器人 CR-35iA（见图 23-8-46）手腕部最大负载达到 350N，运动半径可达 1813mm，是目前全球负载最大的协作机器人。

图 23-8-46　发那科协作机器人 CR-35iA

安川公司的小型手臂半拟人化双臂机器人（见图 23-8-47），负载有 5N、100N、200N 多种形式；具有 7 自由度；经密闭结构处理，手腕部分和主体部分符合 IP64，符合洁净度 ISO 等级 6，大中空径，完全内置安装电缆；可通过双臂自由交换握持工件。

ABB 的 YuMi（见图 23-8-48）是一个双臂机器人，主要用于小组件及元器件的组装，适用于消费电

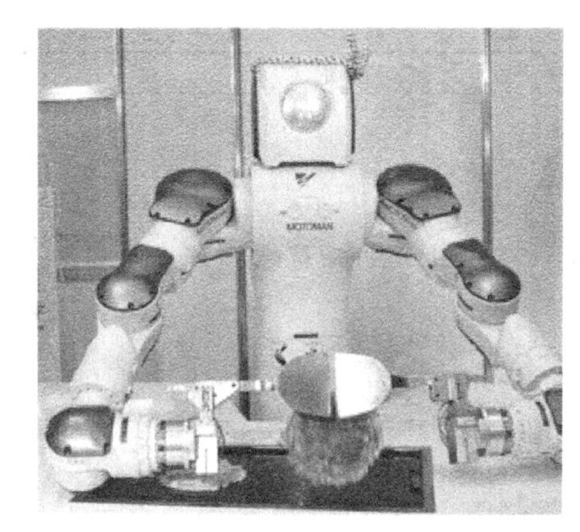

图 23-8-47　安川 SDA 系列协作机器人

子行业。整个装配解决方案包括：自适应的手、灵活的零部件上料机、控制力传感、视觉指导和 ABB 的监控及软件技术。该机器人拥有软垫包裹的机械臂、力传感器和嵌入式安全系统，因此可以与人类并肩工作，没有任何障碍。由于其尺寸小，可以将它安装在普通的工作台上。

图 23-8-48　ABB 协作机器人 YuMi

KUKA 和德国航空航天中心（DLR）合作开发了 LWR（KUKA lightweight robot）机器人（见图 23-8-49），其主要特点为：7 自由度，自重 13.5kg，最大负载 50N；最大伸展长度为 936mm；采用模块化关节设计，具有关节传感力控制与保护功能。

图 23-8-49　KUKA 的 LBR iiwa

Baxter工业机器人（见图23-8-50）由Rethink Robotics公司研发，这是一款与传统工业机器人不同的创新人机互动机器人，而且其成本远低于工业机器人。其主要特点包括：7自由度手臂，采用一体化柔顺关节集成设计，具有基于视觉引导的运行和物体检测功能，通过串联弹性驱动实现力感知和控制，末端操作器可根据需求更换。

图23-8-50　Rethink Robotics公司的Baxter机器人

UR公司于2009年推出UR5，于2012年推出UR10，见图23-8-51。UR机器人符合协作型机器人的ISO标准，一旦人与机器手臂接触，UR机器人就自动停止工作。在碰撞中，UR机器人仅会产生少于上限规定的150N的力，因此，UR机器人在大多数应用中都不需安全围栏。目前有80%的UR机器人工作生产线都没有使用安全围栏。

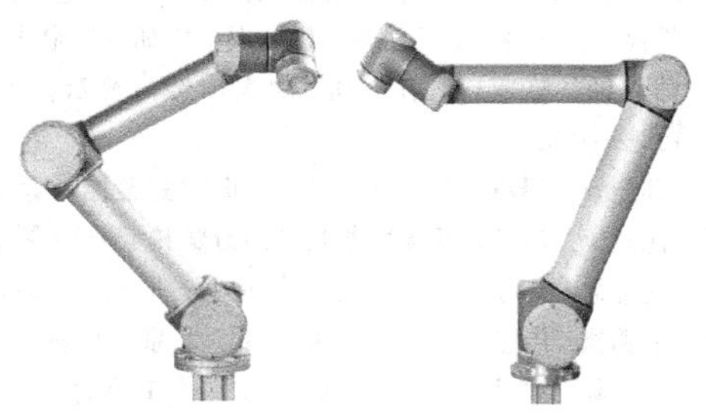

图23-8-51　UR公司的UR5（左）和UR10（右）

参考文献

[1] 蔡自兴. 机器人学 [M]. 北京：清华大学出版社，2009.

[2] 蔡自兴. 机器人原理及其应用. 长沙：中南工业大学出版社，1988.

[3] 宋伟刚，柳洪义. 机器人技术基础 [M]. 北京：冶金工业出版社，2005.

[4] 日本机器人学会. 新版机器人技术手册 [M]. 宗光华译. 北京：科学出版社，2007.

[5] 孟庆鑫，王晓东. 机器人技术基础 [M]. 哈尔滨：哈尔滨工业大学出版社，2006.

[6] 王长涛，尚文利，夏兴华. 传感器原理与应用 [M]. 北京：人民邮电出版社，2012.

[7] 张福学. 机器人学：智能机器人传感技术 [M]. 北京：电子工业出版社，1995.

[8] 贾云得，李科杰，石庚辰. 机器人触觉研究现状与发展浅析 [J]. 机器人，1993 (06)：58-62.

[9] 帅立国，陈慧玲，怀红旗. 触觉传感与显示技术现状及发展趋势 [J]. 振动. 测试与诊断，2016，36 (06)：1035-1043+1232.

[10] 孙英，尹泽楠，许玉杰，刘非. 电容式柔性触觉传感器的研究与进展 [J]. 微纳电子技术，2017，54 (10)：684-693.

[11] 沈昊岷. 基于光纤微弯曲效应的滑觉传感器研制 [D]. 杭州：浙江理工大学，2017.

[12] 蒲筠果，赵晓东. 机器人力传感器分析 [J]. 邢台职业技术学院学报，2004，21 (5)：21-23.

[13] 宋德杰. 传感器技术与应用 [M]. 北京：机械工业出版社，2014.

[14] 布鲁诺·西西利亚诺，欧沙玛·哈提卜，西西利亚诺等. 机器人手册：机器人技术 [M]. 北京：机械工业出版社，2016.

[15] 陈强，陶海鹏，王志明. 接近觉传感器的研究现状和发展趋势 [J]. 甘肃科技纵横，2009，38 (06)：35-36+56.

[16] 张玉莲. 传感器与自动检测技术 [M]. 北京：机械工业出版社，2007.

[17] 赵广涛，程荫杭. 基于超声波传感器的测距系统设计 [J]. 微计算机信息，2006 (01)：129-130+149.

[18] 吴玉锋，田彦文，韩元山，翟玉春. 气体传感器研究进展和发展方向 [J]. 计算机测量与控制，2003 (10)：731-734.

[19] 董婧，黄赣辉. 人工甜味味觉传感器的研究进展 [J]. 食品科学，2007，28 (9)：633-636.

[20] Artursson T，Holmberg M. Wavelet transform of electronic tongue data [J]. Sensors and Actuators B，2002，87：379-391.

[21] 李少坤. 喷涂机器人的设计及其运动误差分析 [D]. 武汉：华中科技大学，2012.

[22] Kevin，M，Lynch，Frank，C，Park. Modern Robotics Mechanics，Planning and Control [M]. Cambridge：Cambridge University Press，2017.

[23] 宋伟刚，赵明扬. 工业机器人技术 [M]. 北京：机械工业出版社，2010.

[24] John，J，Craig. 机器人学导论 [M]. 北京：机械工业出版社，2006.

[25] 丛爽，尚伟伟. 并联机器人——建模、控制优化与应用 [M]. 北京：电子工业出版社，2010.

[26] 蒋刚，龚迪琛，蔡勇，刘念聪，张静. 工业机器人 [M]. 成都：西南交通大学出版社，2011.

[27] 吴振彪，王正家. 工业机器人 [M]. 武汉：华中科技大学出版社，2006.

[28] 龚振邦，汪勤悫，陈振华，钱晋武. 机器人机械设计 [M]. 北京：电子工业出版社，1995.

[29] 费仁元，张慧慧. 机器人机械设计与分析 [M]. 北京：北京工业大学出版社，1998.

[30] BT 30029-2013，自动引导车 (AGV) 设计通则 [S].

[31] 熊有伦. 机器人技术基础 [M]. 武汉：华中科技大学出版社，1996.

[32] 孙树栋. 工业机器人技术基础 [M]. 西安：西北工业大学出版社，2006.

[33] 王海鸣. 基于神经网络的机器人逆运动学求解 [D]. 合肥：中国科学技术大学，2008.

[34] 孙卓君. 五自由度教学机器人控制系统设计及实验研究 [D]. 哈尔滨工程大学，2007.

[35] 兰虎. 工业机器人技术及应用 [M]. 北京：机械工业出版社，2014.

[36] 闻邦椿等. 机械设计手册 [M]. 北京：机械工业出版社，2015.

[37] 刘小波. 工业机器人技术基础 [M]. 北京：机械工业出版社，2017.

[38] 陈伟海，满征，于守谦. 线驱动模块化七自由度机器人轨迹跟踪控制 [J]. 机器人，2007，29 (4)：389-396.

[39] 李云江. 机器人概论 [M]. 北京：机械工业出版社，2016.

[40] 张建政，童梁，杨恒亮. 一种汽车风挡玻璃的自动装配系统及自动装配方法：，CN103264738A [P]. 2013.

[41] Hutchinson S，Hager G D，Corke P I. A tutorial on visualservo control. IEEE Transactions on Robotics and Automation，1996，12 (5)：651-670.

[42] Corke P I，Spindler F，Chaumette F. Combining Cartesian and polar coordinates in IBVS. In：Proceedings of the 2009 IEEE/RSJ International Conference on Intelligent Robots and Systems. St. Louis，MO：IEEE，2009. 5962-5967.

[43] Malzahn J, Phung A S, Franke R, Homann F, Bertram T. Markerless visual vibration damping of a 3-DOF flexible link robot arm. In: Proceedings of the 41st International Symposium on and 6th German Conference on Robotics. Munich, Germany: VDE, 2010. 1-8.

[44] Hong J., Tan X., Pinette B., et al. Image-based Homing [C]. Proceedings of IEEE International Conference on Robotics and Automation, 1991: 620-625.

[45] Scaramuzza D. Omnidirectional Vision: from Calibration to Robot Motion Estimation [D]. Ph D Thesis. Zurich, Switzerland: ETH Zurich, 2008.

[46] 刘涵. 基于位置的机器人视觉伺服控制的研究 [D]. 西安理工大学, 2013.

[47] Murphy Robin R. 人工智能机器人学导论 [M]. 杜军平, 吴立成, 胡金春译. 北京: 电子工业出版社, 2002.

[48] 英向华. 全向摄像机标定技术研究 [D]. 博士学位论文. 北京: 中国科学院自动化研究所, 2004.

[49] 叶其孝, 沈永欢. 实用数学手册 [M]. 第 2 版. 北京: 科学出版社, 2006.

[50] 毛剑飞, 诸静. 工业机器人视觉定位系统高精度标定研究, 机器人, 26 (2): 139-144, 2004.

[51] 雷成, 吴福朝, 胡占义. Kruppa方程与摄像机自定标, 自动化学报, 27 (5): 621-630, 2001.

[52] 李瑞峰, 李庆喜. 机器人双目视觉系统的标定与定位算法 [J]. 哈尔滨工业大学学报, 2007, 11, 39 (11): 1719-1722.

[53] Thomas H. Cormen and Charles E. Leiserson. 算法导论 [M]. 潘金贵, 顾铁成译. 北京: 机械工业出版社, 2006, 324.

[54] 马颂德, 张正友. 计算机视觉. 北京: 科学出版社, 1998.

[55] 周富强. 双目立体视觉检测的关键技术研究. 北京航空航天大学博士后研究工作报告, 2002.